COURS

DE

GÉOMÉTRIE ÉLÉMENTAIRE

A L'USAGE

DES ASPIRANTS AU BACCALAURÉAT ÈS SCIENCES

ET DES CANDIDATS AUX ÉCOLES DU GOUVERNEMENT

PAR

E. COMBETTE

Ancien élève de l'École normale supérieure,

Agrégé des sciences mathématiques, Professeur au lycée Saint-Louis.

1er FASCICULE

DEUXIÈME ÉDITION REVUE

PARIS

ANCIENNE LIBRAIRIE GERMER BAILLIÈRE ET Cie

FÉLIX ALCAN, ÉDITEUR

108, BOULEVARD SAINT-GERMAIN, 108

1887

COURS

DE

GÉOMÉTRIE ÉLÉMENTAIRE

PREMIER LIVRE

§ I. — NOTIONS PRÉLIMINAIRES

Toute portion limitée de l'espace s'appelle VOLUME (1).

Un volume est séparé du reste de l'espace par une SURFACE (2) qui le limite.

La LIGNE (3) est l'intersection de deux surfaces; elle sert aussi à limiter une surface.

Le POINT (4) est l'intersection de deux lignes : une portion de ligne est limitée par des points.

Les volumes, les surfaces et les lignes portent en général le nom de FIGURES (5).

La GÉOMÉTRIE (6) a pour but l'étude des propriétés des figures.

Un AXIOME (7) est une propriété que l'on admet : il y a, en géométrie, un très petit nombre d'axiomes; nous en emploierons trois.

Un THÉORÈME (8) est une propriété que l'on démontre. L'ÉNONCÉ d'un théorème comprend deux parties bien distinctes : l'HYPO-

(1) Du latin *volumen*, étendue.
(2) Du latin *super facies*.
(3) Du latin *linea*.
(4) Du latin *pungere*, piquer.
(5) Racine *fig.*, marquant l'action de pétrir; *figulus*, potier.
(6) γῆ, terre; μέτρον, mesure.
(7) ἀξίωμα, proposition.
(8) θεώρημα, de θεωρέω, je regarde, j'examine.

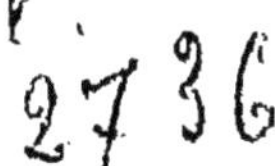

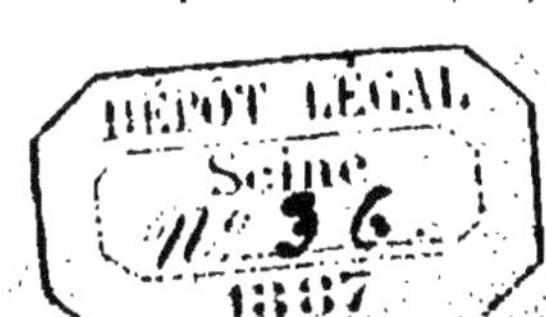

THÈSE (1) et la CONSÉQUENCE. — L'ordre des théorèmes est d'une importance absolue, la rigueur des démonstrations en dépend ; c'est en s'efforçant à comprendre les raisons de la succession des théorèmes qu'on apprend la géométrie.

Un COROLLAIRE (2) d'un théorème est une propriété qui est la conséquence immédiate de ce théorème.

La RÉCIPROQUE (3) d'un théorème est un autre théorème qui est lié au premier de telle sorte qu'il a pour hypothèse et conséquence la conclusion et l'hypothèse du premier. — La réciproque d'un théorème n'est pas nécessairement vraie : ainsi lorsque l'hypothèse est plus générale que la conséquence, c'est-à-dire lorsqu'elle convient à plus de cas que cette conséquence, la réciproque est évidemment fausse.

La plus simple de toutes les lignes est la LIGNE DROITE : nous ne la définissons pas ; l'idée que nous en avons ne peut être ramenée à une forme plus simple.

AXIOME I

La ligne droite est le plus court chemin d'un point à un autre.

Corollaire I. — *Il n'y a qu'une seule ligne droite passant par deux points.*

Corollaire II. — *Deux droites qui ont deux points communs coïncident dans toute leur étendue.*

La LIGNE BRISÉE est une ligne formée par des portions de lignes droites.

La LIGNE COURBE est une ligne qui n'est ni droite ni brisée.

AXIOME II

Il existe une surface telle que la droite qui passe par deux quelconques de ses points s'y trouve entièrement contenue.

Cette surface s'appelle PLAN (4) : elle est illimitée dans toutes les directions.

Une figure est PLANE quand tous ses points sont situés dans un même plan. — Dans le cas contraire on dit que la figure est *gauche*.

Il ne sera question que de figures planes dans les livres I, II, III et IV.

(1) ὑπὸ, sous ; θέσις, placer.
(2) De *corollarium*, petite couronne.
(3) De *reciprocus*, même sens.
(4) De *planus*, plat.

§ II. — ANGLE, ANGLE DROIT, PERPENDICULAIRE

Définitions. — Un ANGLE (1) *est la figure formée par deux droites qui se rencontrent et qui sont limitées au point commun.*

Le point commun s'appelle le *sommet* de l'angle, et les deux droites sont ses *côtés.*

Ainsi les deux droites XX′ YY′ qui se rencontrent en O forment un premier angle dont les côtés sont les deux portions de droite OX OY limitées au point O; on désigne cet angle par trois lettres, en plaçant la lettre du sommet entre les deux autres: l'angle dont nous parlons

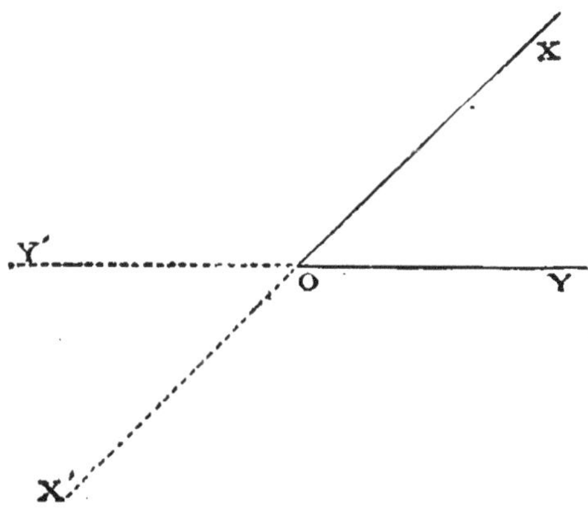

Fig. 1.

s'énoncera donc XOY: les deux droites illimitées XX′ YY′ forment de même les trois autres angles : XOY′, X′OY′, YOX′.

La grandeur d'un angle ne dépend pas de la longueur de ses côtés qui ne sont limités que par le sommet; c'est l'écartement des côtés qui détermine la grandeur de l'angle : ainsi l'on augmentera ou l'on diminuera l'angle XOY, considéré ci-dessus, en faisant tourner, dans le plan de la figure, le côté OX autour du point O dans un sens ou dans l'autre. — Il est évident que l'angle pourra ainsi varier de quantités aussi petites qu'on le voudra, ce qui s'énonce en disant que l'angle est une *grandeur continue.*

Deux angles sont dits ADJACENTS (2) *lorsqu'ils ont même sommet, un côté commun, et qu'ils sont placés de part et d'autre de ce côté :* tels sont les angles AOB, BOC : il peut se faire que les côtés

(1) ἀγκύλη, pli du coude.
(2) *Ad-jaceo.*

non communs soient en même direction ainsi que cela arrive pour les angles A'O'B', B'O'C' (fig. 2).

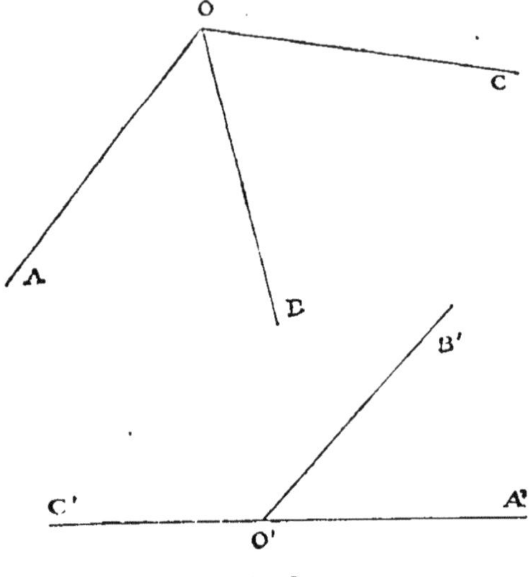

Fig. 2.

On dit que deux figures sont ÉGALES (1), *lorsqu'on peut les amener à coïncider dans toutes leurs parties en transportant l'une des figures sur l'autre sans altérer sa forme.*

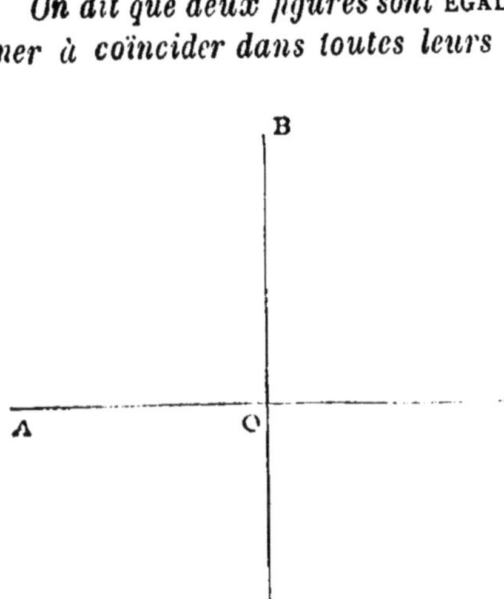

Fig. 3.

Une droite est PERPENDICULAIRE (2) *sur une autre lorsqu'elle forme avec celle-ci deux angles adjacents égaux.*

Un angle est DROIT *quand un côté est perpendiculaire sur l'autre.*

Ainsi, en supposant les angles AOB, BOC égaux, on dira que BOD est perpendiculaire sur AC, et chacun des angles AOB, BOC sera un angle droit (fig. 3).

Une droite est OBLIQUE *sur une autre, lorsqu'elle ne lui est pas perpendiculaire.*

(1) *Æquus*, juste ; *æquor*, la plaine.
(2) *Per* à travers, *pend.* idée de pendre

THÉORÈME I

Par un point d'une droite passe une perpendiculaire à cette droite, et il n'en passe qu'une seule.

Soit le point O de la droite AC : considérons une droite mobile passant par le point O, et coïncidant d'abord avec OA ; elle formera

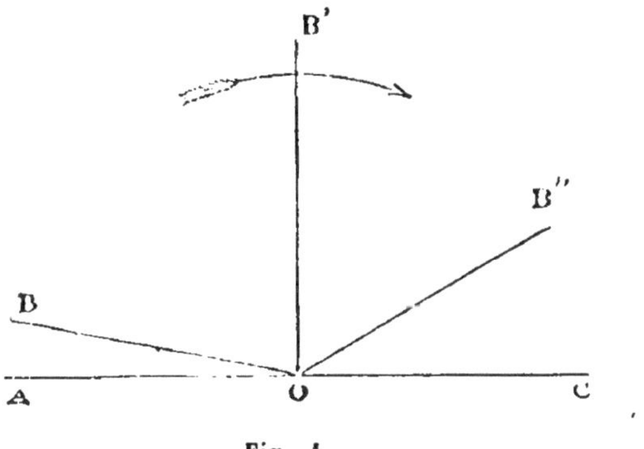

Fig. 4.

avec AC deux angles adjacents, d'abord inégaux, qui iront, l'un en croissant, l'autre en décroissant d'une manière continue, quand la droite mobile tournera dans le sens de la flèche ; et comme il arrivera un moment où le plus grand des deux angles sera devenu le plus petit, il y a eu une position OB′ de la droite mobile pour laquelle les deux angles AOB′, B′OC étaient égaux ; d'ailleurs c'est la seule position pour laquelle ces angles soient égaux, puisque l'un des angles croît et l'autre décroît d'une façon constante.

Donc il y a une perpendiculaire et une seule au point O de la droite AC.

Corollaire. — *Tous les angles droits sont égaux.*

Soit, en effet, les deux angles droits AOB, A′O′B′. Nous portons A′O′B′ sur AOB de telle sorte que O′A′ coïncide avec OA, le point O′ étant en O : alors O′B′ sera perpendiculaire au point O de OA ; elle coïncidera donc avec OB qui l'est déjà par hypothèse : les angles sont donc égaux.

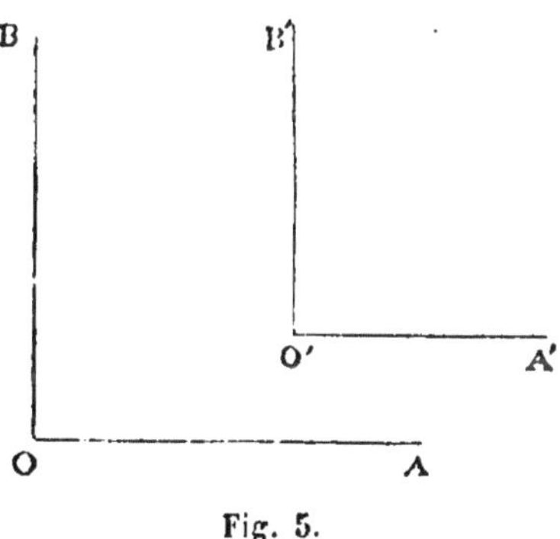

Fig. 5.

Définitions. — *Un angle est* AIGU (1) *ou* OBTUS (2) *suivant qu'il est plus petit ou plus grand qu'un angle droit.*

Deux angles sont COMPLÉMENTAIRES *quand leur somme vaut un droit. — Dans ce cas chacun est dit le* COMPLÉMENT *de l'autre.*

Deux angles sont SUPPLÉMENTAIRES *quand leur somme vaut deux droits ; chacun d'eux est dit le* SUPPLÉMENT *de l'autre.*

Il est évident que *deux angles sont égaux quand ils ont même complément ou même supplément.*

THÉORÈME II

Les angles adjacents formés par deux droites concourantes sont supplémentaires.

Soit les angles adjacents AOB, BOC formés par les deux droites AC, BD. — Élevons au point O la perpendiculaire OE sur AC : nous

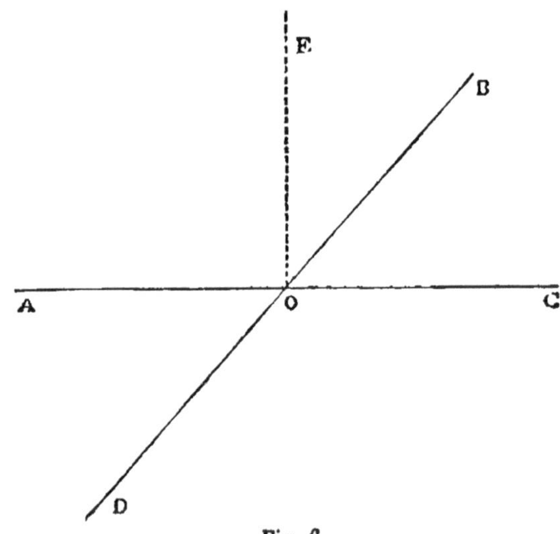

Fig. 6.

formerons deux angles droits AOE, EOC ayant même somme que les angles AOB, BOC ; donc ceux-ci sont supplémentaires.

Corollaire I. — *Si une droite est perpendiculaire sur une autre, celle-ci est perpendiculaire sur la première.*

Soit CD perpendiculaire sur AB, c'est-à-dire telle que les angles

(1) *Acu*, aiguille.
(2) *Ob-tundere*, émousser.

AOC, COB soient égaux; alors les angles adjacents COB, BOD sont

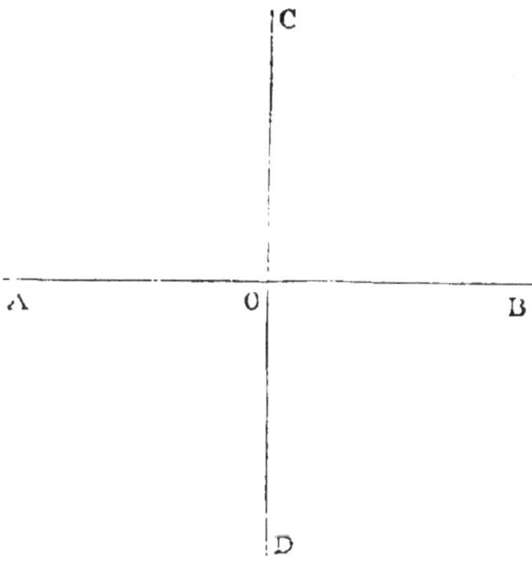

Fig. 7.

aussi égaux, puisque leur somme vaut deux droits et que l'un est droit; donc AB est perpendiculaire sur CD.

Corollaire II. — *Toutes les directions passant par un même point d'une droite forment d'un même côté de cette ligne des angles adjacents dont la somme vaut deux droits.*

Ainsi les angles adjacents 1, 2, 3, 4 formés par AB avec les direc-

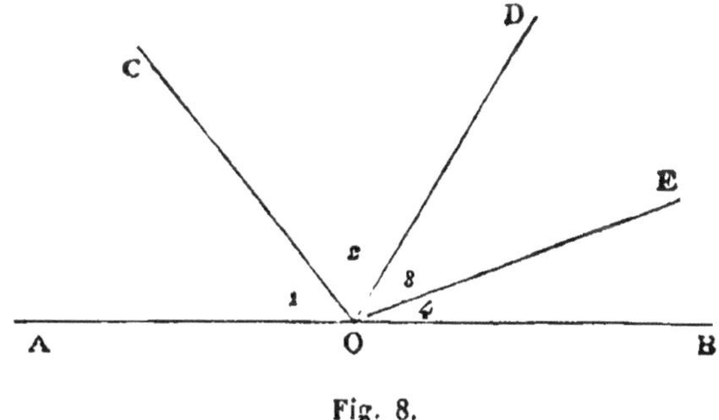

Fig. 8.

tions OC, OD, OE du même côté de AB ont pour somme deux droits; en effet, ces angles ont même somme que les angles 1 et COB qui sont supplémentaires (th. II).

Corollaire III. — *Toutes les directions passant par un même point dans un même plan forment des angles adjacents dont la somme vaut quatre droits.*

Les angles 1, 2, 3, 4, 5, formés autour du point O par les droites OA, OB, OC, OD, OE ont même somme que les angles formés des

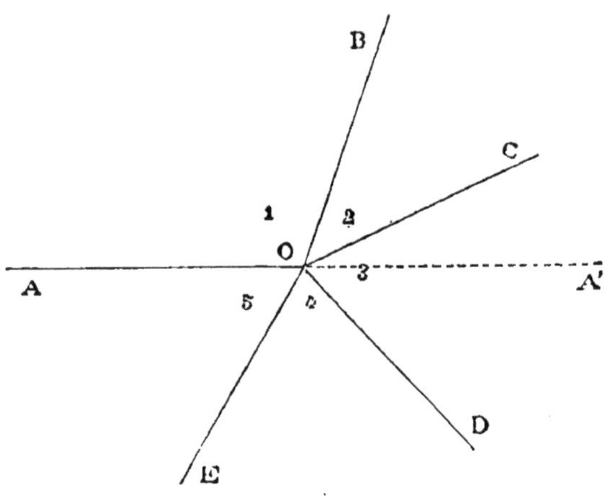

Fig. 9.

deux côtés de la droite indéfinie AA' : leur somme vaut donc quatre droits.

THÉORÈME III (*réciproque du théorème II*)

Les côtés non communs de deux angles adjacents supplémentaires sont en même direction.

Soit les angles adjacents AOB, BOC, dont la somme vaut deux

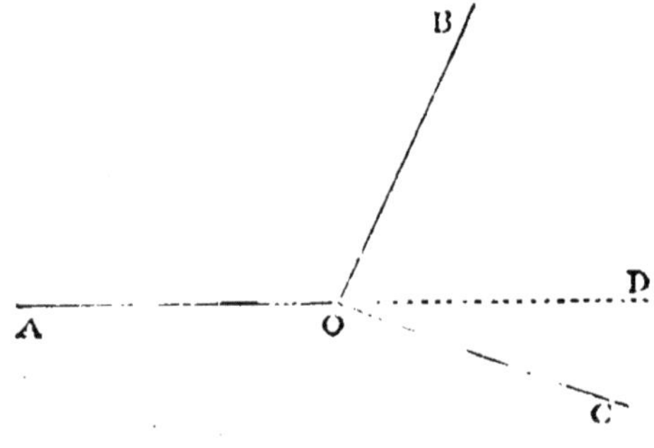

Fig. 10.

droits; le prolongement OD du côté OA détermine un angle BOD qui a pour supplément AOB (th. II) : donc les angles BOD, BOC sont égaux, puisqu'ils ont même supplément AOB ; donc OC coïncide avec OD.

Remarque. — Le théorème III sert, dans les applications, à prouver que trois points sont en ligne droite.

Définition. — *Deux angles sont dits* OPPOSÉS PAR LE SOMMET *lorsque les côtés de l'un sont les prolongements des côtés de l'autre.*

THÉORÈME IV

Deux angles opposés par le sommet sont égaux.

Car les angles AOB, A'OB' opposés par le sommet, ont même supplément BOA'.

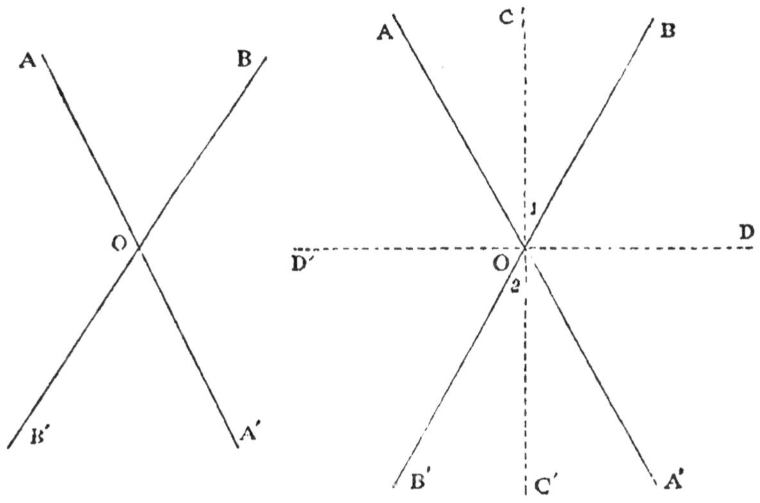

Fig. 11. Fig. 12.

Corollaire. — *Les bissectrices* (1) *des quatre angles que forment deux droites concourantes sont deux à deux en même direction, et ces deux directions sont rectangulaires.*

Soit les droites OC, OC' bissectrices des angles AOB, A'OB', c'est-à-dire partageant ces angles en deux parties égales ; les angles 1 et 2 sont égaux comme moitié d'angles égaux, par suite OC' coïncide avec le prolongement de OC : de même les bissectrices OD, OD' des deux autres angles ont la même direction ; enfin l'angle COD est droit, puisqu'il est la somme des moitiés des deux angles supplémentaires AOB, BOA'.

(1) *Bis*, deux fois ; *secare*, couper.

§ III. — TRIANGLE. — CAS PRINCIPAUX D'ÉGALITÉ DES TRIANGLES

Définitions. — Le TRIANGLE (1) est la portion de plan limité par trois droites qui se coupent deux à deux.

Un triangle est SCALÈNE (2) quand ses trois côtés sont inégaux; il est ISOCÈLE (3) quand deux côtés sont égaux; il est ÉQUILATÉRAL (4) quand les trois côtés sont égaux.

Un triangle est RECTANGLE (5) quand un de ses angles est droit : le côté opposé à l'angle droit s'appelle HYPOTÉNUSE (6).

THÉORÈME V

Chacun des côtés d'un triangle est moindre que la somme des deux autres et plus grand que leur différence.

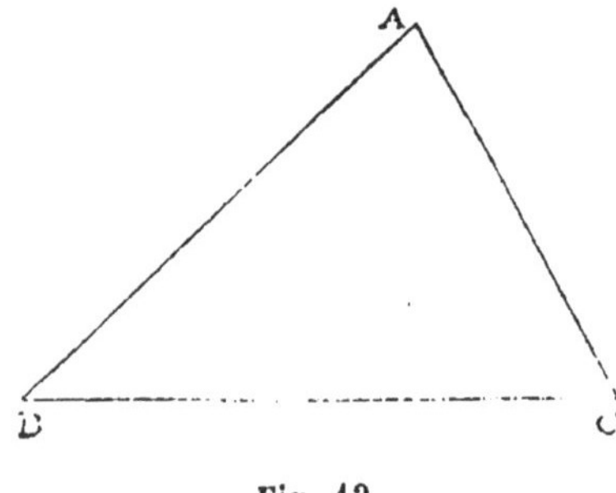

Fig. 13.

Par exemple, le côté BC est moindre que AB + AC, puisque la portion de droite BC est le plus court chemin de B en C.

En second lieu, faisons une hypothèse sur la grandeur relative des côtés AB, AC, afin d'évaluer leur différence : supposons AB > AC; comme

$$BC + AC > AB.$$

On en déduit, en retranchant AC des deux membres de l'inégalité :

$$BC > AB - AC.$$

Corollaire I. — *Le minimum de la somme des distances d'un point* M *à deux points fixes* A *et* B *est* AB; *le maximum de la différence de ces mêmes distances est encore* AB.

Corollaire II. — *La somme des distances d'un point, inté-*

(1) *Tri*, trois; *angulus*, angle.
(2) σκαληνός, inégal.
(3) ἴσος, égal; σκέλος, jambe.
(4) *Æquus*, égal; *latus*, côté.
(5) *Rectus*, droit; *angulus*, angle.
(6) ὑποτείνουσα, ligne sous-tendante.

rieur à un triangle, à deux sommets, est moindre que la somme des deux côtés qui aboutissent à ces mêmes sommets.

Ainsi :

$$DB + DC < AB + AC.$$

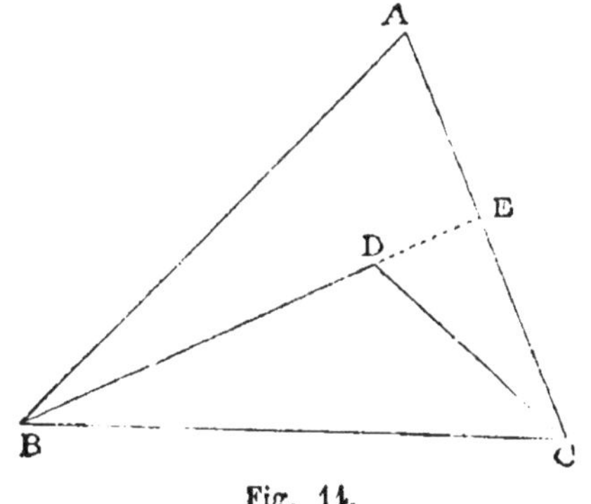

Fig. 14.

Soit, en effet, E le point de rencontre de AC avec la direction BD ; ce point E sera situé entre A et C, et l'on peut affirmer que AC égale la somme (AE + EC).

Nous avons successivement :

$$BD + DE < AB + AE$$
$$DC < DE + EC$$

en ajoutant membre à membre, et supprimant de part et d'autre DE, nous obtiendrons :

$$BD + DC < AB + AE + EC$$

C'est ce qu'il fallait prouver.

Corollaire II. — *Toute ligne brisée fermée est plus longue qu'une ligne brisée convexe enveloppée par la première.*

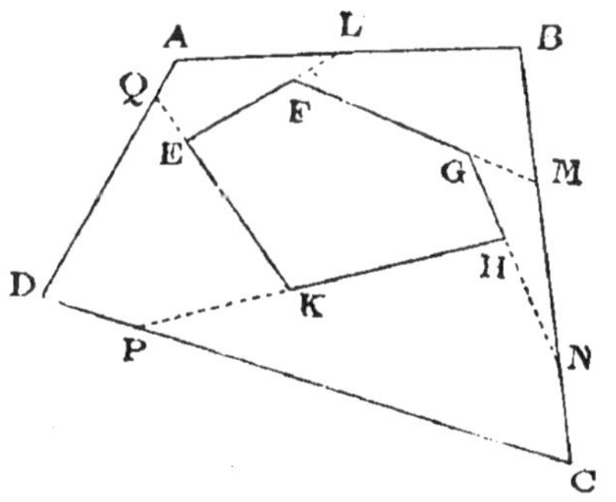

Fig. 15

Soit ABCD la ligne brisée fermée enveloppant la ligne brisée convexe EFGHK. Prolongeons les côtés de cette dernière dans le même sens jusqu'aux rencontres avec les côtés de la ligne enveloppante ; nous aurons successivement :

$$EF + FL < EQ + QA + AL$$
$$FG + GM < FL + LB + BM$$
$$GH + HN < GM + MN$$
$$HK + KP < HN + NC + CP$$
$$KE + EQ < KP + PD + DQ$$

en ajoutant membre à membre, et en supprimant de part et d'autre les termes identiques, il restera :

$$EF + FG + GH + HK + KE < AB + BC + CD + DA$$

C'est ce qu'il fallait prouver.

THÉORÈME VI (1er *cas d'égalité*)

Deux triangles sont égaux lorsqu'ils ont un côté égal adjacent à deux angles égaux chacun à chacun.

Soit les triangles ABC, A'B'C' dans lesquels les côtés BC, B'C' sont égaux, ainsi que les angles B et B', et les angles C et C' : pour prouver que ces triangles sont égaux, nous portons le triangle A'B'C' sur le triangle ABC de façon que le côté B'C' coïncide avec son égal BC, les points B' et C' étant aux points B, C; de l'égalité des angles B,B' il résulte que le côté B'A' prendra la direction du côté BA : de même le côté C'A' prendra la direction du côté CA; donc les triangles coïncident et sont par suite égaux.

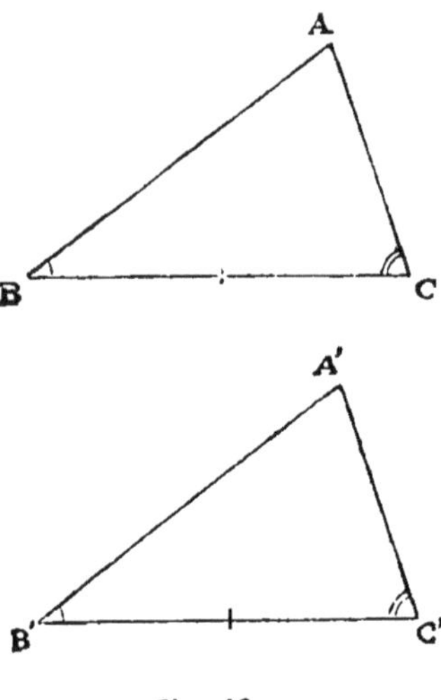

Fig. 16.

Corollaire. — *Quand deux triangles ont un côté égal adjacent à deux angles égaux chacun à chacun, les côtés opposés aux angles égaux sont égaux, et* vice versâ.

THÉORÈME VII (2e *cas d'égalité*)

Deux triangles sont égaux lorsqu'ils ont un angle égal compris entre côtés égaux chacun à chacun.

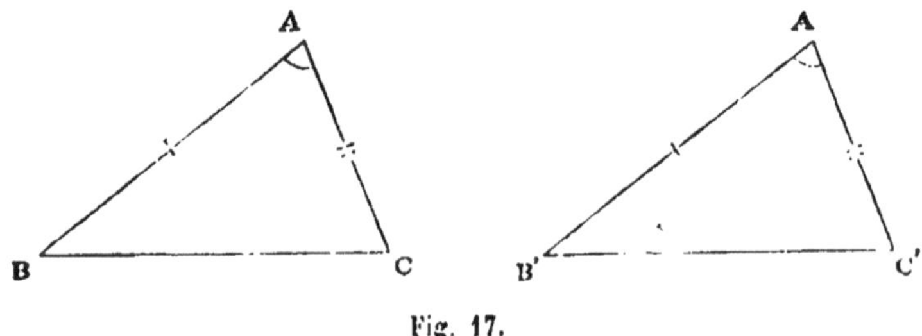

Fig. 17.

Soit les triangles ABC, A'B'C' dans lesquels les angles A et A' sont égaux, ainsi que les côtés AB et A'B' et aussi les côtés AC et A'C'.

Nous portons A'B'C' sur ABC, de façon que A'B' coïncide avec son égal AB, les points A' et B' se trouvant en A et B ; le côté A'C' prendra alors la direction du côté AC, parce que les angles A et A' sont égaux, et comme ces côtés sont égaux, les points C' et C coïncideront : donc les triangles sont égaux.

Corollaire. — *Quand deux triangles ont un angle égal compris entre côtés égaux chacun à chacun, les angles opposés aux côtés égaux sont égaux et* vice versâ.

THÉORÈME VIII (*lemme pour le 3e cas d'égalité*)

Lorsque deux triangles ont un angle inégal compris entre deux côtés égaux chacun à chacun, les troisièmes côtés sont inégaux ; le plus grand de ces côtés est opposé au plus grand angle.

Soit les triangles ABC, A'B'C' dans lesquels les côtés AB et A'B'

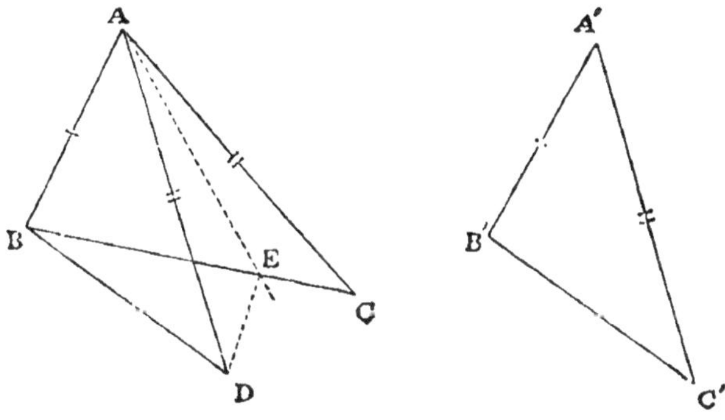

Fig. 18.

sont égaux, ainsi que AC et A'C' ; mais l'angle BAC est plus grand que l'angle B'A'C' ; prouvons que BC est plus grand que B'C'.

A cet effet, portons le triangle A'B'C' dans la position ABD, de manière que A'B' coïncidant avec son égal AB, le côté A'C' soit en AD, du même côté de AB que AC ; alors l'angle BAD étant moindre que BAC, le côté AD sera situé dans l'angle BAC : traçons la bissectrice AE de l'angle DAC, elle rencontrera BC en un point E situé entre B et C, de sorte que $BC = BE + EC$; donc pour prouver $BD < BC$, il suffit de prouver $EC = ED$, puisque BD est déjà moindre que $BE + ED$. Or, les triangles AED, AEC sont égaux parce qu'ils ont un angle égal compris entre côtés égaux chacun à chacun (th. VII), donc $ED = EC$. C'est ce qu'il fallait prouver,

Corollaire. — *Si deux triangles ont deux côtés égaux chacun à chacun et les troisièmes côtés inégaux, les angles opposés à ces troisièmes côtés sont inégaux; le plus grand de ces angles est opposé au plus grand côté.*

Soit, en effet, dans la figure précédente AB = A′B′, AC = A′C′, mais BC > B′C′, l'angle A ne peut être égal à A′, car BC égalerait B′C′ (th. VII), de même l'angle A ne peut être plus petit que A′, car alors BC serait moindre que B′C′ (th. VIII) : donc A > A′, ce qu'il fallait prouver.

THÉORÈME IX (3e *cas d'égalité*)

Deux triangles sont égaux lorsqu'ils ont les trois côtés égaux chacun à chacun.

Soit les triangles ABC, A′B′C′ dans lesquels on a : AB = A′B′, AC = A′C′, BC = B′C′.

On ne peut avoir A < A′, car alors on aurait BC < B′C′ (th. VIII),

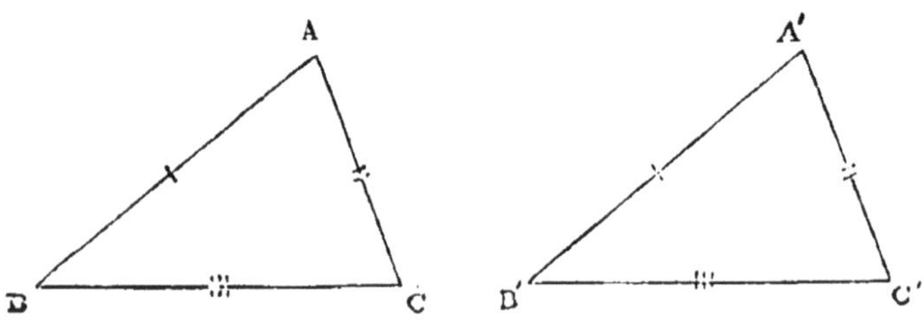

Fig. 19.

de même on ne peut avoir A > A′ car il en résulterait BC > B′C′. Donc il faut que A égale A′ : dès lors les triangles sont égaux puisqu'ils ont un angle égal compris entre côtés égaux chacun à chacun (th. VII).

Corollaire. — *Lorsque deux triangles ont les trois côtés égaux chacun à chacun, les angles opposés aux côtés égaux sont égaux.*

THÉORÈME X

Dans un triangle isocèle, les angles opposés aux côtés égaux sont égaux.

Soit le triangle isocèle ABC, dans lequel AB = AC : en joignant le sommet A au milieu D du côté BC, nous formons deux triangles ABD, ACD, égaux parce qu'ils ont les côtés égaux chacun à chacun (th. IX) ; donc, dans ces triangles égaux les angles ABD, ACD, opposés au côté commun AD, sont égaux.

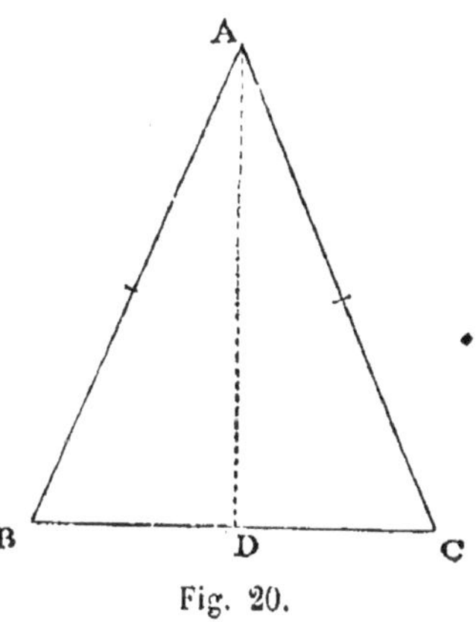

Fig. 20.

Corollaire I. — *Dans un triangle isocèle, la droite qui joint le sommet au milieu de la base, est bissectrice de l'angle au sommet, et perpendiculaire sur la base.*

Car dans les triangles égaux ABD, ACD, les angles BAD, DAC sont égaux, ainsi que les angles ADB, ADC.

Corollaire II. — *Un triangle équilatéral est aussi équiangle.*

THÉORÈME XI (*réciproque du théorème X*)

Si deux angles d'un triangle sont égaux, les côtés opposés à ces angles sont aussi égaux, et le triangle est isocèle.

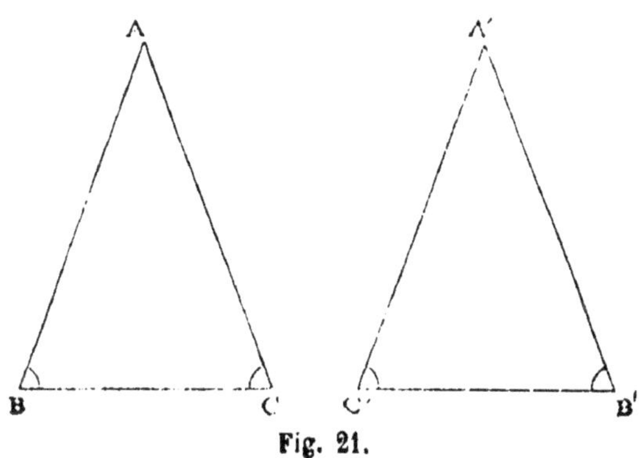

Fig. 21.

Soit le triangle ABC, dans lequel les angles B et C sont égaux : construisons le triangle A′B′C′ égal au premier, en prenant BC = B′C′ et B = B′ et C = C′. Dans ces triangles égaux, les côtés opposés aux angles égaux sont égaux; donc AB = A′C′; mais par construction, on a AC = A′C′, donc AB = AC, ce qu'il fallait prouver.

Corollaire. — *Un triangle équiangle est aussi équilatéral.*

THÉORÈME XII

De deux côtés d'un triangle, le plus grand est opposé au plus grand angle.

Soit le triangle ABC dans lequel l'angle ABC est plus grand que

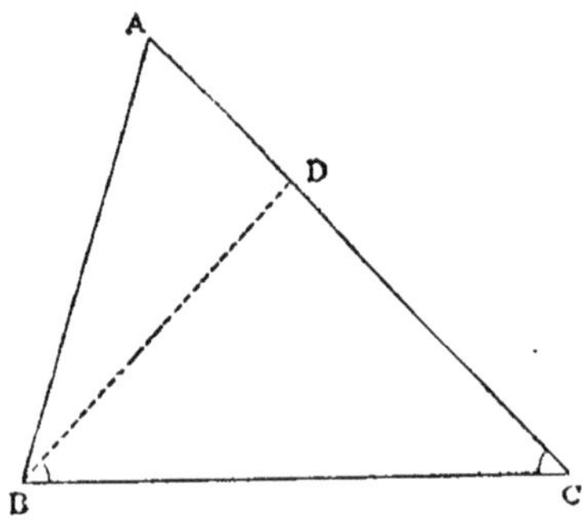

Fig. 22.

l'angle ACB; traçons la ligne BD qui fasse avec BC, du même côté de cette ligne que BA, un angle DBC égal à l'angle ACB; la droite BD sera comprise dans l'angle ABC, et rencontrera AC en un point D situé entre A et C, d'où il résulte AC = AD + DC : mais le triangle BDC est isocèle (th. XI), donc DC = DB, et comme AB est moindre que AD + DB, AB est aussi moindre que AC.

§ IV. — PRINCIPALES PROPRIÉTÉS DES PERPENDICULAIRES ET DES OBLIQUES

THÉORÈME XIII

Par un point situé hors d'une droite passe une perpendiculaire à cette droite, et il n'en passe qu'une seule.

Soit le point O extérieur à AB, et considérons les deux parties du

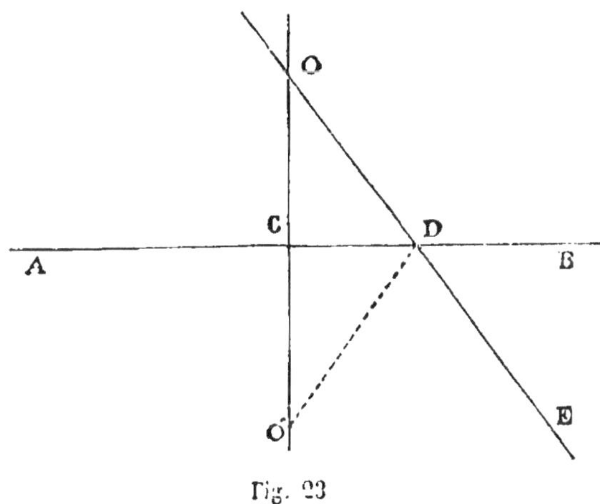

Fig. 23

plan séparées par AB; en faisant tourner autour de AB la partie qui contient le point O, jusqu'à ce qu'elle vienne s'appliquer sur l'autre, le point O viendra occuper une position O′, et si nous traçons la droite OO′ elle sera perpendiculaire sur AB. — En effet, soit C le point de rencontre de ces deux lignes, en repliant la figure comme nous l'avons fait, CO viendra se confondre avec CO′, et par suite les angles OCD, O′CD sont égaux: donc AB est perpendiculaire sur OO′, il y a donc une perpendiculaire.

En second lieu, toute perpendiculaire à AB issue du point O doit contenir O′, c'est-à-dire coïncider avec OO′ : soit, en effet, la perpendiculaire ODE, les angles ODC, CDE seront égaux ; mais les angles ODC, O′DC sont aussi égaux, car ils coïncident dans le mouvement déjà indiqué autour de AB, donc DO′ doit se confondre avec DE, et la perpendiculaire ODE doit contenir le point O′. — Donc il n'y a qu'une seule perpendiculaire abaissée du point O sur AB.

Remarque. — Pour simplifier le langage, on dit que deux points O,O′ sont SYMÉTRIQUES (1) L'UN DE L'AUTRE PAR RAPPORT A AB, lorsque AB est perpendiculaire au milieu de OO′.

THÉORÈME XIV

Si d'un point situé hors d'une droite on mène une perpendiculaire à cette droite et différentes obliques :

1° *La perpendiculaire est plus courte que toute oblique ;*

2° *Deux obliques qui s'écartent également du pied de la perpendiculaire sont égales ;*

3° *De deux obliques qui s'écartent inégalement du pied de la perpendiculaire, celle qui s'en écarte le plus est la plus longue.*

Soit le point O situé hors de la droite XY, nous déterminons la position O′ occupée par le point O quand on replie la figure autour de XY ; OO′ sera la perpendiculaire abaissée de O sur XY :

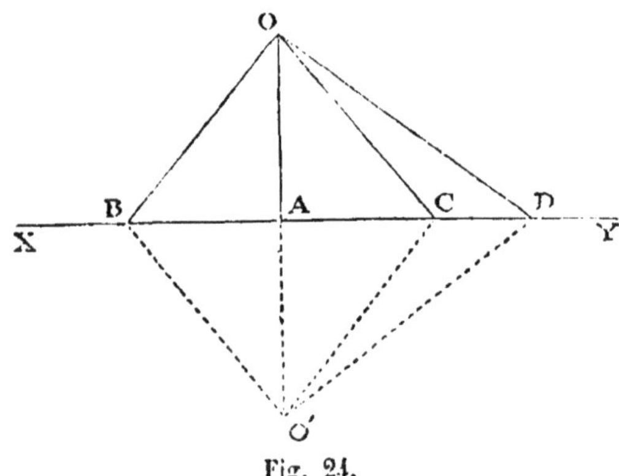

Fig. 24.

1° Soit une oblique OB, elle est égale à O′B, et comme

$$OO' < OB + BO'$$

les moitiés de ces longueurs étant dans le même ordre de grandeur, OA est plus court que OB ;

2° Soit AC = AB, les obliques OB, OC s'écarteront également du pied de la perpendiculaire ; elles sont égales parce que les triangles OAB, OAC sont égaux comme ayant un angle égal compris entre côtés égaux chacun à chacun ;

3° Soit AD > AC, l'oblique OD qui s'écarte le plus du pied A est

(1) σύν, avec ; μέτρον, mesure.

la plus longue, car la ligne brisée ODO′ est plus longue que la ligne brisée enveloppée OCO′ : donc OD > OC puisque les moitiés sont dans le même ordre de grandeur.

Corollaire. — Les réciproques des trois parties du théorème XIV sont vraies, ainsi : *Lorsque deux obliques issues d'un point à une droite sont inégales, la plus longue est celle qui s'écarte le plus du pied de la perpendiculaire issue du même point.*

Définition. — La DISTANCE D'UN POINT A UNE DROITE *est la portion de perpendiculaire à cette droite comprise entre le point et la droite.*

THÉORÈME XV

Tout point de la perpendiculaire élevée au milieu de la droite qui joint deux points est à égale distance de ces deux points. Tout point situé hors de cette perpendiculaire est à inégale distance de ces deux points.

Soit la perpendiculaire CC′ au milieu O de AB : tout point M de cette ligne est à égale distance des points A, B, car MA et MB sont des obliques à AB s'écartant également du pied O de la perpendiculaire abaissée du point M sur AB (th. XIV).

Tout point P extérieur à cette perpendiculaire est à inégale distance des points A, B, car la perpendiculaire abaissée du point P sur AB aura son pied D différent du point O, donc PA et PB sont des obliques inégales, puisqu'elles s'écartent inégalement du pied D de la perpendiculaire abaissée de P sur AB (th. XIV).

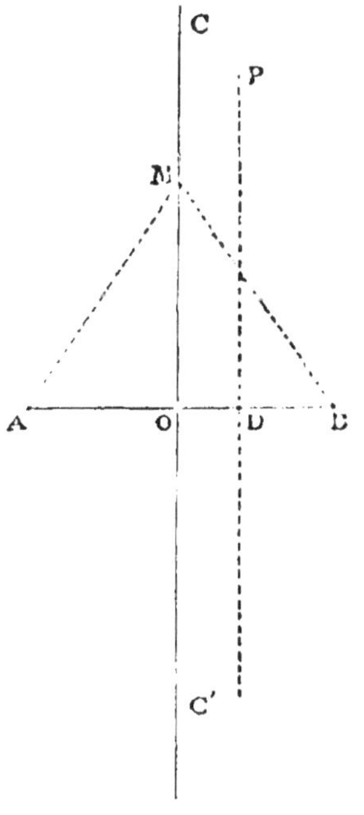

Fig 25.

Définition. — On appelle LIEU GÉOMÉTRIQUE DES POINTS D'UN PLAN QUI ONT UNE PROPRIÉTÉ DÉTERMINÉE, *la ligne dont tous les points ont cette propriété, et telle que tout point situé hors de cette ligne ne jouisse pas de cette propriété.*

Ainsi, dans le théorème XV *la droite CC′ perpendiculaire au milieu de* AB *est le lieu géométrique des points du plan situés à égale distance des points* A, B, puisque tout point M de cette ligne a la propriété d'être à égale distance des points A, B et que tout point P situé hors de cette ligne n'a pas cette propriété.

APPLICATION I

Trouver sur une droite donnée XY, *un point situé à égale distance de deux points donnés* A, B.

Supposons la question résolue, soit M le point de XY situé à égale distance des points A, B. Il est nécessairement sur la perpendiculaire OZ élevée au milieu de AB, puisque celle-ci contient tous les points à égale distance de A et de B, donc c'est le point commun à XY et à cette perpendiculaire.

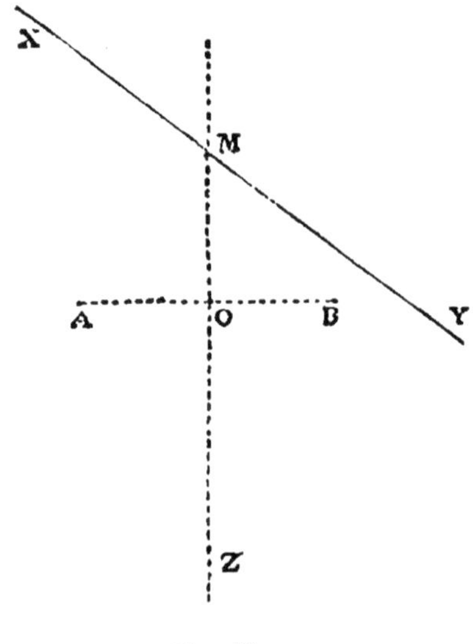

Fig. 26.

APPLICATION II

Les perpendiculaires élevées au milieu des côtés d'un triangle sont concourantes (c'est-à-dire passent par un même point).

Soit, en effet, EO, DO, les perpendiculaires élevées au milieu de deux des côtés du triangle ABC : leur point commun O est à égale distance des points B, C ; il est aussi à égale distance des points A, C, donc il est à égale distance des trois sommets A,B,C : il appartient

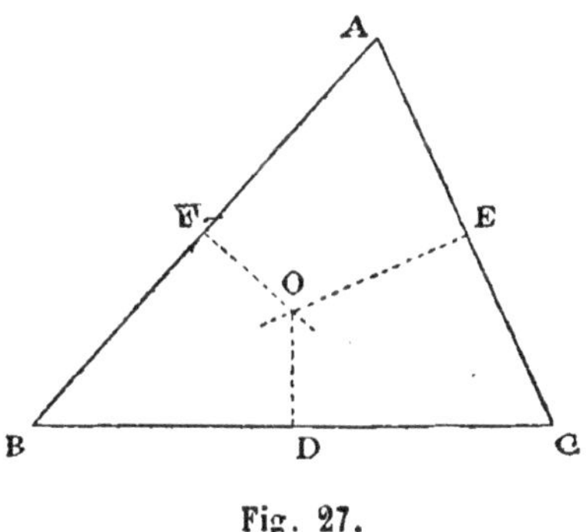

Fig. 27.

donc à la perpendiculaire élevée au milieu de AB, qui contient tous les points à égale distance de A et B. Donc les trois perpendiculaires passent bien par un même point.

APPLICATION III

Trouver le point d'une droite XY *dont la somme des distances à deux points donnés* A,B *soit minimum* (c'est-à-dire le plus petit possible).

Il y a évidemment deux cas à considérer, suivant que les points A, B sont d'un même côté de XY ou de part et d'autre : dans le der-

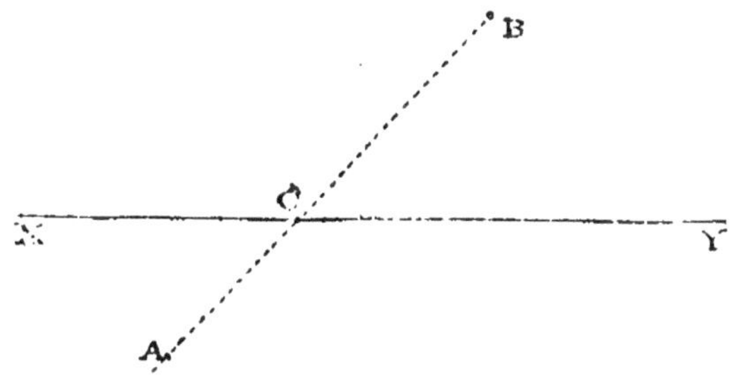

Fig. 28.

nier cas, le point cherché est l'intersection C des droites AB et XY, (fig. 28) cela est évident ; et il est aisé de ramener le premier cas à celui-ci : en effet, prenons le point A′ symétrique de A par rapport à XY (fig. 29), les distances de tout point de XY aux points A et A′

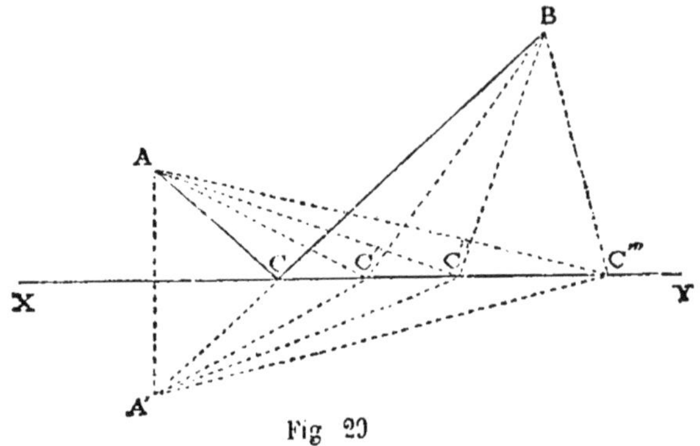

Fig 29

étant égales, on peut substituer le point A′ au point A, et le point cherché sera à l'intersection de XY avec A′B.

Il faut remarquer que si un point mobile sur XY part du point C dans un sens ou dans l'autre, la somme de ses distances aux points A, B ira constamment en croissant, et que le chemin *minimum* ACB est celui pour lequel les deux parties AC, CB sont également inclinées sur XY (l'angle d'incidence égale l'angle de réflexion).

APPLICATION IV

Trouver le point d'une droite XY, *dont la différence des distances à deux points donnés* A, B, *soit maximum.*

Même méthode que dans l'application III.

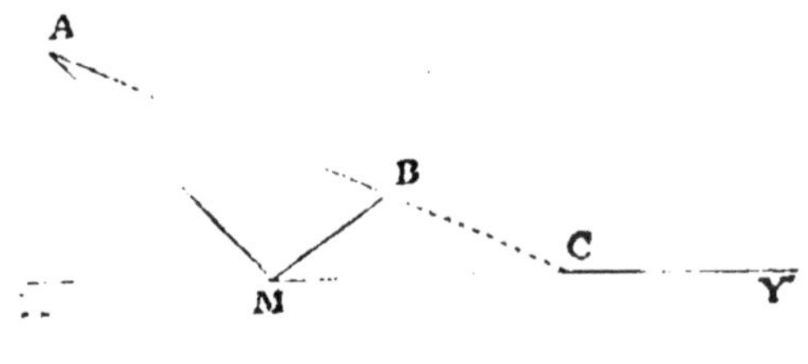

Fig. 30.

Si les points sont d'un même côté de XY (fig. 30), le point C est l'intersection des droites AB et XY, car pour tout point M, la différence entre MA et MB est moindre que AB. Si les points sont de part

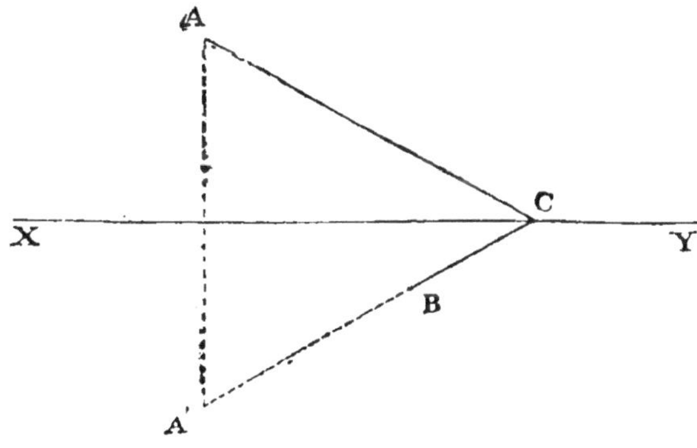

Fig. 31.

et d'autre (fig. 31), on substituera à l'un des points A son symétrique A′ et le point cherché sera l'intersection de XY avec A′B.

THÉORÈME XVI

Deux triangles rectangles sont égaux lorsqu'ils ont l'hypoténuse égale et un angle adjacent égal.

Soit les triangles rectangles ABC, A′B′C′ dans lequel les hypoté-

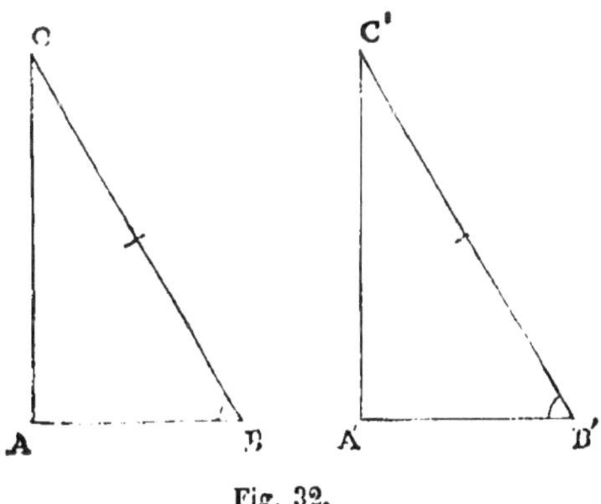

Fig. 32.

nuses BC, B′C′ sont égales, ainsi que les angles adjacents B et B′ : nous portons le triangle A′B′C′ sur le triangle ABC, de sorte que B′C′ coïncide avec son égal BC, les points B, C étant en B′, C′ : par suite de l'égalité des angles B et B′, le côté B′A′ prendra la direction du côté BA ; dès lors C′A′ sera une perpendiculaire sur AB issue du point C, donc elle se confondra avec CA : les triangles sont donc égaux.

THÉORÈME XVII

Deux triangles rectangles sont égaux lorsqu'ils ont l'hypoténuse égale et un côté de l'angle droit égal.

Soit les triangles rectangles ABC, A'B'C' dans lesquels les hypoté-

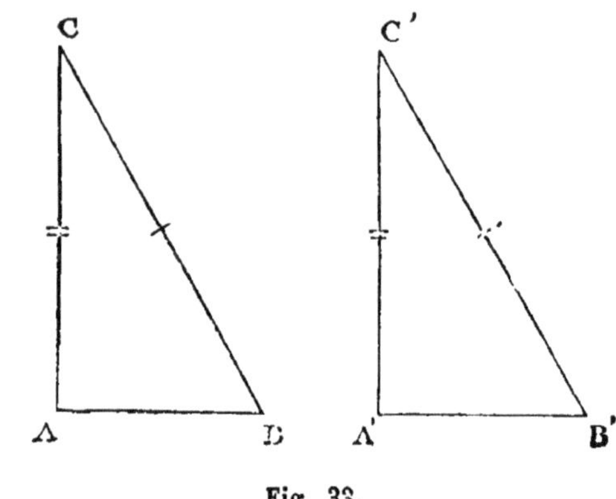

Fig. 33.

nuses BC, B'C' sont égales, ainsi que les côtés AC, A'C'. Portons le triangle A'B'C' sur ABC de façon que A'C' coïncide avec son égal AC, les points A',C' étant en A et C : alors le côté A'B' sera perpendiculaire en A sur AC, donc il se confondra en direction avec AB ; les droites C'B' et CB seront deux obliques égales à AB issues du point C et du même côté de CA, donc elles seront également écartées du pied A de la perpendiculaire, et par suite se confondront. Les triangles coïncident donc.

Corollaire. — *Deux triangles rectangles sont égaux quand ils ont deux côtés égaux chacun à chacun.*

PROBLÈME

Quel est le lieu géométrique des points d'un plan également distant de deux droites concourantes de ce plan.

Soit les droites XX', YY' concourantes en O : le système de ces droites partage le plan en quatre régions : considérons d'abord les points du lieu situés dans l'angle XOY. Soit M un de ces points, traçons les perpendiculaires MP, MQ, on aura MP = MQ ; il en résulte l'égalité des triangles MPO, MQO qui sont rectangles et qui ont deux côtés égaux, donc OM est bissectrice de l'angle XOY.

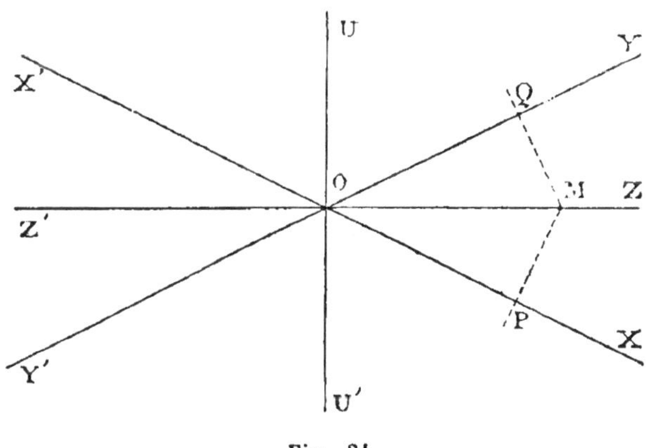

Fig. 34.

Réciproquement, soit M un point de la bissectrice OZ de l'angle XOY, traçons les perpendiculaires MP, MQ : elles seront égales parce que les triangles rectangles MPO, MQO sont égaux, comme ayant l'hypoténuse égale et un angle adjacent égal. Donc, dans la région XOY, le lieu géométrique est la portion de bissectrice OZ.

Le lieu complet se compose des quatre portions de bissectrices des quatre angles, c'est-à-dire que le lieu est le système des deux droites rectangulaires ZZ', UU' bissectrices des quatre angles formés par les droites données.

APPLICATION V

Trouver dans un plan un point également distant de deux droites XX', YY' *de ce plan et de deux points* A, B *de ce plan.*

Supposons le problème résolu (fig. 35), et soit M un point répondant à la question : ce point étant à égale distance des points A, B appartient à la perpendiculaire VV' élevée au milieu C de AB, car cette ligne est le lieu géométrique des points situés à égale distance des points A et B.

En second lieu, le point M appartient au lieu géométrique des points situés à égale distance des droites XX' YY', c'est-à-dire au système des droites rectangulaires ZZ', UU', bissectrices des angles en O. Donc un point répondant à la question étant à la fois sur VV'

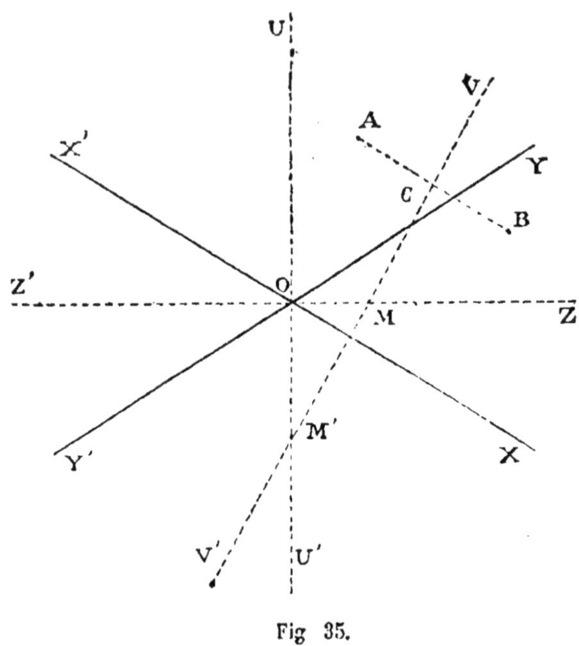

Fig 35.

et sur l'une des droites ZZ', UU', se trouve en M ou M'. Le problème admet donc deux solutions dans le cas général.

APPLICATION VI

Trouver dans un plan un point également distant de trois droites qui forment un triangle ABC.

Soit O un point répondant à la question (fig. 36); étant à égale distance des droites AB, AC, il est situé sur l'une des deux bissectrices XX', YY' des angles en A : étant à égale distance des droites BA, BC, il est situé sur l'une des deux bissectrices ZZ', UU' des angles en B.

Donc les points qui répondent à la question sont les quatre points $OO_1O_2O_3$, communs aux deux systèmes de droites. Le problème admet donc quatre solutions.

Remarque. — Les quatre points que nous venons de trouver appartiennent aussi au lieu géométrique des points également dis-

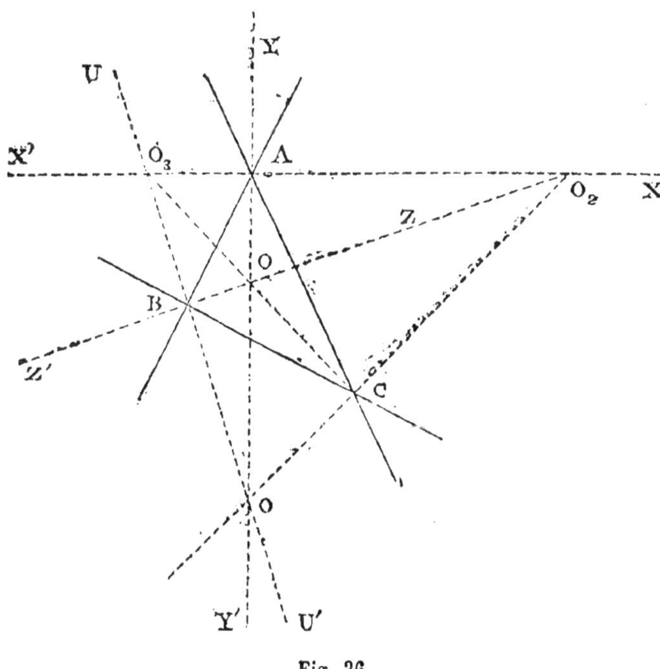

Fig. 36.

tants des droites CA, CB, c'est-à-dire aux bissectrices des angles en C.

Il en résulte l'énoncé suivant :

APPLICATION VII

Les bissectrices des angles intérieurs d'un triangle sont concourantes, et les bissectrices de deux angles extérieurs vont concourir sur la bissectrice du troisième angle intérieur.

§ V. — THÉORIE DES PARALLÈLES

Définition. — *Deux droites sont* PARALLÈLES (1) *lorsqu'elles sont dans un même plan et qu'elles ne se rencontrent pas.*

(1) παρὰ, le long de; ἀλλήλων, les uns les autres.

THÉORÈME XVIII

Deux droites perpendiculaires à une troisième sont parallèles.
Les perpendiculaires CD et EF à AB sont parallèles, car si elles

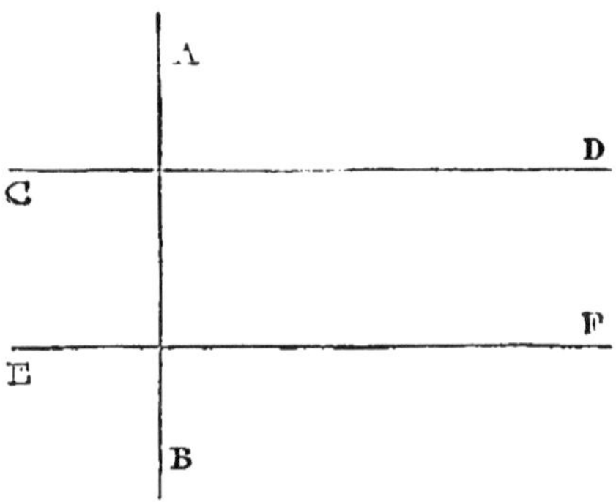

Fig. 37.

avaient un point commun elles coïncideraient, puisque par un point il ne passe qu'une seule perpendiculaire à AB.

THÉORÈME XIX

Par tout point situé hors d'une droite passe une parallèle à cette droite.

Du point O extérieur à AB, abaissons la perpendiculaire OC sur

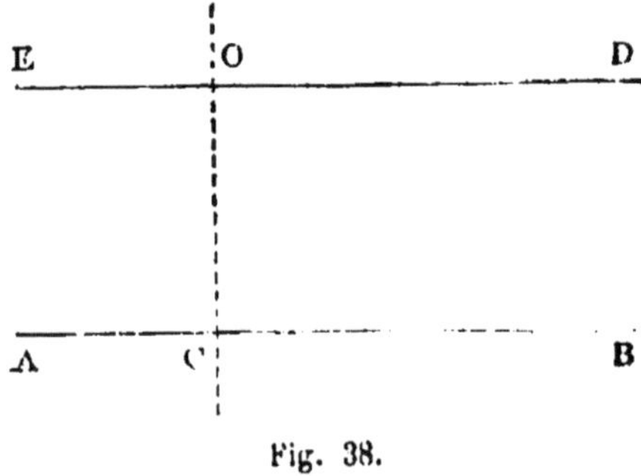

Fig. 38.

AB, et élevons en O la perpendiculaire DE sur OC : DE et AB seront parallèles parce qu'elles sont perpendiculaires à OC.

AXIOME III

Par un point situé hors d'une droite il ne passe qu'une seule parallèle à cette droite.

Nous ADMETTONS cette propriété qui peut encore s'énoncer ainsi : *Lorsque deux droites sont parallèles, toute direction du plan de ces droites qui rencontre l'une, rencontre aussi l'autre*

THÉORÈME XX

Deux droites parallèles à une troisième sont parallèles entre elles.

Soit X et Y respectivement parallèles à Z; elles ne peuvent se rencontrer sans se confondre, puisqu'il n'y a qu'une seule parallèle à Z passant par un point : donc X et Y sont parallèles, car ces trois droites sont supposées dans le même plan.

Fig. 39.

THÉORÈME XXI

Quand deux droites sont parallèles, toute perpendiculaire à l'une l'est aussi à l'autre.

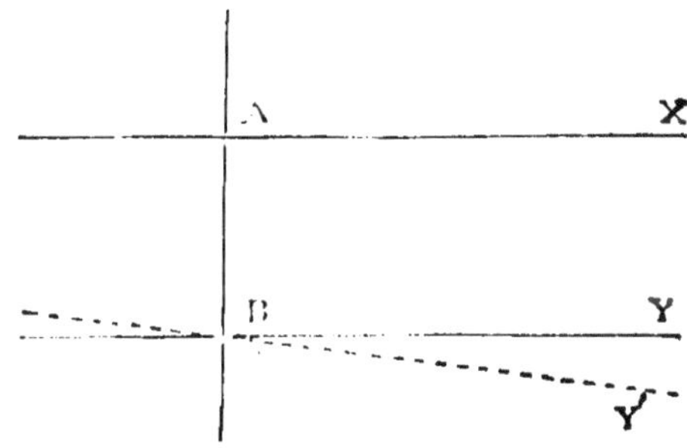

Fig. 40.

Soit AB perpendiculaire sur X, et soit Y parallèle à X; par le point B, commun à AB et à Y, menons la perpendiculaire Y' sur AB, elle sera parallèle à X (th. XVIII), donc elle se confond avec Y (axiome III).

Définition. — Lorsque deux droites X, Y sont rencontrées par une sécante Z, huit angles se trouvent formés :

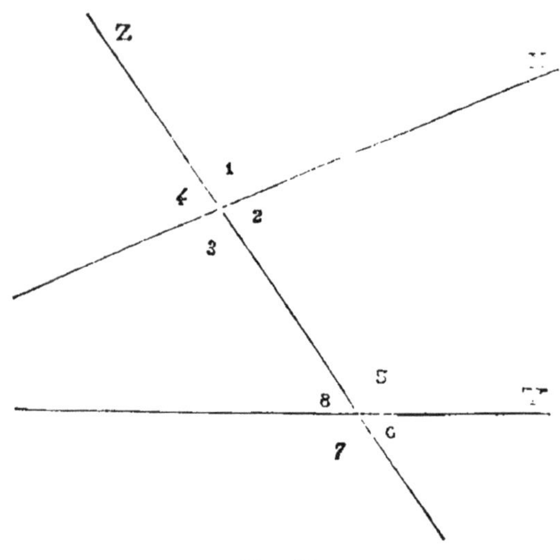

Fig. 41.

1° Les angles 2, 8 sont dits ALTERNES INTERNES, ainsi que les angles 3, 5.

2° Les angles 1, 7 sont dits ALTERNES EXTERNES, ainsi que les angles 4, 6.

3° Les angles 2, 6 sont dits CORRESPONDANTS, ainsi que les angles 3, 7 et aussi les angles 1, 5 et encore les angles 4, 8.

4° Les angles 2, 5 sont dits INTERNES DU MÊME CÔTÉ DE LA SÉCANTE, ainsi que les angles 3, 8.

5° Les angles 1, 6 sont dits EXTERNES DU MÊME CÔTÉ DE LA SÉCANTE, ainsi que les angles 4, 7.

THÉORÈME XXII

Quand deux droites parallèles sont rencontrées par une sécante :

1° *Les angles alternes internes sont égaux ;*

2° *Les angles alternes externes sont égaux ;*

3° *Les angles correspondants sont égaux ;*

4° *Les angles internes du même côté de la sécante sont supplémentaires ;*

5° *Les angles externes du même côté de la sécante sont supplémentaires.*

Soit les parallèles X, Y rencontrées par la sécante Z aux points A, B : du milieu O de AB abaissons la perpendiculaire OC sur X, elle sera perpendiculaire sur Y (th. XXI) ; nous formons ainsi deux triangles rectangles OAC, ODB égaux, parce qu'ils ont l'hypoténuse égale et

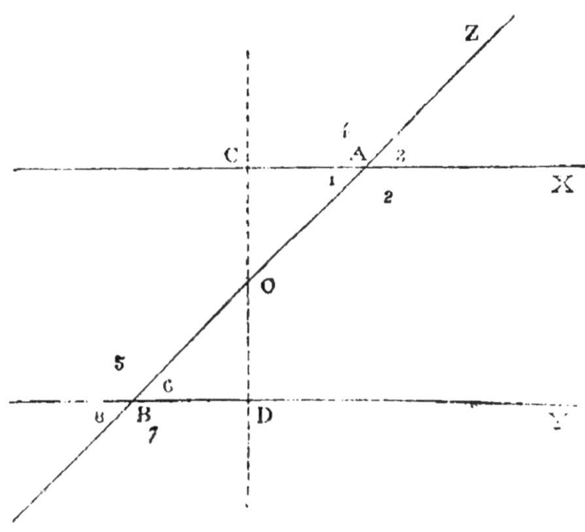

Fig. 42.

un angle adjacent égal, car les angles opposés par le sommet AOC, BOD sont égaux.

De cette égalité il résulte :

1° L'égalité des angles alternes internes 1 et 6, et aussi des angles alternes internes 2 et 5 qui sont supplémentaires des premiers ;

2° L'égalité des alternes externes 3 et 8, 7 et 4 respectivement égaux aux angles alternes internes précédents ;

3° L'égalité des angles correspondants 3 et 6, 2 et 7, 4 et 5, 1 et 8.

4° Les angles internes du même côté de la sécante 2 et 6 sont supplémentaires, puisque 2 est égal à 5 qui est le supplément de 6 ; de même pour les angles 1 et 5.

5° Les angles externes du même côté de la sécante 3 et 7 sont supplémentaires, car les angles 3 et 8 sont égaux ; de même pour les angles 4 et 8.

THÉORÈME XXIII (*réciproque du théorème XXII*)

Deux droites rencontrées par une sécante sont parallèles si elles forment avec cette sécante :

1° Des angles alternes internes égaux;

Ou : 2° des angles alternes externes égaux;

Ou : 3° des angles correspondants égaux;

Ou : 4° des angles internes du même côté de la sécante supplémentaires.

Ou : 5° des angles externes du même côté de la sécante supplémentaires.

La méthode pour démontrer les cinq parties de la réciproque étant la même, il nous suffit de l'indiquer sur l'un des cinq cas : prouvons, par exemple, que si les angles internes du même côté de la sécante 1, 2 sont supplémentaires, les droites X et Y sont parallèles;

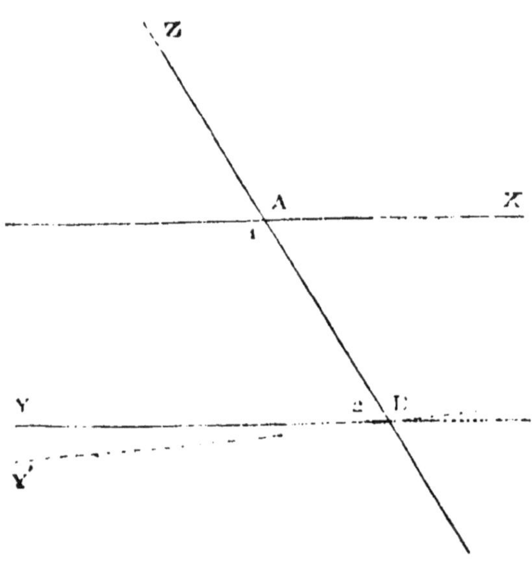

Fig. 43.

à cet effet, traçons BY′ parallèle à X, nous formons l'angle ABY′ supplémentaire de 1 (4° du th. XXII) et par suite égal à 2 : donc les droites Y′ et Y se confondent; Y est donc parallèle à X.

APPLICATION VIII

Tracer à l'aide de l'équerre, la parallèle à une droite passant par un point donné.

On place l'hypoténuse de l'équerre en coïncidence avec la direction XY donnée, puis on applique une règle plate sur l'un des deux côtés de l'angle droit ; on maintient la règle dans cette position et l'on fait glisser l'équerre le long de la règle jusqu'à ce que l'hypoténuse passe par le point A donné. A ce moment la direction figurée par l'hypoténuse est la parallèle cherchée. En effet, les directions

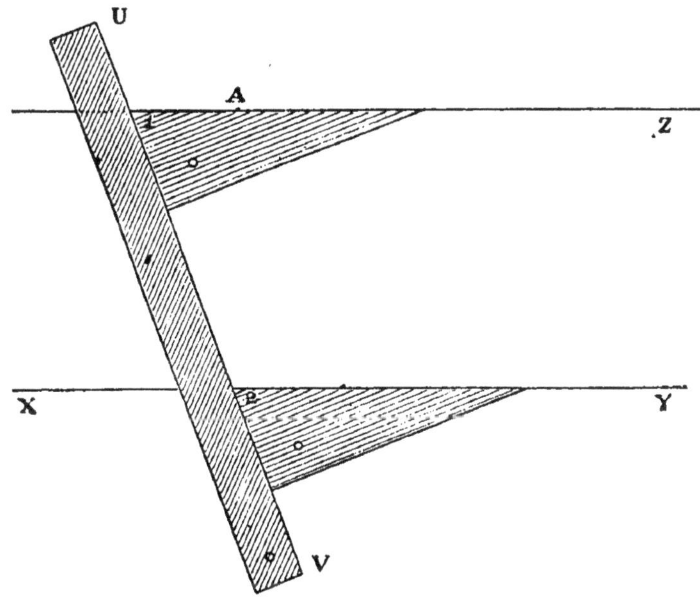

Fig. 44.

Z et XY forment avec la sécante UV des angles 1, 2, correspondants égaux, donc les directions sont parallèles (3° du th. XXIII).

Remarque. — Il faut d'ailleurs réduire l'usage de l'équerre à la résolution de cette question, et *ne pas s'en servir pour le tracé des perpendiculaires*, qui doit se faire par les méthodes qui seront indiquées dans le livre II.

THÉORÈME XXIV

Deux angles à côtés respectivement parallèles sont égaux ou supplémentaires.

Il y a deux cas à distinguer :

1° Les deux côtés de l'un des angles vont dans le même sens que les côtés de l'autre ou tous deux dans le sens contraire : alors les angles sont *égaux*.

2° Les côtés de l'un des angles vont l'un dans le même sens, et l'autre dans le sens contraire des côtés de l'autre : alors les angles sont *supplémentaires*.

Soit les angles XOY, X'O'Y' dont les côtés sont respectivement parallèles et dirigés deux à deux dans le même sens : ils sont égaux tous deux à l'angle 6 (3° du th. XXII), donc égaux entre eux. Il en est

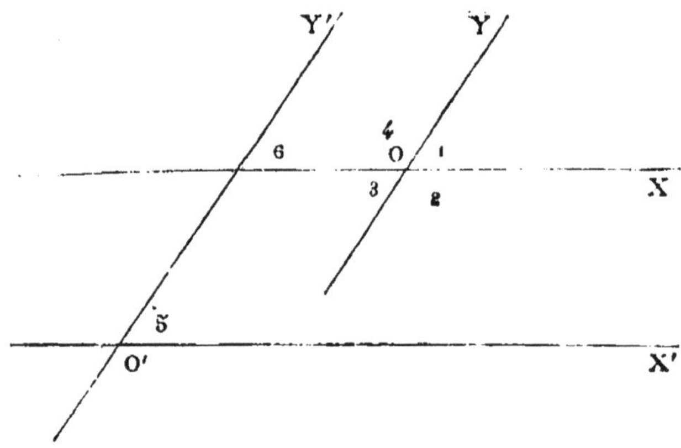

Fig. 45.

de même des angles 3 et 5 dont les côtés sont dirigés deux à deux en sens contraire.

Quant aux angles 4 et 5, ils sont supplémentaires, puisque les angles 4 et 6 sont supplémentaires ; il en est de même des angles 5 et 2.

THÉORÈME XXV

Deux angles à côtés respectivement perpendiculaires sont égaux ou supplémentaires.

Soit en effet les angles XOY, ZO'V dont les côtés sont respectivement perpendiculaires : faisons tourner l'angle XOY, d'un

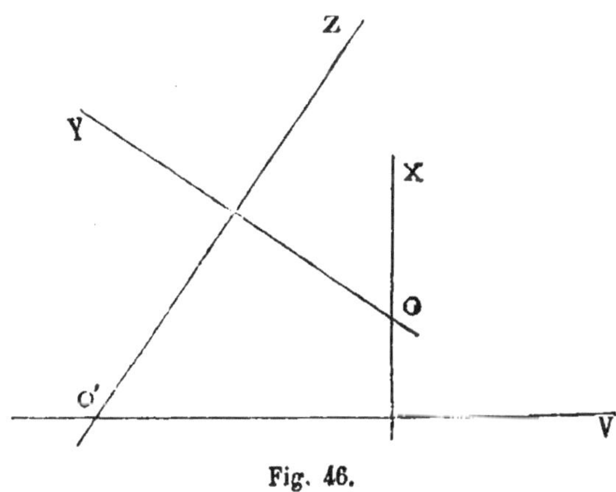

Fig. 46.

angle droit autour du point O, ses côtés deviendront parallèles aux côtés de l'angle ZO'V, donc, en appliquant le théorème XXIV ces deux angles ne peuvent être qu'égaux ou supplémentaires. Ils seront égaux s'ils sont tous deux aigus ou tous deux obtus ; ils seront supplémentaires si l'un est aigu et l'autre obtus.

THÉORÈME XXVI

La somme des angles d'un triangle vaut deux angles droits.

Soit le triangle ABC : menons la parallèle CE à AB, elle formera

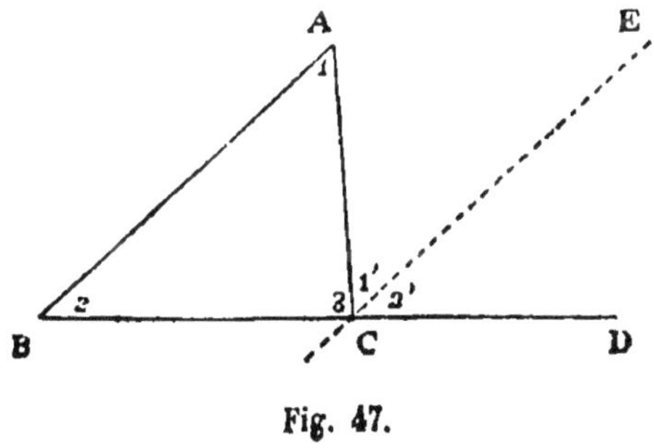

Fig. 47.

avec AC et le prolongement de BC des angles 1', 2' respectivement égaux aux angles 1 et 2 (1° et 3° du th. XXI) : or les angles 1', 2', 3 ont pour somme deux droits (coroll. II, th. II), donc les trois angles du triangle ABC ont aussi pour somme deux droits.

Corollaire I. — *Si deux triangles ont deux angles égaux chacun à chacun les troisièmes angles sont égaux.*

Puisque chaque angle d'un triangle est supplémentaire de la somme des deux autres.

Corollaire II. — *Un angle extérieur d'un triangle vaut la somme des angles intérieurs non adjacents.*

On appelle ANGLE EXTÉRIEUR d'un triangle ABC, *l'angle formé par un côté avec le prolongement d'un autre*, tel que ACD : il est visible que cet angle égale la somme des angles intérieurs BAC, ABC non adjacents.

Corollaire III. — *Un triangle ne peut avoir qu'un seul angle obtus ou droit.*

Corollaire IV. — *Les angles d'un triangle rectangle adjacents à l'hypoténuse sont aigus et complémentaires.*

Corollaire V. — *Chacun des angles d'un triangle équilatéral vaut les deux tiers d'un angle droit.*

Car un triangle équilatéral est aussi équiangle, chacun des angles est donc le tiers de la somme.

Définitions. — Un POLYGONE (1) *est une portion de plan limitée par une ligne brisée fermée.*

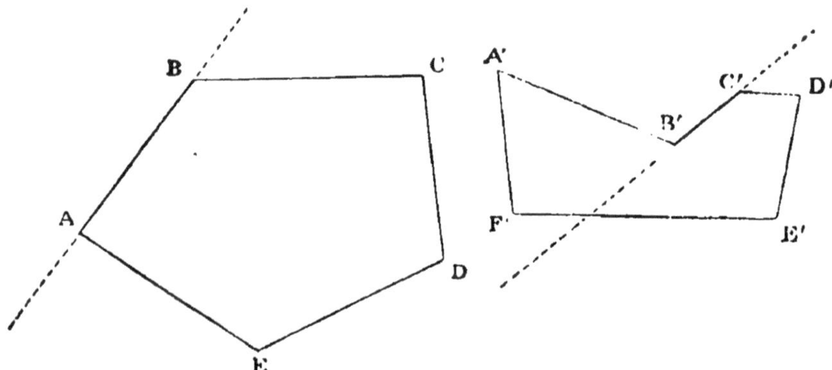

Fig. 48.

Le polygone le plus simple est le triangle. On donne les noms de QUADRILATÈRE (2), PENTAGONE (3), HEXAGONE (4)...... aux poly-

(1) πολύς, plusieurs ; γωνία, angle.
(2) *Quadri*, quatre fois, *latus*.
(3) πέντε, cinq ; γωνία.
(4) ἕξ, six ; γωνία.

gones dont le nombre des côtés est 4, 5, 6... Un polygone est dit CONVEXE (1) quand il est entièrement situé du même côté de la direction de l'un quelconque de ses côtés; dans le cas contraire, il est dit CONCAVE (2).

Le pentagone ABCDE est convexe, et l'hexagone A'B'C'D'E'F' est concave.

On appelle DIAGONALE (3) dans un polygone, la droite qui joint deux sommets non consécutifs.

En représentant par n le nombre des côtés, le nombre des diagonales est $\frac{n(n-3)}{2}$, car de chacun des sommets partent $(n-3)$ diagonales : en tirant toutes ces droites, on en obtiendra $n(n-3)$, et chacune des diagonales aura été obtenue deux fois.

THÉORÈME XXVII

La somme des angles intérieurs d'un polygone convexe vaut autant de fois deux angles droits qu'il y a de côtés moins deux.

Soit le polygone convexe ABCDEF, nous tirons les diagonales issues de l'un des sommets A, et nous décomposons ainsi le poly-

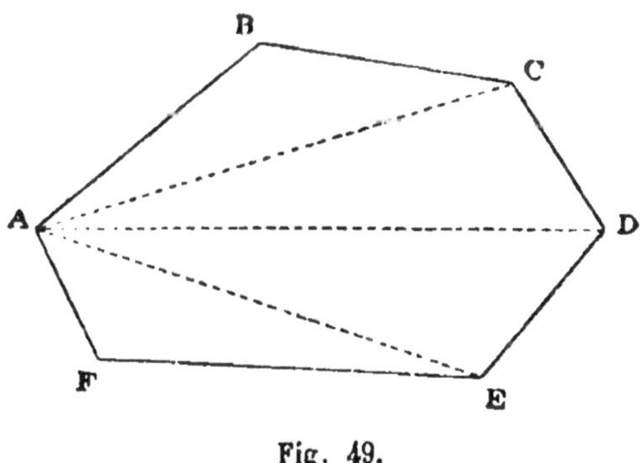

Fig. 49.

gone en triangles dont les angles ont même somme que les angles intérieurs du polygone : or il y a autant de triangles que de côtés moins deux dans le polygone, donc la somme des angles vaut autant de fois deux droits qu'il y a de côtés moins deux.

(1) *Convexus*, bombé.
(2) *Concavus*, creux.
(3) διά, au travers; γωνία, coin.

Remarque. — Dans un polygone concave, l'énoncé est encore vrai, en prenant les angles intérieurs tels que la figure les donne; par exemple, dans la figure 50 l'angle B intérieur au polygone, est celui des deux angles ABC qui est plus grand que deux droits : la démonstration peut se faire de la même façon.

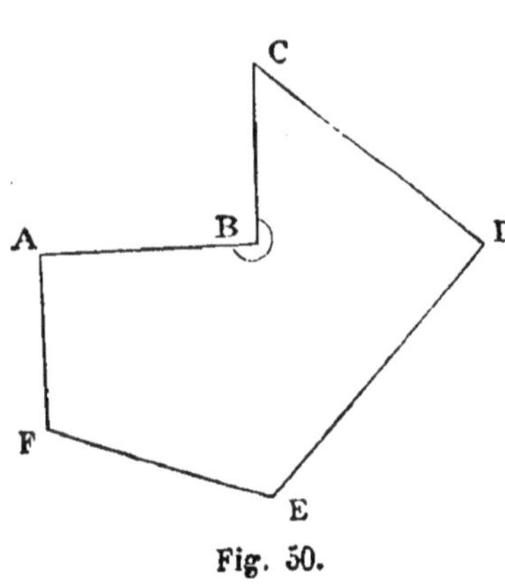

Fig. 50.

Corollaire I. — *En représentant par* n *le nombre des côtés d'un polygone convexe, la somme des angles intérieurs est* $(2n-4)$ *droits.*

Corollaire II. — *La somme des angles intérieurs d'un quadrilatère vaut quatre droits.*

Corollaire III. — *La somme des angles extérieurs d'un polygone convexe vaut quatre droits.*

Supposons un mobile parcourant le périmètre du polygone convexe ABCDEF, dans un sens convenu, et prolongeons les côtés dans le sens où il les parcourt : nous formerons les angles extérieurs du

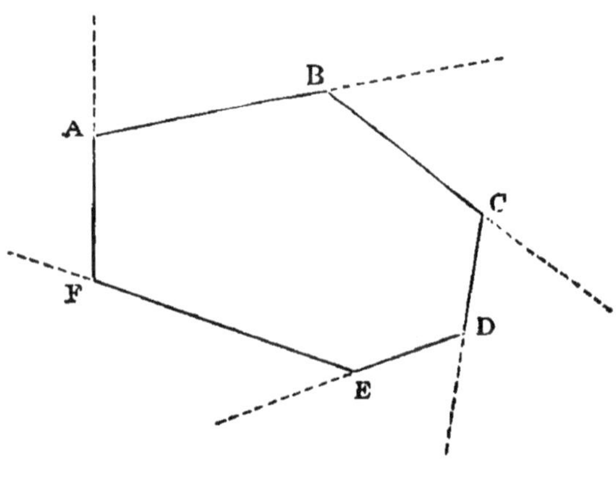

Fig. 51.

polygone; chacun de ces angles est supplémentaire de l'angle intérieur adjacent, et, comme la somme totale des angles, tant intérieurs qu'extérieurs, vaut $2n$ droits, la somme des angles extérieurs vaut $2n - (2n - 4)$ droits ou quatre droits.

Corollaire IV. — *Un polygone convexe ne peut avoir plus de trois angles intérieurs aigus.*

Car il ne peut y avoir plus de trois angles extérieurs obtus.

§ VI. — PARALLÉLOGRAMMES

Définitions. — Le TRAPÈZE (1) est un quadrilatère dont deux

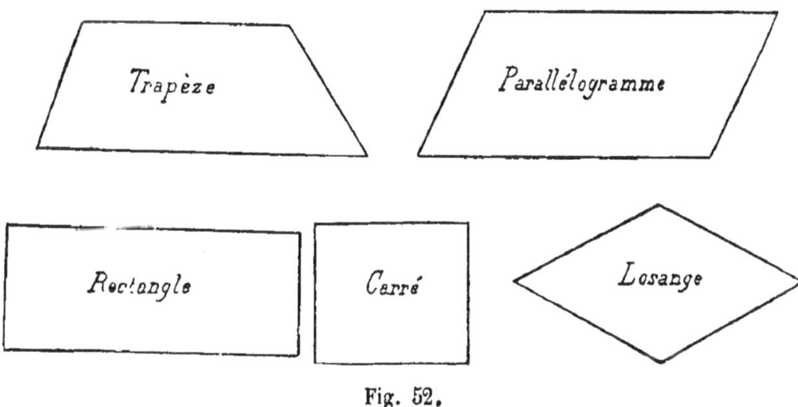

Fig. 52.

côtés sont parallèles : ces côtés sont les BASES du trapèze et leur distance est la HAUTEUR.

Le PARALLÉLOGRAMME (2) est un quadrilatère dont les côtés sont deux à deux parallèles.

Le RECTANGLE est un parallélogramme dont les angles sont droits.

Le CARRÉ est un rectangle dont les côtés sont égaux.

Le LOSANGE est un quadrilatère dont les quatre côtés sont égaux.

THÉORÈME XXVIII

Dans un parallélogramme : 1° *Les angles opposés sont égaux ;*
2° *Les côtés opposés sont égaux ;*
3° *Les diagonales se coupent en leur milieu.*

Soit le parallélogramme ABCD:

(1) τράπεζα, table.
(2) παρά-ἀλλήλων-γραμμή.

1° Les angles opposés B, D sont égaux, car ils ont leurs côtés respectivement parallèles et dirigés en sens contraire (th. XXIV).

2° Les côtés AB et CD sont égaux; car, en traçant la diagonale BD, nous formons deux triangles égaux, parce qu'ils ont un côté égal adjacent à deux angles égaux chacun à chacun : par exemple, les angles 1 et 1′ sont égaux, parce qu'ils occupent la position d'alternes internes par rapport aux parallèles AB, CD coupés par la sécante BD; il en est de même des angles 2 et 2′. Dans ces triangles égaux, les côtés AB et CD opposés aux angles égaux 2 et 2′ sont donc égaux; de même on prouverait AD = BC.

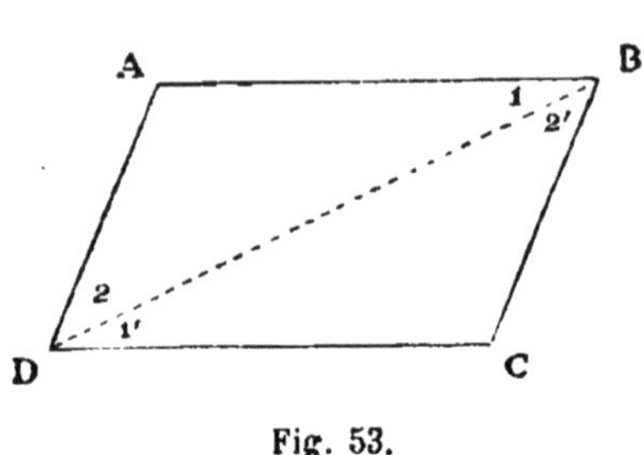

Fig. 53.

3° Le point de rencontre O des diagonales est le milieu de chacune d'elles : car les triangles AOB, DOC sont égaux, parce qu'ils ont un côté égal adjacent à deux angles égaux chacun à chacun : en effet, AB = CD d'après 2°, et les angles 1 et 1′ sont égaux ainsi que 2 et 2′ :

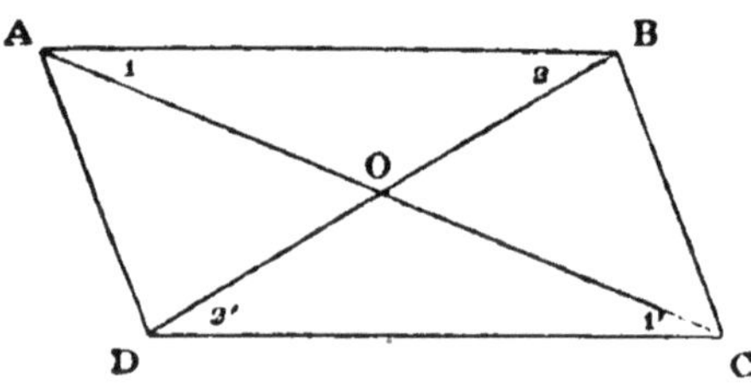

Fig. 54.

donc AO et OC opposés dans les triangles égaux aux angles égaux 2 et 2′ sont égaux, il en est de même des longueurs OB, OD.

Corollaire I. — *Les portions de parallèles comprises entre parallèles sont égales.*

Corollaire II. — *Deux droites parallèles sont partout également distantes.*

Corollaire III. — *Un parallélogramme est un rectangle si l'un de ses angles est droit.*

THÉORÈME XXIX (*réciproque du théorème XXVIII*)

Pour qu'un quadrilatère soit un parallélogramme, il suffit :
1° *Que ses angles opposés soient égaux;*
Ou : 2° *que ses côtés opposés soient égaux;*
Ou : 3° *que deux côtés opposés soient égaux et parallèles;*
Ou : 4° *que les diagonales se coupent en leur milieu.*

Soit en effet le quadrilatère ABCD :

1° Supposons les angles opposés égaux : la somme des quatre angles valant quatre droits, et les angles étant égaux deux à deux, c'est que la somme des deux angles consécutifs A et D vaut deux droits. Or ces angles occupent la position d'internes du même côté de la sécante par rapport aux droites AB, CD coupées par AD, donc ces droites sont parallèles, puisque ces angles sont supplémentaires (4° du th. XXIII); on prouverait de même le parallélisme des côtés AD et BC; la figure est donc un parallélogramme.

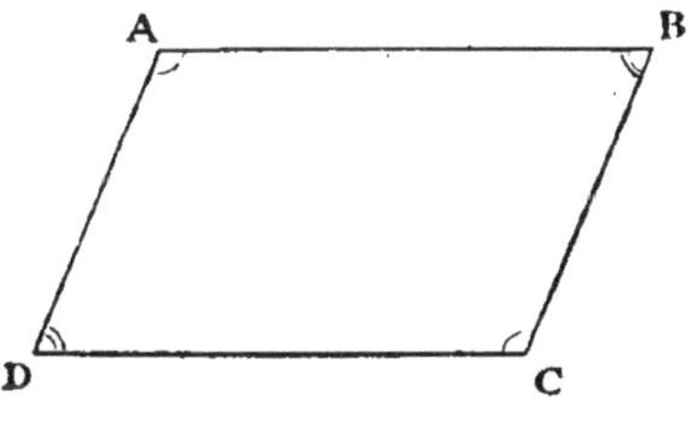

Fig. 55.

2° Supposons AB = CD et AD = BC; les triangles ABD, BCD sont égaux parce qu'ils ont les trois côtés égaux chacun à chacun; donc

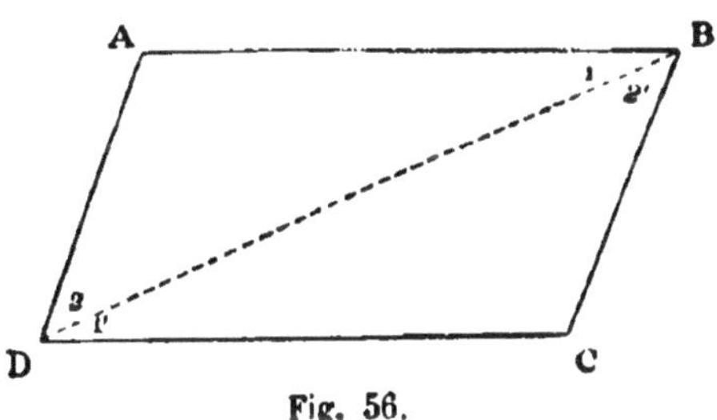

Fig. 56.

les angles 1 et 1' de ces triangles égaux, opposés à des côtés égaux, sont égaux : or ces angles occupent la position d'alternes internes par rapport aux droites AB et CD coupées par la sécante BD; ces droites sont donc parallèles puisque ces angles sont égaux (1° du th. XXIII); on prouverait de même le parallélisme des côtés AD et BC; la figure est donc un parallélogramme.

3° Supposons AB égal et parallèle à DC : les triangles ABD, BDC seront égaux parce qu'ils ont un angle égal compris entre côtés égaux chacun à chacun, car les angles 1 et 1′ occupent la position d'alternes internes par rapport aux parallèles AB, CD rencontrées

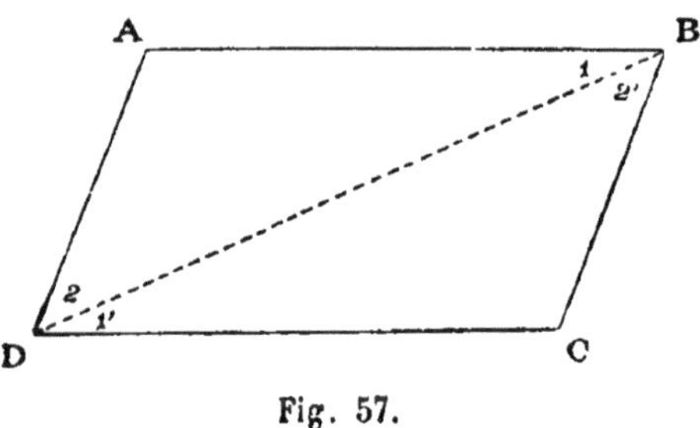

Fig. 57.

par la sécante BD. Donc les angles 2 et 2′, opposés dans ces triangles égaux à des côtés égaux, sont égaux; mais ces angles occupent la position d'alternes internes par rapport aux droites AD et BC coupées par la sécante BD, ces droites sont donc parallèles (1° du th. XXIII); la figure est donc un parallélogramme.

4° Supposons que le point de rencontre O des diagonales soit le milieu de chacune d'elles; les triangles AOB, DOC seront égaux, parce qu'ils ont un angle égal compris entre côtés égaux chacun à chacun; car les angles AOB, DOC sont opposés par le sommet : donc les angles 1 et 1′ opposés à des côtés égaux sont égaux, et par

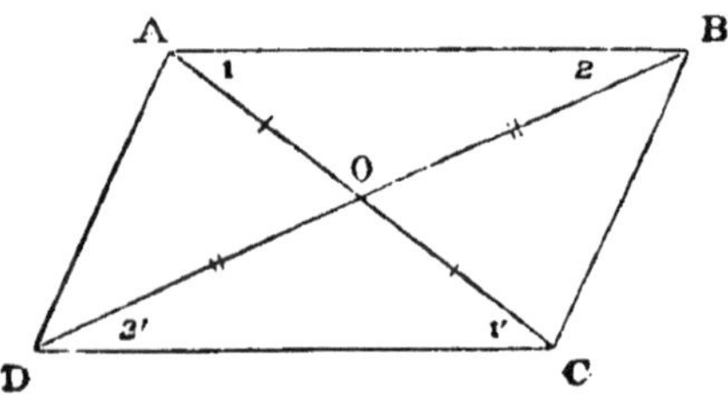

Fig. 58.

suite, AB est parallèle à DC (1° du th. XIII); — de même l'égalité des angles 2 et 2′ entraîne le parallélisme des droites AD, BC; la figure est donc un parallélogramme.

Corollaire. — *Le losange est un parallélogramme.*

Puisque ses quatre côtés sont égaux entre eux.

THÉORÈME XXX

Les diagonales d'un rectangle sont égales, et RÉCIPROQUEMENT *si les diagonales d'un parallélogramme sont égales, c'est un rectangle.*

1° Soit le rectangle ABCD : les triangles ADC, DBC sont égaux parce qu'ils ont un angle égal, comme droit, compris entre côtés égaux chacun à chacun : donc les hypoténuses sont égales.

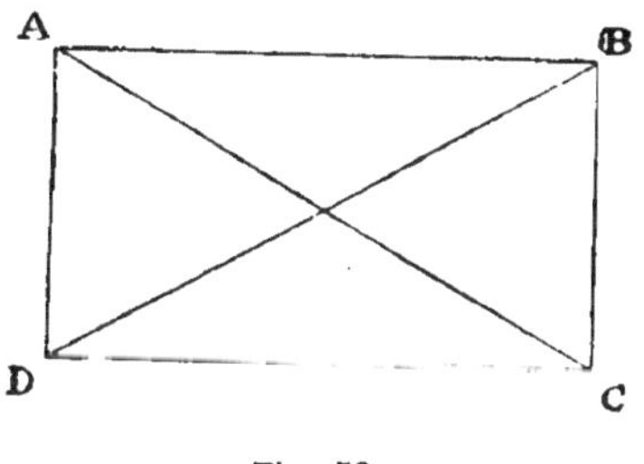

Fig. 59.

2° Soit le parallélogramme ABCD dans lequel nous supposons AC=BD; les triangles ADC, BCD sont égaux parce qu'ils ont leurs trois côtés égaux chacun à chacun : donc les angles ADC, DCB opposés, dans ces triangles, à des côtés égaux sont égaux; mais les angles sont supplémentaires, parce qu'ils occupent la position d'internes du même côté de la sécante, par rapport aux parallèles AD, BC, rencontrées par DC; donc, les angles étant égaux et supplémentaires, sont droits; la figure est donc un rectangle.

Corollaire. — *Le milieu de l'hypoténuse d'un triangle rectangle est à égale distance des trois sommets.*

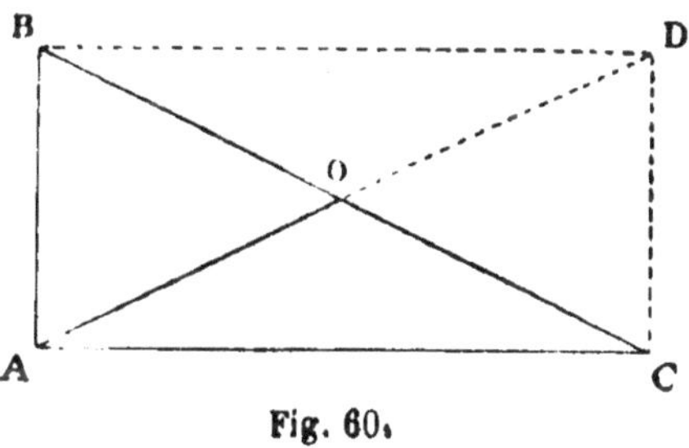

Fig. 60.

Car le triangle rectangle ABC est la moitié d'un rectangle ABCD dans lequel AD, égal à BC, passe par le milieu O de BC.

THÉORÈME XXXI

Les diagonales d'un losange sont rectangulaires, et RÉCIPROQUEMENT : *si les diagonales d'un parallélogramme sont rectangulaires, c'est un losange.*

1° Le lieu géométrique des points également distants des points A et C étant la perpendicnlaire élevée au milieu O de AC, la droite BD est perpendiculaire sur AC.

2° BD étant perpendiculaire au milieu de AC, BC = BA, mais

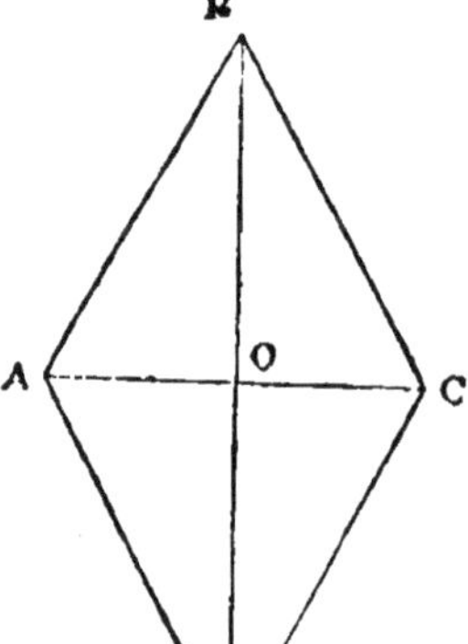

Fig. 61.

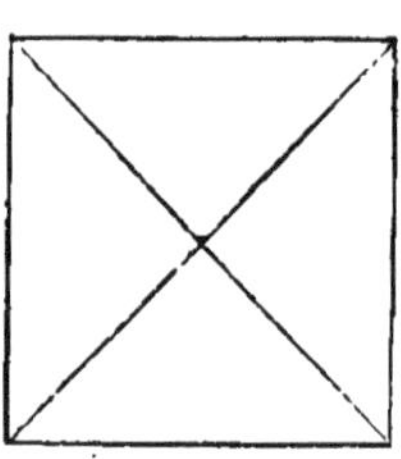

Fig. 62.

AB = CD, donc les quatre côtés sont égaux, et la figure est un losange.

Corollaire. — *Les diagonales d'un carré se coupent en parties égales, sont égales et rectangulaires.*

Car le carré est à la fois un rectangle et un losange.

APPLICATION IX

Les hauteurs d'un triangle sont concourantes.

Soit, en effet, le triangle ABC : traçons par chaque sommet une parallèle au côté opposé, nous formerons un triangle MNP, dont les milieux des côtés sont les sommets A, B, C du triangle considéré : par exemple, AN = AM, parce que chacune de ces lignes égale BC (*portions de parallèles comprises entre parallèles*) : donc les hauteurs du triangle ABC sont les perpendiculaires élevées au milieu des côtés du triangle MNP, elles sont donc concourantes.

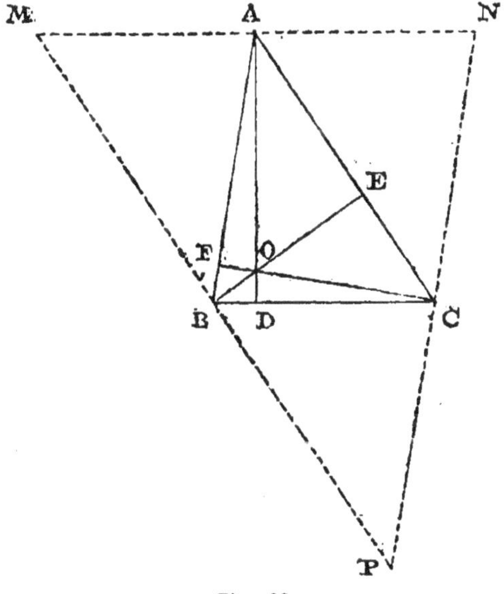

Fig. 63.

APPLICATION X

La droite qui joint les milieux de deux côtés d'un triangle est parallèle au troisième côté et en vaut la moitié.

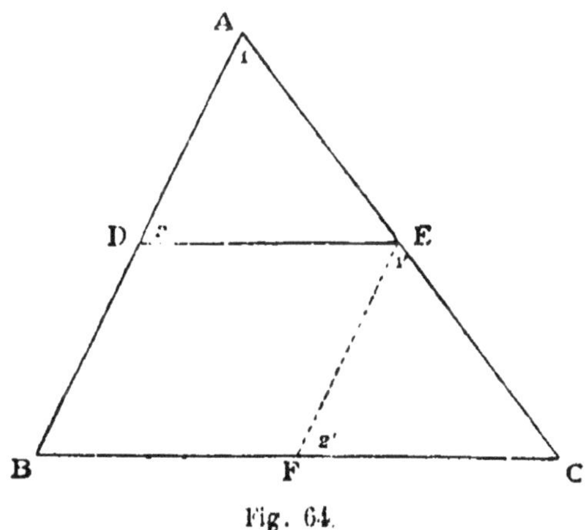

Fig. 64.

Soit D le milieu de AB, menons la parallèle DE à BC, et traçons EF parallèle à AB : les triangles ADE, FEC sont égaux, parce qu'ils ont un côté égal adjacent à deux angles égaux chacun à chacun ; car EF = DB (portions de parallèles comprises entre parallèles), donc EF = AD ; d'ailleurs les angles 1, 1' sont égaux, ainsi que les angles 2 et 2', parce que les côtés sont parallèles deux à deux et dirigés en même sens : de cette égalité de triangles il résulte que EA = EC, c'est-à-dire que le point E est le milieu de AC ; puis DE = FC, et comme déjà DE = FB (portions de parallèles comprises entre parallèles), DE vaut la moitié de BC.

APPLICATION XI

Si l'on joint les milieux des côtés non parallèles d'un trapèze :

1° *Cette ligne est parallèle aux bases et passe par les milieux des diagonales.*

2° *La portion de cette ligne comprise entre les côtés non parallèles vaut la demi-somme des bases, et la portion comprise entre les diagonales vaut la demi-différence de ces mêmes bases.*

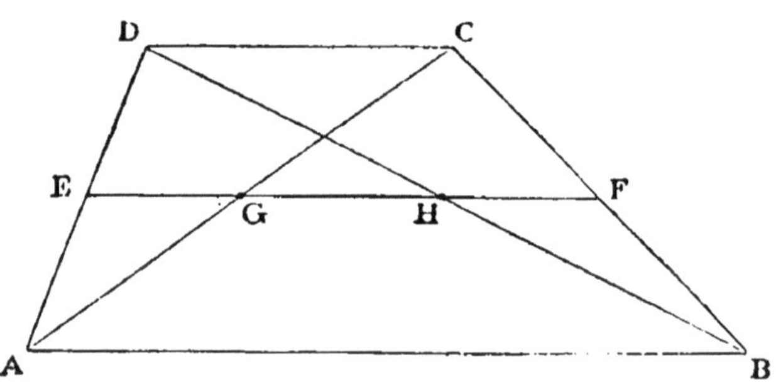

Fig. 65.

1° Par le milieu E du côté AD, traçons la parallèle aux bases : elle passera par le milieu G de AC, puis par le milieu H de DB, et enfin par le milieu F de CB, en faisant usage de l'application II dans les triangles ADC, ADB, DCB.

2° Par l'application du même principe,

$$EG = HF = \frac{DC}{2} \quad \text{et} \quad EH = GF = \frac{AB}{2}.$$

donc :

$$EF = EH + HF = \frac{AB + DC}{2} \quad \text{et} \quad GH = EH - GE = \frac{AB - DC}{2}.$$

APPLICATION XII

Les médianes d'un triangle sont concourantes.

Soit BD l'une des droites joignant un sommet au milieu du côté opposé, et qu'on appelle MÉDIANE (1) : si nous prouvons que chacune des deux autres médianes passe par le point qui est au tiers de DB

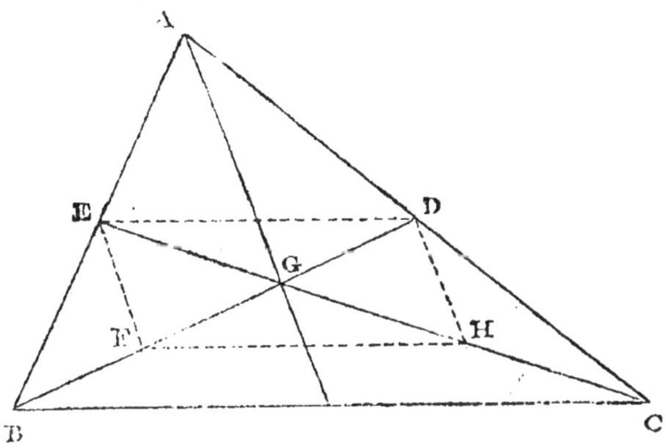

Fig. 66.

à partir du point D, nous aurons prouvé que les trois médianes sont concourantes : soit donc CE une seconde médiane qui rencontre la première en G ; prenons les milieux F et H des portions de médianes GB, GC ; les droites ED, FH sont parallèles à BC et en valent la moitié (appl. X) : donc la figure EDHF est un parallélogramme (3° du th. XXIX) ; par suite, GD valant la moitié de GB est le tiers de DB. Donc les trois médianes passent par le point G qui est au tiers de chacune d'elles à partir du côté.

Le point G s'appelle le CENTRE DE GRAVITÉ du triangle ABC, à cause d'une propriété importante de ce point en mécanique.

APPLICATION XIII

Le point de rencontre O *des perpendiculaires élevées au milieu des côtés d'un triangle* ABC, *le centre de gravité* G, *et le point de concours* H *des hauteurs sont trois points en ligne droite, et la distance* OG *est la moitié de la distance* HG.

(1) *Medius*, qui est au milieu.

Soit K et I les milieux des portions de hauteurs AH, CH ; les triangles HKI et ODE seront égaux, car ils ont les côtés parallèles et

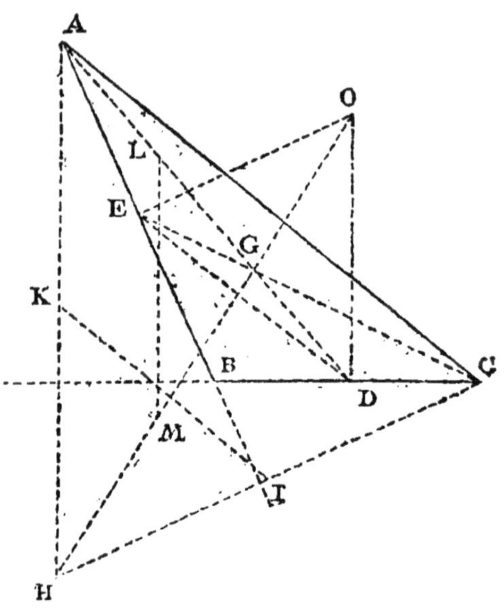

Fig. 67.

ont un côté égal, puisque DE et KI sont parallèles à AC et valent la moitié de ce côté : donc OD est égal et parallèle à AK.

Prenons les milieux L et M des portions de droites GA et GH, la droite LM sera égale et parallèle à AK ; donc OD et LM sont égales et parallèles, la figure ODML est donc un parallélogramme, et par suite, G étant le milieu de LD, les points O, G, M sont en ligne droite, il en est donc de même des points H, O, G. De plus OG = GM, donc HG est le double de GO.

§ VII. — EXERCICES PROPOSÉS SUR LE LIVRE I

1. Si l'on considère trois points M, A, B, en ligne droite, C étant le milieu de AB, la longueur MC sera la demi-somme ou la demi-différence des distances MA, MB, suivant que le point M sera extérieur ou intérieur au segment AB.
2. Si l'on considère trois droites OA, OB, OM, concourantes en O, OC étant la bissectrice de l'angle AOB, l'angle MOC sera la demi-somme

ou la demi-différence des angles MOA, MOB, suivant que OM sera extérieure ou intérieure à l'angle AOB.

3. Le périmètre d'un triangle est plus grand que la somme des droites qui joignent un point intérieur aux trois sommets, et moindre que le double de cette somme.

4. Une médiane quelconque d'un triangle est moindre que la demi-somme des côtés qui le comprennent, et plus grande que la moitié de l'excès de cette somme sur le troisième côté.

5. Le périmètre d'un triangle est supérieur à la somme des trois médianes, et inférieur au double de cette somme.

6. La plus petite médiane d'un triangle correspond au plus grand côté.

7. Les droites qui joignent les sommets d'un triangle isocèle aux milieux des côtés opposés sont concourantes.

8. Si l'on considère un point M mobile sur la base BC du triangle isocèle ABC :

1° Tant que le point M sera entre B et C, la somme de ses distances aux deux autres côtés sera constante ;

2° Tant que le point M sera hors du segment BC, la différence de ses distances aux deux autres côtés sera constante.

9. Quel est le lieu géométrique des points d'un plan dont la somme ou la différence des distances à deux droites de ce plan a une valeur donnée ?

10. Lorsqu'un point M est intérieur à un triangle équilatéral ABC, la somme de ses distances aux trois côtés a une valeur constante. Modifier l'énoncé de cette propriété quand M est extérieur à ABC.

11. Par le sommet A d'un triangle ABC, on mène une droite indéfinie XY perpendiculaire à la bissectrice de l'angle A. Démontrer que l'on forme un triangle MBC de périmètre plus grand que ABC en joignant un point M quelconque de XY aux points B et C.

12. Quel est le lieu géométrique des milieux des portions de droites qui joignent un point donné aux différents points d'une droite donnée ?

13. Pour recouvrir une déchirure triangulaire dans une étoffe qui a un endroit et un envers, on a taillé un triangle égal dans une étoffe identique, mais on l'a taillé à l'envers. Trouver le moyen d'utiliser le triangle découpé pour recouvrir la déchirure.

14. Tracer une parallèle au côté BC d'un triangle ABC de telle sorte que les parties de cette ligne comprise entre les droites AB, AC indéfinies, soient la somme ou la différence des distances des points B et C aux points de rencontre avec les côtés AB, AC.

15. Parmi tous les triangles qui ont un angle donné compris entre deux côtés dont la somme est donnée, quel est celui qui a le plus petit périmètre ?

16. Étant donnés deux points A et B dans le plan de deux droites données X et Y, trouver un point C sur X et un point D sur Y, de sorte que $AC + CD + DB$ soit minimum.

Résoudre le même problème en se donnant trois droites et plus.

17. Étant donnés deux parallèles X et Y et deux points A et B situés hors de l'espace compris entre ces droites, trouver un point C sur X et un point D sur Y, tels que CD soit parallèle à une direction donnée, et que AC + CD + DB soit minimum.

18. Étant donné un point D sur le côté BC du triangle ABC, trouver un point E sur AB et un point F sur AC, de sorte que le périmètre du triangle DEF soit minimum.

19. Montrer que le triangle de périmètre minimum inscrit dans un triangle donné (qui a un sommet sur chaque côté) a pour sommets les pieds des hauteurs de ce triangle.

20. Les bissectrices des angles intérieurs d'un quadrilatère déterminent par leur rencontre un second quadrilatère dont les angles opposés sont supplémentaires.

Que doit être le premier quadrilatère pour que le second soit un rectangle, un carré ?

21. Quel est le nombre des côtés d'un polygone qui a 119 diagonales ?

22. Sur les côtés d'un triangle ABC on construit les carrés : BCDE, ACHI, ABFG, et l'on trace les droites GI, EF, DH :

1° Prouver que les perpendiculaires abaissées des sommets A, B, C sur ces droites, sont concourantes au centre de gravité du triangle ABC ;

2° Prouver que les longueurs GI, EF, DH sont les doubles des médianes du triangle ABC ;

3° Prouver que les droites CF et AE sont égales et rectangulaires ;

4° Prouver que, si l'angle BAC est droit, les pointes F, A, H sont en ligne droite.

23. Le point O étant intérieur au triangle ABC, l'angle BOC est plus grand que l'angle BAC.

24. L'angle A du triangle ABC est aigu, droit ou obtus, suivant que la médiane AD est plus grande, égale ou plus petite que la moitié du côté BC.

25. AD et BC étant deux parallèles coupées obliquement par AB et perpendiculairement par AC, on mène entre ces deux parallèles la droite BED qui coupe AC en E, de sorte que ED $=$ 2 AB. Prouver que l'angle BDC est le tiers de l'angle ABC.

26. Soit O le point de concours des bissectrices des angles intérieurs du triangle ABC, et soit D le point de rencontre de BO avec AC : la perpendiculaire OI à AC fait avec AO un angle égal à COD.

27. La bissectrice de l'angle A du triangle ABC forme avec la hauteur issue de ce sommet un angle égal à la demi-différence des angles B et C.

28. Si l'hypoténuse d'un triangle rectangle est double d'un côté de l'angle droit, l'un des angles aigus est double de l'autre, et réciproquement.

29. Soit ABC un triangle dont l'angle B est double de l'angle C : nous traçons la hauteur AD, et nous portons BE $=$ BD sur BA, ou en sens inverse suivant que l'angle B est obtus ou aigu ; la droite ED rencontre AC en F :

1° Prouver que les triangles ABC, EDF ont les angles égaux chacun à chacun ;

2° Le point F est à égale distance des points A, D, C ;

3° AB est la somme ou la différence des longueurs DB, DC suivant que l'angle B est obtus ou aigu.

30. Les droites qui joignent les milieux des côtés opposés d'un quadrilatère (plan ou gauche) et les milieux des diagonales sont concourantes ; le point de concours est le milieu de chacune de ces lignes.

31. Si par le point de concours des diagonales d'un parallélogramme on mène une droite arbitraire :

1° Elle partage la figure en deux quadrilatères égaux ;

2° La portion de cette droite comprise dans le parallélogramme a pour milieu le point de concours des diagonales.

Ce point porte pour cette raison le nom de *centre du parallélogramme.*

32. Le centre d'un parallélogramme est commun à tous les parallélogrammes que l'on peut inscrire dans celui-ci.

33. Les parallélogrammes inscrits dans un rectangle et dont les côtés sont parallèles aux diagonales de ce rectangle ont un périmètre constant.

34. Quel est le lieu géométrique du quatrième sommet M du parallélogramme ABCM dont le périmètre est constant, dont le sommet A est fixe ainsi que les directions des côtés AB et AC?

35. Si l'on joint les milieux E, F des côtés AB et CD d'un parallélogramme aux sommets D et B, ces droites partageront la diagonale AC en trois parties égales.

36. Par un point donné A dans le plan des droites X et Y, tracer une droite dont A soit le milieu de la portion comprise entre X et Y.

37. Étant donnés deux droites X et Y, et un point A sur X, trouver les points M de X, tels que MA égale la distance de M à Y.

38. Deux polygones convexes d'un nombre impair de côtés sont égaux lorsque les points milieux de leurs côtés coïncident.

39. Quel est le lieu géométrique des points M du plan d'un angle XOY, tels que la somme ou la différence des distances du point O aux projections du point M sur les côtés de l'angle ait une valeur donnée ?

40 Soit M,M' et N,N' les milieux des côtés opposés d'un quadrilatère, soit P, P' les milieux des diagonales, et O un point arbitraire du plan : les parallèles menées par M et M' à OM' et OM, les parallèles menées par N et N' à ON' et ON, enfin les parallèles menées par P et P' aux droites OP' et OP sont six droites concourantes.

DEUXIÈME LIVRE

§ I. — NOTIONS PRÉLIMINAIRES. — POSITIONS RELATIVES DE DEUX CIRCONFÉRENCES

LA CIRCONFÉRENCE (1) *est le lieu géométrique des points du plan situés à la même distance d'un point de ce plan qui s'appelle* CENTRE (2).

La distance constante du centre à un point de la circonférence s'appelle le RAYON de cette circonférence.

Le CERCLE *est la portion du plan limitée par la circonférence.*

Un ARC *est une portion de circonférence;* la CORDE *d'un arc est la droite qui joint ses extrémités :* toute corde sous-tend deux arcs.

La corde prend le nom de DIAMÈTRE (3) quand elle passe par le centre.

Tous les diamètres sont égaux puisque chacun vaut deux rayons.

La circonférence est une courbe fermée, car sur toute direction passant par le centre se trouveront deux points de la courbe équidistants du centre et rien que deux.

La circonférence ne peut être rencontrée en plus de deux points par une droite, car on ne peut mener du centre plus de deux obliques égales à une droite.

La circonférence partage le plan en deux régions : l'une, intérieure, comprend tous les points du plan dont la distance au centre est moindre que le rayon; l'autre, extérieure, dont tous les points sont à une distance du centre plus grande que le rayon.

(1) *Circum-fero.*
(2) κέντρον, *aiguillon.*
(3) διὰ, au travers; μέτρον, mesure

THÉORÈME I

La circonférence est partagée en deux parties égales par l'un quelconque de ses diamètres.

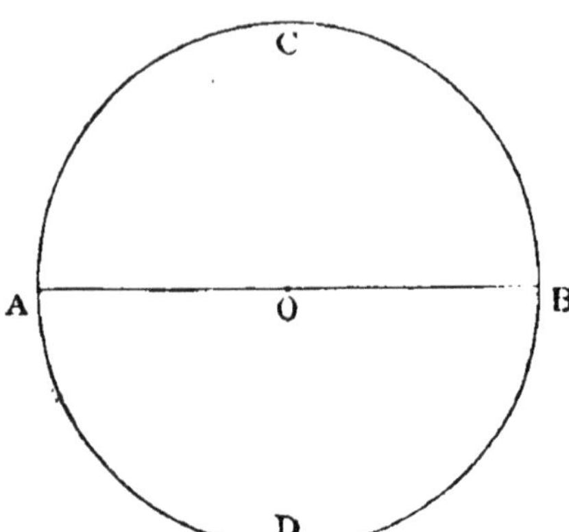

Fig. 68.

Soit le diamètre AB qui sous-tend les deux arcs ACB, ADB : faisons faire à l'arc ACB une demi-révolution dans le plan autour du point O, le point B viendra en A et réciproquement, et l'arc ACB coïncidera avec ADB.

THÉORÈME II

La plus grande corde d'une circonférence est le diamètre.

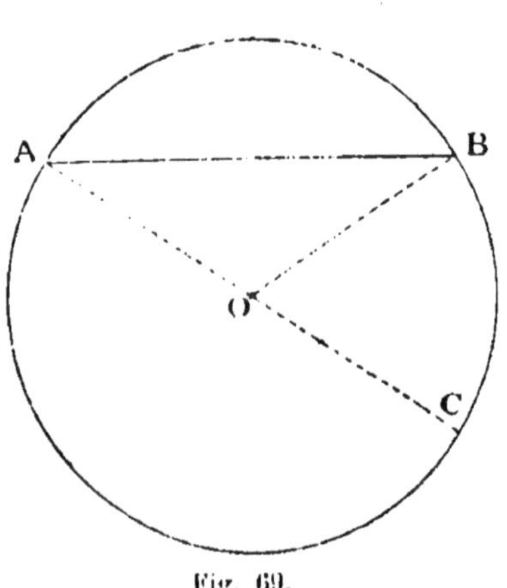

Fig. 69.

Car toute corde AB qui ne passe pas par le centre est moindre que la somme des deux rayons OA, OB qui passent par ses extrémités.

THÉORÈME III

Les points d'une circonférence qui sont à des distances maximum et minimum d'un point du plan sont situés sur le diamètre qui passe par ce point.

Soit B, C les points où le diamètre qui passe par le point A rencontre la circonférence, et soit $AB < AC$; AB est la plus courte distance du point A aux divers points de la circonférence.

En effet, soit M un point arbitraire de la circonférence; dans le triangle AOM, AM est plus grand que la différence entre OA et OM, et cette différence est toujours AB, que le point A soit intérieur ou extérieur à la circonférence.

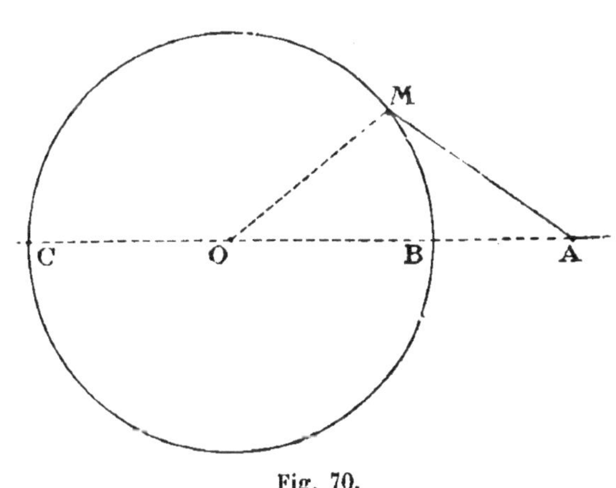

Fig. 70.

De même AC est la plus grande distance du point A aux divers points de la circonférence : dans le même triangle AOM, on a en effet : $AM < AO + OM$, ou $AM < AC$.

Définition. — *La distance d'un point à une circonférence* se compte sur le diamètre qui passe par ce point, elle est égale à la différence entre le rayon et la distance du point au centre.

THÉORÈME IV

Il y a toujours une circonférence et une seule passant par trois points non situés en ligne droite.

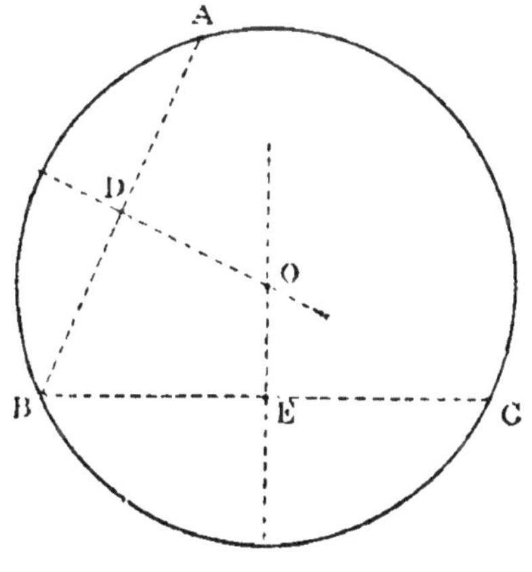

Fig. 71.

Soit les points A,B,C non situés en ligne droite : le centre d'une circonférence passant par les points A,B étant à égale distance de ces deux points et réciproquement, tout point à égale distance de ces deux points étant le centre d'une circonférence qui les contient, le lieu géométrique des centres des circonférences passant par deux points A,B est la perpendiculaire élevée au milieu D de AB ; pour la même raison, le lieu des centres des circonférences passant par les points B, C est la perpendiculaire élevée au milieu E de BC. Donc, le centre d'une circonférence passant par les trois points est nécessairement un point commun à ces deux perpendiculaires : or les points A, B, C n'étant pas en ligne droite, ces perpendiculaires ont un point commun et un seul, donc il y a un centre et un seul, et par suite une circonférence et une seule.

Remarque. — Le centre O de la circonférence qui passe par trois points A, B, C est précisément le point de concours des perpendiculaires élevées au milieu des côtés du triangle ABC. Cette circonférence est dite CIRCONSCRITE (1) au triangle.

Corollaire. — *Deux circonférences qui ont trois points communs coïncident.*

Autrement dit : *Deux circonférences ne peuvent avoir plus de deux points communs sans coïncider.*

Définition. — On dit que deux circonférences sont TANGENTES (2) quand elles n'ont qu'un seul point commun : ce point porte le nom de POINT DE CONTACT (3) des deux courbes.

Deux circonférences peuvent être tangentes INTÉRIEUREMENT ou EXTÉRIEUREMENT. (fig. 73 et 74).

THÉORÈME V

Quand deux circonférences ont un point commun hors de

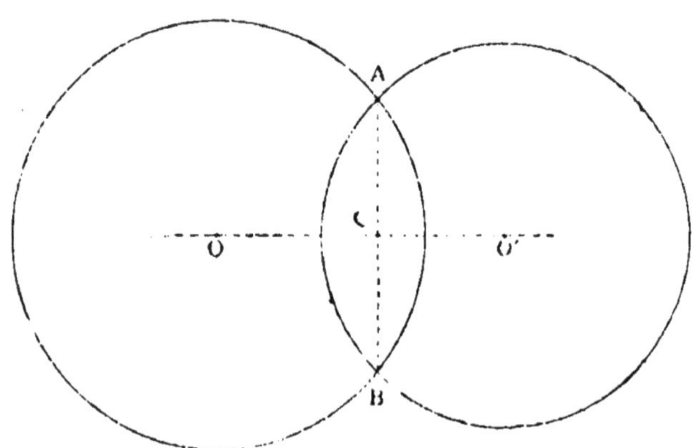

Fig. 72.

la ligne des centres, elles ont encore en commun le point

(1) *Circum-scribere.*
(2) *Tangere*, toucher.
(3) *Cum*, avec; *tactus*, toucher.

symétrique du premier par rapport à la ligne des centres.

Soit A un point commun aux circonférences O, O′ hors de la ligne OO′ : prenons le symétrique B du point A par rapport à OO′, c'est-à-dire tel que AB soit perpendiculaire sur OO′ et que AC = CB. Il en résulte OA = OB et O′A = O′B : donc les circonférences passent toutes deux par le point B. (fig. 72).

Corollaire I. — *La corde commune à deux circonférences est perpendiculaire sur la ligne des centres et se trouve partagée par cette ligne en deux parties égales.*

Corollaire II. — *Lorsque deux circonférences sont tangentes, le point de contact est situé sur la ligne des centres.*

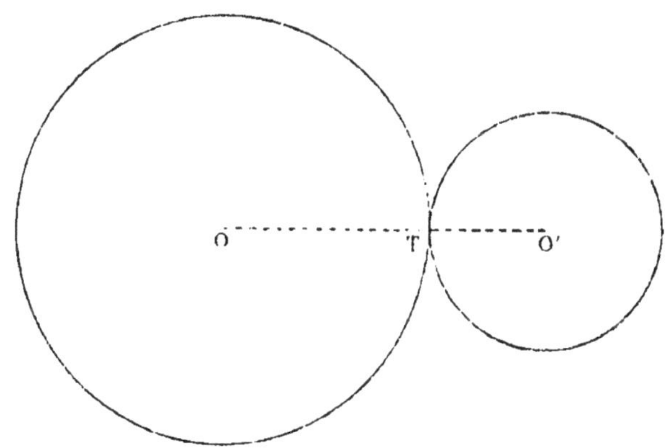

Fig. 73.

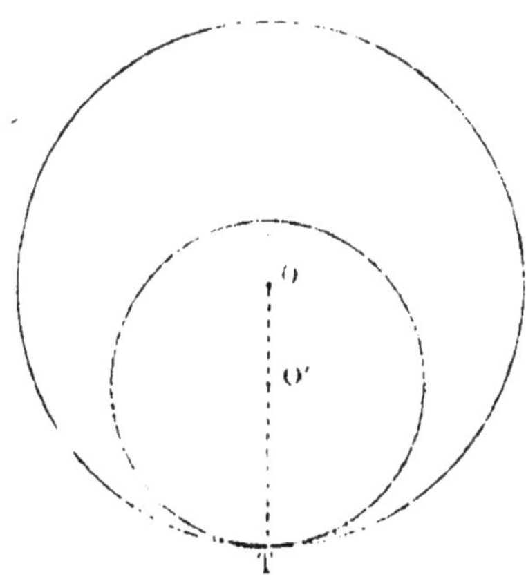

Fig. 74.

En effet, par définition, ces circonférences n'ont qu'un seul point commun, donc il ne peut être situé hors de la ligne des centres (th. V).

D'ailleurs ce point sera situé ou non entre les deux centres suivant que les circonférences seront tangentes extérieurement ou intérieurement.

Définition. — Deux circonférences peuvent occuper cinq positions relatives :

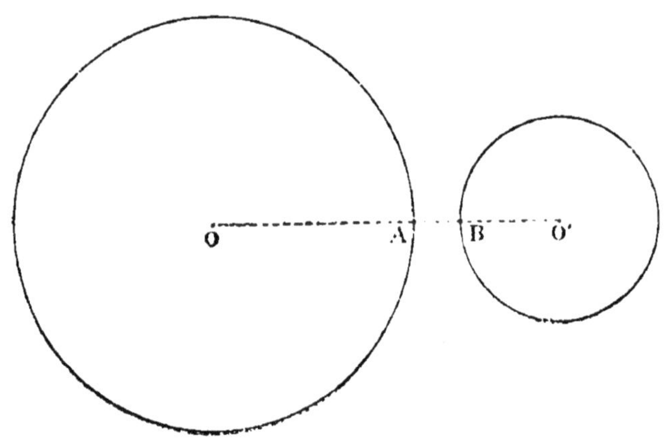

Fig. 75.

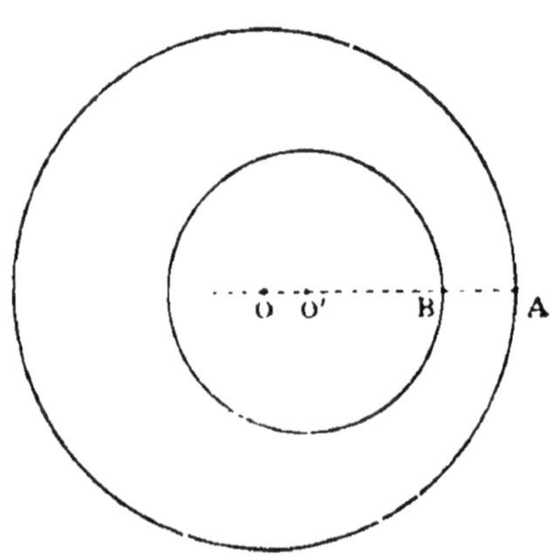

Fig. 76.

1° Elles peuvent n'avoir *aucun point commun* et par suite être INTÉRIEURES ou EXTÉRIEURES l'une à l'autre (fig. 75 et 76);

2° Elles peuvent avoir *un seul point commun*, c'est-à-dire être tangentes soit intérieurement, soit extérieurement (fig. 73, 74);

3° Elles peuvent avoir *deux points communs*, et alors on dit qu'elles sont SÉCANTES (fig. 72) (1).

Ces cinq positions sont caractérisées par des relations de grandeur entre les rayons et la distance des centres contenues dans le théorème suivant.

THÉORÈME VI

1° *Quand deux circonférences sont extérieures, la distance des centres est plus grande que la somme des rayons.*

2° *Quand deux circonférences sont tangentes extérieurement, la distance des centres est égale à la somme des rayons.*

3° *Quand deux circonférences sont sécantes, la distance des centres est comprise entre la somme et la différence des rayons.*

4° *Quand deux circonférences sont tangentes intérieurement, la distance des centres est égale à la différence des rayons.*

5° *Quand deux circonférences sont intérieures, la distance des centres est moindre que la différence des rayons.*

Ces relations s'établissent aisément sur les figures qui représentent les positions relatives des deux courbes.

1° Si les circonférences sont extérieures, il est visible (fig. 75) que

$$OO' = OA + AB + O'B,$$

donc :

$$OO' > OA + O'B.$$

2° Si les circonférences sont tangentes extérieurement (fig. 73), le point de contact A étant sur OO' entre O et O', on a évidemment :

$$OO' = OA + O'A.$$

3° Si les circonférences sont sécantes (fig. 72), elles ont un point commun A hors de la ligne OO', le triangle OAO' existe donc, et par suite le côté OO' est compris entre la somme et la différence des deux autres côtés OA, O'A.

4° Si les circonférences sont tangentes intérieurement (fig. 74), le point de contact A est situé sur OO' et d'un même côté des deux centres, donc :

$$OO' = OA - O'H.$$

(1) *Secare*, couper.

5° Si les circonférences sont intérieures (fig. 76), on a visiblement :

$$OO' + O'B + AB = OA,$$

donc :

$$OO' = (OA - O'B) - AB,$$

c'est-à-dire :

$$OO' < OA - O'B.$$

Corollaire I. — *Les réciproques des cinq parties du théorème VI sont vraies.*

Cela est évident à priori, parce que les cinq parties du théorème VI caractérisent toutes les positions relatives *possibles* de deux circonférences.

Ainsi, *lorsque la distance des centres de deux circonférences est comprise entre la somme et la différence des rayons, les circonférences sont sécantes.*

En effet, les circonférences ne peuvent être ni extérieures, ni tangentes extérieurement, car la distance des centres serait supérieure ou égale à la somme des rayons : de même, les circonférences ne peuvent être ni intérieures, ni tangentes intérieurement, parce que la distance des centres serait inférieure ou égale à la différence des rayons : donc elles sont sécantes.

Corollaire II. — *La condition nécessaire et suffisante pour que deux circonférences soient sécantes est que la distance des centres soit en même temps plus petite que la somme des rayons est plus grande que leur différence.*

§ II. — DÉPENDANCE MUTUELLE DES CORDES ET DES ARCS. — TANGENTE

THÉORÈME VII

Sur une même circonférence, ou sur des circonférences égales, les arcs égaux sont sous-tendus par des cordes égales, et réciproquement.

1° Soit les arcs égaux ACB, A'C'B' sur les circonférences égales O,O' : portons la circonférence O' sur la circonférence O, de sorte que les centres coïncident et que le point A soit en A'; les circonférences étant égales vont coïncider, et les arcs égaux ACB, A'C'B', ayant déjà les extrémités A et A' confondues, vont aussi coïncider : le

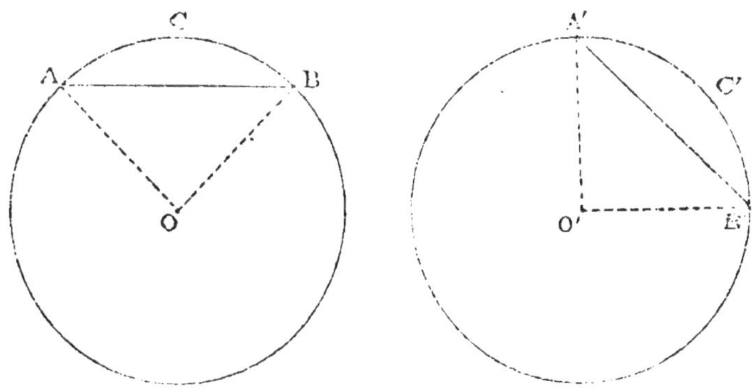

Fig. 77.

point B' sera donc en B, et les cordes AB, A'B' coïncideront, donc elles sont égales.

2° Comme une corde sous-tend deux arcs, considérons, pour fixer les idées, les arcs moindres qu'une demi-circonférence sous-tendus par les cordes égales AB, A'B' : les triangles AOB, A'O'B' ayant leurs trois côtés égaux chacun à chacun sont égaux; portons la circonférence O' sur la circonférence O de sorte que les triangles A'O'B', AOB coïncident : les circonférences coïncideront, et par suite les arcs ACB, A'C'B' ayant mêmes extrémités, et tous deux moindres qu'une demi-circonférence, coïncideront.

THÉORÈME VIII

Sur une même circonférence, ou sur des circonférences égales, des arcs inégaux, moindres qu'une demi-circonférence, sont sous-tendus par des cordes inégales; les cordes sont dans le même ordre de grandeur que les arcs, et réciproquement.

1° Soit l'arc ACB plus grand que l'arc A'C'B' sur la circonférence O, prenons sur l'arc ACB un arc AC égal à l'arc A'C'B', le point C sera situé sur l'arc ACB, et le rayon OC sera compris dans l'angle AOB ; donc l'angle AOC est moindre que l'angle AOB, et les triangles AOC, AOB ayant un angle inégal compris entre côtés égaux chacun à chacun, le troisième côté AC est moindre que AB (th. VIII, livre I).

2° Soit la corde AB plus grande que la corde A'B', et considérons les arcs ACB, A'C'B' moindres qu'une demi-circonférence sous-tendus par ces cordes : l'arc ACB ne peut être égal ou inférieur à l'arc A'C'B', car la corde AB serait égale ou inférieure à la corde A'B' (th. VII et 1° du th. VIII) : donc l'arc ACB est plus grand que l'arc A'C'B'.

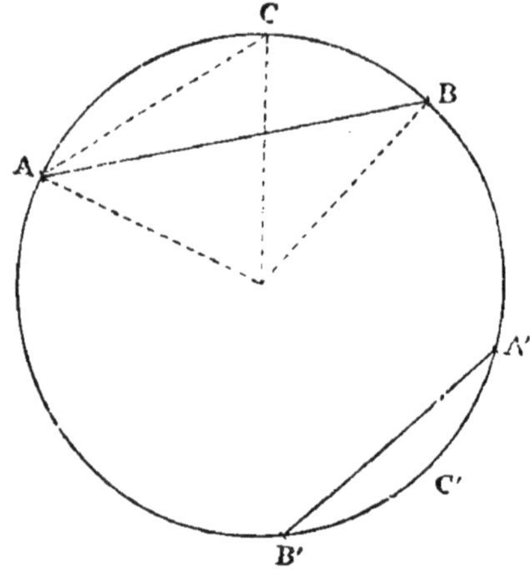

Fig. 78.

Remarque. — Si l'on considère les arcs supérieurs à une demi-circonférence, ils sont dans l'ordre inverse de grandeur des cordes qui les sous-tendent, cela résulte du théorème VIII.

Définition. — Une droite est dite SÉCANTE OU TANGENTE à une circonférence, suivant qu'elle a deux points ou un seul point commun avec le courbe : dans le dernier cas, le point commun est LE POINT DE CONTACT de la tangente.

Lorsque les côtés d'une ligne polygonale sont tangents à une même circonférence, on dit que cette ligne est CIRCONSCRITE A LA CIRCONFÉRENCE; réciproquement la circonférence est dite INSCRITE DANS LA LIGNE POLYGONALE.

THÉORÈME IX

La tangente en un point d'une circonférence est perpendiculaire sur le rayon du point de contact, et réciproquement, la perpendiculaire à l'extrémité d'un rayon est tangente à la circonférence.

1° Soit la tangente XY au point A de la circonférence O : tout point M de cette droite, autre que le point A, est extérieur à la circonférence, donc OM > OA ; OA est donc perpendiculaire sur XY, puisque c'est la plus courte distance du centre O aux points de XY.

2° Soit XY la perpendiculaire à l'extrémité A du rayon OA : tout point M de cette droite est à une distance du point O plus grande que

OA, puisque OM est oblique à XY, donc tout point de cette droite, autre que le point A, est extérieur à la circonférence : la droite n'a donc que

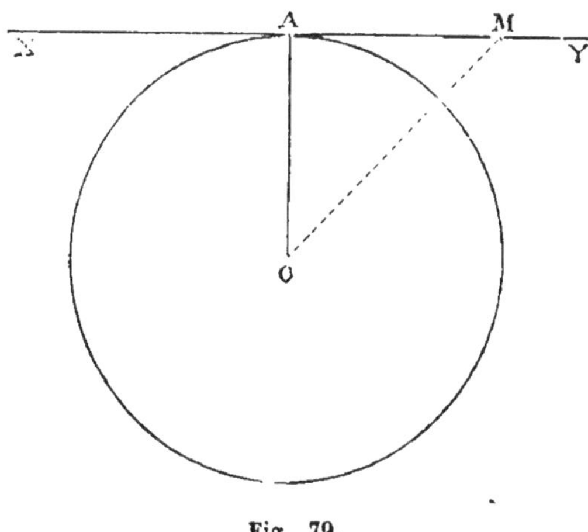

Fig. 79.

le seul point A de commun avec la courbe, et lui est, par conséquent, tangente en ce point.

Corollaire I. — *En un point d'une circonférence il y a une tangente et une seule.*

Corollaire II. — *Deux circonférences tangentes admettent la même tangente au point de contact ; c'est la perpendiculaire en ce point à la ligne des centres.*

Corollaire III. — *Le centre d'une circonférence tangente à plusieurs droites est situé à égale distance de ces droites, et réciproquement, tout point situé à égale distance de plusieurs droites est le centre d'une circonférence tangente à ces droites.*

Corollaire IV. — *Le lieu géométrique des centres des circonférences tangentes à deux droites concourantes est le système des deux droites rectangulaires, bissectrices des quatre angles qu'elles forment.*

Car ce système de droites est le lieu géométrique des points également distants des deux droites considérées.

Corollaire V. — *Il y a quatre circonférences tangentes aux côtés d'un triangle.*

Car nous avons vu (livre I) qu'il y a quatre points du plan également distants des côtés d'un triangle. Les centres de ces circonférences sont les points O, O_1, O_2, O_3 où concourent trois à trois les bissectrices des angles intérieurs et extérieurs du triangle ABC; la circonférence de centre O est intérieure au triangle : on l'appelle CIRCONFÉRENCE

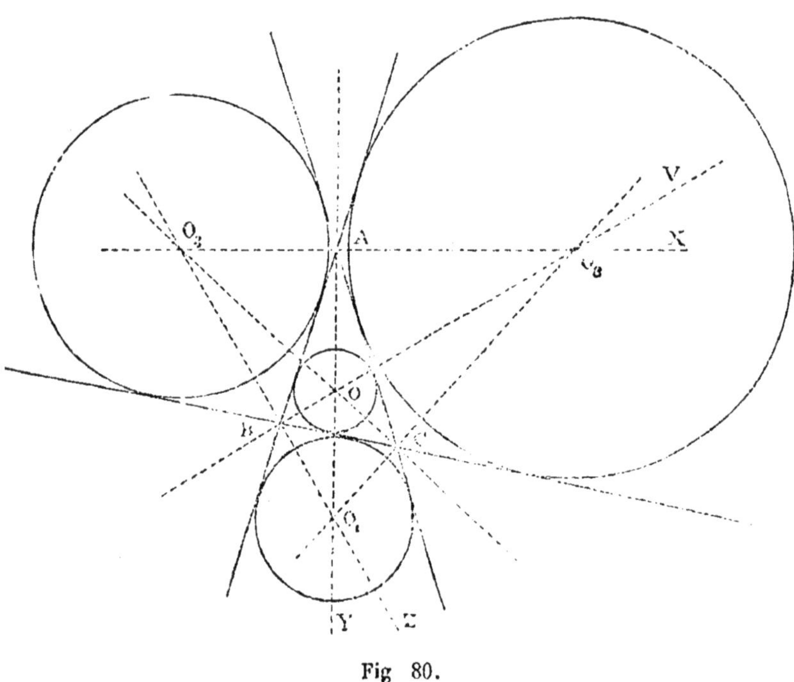

Fig 80.

INSCRITE, les circonférences de centre O_1, O_2, O_3 sont extérieures au triangle, on dit qu'elles sont EX-INSCRITES au triangle.

PROBLÈME

Construire une circonférence tangente à une droite et à une circonférence données en un point donné, sur la circonférence ou sur la droite.

Soit C le centre d'une circonférence tangente extérieurement au point donné A à la circonférence donnée O, et tangente en M à la droite donnée XY.

Nous abaissons du point O la perpendiculaire BD à XY, et nous remarquons que les points B, A, M sont en ligne droite : en effet, les triangles isocèles AOB, ACM ont même angle au sommet, car les droites CM et OB sont parallèles et OAC est une droite, donc ces triangles ont leurs angles égaux chacun à chacun; les angles OAB, CAM étant égaux et OA étant dans la direction de AC, AB est dans la direction de AM. Le point M est donc connu, et par suite le point C,

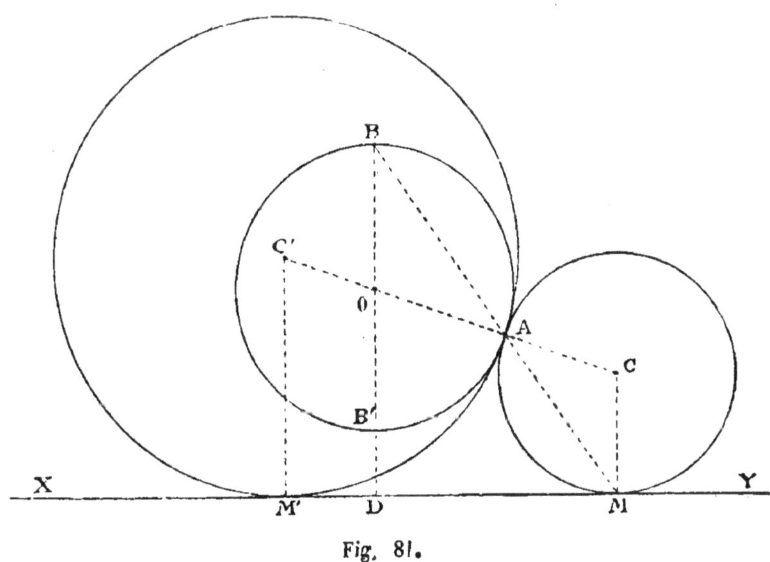

Fig. 81.

qui se trouve sur OA et sur la perpendiculaire en M à XY. On aura

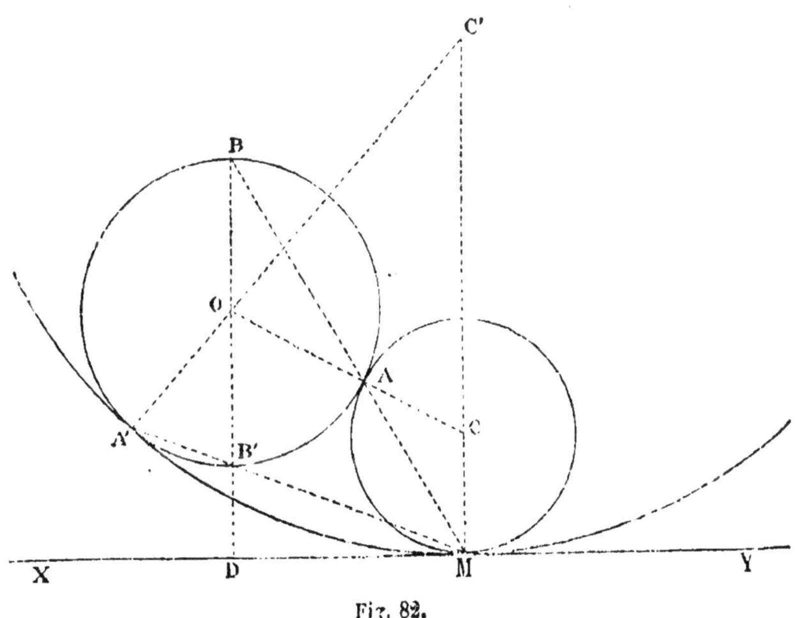

Fig. 82.

une seconde solution (fig. 32) tangente intérieurement à la circonférence donnée au point A, en remplaçant le point B par le point B'; les trois points AB'M' seront en ligne droite.

Il est évident que si on donne le point M de contact sur XY au lieu du point A, on obtiendra le point A aisément par la rencontre de BM avec la circonférence donnée. On aura une seconde solution en prenant le point A' où MB' rencontre la circonférence donnée.

THÉORÈME X

Le centre de la circonférence, le milieu d'un arc, et le milieu de la corde qui le sous-tend sont situés sur une même perpendiculaire à la corde.

Le point D étant le milieu de l'arc ADB, les cordes DA, DB sont égales, donc les points O, D étant à égale distance des points A, B sont situés sur la perpendiculaire élevée au milieu C de AB qui passe aussi par le milieu D' du second arc sous-tendu par AB.

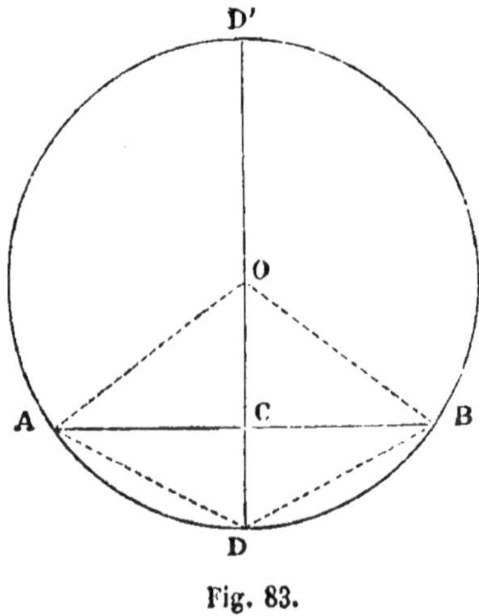

Fig. 83.

Corollaire I. — *Le lieu géométrique des milieux des cordes d'une circonférence parallèles entre elles est le diamètre perpendiculaire à la direction commune de ces cordes.*

Corollaire II. — *La condition nécessaire et suffisante pour qu'une droite rencontre une circonférence, est que la distance du centre à cette droite soit au plus égale au rayon.*

Si la distance du centre à la droite est plus petite que le rayon, il y aura deux points distincts communs, si ces longueurs sont égales il y aura deux points confondus communs, c'est-à-dire un seul point, et la droite sera tangente.

Corollaire III. — *Deux droites parallèles interceptent des arcs égaux sur une même circonférence.*

Soit les parallèles AB, CD toutes deux sécantes (fig. 84) : le diamètre EF perpendiculaire sur AB l'est aussi sur CD; le point E est donc le milieu de l'arc AEB et aussi de l'arc CED, donc les arcs AC, BD sont égaux.

Si l'une des parallèles est tangente, soit E le point de contact, alors le diamètre OE perpendiculaire à la tangente est perpendiculaire à sa parallèle CD, le point E est donc le milieu de l'arc CED.

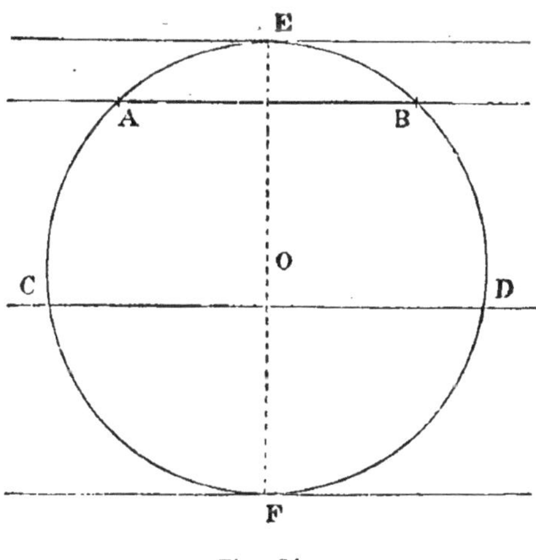

Fig. 84.

Enfin si les deux parallèles sont tangentes, soit E et F les points de contact, le diamètre OE perpendiculaire sur l'une sera perpendiculaire sur l'autre, et passera par l'autre point de contact F, les arcs interceptés seront donc des demi-circonférences.

Corollaire IV. — *Les points de contact de deux tangentes parallèles sont diamétralement opposés.*

Corollaire V. — *Tout trapèze inscrit dans une circonférence est isocèle, et réciproquement.*

THÉORÈME XI

Dans une même circonférence, ou dans des circonférences égales, des cordes égales sont également distantes du centre, et réciproquement.

1° Soit les cordes égales AB, A′B′ de la circonférence O (fig. 85) et les perpendiculaires OC, OC′ passant par les milieux des cordes; les triangles rectangles OBC, OA′C′ sont égaux parce qu'ils ont l'hypothénuse égale et un côté de l'angle droit égal : donc OC = OC′.

2° Soit les cordes AB, A′B′ de la circonférence O, telles que les distances OC, OC′ soient égales, les triangles rectangles OBC, OA′C′ sont égaux, parce qu'ils ont l'hypoténuse égale et un côté de l'angle droit égal; Donc BC, A′C′, moitiés des cordes, sont égales; les cordes sont donc égales.

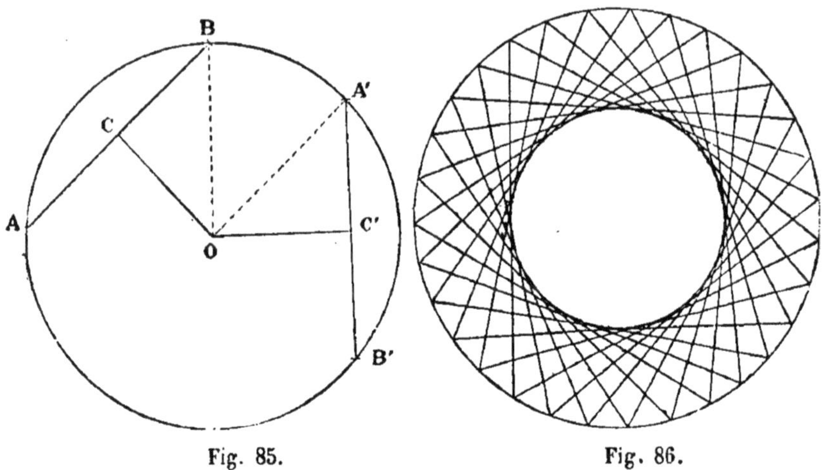

Fig. 85. Fig. 86.

Corollaire. — *Toutes les cordes égales d'une même circonférence sont tangentes à une circonférence concentrique à la première, qu'elles enveloppent : cette circonférence est aussi le lieu géométrique des milieux de ces cordes égales* (fig. 86).

THÉORÈME XII

Dans une même circonférence, ou dans deux circonférences égales, de deux cordes inégales, la plus petite est la plus éloignée du centre et réciproquement.

1° Soit AB > A′B′ (fig. 87) : les arcs moindres qu'une demi-circonférence sous-tendus par ces cordes étant dans le même ordre de grandeur, si je prends l'arc AE égal à l'arc A′B′, la corde AE et le centre O seront de part et d'autre de AB : par suite la droite qui joint le point O au milieu D de AE sera rencontrée par AB en un point F situé entre O et D; donc OD > OF, mais déjà OF > OC, puisque OC est perpendiculaire sur AB, donc *a fortiori* OD > OC :

Enfin, les cordes égales AE, A′B′ étant à la même distance du centre, A′B′ est donc plus éloignée du centre que AB.

2° Soit les cordes AB, A′B′, dont les distances au centre OC, OC′

soient telles que $OC < OC'$: la corde AB ne peut être égale ou inférieure à A'B', car OC serait égale ou supérieure à OC' (th. XI et 1° du th. XII), donc AB est plus grand que A'B'.

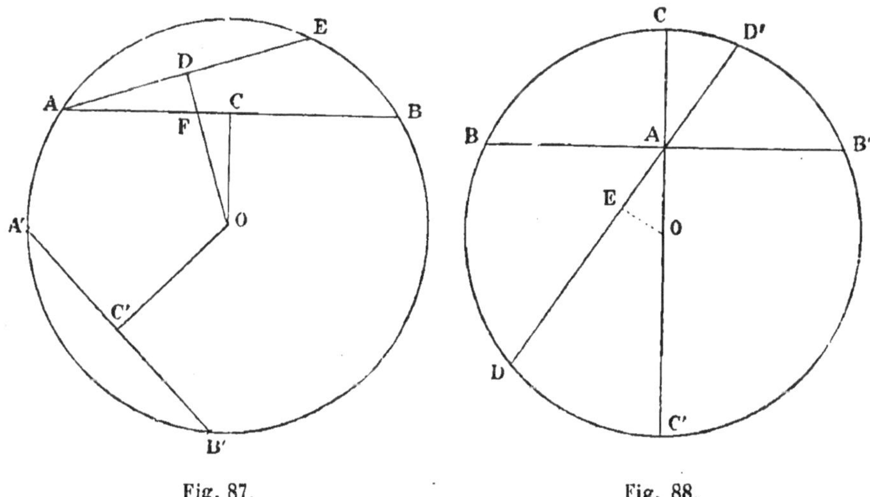

Fig. 87. Fig. 88.

Corollaire. — *La corde minimum d'une circonférence passant par un point intérieur à cette courbe est perpendiculaire au diamètre de ce point.*

Soit BB' la corde perpendiculaire au diamètre CC' au point A (fig. 88) : et soit DD' une corde arbitraire passant par le même point A : la distance OE étant moindre que OA, DD', est plus longue que BB' : donc BB' est la plus petite de toutes les cordes passant par le point A. Rappelons d'ailleurs que la corde maximum est le diamètre CC'.

§ III. — MESURE DES ANGLES

Définitions. — *On appelle* RAPPORT DE LA GRANDEUR A A LA GRANDEUR B *de même espèce le nombre qui exprime comment A se compose avec B.* Ce rapport se représente par $\frac{A}{B}$.

On dit qu'une grandeur A est MULTIPLE d'une grandeur C de même espèce, lorsque C est égale à l'une des parties de A partagée en parties égales entre elles (et qu'on appelle PARTIES ALIQUOTES de A).

On dit qu'une grandeur C est COMMUNE MESURE *à plusieurs grandeurs, lorsque chacune de celles-ci est multiple de C.*

Lorsque deux grandeurs A,B admettent une commune mesure C, elles en admettent une infinité, par exemple, toutes les parties aliquotes de C : ces grandeurs sont dites, dans ce cas, COMMENSURABLES (1) ENTRE ELLES, *et leur rapport est égal au quotient des nombres de fois qu'elles contiennent une quelconque de leurs communes mesures.*

Ainsi, supposons les longueurs A et B contenant une même longueur C 12 et 15 fois, on aura

$$\frac{A}{B}=\frac{12}{15}.$$

En effet, C est la quinzième partie de B, donc A se compose des $\frac{12}{15}$ de B : $\frac{12}{15}$ exprime donc comment A se compose avec B.

Il résulte de là qu'il existe entre deux grandeurs deux rapports inverses l'un de l'autre, car on aurait de même

$$\frac{B}{A}=\frac{15}{12}.$$

On obtient la forme la plus simple du rapport de deux grandeurs, en employant la plus grande commune mesure entre ces quantités : En effet dans ce cas les deux termes de la fraction obtenue sont premiers entre eux ; car, en supposant que ces deux termes admettent le facteur commun 3, comme cela arrive dans l'exemple choisi, le triple de la commune mesure employé sera encore une commune mesure.

Voyons comment on peut obtenir la plus grande commune mesure entre deux longueurs AB, CD supposées commensurables entre elles.

Nous portons la plus petite des deux longueurs, CD, autant de fois

Fig. 89.

que possible sur la plus grande : si nous ne trouvons pas de reste, c'est que CD est la plus grande commune mesure : supposons le cas

(1) *Cum mensurabilis*, qui peut être mesuré.

contraire, et soit le reste EB : la plus grande commune mesure entre AB et CD sera la même qu'entre CD et EB; car toute commune mesure entre AB et CD est commune mesure entre CD et EB, et toute commune mesure entre CD et EB est commune mesure entre AB et CD : Nous portons alors EB autant de fois que possible sur CD : si nous ne trouvons pas de reste, EB est la plus grande commune mesure cherchée : si, au contraire, nous obtenons le reste FD, nous aurons à chercher la plus grande commune mesure entre FD et EB et ainsi de suite.

Lorsque deux grandeurs n'admettent pas de commune mesure, par exemple le côté d'un carré et sa diagonale, la longueur de la circonférence et le diamètre, on dit qu'elles sont INCOMMENSURABLES (1) ENTRE ELLES. Dans ce cas, il est évident que le rapport de ces quantités ne peut pas être exprimé par un nombre entier ou fractionnaire. Cependant ce rapport existe, on l'appelle NOMBRE INCOMMENSURABLE. Voyons comment on peut obtenir, sous forme de fraction, une valeur aussi approchée qu'on le désire de ce rapport.

Soit les longueurs A et B incommensurables entre elles : Nous partageons B en un nombre n arbitraire de parties égales et nous portons autant de fois que possible cette partie aliquote de B sur la longueur A; nous trouvons ainsi que A est compris entre m fois et $(m+1)$ fois cette $n^{\text{ième}}$ partie de B : il en faut conclure que le rapport $\frac{A}{B}$ est compris entre $\frac{m}{n}$ et $\frac{m+1}{n}$, de manière que chacune de ces fractions est une valeur approchée de $\frac{A}{B}$ à $\frac{1}{n}$ près, l'une par défaut, l'autre par excès. Il est donc évident que, si l'on prend pour n une valeur suffisamment grande, on aura une valeur de $\frac{A}{B}$ aussi approchée qu'on le voudra. Enfin, si l'on considère n comme indéfiniment croissant, les deux fractions $\frac{m}{n}$, $\frac{m+1}{n}$, qui varient en sens contraire, mais dont la différence tend vers 0, tendront vers une même limite qui est précisément le rapport des deux grandeurs A et B.

On appelle MESURE (2) *d'une grandeur A, le rapport de cette grandeur à une grandeur de même espèce, choisie une fois pour*

(1) *In cum mensurabilis*, qui ne peut être mesuré.
(2) *Metiri mensum*, mesurer.

*toutes, et qu'on appelle l'*UNITÉ *de mesure des grandeurs de cette espèce.*

Par exemple, si l'on trouve que le rapport d'une longueur au mètre est 19, ou $\frac{4}{11}$, on dira que la mesure de cette longueur est 19 ou $\frac{4}{11}$: on ajoute quelquefois le mot *mètre* pour rappeler que l'unité choisie est le mètre.

De même, en disant que la mesure d'un angle est 37,5 degrés, on exprime que le rapport de cet angle au degré (qui est la 90e partie de l'angle droit) est $\frac{375}{10}$.

Il résulte de cette définition du mot *mesure* que *le rapport de deux grandeurs est le quotient des mesures de ces grandeurs à l'aide d'une même unité, ou que le rapport de la grandeur A à la grandeur B est le nombre qui exprimerait la mesure de A si B était choisie pour unité.*

Définitions. — UN ANGLE EST AU CENTRE *dans une circonférence quand son sommet est au centre;* l'arc compris entre ses côtés est dit ARC INTERCEPTÉ par l'angle.

UN ANGLE INSCRIT *dans une circonférence est l'angle formé par deux cordes qui se coupent sur la circonférence;* l'angle inscrit intercepte un arc sur la circonférence.

UN SEGMENT (1) DE CERCLE *est la portion du cercle comprise entre un arc et sa corde.*

UN SECTEUR CIRCULAIRE *est la partie du cercle comprise entre un arc et les rayons qui vont à ses extrémités.*

THÉORÈME XIII

Sur la même circonférence ou sur des circonférences égales, des angles au centre égaux interceptent des arcs égaux et réciproquement.

1° Soit les angles au centre égaux AOB, A'OB' : les triangles AOB, A'OB' sont égaux parce qu'ils ont un angle égal compris entre deux côtés égaux chacun à chacun, donc les cordes AB, A'B' sont égales et sous-tendent par suite des arcs égaux.

2° Soit les arcs égaux AB, A'B', les triangles AOB, A'OB' sont

(1) *Segmentum*, coupure.

égaux parce qu'ils ont les trois côtés égaux chacun à chacun, puis-

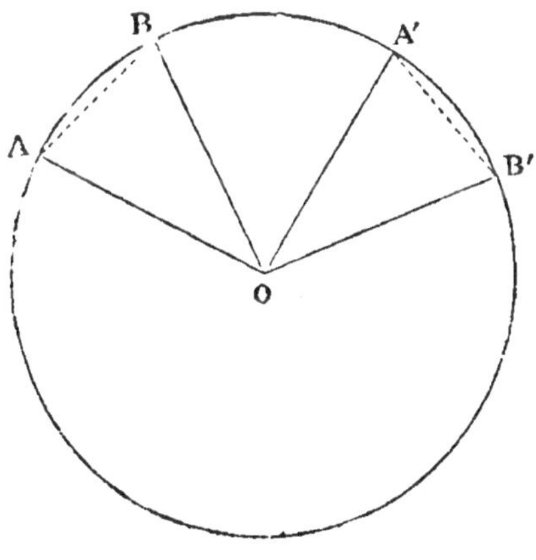

Fig. 90.

que des arcs égaux sont sous-tendus par des cordes égales, donc les angles au centre qui interceptent ces arcs sont égaux.

THÉORÈME XIV

Dans une même circonférence ou dans deux circonférences égales, deux angles au centre sont dans le même rapport que les arcs qu'ils interceptent.

Soit les angles au centre AOB, A'O'B' interceptant les arcs AB, A'B' sur les circonférences égales O,O'.

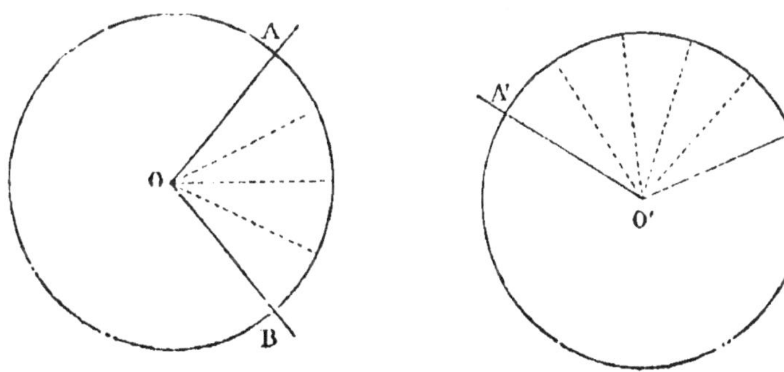

Fig. 91.

1er Cas. — Supposons que les arcs soient commensurables entre eux ; soit une commune mesure contenue quatre fois dans l'arc AB et cinq fois dans l'arc A'B', on aura donc :

$$\frac{\text{arc AB}}{\text{arc A'B'}} = \frac{4}{5}$$

Joignons les points de division de ces arcs aux centres O,O', nous obtiendrons des angles au centre partiels égaux entre eux, parce qu'ils interceptent, sur une même circonférence, ou sur des circonférences égales, des arcs égaux : donc un même angle au centre sera contenu quatre fois dans l'angle AOB, et cinq fois dans l'angle A'O'B' : on aura donc :

$$\frac{\text{angle AOB}}{\text{angle A'O'B'}} = \frac{4}{5}.$$

C'est-à-dire qu'il y a égalité entre le rapport des angles au centre et le rapport des arcs interceptés.

***2° Cas.** — Supposons les arcs incommensurables entre eux ; partageons l'arc A'B' en n parties égales, et portons l'une de ces parties autant de fois que possible sur l'arc AB : soit m le plus grand nombre de fois que l'arc AB contient cette $n^{\text{ième}}$ partie de l'arc A'B' ; nous aurons alors :

$$\frac{m}{n} < \frac{\text{arc AB}}{\text{arc A'B'}} < \frac{m+1}{n}.$$

Joignons les points de division de ces arcs aux centres respectifs, nous trouvons que la $n^{\text{ième}}$ partie de l'angle A'O'B' est contenue m fois dans l'angle AOB et pas $(m + 1)$ fois, donc :

$$\frac{m}{n} < \frac{\text{angle AOB}}{\text{angle A'O'B'}} < \frac{m+1}{n}.$$

De sorte que, quel que soit n, le rapport des angles et le rapport des arcs seront tous deux compris entre $\frac{m}{n}$ et $\frac{m+1}{n}$; donc la différence entre ces rapports est moindre que la différence $\frac{1}{n}$ entre $\frac{m}{n}$ et $\frac{m+1}{n}$.

Mais $\frac{1}{n}$ est aussi voisin de O qu'on le veut pour des valeurs de n suffisamment grandes, donc la différence des deux rapports, qui est un nombre déterminé, est rigoureusement nulle.

Le rapport des angles au centre est donc égal, dans tous les cas, au rapport des arcs interceptés.

THÉORÈME XV

Un angle au centre a même mesure que l'arc qu'il intercepte, si l'on prend comme unité d'arc celui qui est intercepté par l'unité d'angle.

Soit l'angle au centre MON, et soit AOB l'unité d'angle au centre interceptant, par hypothèse, l'unité d'arc AB.

Nous avons, par le théorème XIV :

$$\frac{\text{angle MON}}{\text{angle AOB}} = \frac{\text{arc MN}}{\text{arc AB}}.$$

Or, par définition du mot *mesure*, les deux membres de cette égalité sont l'un la mesure de l'angle MON, l'autre la mesure de l'arc MN, donc ces mesures sont égales.

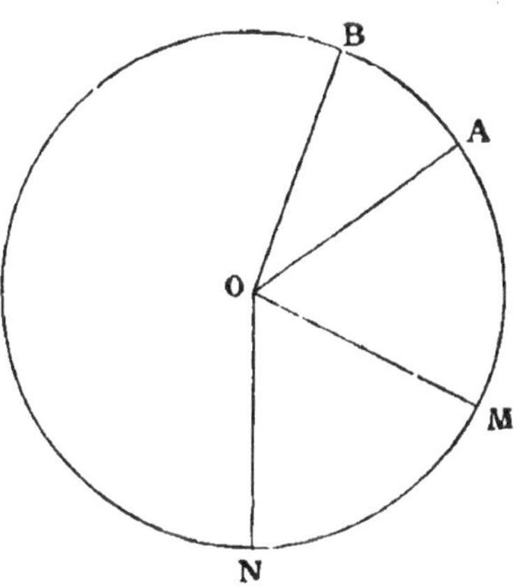

Fig. 92.

Remarque. — Dans le langage rapide on énonce ce théorème en disant :

L'*angle au centre a même mesure que l'arc intercepté.*

En sous-entendant l'hypothèse même du théorème, qui consiste à établir une correspondance nécessaire entre les unités d'angle et d'arc. Il est bien évident que sans cette hypothèse le théorème n'existe plus.

THÉORÈME XVI

Un angle inscrit dans une circonférence a même mesure que la moitié de l'arc intercepté.

Ceci revient évidemment à prouver que *l'angle inscrit est la moitié de l'angle au centre qui intercepte le même arc.*

Considérons deux cas, suivant que le centre est à l'intérieur ou à l'extérieur de l'angle inscrit.

1er Cas. — Soit l'angle inscrit BAC (fig. 93), il est la somme des deux angles 1',2' obtenus en tirant le diamètre AO : or l'angle 1.

extérieur au triangle isocèle AOB, vaut le double de 1′, puisqu'il vaut la somme des angles non adjacents; de même l'angle 2 vaut

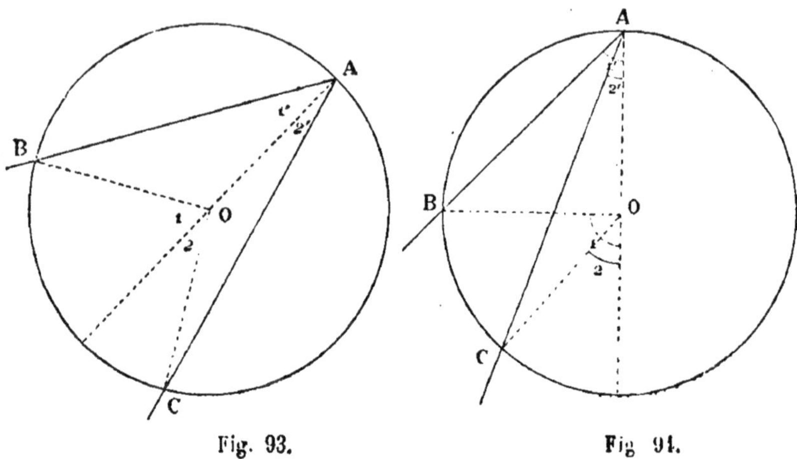

Fig. 93. Fig. 94.

le double de 2′; donc l'angle au centre BOC vaut le double de l'angle inscrit BAC.

2e Cas. — Soit l'angle inscrit BAC (fig. 94); il est la différence des angles 1′,2′ que forment ses côtés avec le diamètre AO : or l'angle 1, extérieur au triangle isocèle AOB, vaut le double de l'angle 1′; et de même l'angle 2 vaut le double de 2′ : Donc l'angle BOC, différence des angles 1,2, est double de l'angle BAC.

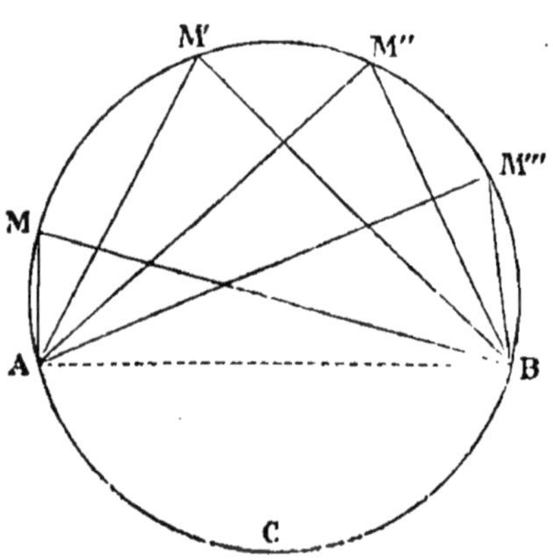

Fig. 95.

Corollaire I. — *Tous les angles inscrits dans un même segment sont égaux.*

Tous ces angles ont en effet même mesure que la moitié de l'autre arc sous-tendu par la corde du segment.

Corollaire II. — *Tous les angles inscrits dans une demi-circonférence sont droits.*

Car si on trace le rayon OC perpendiculaire sur AB, il partagera l'arc ACB en deux parties égales : tout angle AMB, inscrit dans la demi-circonférence, ayant même mesure que l'angle droit AOC lui est égal.

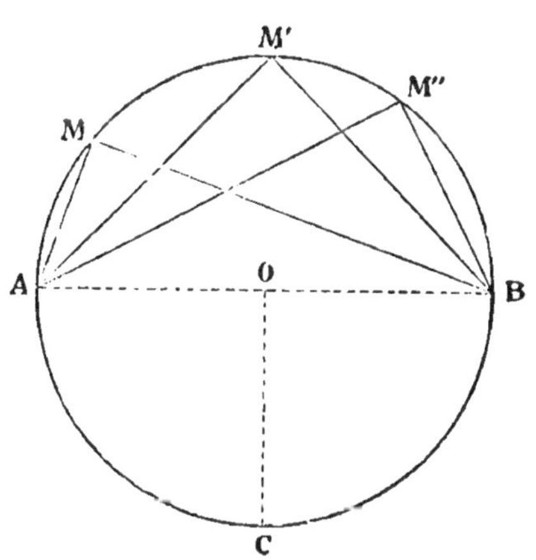

Fig. 96.

Corollaire III. — *Un angle tel que BAC, formé par une corde et le prolongement d'une corde de même extrémité, a même mesure que la demi-somme des arcs ADC, AEF sous-tendus par les deux cordes.*

Car l'angle BAC est supplémentaire de l'angle inscrit CAF, la somme des doubles de leurs mesures doit donc égaler la mesure de quatre angles droits au centre, c'est-à-dire la mesure de la circonférence entière : donc l'angle BAC a même mesure que la demi-somme des arcs ADC, AEF.

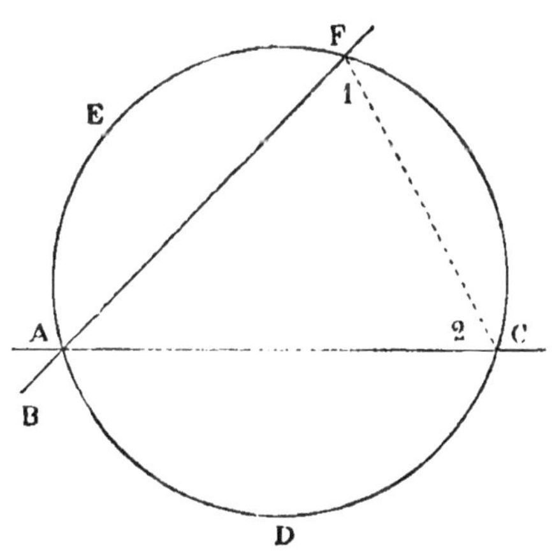

Fig. 97.

On peut d'ailleurs voir ce résultat d'une autre façon, en remarquant que l'angle BAC est la somme des angles 1, 2 qui sont inscrits.

Corollaire IV. — *Un angle formé par une tangente et une* *corde passant par le point de contact a même mesure que la moitié de l'arc compris entre ses côtes.*

Soit l'angle BAC : si nous supposons une corde telle que AD, l'angle inscrit DAC aura même mesure que la moitié de l'arc DC, et si nous supposons que AD, pivotant autour du point A, vienne se confondre avec la tangente AB, l'angle, qui n'aura pas cessé d'avoir même mesure que la moitié de l'arc compris, aura même mesure que la moitié de l'arc ADC.

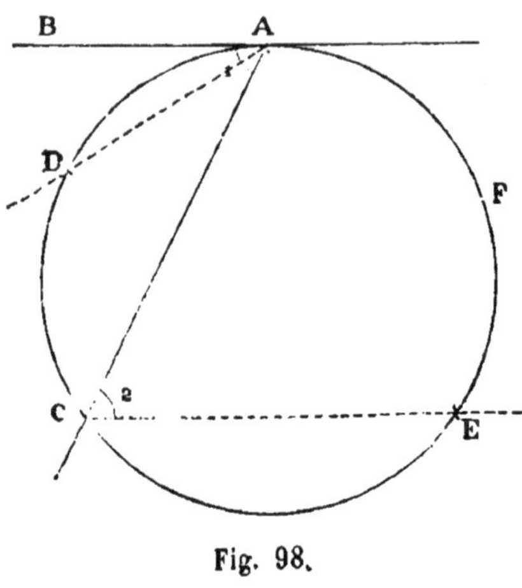

Fig. 98.

On peut d'ailleurs obtenir ce résultat d'une autre façon, en traçant par le point C la parallèle CE à AB, et remarquant que les angles 1 et 2 sont égaux ainsi que les arcs ADC, AFE.

THÉORÈME XVII

Un angle dont le sommet est intérieur à une circonférence a même mesure que la demi-somme des arcs compris entre les côtés de cet angle et les côtés de l'angle opposé par le sommet.

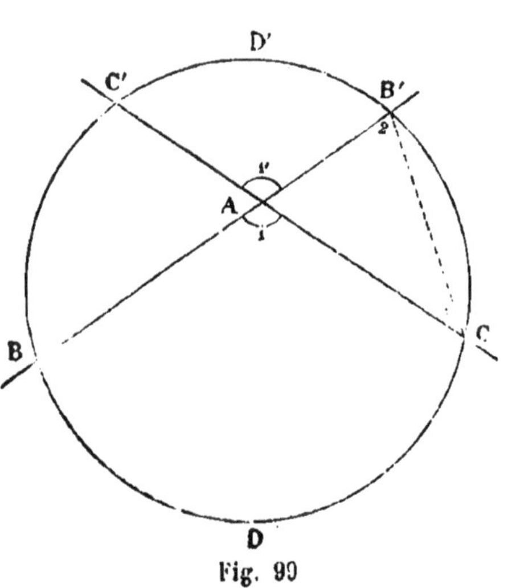

Fig. 99

Car l'angle 1, dont le sommet est intérieur à la circonférence, étant extérieur au triangle AB'C, vaut la somme des angles 2 et 3 qui, étant inscrits, ont respectivement même mesure que les moitiés des arcs BDC, B'D'C' compris entre les côtés de l'angle 1, et les côtés de l'angle 1' opposé par le sommet.

THÉORÈME XVIII

Un angle dont les côtés rencontrent une circonférence, et dont le sommet est extérieur à cette circonférence, a même mesure que la demi-différence des arcs compris entre ses côtés.

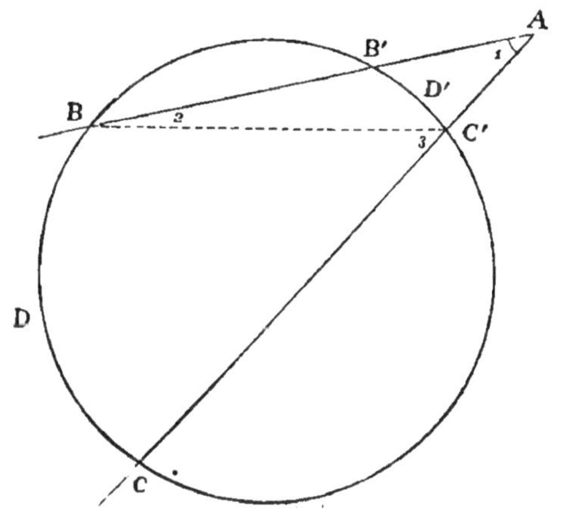

Fig. 100.

Car l'angle 1, dont le sommet est extérieur à la circonférence, égale l'angle 3 moins l'angle 2, puisque l'angle 3 est extérieur au triangle ABC'; et comme ces angles inscrits ont respectivement même mesure que les moitiés des arcs BDC, B'D'C', l'angle 1 a même mesure que la demi-différence de ces mêmes arcs.

Corollaire I. — *Un angle dont un côté est tangent et l'autre sécant à une circonférence a même mesure que la demi-différence des arcs compris entre ses côtés.*

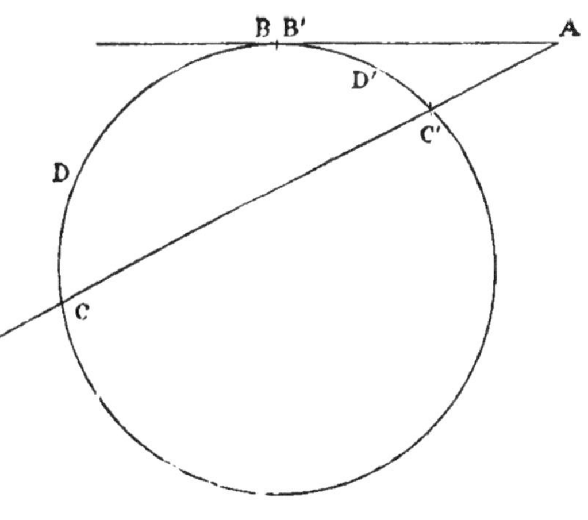

Fig. 101.

C'est une conséquence du théorème XVIII, en supposant que le côté ABB' (fig. 101), pivotant autour du point **A**, devienne tangent à la circonférence.

D'ailleurs le même mode de démonstration (th. XVIII) peut être employé, en tirant par exemple, la corde BC'.

Corollaire II. — *Un angle dont les deux côtés sont tangents à une circonférence a même mesure que la demi-différence des arcs compris entre ses côtés.*

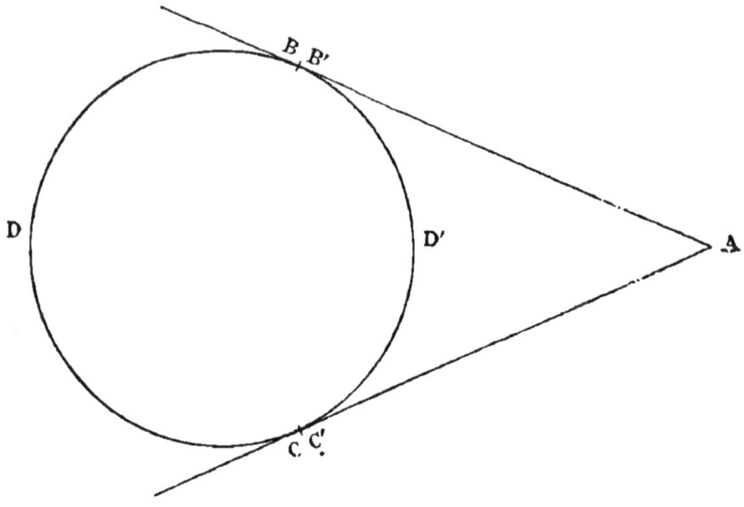

Fig. 102.

L'angle de ces tangentes issues du point A est, par définition, *l'angle sous lequel on voit la circonférence du point A.*

APPLICATION I

Quel est le lieu géométrique des points d'un plan d'où l'on voit une portion de droite de ce plan sous un angle donné.

Soit AB la portion de droite donnée : la direction AB partage le plan en deux régions, cherchons le lieu qui correspond à l'une de ces régions : soit M un point du lieu, c'est-à-dire tel que l'angle AMB égale un angle donné α : traçons la circonférence circonscrite au triangle AMB : tout point de l'arc APB répondra à la question (corollaire I, th. XVI). Étudions donc ce qui arrive pour un point de cette même région qui n'est pas sur cet arc; d'abord s'il est intérieur au segment APB, tel que le point N, l'angle ANB sera plus grand que l'angle α, parce qu'il a pour mesure la mesure de l'angle AMB augmentée de la mesure de la moitié de l'arc A'B' (th. XVII). En second lieu, s'il est extérieur au segment APB, tel que le point Q, l'angle AQB sera moindre que l'angle α; donc, pour cette région du plan, le lieu géométrique est l'arc de cercle APB.

Il est évident que le lieu géométrique complet se composera des deux arcs APB, AP'B égaux et symétriques par rapport à AB.

Le segment APB s'appelle le *segment capable de l'angle* α *décrit sur* AB *comme corde.*

Pour construire ce segment capable, nous traçons par le point B une droite BD formant avec AB l'angle α; cette droite sera tangente en B à la circonférence cherchée (corollaire IV, th. XVI), donc le centre est sur la perpendiculaire élevée en B à BD, et comme d'ailleurs il est sur la perpendiculaire au milieu C de AB, ce point est déterminé.

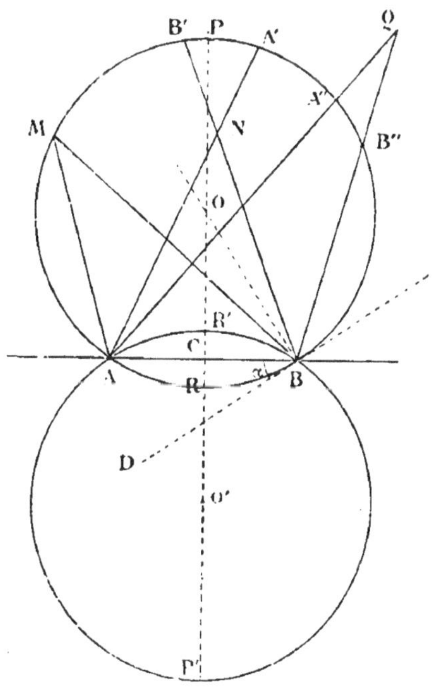

Fig. 103.

Remarque I. — La ligne formée par les deux arcs ARB, AR'B est le lieu géométrique des points du plan desquels on voit AB sous un angle égal au supplément de α.

Remarque II. — Si l'on suppose un angle de grandeur constante, un des angles d'une équerre, par exemple, qui se déplace dans le plan, de sorte que ses côtés passent chacun par un des points A, B, le sommet de l'angle décrira la ligne courbe APBP'A.

Remarque III. — Si l'angle donné α est droit, le lieu est la circonférence ayant pour diamètre AB.

APPLICATION II

La condition nécessaire et suffisante pour qu'un quadrilatère convexe soit inscriptible est que deux angles opposés soient supplémentaires.

1° La condition est nécessaire, car dans le quadrilatère inscrit ABCD, l'angle A, ayant même mesure que l'angle extérieur BCE (coroll. III, th. XVI), lui est égal; donc les angles intérieurs A et C sont supplémentaires.

2° La condition est suffisante. Supposons, en effet, les angles intérieurs A et C supplémentaires; traçons la circonférence circonscrite au triangle ADB, l'arc DFB sera le lieu géométrique des points du plan, situés du côté de DB où ne se trouve pas le point A, desquels on voit DB sous un angle égal au supplément de A, c'est-à-dire sous un angle égal à DCB : donc le point C est sur cet arc, puisque le quadrilatère est convexe : il y a donc une circonférence passant par les quatre sommets.

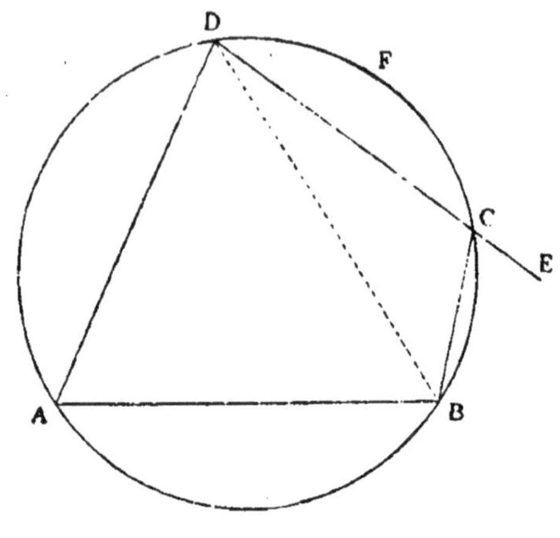

Fig. 104.

Remarque. — *La condition nécessaire et suffisante pour qu'un quadrilatère* CONCAVE *soit inscriptible est que deux angles opposés à une même diagonale soient égaux.*

APPLICATION III

Le point de rencontre des hauteurs d'un triangle est le centre du cercle inscrit dans le triangle qui a pour sommets les pieds de ces hauteurs.

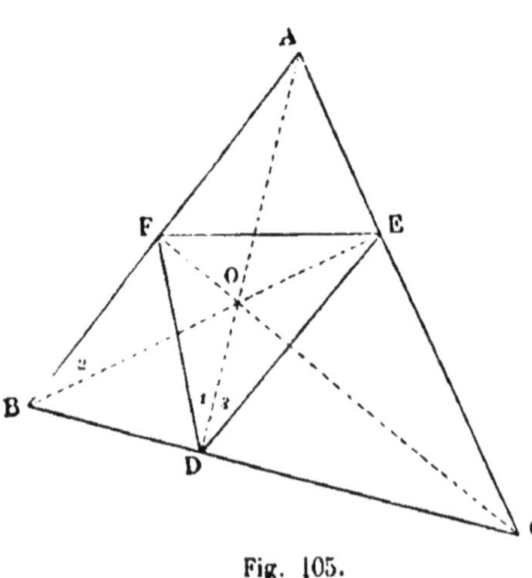

Fig. 105.

Soit O le point de concours des hauteurs du triangle ABC; prouvons, par exemple, que AD est bissectrice de l'angle FDE. Le quadrilatère BFOD ayant deux angles opposés droits est inscriptible, donc les angles 1 et 2 sont égaux, parce qu'ils sont inscrits dans un des deux segments déterminés par OF dans le cercle circonscrit au quadrilatère : de même, la circonférence décrite sur AB comme diamètre passera par les points E et D, parce que les angles AEB, ADB sont droits, donc les angles 2 et 3 sont égaux, (même raison que ci-dessus), donc enfin les angles 1 et 3 sont égaux entre eux.

Comme BC est perpendiculaire sur OD, elle est bissectrice des angles extérieurs au sommet D du triangle DEF ; donc les quatre points O, A, B, C sont les points du plan également distants des côtés du triangle DEF, c'est-à-dire les centres des quatre circonférences tangentes à ses côtés.

APPLICATION IV (*théorème de Simpson*).

Le lieu géométrique des points d'un plan dont les projections sur les côtés d'un triangle sont en ligne droite, est la circonférence circonscrite à ce triangle.

1° Soit M un point de la circonférence circonscrite au triangle ABC, et soit D,E,F les projections de ce point sur les côtés, c'est-à-dire les pieds des perpendiculaires abaissées du point M sur ces côtés.

Pour prouver que les points D,E,F sont en ligne droite, nous joignons le point F aux points E et D, et nous cherchons à démontrer que les angles 1 et 2 sont égaux.

Le quadrilatère MFDB est inscriptible dans la circonférence décrite sur MB comme diamètre, donc les angles 1 et 1′ sont égaux, comme inscrits dans l'un des segments de cette circonférence ayant pour corde BD. De même les angles 2 et 2′ sont égaux, parce que la circonférence ayant pour diamètre AM passe par les points E et F. La question revient donc à prouver que les angles 1′ et 2′ sont égaux, ou bien encore les angles AMB, EMD : or, ceci résulte de ce que les deux quadrilatères BMAC, DMEC sont inscriptibles, et que par suite chacun des deux angles précédents est supplémentaire de l'angle ACB.

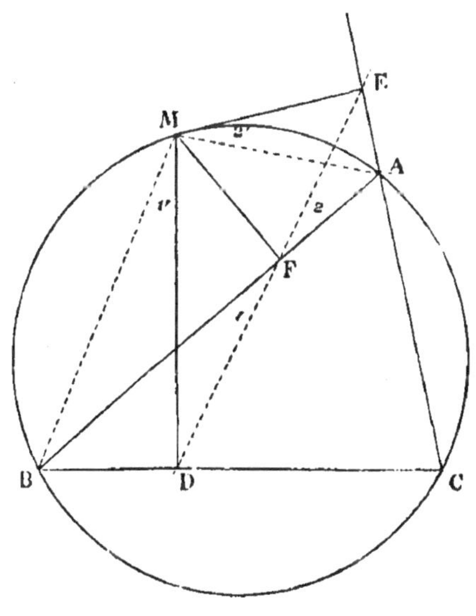

Fig. 106.

2° Soit M un point tel que ses projections D, E, F sur les côtés du triangle ABC soient en ligne droite ; prouvons que le quadrilatère AMBC est inscriptible, c'est-à-dire que l'angle AMB est supplémentaire de l'angle C, c'est-à-dire qu'il est égal à l'angle EMD, ou enfin prouvons que les angles 1′ et 2′ sont égaux ; or ces angles sont respectivement égaux aux angles 1 et 2, par des raisons indiquées dans 1°, et comme EFD est une ligne droite, les angles 1 et 2 sont égaux, et par suite le point M est bien sur la circonférence circonscrite au triangle.

Remarque I. — *La droite* DEF *est à égale distance du point* M *et du point du concours des hauteurs du triangle* ABC.

Cette propriété est utile dans quelques questions : la démonstration peut être cherchée comme exercice, elle n'exige que les connaissances précédentes.

Remarque II.— Dans la démonstration précédente nous n'avons supposé, en somme, que l'égalité des trois angles MDC, MFB, MEA, de sorte que l'on peut substituer à l'énoncé un autre énoncé plus général, dans lequel les points D, E, F seraient les pieds sur les côtés de droites, issues du point M, également inclinées sur ces côtés.

APPLICATION V

Quel est le lieu géométrique des centres des cercles tangents aux côtés d'un triangle inscrit à une circonférence donnée, et dont deux côtés restent parallèles à deux directions données.

Soit ABC un des triangles considérés, inscrit dans la circonférence O, et dont les côtés AB, AC restent parallèles aux directions X et Y, que nous figurons dans la position de tangente à la circonférence O et dont les points de contact sont E, E′ et D, D′.

Les points E et E′ seront les milieux des deux arcs sous-tendus par AB, quelle que soit la position du point A, donc les bissectrices des angles intérieur et extérieur en C s'obtiendront en traçant CE et CE′. De même les bissectrices des angles au sommet B sont les droites BD, BD′.

Les centres des circonférences tangentes aux trois côtés du triangle ABC seront donc les points M, M_1, M_2, M_3 communs à ces deux systèmes de droites.

Soit α l'angle aigu des directions données XY, c'est donc l'angle A du triangle, *dans la position figurée ci-dessous.*

Or

$$\text{DMC} = \frac{\text{B}}{2} + \frac{\text{C}}{2} = 90^\circ - \frac{\text{A}}{2}$$

donc

$$\text{DME} = 90^\circ + \frac{\alpha}{2}:$$

Le point M est donc sur l'arc du segment capable de $\left(90^\circ + \frac{\alpha}{2}\right)$ décrit sur DE comme corde.

L'angle $D'M_1E'$ est le supplément de l'angle EMD, il vaut donc

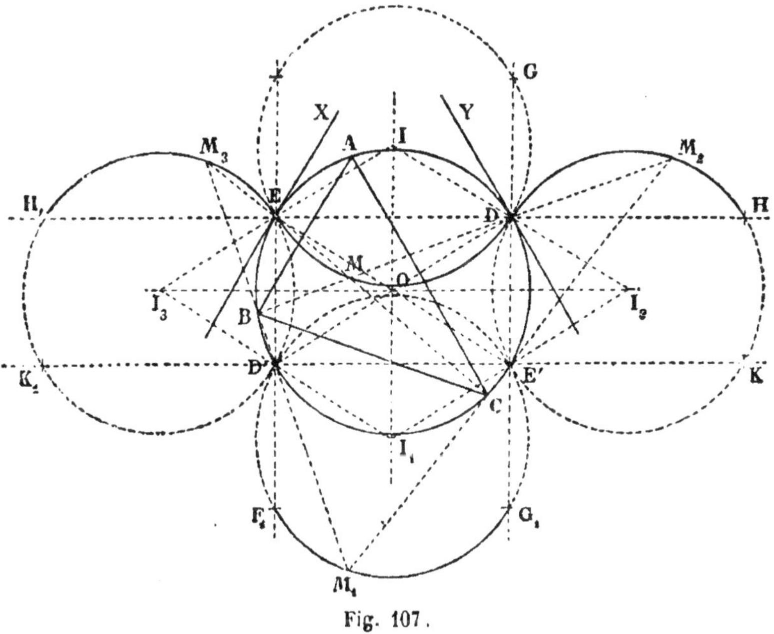

Fig. 107.

$\left(90^\circ - \frac{\alpha}{2}\right)$, et comme les points D' et E' sont fixes, le point M_1 est sur l'arc du segment capable de $\left(90^\circ - \frac{\alpha}{2}\right)$ décrit sur D'E' comme corde. Enfin les angles DM_2E' et $D'M_3E$ sont complémentaires de l'angle M_1, ils sont donc égaux à $\frac{\alpha}{2}$; c'est-à-dire que les points M_2 et M_3 sont sur les arcs des segments capables de $\frac{\alpha}{2}$ décrits sur DE' et D'E comme cordes.

Pour avoir les centres des quatre circonférences sur lesquelles sont situés les points $M, M_1, M_2 M_3$, nous construisons un losange en menant par les points D, D′, E, E′ des parallèles aux diamètres EE′, DD′ : les sommets I, I_1, I_2, I_3 sont les centres cherchés ; en effet, ces diamètres font entre eux les angles α et $(180° - \alpha)$, donc les angles au centre DI_2E', EID leur sont respectivement égaux, et par suite les angles inscrits en étant les moitiés ont bien les valeurs trouvées plus haut. Ces quatre circonférences sont égales à la circonférence donnée, car elles ont même rayon que celle-ci, et elles sont tangentes entre elles deux à deux, parce que le point commun est sur la ligne des centres de ces deux circonférences.

Il reste enfin à faire déplacer le point A sur la circonférence donnée, et à suivre les mouvements des points du lieu sur les circonférences construites.

Lorsque le point A parcourt l'arc EAD, M parcourt EMD ; en même temps M_1 part de F_1 situé sur ED′ et vient en G_1 situé sur DE′ ; ce point parcourt donc l'arc $F_1M_1G_1$. Le point M_2 part de H situé sur ED, et vient en D, il parcourt l'arc HM_2D ; enfin le point M_3 parcourt l'arc EM_3H_1.

Il faut remarquer que les sept points A, B, C, M, M_1, M_2, M_3, parcourent des arcs égaux.

Le point A continuant son mouvement en parcourant l'axe DE′, M parcourt DG ; M_1 parcourt G_1E' ; M_2 parcourt DE′ et M_3 parcourt H_1K_1. La suite du mouvement est évidente.

APPLICATION VI

Si par un point A *commun à deux circonférences, on trace deux sécantes* MAN, M′AN′ *les cordes* MM′, NN′ *feront entre elles un angle constant.*

Cherchons d'abord, en supposant vraie la propriété contenue dans cet énoncé, la valeur de la constante, et pour cela donnons des positions particulières aux sécantes :

Prenons pour MAN la tangente BA à la circonférence O′ et pour M′AN′ la tangente CA à la circonférence O : les points M et N seront en A et C, et les points M′ et N′ seront en B et A, donc l'angle des deux cordes sera l'angle α des tangentes aux deux circonférences au point commun, que l'on appelle du reste l'*angle des deux circonférences.*

La question posée revient donc à prouver que l'angle MPN égale α. Or il est visible que les angles 1 et 1′ sont égaux, car chacun d'eux a même mesure que la moitié de l'arc M′MA : de même les angles

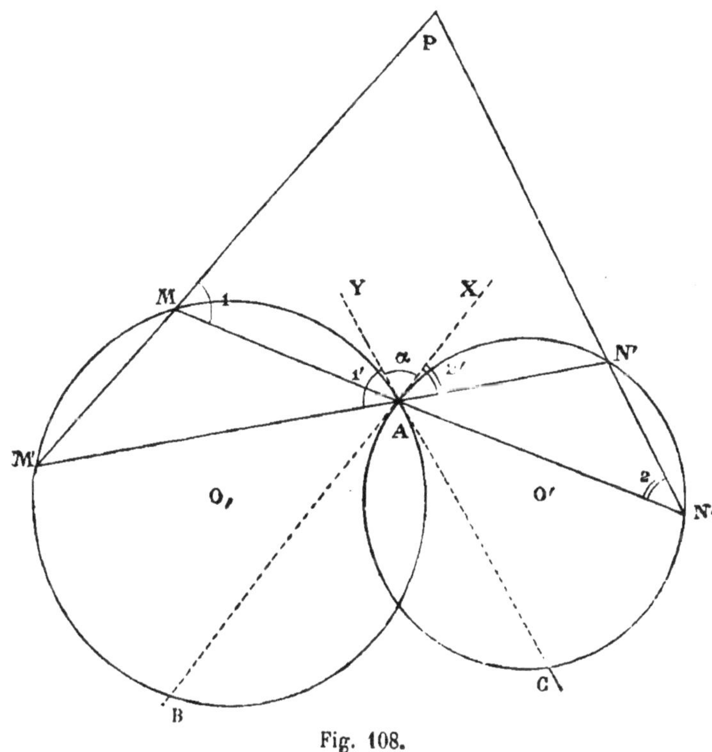

Fig. 108.

2 et 2′ sont égaux : par suite l'angle MPN supplémentaire de la somme des angles 1 et 2 est égal à l'angle α, supplémentaire de la somme des angles 1′, 2′.

1re Conséquence. — *Les tangentes aux points* M *et* N *des deux circonférences font entre elles un angle constant, quelle que soit la position de* MAN.

Car en supposant que la sécante M′AN′ vienne se confondre avec MAN en tournant autour du point A, les cordes MM′ et NN′, qui n'ont pas cessé de faire entre elles un angle égal à α, seront devenues les tangentes en M et N. On peut d'ailleurs le voir directement.

2e Conséquence. — *Si par le point de contact* A *de deux circonférences tangentes, on trace deux sécantes* MAN, M′AN′, *les cordes* MM′, NN′, *sont parallèles.*

Car les circonférences, étant tangentes, admettent la même tangente au point A; l'angle des deux circonférences est donc nul, par

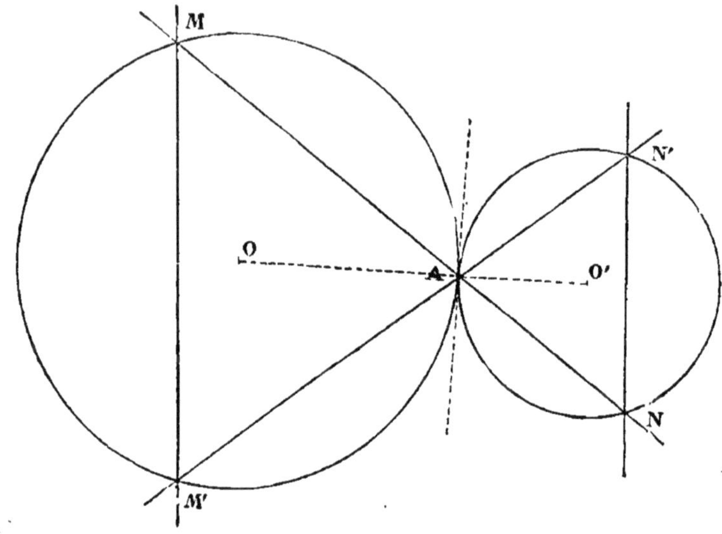

Fig. 109.

suite les cordes MM' et NN' font entre elles un angle nul, c'est-à-dire sont parallèles.

Cette propriété se démontre directement avec facilité.

3ᵉ **Conséquence.** — *Si par le point de contact* A *de deux circonférences tangentes on trace une sécante arbitraire* MAN, *les tangentes aux extrémités* M *et* N *sont parallèles.*

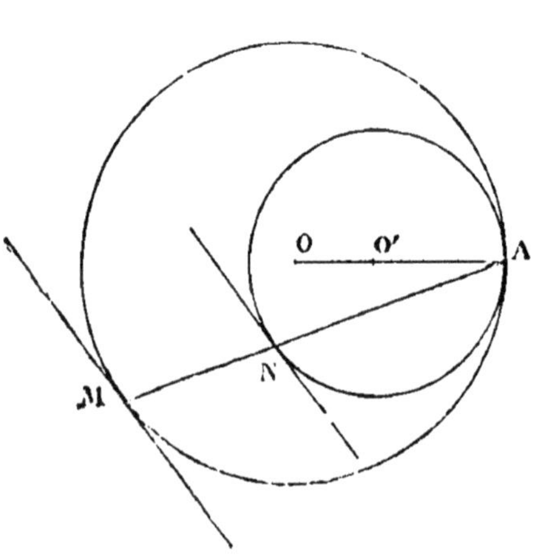

Fig. 110.

Car les tangentes sont les positions limites des cordes MM' NN' quand M'AN', pivotant autour de A, vient se confondre avec MAN.

Démonstration directe facile.

§ IV — PROBLÈMES GRAPHIQUES QUI DÉPENDENT DU DEUXIÈME LIVRE

Les solutions des problèmes de géométrie doivent conduire à des constructions pouvant être exécutées à l'aide de la règle, de l'équerre et du compas.

PROBLÈME I

Tracer la perpendiculaire en un point d'une droite.

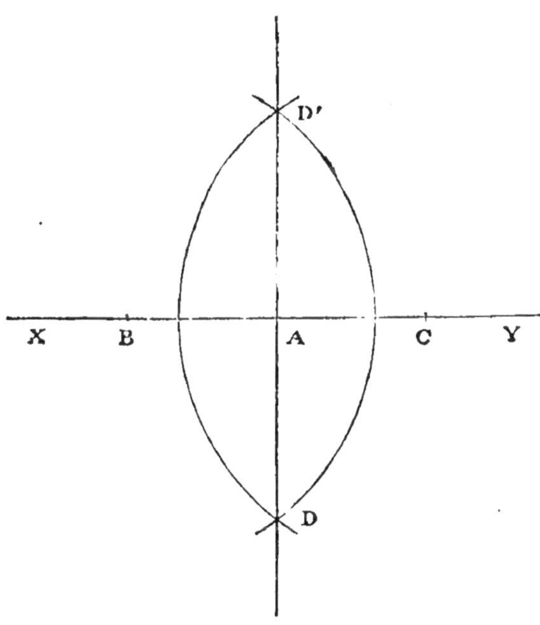

Fig. 111.

Soit A le point donné sur XY : nous prenons avec un compas les longueurs AB, AC égales entre elles, et, de chacun des points B, C comme centre, avec une ouverture de compas plus grande que AC, nous traçons deux circonférences qui se coupent en D, D', : la droite DD' répond à la question.

D'abord les circonférences se rencontrent parce que BC est plus petit que la somme des rayons, et plus grand que leur différence qui est nulle, et la droite DD′ passant par deux points équidistants des points B et C est perpendiculaire au milieu A de BC.

Remarque. — Une construction analogue donne le tracé de la *perpendiculaire au milieu d'une portion de droite* BC, et permet aussi de trouver le *milieu d'une portion de droite.*

PROBLÈME II

Abaisser d'un point donné la perpendiculaire sur une droite donnée.

Soit A le point duquel on veut abaisser la perpendiculaire sur *xy*. De ce point comme centre, avec une ouverture de compas suffisante, nous décrivons une circonférence qui rencontre *xy* aux points B, C.

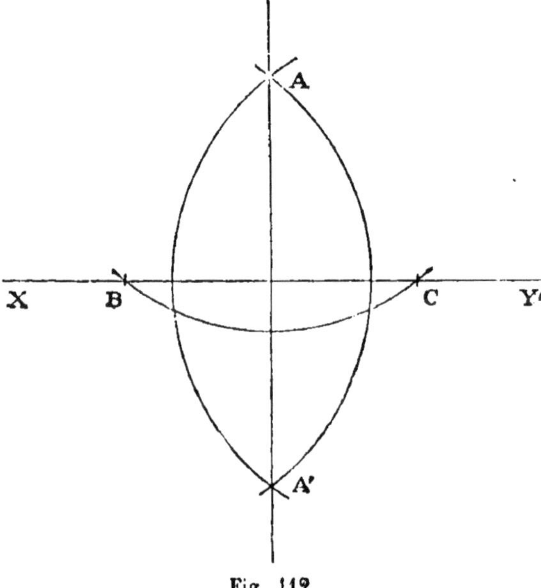

Fig. 112.

De ces points comme centres, avec la même ouverture de compas, nous décrivons des circonférences qui se coupent en A et A′ : la droite AA′ répond à la question :

En effet cette droite passe par deux points équidistants des points B et C situés sur XY.

PROBLÈME III

Par un point donné d'une droite, tracer une droite faisant avec la première un angle donné.

Soit à mener, par le point A de XY, une droite faisant avec celle-

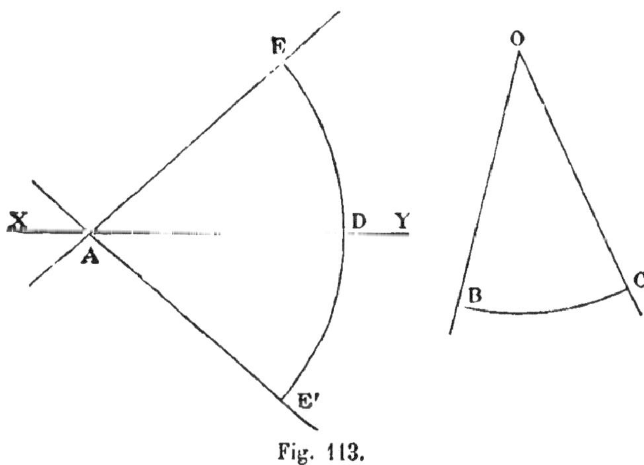

Fig. 113.

ci un angle égal à l'angle donné BOC. Nous décrivons une circonférence de centre O et de rayon arbitraire, sur laquelle l'angle donné intercepte l'arc BC : du point A comme centre, avec le même rayon, nous décrivons une circonférence, et sur cette courbe nous prenons à partir du point D des arcs DE, DE' égaux à l'arc BC, c'est-à-dire ayant des cordes égales. Les droites AE, AE' répondent à la question.

En effet, les angles au centre qui interceptent des arcs égaux sur la même circonférence ou sur des circonférences égales sont égaux.

Le problème admet donc deux solutions.

PROBLÈME IV

Tracer la bissectrice d'un angle donné.

Soit l'angle donné XOY : du sommet O comme centre, avec un rayon arbitraire, nous décrivons une circonférence qui rencontre les côtés aux points B, A ; de chacun de ces points comme centre, avec une ouverture de compas suffisante, égale par exemple à AB, nous décrivons deux circonférences qui se coupent en C et C' : la droite CC' répond à la question.

En effet CC' est perpendiculaire au milieu de la corde AB, donc

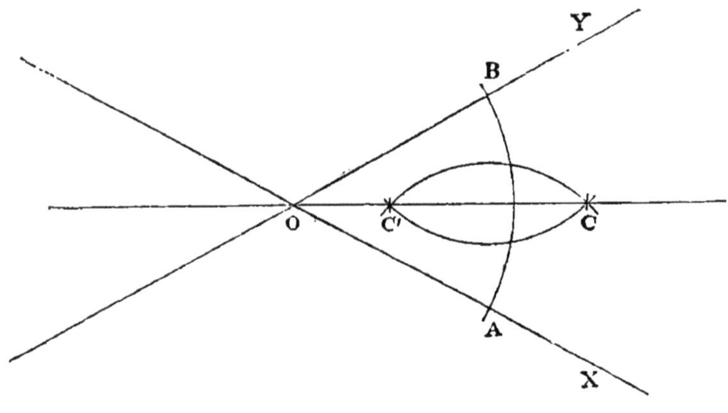

Fig. 114.

elle passe par le point O, et partage l'angle XOY en deux parties égales.

Remarque. — Cette construction permet donc de trouver la moitié d'un angle donné et par suite une fraction de cet angle représentée par $\frac{1}{2n}$.

Mais on ne peut, à l'aide des seuls instruments usités en géométrie, règle, équerre, compas, partager un angle donné en trois parties égales.

PROBLÈME V

Tracer la parallèle à une droite par un point donné.

Nous avons déjà indiqué un procédé fondé sur l'emploi de l'équerre. Voici un autre procédé moins commode, mais utile dans certains cas.

Du point A donné comme centre, avec un rayon suffisant, nous décrivons une circonférence qui rencontre XY en B; de ce point B comme centre, avec le même rayon, nous décrivons une nouvelle circonférence qui, passant par le point A, va couper XY en C. Nous prenons alors l'arc BD égal à l'arc AC, et nous traçons la droite AD qui répond à la question.

En effet, si nous traçons AB, les angles 1 et 2 qui sont au centre

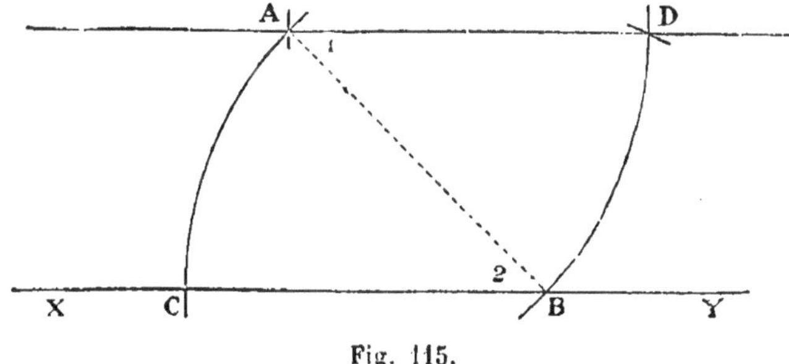

Fig. 115.

dans des circonférences égales, et qui interceptent des arcs égaux BD, AC sont égaux; comme ces angles égaux occupent la position d'alternes internes par rapport aux droites AD, XY rencontrées par AB, il en faut conclure que AD est parallèle à XY.

PROBLÈME VI

Par un point donné hors d'une droite, tracer une droite qui fasse un angle donné avec la première.

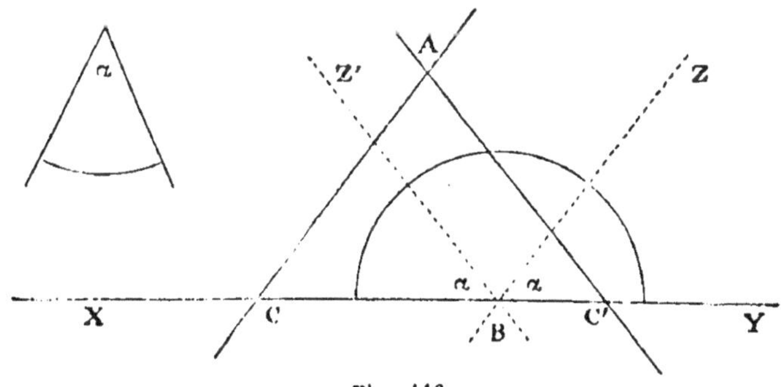

Fig. 116.

Soit à construire une droite passant par le point A, et faisant un angle α donné avec XY.

1er Procédé. — D'un point B arbitraire de XY, traçons les droites Z et Z' qui font avec XY des angles égaux à α (problème III), et menons des parallèles AC, AC' à ces droites : elles répondront évidemment à la question.

2° Procédé. — Prenons le complément β de l'angle donné, en

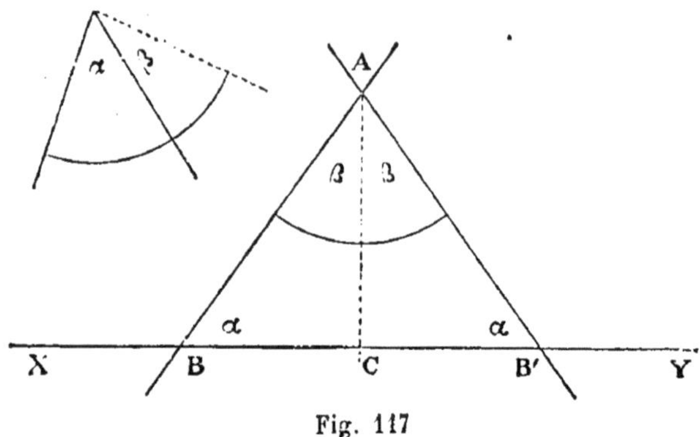

Fig. 117

élevant une perpendiculaire à l'un de ses côtés. Abaissons du point A la perpendiculaire AC sur XY, et traçons les droites AB, AB′ qui font avec AC des angles égaux à β (problème III) ; ces droites feront évidemment avec XY des angles égaux à α.

PROBLÈME VII

Construire un triangle connaissant un côté et deux angles.

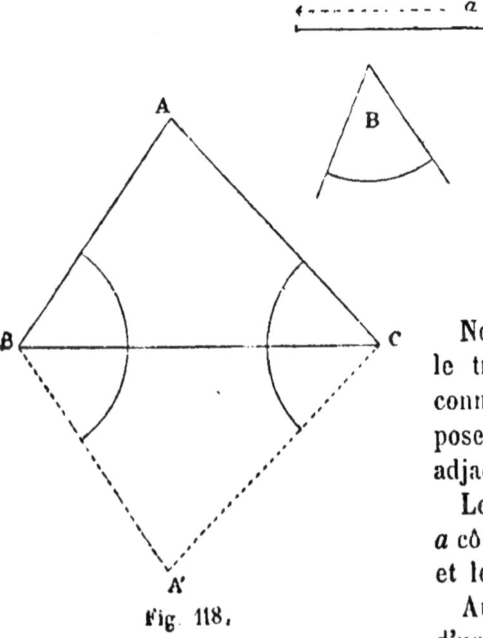

Fig. 118.

Nous remarquons que le troisième angle étant connu, nous pouvons supposer connus les angles adjacents au côté donné.

Les données sont donc : *a* côté opposé à l'angle A, et les angles B et C.

Aux extrémités B, C d'une portion de droite égale à *a*, nous formons des angles ABC, ACB respectivement égaux

aux angles B et C. donnés : nous obtenons deux triangles égaux ABC, A'BC qui répondent à la question.

PROBLÈME VIII

Construire un triangle, connaissant un angle et les côtés qui le comprennent.

Soit donné les côtés a, b, opposés aux angles A,B, et l'angle C.

Soit BC une portion de droite égale à a : au point C, nous traçons

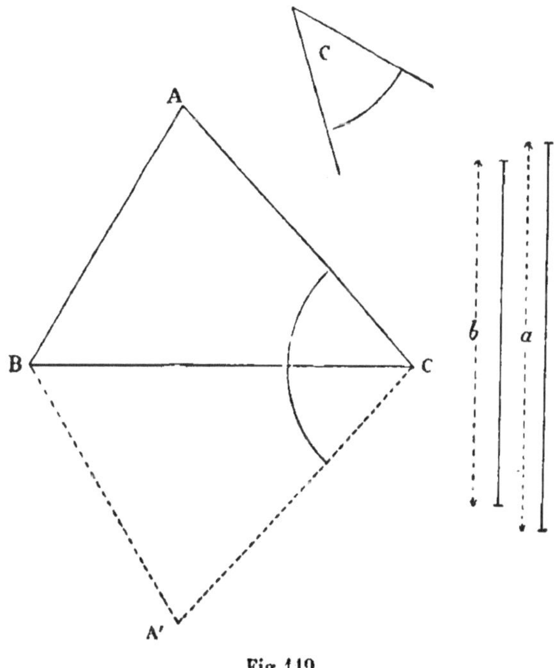

Fig. 119.

une droite faisant avec BC un angle égal à C, et sur cette direction. à partir du point C, nous portons $CA = b$. Nous obtenons ainsi deux triangles égaux ABC, A'BC qui répondent à la question.

PROBLÈME IX

Construire un triangle connaissant deux côtés et l'angle opposé à l'un d'eux

Soit donné a. b. et l'angle A.

En un point A arbitraire d'une droite XY nous faisons un angle égal à A, soit ZAY, et nous prenons $AC = b$: du point C comme

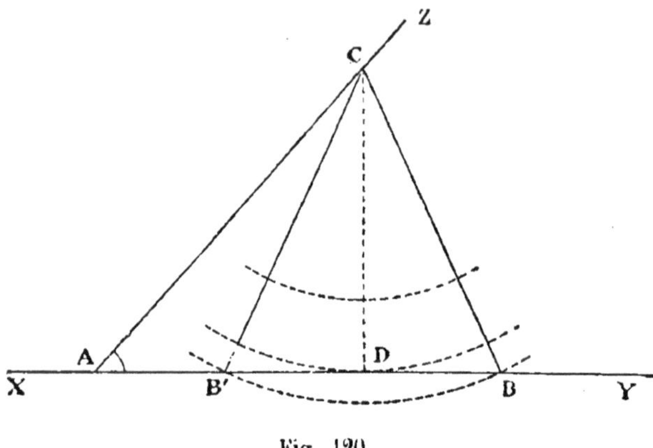

Fig. 120.

centre, avec un rayon égal à a, nous décrivons une circonférence, elle passera par le troisième sommet B du triangle qui est sur XY.

Discussion. — La détermination du point B se faisant par l'intersection d'une droite et d'une circonférence, il faut voir à quelle condition il y aura intersection. La distance du centre C à la droite XY doit être au plus égale au rayon a de la circonférence : ainsi, une première condition de possibilité est $a > CD$.

Si $a < CD$ le problème est impossible.

Si $a = CD$ le seul point commun est D ; on obtient donc le triangle rectangle ACD, qui ne peut répondre à la question que si l'angle donné A est aigu : dans le cas contraire, impossibilité.

Si $a > CD$ la circonférence auxiliaire rencontrera XY en deux points B, B' ; mais ces points ne répondent pas encore nécessairement au problème, car B étant un point de rencontre, il faut que l'angle BAC soit bien égal à l'angle A donné. Distinguons alors deux cas, suivant que l'angle A est aigu ou obtus :

$A < 90°$. Alors le sommet B doit être du même côté de A que le point D, donc il y a toujours une solution, puisque le point D est toujours compris entre B et B'. Mais pour que l'autre point B' convienne il faudra $CB' < b$, c'est-à-dire $a < b$: ainsi, dans ce dernier cas, deux solutions, et si $a > b$ une solution. Lorsqu'il y a deux solutions, les angles des deux triangles opposés au côté b sont supplémentaires.

$A > 90°$. Il faut alors que le point A soit entre les points B et D :

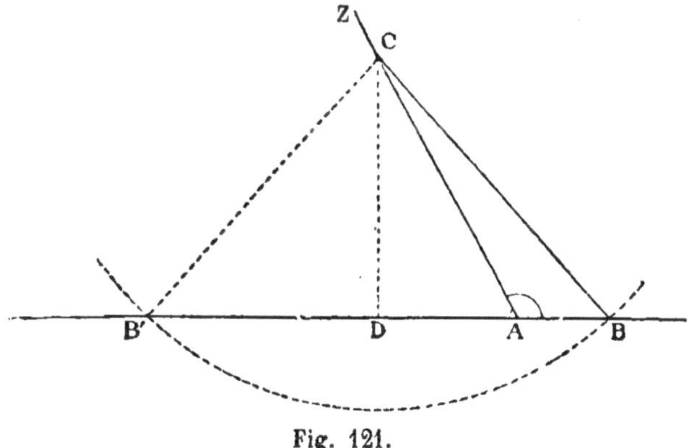

Fig. 121.

donc déjà il y a un des points de rencontre qui ne peut jamais convenir, et pour que l'autre convienne il faut $a > b$.

Cette discussion se trouve résumée dans le tableau suivant :

$a < CD$			0 solution.
$a = CD$	$A < 90$		1 solut. triangle rectangle.
	$A > 90$		0 solut.
$a > CD$	$A < 90$	$a < b$	2 solut.
		$a > b$	1 solut.
	$A > 90$	$a < b$	0 solut.
		$a > b$	1 solut.

Remarque. — On peut encore résoudre le problème en construisant sur a comme corde un segment capable de l'angle A, et en prenant le point commun à l'arc de ce segment et à la circonférence de centre C, ayant b pour rayon.

PROBLÈME X

Construire un triangle connaissant les trois côtés.

Soit donné les longueurs a, b, c, des côtés opposés aux angles A, B, C.

Des extrémités A, B, d'une portion droite égale à c, comme centres, avec des rayons respectivement égaux à b et a, nous décrivons des circonférences : tout point commun A à ces deux courbes sera le sommet d'un triangle ABC répondant à la question.

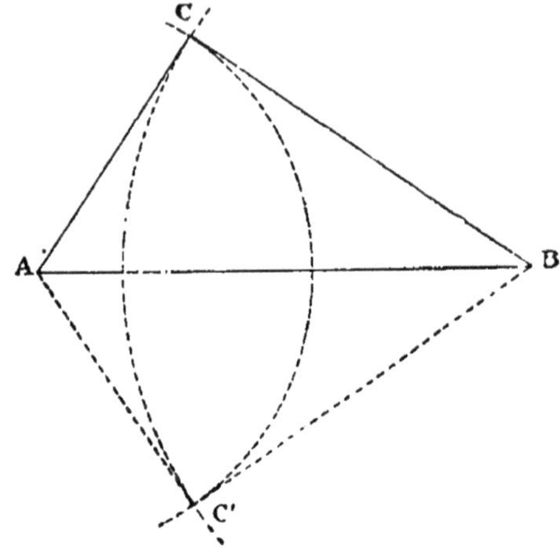

Fig. 122.

Discussion. — La détermination du point A se faisant par l'intersection de deux circonférences, il est nécessaire de voir à quelle condition aura lieu cette rencontre.

Il faut et il suffit (corollaire II, th. IV) que la distance c des centres soit comprise entre la somme et la différence des rayons a, b, donc déjà il faut avoir

$$c < a + b.$$

Puis, pour évaluer la différence entre a et b, il faut faire une hypothèse sur la grandeur relative de ces côtés, soit $b > a$; il faudra donc avoir aussi $c > b - a$, et les conditions nécessaires et suffisantes pour que l'on puisse construire un triangle avec les côtés a, b, c, seront :

$$1^\circ \; c < a + b; \qquad 2^\circ \left\{ \begin{array}{ll} a < b & c > b - a \\ a > b & c > a - b. \end{array} \right.$$

Ce qui se réduit, dans tous les cas, aux trois conditions :

$$\begin{array}{l} a < b + c \\ b < a + c \\ c < a + b. \end{array}$$

Donc les conditions nécessaires et suffisantes d'existence d'un triangle ayant pour côtés trois longueurs données se résument ainsi : chacune de ces longueurs doit être moindre que la somme des deux autres.

APPLICATION VII

Construire un triangle connaissant les trois médianes.

Supposons le problème résolu, et soit ABC le triangle cherché, dont les médianes sont AD, BE, CF; menons les parallèles BH, CH aux droites FC, BF; BH égale CF, et le point D est le milieu de la droite FH, dont DH est égale et parallèle à AE, puisque FD est

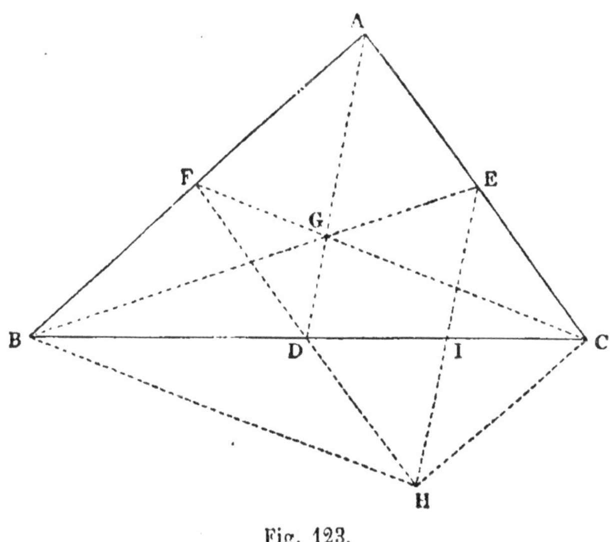

Fig. 123.

parallèle à AC et en vaut la moitié : donc la figure AEHD est un parallélogramme, donc HE égale AD, et le point I étant le milieu de DC, BC et les $\frac{4}{3}$ de BI.

Il résulte de cette analyse que le triangle BHE, qui a pour côtés les trois médianes données, a pour médianes les $\frac{3}{4}$ des côtés du triangle cherché. La construction du triangle cherché résulte immédiatement de ce résultat, et la condition de possibilité est que l'on puisse construire un triangle ayant pour côtés les médianes, c'est-à-dire que *chacune des médianes soit plus petite que la somme des deux autres.*

PROBLÈME XI

Mener par un point une tangente à une circonférence.

Si le point donné est sur la courbe, il suffit d'élever en ce point la perpendiculaire à la droite qui le joint au centre.

Supposons donc le point donné hors de la circonférence, et soit

AB une droite repondant à la question : traçons le rayon OB du point de contact; l'angle OBA étant droit le point B est situé sur la circonférence de diamètre OA : nous prenons donc le milieu C de

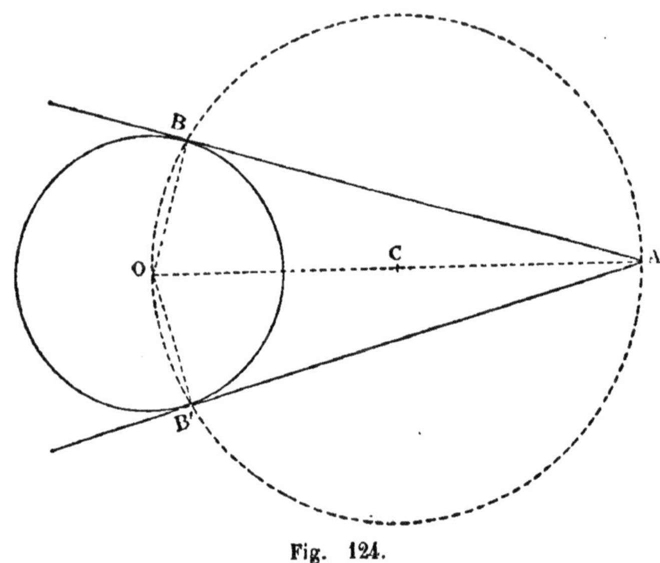

Fig. 124.

OA, et nous décrivons de ce point comme centre la circonférence qui passe par le point O : soit B et B' les points où elle rencontre la circonférence donnée, les droites AB, AB' sont les deux solutions du problème.

Discussion. — La construction étant ramenée à trouver les points communs à deux circonférences, problème qui n'est pas toujours possible, il y a lieu de discuter.

Il faut et il suffit que :

1° $OC < OC - OB$ ce qui est vrai sans condition;
2° $OC > OC - OB$ ce qui se réduit à $OB > O$, toujours vrai;
3° $OC > OB - OC$ ou $OA > OB$.

Donc il faut et il suffit que le point A ne soit pas intérieur à la circonférence donnée.

Remarque. — L'arc de circonférence BOB' est le lieu géométrique des milieux des cordes interceptées par la circonférence O, sur les sécantes issues du point A.

Corollaire I. — *Les tangentes issues d'un point à une circon-*

férence sont égales et également inclinées sur la droite qui joint ce point au centre.

Car les triangles rectangles OAB, OAB′ sont égaux parce qu'ils ont l'hypoténuse égale et un côté de l'angle droit égal.

Corollaire II. — *Si on représente par* 2 p *le périmètre d'un triangle, dont les côtés sont* a, b, c, *le point de contact* D *du cercle inscrit sur le côté* BC, *est tel que :*

$$DB = (p - b), \quad DC = (p - c);$$

et le point de contact E *sur le côté* AB, *du cercle ex-inscrit, situé dans l'angle* A, *est tel que :*

$$EA = p, \quad EB = p - c.$$

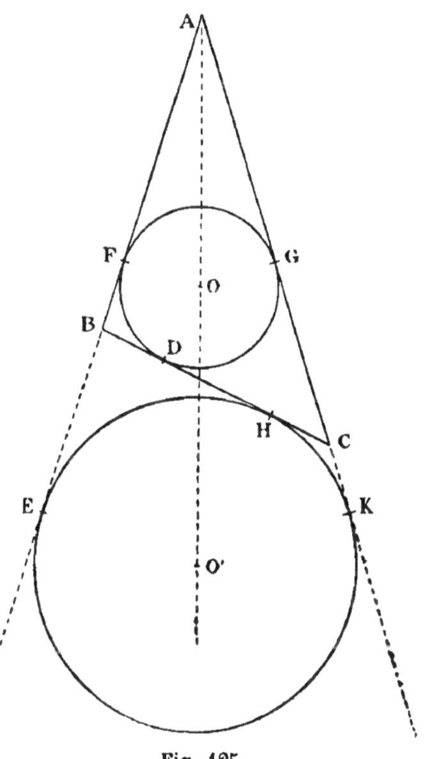

Fig. 125.

En effet, les points de contact D, F, G déterminent sur les côtés six segments égaux deux à deux (coroll. I), donc la somme de trois segments inégaux est le demi-périmètre du triangle, donc $DB + AC = p$ et $DC + AB = p$, il en résulte $BD = p - b$ et $DC = p - c$.

Soit maintenant E, H, K les points de contact du cercle ex-inscrit, situé dans l'angle A. On a $BH = BE$ et $CH = CK$, donc $AE + AK$ égale le périmètre du triangle ABC, mais $AE = AK$, donc $AE = p$, par suite $BE = p - c$.

APPLICATION VIII

Inscrire dans une circonférence donnée un triangle dont deux côtés soient parallèles à des directions données, et dont le troisième côté passe par un point donné.

Supposons le problème résolu, soit ABC un triangle inscrit dans la circonférence O, les côtés AB et AC étant respectivement parallèles aux directions données X, Y et le côté BC passant par le point donné P.

Nous remarquons d'abord que le côté BC a une longueur connue,

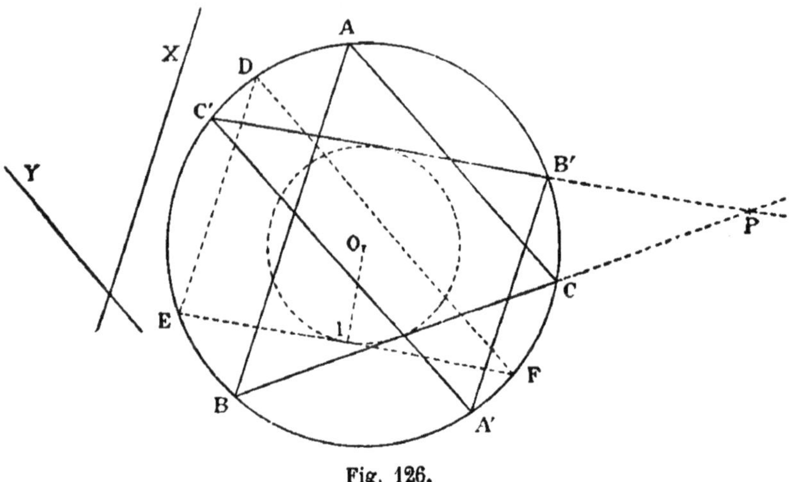

Fig. 126.

car tout angle, inscrit dans la circonférence, dont les côtés seront parallèles aux droites X, Y, interceptera entre ses côtés un arc égal à l'arc BC, et dont la corde par suite aura même longueur que le côté BC. Il en résulte que BC est tangente à une circonférence connue, concentrique à la circonférence donnée, et tangente à la corde EF obtenue en traçant par un point D arbitraire de cette circonférence deux cordes DE, DF parallèles aux directions X et Y. Nous sommes ainsi conduits à la construction du problème que nous achèverons en menant du point P les tangentes à la circonférence OI : soit PCB une de ces tangentes, nous mènerons les parallèles BA et CA aux directions données, et nous aurons une solution ABC du problème.

Discussion. — Le problème étant ramené à la construction de tangentes à la circonférence OI issues du point P, sera possible ou impossible, suivant que le point P sera extérieur ou intérieur à cette circonférence :

1° $OP < OI$ impossibilité ;
2° $OP = OI$ 1 solution ;
3° $OP > OI$ 2 solutions.

APPLICATION IX

Tracer, par un point du plan d'un angle, une droite qui détermine avec les côtés de cet angle un triangle de périmètre donné.

Supposons le problème résolu, et soit OMN le triangle de péri-

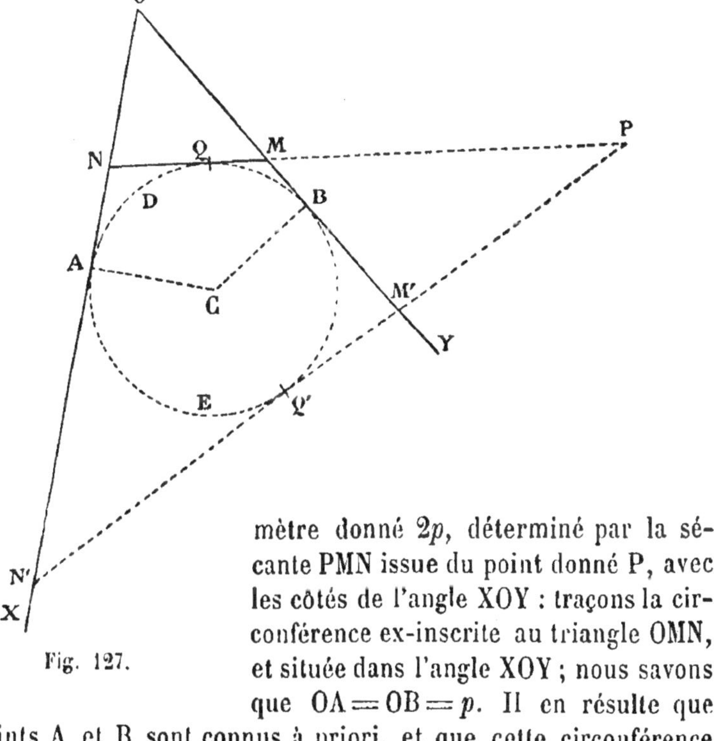

Fig. 127.

mètre donné $2p$, déterminé par la sécante PMN issue du point donné P, avec les côtés de l'angle XOY : traçons la circonférence ex-inscrite au triangle OMN, et située dans l'angle XOY ; nous savons que $OA = OB = p$. Il en résulte que les points A et B sont connus à priori, et que cette circonférence tangente à la sécante cherchée PMN est aussi connue.

La construction du problème résulte aisément de cette propriété.

Discussion. — Il faut d'abord que l'on puisse mener du point P une tangente à la circonférence auxiliaire, c'est-à-dire que le point P ne soit pas intérieur à cette circonférence. Supposons cette condition remplie, et voyons si les tangentes issues du point P répondront à la question : si le point de contact de cette tangente est sur l'arc ADB, la tangente résout le problème ; mais si le point de contact est sur l'arc AEB, ce n'est plus le périmètre du triangle OM'N' qui égale $2p$, mais la différence $(OM' + ON' - M'N')$, cette différence égale en effet $(OA + OB)$,

Il résulte de là que, si l'on suppose construite la circonférence auxiliaire, ce qui est toujours possible, pour tout point P intérieur à l'angle il y a deux solutions ou zéro, suivant que le point sera situé dans le triangle mixtiligne OAB ou hors de cette partie ; pour tout point extérieur à l'angle, il y a une solution ou zéro, suivant que le point sera dans les angles adjacents à l'angle donné XOY ou dans l'angle opposé par le sommet.

PROBLÈME XII

Tracer une tangente commune à deux circonférences.

Nous voyons d'abord, à priori, que dans certains cas il y aura quatre tangentes communes, que nous distinguons en tangentes communes extérieures et tangentes communes intérieures.

1° Tangentes communes extérieures. — Soit AB une

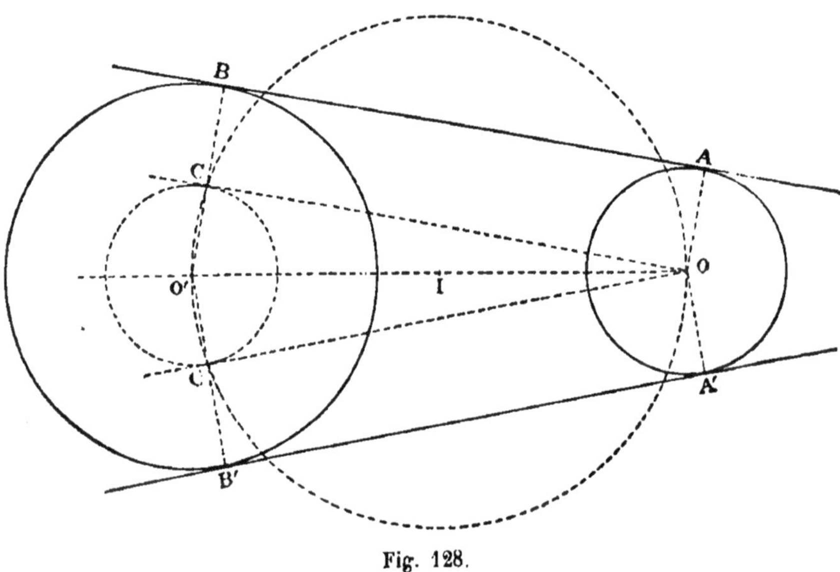

Fig. 128.

de ces tangentes (fig. 128), menons la parallèle OC qui forme avec les rayons des points de contact, un rectangle OABC : il en résulte que O'C est la différence des rayons des circonférences données, et que OC est une tangente issue du point O à la circonférence concentrique à O' et dont le rayon est la différence des rayons. De cette analyse on déduira la construction synthétique suivante : du centre O' de l'une des circonférences données on décrit une circonférence auxiliaire ayant pour rayon la différence des rayons; on prend les points C,C′ où elle est rencontrée par la circonférence de diamètre OO′. On trace O′C, O′C′ qui rencontrent la circonférence O′ en B et B′, et l'on mène les parallèles OA, OA′ : les tangentes cherchées sont les droites AB, A′B′.

Discussion. — Le problème sera possible ou impossible, suivant que les circonférences auxiliaires se couperont ou non : donc il faut et il suffit que le triangle O′CI existe, c'est-à-dire que l'on ait :

$$\left.\begin{array}{l} O'I < O'C + CI \\ CI < O'C + O'I \end{array}\right\} \text{inégalités toujours vraies.}$$
$$O'C < O'I + CI$$

Cette dernière devient :

$$OO' > O'B - OA.$$

Ainsi, il faut et il suffit que les deux circonférences données ne soient pas intérieures : il y aura alors deux tangentes communes extérieures, qui se confondront si les circonférences sont tangentes intérieurement.

2° Tangentes communes intérieures. — La même ana-

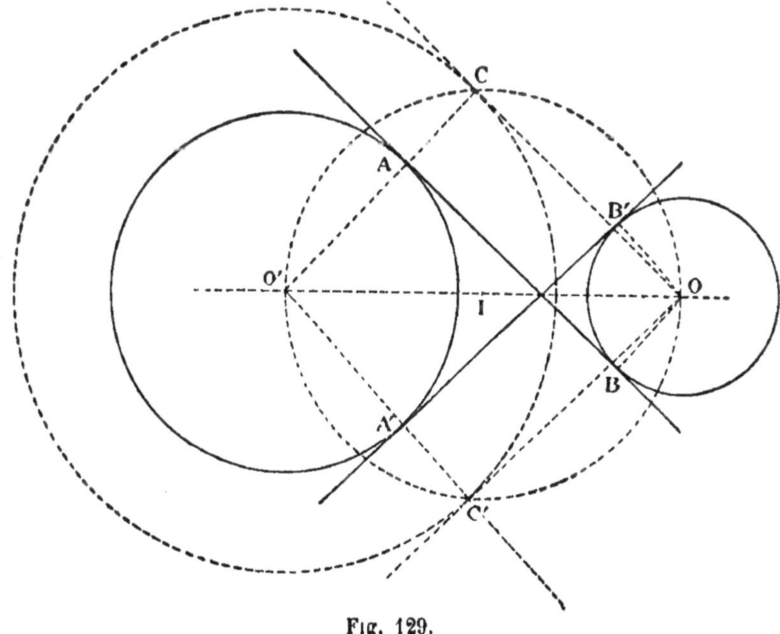

Fig. 129.

lyse que dans le premier cas conduit à dire que les tangentes cherchées sont parallèles aux tangentes issues du point O à la circonférence auxiliaire, de centre O', et dont le rayon est la somme des rayons des circonférences données.

Il y aura donc deux, une ou zéro solutions, suivant que le point O sera extérieur à la circonférence auxiliaire, sur cette courbe, ou intérieur à cette courbe : autrement dit :

$OO' > R + R'$ 2 solutions.
$OO' = R + R'$ 1 solution.
$OO' < R + R'$ 0 solution.

Ce qui revient encore à dire qu'il y aura deux tangentes communes distinctes intérieures si les circonférences sont extérieures, qu'elles seront confondues si les circonférences sont tangentes extérieurement, et aucune si les circonférences occupent toute autre position relative.

APPLICATION X

Placer une droite de longueur donnée, de façon qu'elle détermine un triangle de périmètre donné avec les côtés d'un angle donné.

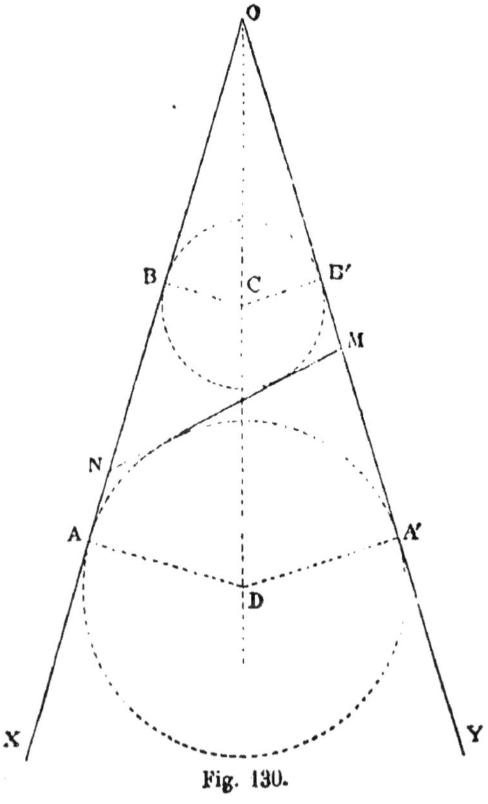

Fig. 130.

Soit MN la portion de droite de longueur donnée a déterminant avec les côtés de l'angle XOY le triangle OMN dont le périmètre $2p$ est donné. Traçons la circonférence C inscrite dans le triangle OMN, et la circonférence D ex-inscrite à ce triangle, et située dans l'angle donné : nous savons que :

$$OA = OA' = p,$$

puis, que :

$$NA = p - ON$$

et

$$NB = p - OM,$$

donc

$$AB = MN.$$

Nous pourrons donc construire les deux circonférences à priori, puisque OA et OB sont connus, et, en traçant une tangente commune intérieure, nous aurons résolu le problème.

Si les circonférences sont extérieures, il y aura deux positions de la sécante répondant à la question ; si ces circonférences sont tangentes extérieurement, il n'y aura plus qu'une position de la sécante, elle sera perpendiculaire à la bissectrice de l'angle.

Dans toute autre position relative de ces circonférences, le problème est impossible.

Remarque. — Le problème précédent revient à construire un triangle, connaissant un côté a l'angle opposé A et la somme $b+c$ des autres côtés. Traitons directement ce problème.

APPLICATION XI

Construire un triangle, connaissant un côté, l'angle opposé, et la somme des deux autres côtés.

I. On peut ramener cette question au problème IX; soit en effet le triangle ABC, dans lequel le côté BC égale a, l'angle A est donné, ainsi que la somme $b+c=m$ des deux côtés qui le comprennent : prenons $AD=AC$, le triangle BDC isocèle aura l'angle en D égal à $\frac{A}{2}$, donc, dans ce triangle BDC, on connaît deux côtés BC, BD et l'angle opposé à l'un d'eux.

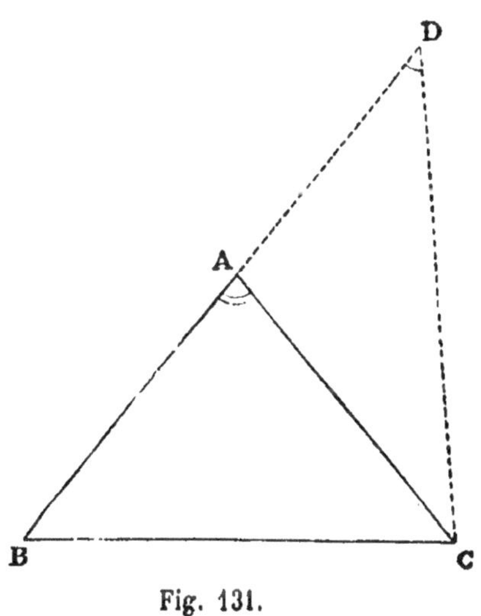

Fig. 131.

On est ainsi conduit à une discussion déjà faite, et l'on obtient dans le cas général de possibilité deux triangles qui répondent à la question, mais qui sont égaux.

II. On peut encore profiter de la remarque que nous venons de faire pour résoudre directement le problème (fig. 132).

Nous décrivons sur $BC=a$ comme corde l'arc du segment capable de l'angle $\frac{A}{2}$ (le centre I de cet arc est sur la perpendiculaire élevée au milieu de BC, et sur la circonférence circonscrite au triangle cherché), puis du point B comme centre, avec la longueur $m = b + c$ pour rayon, nous décrivons une circonférence; supposons qu'elle rencontre la première aux points D, D' : en prenant les points A et A'

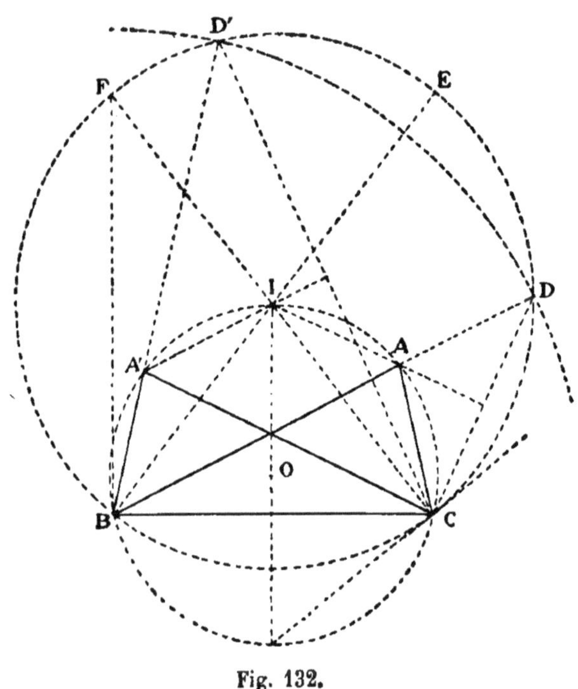

Fig. 132.

où les droites BD, BD' sont rencontrées par les perpendiculaires aux milieux de DC et D'C, on aura deux triangles ABC, A'BC répondant à la question.

Mais il faut remarquer que ces triangles sont égaux : en effet, les points D et D' de rencontre des deux circonférences sont symétriques par rapport à BE ligne des centres : donc les angles IBA', IBA sont égaux, les cordes IA, IA' sont donc égales, et par suite les côtés AC, A'B sont égaux, ainsi que AB et A'C : donc les triangles ont leurs trois côtés égaux chacun à chacun.

Discussion. — Il faut d'abord que les circonférences auxiliaires se rencontrent, c'est-à-dire $m < BE$, d'où il résulte que *parmi tous les triangles ayant un côté et l'angle opposé donnés, celui qui a le plus grand périmètre est le triangle isocèle.*

Mais il ne suffit pas que les points D et D' existent, il faut encore que D, par exemple, soit sur l'arc du segment capable de $\frac{A}{2}$; cela revient à dire que BD > BC, ou $m > a$.

Donc, en résumé, la quantité m doit être comprise entre a et BE pour que le problème soit possible : et dans ce cas il y a une seule solution.

§ V. — EXERCICES PROPOSÉS SUR LE DEUXIÈME LIVRE

1. Quel est le lieu géométrique des points situés à une distance donnée d'une circonférence donnée.
2. Trouver les points d'un plan situés à des distances données de deux circonférences données.
3. Une droite mobile de longueur donnée reste parallèle à elle-même, tandis qu'une de ses extrémités parcourt une circonférence. Quel est le lieu géométrique de l'autre extrémité ?
4. Quel est le lieu géométrique des milieux des portions de droites comprises entre un point et une circonférence donnés?
5. Tracer par un point donné une sécante à une circonférence donnée, telle que la partie intérieure soit égale à la partie extérieure. Discuter.
6. On considère tous les triangles MAB ayant même base AB, et même longueur pour la médiane AC : quel est le lieu géométrique du sommet variable M.
7. On considère un quadrilatère variable ABCM dans lequel les trois sommets A, B, C sont fixes, la diagonale BM ayant une longueur donnée :
   1° Quels sont les lieux géométriques des milieux des côtés AM, CM?
   2° Quel est le lieu géométrique du milieu de la droite qui joint les milieux des diagonales?
8. On considère tous les triangles MAB ayant même base AB, et dans lesquels la différence MA — MB a même valeur :
   1° Trouver le lieu géométrique de la projection du sommet B sur la bissectrice de l'angle AMB;
   2° Trouver le lieu géométrique de la projection du sommet A sur cette même bissectrice.
9. On prolonge une corde AB d'une circonférence O d'une longueur BC égale au rayon, et l'on trace le diamètre COE : prouver que l'angle BOC est le tiers de l'angle EOA.

10. Tracer, par un point donné, une circonférence qui passe à la même distance de trois points donnés non en ligne droite.

11. Étant donné sur une carte quatre points dont trois ne sont pas en ligne droite, tracer une route circulaire qui passe à la même distance de chacun de ces points.

12. Deux cordes égales, dans deux cercles inégaux, interceptent des arcs inégaux, moindres qu'une demi-circonférence : quel est le plus grand ?

13. Quel est le lieu géométrique des centres des circonférences de même rayon qui partagent une circonférence donnée en deux parties égales?

14. Sur les trois côtés d'un triangle ABC on construit, extérieurement, des triangles équilatéraux ACB′, ABC′, BCA′ :

1° Prouver que les droites AA′, BB′, CC′ sont égales;

2° Prouver que les droites concourent au point d'où l'on voit les trois côtés du triangle sous le même angle.

15. Parmi les sécantes qui passent par un point commun à deux circonférences :

1° Quelle est celle dont la partie comprise dans les deux courbes est maximum?

2° Quelle est celle dont cette partie comprise est minimum?

3° Quelle est celle dont le milieu de la partie comprise est au point commun aux deux courbes?

16. Quel est le minimum de la distance de deux points appartenant à deux circonférences données? Quel est le maximum?

17. Quel est le lieu des centres des circonférences de rayon donné qui coupent sous un angle donné une circonférence donnée?

18. Les milieux des côtés d'un triangle, les pieds des hauteurs et les milieux des portions de hauteur comprises entre le sommet et leur point de concours, sont neuf points situés sur une même circonférence (cercle des neuf points).

Le centre du cercle des neuf points d'un triangle est au milieu de la droite qui joint le centre du cercle circonscrit au point de concours des hauteurs.

Le rayon du cercle des neuf points est la moitié du rayon du cercle circonscrit.

19. Si l'on coupe deux cordes AB, AC, d'une circonférence par une parallèle à la tangente en A, on obtient deux points qui sont situés avec les points B et C sur une même circonférence.

20. Un quadrilatère ABCD étant inscriptible, on décrit quatre circonférences passant respectivement par deux sommets consécutifs : montrer que les quatre points, autres que A, B, C, D, communs à ces lignes, sont sur une même circonférence.

21. Trouver un point M d'un plan dont les projections sur les côtés d'un quadrilatère ABCD sont en ligne droite.

En déduire que si l'on prend les points de rencontre E des côtés opposés AB, CD et F des côtés BC, AD, les quatre circonférences circonscrites aux triangles : ADE, BCE, ABF, DCF, ont un point commun : le démontrer à priori.

22. Soit AB le diamètre d'une circonférence ; on trace la corde arbitraire AC, sur laquelle on prend CM = CB : trouver le lieu géométrique du point M.

23. D'un point A du plan d'une circonférence, on trace une corde arbitraire ABC, et on élève au milieu D de BC une perpendiculaire sur laquelle on prend DM = DA. Quel est le lieu du point M ?

24. Si M est un point de la circonférence circonscrite au triangle équilatéral ABC, la distance du point M à l'un des trois sommets égale la somme de ses distances aux deux autres sommets.

25. Lieu géométrique du point de concours des hauteurs des triangles MBC dans lesquels les sommets B et C sont fixés et l'angle BMC constant (discuter les portions du lieu).

26. Lieu géométrique des centres des cercles tangents aux trois côtés du triangle MBC dans lequel les sommets B et C sont fixes, et l'angle BMC constant (discussion complète).

27. Par l'un des points A communs à deux circonférences données, on trace une sécante arbitraire MAN; et l'on demande le lieu géométrique du point de rencontre des diamètres passant par les extrémités M et N. (Suivre le mouvement du point du lieu quand la sécante prend toutes les positions possibles.)

28. Tracer trois circonférences ayant pour centres trois points donnés, telles que chacune touche les deux autres. Nombre des solutions.

29. Si trois circonférences passant respectivement par les sommets d'un triangle se coupent deux à deux sur les côtés, elles passent par un même point.

30. Si l'on projette le centre O d'une circonférence en A sur une droite XY, que par le point A on trace une sécante arbitraire ABC, les tangentes aux points B et C détermineront sur XY deux points également distants de A.

31. Par deux points donnés sur une circonférence tracer deux cordes parallèles ayant une somme ou une différence donnée. Nombre des solutions, discussion.

32. Tracer dans un cercle donné une corde de longueur donnée qui soit partagée par une corde donnée en deux parties égales. Nombre des solutions, discussion.

33. Inscrire dans une circonférence donnée un triangle ayant ses côtés parallèles à trois droites données. Nombre des solutions.

34. Inscrire dans une circonférence donnée un triangle ayant deux côtés parallèles à deux droites données, le troisième côté passant par un point donné. Nombre des solutions, discussion.

35. Tracer, d'un point donné comme centre, une circonférence sur laquelle une droite donnée intercepte un segment capable d'un angle donné.

36. Faire passer par deux points donnés une circonférence qui coupe une circonférence donnée de telle sorte que la corde commune ait une direction donnée.

37. Soit D un point situé sur le côté BC du triangle ABC, on trace par ce point une sécante qui rencontre AB en M et AC en N : quel est le lieu géométrique du second point commun P aux circonférences passant par les points D, M, B et D, N, C? (Suivre le déplacement du point P quand la sécante pivote autour du point D.)

38. Étant donné une corde AB d'une circonférence, un point C sur cette corde, et deux points D, E sur l'un des arcs sous-tendus, trouver sur l'autre arc un point M tel que C soit le milieu de la portion de AB interceptée entre MD et ME.

38 *bis*. Trouver le point M de sorte que la somme ou la différence des distances du point C aux points où AB rencontre MD et ME ait une valeur donnée. Nombre des solutions.

39. Lorsqu'une circonférence roule, sans glisser, dans une circonférence de rayon double, tout point de cette courbe décrit une droite.

40. Quel est le lieu géométrique du milieu d'une droite de longueur constante dont les extrémités glissent sur deux droites fixes rectangulaires.

41. Quel est le lieu géométrique du sommet de l'angle droit d'une équerre qui se déplace de sorte que ses deux autres sommets parcourent des droites données rectangulaires (positions extrêmes du point du lieu).

42. Construire un triangle connaissant deux côtés et une médiane (deux cas).

43. Construire un triangle connaissant un côté et deux médianes (deux cas).

44. Construire un triangle connaissant les pieds des hauteurs.

45. Construire un triangle connaissant un angle, une hauteur et le périmètre (deux cas).

46. Construire un triangle connaissant le périmètre et deux angles.

47. Construire un triangle connaissant deux angles et une hauteur.

48. Construire un triangle connaissant la hauteur, la médiane et la bissectrice issues du même sommet.

49. Construire un triangle équilatéral dont les sommets soient respectivement situés sur trois parallèles données.

50. Étant donné deux parallèles et deux points A, B situés sur la parallèle aux droites données à égale distance de celles-ci, tracer par le point B une droite dont la portion comprise entre les parallèles soit vue du point A sous un angle donné.

51. Construire un triangle ABC connaissant BC, l'angle A et la longueur de la médiane AD.

52. Construire un triangle ABC connaissant BC, l'angle A et le pied sur BC de l'une des bissectrices des angles en A.

53. Tracer une droite de longueur donnée, parallèle à une direction donnée dont les extrémités soient situées sur deux circonférences données.

54. D'un point donné dans le plan de deux parallèles tracer une droite dont la portion comprise entre les parallèles soit vue sous un angle droit d'un point donné à égale distance de ces droites.

55. Étant donné deux points, trouver sur une droite donnée le point d'où l'on voit la distance de ces deux points sous le plus grand angle possible.

56. Étant donné deux parallèles et un point A extérieur à la portion de plan qu'elles comprennent, placer une droite parallèle à une direction donnée dont la partie comprise entre les parallèles soit vue du point A sous le plus grand angle possible.

57. Étant donné trois points A, B, C, trouver un quatrième point M, tel que les angles AMB, BMC soient égaux à des angles donnés (discussion).

58. Étant donné une circonférence O et un point A situés d'un même côté d'une droite XY, trouver un point M sur XY, tel que la tangente issue de M à la circonférence et la droite MA soient également inclinées sur XY. Nombre des solutions.

59. Étant donné deux circonférences O, O', tracer deux tangentes MP, MP' égales entre elles et faisant entre elles un angle donné. Nombre des solutions.

60. Tracer une circonférence tangente en un point donné à une droite et qui rencontre une circonférence donnée sous un angle donné.

61. Tracer une circonférence qui rencontre deux circonférences données sous des angles donnés et qui passe par un point donné sur l'une d'elles.

62. Étant donné une circonférence et une corde fixes, une circonférence variable reste tangente à cette corde, tandis que son centre décrit la circonférence fixe : trouver le lieu géométrique du point de concours des tangentes à cette circonférence variable menées par les extrémités de la corde fixe.

63. Construire un triangle connaissant un côté, une médiane et un angle (cinq problèmes).

64. On coupe un triangle rectangle ABC par une perpendiculaire à l'hypotenuse BC, qui rencontre AB en D, et AC en E. Trouver le lieu géométrique de point du concours, M des droites CD, BE.

65. Si l'on considère le second point D où la hauteur AE du triangle ABC rencontre le cercle circonscrit, le point E sera le milieu de la partie de cette hauteur comprise entre le point D et le point de concours H des trois hauteurs.

66. La distance du centre du cercle circonscrit à un côté d'un triangle égale la moitié de la portion de hauteur correspondante à ce côté comprise entre le sommet et le point de concours des hauteurs.

67. Si l'on considère un quadrilatère ABCD inscrit à une circonférence, les points de concours des hauteurs dans les triangles ABC, BCD CDA, DAB, sont sur une même circonférence égale à la première.

68. On donne un angle xoy et un point A sur ox : placer un angle droit ayant le point A pour sommet, et qui intercepte sur oy une longueur donnée.

69. On considère un point fixe A situé sur la bissectrice de l'angle fixe $x'oy$, et par les points O et A on fait passer deux circonférences arbitraires qui rencontrent les côtés de l'angle xoy aux seconds points P, Q, P', Q', : prouver :

1° Que les portions de droite PQ, P'Q', sont vues sous le même angle du point A;

2° Que les perpendiculaires élevées au milieu de ces portions de droite passent par le point A;

3° Que les segments PP', QQ', sont égaux;

4° Que les milieux des cordes PQ, P'Q', sont sur la droite qui passe par les projections du point A sur les côtés de l'angle xoy.

70. Étant donné deux points A, B sur une circonférence, trouver un point P de la courbe, tel que les droites PA et PB interceptent sur une droite donnée XY la longueur minimum.

71. Les perpendiculaires abaissées du milieu de chaque côté d'un quadrilatère inscriptible sur le côté opposé sont concourantes.

72. On donne trois points O,A,B, non en ligne droite; on porte sur AO et BO, à partir des points A et B, et du même côté de AB, les longueurs AC, BD, égales à h; on porte aussi sur les mêmes droites, mais de part et d'autre de AB, des longueurs AC', BD', égales à h' :

1° Démontrer que la perpendiculaire au milieu de CD passe par un point fixe ω, quand h varie : de même la perpendiculaire au milieu de C'D' passe par un point fixe ω' quand h' varie.

2° Construire la droite CD, connaissant sa longueur; de même pour C'D'.

3° Montrer qu'à une droite CD correspond une droite C'D' qui lui est parallèle et une seule.

4° Déterminer le système de ces deux droites parallèles de façon qu'elles soient égales entre elles.

TROISIÈME LIVRE

§ I. — LIGNES PROPORTIONNELLES

THÉORÈME I

Il existe deux points sur une droite, et rien que deux, dont le rapport des distances à deux points donnés de cette droite ait une valeur donnée.

Soit A, B les points donnés sur la droite XY, et $\frac{m}{n}$ la valeur donnée.

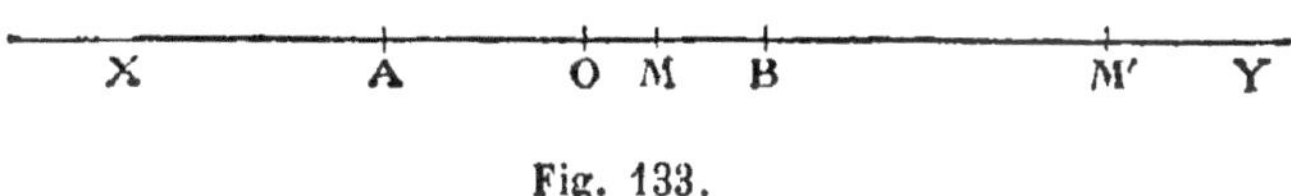

Fig. 133.

pour fixer les idées, soit $\frac{m}{n} > 1$, et supposons un point P mobile se déplaçant sur XY dans le sens XY.

Tant que le point P sera à la gauche de A, le rapport variable $\frac{PA}{PB}$ toujours inférieur à 1, ira en décroissant de 1 vers zéro, valeur qu'il atteindra lorsque P passera au point A : pour aucune de ces positions le rapport $\frac{PA}{PB}$ n'égalera donc $\frac{m}{n} > 1$.

Lorsque le point P se déplace de A à B, le rapport $\frac{PA}{PB}$ qui part de zéro va constamment en croissant, parce que le numérateur croît et le dénominateur décroît, il passe par la valeur 1 quand le point P arrive en O : il croît sans limite quand le point P va de O en B, en effet le dénominateur devient aussi voisin de zéro qu'on le veut, tandis que le numérateur tend vers AB.

Il est donc clair que le point P passera par une position M, et une seule, pour laquelle le rapport $\frac{MA}{MB}=\frac{m}{n}$.

Lorsque le point P continue à se mouvoir à partir de B, le rapport $\frac{PA}{PB}$, qui est d'abord infiniment grand, va en décroissant constamment, parce que ses deux termes croissent de la même quantité, il tend ainsi vers la valeur 1 quand sa distance au point B croît sans limite. Donc le point P a passé par une position M′, et une seule, pour laquelle $\frac{M'A}{M'B}=\frac{m}{n}$.

Il y a donc, en résumé, deux points M et M′ et rien que deux, tels que

$$\frac{MA}{MB}=\frac{M'A}{M'B}=\frac{m}{n}.$$

Les points sont tous deux à droite du point O milieu de AB, parce que nous avons supposé $\frac{m}{n}>1$: il est clair qu'en supposant $\frac{m}{n}<1$, nous aurions trouvé les deux points situés tous deux à la gauche de ce point O.

Remarque I. — D'ailleurs ces résultats sont encore mis en évidence par le calcul des distances des points M et M′ à l'un des points donnés.

Pour le point M, situé entre les points A, B, on doit avoir :

$$\frac{MA}{m}=\frac{MB}{n}=\frac{MA+MB}{m+n}=\frac{a}{m+n},$$

en représentant par a la distance donnée AB.

On tire donc de là :

$$MA=\frac{m}{m+n}\cdot a$$

valeur moindre que a, donc acceptable ; on en doit conclure que ce point M existe et qu'il est seul.

Pour le point M′, situé à la droite du point B, on doit avoir :

$$\frac{M'A}{m}=\frac{M'B}{n}=\frac{M'A-M'B}{m-n}=\frac{a}{m-n}$$

d'où l'on tire :

$$M'A=\frac{m}{m-n}\cdot a$$

valeur plus grande que a, puisque m est plus grand que $(m - n)$, donc acceptable : par suite le point M′ existe, et il est seul.

Remarque II. — Lorsqu'un point P se déplace sur une droite XY, il est souvent utile d'attribuer un signe au chemin qu'il parcourt ; par

Fig. 134.

exemple, convenons que toute distance parcourue dans le sens XY sera positive, mais qu'elle sera négative en sens contraire. Alors en considérant les deux points A,B, nous voyons que le rapport $\frac{PA}{PB}$ sera positif ou négatif suivant que le point P sera extérieur ou intérieur à la portion de droite AB ; ce rapport prendra toutes les valeurs négatives quand ce point P parcourra AB ; il prendra toutes les valeurs positives moindres que 1 quand il s'approchera de A de gauche à droite, et toutes les valeurs positives supérieures à 1 quand il se déplacera du point B vers la droite.

Dans ces conditions : *il y a un point et un seul sur une droite dont le rapport des distances à deux points de cette droite soit égal à un rapport donné, en valeur absolue et en signe.*

Définitions. — *Lorsque trois points* A, B, C, *sont en ligne droite, les distances de l'un de ces points* A *aux deux autres s'appellent des* SEGMENTS *de la portion de droite* BC.

Le théorème I peut donc s'énoncer ainsi : *il y a deux points sur une droite et rien que deux qui partagent une portion de cette droite en segments proportionnels à des nombres donnés m, n.*

Pour distinguer ces deux points l'un de l'autre, on dira que l'un d'eux détermine sur la portion de droite des *segments additifs*, et l'autre des *segments soustractifs*, exprimant ainsi que pour l'un des points M la somme des segments reproduit la portion AB de droite, tandis que AB égale la différence des segments déterminés par M′.

On dit que quatre points A,B,C,D, *en ligne droite, forment une* DIVISION HARMONIQUE *lorsque deux de ces points partagent la portion de droite comprise entre les deux autres en segments proportionnels entre eux.*

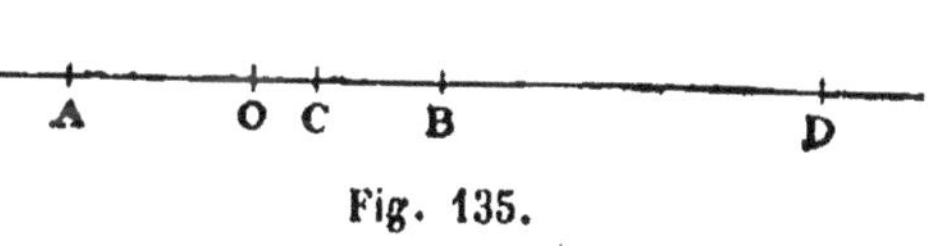

Fig. 135.

Ainsi, les quatre points A, B, C, D forment une division harmonique si l'on a :

$$\frac{CA}{CB} = \frac{DA}{DB}.$$

Les deux points C et D sont appelés POINTS CONJUGUÉS HARMONIQUES.

Il faut remarquer d'ailleurs que les points A et B sont aussi conjugués l'un et l'autre, car la proportion précédente peut s'écrire, en intervertissant l'ordre des moyens :

$$\frac{AC}{AD} = \frac{BC}{BD}.$$

Conséquence I. — *Étant donné deux points* A, B, *il existe une infinité de couples de points conjugués, c'est-à-dire formant avec ceux-ci une division harmonique.*

Les deux points d'un même couple sont toujours situés d'un même côté du milieu O *de* AB.

Le conjugué du milieu O *de* AB *est à l'infini.*

Conséquence II. — *La moitié de* AB *est moyenne géométrique entre les distances du milieu* O *à deux points conjugués* C, D, *et réciproquement.*

1° De la proportion :

$$\frac{CA}{CB} = \frac{DA}{DB}$$

on tire :

$$\frac{OB + OC}{OB - OC} = \frac{OD + OB}{OD - OB},$$

en exprimant les quatre termes de la proportion en fonction de lignes comptées à partir du milieu O. Cette dernière proportion donne d'ailleurs, d'après une transformation connue :

$$\frac{(OB + OC) - (OB - OC)}{(OB + OC) + (OB - OC)} = \frac{(OD + OB) - (OD - OB)}{(OD + OB) + (OD - OB)},$$

c'est-à-dire

$$\frac{OC}{OB} = \frac{OB}{OD};$$

c'est ce qu'il fallait prouver.

2° O étant le milieu de AB, supposons que l'on ait :

$$\frac{OC}{OB} = \frac{OB}{OD},$$

nous en concluons :

$$\frac{OB+OC}{OB-OC}=\frac{OD+OB}{OD-OB}, \quad \text{donc :} \quad \frac{CA}{CB}=\frac{DA}{DB},$$

donc, réciproquement, les points A, B, C, D forment une division harmonique.

Conséquence III. — *Si les points* A, B, C, D *forment une*

A C B D

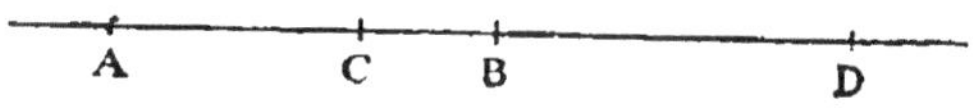

Fig. 136.

division harmonique, on a la relation :

$$\frac{2}{AB}=\frac{1}{AC}+\frac{1}{AD},$$

et réciproquement.

1° Par hypothèse nous avons la proportion

$$\frac{CA}{CB}=\frac{DA}{DB};$$

nous en tirons, en exprimant les termes en fonction des lignes comptées à partir du point A :

$$\frac{AC}{AB-AC}=\frac{AD}{AD-AB},$$

en égalant le produit des moyens au produit des extrêmes, on en déduit :

$$2AC\times AD=AB\times AD+AB\times AC,$$

et en divisant les deux nombres par le produit AB × AC × AD, on obtient la relation énoncée.

Remarque. — Nous avons écrit la relation précédente entre les distances d'un point d'une division harmonique aux trois autres, en supposant que ce point était d'un même côté des trois autres : on établira de la même façon les relations :

$$\frac{2}{BA}=\frac{1}{BC}-\frac{1}{BD} \qquad \frac{2}{CD}=\frac{1}{CB}-\frac{1}{CA}.$$

D'ailleurs, ces formules se déduisent de la première en tenant compte du changement de signe qui résulte du changement du sens dans lequel on compte un segment.

2° Si on a la relation

$$\frac{2}{AB}=\frac{1}{AC}+\frac{1}{AD},$$

les points A, C, B, D forment une division harmonique, car on en déduit successivement :

$$2AC \times AD = AB \times AD + AB \times AC$$
$$AC(AD - AB) = AD(AB - AC)$$
$$\frac{AC}{AB - AC}=\frac{AD}{AD - AB},$$

d'où enfin :

$$\frac{CA}{CB}=\frac{DA}{DB};$$

ce qu'il fallait prouver.

THÉORÈME II (*Théorème de Thalès*)

Toute parallèle à l'un des côtés d'un triangle partage les deux autres côtés en parties proportionnelles.

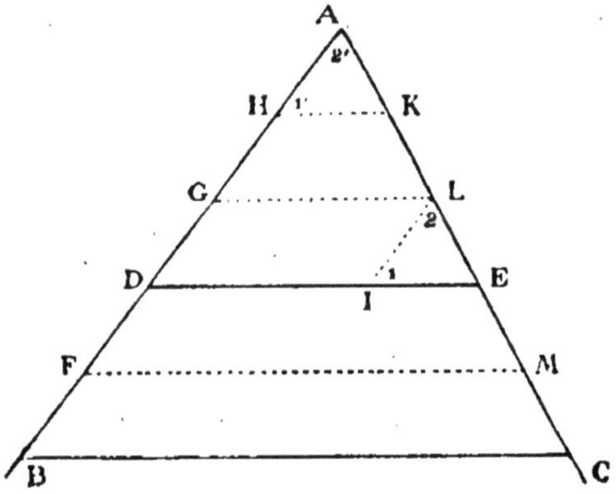

Soit DE parallèle au côté BC du triangle ABC, prouvons la proportion :

$$\frac{DA}{DB}=\frac{EA}{EC}.$$

Fig. 137.

1er Cas. — *Supposons les segments* DA, DB *commensurables entre eux*, et soit une commune mesure contenue trois fois dans DA et deux fois dans DB : on aura donc $\frac{DA}{DB}=\frac{3}{2}$. Par les points de division, traçons des parallèles à BC, et prouvons qu'elles partagent AC en cinq parties égales : par exemple, prouvons LE = AK.

A cet effet menons LI parallèle à AB : nous formerons le triangle ELI égal à HAK, parce que ces triangles ont un côté égal adjacent à deux angles égaux chacun à chacun : en effet LI = DG, portions de parallèles comprises entre parallèles, et GD = AH par hypothèse;

puis les angles 1 et 1′ sont égaux, ainsi que 2 et 2′, parce que les côtés de ces angles sont respectivement parallèles et de même sens. Donc enfin LE = AK, et une même longueur étant contenue trois fois dans AE et deux fois dans EC, on a :

$$\frac{EA}{EC} = \frac{3}{2}, \qquad \text{donc} \qquad \frac{DA}{DB} = \frac{EA}{EC}.$$

***2ᵉ Cas.** — *Les longueurs* DA *et* DB *n'admettent pas de commune mesure ;* partageons DB en n parties égales, et portons cette $n^{\text{ième}}$ partie de DB autant de fois que possible sur AD ; nous trouverons qu'elle est contenue m fois, avec un reste plus petit que cette longueur : d'où nous conclurons que l'on a :

$$\frac{m}{n} < \frac{DA}{DB} < \frac{m+1}{n}.$$

Par les points de division du côté AB, menons des parallèles à BC, elles partageront EC en n parties égales, et détermineront, sur AE, m divisions égales aux précédentes avec un reste plus petit que cette longueur ; donc on a aussi :

$$\frac{m}{n} < \frac{EA}{EC} < \frac{m+1}{n}.$$

Par suite, quel que soit le nombre n, les deux rapports $\frac{DA}{DB}$ et $\frac{EA}{EC}$ sont compris entre les fractions $\frac{m}{n}$ et $\frac{m+1}{n}$: donc la différence entre ces rapports est moindre que $\frac{1}{n}$, différence entre les fractions, et comme $\frac{1}{n}$ est aussi voisin de zéro qu'on le veut, pour des valeurs suffisamment grandes de n, la différence des rapports est rigoureusement nulle, parce qu'elle n'est pas variable. Donc les rapports sont égaux.

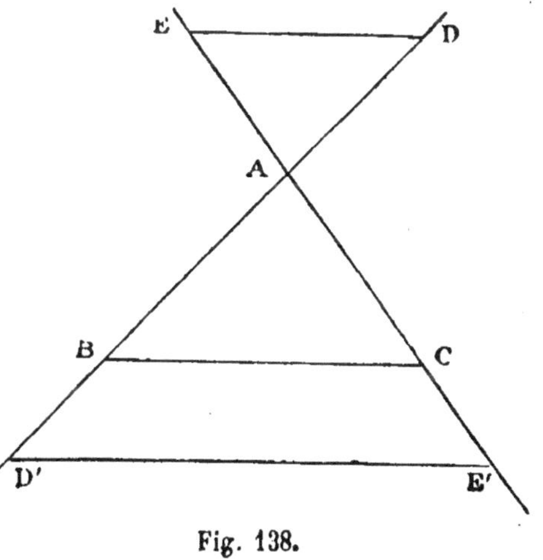

Fig. 138.

Remarque I. — Nous avons supposé dans la figure précédente, que la parallèle DE à BC rencontrait les côtés eux-mêmes ; mais il est évident que l'énoncé du théorème ne comporte pas cette restriction.

Ainsi, dans la figure 138 on aura aussi :

$$\frac{DA}{DB} = \frac{EA}{EC}, \quad \text{et} \quad \frac{D'A}{D'B} = \frac{E'A}{E'C};$$

la démonstration sera évidemment la même.

Remarque II. — Nous avons établi une des proportions de la figure, mais on établirait de la même façon les proportions suivantes :

$$\frac{DA}{AB} = \frac{EA}{AC}, \qquad \frac{DA}{AB} = \frac{EC}{AC}, \text{ etc.,}$$

et ces proportions sont aussi des conséquences de celle que nous avons établie.

Corollaire. — *Deux droites d'un même plan, coupées par des parallèles, sont partagées en parties proportionnelles.*

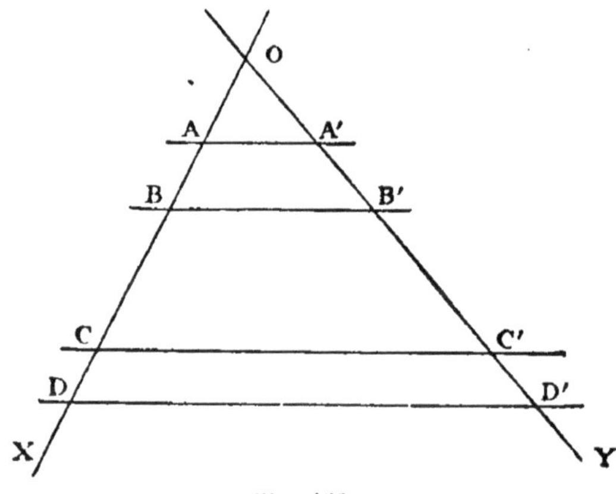

Fig. 139.

Soit les droites OX, OY rencontrées par les parallèles AA', BB', CC', DD' ; nous voulons prouver les relations :

$$\frac{AB}{A'B'} = \frac{BC}{B'C'} = \frac{CD}{C'D'}.$$

On a, en effet, en appliquant successivement le théorème II :

$$\frac{AB}{A'B'} = \frac{OB}{OB'} = \frac{BC}{B'C'} = \frac{OC}{OC'} = \frac{CD}{C'D'},$$

d'où résulte la première suite de rapports égaux.

THÉORÈME III (*réciproque du théorème II*)

Lorqu'une droite partage deux côtés d'un triangle en segments de même espèce, proportionnels, elle est parallèle au troisième côté.

Supposons la droite DE partageant les côtés AB, AC, en segments additifs proportionnels, c'est-à-dire tels qu'on ait :

$$\frac{DA}{DB} = \frac{EA}{EC}$$

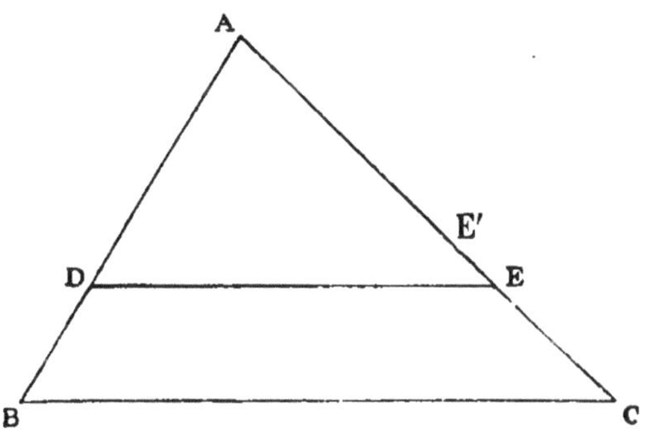

Fig. 140.

Menons DE' parallèle à BC, le théorème II donne :

$$\frac{DA}{DB} = \frac{E'A}{E'C};$$

donc les points E et E' se confondent, puisqu'il n'y a qu'un seul point qui partage AC en segments additifs de rapport donné.

Corollaire. — *La droite qui joint les milieux de deux côtés d'un triangle est parallèle au troisième côté.*

C'est ici la place naturelle de cet énoncé, qui a été démontré d'ailleurs, en application, dans le premier livre.

PROBLÈME I

Construire les points qui partagent une portion de droite en

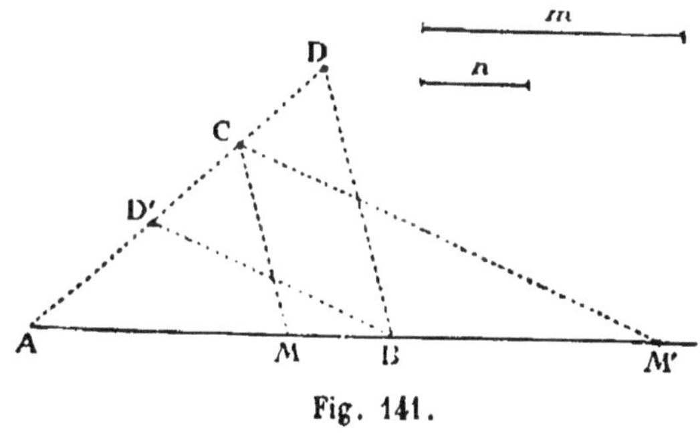

Fig. 141.

segments proportionnels à deux longueurs données.

Soit AB la portion de droite donnée, et *m*, *n* les longueurs données : nous traçons par le point A une direction arbitraire sur laquelle nous portons $AC = m$, $CD = CD' = n$: nous traçons BD, BD', et par le point C nous menons à ces droites les parallèles CM, CM' : les points M et M' repondent à la question.

En effet, CM parallèle à DB donne :

$$\frac{MA}{MB} = \frac{CA}{CD},$$

et CM' parallèle à D'B donne :

$$\frac{M'A}{M'B} = \frac{CA}{CD'},$$

donc enfin :

$$\frac{MA}{MB} = \frac{M'A}{M'B} = \frac{m}{n}.$$

PROBLÈME II

Partager une droite en parties proportionnelles à des longueurs données.

Soit à partager AB en parties proportionnelles aux longueurs m, n, p, q : nous traçons par le point A une direction arbitraire, sur

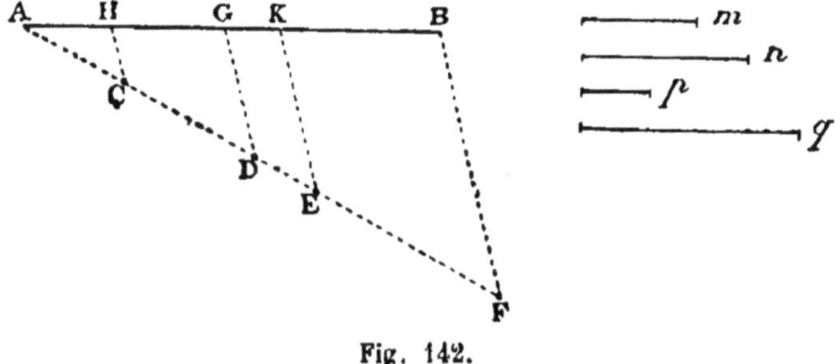

Fig. 142.

laquelle nous prenons les longueurs AC, CD, DE, EF respectivement égales aux longueurs m, n, p, q : nous traçons FB, et nous menons des parallèles à cette droite par les points C, D, E ; elles viennent rencontrer AB aux points cherchés ; en effet, des parallèles déterminent sur deux droites des segments proportionnels (coroll. th. II), on a donc :

$$\frac{AH}{AC} = \frac{HG}{CD} = \frac{GK}{DE} = \frac{KB}{EF},$$

ou enfin :

$$\frac{AH}{m} = \frac{HG}{n} = \frac{GK}{p} = \frac{KB}{q}.$$

Remarque. — Cette construction conduit évidemment au *partage d'une portion de droite en un nombre donné de parties égales.* Il suffira de se donner une longueur arbitraire pour m et de prendre les longueurs n, p, q égales à celle-ci.

PROBLÈME III

Construire la quatrième proportionnelle aux trois longueurs données a, b, c.

Par définition cette quatrième proportionnelle est la longueur x telle que l'on ait :

$$\frac{a}{b} = \frac{c}{x}.$$

L'ordre dans lequel sont énoncées les longueurs données, indique

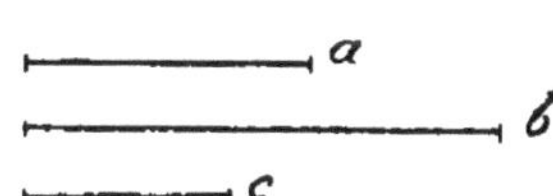

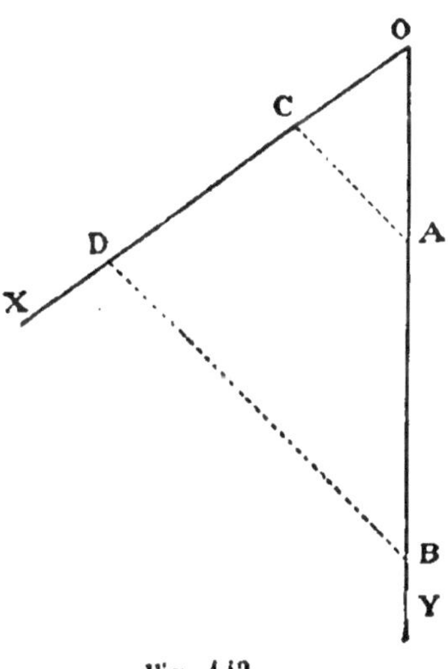

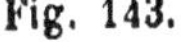
Fig. 143.

l'ordre dans lequel on doit écrire les termes de la proportion.

Nous traçons les deux droites concourantes OX, OY, et nous prenons :

$$OA = a, \quad AB = b, \quad OC = c.$$

Nous tirons AC, et nous menons BD parallèle à AC, le segment CD répond à la question, car AC parallèle à BD donne :

$$\frac{OA}{AB} = \frac{OC}{CD}, \quad \text{ou} \quad \frac{a}{b} = \frac{c}{CD},$$

donc :

$$CD = x.$$

Remarque I. — S'il arrive que les longueurs b et c soient égales, la quatrième proportionnelle aux longueurs a, b, c s'appelle la *troisième proportionnelle* aux deux longueurs a, b. Il est évident que le procédé précédent permet de construire cette troisième proportionnelle.

Remarque II. — Si les lettres a, b, c, d, e, f, g représentent des longueurs données, on pourra construire la ligne dont l'expression est

$$x = \frac{abcd}{efg},$$

par une suite de quatrièmes proportionnelles :

$$x = \frac{ab}{e} \times \frac{c}{f} \times \frac{d}{g}.$$

On construira donc :

$$\frac{ab}{e} = \alpha, \quad \text{puis} \quad \frac{\alpha c}{f} = \beta, \quad \text{puis} \quad \frac{\beta d}{g} = x.$$

*APPLICATION I (*Théorème de Ménélaüs*)

Toute transversale à un triangle détermine sur ses côtés six segments tels que le produit de trois segments qui n'ont pas d'extrémité commune égale le produit des trois autres.

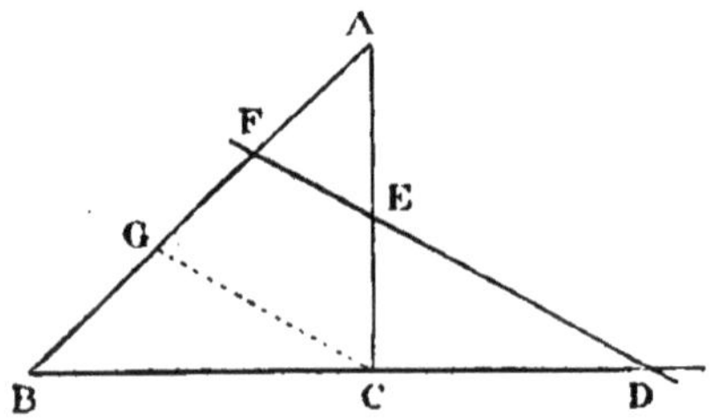

Fig. 144.

Soit la transversale FED : la conséquence de l'énoncé précédent s'écrit :

$$\frac{DB}{DC} \cdot \frac{EC}{EA} \cdot \frac{FA}{FB} = 1,$$

en prenant pour termes d'un même rapport les segments déterminés sur un même côté, la première lettre de chaque segment indiquant toujours le point où le côté a été rencontré par la transversale, et le numérateur d'un rapport finissant par la même lettre que le dénominateur du rapport précédent. Il est évident que de cette façon les lignes en numérateur n'auront pas d'extrémité commune, ainsi que les lignes en dénominateur. Il faut s'habituer à cette façon d'écrire la relation importante précédente pour pouvoir tirer partie de ces propriétés.

Pour démontrer la relation ainsi écrite, nous menons CG parallèle à la transversale ; le triangle BGC coupé par FD parallèle à GC, donne :

$$\frac{DB}{DC} = \frac{FB}{FG},$$

et le triangle AGC donne de même :

$$\frac{EC}{EA} = \frac{FG}{FA}.$$

En faisant le produit membre à membre de ces deux proportions, on obtient :

$$\frac{DB}{DC} \cdot \frac{EC}{EA} = \frac{FB}{FA}, \quad \text{d'où :} \quad \frac{DB}{DC} \cdot \frac{EC}{EA} \cdot \frac{FA}{FB} = 1.$$

Nous avons dû supposer une des dispositions de la figure pour démontrer le théorème, mais le résultat est absolument général, et la démonstration se fera identiquement de la même façon dans la disposition suivante, qui donnera encore :

$$\frac{DB}{DC} \cdot \frac{EC}{EA} \cdot \frac{FA}{FB} = 1.$$

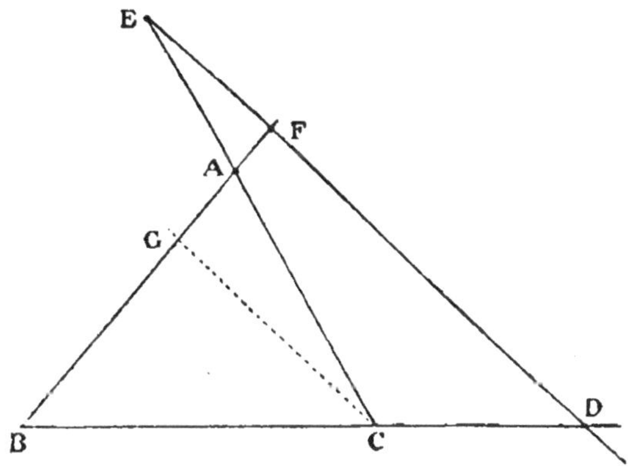

Fig. 145.

Remarque I. — Étant donné deux points sur les côtés d'un triangle, le théorème de Ménélaüs permettra de trouver dans quel rapport le troisième côté est partagé par la droite qui joint ces points.

Remarque II. — Le théorème de Ménélaüs est surtout utile par sa réciproque qui s'énonce ainsi :

Réciproque du théorème de Ménélaüs.

Si trois points situés sur les côtés d'un triangle en nombre pair, et sur les prolongements en nombre impair, déterminent six segments tels que le produit de trois segments non consécutifs égale le produit des trois autres, ces points sont en ligne droite.

Soit les points D, E, F situés, par exemple, sur les prolongements des côtés du triangle ABC, et tels que l'on ait ·

$$\frac{DB}{C}\cdot\frac{EC}{EA}\cdot\frac{FA}{FB}=1.$$

Traçons la droite FE et soit D′ le point où elle rencontre BC, il sera

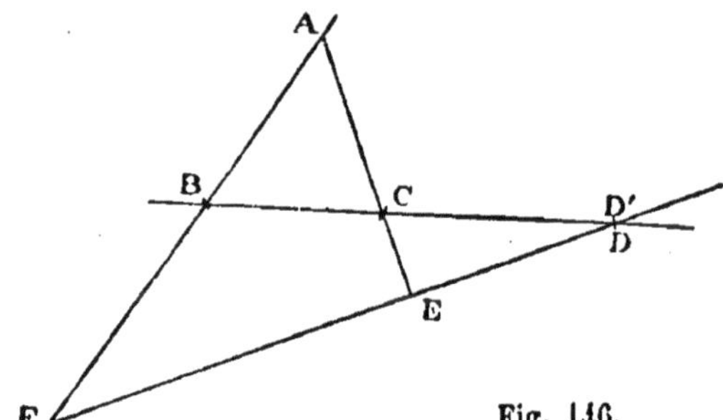

Fig. 146.

sur le prolongement de ce côté, et l'on aura d'après le théorème direct :

$$\frac{D'B}{D'C}\cdot\frac{EC}{EA}\cdot\frac{FA}{FB}=1;$$

en comparant ce résultat à la relation accordée, on en déduit :

$$\frac{DB}{DC}=\frac{D'B}{D'C},$$

et, comme les points D et D′ déterminent tous deux des segments soustractifs sur BC, ils se confondent ; donc les points F, E, D sont bien en ligne droite.

Remarque. — Cette réciproque permet d'établir dans beaucoup de cas que plusieurs points sont en ligne droite : nous en donnons de suite un exemple.

Exemple. — *Les milieux des trois diagonales d'un quadrilatère complet sont en ligne droite.*

On appelle *quadrilatère complet* la figure obtenue en prolongeant les côtés opposés d'un quadrilatère jusqu'à leur rencontre ; la droite qui joint ces deux points est la *troisième diagonale*.

Soit K, H, G, les milieux des diagonales AC, BD, EF du quadrilatère ABCD, complété aux points E, F.

Menons GL parallèle à FB, elle passera par le milieu I de EC ; joignons IK, cette droite sera parallèle à AE, et passera par le milieu

M de BC : les points L, M, H sont alors situés sur une même droite parallèle à DE.

De sorte que les points K, H, G sont situés sur les prolongements des côtés du triangle MIL, il suffira donc de prouver la relation :

$$\frac{KM}{KI} \cdot \frac{GI}{GL} \cdot \frac{HL}{HM} = 1,$$

de laquelle il résultera que les points sont en ligne droite. A cet effet, nous considérons le triangle BEC rencontré par la transversale ADF ; il donne :

$$\frac{AB}{AE} \cdot \frac{DE}{DC} \cdot \frac{FC}{FB} = 1;$$

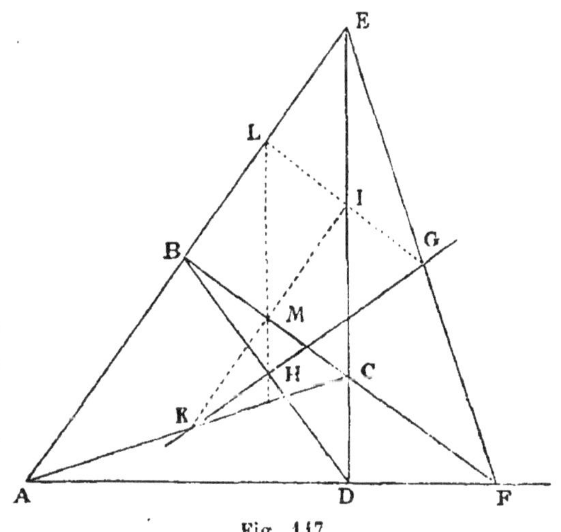

Fig. 147.

or, les rapports qui figurent dans le premier membre de la relation à démontrer, sont respectivement égaux à ces rapports, donc la relation est démontrée, et les points K, H, G sont en ligne droite.

APPLICATION II

(Théorème de Jean de Céva). — *Trois droites concourantes, issues des sommets d'un triangle, déterminent sur les côtés six segments tels que le produit de trois segments qui n'ont pas d'extrémité commune égale le produit des trois autres.*

Soit O le point de concours des droites AD, BE, CF (fig. 148), la relation indiquée par l'énoncé, s'écrit :

$$\frac{DB}{DC} \cdot \frac{EC}{EA} \cdot \frac{FA}{FB} = 1$$

par le procédé indiqué dans l'application I.

La transversale FOC donne, dans le triangle ABD :

$$\frac{FA}{FB} \cdot \frac{CB}{CD} \cdot \frac{OD}{OA} = 1$$

et la transversale BOE donne, dans le triangle ADC :

$$\frac{EC}{EA} \cdot \frac{OA}{OD} \cdot \frac{BD}{BC} = 1$$

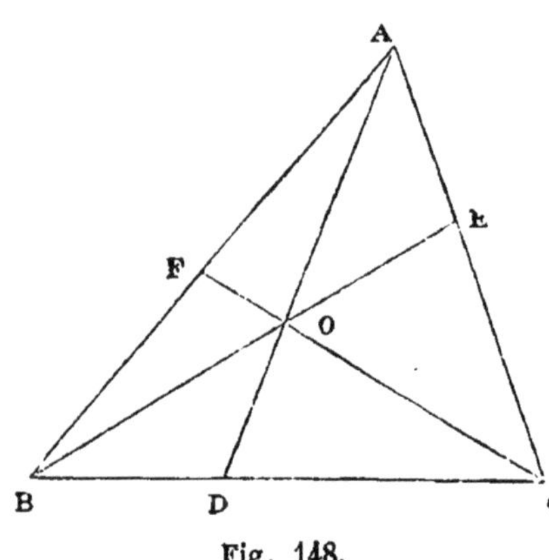

Fig. 148.

en multipliant membre à membre, et détruisant les facteurs communs aux deux termes, on obtient la relation indiquée.

Remarque. — La propriété démontrée s'applique à tous les cas de la figure.

Exemple. — *Chacune des diagonales d'un quadrilatère complet est coupée harmoniquement par les deux autres.*

Soit le quadrilatère ABCD complété aux points E, F, prouvons que les points H, K, où la diagonale EF est rencontrée par les deux autres, forment avec E et F une division harmonique, autrement dit que l'on a :

$$\frac{HF}{HE} = \frac{KF}{KE}.$$

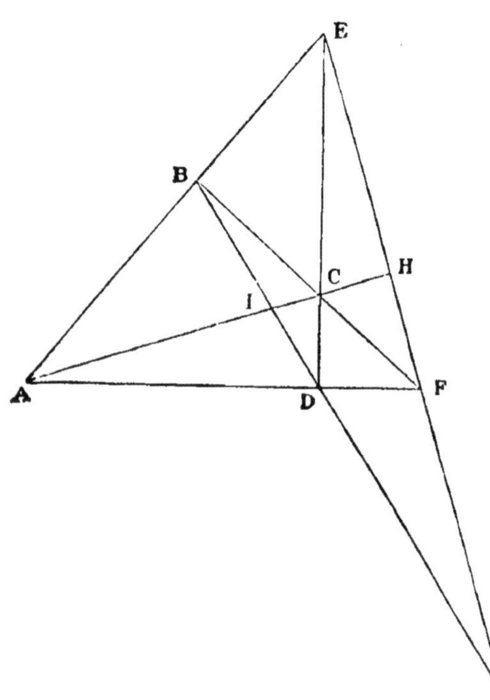

Fig. 149.

A cet effet, appliquons le théorème de Ménélaüs au triangle AEF, rencontré par la transversale BDK; nous aurons la relation :

$$\frac{KF}{KE} \cdot \frac{BE}{BA} \cdot \frac{DA}{DF} = 1,$$

et appliquons le théorème de Céva aux droites concourantes en C dans le triangle AEF, nous aurons :

$$\frac{HF}{HE} \cdot \frac{BE}{BA} \cdot \frac{DA}{DF} = 1;$$

en comparant les deux égalités, on en conclut aisément :

$$\frac{HF}{HE} = \frac{KF}{KE}.$$

Ce qu'il fallait prouver.

Les quatre points B, I, D, K, forment aussi une division harmonique, ainsi que les points A, I, C, H.

Réciproque du théorème de Jean de Céva.

Si trois points, situés en nombre impair sur les côtés d'un triangle et en nombre pair sur les prolongements, déterminent six segments tels que le produit de trois segments non consécutifs égale le produit des trois autres, les droites qui joignent ces points aux sommets opposés sont concourantes.

Soit les points D, E, F, tels que :

$$\frac{DB}{DC} \cdot \frac{EC}{EA} \cdot \frac{FA}{FB} = 1;$$

joignons le sommet A au point O de concours des droites BE, CF, et soit D′ le point où cette ligne rencontre BC : les points E et F étant sur les prolongements, le point D′ sera entre B et C, ainsi que le point D.

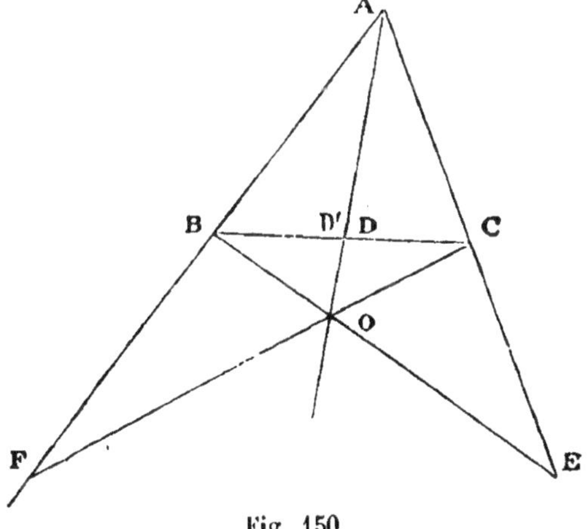

Fig. 150.

Or, le théorème direct donne :

$$\frac{D'B}{D'C} \cdot \frac{EC}{EA} \cdot \frac{FA}{FB} = 1;$$

donc, par suite de l'hypothèse, on a :

$$\frac{DB}{DC} = \frac{D'B}{D'C}.$$

Donc les points D et D′, tous deux situés entre B et C, coïncident : les droites AD, BE, CF sont donc concourantes.

Remarque I. — Le théorème de Jean de Céva est surtout utile par sa réciproque qui permet d'établir que trois droites sont concourantes.

Ainsi, il est évident que les *médianes d'un triangle sont concourantes ;* que les droites, qui joignent les sommets d'un triangle aux points de contact des côtés opposés sur l'une quelconque des quatre circonférences inscrite et ex-inscrites, sont concourantes; nous en trouverons beaucoup d'autres exemples.

Remarque II. — En rapprochant les énoncés des réciproques des théorèmes de Ménélaüs et de Jean de Céva, on voit que la relation métrique entre les segments est la même, et il n'y a de différence qu'entre la disposition des points sur les côtés : si l'on fait usage de la convention des signes déjà indiquée, on sera conduit par les théorèmes directs aux relations :

$$\frac{DB}{DC}\cdot\frac{EC}{EA}\cdot\frac{FA}{FB}=-1$$

dans le premier cas, et :

$$\frac{DB}{DC}\cdot\frac{EC}{EA}\cdot\frac{FA}{FB}=+1$$

dans le deuxième cas.

Avec cette convention, les énoncés des réciproques ne contiennent plus les restrictions sur la parité du nombre des points situés sur les côtés eux-mêmes, et les propriétés sont nettement différenciées.

THÉORÈME IV

La bissectrice d'un angle intérieur ou extérieur d'un triangle partage le côté opposé en segments proportionnels aux côtés adjacents.

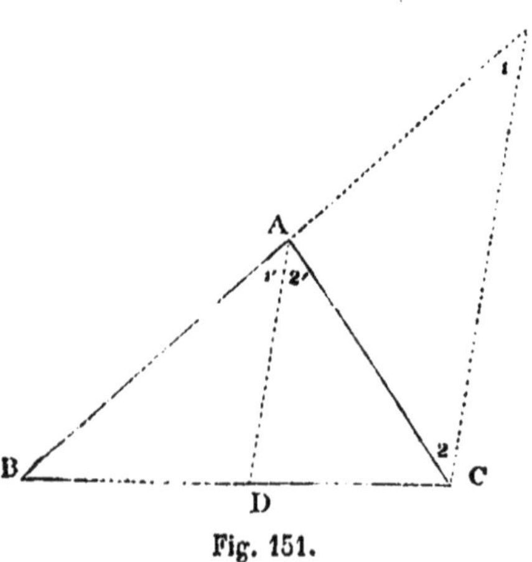

Fig. 151.

1° Soit le triangle ABC, dans lequel AD est bissectrice de l'angle intérieur A; nous voulons prouver :

$$\frac{DB}{DC}=\frac{AB}{AC};$$

menons CE parallèle à AD, nous aurons (théorème II):

$$\frac{DB}{DC}=\frac{AB}{AE}.$$

En rapprochant ce résultat de ce qu'il faut prouver, nous voyons qu'il suffit de démontrer :

$$AC = AE;$$

or, les angles 1, 2 du triangle AEC (fig. 151) sont respectivement égaux aux angles 1′, 2′, et comme ceux-ci sont égaux par hypothèse, le triangle ACE est isocèle, et AC = AE.

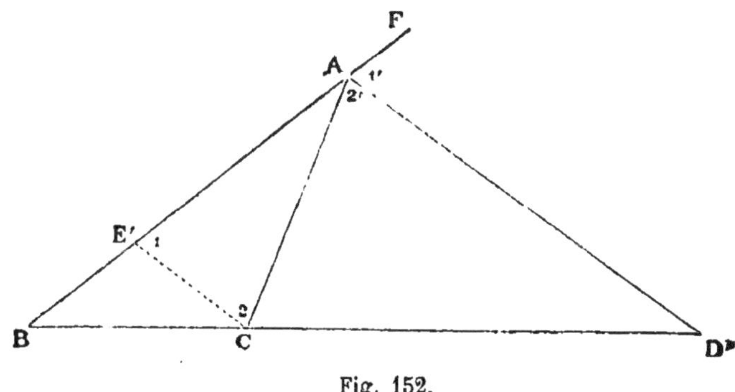

Fig. 152.

2° Si l'on considère la bissectrice AD′ de l'angle extérieur CAF (fig. 152), on aura la proportion :

$$\frac{D'B}{D'C} = \frac{AB}{AC}.$$

Même démonstration.

Corollaire. — *Les bissectrices des angles intérieurs d'un triangle sont concourantes, et les bissectrices de deux angles extérieurs vont concourir sur la bissectrice du troisième angle intérieur.* (Appliquer la réciproque du théorème de Céva.)

THÉORÈME V (*réciproque du théorème IV*)

Si une droite, issue d'un sommet d'un triangle, partage le côté opposé en segments additifs ou soustractifs proportionnels aux côtés adjacents, elle est bissectrice de l'angle intérieur ou extérieur formé par ces côtés.

Soit le point D partageant BC en segments additifs (fig. 153) tels que :

$$\frac{DB}{DC} = \frac{AB}{AC},$$

prouvons que AC est bissectrice de l'angle intérieur.

En effet, cette bissectrice AD′ viendra partager BC en segments additifs tels que :

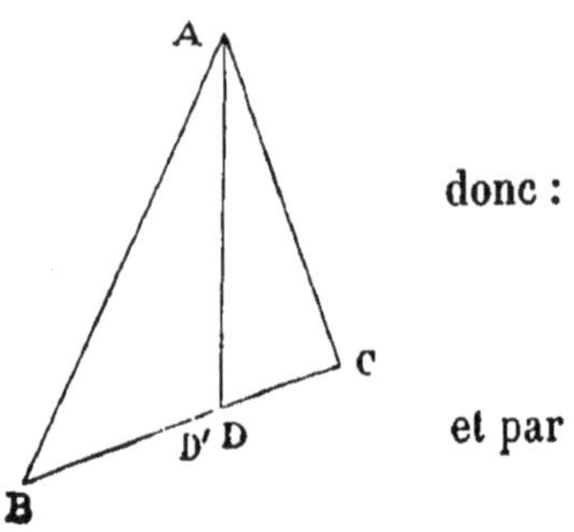

Fig. 153.

$$\frac{D'B}{D'C} = \frac{AB}{AC},$$

donc :

$$\frac{DB}{DC} = \frac{D'B}{D'C},$$

et par suite les points D et D′ coïncident.

THÉORÈME VI

Si par un point du plan d'une circonférence on mène une sécante, que l'on joigne un des deux points de section au symétrique de l'autre par rapport au diamètre du point considéré, on obtiendra une droite qui passera par un point fixe, conjugué du premier par rapport au diamètre.

Soit la sécante AMN, issue du point fixe A, à la circonférence O : joignons M au symétrique N′ de N par rapport à AO : MC sera bissec-

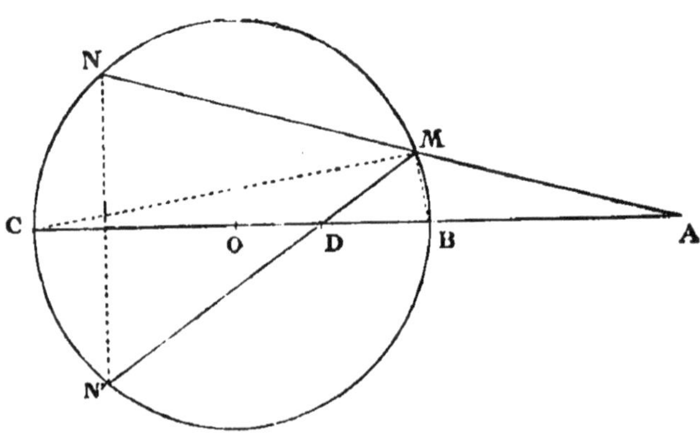

Fig. 154.

trice de l'angle NMN′ extérieur au triangle AMD, donc MB, perpendiculaire sur MC, est bissectrice de l'angle intérieur AMD ; donc les points B, C, partageant AD en même rapport, forment une division harmonique A, B, D, C.

Le point D est donc fixe, puisque les trois points A, B, C sont fixes.

Ainsi, pendant que la sécante AMN pivote autour du point A, la corde MN′ pivote autour du point D, conjugué du point A par rapport à BC.

Réciproquement, si une corde MN′ tourne autour du point fixe D, la droite MN pivotera autour du conjugué A du point D.

Remarque. — Connaissant trois points d'une division harmonique, le théorème VI permet de construire le quatrième point.

PROBLÈME IV

Quel est le lieu géométrique des points d'un plan dont le rapport des distances à deux points fixes de ce plan a une valeur donnée.

Soit M un point du lieu tel que le rapport $\frac{MA}{MB}$, de ses distances aux deux points donnés A et B, soit égal à $\frac{m}{n}$.

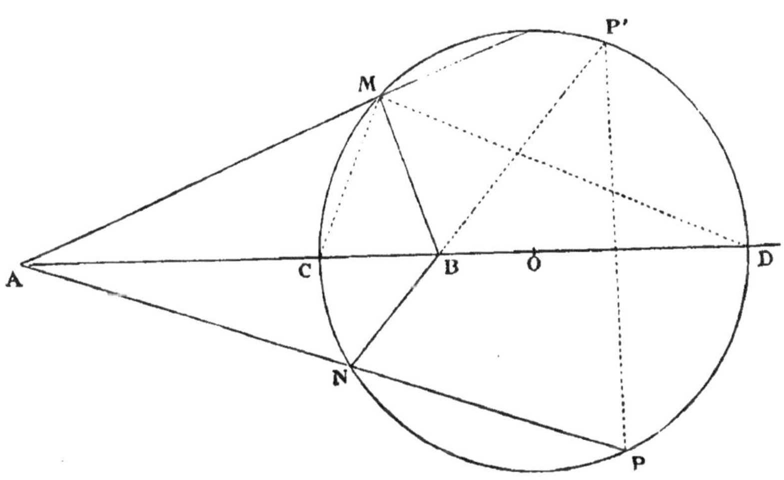

Fig. 155.

Construisons les points C, D du lieu qui sont situés sur AB et qui forment avec A et B une division harmonique.

On a donc :

$$\frac{CA}{CB}=\frac{DA}{DB}=\frac{m}{n}.$$

Il en résulte que MC et MD sont les bissectrices des angles formés en M par les droites MA et MB, puisque :

$$\frac{CA}{CB}=\frac{DA}{DB}=\frac{MA}{MB} \qquad \text{(théorème V)},$$

donc l'angle CMD est droit, et tout point M du lieu appartient à la circonférence ayant CD pour diamètre.

Il sera prouvé que cette circonférence est le lieu géométrique cherché, si nous démontrons que pour tout point N de cette circonférence on a :

$$\frac{NA}{NB} = \frac{m}{n}.$$

Or, soit P le second point commun à la circonférence de diamètre CD et à la droite AN ; en joignant le point N au symétrique P′ du point P par rapport à AB, nous savons (Th. VI) que NP′ passera par le point B, conjugué de A par rapport à CD ; par suite ND est bissectrice de l'angle BNP, et l'on a :

$$\frac{NA}{NB} = \frac{DA}{DB},$$

donc :

$$\frac{NA}{NB} = \frac{m}{n}.$$

Ce qu'il fallait prouver.

Remarque I. — Il est quelquefois utile de connaître le rayon de cette circonférence et les distances de son centre O aux points A et B. Or on a :

$$\frac{2}{DC} = \frac{1}{DA} + \frac{1}{DB},$$

et, en posant $AB = a$ et $OC = R$, on a :

$$\frac{DA}{m} = \frac{DB}{n} = \frac{a}{m-n};$$

d'où :

$$\frac{1}{R} = \frac{m-n}{ma} + \frac{m-n}{na},$$

ou

$$R = \frac{mna}{m^2-n^2},$$

on en déduit :

$$OA = DA - R = \frac{am^2}{m^2-n^2},$$

et :

$$OB = DB - R = \frac{an^2}{m^2-n^2}.$$

Remarque II. — Nous rencontrerons des exemples nombreux de ce problème important : nous en donnons de suite des applications simples :

APPLICATION III

Quel est le lieu géométrique des points d'un plan desquels on voit sous le même angle deux segments additifs d'une même portion de droite?

Soit un point M duquel on voit sous le même angle les deux segments additifs CA et CB; alors le rapport $\frac{MA}{MB}$ sera toujours

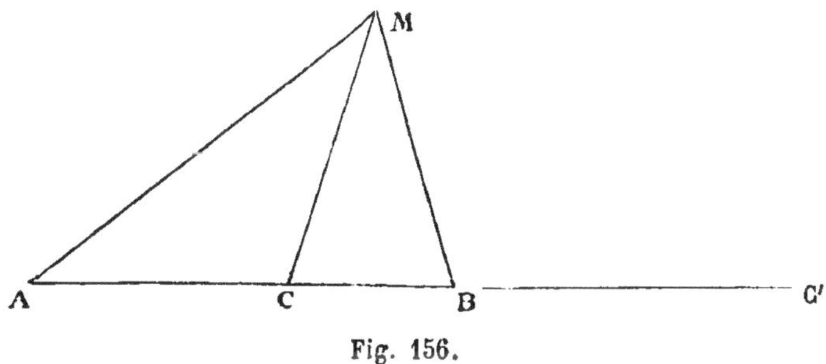

Fig. 156.

égal à $\frac{CA}{CB}$ (théorème VI); et réciproquement, si pour un point M du plan on a :

$$\frac{MA}{MB}=\frac{CA}{CB},$$

ce point fait partie du lieu (théorème V).

Donc le lieu est la circonférence décrite sur CC' comme diamètre, les points A, C, B, C' formant une division harmonique.

APPLICATION IV

Construire un triangle connaissant un côté, la hauteur relative à ce côté, et le pied sur ce côté de la bissectrice de l'angle opposé.

Supposons la question résolue, et soit ABC le triangle cherché (fig. 157) dans lequel AB égale c, la hauteur OE égale h, et D est le pied de la bissectrice de l'angle ACB.

On a la proportion :

$$\frac{CB}{CA}=\frac{DB}{DA};$$

donc, si D' est le conjugué de D par rapport à AB, le point C sera sur la circonférence de diamètre DD', et aussi sur la parallèle a'AB située à une distance de AB égale à h.

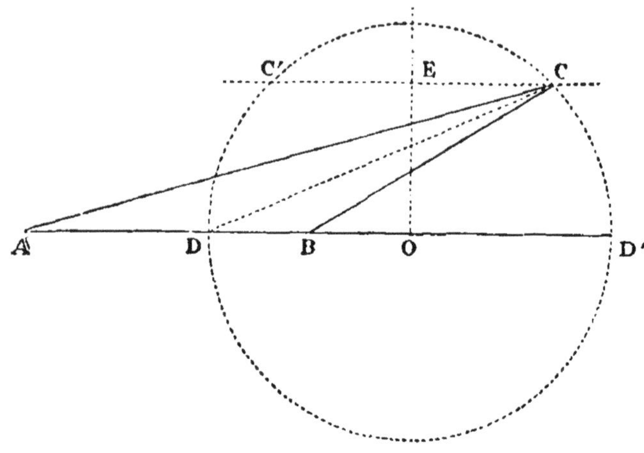

Fig. 157.

DISCUSSION. — La détermination du sommet C s'obtient par l'intersection d'une droite et d'une circonférence. La condition de possibilité est donc :

$$h \leqslant \text{OD}:$$

or nous avons, problème IV :

$$\text{OD} = \frac{mnc}{m^2 - n^2},$$

en représentant par m et n les longueurs connues DA et DB ; et, comme DA + DB = c, la condition nécessaire et suffisante s'écrit :

$$h \leqslant \frac{mn}{m-n}.$$

Si $h > \frac{mn}{m-n}$ problème impossible.

Si $h = \frac{mn}{m-n}$ la parallèle à AB est tangente à la circonférence, il y a une seule solution.

Si $h < \frac{mn}{m-n}$ la parallèle est sécante, et il y a deux solutions distinctes.

§ II. — SIMILITUDE DES TRIANGLES

Définitions. — *Deux polygones sont dits* SEMBLABLES *lorsqu'ils ont leurs angles égaux chacun à chacun, et les côtés homologues proportionnels.*

Les sommets des angles égaux sont dits SOMMETS HOMOLOGUES, et les côtés qui joignent des sommets homologues sont dits CÔTÉS HOMOLOGUES.

Le rapport constant de deux côtés homologues s'appelle RAPPORT DE SIMILITUDE DES DEUX POLYGONES.

THÉORÈME VII

Toute parallèle à l'un des côtés d'un triangle détermine un nouveau triangle semblable au premier.

Soit le triangle AB'C' obtenu en menant B'C' parallèle à BC.

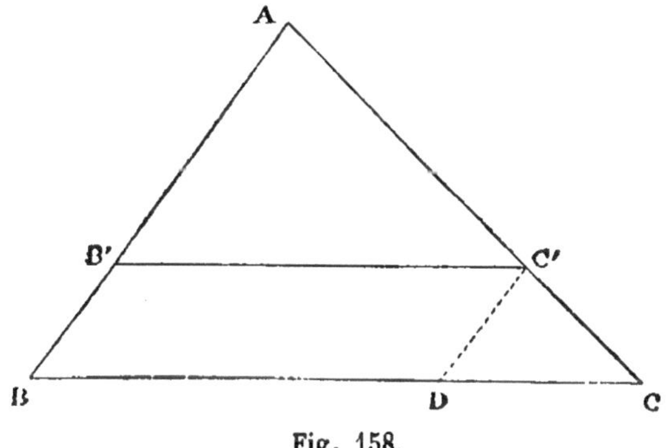

Fig. 158.

Nous voyons d'abord que ces triangles ont les angles égaux chacun à chacun ; il reste donc à prouvèr que les côtés homologues sont proportionnels. Or, le théorème II donne :

$$\frac{AB'}{AB}=\frac{AC'}{AC},$$

et si nous menons C'D parallèle à AB, le même théorème II donne :

$$\frac{AC'}{AC}=\frac{BD}{BC}.$$

Mais BD = B'C', on a donc :

$$\frac{AB'}{AB} = \frac{AC'}{AC} = \frac{B'C'}{BC}.$$

Les triangles sont donc semblables.

Remarque. — Le résultat sera le même si la parallèle à BC rencontre les prolongements des côtés du triangle ABC.

THÉORÈME VIII

Deux triangles sont semblables lorsqu'ils ont deux angles égaux chacun à chacun.

Soit les triangles ABC, A'B'C' dans lesquels les angles A, B sont respectivement égaux aux angles A', B'.

Nous prenons AB'' = A'B' et nous menons B''C'' parallèle à BC;

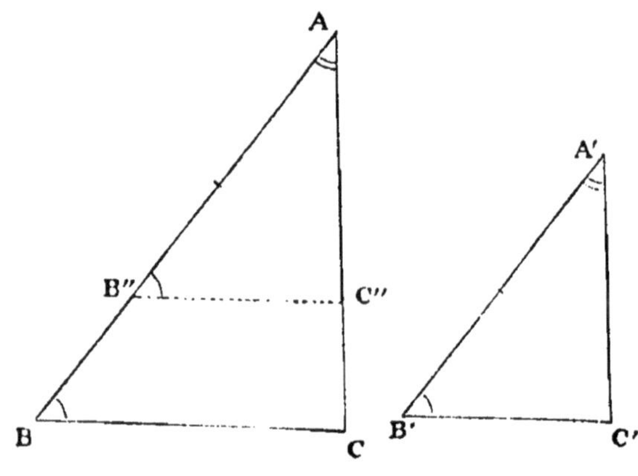

Fig. 159.

le triangle AB''C'' est semblable au triangle ABC, il nous suffit donc de prouver que les triangles A'B'C' et AB''C'' sont égaux.

Or ces triangles ont un côté égal adjacent à deux angles égaux chacun à chacun, car les angles B'' et B', respectivement égaux à B, sont égaux entre eux; donc les triangles ABC, A'B'C' sont semblables.

Corollaire. — *Deux triangles rectangles sont semblables quand ils ont un angle aigu égal.*

THÉORÈME IX

Deux triangles sont semblables lorsqu'ils ont un angle égal compris entre côtés proportionnels.

Soit les triangles ABC, A'B'C' dans lesquels on a $A = A'$ et :

$$\frac{A'B'}{AB} = \frac{A'C'}{AC}.$$

Nous prenons $AB'' = A'B'$, et nous menons B''C'' parallèle à BC; le triangle AB''C'' étant semblable au triangle ABC, il nous suffit de démontrer l'égalité des triangles AB''C'' et A'B'C'.

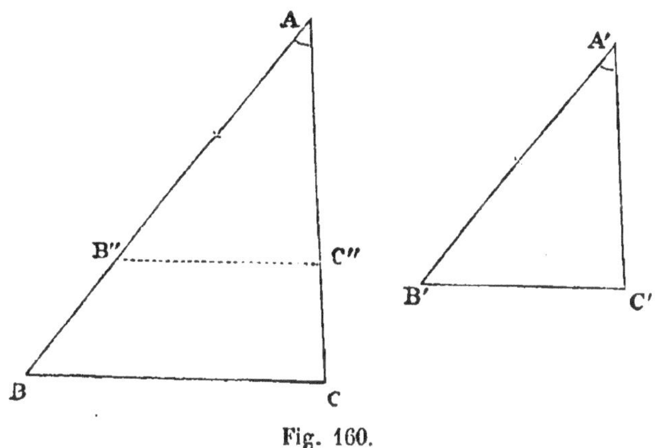

Fig. 160.

Or ces triangles ont un angle égal compris entre côtés égaux chacun à chacun, car B'' C'' étant parallèle à BC, on a (th. II) :

$$\frac{AB''}{AB} = \frac{AC''}{AC};$$

mais $AB'' = A'B'$, donc :

$$\frac{A'B'}{AB} = \frac{AC''}{AC};$$

en rapprochant cette proportion de celle qu'on nous accorde, on a :

$$\frac{AC''}{AC} = \frac{A'C'}{AC},$$

et par suite :

$$AC'' = A'C'.$$

Donc les triangles ABC, A'B'C' sont semblables.

THÉORÈME X

Deux triangles rectangles sont semblables quand ils ont deux côtés proportionnels.

Le théorème est évident si ces deux côtés comprennent l'angle droit.

Supposons donc l'autre cas : soit les triangles rectangles ABC, A'B'C' dans lesquels on a :

$$\frac{B'C'}{BC} = \frac{A'C'}{AC} :$$

nous prenons $CA'' = C'A'$, et nous menons A''B'' parallèle à AB ; le triangle CA''B'' étant semblable à CAB, il nous suffit de prouver l'égalité des triangles CA''B'' et C'A'B'; or ces triangles rectangles ont deux côtés égaux chacun à chacun, car A''B'' étant parallèle à AB, on a :

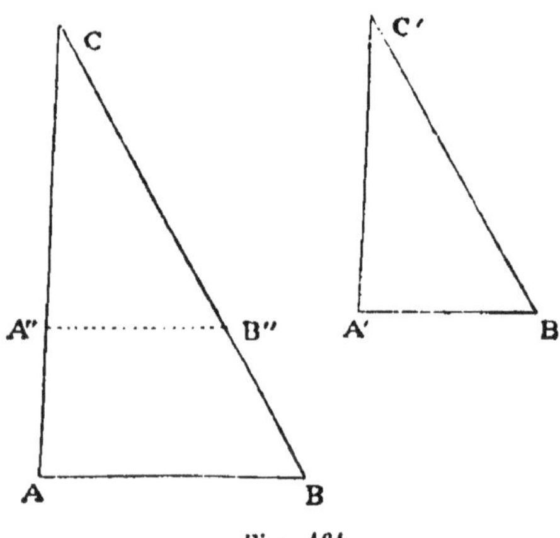

Fig. 161.

$$\frac{CA''}{CA} = \frac{CB''}{CB},$$

et comme $CA'' = C'A'$, cette proportion s'écrit :

$$\frac{C'A'}{CA} = \frac{CB''}{CB},$$

et par comparaison avec la proportion accordée :

$$\frac{C'B'}{CB} = \frac{CB''}{CB},$$

donc $C'B' = CB''$; les triangles ABC, A'B'C' sont donc semblables.

THÉORÈME XI

Deux triangles sont semblables lorsqu'ils ont les trois côtés proportionnels.

Soit les triangles ABC, A'B'C' dans lesquels on a :

$$\frac{A'B'}{AB} = \frac{A'C'}{AC} = \frac{B'C'}{BC}.$$

Nous prenons $AB'' = A'B'$, et nous menons $B''C''$ parallèle à BC; le triangle $AB''C''$ étant semblable au triangle ABC, il suffit de prouver

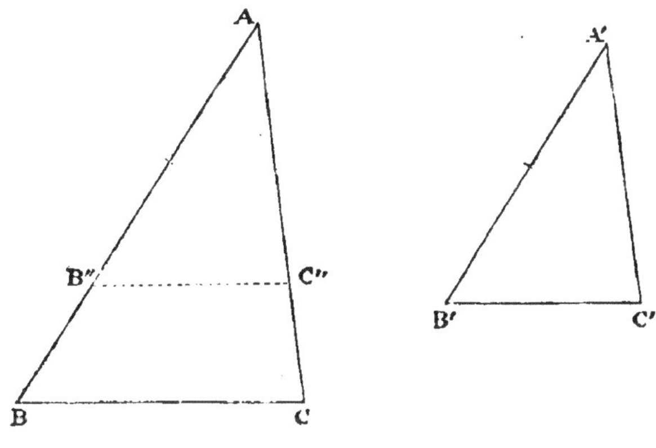

Fig. 162.

l'égalité des triangles $AB''C''$ et $A'B'C'$.

Or ces triangles ont leurs trois côtés égaux chacun à chacun, car, de la similitude des triangles $AB''C''$ et ABC, on déduit :

$$\frac{AB''}{AB} = \frac{AC''}{AC} = \frac{B''C''}{BC},$$

et comme $AB'' = A'B'$, en rapprochant cette suite de rapports égaux de celle qu'on nous accorde, nous en concluons que les six rapports sont égaux entre eux. Donc ceux de ces rapports qui ont même dénominateur ont leurs numérateurs égaux, par suite $AC'' = A'C'$ et $B''C'' = B'C'$, et les triangles ABC, $A'B'C'$ sont semblables.

THÉORÈME XII

Deux triangles sont semblables lorsqu'ils ont leurs côtés respectivement parallèles ou perpendiculaires.

Nous allons prouver, en effet, que dans chacun de ces deux cas les triangles ont leurs angles égaux chacun à chacun, donc ils sont semblables (th. VIII).

Nous rappelons, en effet, que deux angles dont les côtés sont parallèles ou perpendiculaires ne peuvent être que égaux ou supplémentaires.

Soit donc A, B, C les angles de l'un des triangles dont les côtés sont respectivement parallèles ou perpendiculaires aux côtés des angles A′ B′ C′ de l'autre triangle. Chacun des angles A, B, C ne peut donc être que égal ou supplémentaire à l'angle correspondant de l'autre triangle, et, par suite, il ne peut se présenter que les quatre cas suivants :

1° Chacun des angles A, B, C est supplémentaire de l'angle qui lui correspond dans l'autre triangle : la somme des six angles vaudra donc six droits; mais d'autre part, cette somme vaut quatre droits, donc cette hypothèse est inadmissible.

2° Deux des angles A, B, C sont supplémentaires de deux des angles A′, B′, C′, les troisièmes angles étant égaux : cette hypothèse est encore inadmissible, parce que quatre de ces angles ayant une somme égale à quatre droits, la somme totale sera supérieure à quatre droits.

3° Un des angles A, B, C est supplémentaire de l'un des angles A′, B′, C′ et les autres angles sont égaux chacun à chacun : les triangles ont alors leurs trois angles égaux chacun à chacun, et ils sont rectangles.

4° Les angles A, B, C sont respectivement égaux aux angles A′, B′, C′.

Donc, en définitive, les côtés de deux triangles étant parallèles ou perpendiculaires, leurs angles sont égaux chacun à chacun et ces triangles sont semblables.

THÉORÈME XIII

Plusieurs droites concourantes interceptent des segments proportionnels sur deux parallèles, et réciproquement.

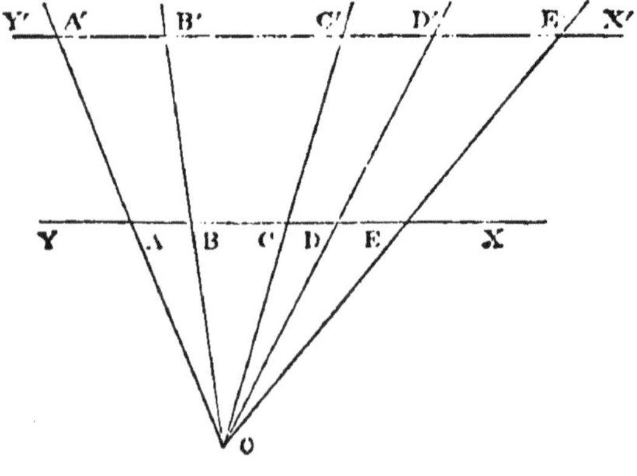

Fig. 163.

1° Soit les parallèles XY, X'Y' rencontrées par des droites concourantes en O; on a la suite de rapports égaux :

$$\frac{AB}{A'B'}=\frac{BC}{B'C'}=\frac{CD}{C'D'}=\frac{DE}{D'E'}.$$

En effet, les triangles semblables donnent successivement :

$$\frac{AB}{A'B'}=\frac{OB}{OB'}=\frac{BC}{B'C'}=\frac{OC}{OC'}=\frac{CD}{C'D'}=\frac{OD}{OD'}=\frac{DE}{D'E'},$$

ce qui démontre le théorème.

Remarque. — Le théorème est encore vrai si les parallèles comprennent entre elles le point de concours O (fig. 164).

2° Soit les parallèles XY, X'Y' sur lesquelles se trouvent les points A, B, C, A', B', C', tels que l'on ait :

$$\frac{AB}{A'B'}=\frac{BC}{B'C'}=\frac{CD}{C'D'},$$

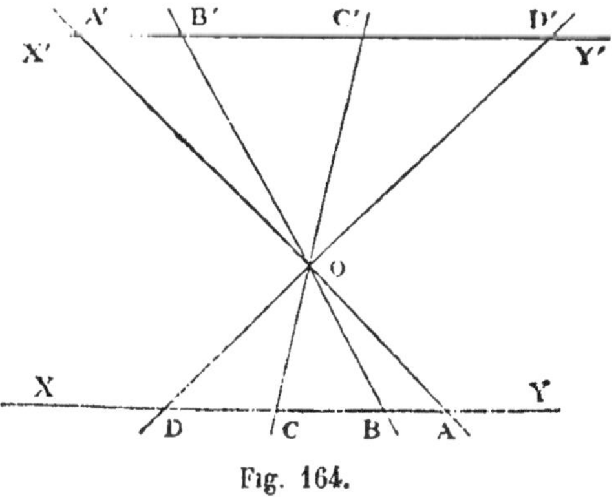

Fig. 164.

prouvons que les droites AA', BB', CC', DD' sont concourantes : à cet effet, prenons le point de concours O des droites AA', BB', et tirons CO qui rencontre X'Y' en C'', nous aurons d'après 1° :

$$\frac{AB}{A'B'}=\frac{BC}{B'C''};$$

donc, en comparant à l'hypothèse :

$$B'C'=B'C'',$$

les points C', C'' se confondent donc ; on prouverait de même que les points D, O, D' sont en ligne droite.

Corollaire. — Il résulte de la propriété précédente un nouveau moyen pour partager une droite en parties proportionnelles à des longueurs données, ou en parties égales entre elles.

L'application est évidente.

THÉORÈME XIV

Si la portion de droite AB *est partagée au point* C *en segments additifs proportionnels à* m *et* n, *les portions de parallèles* AA', BB', CC', *comprises entre cette droite et une autre droite arbitraire, sont liées entre elles par la relation :*

$$(m+n)\,CC' = m.BB' + n.AA'.$$

Supposons les points A, B, C d'un même côté de XY; en traçant A'B, cette droite coupera CC' en D, de sorte que :

$$CC' = CD + C'D.$$

Les triangles semblables AA'B, CDB donnent :

$$\frac{CD}{AA'} = \frac{CB}{AB} = \frac{n}{m+n},$$

d'où :

$$(m+n)\,CD = nAA' \qquad (1)$$

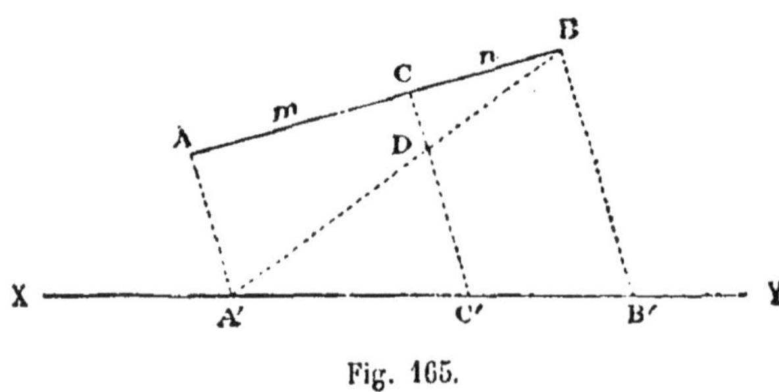

Fig. 165.

De même, les triangles semblables A'BB', A'C'D donnent :

$$\frac{C'D}{BB'} = \frac{A'C'}{A'B'} = \frac{AC}{AB} = \frac{m}{m+n},$$

d'où :

$$(m+n)\,C'D = m\,BB', \qquad (2)$$

en ajoutant les égalités (1) et (2) membre à membre, nous obtenons :

$$(m+n)(CD + C'D) = m\,BB' + n\,AA',$$

qui est bien la relation indiquée dans l'énoncé.

Supposons, en second lieu, que les points A, B, C ne soient pas tous d'un même côté de XY (fig. 166) :

Dans cette disposition, la droite A'B rencontrera CC' en un point D, tel que :

$$CC' = CD - C'D.$$

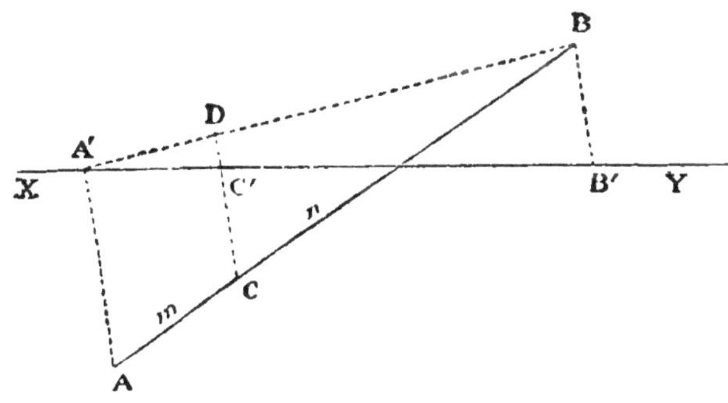

Fig. 166.

En employant exactement les mêmes transformations que ci-dessus, nous obtiendrons la relation :

$$(m+n)CC' = -mBB' + nAA'.$$

Remarque. — L'énoncé précédent ne semble donc pas s'appliquer identiquement dans tous les cas de la figure; mais, si nous convenons de considérer les longueurs AA', BB', CC' comme des grandeurs algébriques, positives ou négatives, suivant que les points A, B, C seront d'un côté ou de l'autre de XY, en représentant par a, b, c ces valeurs algébriques, nous aurons la relation générale :

$$(m+n)c = mb + na.$$

APPLICATION V

Quel est le lieu géométrique des points d'un plan, d'où l'on voit deux circonférences données sous le même angle.

Soit M un point du lieu, c'est-à-dire tel que l'angle des tangentes issues de ce point M à la circonférence O soit égal à l'angle des tangentes menées de M à la circonférence O'.

Nous traçons MO, MO' et les tangentes MN, MN' (fig. 167).

Les triangles rectangles OMN, O'MN' seront donc semblables, puisqu'ils ont un angle aigu égal, donc :

$$\frac{MO}{MO'} = \frac{R}{R'}.$$

Le rapport des distances d'un point quelconque M du lieu aux points fixes O et O′ étant égal à $\frac{R}{R'}$, tous les points du lieu appartiennent à la circonférence décrite sur SS′ comme diamètre, les points S et S′ étant tels que :

$$\frac{SO}{SO'} = \frac{S'O}{S'O'} = \frac{R}{R'}.$$

Il reste à savoir si un point quelconque M de cette circonférence est un point du lieu ; notre hypothèse est donc :

$$\frac{MO}{MO'} = \frac{R}{R'}.$$

Nous traçons les tangentes MN, MN′ et nous formons deux triangles

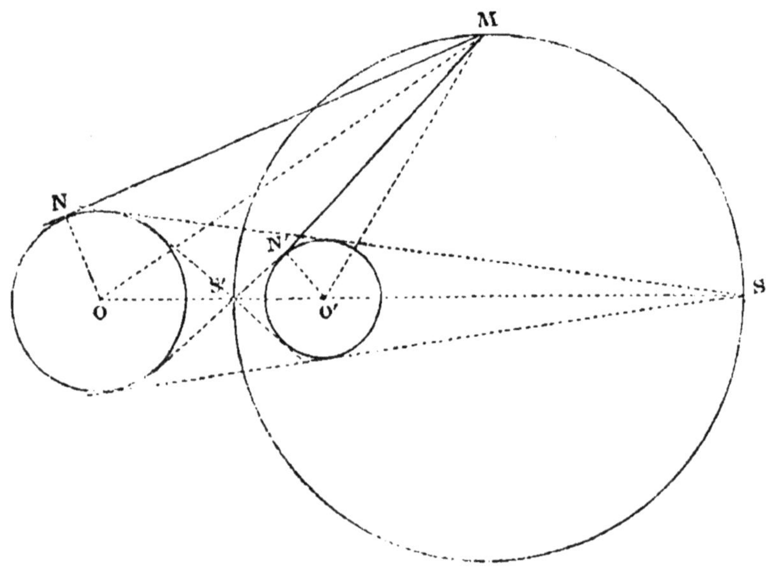

Fig. 167.

rectangles MNO, MN′O′, semblables parce qu'ils ont deux côtés proportionnels : donc les angles aigus OMN et O′MN′ sont égaux, et le point M est bien un point du lieu.

Le lieu géométrique est donc la circonférence de diamètre SS′; d'ailleurs, les points S et S′ sont évidemment les points de concours des tangentes communes extérieures et intérieures aux circonférences données.

Remarque I. — Si les circonférences données ont un ou deux points communs, le lieu géométrique passera par ces points, et la partie de cette circonférence extérieure aux deux autres répondra seule à la définition du lieu géométrique.

Remarque II. — Il y a au plus deux points d'un plan d'où l'on puisse voir sous le même angle trois circonférences données.

APPLICATION VI

Un triangle, restant semblable à lui-même, a un sommet fixe, un deuxième sommet décrit une droite, quel est le lieu géométrique du troisième sommet?

Soit ABC une position quelconque occupée par le triangle, le sommet A restant fixe, et le sommet B parcourant XY : considérons la position particulière au moment où le côté AB est en AD, perpendi-

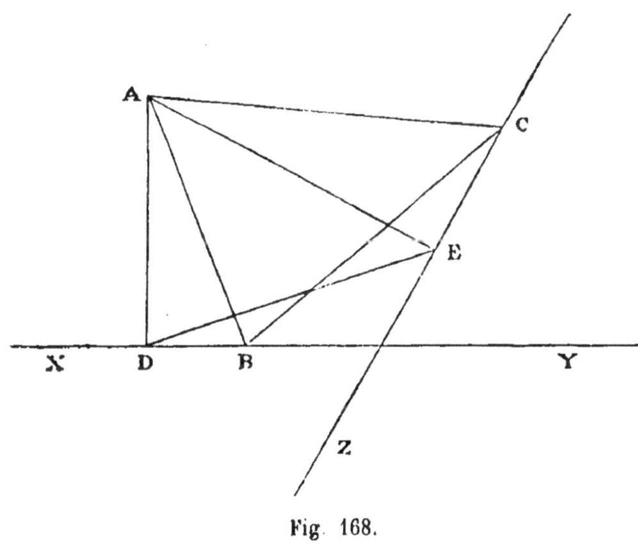

Fig. 168.

culaire sur XY; le sommet C est alors en E, de sorte que ADE est semblable à ABC.

En traçant CE, nous remarquons que les triangles ACE, ADB sont semblables, comme ayant un angle égal compris entre côtés proportionnels : en effet, les angles BAC, DAE étant égaux, il en est de même des angles DAB, EAC, et d'ailleurs, les triangles ADE et ABC semblables, donnent :

$$\frac{AD}{AB} = \frac{AE}{AC}.$$

Donc l'angle ADB étant droit par hypothèse, il en est de même de l'angle AEC, et par suite tous les points C du lieu sont situés sur la perpendiculaire EZ au point E de AE.

Si nous prouvons que, réciproquement, tout point C de la perpendiculaire EZ est le troisième sommet d'un triangle semblable à ADE et dont un sommet est situé sur XY, le lieu géométrique cherché sera EZ.

Soit donc C un point arbitraire de EZ, joignons AC, et traçons AB faisant avec AD un angle DAB égal à EAC ; les triangles rectangles AEC, ADB seront semblables parce qu'ils ont un angle aigu égal, et l'on aura :

$$\frac{AB}{AC} = \frac{AD}{AE};$$

donc les triangles BAC, DAE ayant un angle égal compris entre côtés proportionnels sont semblables. Le lieu géométrique est donc EZ.

Remarque I. — Cette question permet de résoudre un certain nombre de problèmes, parmi lesquels nous indiquons les suivants :

Inscrire dans un triangle donné un triangle semblable à un deuxième triangle donné, et dont un sommet soit en un point donné sur l'un des côtés du premier.

Construire un triangle équilatéral ayant un sommet en un point donné, un deuxième sommet sur une droite donnée, et un troisième sommet sur une circonférence donnée.

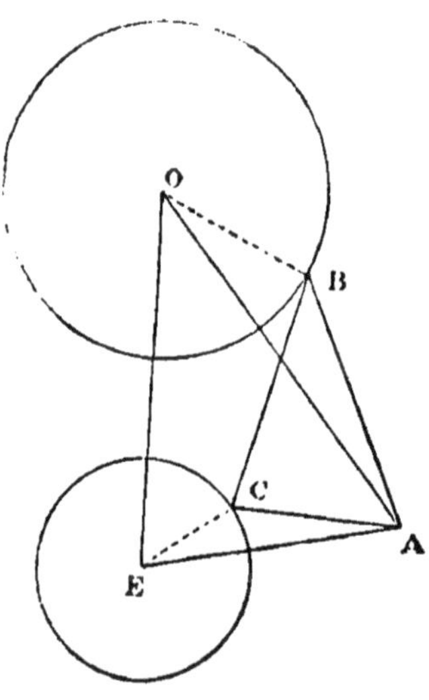

Fig. 169.

Remarque II. — On trouvera par une méthode analogue *le lieu géométrique du troisième sommet d'un triangle, restant semblable à lui-même, tandis qu'un de ses sommets parcourt une circonférence donnée, l'autre sommet restant fixe.*

Soit ABC une des positions du triangle dont le sommet A est fixe, le sommet B parcourant la circonférence O. On construira sur OA (fig. 169) homologue de AB, un triangle OAE semblable à BAC, et l'on prouvera que le lieu est une circonférence de centre E.

Remarque III. — Cette question se généralise aisément par l'homothétie.

*APPLICATION VII

Si l'on joint un point arbitraire aux quatre points d'une division harmonique, on obtient un faisceau de quatre droites qui a la propriété de diviser harmoniquement toute sécante.

Soit le faisceau obtenu en joignant le point O aux points de la di-

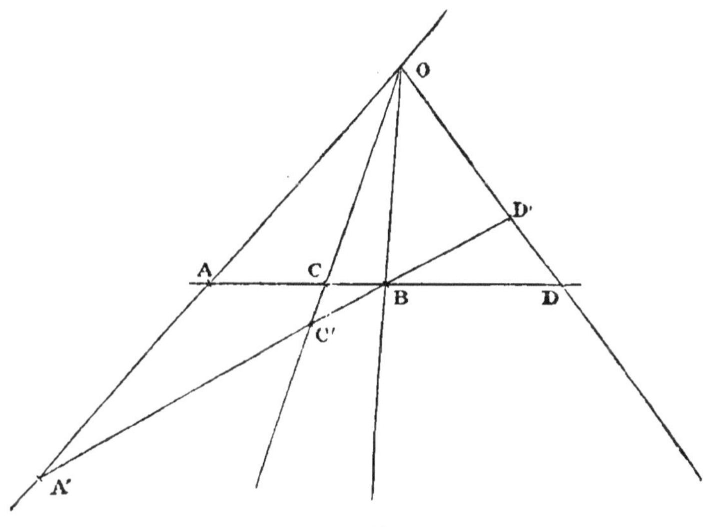

Fig. 170.

vision harmonique A, B, C, D : il est évident que les quatre droites partageant en parties proportionnelles deux parallèles quelconques (th. XIII), il suffit de prouver qu'elles divisent harmoniquement une droite de direction arbitraire passant par le point B.

Soit donc A′C′BD′ une sécante arbitraire, nous voulons prouver que si on a :

$$\frac{CA}{CB}=\frac{DA}{DB},$$

on aura :

$$\frac{C'A'}{C'B}=\frac{D'A'}{D'B}.$$

En effet, le triangle ABA′ coupé par les transversales C′CO, DD′O, donne successivement :

$$\frac{C'A'}{C'B}\cdot\frac{CB}{CA}\cdot\frac{OA}{OA'}=1 \quad \text{et} \quad \frac{D'A'}{D'B}\cdot\frac{DB}{DA}\cdot\frac{OA}{OA'}=1.$$

Ces deux égalités donnent :

$$\frac{C'A'}{C'B} = \frac{D'A'}{D'B},$$

puisque

$$\frac{CB}{CA} = \frac{DB}{DA};$$

d'ailleurs la propriété subsiste si la sécante rencontre un ou plusieurs prolongements, au delà du point O, des rayons du faisceau.

Remarque I. — Le faisceau obtenu comme précédemment s'appelle *faisceau harmonique.*

Remarque II. — Deux droites concourantes et les bissectrices des angles qu'elles font entre elles, forment un faisceau harmonique (th. IX).

Plus généralement, le lieu géométrique des points d'un plan dont

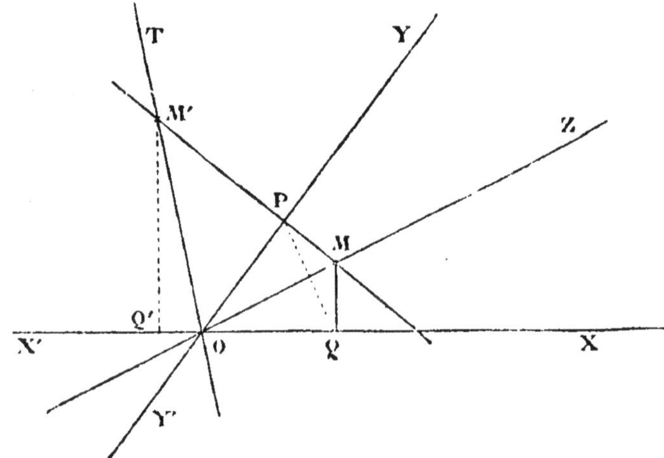

Fig. 171.

le rapport des distances à deux droites concourantes est donné, est le système de deux droites qui forment avec les données un faisceau harmonique, et réciproquement.

Ainsi, soit M, intérieur à l'angle XOY, tel que :

$$\frac{MP}{MQ} = \frac{m}{n};$$

le triangle PMQ ayant un angle constant compris entre côtés de rapport constant, reste semblable à lui-même ; donc l'angle PQM, et par suite POM est constant, donc le lieu de M est une droite OZ ; de même dans l'angle X'OY, le lieu est une droite OT. Traçons alors la sécante M'PMR perpendiculaire à OY, nous aurons :

$$\frac{m}{n}=\frac{MP}{MQ}=\frac{M'P}{M'Q'};$$

donc :

$$\frac{MP}{M'P}=\frac{MQ}{M'Q'}=\frac{MR}{M'R},$$

ou enfin :

$$\frac{MP}{MR}=\frac{M'P}{M'R}.$$

La division M', 'P, M, R étant harmonique, le faisceau OXYZT est harmonique.

La réciproque est évidente.

Les bissectrices des angles formés par XX' et YY' correspondent au cas particulier de ce lieu pour lequel : $\frac{m}{n}=1$.

Remarque III. — *Dans un faisceau harmonique, toute parallèle à un rayon est partagée par les trois autres en parties égales, et réciproquement.*

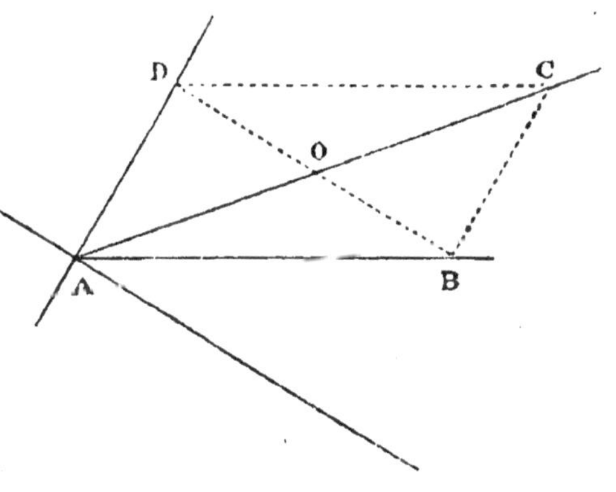

Fig. 172.

Le conjugué du milieu d'une portion de droite étant à l'infini, l'énoncé précédent résulte de la propriété générale. Cet énoncé peut d'ailleurs être prouvé directement.

Ainsi, les parallèles menées par un point arbitraire aux côtés et aux diagonales d'un parallélogramme forment un faisceau harmonique (fig. 172).

Corollaire I. — *Si par un point* A *du plan d'un angle* XOY, *on trace une sécante arbitraire* AMN (fig. 173), *et que l'on détermine le conjugué* P *du point* A *sur* MN, *le lieu de ce point* P *sera une droite passant par le point* O.

En effet, les quatre droites qui joignent le point O aux points A, M, P, N, forment un faisceau harmonique, donc toute sécante issue du point A sera partagée harmoniquement, et le conjugué du point A sera sur OZ, et réciproquement.

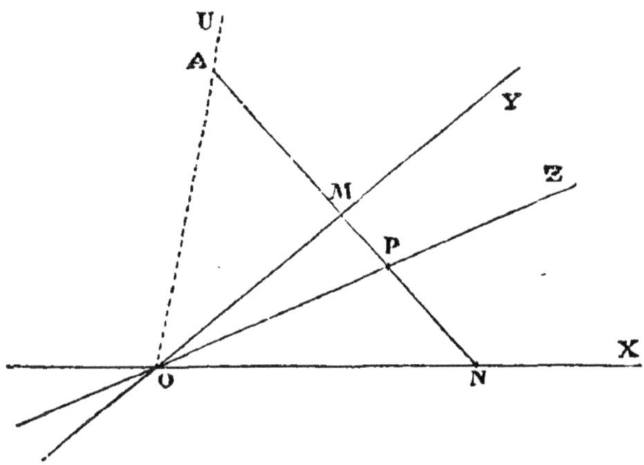

Fig. 173.

Remarque I. — On voit que le lieu géométrique OZ ne change pas quand le point A donné se déplace sur OU, et que réciproquement le lieu serait OU, si le point A était sur OZ.

Remarque II. — La droite OZ, lieu du conjugué du point A sur toute sécante à l'angle XOY, s'appelle *la polaire du point* A par rapport à cet angle.

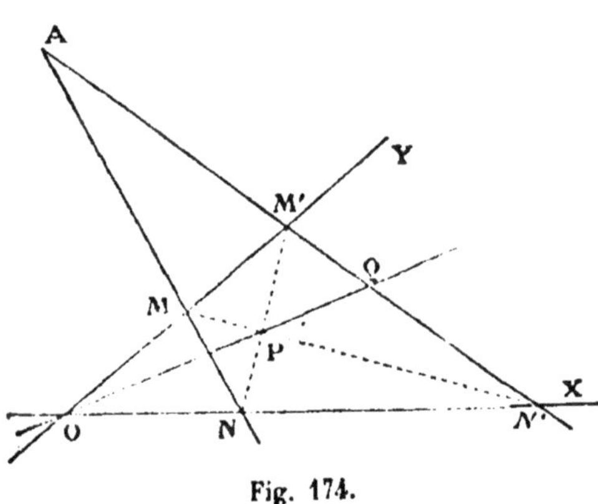

Fig. 174.

Corollaire II. — *Si d'un point* A *du plan d'un angle* XOY *on trace deux sécantes arbitraires* AMN, AM'N', *le lieu du point* P *de rencontre des droites* M'N, MN' *est la polaire du point* A par rapport à XOY.

Il suffit de prouver, en effet, que le point Q où OP rencontre AM'N' est le conjugué de A sur M'N'. Or, le quadrilatère OMPN, complété en M' et N', a pour troisième diagonale M'N', qui est divisée harmoniquement en A et Q par les deux autres. Donc le lieu du point P est la polaire du point A.

§ III. — SIMILITUDE DES POLYGONES

Remarque générale. — Nous rappelons que *deux polygones sont dits semblables, lorsque leurs angles sont égaux chacun à chacun, et que les côtés homologues sont proportionnels.*

Nous avons dû étudier d'abord la similitude des triangles, car en général les propriétés des polygones se déduisent des propriétés des triangles, puisqu'un polygone est toujours décomposable en triangles. Nous avons trouvé dans cette étude que toutes les conditions imposées à deux triangles, pour qu'ils soient semblables, n'étaient pas nécessaires; en effet, entre les éléments de deux triangles, la définition impose quatre conditions pour la similitude de ces figures, à savoir, deux angles égaux chacun à chacun et trois rapports égaux entre eux : et nous avons trouvé que si deux de ces conditions sont remplies, les deux autres le sont aussi.

Il en est de même pour les polygones : en désignant par n le nombre des côtés de chacun d'eux, l'égalité des angles chacun à chacun donne $(n - 1)$ conditions, parce que la somme de ces angles ne dépend que du nombre des côtés; et la proportionnalité des côtés donne $(n - 1)$ égalités distinctes, en tout $(2n - 2)$ conditions : or, nous allons voir qu'il suffit de $(2n - 4)$ de ces conditions pour que la similitude ait lieu.

Définitions. — On dit que *deux points* M, M′ *sont homologues dans deux polygones semblables* P, P′, lorsqu'en joignant M à deux sommets A, B de P, et M′ aux sommets A′, B′ de P′ homologues des précédents, on obtient deux triangles MAB, M′A′B′ semblables et placés de la même façon dans les polygones.

Deux lignes sont homologues dans deux polygones semblables, lorsque les extrémités de ces lignes sont deux à deux des points homologues. Ainsi, les diagonales qui joignent des sommets homologues sont des lignes homologues.

Le rapport de similitude de deux polygones semblables est le rapport de deux côtés homologues.

L'égalité de deux figures planes est un cas particulier de la similitude : elle correspond à la valeur particulière *un* du rapport de similitude; en effet, dans ce cas, les figures ont leurs angles égaux chacun à chacun et leurs côtés homologues égaux chacun à chacun :

elles sont donc superposables, ou le deviennent en retournant une des figures.

Deux polygones semblables sont donc égaux quand ils ont deux côtés homologues égaux.

Deux polygones semblables à un troisième sont semblables entre eux.

THÉORÈME XV

Dans deux polygones semblables : 1° les triangles ayant pour sommets deux points homologues et pour bases deux côtés homologues sont semblables ; 2° le rapport de deux lignes homologues est égal au rapport de similitude.

1° Soit, en effet, les triangles semblables MAB, M'A'B' servant à

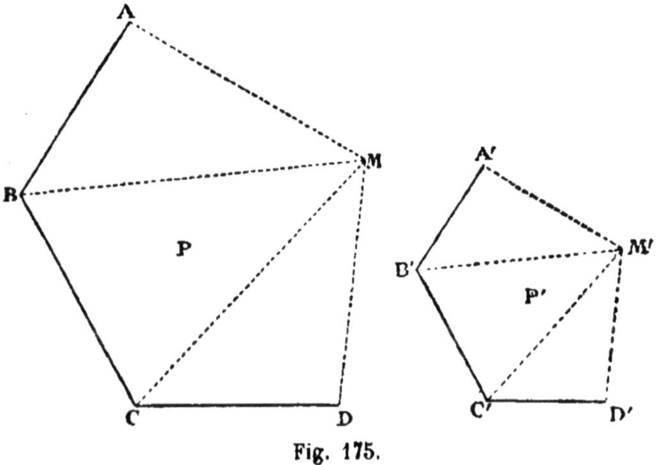

Fig. 175.

définir les points homologues M et M' : les triangles MBC, M'B'C', ayant pour bases les côtés suivants des polygones semblables, seront aussi semblables, comme ayant un angle égal compris entre côtés proportionnels : car les angles MBC et M'B'C' seront égaux comme différences d'angles égaux chacun à chacun, et, de la similitude des triangles MAB, M'A'B' on tire :

$$\frac{MB}{M'B'} = \frac{AB}{A'B'};$$

donc :

$$\frac{MB}{M'B'} = \frac{BC}{B'C'}.$$

De même les triangles MCD, M'C'D' seront semblables.

2° Soit MN et M'N' deux lignes homologues, dans les polygones semblables P et P', et AB, A'B' deux côtés homologues : les triangles

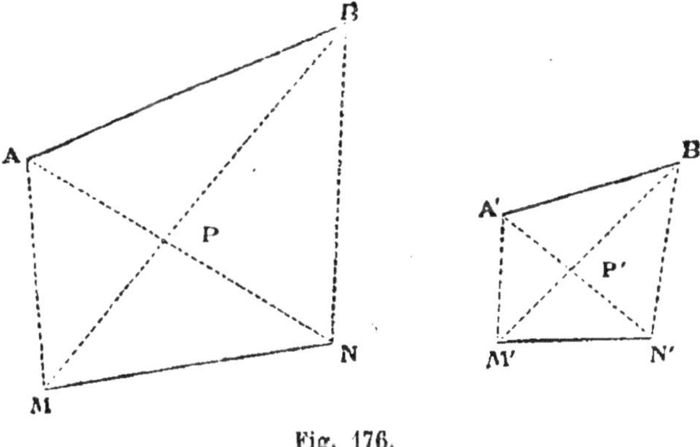

Fig. 176.

MAB, M'A'B' sont semblables, ainsi que les triangles NAB, N'A'B' :

Donc 1° les angles MBN, M'B'N' sont égaux, et 2° on a :

$$\frac{MB}{M'B'} = \frac{AB}{A'B'} = \frac{NB}{N'B'}$$

donc les triangles MBN et M'B'N' sont semblables, et par suite :

$$\frac{MN}{M'N'} = \frac{MB}{M'B'} = \frac{AB}{A'B'}.$$

Donc le rapport des lignes homologues MN, M'N' est égal au rapport de deux côtés homologues, c'est-à-dire au rapport de similitude.

Corollaire. — *Deux polygones semblables qui ont deux lignes homologues égales sont égaux.*

THÉORÈME XVI

Le rapport des périmètres de deux polygones semblables est égal au rapport de similitude.

Soit en effet P le périmètre d'un polygone dont les côtés ont pour longueurs a, b, c, d...., et soit P' le périmètre d'un polygone semblable au premier, dont les côtés homologues de ceux du premier, ont pour longueurs a', b', c', d'....

On a par définition :

$$\frac{a}{a'} = \frac{b}{b'} = \frac{c}{c'} = \frac{d}{d'} = \ldots$$

Si donc on fait la somme *terme à terme* de ces rapports, on formera un nouveau rapport égal aux précédents, on a donc :

$$\frac{P}{P'} = \frac{a}{a'}.$$

Ce qu'il fallait prouver.

THÉORÈME XVII

Deux polygones semblables sont décomposables en un même nombre de triangles semblables et semblablement placés.

Soit en effet un point O arbitraire dans l'un des polygones, et soit O′ le point homologue dans l'autre : on obtiendra ce point en construisant le triangle A′B′O′ semblable au triangle ABO, par exemple, en

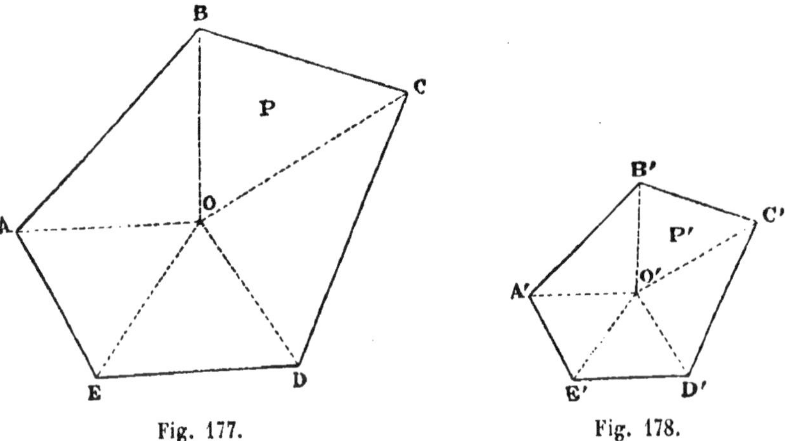

Fig. 177. Fig. 178.

formant les angles O′A′B′ et O′B′A′ respectivement égaux aux angles OAB et OBA, et placés de la même façon.

Nous savons alors (th. XV) que les triangles ayant pour sommet commun le point O, et pour bases les côtés du premier polygone, sont respectivement semblables aux triangles ayant pour sommet commun O′ et pour bases les côtés homologues du second polygone, donc le théorème est démontré.

THÉORÈME XVIII (*réciproque du théorème XVII*)

Deux polygones composés d'un même nombre de triangles semblables et semblablement placés sont semblables.

Soit, en effet, les polygones P et P′ composés d'un même nombre de triangles semblables ayant pour sommets les uns O, les autres O′ et placés de la même façon (fig. 177, 178) :

1° Ces triangles ayant deux à deux leurs angles égaux chacun à chacun, les polygones ont leurs angles égaux chacun à chacun ; par exemple, les angles ABC et A′B′C′, étant composés de parties égales et placées de la même façon, sont égaux.

2° Le rapport de deux côtés homologues de ces polygones, est le même que le rapport de similitude des deux triangles dont ils sont les bases, et comme le rapport de similitude de deux triangles homologues est le même que celui de deux autres triangles homologues, les côtés homologues des polygones sont proportionnels.

Remarque. — Les deux théorèmes précédents nous montrent comment la similitude des polygones est déduite de la similitude des triangles : par exemple, nous pouvons tirer dans les deux polygones des diagonales issues de deux sommets homologues ; chacun des polygones sera décomposé en $(n-2)$ triangles ; or, il suffit que ces triangles (th. XVIII) soient semblables deux à deux pour que les polygones soient semblables, et comme il faut deux conditions pour que deux triangles soient semblables, il faut donc seulement $(2n-4)$ conditions pour que les polygones soient semblables ; ce qui démontre ce que nous avons énoncé dans les préliminaires de ce chapitre.

PROBLÈME V

Construire sur une droite donnée comme côté un polygone semblable à un polygone donné.

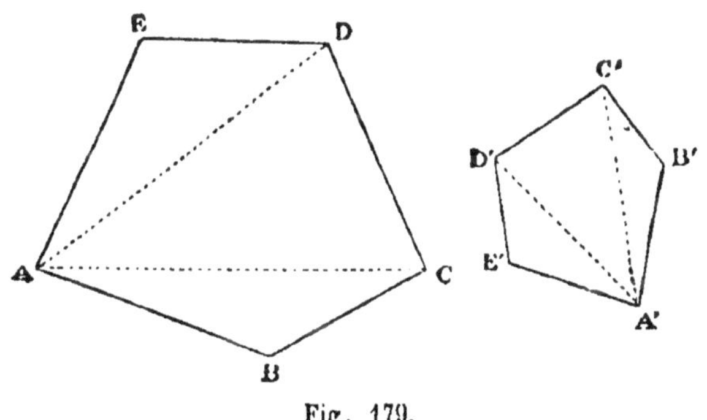

Fig. 179.

Soit à construire sur A′B′, côté homologue de AB, un polygone semblable à ABCDE.

Nous traçons les diagonales issues du point A, et nous construisons A'B'C' semblable à ABC, en formant les angles B'A'C' et A'B'C', respectivemnt égaux aux angles BAC et ABC. De même nous construisons A'C'D' semblable à ACD, et A'D'E' semblable à ADE ; le polygone A'B'C'D'E' répond à la question (th. XVIII).

Remarque I. — Si au lieu de donner le côté A'B' on donne le périmètre P' du polygone cherché, on obtiendra A'B' en construisant la quatrième proportionnelle au périmètre P du polygone donné, à P' et à AB (th. XVI).

Remarque II. — Si le polygone cherché doit avoir un périmètre qui soit la fraction $\frac{m}{n}$ du périmètre du polygone donné, on construira A'B' par la relation

$$\frac{m}{n} = \frac{AB}{A'B'} \qquad \text{(th. XVI).}$$

On aura donc encore à construire une quatrième proportionnelle.

APPLICATION VIII

Partager un trapèze en deux trapèzes semblables par une parallèle à ses bases.

Supposons le problème résolu, et soit D'C', parallèle à AB, qui

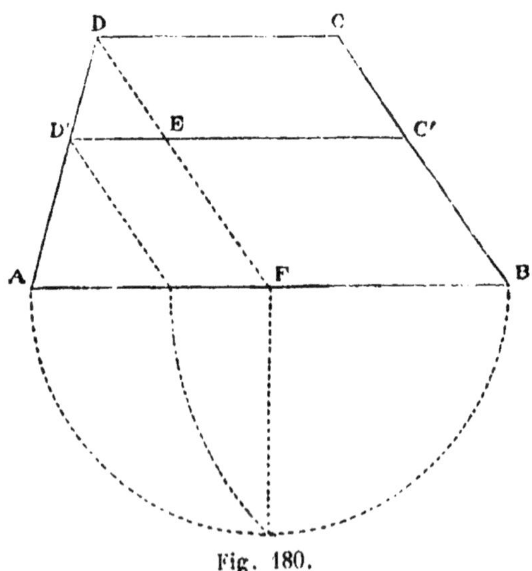

Fig. 180.

forme les deux trapèzes semblables ABC'D', C'D'CD : les angles des polygones seront évidemment égaux chacun à chacun, quelle que soit la position de la parallèle C'D'; mais il faut de plus que les côtés homologues soient proportionnels, c'est-à-dire que l'on ait :

$$\frac{AB}{C'D'} = \frac{C'D'}{CD} = \frac{AD'}{D'D} = \frac{BC'}{CC'}.$$

L'égalité des deux premiers rapports détermine C'D', qui est, comme nous le verrons bientôt, la moyenne géométrique entre AB et CD, et qui peut être construite aisément; supposons donc que C'D' satisfasse à cette proportion : les deux derniers rapports sont égaux entre eux, parce que C'D' est parallèle à CD ; il reste donc à prouver l'égalité :

$$\frac{AB}{C'D'} = \frac{AD'}{DD'};$$

pour cela, traçons DEF parallèle à CB, nous aurons :

$$\frac{AD'}{DD'} = \frac{AF - D'E}{D'E},$$

or, de la proportion :

$$\frac{AB}{C'D'} = \frac{C'D'}{CD}$$

nous tirons :

$$\frac{AB}{C'D'} = \frac{AB - C'D'}{C'D' - CD} = \frac{AF - D'E}{D'E}.$$

Donc :

$$\frac{AD'}{DD'} = \frac{AB}{C'D'},$$

donc les deux trapèzes seront bien semblables à la seule condition que C'D' soit moyenne géométrique entre AB et CD.

APPLICATION IX

Circonscrire à un quadrilatère donné un quadrilatère semblable à un deuxième quadrilatère donné.

Supposons le problème résolu, et soit E'F'G'H' semblable à EFGH et circonscrit à ABCD (fig. 181) : nous remarquons d'abord que les angles AE'D, BG'C étant respectivement égaux aux angles FEH et FGH, les sommets E' et G' seront situés sur les arcs des segments capables de ces angles construits sur AD et BC comme cordes.

De plus, les angles AE'I, BG'K sont respectivement égaux aux angles FEG, FGE, puisque les polygones étant semblables, sont décomposés en triangles semblables par les diagonales homologues; par suite, les points I et K sont déterminés; il suffira, en effet, pour les obtenir, de tracer des cordes arbitraires AM et BN dans les circonfé-

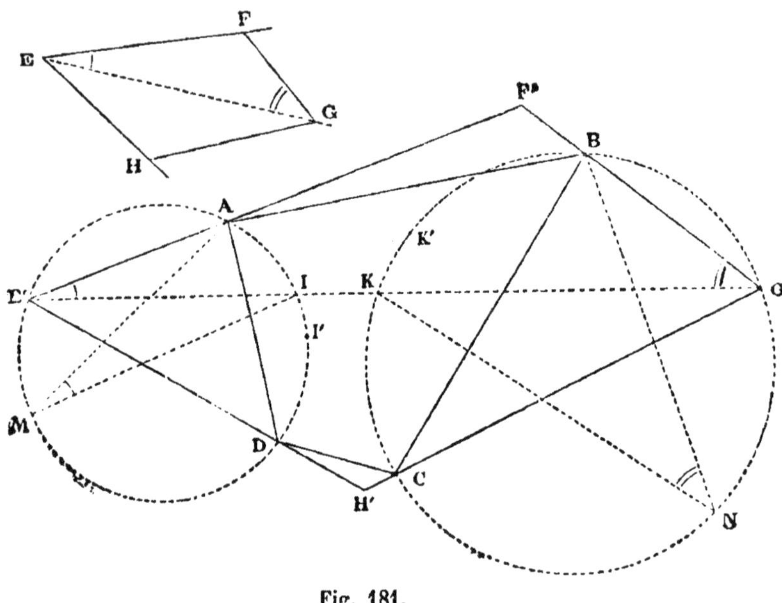

Fig. 181.

rences auxiliaires, et de former aux points M et N avec ces cordes, des angles AMI, BNK respectivement égaux aux angles FEG, FGE.

Les points I et K étant connus, la droite IK détermine les sommets E',G' et par suite on peut tracer le polygone F'E'H'G'.

Réciproquement, le polygone ainsi tracé sera semblable au polygone FEGH, car les triangles F'E'G', E'H'G' sont semblables aux triangles FEG, EHG (th. XVIII).

Ce problème admet d'ailleurs huit solutions généralement distinctes, car en plaçant le sommet E' homologue à E sur le segment décrit sur AD comme corde, nous pouvons prendre les arcs AI, BK en DI' et CK', ce qui revient à échanger les sommets F',H' l'un dans l'autre : enfin le segment capable de l'angle FEH peut avoir pour corde l'un quelconque des quatre côtés du quadrilatère ABCD; donc en tout huit solutions.

Remarque. — Ce problème permet de résoudre le suivant : *Inscrire dans un quadrilatère donné P un quadrilatère Q' semblable à un deuxième quadrilatère donné Q.*

La méthode consiste à renverser cet énoncé, c'est-à-dire à circonscrire à Q un quadrilatère P′ semblable à P, ce qui fournira une figure semblable à celle que l'on cherche; on en déduira aisément cette figure.

§ IV. — HOMOTHÉTIE (1)

Définition. — *Deux systèmes de points* ABCD... A′B′C′D′... *sont dits homothétiques, s'il arrive que les droites* AA′, BB′, CC′, DD′ *passent par un même point* O, *qui partage chacune de ces lignes*

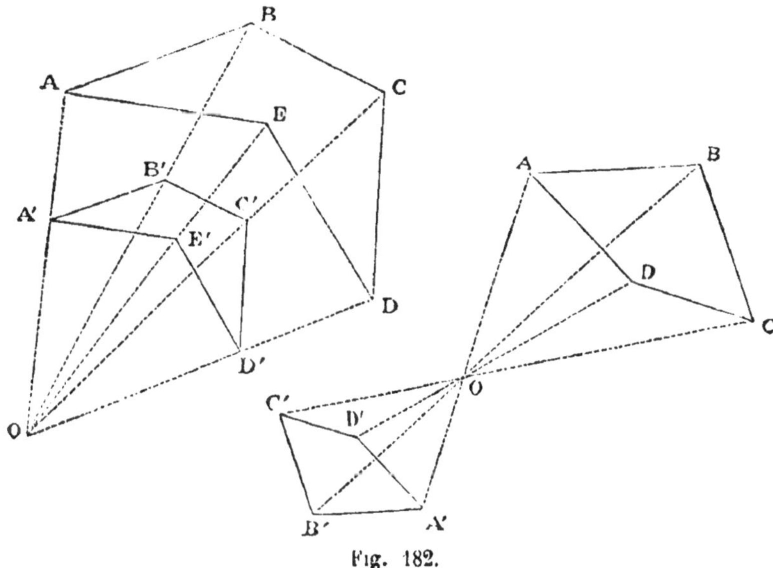

Fig. 182.

en segments de même espèce dont le rapport soit le même pour toutes ces lignes.

L'*homothétie est directe ou inverse* suivant que ces segments sont soustratifs ou additifs.

Le point O *est le centre d'homothétie des deux systèmes,* et le rapport des segments qu'il détermine sur chacun des rayons AA′, BB′..., est *le rapport d'homothétie.*

Deux polygones sont homothétiques quand leurs sommets forment deux systèmes de points homothétiques.

Deux courbes sont homothétiques lorsque les positions successives de deux points mobiles parcourant ces lignes forment deux systèmes de points homothétiques.

(1) ὁμὸς, semblable; τίθημι, placer.

THÉORÈME XIX

Deux polygones homothétiques sont semblables, et leurs côtés homologues sont parallèles; le rapport de similitude est égal au rapport d'homothétie.

Soit les deux polygones ABCDE, A'B'C'D'E', tels que l'on a :

$$\frac{OA}{OA'} = \frac{OB}{OB'} = \frac{OC}{OC'} = \frac{OD}{OD'} = \frac{OE}{OE'} = k,$$

A'B' est alors parallèle à AB, puisque cette droite partage les deux côtés du triangle AOB en segments de même espèce proportion-

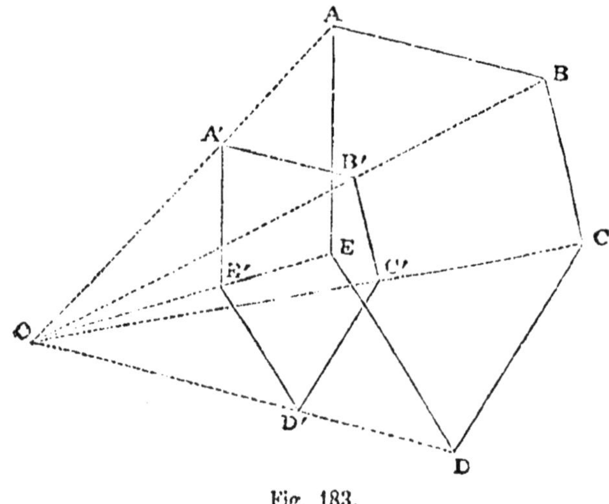

Fig. 183.

nels. Par suite les côtés des polygones sont parallèles, et les angles sont égaux chacun à chacun.

D'ailleurs les triangles semblables OAB, OA'B' donnent :

$$\frac{AB}{A'B'} = \frac{OA}{OA'} = k.$$

Le rapport de deux côtés homologues est donc constant et égal à k.

Donc les polygones sont semblables, et le rapport de similitude est égal au rapport d'homothétie.

Remarque I. — Si les polygones considérés sont homothétiques inverses, les côtés homologues seront parallèles et de sens contraire, et il faudra retourner l'un d'eux, pour que les angles égaux soient disposés dans le même ordre dans les deux figures.

Remarque II. — Le théorème XIX donne un nouveau procédé pour construire un polygone semblable à un polygone donné ABCDE, ayant un côté donné A'B' homologue de AB : il suffira de placer A'B' parallèle à AB, et de déterminer le point de concours O des rayons AA', BB' : on aura les autres rayons OC, OD, OE, et on obtiendra A'B'C'D'E' au moyen de parallèles aux côtés du polygone donné. D'ailleurs, il est évident que l'on peut s'arranger de manière que O soit A, en portant A'B' sur AB à partir de A.

THÉORÈME XX (*réciproque du théorème XIX*)

Lorsque deux polygones semblables ont leurs côtés homologues parallèles, ils sont homothétiques.

Soit les polygones semblables ABCD, A'B'C'D', dont les côtés ho-

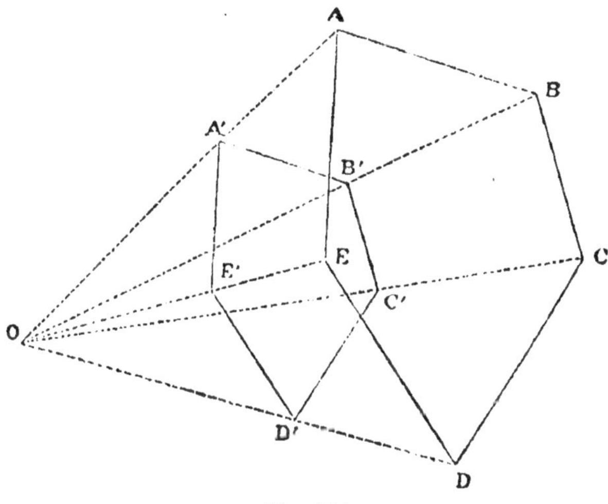

Fig. 184.

mologues sont parallèles, et dont le rapport de similitude est k. Soit O le point de concours des droites AA', BB', nous aurons :

$$\frac{OB}{OB'} = \frac{AB}{A'B'} = k.$$

Soit O' le point où CC' rencontre BB', nous aurons de même :

$$\frac{O'B}{O'B'} = \frac{BC}{B'C'} = k,$$

donc les points O et O' se confondent, puisqu'ils partagent BB' en segments soustractifs de même rapport.

Ainsi, les droites qui joignent les sommets homologues sont concourantes en O : d'ailleurs ce point partage chacune des droites dans le rapport k, donc les polygones sont homothétiques par définition.

Remarque. — Les polygones seront homothétiques directs ou inverses suivant que les côtés homologues parallèles seront dirigés en même sens ou en sens contraire.

Corollaire I. — *Deux triangles qui ont leurs côtés parallèles sont homothétiques.*

Corollaire II. — *On peut toujours placer deux polygones semblables donnés de sorte qu'ils soient homothétiques par rapport à un point arbitrairement choisi dans leur plan.*

Corollaire III. — *On peut obtenir tous les polygones semblables à un polygone donné en construisant les polygones homothétiques à celui-ci, le centre d'homothétie étant choisi arbitrairement, et le rapport* k *prenant toutes les valeurs de* 0 *à l'infini.*

Corollaire IV. — *Lorsque deux polygones semblables sont rendus homothétiques, les points homologues sont deux à deux situés sur un même rayon.*

Car les deux triangles semblables qui définissent ces points (th. XV) ont leurs côtés parallèles.

Corollaire V. — *Lorsque deux polygones semblables sont rendus homothétiques, les droites homologues sont deux à deux parallèles; et si une ligne d'un polygone passe par le centre d'homothétie, son homologue se confond avec elle en direction.*

Car l'homologue d'un point de cette ligne est sur l'autre.

THÉORÈME XXI

Deux systèmes homothétiques à un troisième sont homothétiques entre eux, et les trois centres d'homothétie sont en ligne droite.

Soit O le centre d'homothétie des systèmes ABC..., A'B'C'..., et soit O' le centre d'homothétie des systèmes A''B''C''..., A'B'C'... (Fig. 185).

1° Les polygones ABC... et A''B''C''... étant semblables au polygone A'B'C' sont semblables entre eux; d'ailleurs leurs côtés étant respectivement parallèles aux côtés du polygone A'B'C'...sont parallèles entre eux : donc ABC... et A''B''C''... sont homothétiques. (Th. XX.)

2° Soit O'' le centre d'homothétie des polygones ABC..., A''B''C''.... Déterminons le point I du système A''B''C''... homologue du point O du système A'B'C'... et pour cela, construisons A''I et B''I respectivement parallèles à OA′ et OB′ ; les trois points O, I, O′ seront en ligne droite.

Mais le point I ainsi construit est aussi, dans le système A″B″C″..., l'homologue du point O du système ABC... ; donc les points O, I, O″ sont aussi en ligne droite.

Donc enfin les droites OO″ et OO′ se confondent, puisqu'elles ont en commun les deux points O et I.

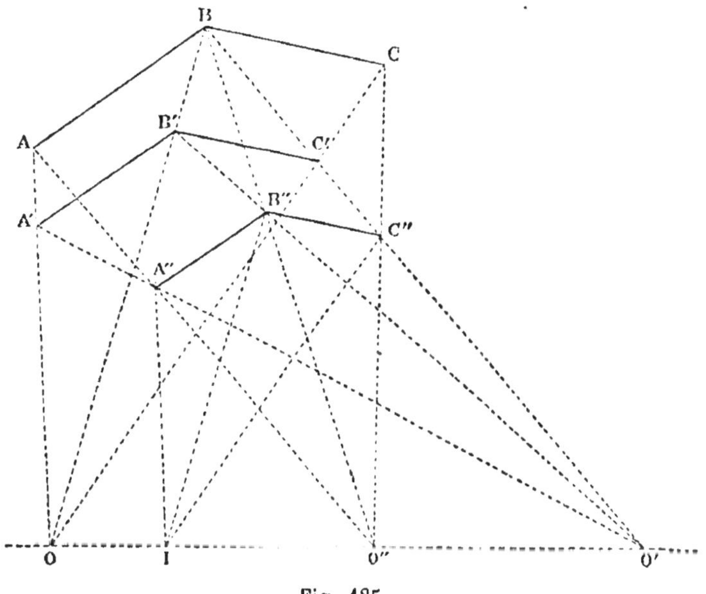

Fig. 185.

Remarques. — Les systèmes P et P″ étant homothétiques directs du système P′, nous avons trouvé que P′ et P″ étaient homothétiques directs.

Si nous avions supposé que P et P″ étaient homothétiques inverses du système P′, nous aurions trouvé que P′ et P″ étaient homothétiques directs entre eux.

Enfin, si P était homothétique direct à P, P″ étant homothétique inverse à P′, P et P″ seraient homothétiques inverses.

APPLICATION X

Inscrire dans un triangle donné un triangle dont les côtés soient parallèles à trois directions données.

Supposons le problème résolu, et soit MNP le triangle inscrit dans

ABC, et dont les côtés sont respectivement parallèles aux directions données X,Y,Z. Par un point arbitraire A de AB, menons AE parallèle à MN, puis ED parallèle à NP et AD parallèle à MP; les triangles MNP, ADE, sont homothétiques, puisque leurs côtés sont respective-

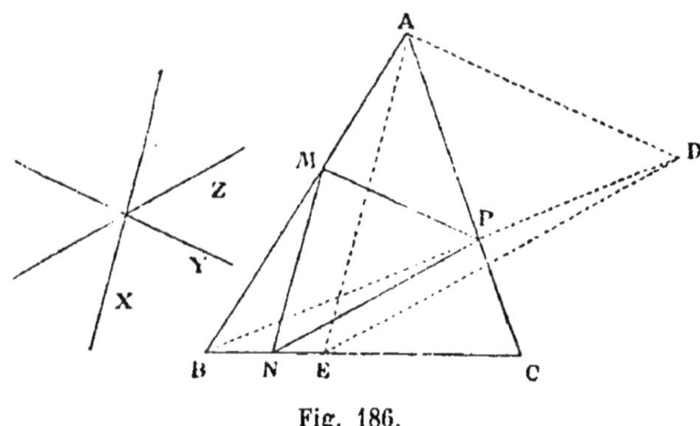

Fig. 186.

ment parallèles, et le centre d'homothétie est le point B; donc les points B, P, D sont en ligne droite : or nous pouvons construire à priori le triangle ADE, donc le point P pourra être connu, et par suite le triangle MNP répondant à la question sera aisé à construire.

Le problème admet six solutions.

APPLICATION XI

Inscrire dans un triangle donné un rectangle semblable à un rectangle donné.

Supposons le problème résolu, et soit MNPQ un rectangle inscrit dans ABC, et semblable au rectangle donné *mnpq* (fig. 187).

Nous construisons sur la hauteur AD, homologue de MQ, un rectangle AEFD semblable au rectangle *mnpq*; et pour cela nous prenons AE quatrième proportionnelle à *mq*, AD et *mn*; les rectangles MNPQ et AEFD sont semblables, leurs côtés homologues sont parallèles, donc ils sont homothétiques, et le centre d'homothétie est le point B : donc les points B, N, E sont en ligne droite, et comme le point E est connu à priori, le point N est aussi connu; la construction s'achève aisément.

En portant AE' = AE, on aura un deuxième rectangle $M_1N_1P_1Q_1$ qui répond encore à la question.

Le problème admet douze solutions.

Remarque. — On déduit évidemment de là l'inscription d'un

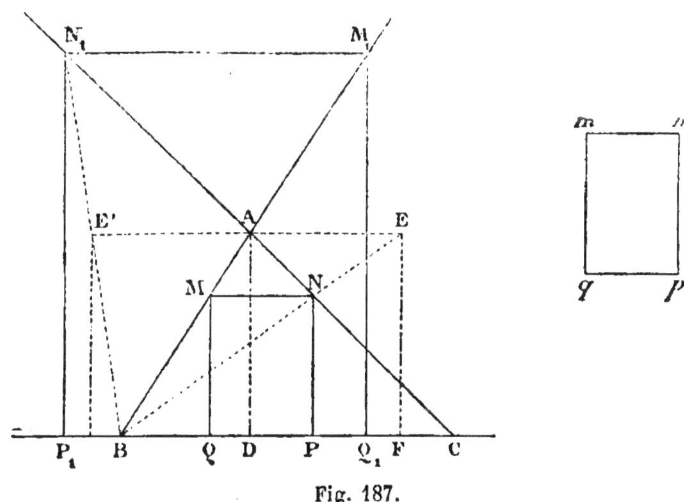

Fig. 187.

carré dans un triangle, et ce problème n'admet plus que six solutions.

APPLICATION XII

Tracer une parallèle à une direction donnée, telle que la partie

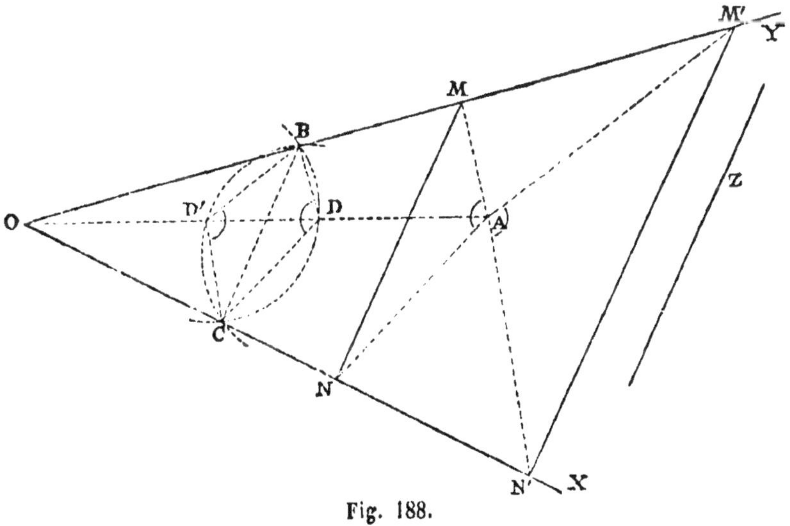

Fig. 188.

comprise dans un angle donné soit vue d'un point donné sous un angle donné.

Supposons le problème résolu, et soit MN, parallèle à Z, dont la partie MN, comprise dans l'angle donné XOY, est vue du point A donné sous un angle α donné : nous traçons BC parallèle à Z, et BD, CD parallèles à AM et AN ; les triangles AMN, BDC sont homothétiques, puisque leurs côtés sont parallèles, le point O est le centre d'homothétie, donc les points O, D, A sont en ligne droite : par suite, nous décrirons sur BC comme corde un segment capable de l'angle α, l'arc coupera OA au point D ; il suffira de mener par A les parallèles AM et AN à DB et DC, pour résoudre le problème.

Le deuxième segment capable de α, ayant pour corde BC, donne le second point D' auquel correspond la seconde solution M'N'.

THÉORÈME XXII

La ligne homothétique à une droite est une droite parallèle à la première.

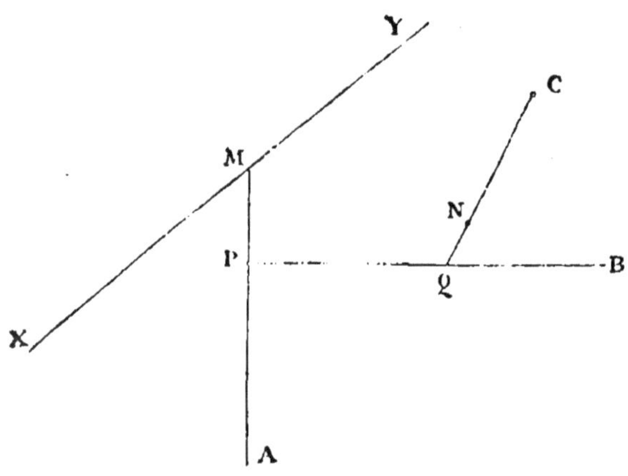

Fig 189.

Car si des points sont en ligne droite dans une figure, les points homologues, dans une seconde ligne homothétique à la première, sont sur une droite parallèle qui est l'homologue de la première.

Si, par exemple, nous considérons trois points fixes A, B, C (fig. 189) et un point M variable parcourant une droite XY, en joignant B au point P tel que

$$\frac{PM}{PA} = \frac{1}{2}$$

puis le point C au point Q, tel que QP = QB, le point N, tel que

$$\frac{NQ}{NC} = \frac{1}{3}$$

parcourra une parallèle à XY, car chacun des points P, Q parcourt une parallèle à XY.

THÉORÈME XXIII

La ligne homothétique à une circonférence est une circonférence.

Soit, en effet, la circonférence O et le point S (fig. 190); considérons un point M mobile parcourant la circonférence, et cherchons la ligne parcourue par le point M′ toujours situé sur SM, et tel que

$$\frac{SM'}{SM} = \frac{\alpha}{\beta}.$$

Menons OM, et la parallèle par M′ qui rencontre SO en O′; on a visiblement :

$$\frac{\alpha}{\beta} = \frac{SM'}{SM} = \frac{SO'}{SO} = \frac{O'M'}{OM}.$$

Il en faut conclure que le point O′ est fixe, puisque SO a une valeur constante; de même O′M′ a une longueur constante, puisque OM ne varie pas de grandeur.

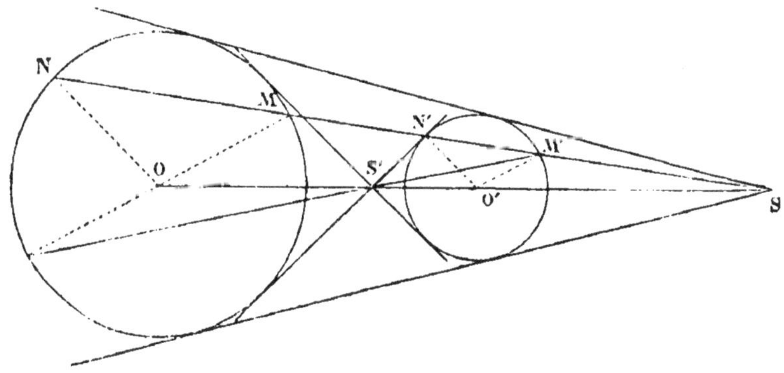

Fig. 190.

Tous les points tels que M′ appartiennent donc à la circonférence qui a pour centre O′ et pour rayon R′, tel que :

$$\frac{R'}{R} = \frac{\alpha}{\beta}.$$

Réciproquement, soit M′ un point de cette circonférence, prouvons que ce point est une des positions du point homologue à M quand celui-ci parcourt la circonférence O.

La droite SM′ rencontre le cercle O′ en un second point N′, et la circonférence O aux deux points M et N. Or, nous venons de prouver que l'homologue de M est sur la circonférence O′, et de même pour N ; donc l'homologue de M est M′ ou N′, et celui de N est N′ ou M′. Le point M′ est donc bien une des positions du point mobile. La ligne homothétique à la circonférence O est donc la circonférence O′.

Corollaire I. — *Le lieu géométrique des points qui partagent dans un rapport donné les portions de droites comprises entre un point et une circonférence, se compose de deux circonférences homothétiques de la première par rapport au point donné.*

Soit en effet le point A et la circonférence O (fig. 191). Traçons

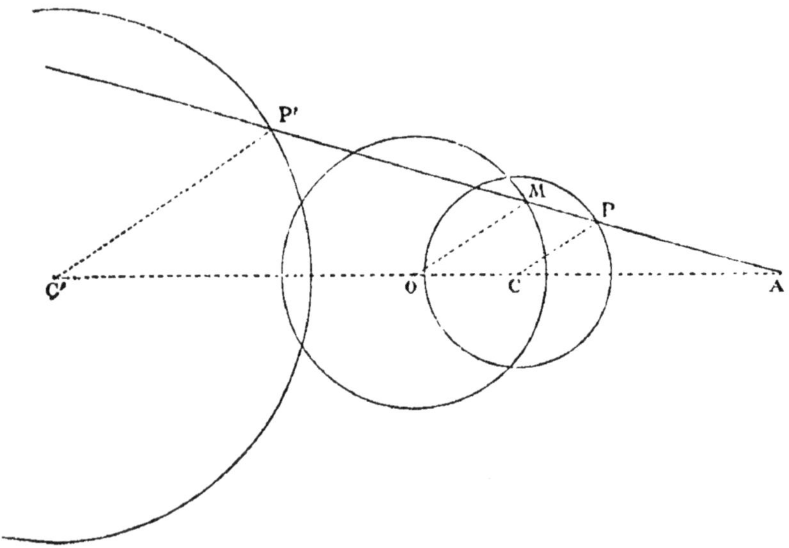

Fig. 191.

une direction arbitraire AM, et cherchons le lieu des points P et P′ qui partagent AM dans le rapport donné.

$$\frac{PA}{PM} = \frac{P'A}{P'M} = \frac{m}{n}.$$

On aura donc :

$$\frac{AP}{AM} = \frac{m}{m+n} \text{ et } \frac{AP'}{AM} = \frac{m}{m-n}.$$

Le lieu du point P est donc, par définition, la ligne homothétique de la circonférence O, par rapport au point A, le rapport d'homothétie étant

$$\frac{m}{n+m}.$$

Si donc nous prenons les points C et C' qui partagent AO dans le rapport donné, les circonférences directes de ces points comme centres avec les rayons :

$$r = R \cdot \frac{m}{m+n}, \qquad r = R' \cdot \frac{m}{m-n},$$

seront parcourues par les points P et P' quand M parcourra la circonférence donnée.

Corollaire II. — *Deux circonférences sont toujours homothétiques directes et inverses.*

Car, en déterminant les points S et S' qui partagent OO' dans le rapport des rayons (fig. 190) R et R', la circonférence O' sera la figure homothétique directe de O par rapport à S, le rapport d'homothétie étant égal au rapport des rayons; de même O' est la figure homothétique inverse de O par rapport à S'.

Les deux centres d'homothétie de deux circonférences s'appellent aussi les *centres de similitude directe et inverse* de ces deux courbes.

Le point de contact de deux circonférences tangentes extérieurement ou intérieurement est le centre de similitude inverse ou directe.

Corollaire III. — *Les tangentes communes extérieures passent par le centre de similitude directe, et les tangentes communes intérieures passent par le centre de similitude inverse* (fig. 190).

Il résulte de cette propriété évidente un nouveau procédé pour construire les tangentes communes à deux circonférences. Il suffit, en effet, de tracer deux rayons parallèles entre eux pour obtenir, en joignant leurs extrémités, les points S et S' situés sur la ligne des centres : en menant par chacun de ces points les tangentes à l'une des circonférences, ces droites seront aussi tangentes à l'autre.

Remarque. — Si par l'un des centres de similitude S de deux circonférences O et O' (fig. 190), on trace une sécante SM'N'MN, les points tels que M et M' ou N et N', dont les rayons sont parallèles, sont des points homologues, et l'on appelle *antihomologues* les points tels que M' et N ou M et N'.

THÉORÈME XXIV

Si l'on considère deux à deux trois circonférences, on obtient trois centres de similitude directe et trois centres de similitude inverse :

1° *Les trois centres de similitude directe sont en ligne droite.*

2° *Deux centres de similitude inverse sont en ligne droite avec le troisième centre de similitude directe.*

Soit les circonférences O, O′, O″ dont les centres de similitude di-

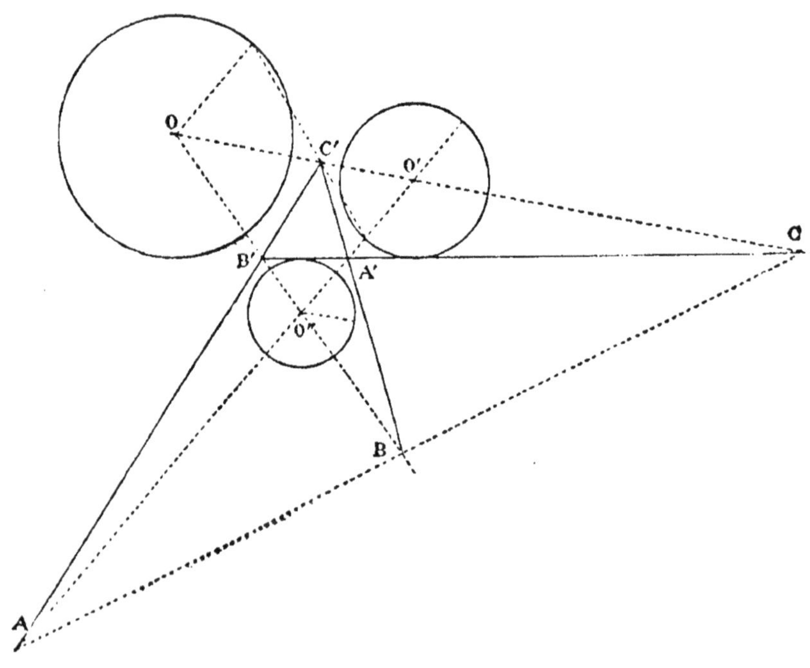

Fig. 192.

recte sont A, B, C et les centres de similitude inverse A′, B′, C′; les points A, B, C sont en ligne droite ainsi que les points A, B′, C′ et A′, B, C′ et A′, B′, C.

Cette propriété résulte immédiatement du th. XXI.

On peut encore la démontrer en appliquant la réciproque du théorème de Ménélaüs au triangle OO′O″.

Par exemple, les points A,B,C, étant sur les prolongements des côtés de ce triangle, pour prouver qu'ils sont en ligne droite, il suffit de montrer qu'on a la relation :

$$\frac{AO''}{AO'} \times \frac{CO'}{CO} \times \frac{BO}{BO''} = 1;$$

or, ces rapports sont respectivement égaux aux rapports :

$$\frac{R''}{R'}, \quad \frac{R'}{R}, \quad \frac{R}{R''};$$

dont le produit est un.

Remarque. — La droite ABC s'appelle *axe d'homothétie directe*, et chacune des droites AB′C′, A′BC′, A′B′C est un *axe d'homothétie inverse*.

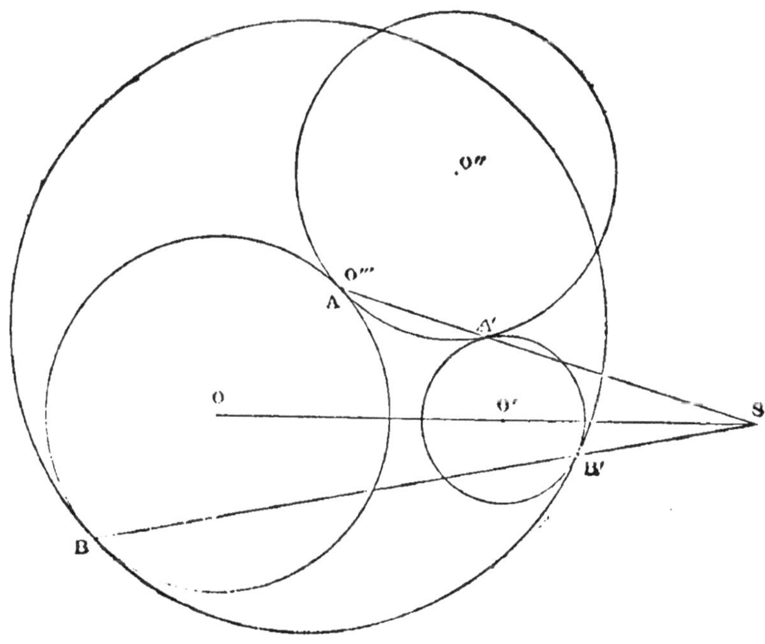

Fig. 193.

Corollaire I. — *La droite qui joint les points de contact de deux circonférences données avec une circonférence arbitraire, qui leur est tangente, passe par un point fixe. Ce point fixe est le centre de similitude directe ou inverse des circonférences données, suivant que les contacts de la circonférence arbitraire sont de même espèce ou d'espèces différentes.*

Car, soit A et A′ les points de contact de la circonférence O″ tangente extérieurement aux circonférences O et O′. Ces points A et A′

sont des centres de similitude inverse; donc AA' passe par le centre de similitude directe S des circonférences O, O'. (fig. 193).

Il en serait de même pour la droite BB' qui joint les points de contact de la circonférence O''' tangente intérieurement aux deux circonférences O et O', car B et B' sont des centres de similitude directe.

Si la circonférence est tangente intérieurement à O en C, et extérieurement à O' en C', ces points, étant, l'un C centre de similitude directe, et l'autre C' centre de similitude inverse, seront en ligne droite avec le centre S' de similitude inverse des circonférences O et O.'

Corollaire II. — *Réciproquement, il y a une circonférence tangente en deux points antihomologues de deux circonférences.*

Car si l'on désigne par I le point de rencontre des rayons OM et O'N' (fig. 190), les distances IM et IN' sont égales, puisque le triangle IMN' a ses côtés parallèles aux côtés du triangle isocèle O'M'N'. La circonférence de centre I, de rayon IM, passe donc par N' et par suite est tangente à O et à O'.

APPLICATION XIII

Soit un système de trois points fixes A, B, C, *et un point* M *mobile se déplaçant sur une circonférence qui passe, par exemple, par le point* A (fig. 194) : *nous prenons le point* P, *tel que*

$$\frac{PA}{PM} = 2,$$

puis le point Q, *tel que*

$$\frac{QB}{QP} = 3,$$

enfin le point N *partageant* CQ *en segments soustractifs, tels que*

$$\frac{NC}{NQ} = \frac{1}{3};$$

le lieu du point N, *quand* M *parcourt la circonférence de centre* O, *est une circonférence.*

Car le lieu du point P est une circonférence homothétique à O par rapport à A, et par suite tangente en A, dont le centre I est sur AO, de sorte que AI soit les $\frac{2}{3}$ de AO : alors le lieu du point Q est une circonférence homothétique à cette seconde par rapport au point B, et dont le centre est en H, sur BI, de sorte que BH soit les $\frac{3}{4}$ de BI ; donc, enfin, N décrit une circonférence homothétique à la troisième par rapport au point C, et dont le centre K partage HC en segments soustractifs KC, KH, dont le rapport est $\frac{1}{3}$.

Enfin, le rayon de la circonférence, lieu du point N, est le quart du rayon de la circonférence que décrit le point M.

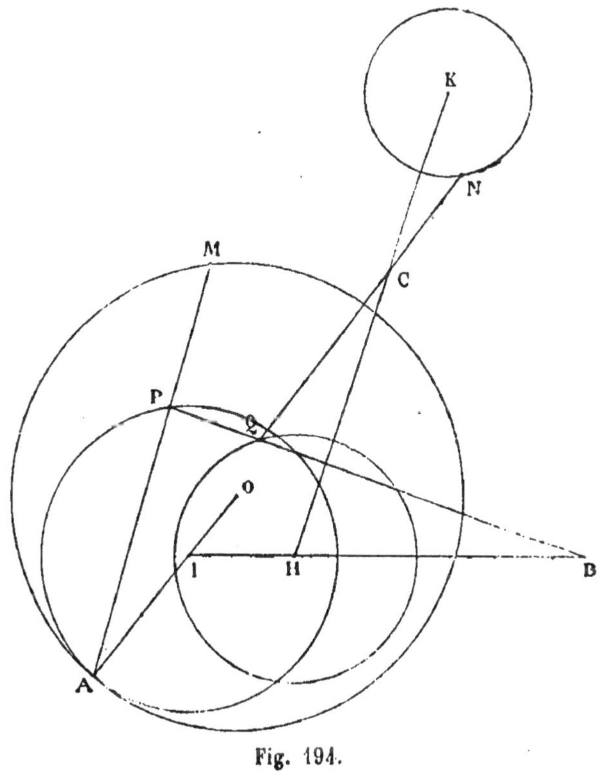

Fig. 194.

APPLICATION XIV (*cercle des neuf points*).

Les milieux des côtés d'un triangle, les pieds des hauteurs et les milieux des portions de hauteur comprises entre le point de concours et les sommets, sont neuf points sur une même circonférence :

LE CERCLE DES NEUF POINTS *a pour centre le milieu de la distance du point de concours des hauteurs au centre du cercle circonscrit, et son rayon est la moitié du rayon de cette dernière circonférence.*

Soit O le centre de la circonférence circonscrite au triangle ABC

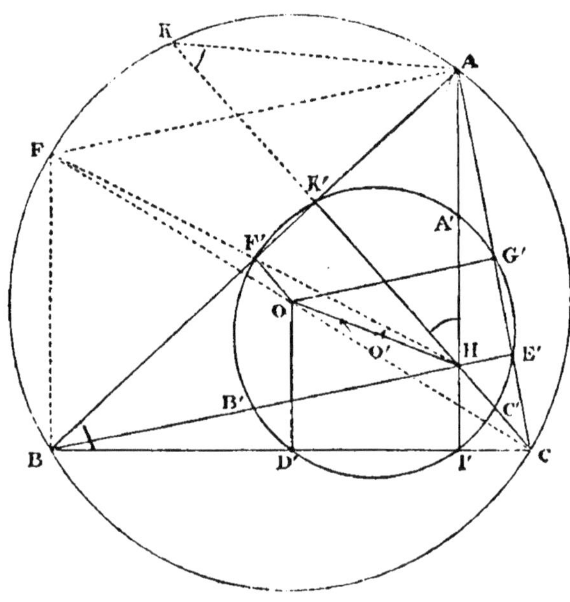

Fig. 195.

dont H est le point de concours des hauteurs : les milieux A',B',C' des portions de hauteurs comprises entre H et les sommets sont sur une circonférence homothétique à la première, le centre d'homothétie étant en H, et le rapport $\frac{1}{2}$.

Cette circonférence passe par les pieds K',I',E', des hauteurs : en effet, CHK' rencontre la circonférence circonscrite en K, et en traçant KA, nous voyons que l'angle AKC a même mesure que ABC qui égale KHA, donc K' est milieu de HK; la circonférence circonscrite à A'B'C' passe donc par K' et aussi par I' et E'.

En troisième lieu, menons BF parallèle à AH, FC sera alors un diamètre, donc FA est perpendiculaire sur AC, et par suite parallèle à BH; donc HF passe par le milieu F' de AB, et HF' est la moitié de HF : donc la circonférence circonscrite à A'B'C' passe par le point F' et aussi par les points G', D'.

Enfin, le centre O' de cette circonférence, étant homologue de O, est le milieu de HO, et le rayon de cette circonférence est la moitié du rayon de la circonférence circonscrite, puisque le rapport d'homothétie est $\frac{1}{2}$.

Remarque I. — *L'autre centre de similitude des deux circonférences est le centre de gravité du triangle*, car il partage les droites AD', CF', BG' en segments additifs dans le rapport de 1 à 2.

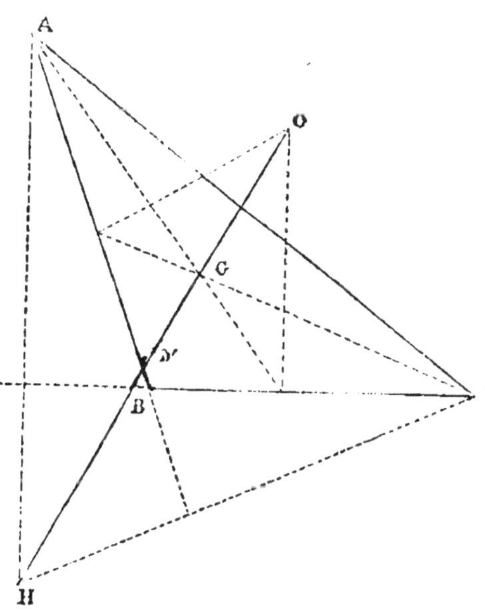

Fig. 196.

Donc, dans un triangle, *le centre du cercle circonscrit, le centre du cercle des neuf points, le centre de gravité et le point de concours des hauteurs sont sur une même droite, forment une division harmonique, et les deux derniers points partagent la distance des deux autres dans le rapport de 1 à 2.*

Remarque II. — *Le cercle circonscrit à un triangle est le cercle des neuf points du triangle formé par les bissectrices de ses angles extérieurs.*

Remarque III. — EULER *a démontré que le cercle des neuf points d'un triangle est tangent aux quatre circonférences tangentes à ses côtés.*

§ V. — RELATIONS MÉTRIQUES DANS LE TRIANGLE

Définitions. — Nous rappelons que *la projection d'un point sur une droite* est le pied de la perpendiculaire abaissée de ce point sur la droite.

La projection d'une portion de droite sur une direction est la distance des projections des extrémités de cette portion de droite.

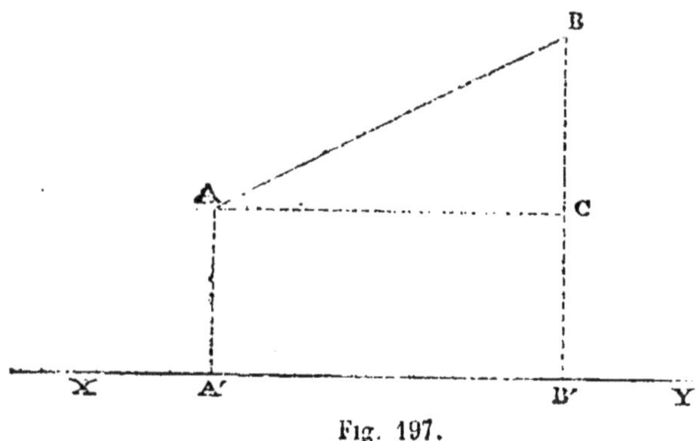

Fig. 197.

Ainsi, la projection de AB sur XY est la distance A'B' des projections des points A et B sur XY.

La projection d'une portion de droite est au plus égale à cette portion de droite : elle lui est égale, dans le seul cas où les directions AB et XY sont parallèles, dans tout autre cas elle est moindre, et elle se réduit à zéro lorsque ces directions sont perpendiculaires.

Les projections de AB sur des directions parallèles sont égales, et les projections de deux portions de droites égales et parallèles sur des directions parallèles sont égales.

La moyenne géométrique ou proportionnelle entre deux longueurs a, b est une longueur x, telle que l'on a :

$$\frac{a}{x}=\frac{x}{b};$$

on en déduit :

$$x^2=ab,$$

donc la moyenne géométrique entre a et b est la racine carrée du produit ab.

La moyenne arithmétique *entre plusieurs longueurs* a, b, c, est le quotient de la somme de ces longueurs par leur nombre.

La moyenne harmonique entre les longueurs a et b est une longueur x, telle que :

$$\frac{2}{x}=\frac{1}{a}+\frac{1}{b}.$$

THÉOREME XXV

Dans un triangle rectangle :

1° *Chaque côté de l'angle droit est moyenne géométrique entre l'hypoténuse et sa projection sur cette hypoténuse ;*

2° *La perpendiculaire sur l'hypoténuse, issue du sommet de l'angle droit, est moyenne géométrique entre les deux segments de l'hypoténuse.*

(Il est sous-entendu dans cet énoncé que les différentes longueurs dont il est question ont été mesurées à l'aide d'une même unité.)

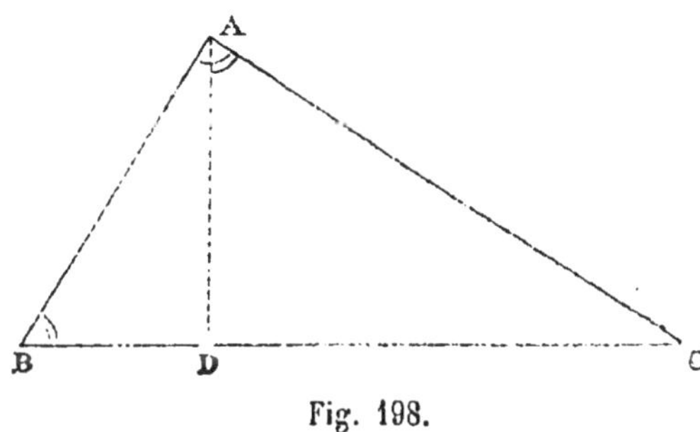

Fig. 198.

Soit le triangle rectangle ABC dont le sommet A de l'angle droit se projette en D sur l'hypoténuse.

1° AB est moyenne géométrique entre BC et BD, car les triangles rectangles ABD, ABC, ayant un angle aigu commun, sont semblables, ce qui donne la proportion :

$$\frac{BC}{AB} = \frac{AB}{BD}.$$

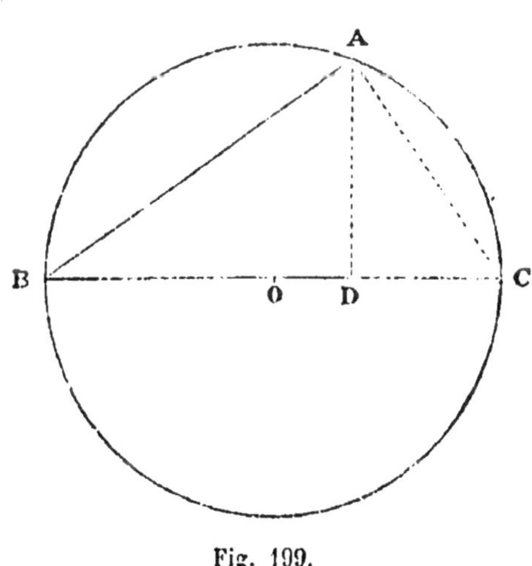

Fig. 199.

Ce qu'il fallait prouver.

2° AD est moyenne géométrique entre DB et DC, car les triangles ABD, ADC, ayant leurs côtés respectivement perpendiculaires, sont semblables ; ils donnent donc :

$$\frac{BD}{AD} = \frac{AD}{DC}.$$

Ce qu'il fallait prouver.

orollaire I. — *Une corde d'une circonférence est moyenne géométrique entre le diamètre et sa projection sur le rayon qui passe par une de ses extrémités.*

Ainsi, AB est moyenne géométrique entre BC et BD (fig. 199), car l'angle BAC est droit, puisqu'il est inscrit dans une demi-circonférence.

Corollaire II. — *La moitié d'une corde d'une circonférence est moyenne géométrique entre les deux segments qu'elle détermine sur le diamètre qui lui est perpendiculaire.*

Ainsi, la moitié AD de AB est moyenne géométrique entre les deux segments DE, DC des segments qu'elle détermine sur le diamètre EC perpendiculaire sur AB, car l'angle EAC est droit.

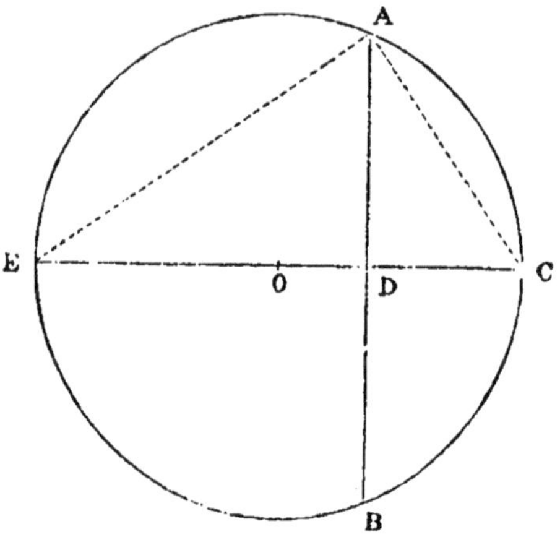

Fig. 200.

Corollaire III. — *Le rapport des carrés des deux côtés de l'angle droit d'un triangle rectangle est égal au rapport des projections de ces côtés sur l'hypoténuse.*

En effet, dans le triangle rectangle ABC, dans lequel D est la projection de A sur l'hypoténuse BC, nous avons :

$\overline{AB}^2 = BD \times BC$ (1° du th. XXIV)

et :

$$\overline{AC}^2 = DC \times BC,$$

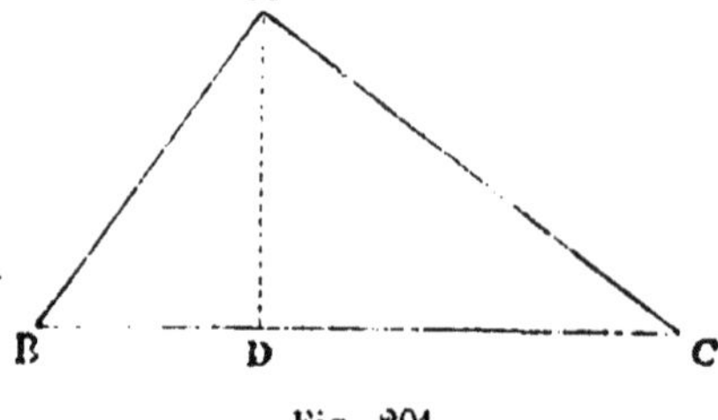

Fig. 201.

d'où, en divisant membre à membre, et supprimant le facteur BC, commun aux deux termes du second membre :

$$\frac{\overline{AB}^2}{\overline{AC}^2} = \frac{BD}{DC}.$$

C'est la proportion qu'il fallait établir.

Corollaire IV. — *Si le diamètre* AB *d'une circonférence est partagé aux points* C, D, E,.... *en* n *parties égales, les carrés des cordes projetées en* AC, AD, AE... AB, *sont proportionnels aux nombres* 1, 2, 3.... *n*.

On a en effet :

$$\overline{AC_1}^2 = AC \times AB \quad \text{ou} \quad \frac{\overline{AC_1}^2}{1} = \frac{\overline{AB}^2}{n};$$

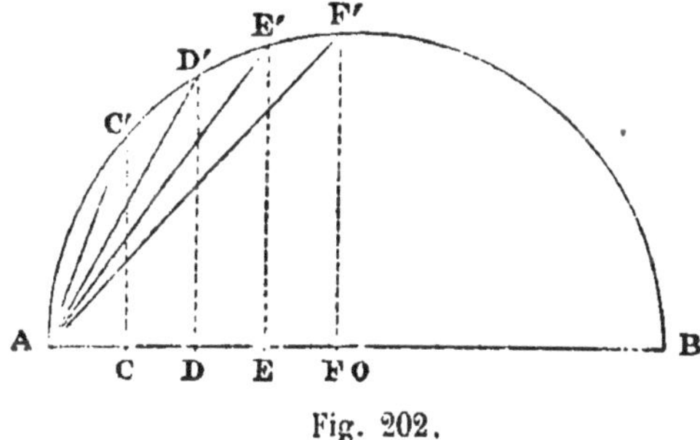

Fig. 202.

de même :

$$\overline{AD_1}^2 = AD \times AB \quad \text{ou} \quad \frac{\overline{AD_1}^2}{2} = \frac{\overline{AB}^2}{n};$$

de même :

$$\frac{\overline{AE_1}^2}{3} = \frac{\overline{AB}^2}{n};$$

et ainsi de suite;
donc :

$$\frac{\overline{AC_1}^2}{1} = \frac{\overline{AD_1}^2}{2} = \frac{\overline{AE_1}^2}{3} = \dots = \frac{\overline{AB}^2}{n}.$$

APPLICATION XV (*réciproque du théorème XXV*)

1° *Si un côté d'un triangle, faisant un angle aigu avec un deuxième côté, est moyenne géométrique entre ce deuxième côté et sa projection sur ce côté, l'angle opposé à ce deuxième côté est droit.*

2° *Si une hauteur d'un triangle est moyenne géométrique entre les segments additifs qu'elle détermine sur un côté, l'angle opposé à ce côté est droit.*

Ces deux réciproques peuvent se démontrer par application des corollaires I et II, et aussi par un raisonnement direct.

Nous allons indiquer une méthode sur chacune des deux parties de cette réciproque.

1° Soit AB (fig. 203), faisant un angle aigu avec BC, moyenne géométrique entre BC et sa projection BD sur BC : nous remarquons d abord que $\overline{AB}^2$ égalant BD $\times$ BC, et AB étant plus grand que BD sa projection, AB est plus petit que BC, et par suite BD est à fortiori moindre que BC; donc, l'angle B étant aigu, D est compris entre B et C.

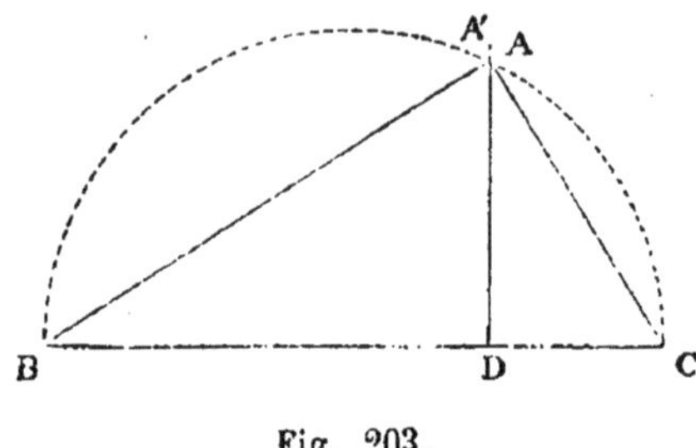

Fig. 203.

Cela posé, décrivons la circonférence de diamètre BC, elle rencontrera DA en A', de sorte que (Corollaire I, Th. XXV).

$$\overline{A'B}^2 = BD \times BC.$$

Donc A'B et AB sont égaux, et les points A et A' coïncident; donc l'angle BAC est droit.

2° Soit AD, hauteur de ABC, moyenne géométrique entre les segments additifs DB, DC qu'elle détermine sur BC : on a donc

$$\frac{DB}{DA} = \frac{DA}{DC},$$

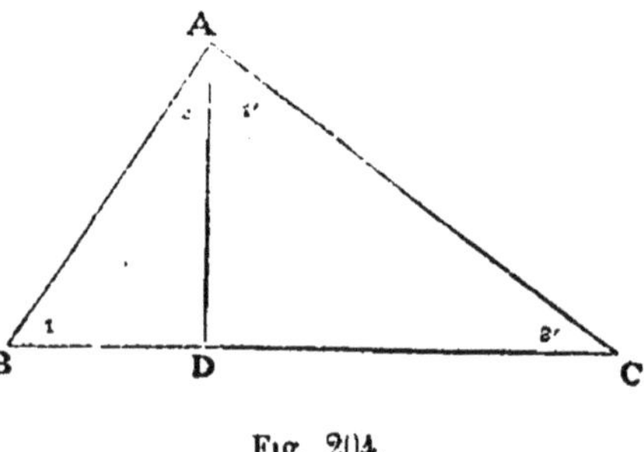

Fig. 204.

donc les triangles rectangles ADB, ADC sont semblables (Th. X), et par suite les angles 1 et 1', opposés à des côtés homologues, sont égaux; mais les angles 1 et 2 sont complémentaires, donc l'angle BAC est droit, parce qu'il est la somme des angles 1' et 2, les segments DB et DC étant additifs.

PROBLÈME VI

Construire la moyenne géométrique entre deux longueurs données.

Les deux parties du th. XXV conduisent évidemment à cette construction, appliquons-les successivement.

1° Prenons à partir du point A (fig. 205), dans le même sens, sur une direction arbitraire, les longueurs AB et AC respectivement égales aux longueurs données a, b; décrivons une demi-circonférence sur AC comme diamètre, élevons en B la perpendiculaire BD : la corde AD sera la moyenne géométrique cherchée (Coroll. 1, Th. XXV).

2° Prenons à partir du point A (fig. 206), en sens contraire, sur une direction arbitraire, les longueurs AB, AC respectivement égales

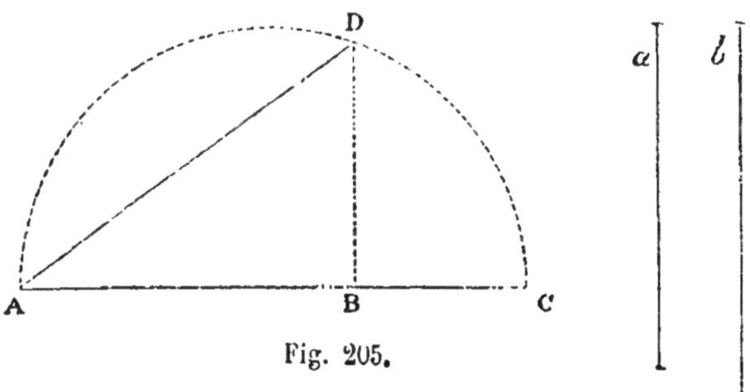

Fig. 205.

aux données a, b ; décrivons une demi-circonférence sur BC comme diamètre, et élevons au point A la perpendiculaire AD à BC : la demi-corde AD répond à la question. (Coroll. II, Th. XXV).

Corollaire I. — *La moyenne géométrique est moindre que la moyenne arithmétique*, car, dans la figure 206, OD est la demi-somme des longueurs a,b ou leur moyenne arithmétique, tandis que AD moindre que OD, est leur moyenne géométrique.

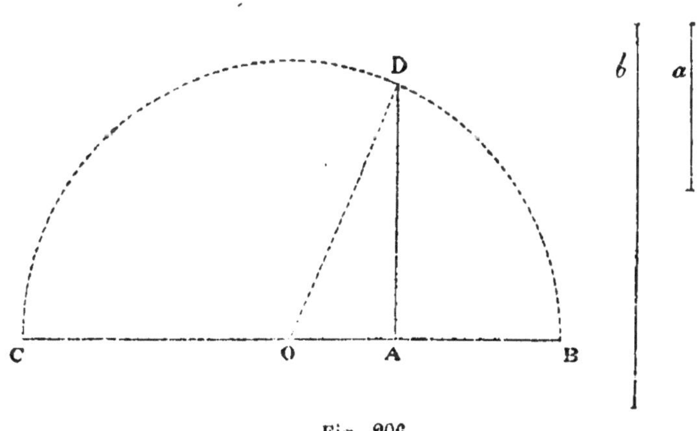

Fig. 206.

Corollaire. II. — *a représentant une longueur donnée et n un nombre donné, on sait construire la longueur:* $a\sqrt{n}$.

Car :

$$a\sqrt{n} = \sqrt{a \times na},$$

c'est donc une moyenne géométrique entre a et na, longueurs connues.

Corollaire III. — *a, b, c, d, e, f, g, h, représentant des longueurs données, on peut construire :*

$$x = \sqrt{\frac{abcde}{fgh}},$$

car on peut écrire :

$$x = \sqrt{a \times \frac{bcde}{fgh}};$$

or $\frac{bcde}{fgh}$ est une ligne que nous savons construire par quatrièmes proportionnelles :

Par suite x est une moyenne proportionnelle entre deux lignes connues.

PROBLÈME VII

Construire la troisième proportionnelle à deux longueurs données.

Les mêmes propriétés permettent de trouver la troisième proportionnelle entre deux longueurs, dont nous avons déjà indiqué une construction, comme cas particulier de la quatrième proportionnelle. Ainsi, on veut construire la longueur x, telle que :

$$\frac{a}{b} = \frac{b}{x}.$$

1° Pour appliquer le 1° du théorème XXV, nous distinguons deux cas, suivant que a est plus petit ou plus grand que b.

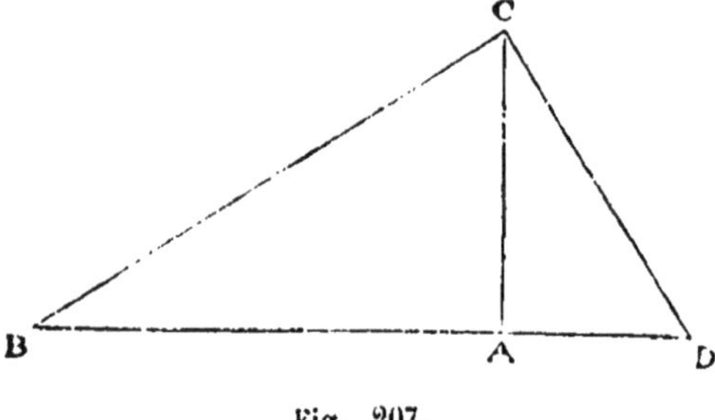

Fig. 207.

Si $a > b$, nous décrirons une circonférence (fig. 205) de diamètre a, et nous tracerons une corde de longueur b; la projection de cette corde sur le diamètre qui passe par une de ses extrémités sera la troisième cherchée.

Si $a < b$, nous construirons le triangle rectangle ABC (fig. 207), tel que $AB = a$, et $BC = b$: la perpendiculaire CD à BC déterminera BD, qui répond à la question.

2° Pour appliquer le 2° du théorème XXV, nous construisons le triangle rectangle ABC, dans lequel $AB = a$, $AC = b$, et nous élevons CD perpendiculaire sur BC : la longueur AD répond à la question.

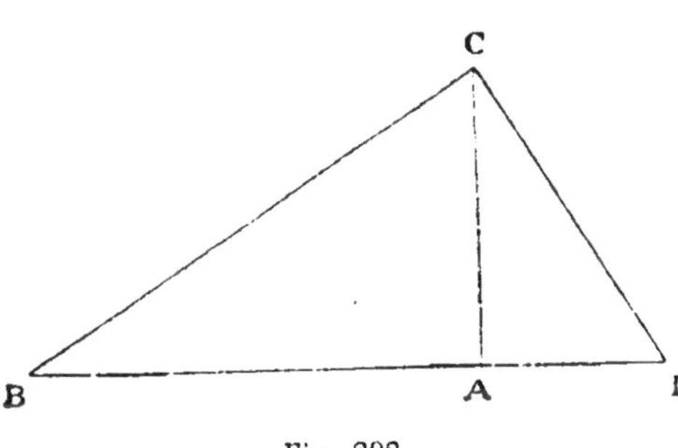

Fig. 208.

PROBLÈME VIII

1° *Construire une ligne qui soit à une ligne donnée comme les carrés de deux lignes données sont entre eux;*

2° *Construire une ligne dont le carré soit au carré d'une ligne donnée comme deux lignes données sont entre elles.*

1° Étant donné les longueurs a, b, c, proposons-nous de construire x, de sorte que l'on ait :

$$\frac{x}{a} = \frac{b^2}{c^2}.$$

A cet effet, nous construisons le triangle rectangle ABC (fig. 209) dont les côtés de l'angle droit AB, AC aient pour longueurs c et b, et nous projetons A en D sur l'hypoténuse, alors (Corollaire III, Th. XXV) :

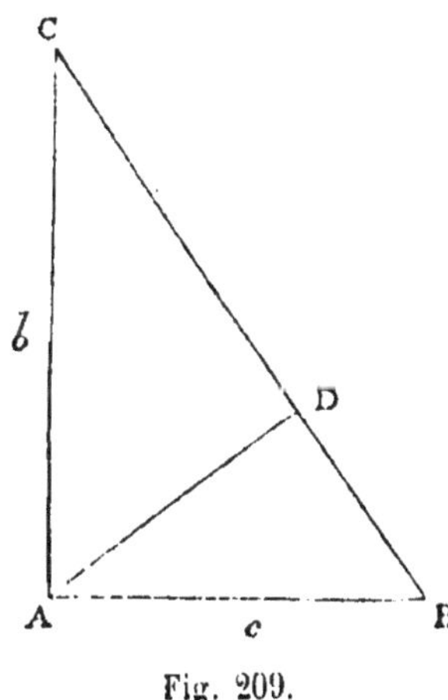

Fig. 209.

$$\frac{DC}{DB} = \frac{\overline{AC}^2}{\overline{AB}^2} = \frac{b^2}{c^2};$$

la question revient donc à construire x de sorte que l'on ait :

$$\frac{x}{a} = \frac{DC}{DB},$$

autrement dit, x est la quatrième proportionnelle aux longueurs DB, DC, a, que l'on sait construire.

2° Étant donné les longueurs a, b, c, construisons x de sorte que l'on ait :

$$\frac{x^2}{a^2} = \frac{b}{c}.$$

Nous prenons, en sens contraire, à partir du point A, et sur une direction quelconque, les longueurs AC, AB égales à b et c, nous décrivons une demi-circonférence sur BC comme diamètre, et nous élevons en A la perpendiculaire AD sur BC : nous avons, (Cor. III, Th. XXV :

$$\frac{\overline{DC}^2}{\overline{DB}^2} = \frac{b}{c},$$

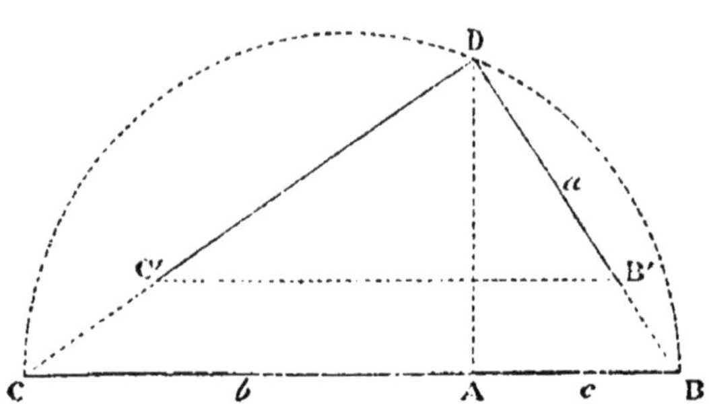

Fig. 210.

donc il suffit que l'on ait :

$$\frac{x}{a} = \frac{DC}{DB}$$

pour que x réponde au problème.

Nous prenons alors $DB' = a$, et menons B'C' parallèle à BC : nous aurons :

$$\frac{DC'}{DB'} = \frac{DC}{DB};$$

donc $DC' = x$, puisque $DB' = a$.

THÉORÈME XXVI

Dans un triangle rectangle, le carré de l'hypoténuse égale la somme des carrés des deux autres côtés.

Projetons le sommet A sur l'hypoténuse en D, nous aurons en appliquant le 1° du théorème XXV) :

$$\overline{AB}^2 = BD \times BC$$
$$\overline{AC}^2 = CD \times BC$$

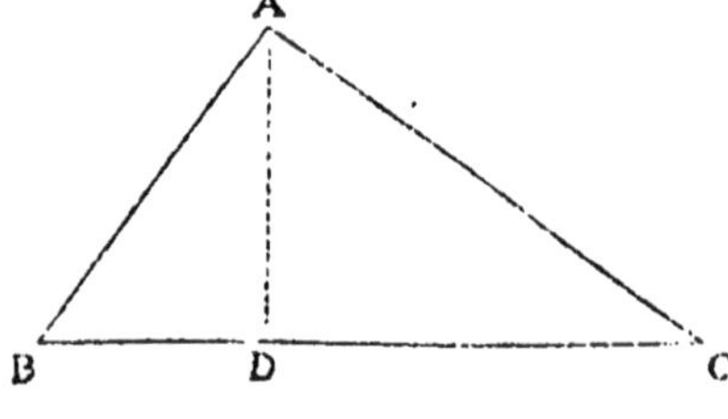

Fig. 211.

d'où, en ajoutant membre à membre, et mettant en évidence le facteur BC, commun aux seconds membres :

$$\overline{AB}^2 + \overline{AC}^2 = (BD + CD) \times BC;$$

et, comme le point D est toujours situé entre B et C, puisque les angles en ces points sont aigus :

$$BD + CD = BC,$$

donc :

$$\overline{AB}^2 + \overline{AC}^2 = \overline{BC}^2.$$

Corollaire I. — *Le carré construit sur l'hypoténuse d'un triangle rectangle est la somme des carrés construits sur les deux autres côtés.*

C'est une autre manière d'énoncer le théorème XXVI, car nous verrons que l'aire d'un carré est mesurée par la seconde puissance de de son côté.

Corollaire II. — *Connaissant deux côtés d'un triangle rectangle on sait calculer le troisième.*

En représentant par a, b, c, les longueurs de l'hypoténuse et des côtés de l'angle droit, mesurées à l'aide de la même unité, la relation

$$a^2 = b^2 + c^2$$

permet de calculer l'une de ces trois quantités, quand les deux autres sont connues.

Corollaire III. — a, b, c, d *représentant des lignes données, on sait construire la ligne x, telle que :*

$$x = \sqrt{a^2 + b^2 + c^2 - d^2}.$$

Nous savons, en effet, construire y, tel que :

$$y^2 = a^2 + b^2,$$

puis z, tel que :

$$z^2 = y^2 + c^2,$$

et alors x, tel que

$$x^2 = z^2 - d^2.$$

y et z sont les hypoténuses des triangles rectangles, ayant respectivement pour côtés de l'angle droit : a, b et y et c.

Enfin x est le côté de l'angle droit d'un triangle rectangle dont l'hypoténuse est z, et l'autre côté d.

Exemple I. — Il en résulte que l'on peut aussi construire une expression de la forme :

$$x = \sqrt{ab + \frac{cde}{f} - \frac{m^4}{n^2}}$$

dans laquelle a, b, c, d, e, f, m, n sont des lignes données ;

Posons, en effet :

$$y^2 = ab, \quad z^2 = \frac{cde}{f}, \quad u^2 = \frac{m^4}{n^2};$$

y sera la moyenne géométrique entre a et b;

z sera la moyenne géométrique entre c et la quatrième proportionnelle $\frac{de}{f}$;

enfin u sera la troisième proportionnelle à n et m.

On aura donc en définitive :

$$x = \sqrt{y^2 + z^2 - u^2},$$

ce que l'on sait construire.

Exemple II. — Soit proposé de construire :

$$x = \sqrt[4]{a^4 + b^4 - c^4}$$

a, b, c, étant des longueurs connues.

Nous écrirons x sous la forme :

$$x = \sqrt{a \times \sqrt{a^2 + \frac{b^4}{a^2} - \frac{c^4}{a^2}}};$$

or, on sait construire les troisièmes proportionnelles $\frac{b^2}{a}$ et $\frac{c^2}{a}$, donc on sait construire y, tel que :

$$y = \sqrt{a^2 + \frac{b^4}{a^2} - \frac{c^4}{a^2}}.$$

Par suite, x est la moyenne géométrique entre a et y.

THÉORÈME XXVII

Le carré d'un côté d'un triangle, opposé à un angle aigu ou obtus, est égal à la somme des carrés des deux autres côtés, diminuée ou augmentée du double produit de l'un des deux autres côtés par la projection de l'autre sur celui-ci.

1er cas. — Soit le côté BC opposé à l'angle aigu A (fig. 212), nous voulons prouver que, D étant la projection de C sur AB, on a :

$$\overline{BC}^2 = \overline{AB}^2 + \overline{AC}^2 - 2\,AB \times AD.$$

En effet, le théorème XXV donne successivement dans les triangles rectangles BDC, ADC :

$$(1) \qquad \overline{BC}^2 = \overline{CD}^2 + \overline{DB}^2$$

$$(2) \qquad \overline{CD}^2 = \overline{AC}^2 - \overline{AD}^2$$

Or, comme l'angle A est aigu, les points D et B sont du même côté du point A, c'est-à-dire que DB est la différence entre AD et AB, par suite :

$$(3) \qquad \overline{DB}^2 = \overline{AB}^2 + \overline{AD}^2 - 2\,AB \times AD.$$

en ajoutant membre à membre les égalités (1) (2) et (3), on obtient ce qu'il fallait prouver, après réduction des termes CD^2, DB^2 et AD^2.

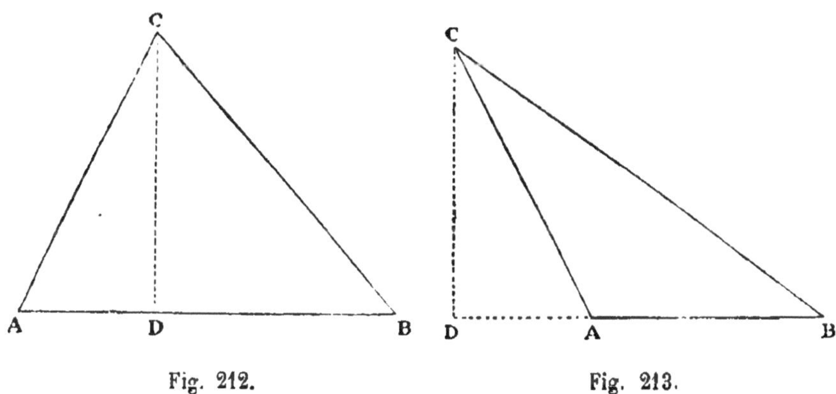

Fig. 212. Fig. 213.

2e cas. — Soit BC opposé à l'angle obtus A (fig. 213), la projection de AC sur AB étant AD (on pourrait aussi bien prendre la projection de AB sur AC). Nous voulons prouver l'égalité :

$$\overline{BC}^2 = \overline{AB}^2 + \overline{AC}^2 + 2\,AB \times AD.$$

Les triangles rectangles BDC, ADC donnent, en effet, successivement :

$$(1) \qquad \overline{BC}^2 = \overline{DC}^2 + \overline{DB}^2$$

$$(2) \qquad \overline{DC}^2 = \overline{AC}^2 - \overline{AD}^2$$

Or, l'angle A étant obtus, le point A est situé entre les points B et D, et par suite DB est la somme des longueurs DA, AB ; donc :

$$(3) \qquad \overline{DB}^2 = \overline{AB}^2 + \overline{AD}^2 + 2\,AB \times AD.$$

En ajoutant membre à membre les égalités (1) (2) et (3), on obtient ce qu'il fallait prouver, après réduction des termes DC^2, DB^2, AD^2.

Remarque. — Si l'on fait usage de la convention des signes, servant à distinguer les deux sens d'une même direction, on est conduit à donner le signe (+) ou le signe (—) au produit d'un côté d'un triangle par la projection d'un second côté sur celui-ci, suivant que l'angle compris est aigu ou obtus : dès lors on voit que la propriété précédente ne nécessite plus deux énoncés distincts.

Corollaire I. — *Le carré d'un côté d'un triangle est plus petit ou plus grand que la somme des carrés des deux autres côtés, suivant que l'angle opposé à ce côté est aigu ou obtus.*

Cela résulte immédiatement de l'énoncé du théorème XXVII.

Corollaire II. — *Si le carré d'un côté d'un triangle égale la somme des carrés des deux autres côtés, le triangle est rectangle.*

Car l'angle opposé à ce côté ne peut être ni aigu ni obtus.

Ainsi se trouve démontrée la réciproque du théorème XXVI.

Corollaire III. — *Étant donné les trois côtés d'un triangle on sait calculer la projection d'un côté sur un autre.*

Soit a, b, c, les longueurs des côtés, et proposons-nous de calculer la projection x du côté b sur le côté c.

Suivant que l'angle A compris entre ces côtés sera aigu ou obtus, c'est-à-dire suivant que a^2 sera plus petit ou plus grand que b^2+c^2, on aura :

$$a^2 = b^2 + c^2 - 2cx \quad \text{ou} \quad a^2 = b^2 + c^2 + 2cx;$$

d'où l'on tirera :

$$x = \frac{b^2 + c^2 - a^2}{2c} \quad \text{si} \quad a^2 < b^2 + c^2,$$

et

$$x = \frac{a^2 - b^2 - c^2}{2c} \quad \text{si} \quad a^2 > b^2 + c^2.$$

PROBLÈME IX

Calculer les hauteurs d'un triangle en fonction des côtés.

Soit a, b, c les côtés d'un triangle, et h la hauteur issue du sommet A (fig. 214) ; en représentant par x la projection de b sur a, nous aurons :

$$h^2 = b^2 - x^2.$$

Si C est aigu :

$$x = \frac{a^2 + b^2 - c^2}{2a};$$

et si C est obtus :

$$x = \frac{c^2 - a^2 - b^2}{2a};$$

mais ces valeurs, égales en valeur absolue, et de signes contraires, ont des carrés égaux ; donc, dans tous les cas on aura :

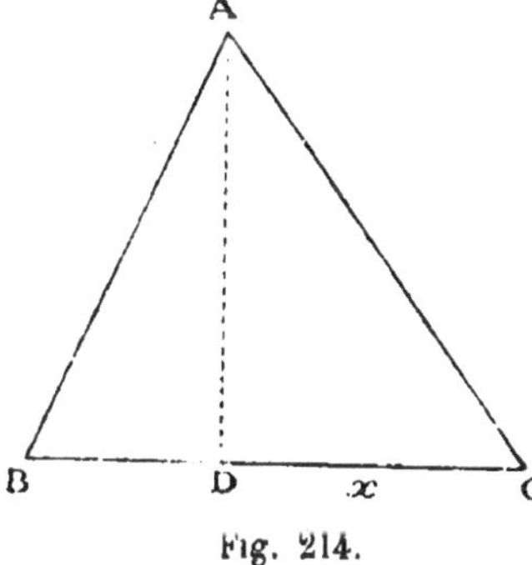

Fig. 214.

$$h^2 = b^2 - \left(\frac{a^2 + b^2 - c^2}{2a}\right)^2.$$

La question est ainsi résolue, puisque nous avons la valeur de h en fonction des côtés ; mais on peut donner à cette valeur une forme plus commode.

Nous effectuons les calculs indiqués de la façon suivante :

$$h^2 = b^2 - \frac{(a^2 + b^2 - c^2)^2}{4a^2},$$

$$h^2 = \frac{4a^2b^2 - (a^2 + b^2 - c^2)^2}{4a^2},$$

ou, en décomposant le numérateur d'après la transformation :

$$m^2 - n^2 = (m + n)(m - n):$$

$$h^2 = \frac{(2ab + a^2 + b^2 - c^2)(2ab - a^2 - b^2 + c^2)}{4a^2}$$

ou :

$$h^2 = \frac{[(a + b)^2 - c^2][c^2 - (a - b)^2]}{4a^2},$$

et en appliquant la même transformation que ci-dessus :

$$h^2 = \frac{(a + b + c)(a + b - c)(c + a - b)(c - a + b)}{4a^2}.$$

Si donc nous représentons le périmètre du triangle par $2p$, nous aurons successivement :

$$a + b + c = 2p,$$
$$a + b - c = 2(p - c),$$
$$a - b + c = 2(p - b),$$
$$b + c - a = 2(p - a),$$

et en remplaçant :

$$h^2 = \frac{16p(p - a)(p - b)(p - c)}{4a^2}$$

d'où enfin :

$$h = \frac{2}{a}\sqrt{p(p-a)(p-b)(p-c)},$$

On aurait de même pour les hauteurs h' et h'' issues des sommets B et C :

$$h' = \frac{2}{b}\sqrt{p(p-a)(p-b)(p-c)},$$

et

$$h'' = \frac{2}{c}\sqrt{p(p-a)(p-b)(p-c)}.$$

Corollaire I. — *Les hauteurs d'un triangle sont proportionnelles aux inverses des côtés.*

Les valeurs précédentes donnent en effet :

$$ah = bh' = ch'',$$

ce qui peut s'écrire :

$$\frac{h}{\left(\frac{1}{a}\right)} = \frac{h'}{\left(\frac{1}{b}\right)} = \frac{h''}{\left(\frac{1}{c}\right)}.$$

Ce résultat est facile à voir sur la figure 215, car les triangles rectangles ADC, BEC, ayant un angle aigu commun, sont semblables ; il en résulte :

$$\frac{AD}{BE} = \frac{AC}{BC}, \quad \text{d'où :} \quad ha = h'b.$$

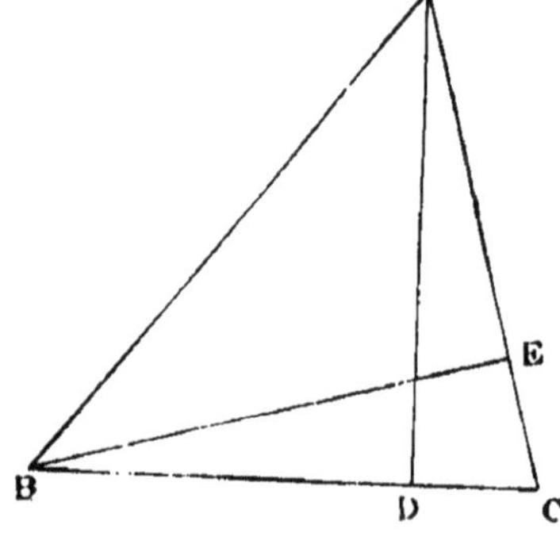

Fig 215.

Corollaire II. — *Construire un triangle dont les hauteurs sont données.*

Du résultat :

$$ah = bh' = ch'',$$

on tire en effet la suite d'égalités :

$$\frac{a}{h'} = \frac{b}{h} = \frac{c}{\left(\frac{hh'}{h''}\right)},$$

en divisant tous ces nombres égaux par hh'.

Donc le triangle cherché est semblable au triangle ayant pour côtés : h', h, $\frac{hh'}{h''}$: or nous savons construire $\frac{hh'}{h''}$, c'est la quatrième proportionnelle aux longueurs données h'', h et h', et par suite nous savons construire le triangle auxiliaire; soit MNP ce triangle, MP étant homologue à a; prolongeons la hauteur NE de sorte que NF = MN = h, et menons par le point F la parallèle BC à MP : nous obtiendrons le triangle cherché ABC, car ce triangle est semblable au triangle cherché, et les hauteurs homologues sont égales.

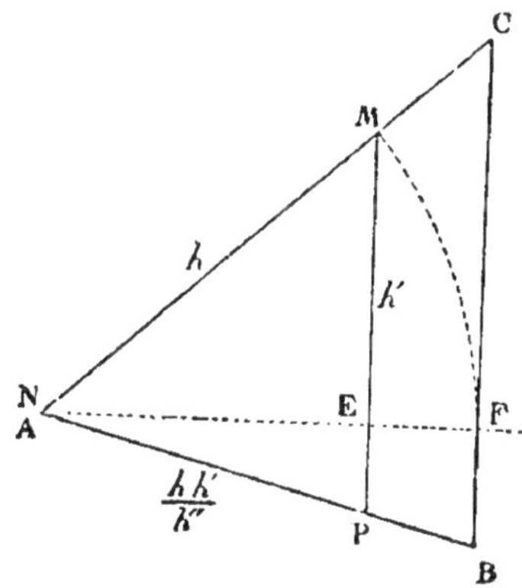

Fig. 216.

THÉORÈME XXVIII

1° *La somme des carrés de deux côtés d'un triangle égale deux fois le carré de la médiane relative au troisième côté, augmenté du double du carré de la moitié de ce troisième côté.*

2° *La différence des carrés de deux côtés d'un triangle égale le double produit du troisième côté par la projection sur ce côté de la médiane qui lui est relative.*

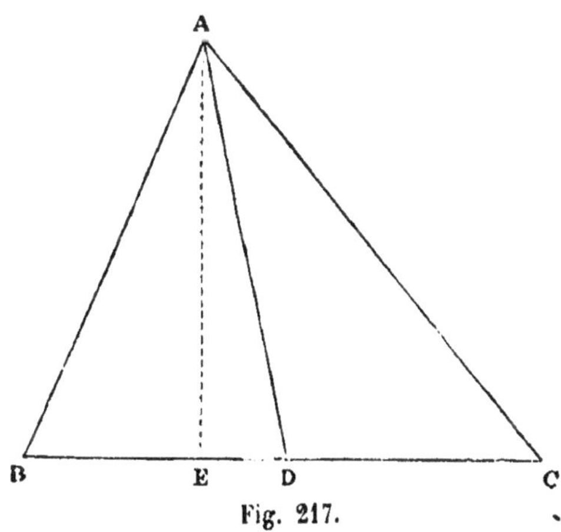

Fig. 217.

Soit D le milieu du côté BC.

1° Nous voulons prouver que l'on a :

$$\overline{AC}^2 + \overline{AB}^2 = 2\overline{AD}^2 + 2\overline{BD}^2;$$

en effet, en supposant l'angle ADB aigu, on aura successivement, dans les triangles ADC et ADB, la projection de A sur BC étant en E :

$$(1) \qquad \overline{AC}^2 = \overline{AD}^2 + \overline{DC}^2 + 2\,DC \times DE$$

$$(2) \qquad \overline{AB}^2 = \overline{AD}^2 + \overline{BD}^2 - 2\,DB \times DE;$$

en ajoutant membre à membre, et remarquant que $DC = DB$, on obtient l'égalité énoncée.

Il faut remarquer que le résultat est indépendant de l'hypothèse faite sur l'angle ADB.

2° En supposant $AC > AB$, nous voulons prouver que l'on a (fig. 217) :

$$\overline{AC}^2 - \overline{AB}^2 = 2\,BC \times DE;$$

il suffit pour cela de retrancher membre à membre les égalités (1) et (2), ce qui donne :

$$\overline{AC}^2 - \overline{AB}^2 = 4\,DC \times DE,$$

et, comme $BC = 2\,DC$, c'est le résultat énoncé.

Il faut remarquer que l'hypothèse $AC > AB$ coïncide avec l'hypothèse faite sur la position du point E.

Corollaire I. — *Connaissant les côtés d'un triangle on sait calculer les médianes.*

En effet, soit a, b, c, les côtés et m la médiane relative au côté a : en appliquant le 1° du th. XXVII on obtient :

$$b^2 + c^2 = 2m^2 + 2\frac{a^2}{4}, \qquad \text{d'où :} \qquad m^2 = \frac{2(b^2 + c^2) - a^2}{4}.$$

Corollaire II. — *La somme des carrés des côtés d'un quadrilatère est égale à la somme des carrés des diagonales, augmentée de quatre fois le carré de la droite qui joint les milieux des diagonales.*

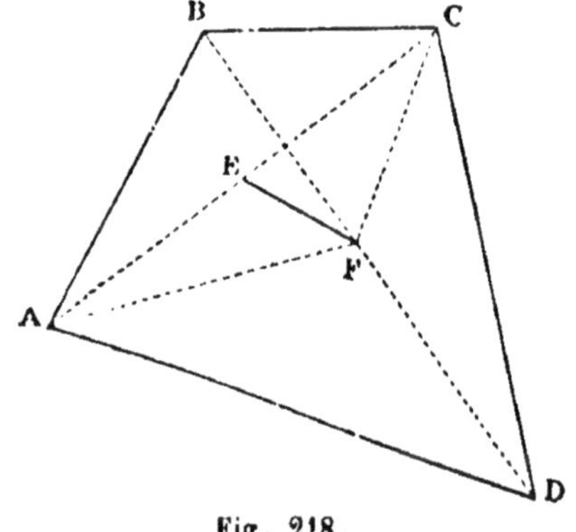

Fig. 218.

Soit le quadrilatère ABCD, dans lequel les diagonales ont pour milieux les points E, F.

En appliquant 1° du th. XXVIII, aux triangles BCD, ABD, on obtient :

$$\overline{BC}^2 + \overline{CD}^2 = 2\overline{CF}^2 + 2\overline{FD}^2$$

$$\overline{AB}^2 + \overline{AD}^2 = 2\overline{AF}^2 + 2\overline{FD}^2;$$

en ajoutant membre à membre, on obtient pour la somme S des côtés du quadrilatère :

$$S = 2(\overline{CF}^2 + \overline{AF}^2) + 4\overline{FD}^2;$$

enfin, dans le triangle ACF, on a :

$$\overline{CF}^2 + \overline{AF}^2 = 2\overline{EF}^2 + 2\overline{AE}^2;$$

donc :

$$S = 4\overline{EF}^2 + 4\overline{AE}^2 + 4\overline{FD}^2,$$

ce qui démontre l'énoncé puisque $2AE = AC$, et $2FD = BD$.

Il résulte de là que : *dans un parallélogramme, la somme des carrés des côtés égale la somme des carrés des diagonales, et réciproquement.*

PROBLÈME X

Quel est le lieu géométrique des points d'un plan dont la somme des carrés des distances à deux points donnés de ce plan a une valeur donnée?

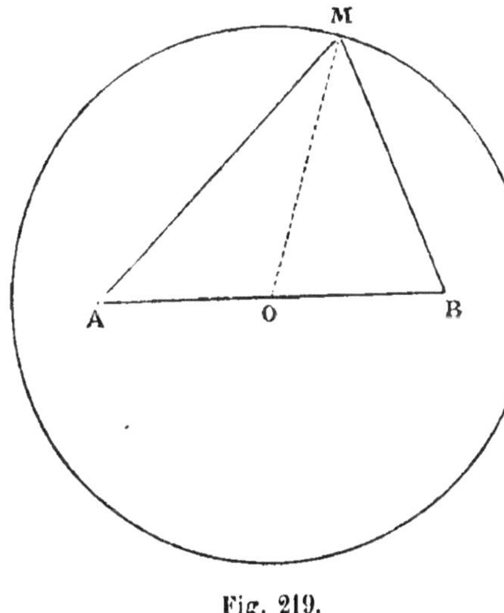

Fig. 219.

Soit M un point du lieu tel que :

$$MA^2 + MB^2 = K^2,$$

les points A et B étant donnés, ainsi que K.

Joignons le point M au milieu O de AB; en appliquant 1° du th. XXVIII; nous aurons :

$$\overline{MA}^2 + \overline{MB}^2 = 2\overline{OM}^2 + 2\overline{OA}^2$$

donc :

$$2\overline{OM}^2 + 2\overline{OA}^2 = K^2;$$

donc OM est constant, puisque OA et K^2 sont constants; donc tous les points du lieu sont situés sur la circonférence de centre O, et dont le rayon R est donné par la formule :

$$2R^2 = K^2 - 2\overline{OA}^2.$$

Réciproquement, tout point M de cette circonférence est un point du lieu; car, pour ce point M, on a dans le triangle AMB :

$$\overline{MA}^2 + \overline{MB}^2 = 2R^2 + 2\overline{OA}^2;$$

et si nous remplaçons $2R^2$ par sa valeur :

$$\overline{MA}^2 + \overline{MB}^2 = K^2.$$

Le lieu cherché est donc la circonférence ayant pour centre le milieu O de AB, et dont le rayon a pour valeur :

$$R = \sqrt{\frac{K^2 - 2\,\overline{OA}^2}{2}}.$$

Discussion. — Il est évident que le lieu n'existera que si $K^2 > 2\,\overline{OA}^2$; dans l'hypothèse $K^2 = 2\,\overline{OA}^2$, le lieu se réduit au point O, qui est le point du plan pour lequel la somme des carrés des distances aux points A et B est minimum.

Enfin la circonférence aura pour diamètre AB dans l'hypothèse particulière :

$$K^2 = 4\,\overline{OA}^2 = \overline{AB}^2.$$

Exemple. — *Quel est le lieu géométrique des milieux des cordes d'une circonférence vues d'un point donné sous un angle droit?*

Soit P le milieu d'une corde MN de la circonférence O, vue du point fixe A sous un angle droit.

Nous savons que AP = PN; or, OP étant perpendiculaire sur PN, on a :

$$\overline{PO}^2 + \overline{PA}^2 = R^2 :$$

cette somme des carrés étant constante le lieu est une circonférenee ayant pour centre le milieu C de OA.

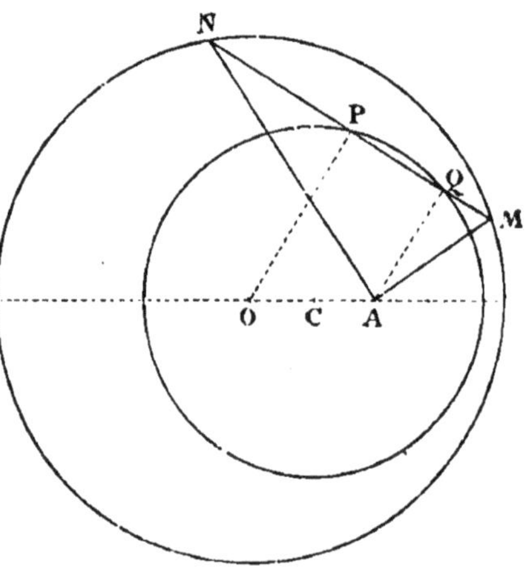

Fig. 220.

Cette circonférence est aussi *le lieu géométrique des projections* Q *du point* A *sur les cordes vues de ce point sous un angle droit.*

En effet, le point C étant le milieu de OA, sa projection sur MN sera au milieu de PQ, donc

$$CP = CQ.$$

Cette question donne aisément la solution de la suivante :

Tracer par un point B, *du plan d'une circonférence, une sécante telle que la corde interceptée soit vue, d'un point donné* A, *sous un angle droit.*

Soit, en effet, BMN une sécante répondant à la question : le point P milieu de MN est sur la circonférence décrite sur OB comme diamètre, il est aussi sur la circonférence ayant pour centre le milieu C de OA, et passant par le point I, par exemple, milieu de la corde ED, telle que AD soit perpendiculaire sur OA ; donc le point P est déterminé.

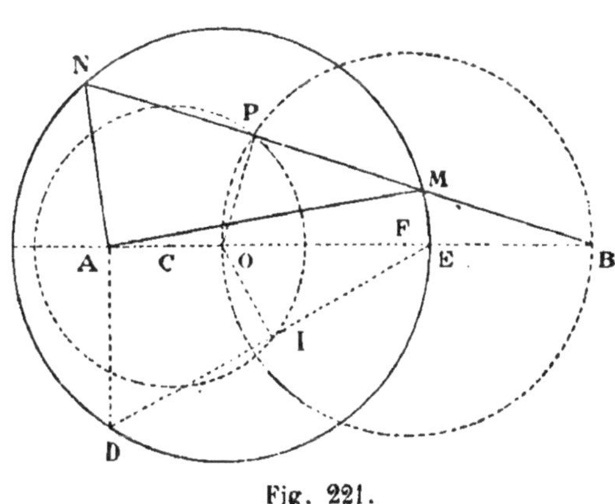

Fig. 221.

La discussion se fera en exprimant, dans le triangle CPF, que chacun des côtés est moindre que la somme des deux autres, et remarquant que CP est donné par la relation :

$$2\overline{CP}^2 + 2\overline{OC}^2 = R^2.$$

Corollaire. — *Le point d'une ligne dont la somme des carrés des distances à deux points donnés est minimum, est le point de cette ligne dont la distance au milieu de la droite qui joint ces deux points est minimum.*

PROBLÈME XI

Quel est le lieu géométrique des points d'un plan dont la différence des carrés des distances à deux points de ce plan a une valeur donnée?

Soit M (fig. 222) un point du lieu, tel que :

$$\overline{MA}^2 - \overline{MB}^2 = K^2.$$

Prenons le milieu O de AB, et traçons la perpendiculaire MP sur AB.

En appliquant le 2° du théorème XXVII, on obtient :

$$\overline{MA}^2 - \overline{MB}^2 = 2AB \times OP,$$

donc :

$$2AB \times OP = K^2.$$

Or, AB et K^2 sont constants, donc OP est constant ; c'est-à-dire que tout point M du lieu est sur la perpendiculaire à AB menée par le point P défini par l'égalité :

$$OP = \frac{K^2}{2AB}.$$

La réciproque est vraie, car pour tout point M de la perpendiculaire ainsi définie, on a :

$$\overline{MA}^2 - \overline{MB}^2 = 2AB \times OP,$$

et par suite :

$$\overline{MA}^2 - \overline{MB}^2 = K^2,$$

puisque

$$OP = \frac{K^2}{2AB}.$$

Donc le lieu géométrique cherché est une perpendiculaire à la droite qui joint les deux points donnés.

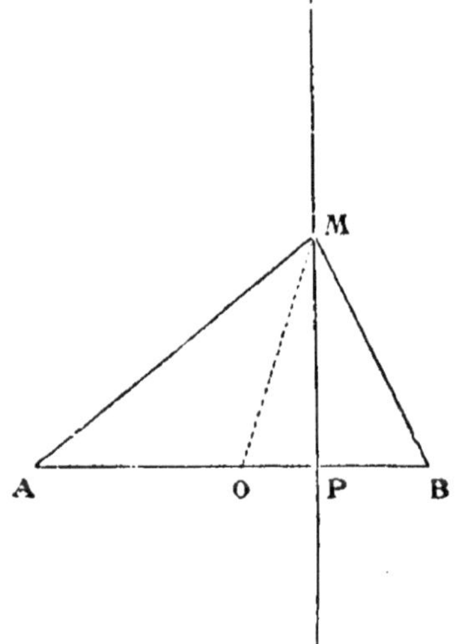

Fig. 222.

APPLICATION XVI (*relation de Stewart*).

Les distances d'un point A *à trois points* B, C, D *situés en ligne droite,* D *étant placé entre* B *et* C, *satisfont à la relation :*

$$\overline{AB}^2 \times DC + \overline{AC}^2 \times BD - \overline{AD}^2 \times BC = BD \times DC \times BC.$$

Projetons en effet le point A en E sur BC, nous aurons successivement :

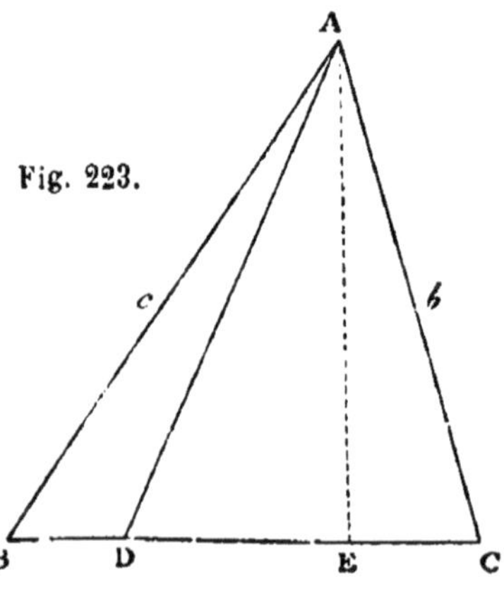

Fig. 223.

$$\overline{AB}^2 = \overline{AD}^2 + \overline{BD}^2 \pm BD \times DE,$$
$$\overline{AC}^2 = \overline{AD}^2 + \overline{DC}^2 \mp DC \times DE.$$

Pour éliminer DE entre ces deux relations, nous ajoutons membre à membre, après avoir multiplié la première par DC et la seconde par BD; nous obtenons ainsi :

$$\overline{AB}^2 \times DC + \overline{AC}^2 \times BD = \overline{AD}^2\,(BD+DC) + BD \times DC\,(BD+DC)$$

qui s'écrit aisément :

$$\overline{AB}^2 \times DC + \overline{AC}^2 \times BD - \overline{AD}^2 \times BC = BD \times DC \times BC,$$

Connaissant les trois côtés a, b, c *d'un triangle, on pourra donc calculer la distance du sommet* A *au point* D *qui partage* BC *en segments proportionnels à* m *et* n.

La relation précédente donne, en effet, dans le cas des segments additifs : $b^2 \cdot \frac{ma}{m+n} + c^2 \cdot \frac{na}{m+n} - x^2 \cdot a = \frac{mna^3}{(m+n)^2}$;

d'où $$(m+n)\,x^2 = mb^2 + nc^2 - \frac{mn}{m+n}\,a^2.$$

Si le point D′ partage BC en segments soustractifs, on applique la relation de Stewart au triangle ACD′ ($m < n$), et l'on a :

$$\overline{AC}^2 \times D'B + \overline{AD'}^2 \times BC - \overline{AB}^2 \times D'C = D'B \times D'C \times BC,$$

relation que l'on transforme comme ci-dessus.

Remarque I. — Cette relation générale comprend évidemment la relation de la première partie du théorème XXVIII, elle permet de calculer les longueurs des bissectrices d'un triangle; il suffira, en effet, de remplacer m et n par c et b, puisque la bissectrice partage les côtés opposés en segments proportionnels aux côtés adjacents.

On obtient ainsi les formules :

$$bc = DB \times DC + x^2$$
$$bc = DB \times DC - y^2,$$

x et y étant les longueurs des bissectrices des angles intérieur et extérieur au point A.

Nous indiquerons ailleurs un moyen plus rapide pour établir ces formules importantes.

Remarque II. — La relation trouvée ci-dessus permet d'obtenir le lieu des points M d'un plan, dont les carrés des distances aux points A et B de ce plan satisfont à la condition :

$$m.\,\overline{MA}^2 \pm n.\,\overline{MB}^2 = K^2.$$

On obtient aisément une circonférence, ayant pour centre le point D partageant AB, en segments additifs ou soustractifs, suivant qu'il y a + ou — dans le premier membre, tels que :

$$\frac{DA}{DB} = \frac{n}{m}.$$

On en déduit, comme cas particulier, les lieux géométriques qui font l'objet des problèmes X et XI.

§ VI. — LIGNES PROPORTIONNELLES DANS LA CIRCONFÉRENCE

Définition. — *La* PUISSANCE *d'un point par rapport à une circonférence de rayon* R *est la différence* (D^2-R^2), *dans laquelle* D *est la distance du point au centre.*

Un point est donc extérieur ou intérieur à une circonférence suivant que sa puissance par rapport à cette ligne est positive ou négative ; et la circonférence est le lieu géométrique des points du plan de puissance nulle.

THÉORÈME XXIX

Lorsque deux cordes se coupent à l'intérieur de la circonférence, le produit des segments additifs déterminés par ce point, est le même sur les deux cordes.

Soit A le point de rencontre des deux cordes BC, B'C' : traçons BB' et CC', nous formerons deux triangles semblables ABB', ACC', parce qu'ils ont visiblement les angles égaux chacun à chacun.

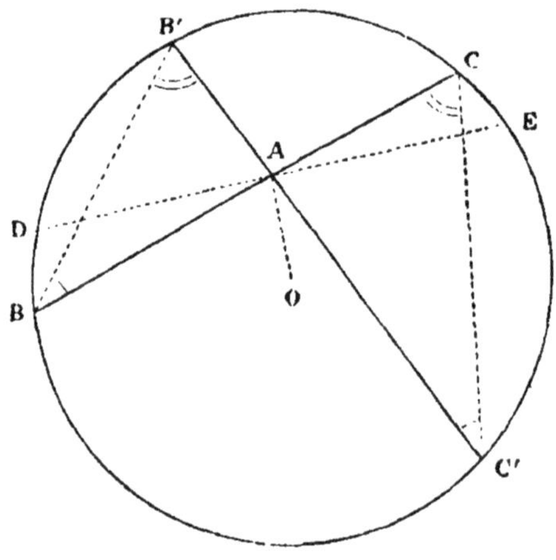

Fig. 221.

On a donc :

$$\frac{AB}{AC'}=\frac{AB'}{AC},$$

d'où :

$$AB \times AC = AB' \times AC'.$$

C'est ce qu'il fallait prouver.

Corollaire I. — *La demi-corde minimum passant par un point est moyenne géométrique entre les deux segments que détermine ce point sur toute corde qui le contient.*

Traçons, en effet, la corde DE perpendiculaire sur OA, c'est la corde minimum relative au point A ; comme A est le milieu de DE, on a :

$$\overline{AD}^2 = AB \times AC.$$

Corollaire II. — *Si d'un point pris dans une circonférence on trace une corde arbitraire, le produit des segments déterminés par le point sur la corde est constant, et égal, en valeur absolue, à la puissance du point.*

Car en désignant OA par D et le rayon par R, on a :

$$\overline{AD}^2 = R^2 - D^2,$$

donc :

$$AB \times AC = R^2 - D^2.$$

THÉORÈME XXX (*réciproque du théorème XXIX*)

Si deux portions de droite sont partagées par un même point en segments additifs dont les produits sont égaux, les extrémités de ces portions de droite sont sur une même circonférence.

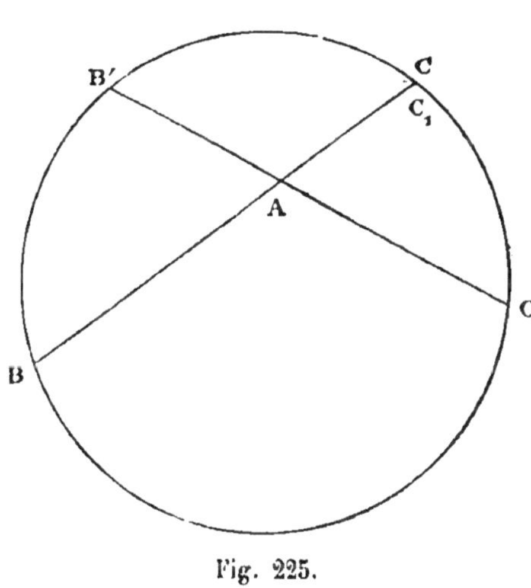

Fig. 225.

Soit A, partageant chacune des portions de droite BC, B'C' en segments additifs tels que :

$$AB \times AC = AB' \times AC'.$$

Traçons la circonférence qui passe par les trois points B', B, C'; et soit C_1 le point où elle rencontre BC : le point A étant entre B' et C' est intérieur à cette circonférence, par suite les points C et C_1 sont d'un même côté du point A.

Or, le th. XXIX donne :

$$AB \times AC_1 = AB' \times AC',$$

donc, par suite de l'hypothèse :

$$AC = AC_1,$$

et les points C et C_1 se confondent.

Remarque. — On peut encore démontrer ce théorème directement en considérant les triangles semblables BB'A, CC'A qui ont un angle égal compris entre côtés proportionnels, et en déduire que les angles BB'C' et BCC' sont égaux, d'où il résulte que l'un des segments, capables de l'angle BB'C' décrits sur BC' comme corde, passe par les points B' et C.

THÉORÈME XXXI

Lorsque deux sécantes se coupent à l'extérieur de la circonférence, le produit des segments soustractifs déterminés par ce point est le même sur ces deux sécantes.

Soit les deux sécantes ABC, AB'C', issues du point A, à la circonférence O; en traçant CC' et BB', nous formons deux triangles semblables, car les angles sont visiblement égaux chacun à chacun parce qu'ils ont même mesure : on a donc :

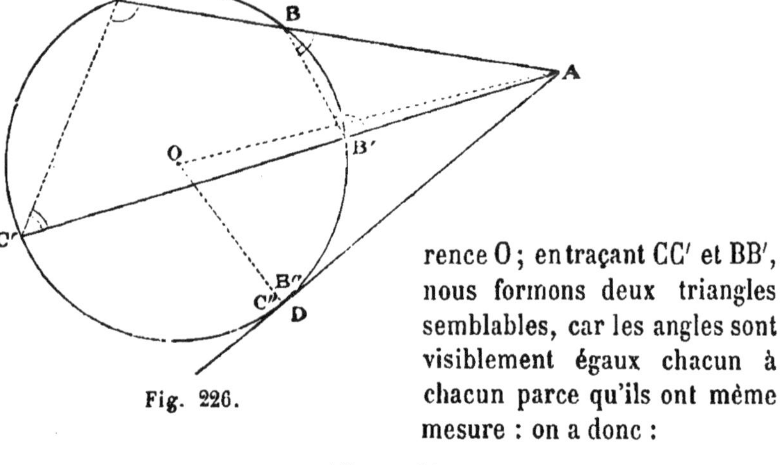

Fig. 226.

$$\frac{AB}{AC'} = \frac{AB'}{AC},$$

d'où :

$$AB \times AC = AB' \times AC'.$$

C'est ce qu'il fallait prouver.

Corollaire I. — *Si d'un point extérieur à une circonférence, on trace une tangente et une sécante, la longueur de la tangente est moyenne géométrique entre la sécante entière et sa partie extérieure.*

Car la tangente AD est la position limite occupée par une sécante issue du point A, lorsque les deux points de section B'', C'' se confondent; on a donc:

$$\overline{AD}^2 = AB \times AC.$$

Ce résultat peut d'ailleurs être prouvé directement, en considérant les deux triangles semblables ADC, ABD.

Corollaire II. — *Si d'un point situé hors d'une circonférence, on trace une sécante arbitraire, le produit des segments soustractifs déterminés par ce point sur la corde interceptée est constant, et égal à la puissance du point par rapport à cette circonférence.*

Car le triangle rectangle AOD (fig. 226) donne :

$$\overline{AD}^2 = \overline{AO}^2 - \overline{OD}^2,$$

donc :

$$AB \times AC = D^2 - R^2.$$

Remarque. — En rapprochant les théorèmes XXIX et XXXI, on voit aisément qu'ils expriment une propriété unique qu'on peut énoncer ainsi :

Un point détermine sur toute corde d'une circonférence dont la dirsction le contient, des segments dont le produit ne dépend pas de la direction de la corde.

THÉORÈME XXXII (*réciproque du théorème XXXI*)

Si deux portions de droite sont partagées par un même point en deux segments soustractifs dont les produits sont égaux, les extrémités de ces portions de droite sont sur une même circonférence.

Soit les segments soustractifs déterminés par le point A, tels que

$$AB \times AC = AB' \times AC' :$$

nous traçons la circonférence passant par les trois points B, B′, C′, elle rencontre AB en C_1, et comme A, extérieur à B′C′, est extérieur à la circonférence, les points C et C_1 sont d'un même côté du point A ; or le th. XXXI donne :

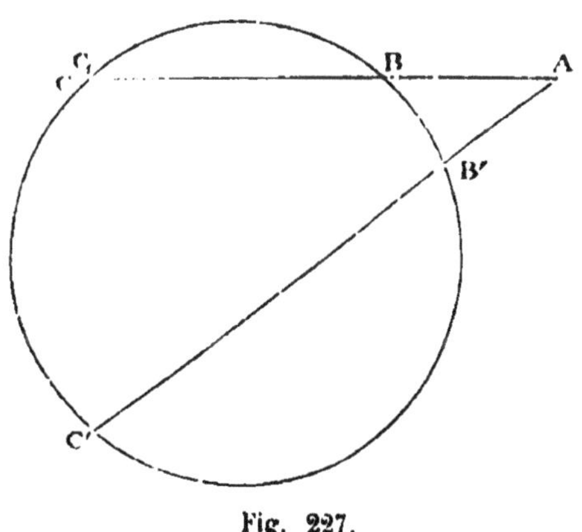

Fig. 227.

$$AB \times AC_1 = AB' \times AC',$$

donc, par suite de l'énoncé :

$$AC_1 = AC,$$

et les points C et C_1 se confondent.

Remarque. — On peut encore démontrer ce principe, en remarquant que le quadrilatère BB′CC′ a ses angles opposés supplémentaires, par suite de la similitude des triangles ABB′, AC′C qui ont un angle égal compris entre côtés proportionnels.

PROBLÈME XII

Tracer une circonférence passant par deux points donnés et tangente à une droite donnée.

Soit O, le centre d'une circonférence passant par les points donnés

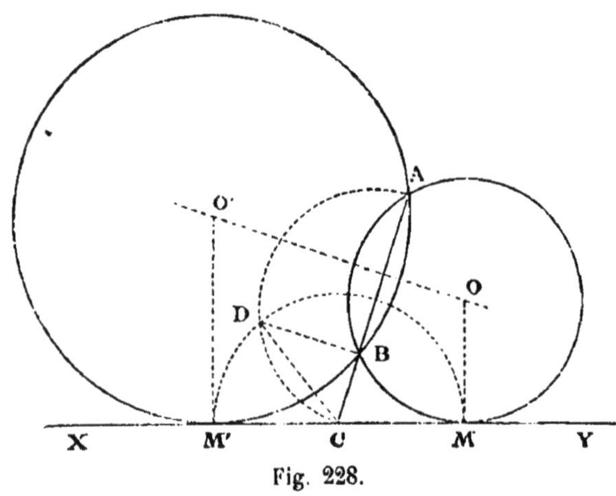

Fig. 228.

A et B, et tangente en M à XY; le point C de rencontre de AB avec XY est tel que CM est moyenne géométrique entre CA et CB.

On peut donc construire cette longueur, par exemple, en décrivant une demi-circonférence sur CA comme diamètre, élevant une perpendiculaire en B, et traçant CD: en prenant :

$$CM = CM' = CD,$$

les perpendiculaires à XY aux points M et M′ viendront rencontrer la perpendiculaire au milieu de AB aux points O et O′, qui sont les centres des deux solutions du problème.

Le problème sera toujours possible tant que les points A et B seront d'un même côté de XY, mais il sera visiblement impossible dans le cas contraire.

PROBLÈME XIII

Tracer une circonférence passant par un point donné et tangente à deux droites données.

Soit la circonférence C passant par le point donné A et tangente en M et N aux droites données OX et OY. Le centre C est donc situé sur la bissectrice OZ de l'angle XOY, qui contient le point A : par suite le

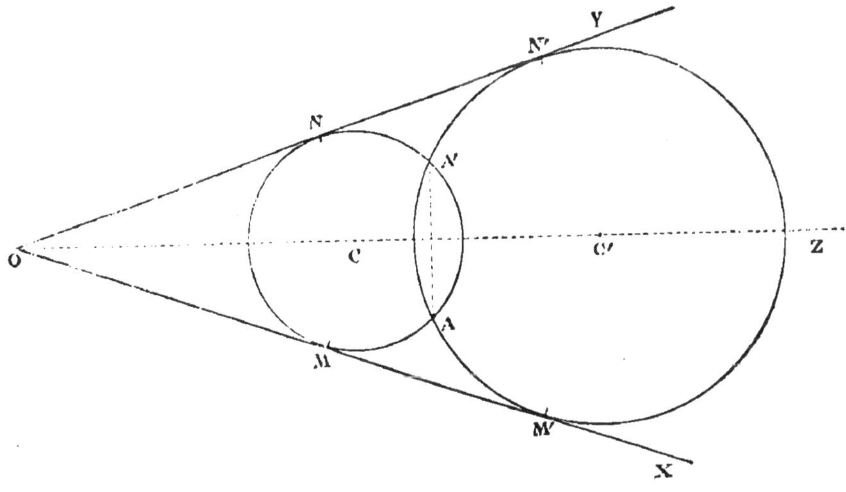

Fig. 229.

symétrique A' de A par rapport à OZ appartient aussi à cette circonférence, dont on connait dès lors deux points ; on est donc ainsi ramené au problème précédent.

PROBLÈME XIV

Tracer une circonférence tangente à deux droites et à une circonférence données.

Soit I (fig. 230) le centre d'une circonférence tangente extérieurement en P à la circonférence donnée C, et tangente en M et N aux droites données OX, OY. Décrivons la circonférence de même centre I et passant par le point C, elle sera tangente aux parallèles X_1, Y_1 aux droites X et Y et situées à des distances de celles-ci égales à CP.

Donc on est amené à faire passer une circonférence par le point C tangente aux droites connues X_1Y_1 (problème précédent).

On obtient ainsi deux premières solutions tangentes extérieurement à la circonférence donnée.

En traçant des parallèles X_2Y_2 à X et Y du même côté de ces droites que le point C, on obtiendrait deux nouvelles solutions tangentes intérieurement à la circonférence donnée.

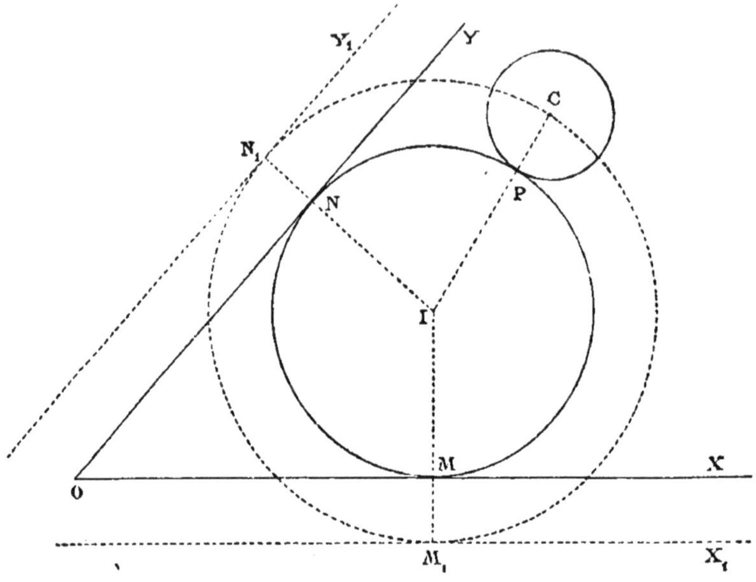

Fig. 230.

Ce problème admet huit solutions dans le cas général où chacun des quatre angles formés par X et Y contient des points de la circonférence C.

PROBLÈME XV

Tracer une circonférence passant par un point donné et tangente à une droite et à une circonférence données.

Soit C (fig. 231) le centre d'une circonférence passant par le point donné A, tangente en M à la circonférence O, et en N à la droite donnée XY. Traçons la perpendiculaire ED abaissée du point O sur XY, et cherchons à déterminer le second point B de rencontre de EA avec la circonférence C.

Nous savons déjà que les points E, M, N sont en ligne droite (Probl. § II, livre II); donc on a :

$$EA \times EB = EM \times EN.$$

Mais les angles EMF et EDN étant droits, les quatre points F,M,N,D sont sur une même circonférence, on a donc :

$$EM \times EN = EF \times ED,$$

donc :

$$EA \times EB = EF \times ED;$$

et, par suite, la longueur EB est la quatrième proportionnelle aux lignes connues EA, EF et ED.

Le point B est donc connu, et par suite on est conduit à tracer une circonférence passant par les points A et B, et tangente à XY, elle sera tangente à la circonférence O. Nous obtenons ainsi deux solutions tangentes extérieurement à la circonférence O. En remplaçant le point E par le point F, nous obtiendrons deux nouvelles solutions tangentes intérieurement à la circonférence donnée.

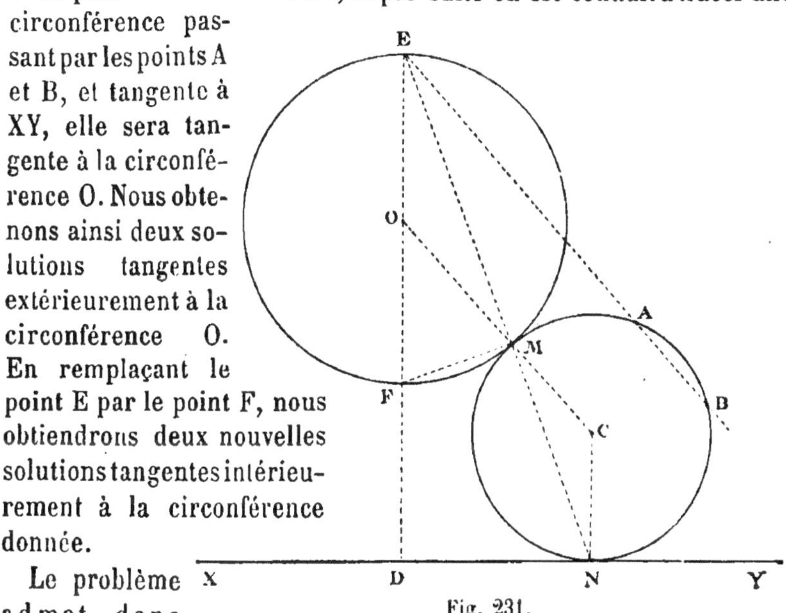

Fig. 231.

Le problème admet donc quatre solutions dans le cas général.

Remarque. — On ramène aisément à ce problème la construction *d'une circonférence tangente à une droite et à deux circonférences données* : quatre solutions seulement.

PROBLÈME XVI

Construire deux longueurs connaissant leur somme, ou leur différence, et leur produit.

Le produit de deux lignes étant toujours égal au carré de leur moyenne géométrique, nous représentons par q^2 le produit donné, q étant une longueur connue.

1er cas. — Soit p la somme des deux lignes cherchées x et y : ces lignes doivent donc satisfaire aux deux équations :

$$x + y = p$$
$$xy = q^2.$$

Sur $AB = p$ comme diamètre (fig. 232), nous décrivons une circonférence, nous prenons sur la tangente en A, la longueur $AC = q$, nous menons la parallèle CD à AB, et nous projetons D en E, les deux segments EB, EA répondent à la question.

Car on a :

$$EA + EB = AB = p,$$

et

$$EA \times EB = \overline{ED}^2 = q^2.$$

D'ailleurs, les deux longueurs CD, CF, respectivement égales à AE et EB, répondent aussi à la question : en effet, CE est parallèle à FB, puisqu'on a entre les angles les égalités :

$$CEA = DAE = FBA.$$

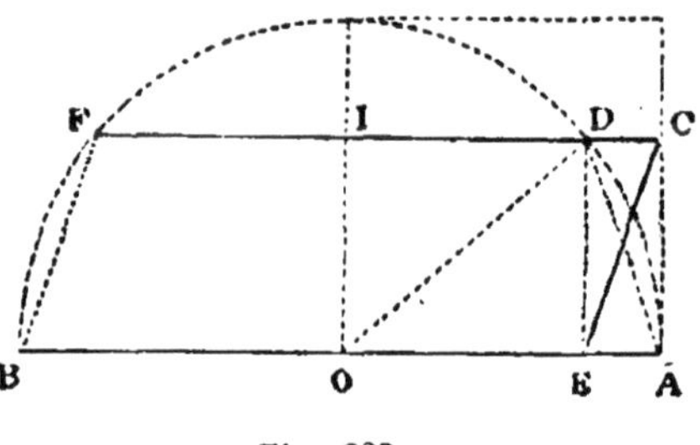

Fig. 232.

Discussion. — Le problème n'est possible qu'autant que le point D existe, c'est-à dire autant que :

$$OI \leqslant OA$$

c'est-à-dire :

$$q \leqslant \frac{p}{2}.$$

Donc : *le produit de deux longueurs dont la somme est donnée, est le plus grand possible quand ces longueurs sont égales.*

Ou encore : *le maximum du produit de deux facteurs positifs de somme constante est atteint quand ces facteurs sont égaux entre eux.*

Remarque. — La figure fournit aisément les valeurs des longueurs cherchées : on a, en effet :

$$x = CD = OA - ID,$$

et,

$$y = CF = OA + ID;$$

or,

$$OA = \frac{p}{2},$$

et, dans le triangle rectangle ODI, on a :

$$\overline{ID}^2 = \overline{OD}^2 - \overline{OI}^2.$$

Donc :

$$ID = \sqrt{\frac{p^2}{4} - q^2},$$

et par suite :

$$x = \frac{p}{2} - \sqrt{\frac{p^2}{4} - q^2}$$
$$y = \frac{p}{2} + \sqrt{\frac{p^2}{4} - q^2}.$$

On reconnaît là les racines de l'équation :

$$z^2 - pz + q^2 = o$$

dont la somme est p et le produit q^2.

2ᵉ cas. — Soit p la différence donnée des lignes inconnues x et y, et soit $x > y$: ces deux lignes devront donc satisfaire aux deux équations

$$x - y = p, \qquad xy = q^2.$$

Pour les construire, nous décrivons une circonférence sur $AB = p$ (fig. 233) comme diamètre, nous prenons sur la tangente en A la longueur $AC = q$, et nous traçons CO : les longueurs cherchées sont CE et CD.

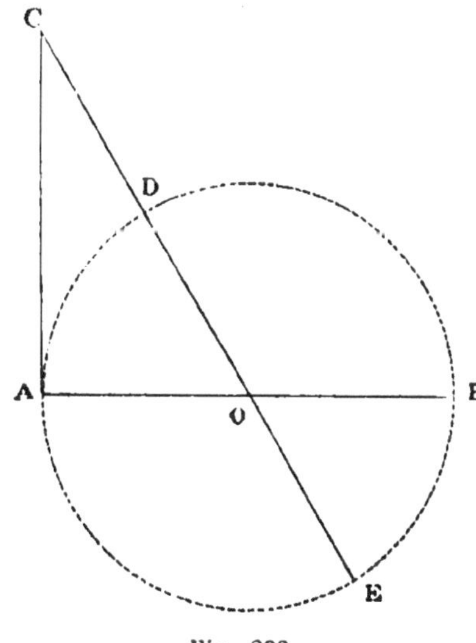

Fig. 233.

En effet,

$$CE - CD = DE = p,$$

et

$$CD \times CE = \overline{CA}^2 = q^2.$$

Le problème est évidemment toujours possible.

Remarque. — La figure fournit aisément les valeurs des inconnues : on a en effet :

$$x = CE = CO + OA$$
$$y = CD = CO - OA$$

or,

$$OA = \frac{p}{2},$$

et, dans le triangle rectangle OAC,

$$\overline{OC}^2 = \overline{OA}^2 + \overline{AC}^2;$$

d'où :

$$OC=\sqrt{\frac{p^2}{4}+q^2}.$$

On a donc :

$$x=\sqrt{\frac{p^2}{4}+q^2}+\frac{p}{2}$$

$$y=\sqrt{\frac{p^2}{4}+q^2}-\frac{p}{2}.$$

On reconnaît dans ces résultats les valeurs absolues des racines de l'équation :

$$z^2-pz-q^2=o,$$

et, en effet, ces racines, qui sont de signes contraires, ont pour somme algébrique p et pour produit $-q^2$.

Remarque. — Les deux problèmes précédents fournissent *la construction géométrique des valeurs absolues des racines réelles d'une équation du second degré.* (Voyez le Cours d'algèbre.)

PROBLÈME XVII

Partager une droite en moyenne et extrême raison.

On dit qu'une portion de droite AB (fig. 234) est partagée au

X C A D B Y

Fig. 234.

point C en *moyenne et extrême raison*, lorsque l'un des segments déterminés par le point C est moyenne géométrique entre AB et l'autre segment.

Nous allons prouver a priori qu'il existe deux points qui satisfont au problème ainsi défini.

Soit un point mobile M parcourant XY de X vers Y : comparons les rapports $\frac{MB}{MA}$ et $\frac{MA}{AB}$ qui doivent être égaux lorsque le point M passe par une des positions cherchées.

Sur la portion XA, $\frac{MB}{MA}$ croît à partir de un sans limite, tandis que $\frac{MA}{AB}$ décroît de l'infini à zéro : il y a donc eu une position C, et une seule, pour laquelle $\frac{CB}{CA}=\frac{CA}{AB}$.

Lorsque M se déplace de A en B, le rapport $\frac{MB}{MA}$ décroît de l'infini à zéro, tandis que $\frac{MA}{AB}$ croît de zéro à un : donc il y a encore une position D, et une seule, entre A et B pour laquelle $\frac{DB}{DA} = \frac{DA}{AB}$.

Enfin, quand le point M se déplace à partir de B dans le sens BY, le rapport $\frac{MB}{MA}$ croît de zéro à un et $\frac{MA}{AB}$ croît de un à l'infini, donc ces rapports ne seront égaux pour aucune position du point M.

En résumé nous obtenons deux points C et D, et rien que deux.

La construction des deux points C et D se ramène à construire deux droites AC et AD connaissant leur différence et leur produit. Nous allons prouver, en effet, que l'on a :

$$AC - AD = AB,$$

et

$$AC \times AD = \overline{AB}^2.$$

En effet, par hypothèse, on a :

$$\overline{AC}^2 = AB \times BC$$
$$\overline{AD}^2 = AB \times BD,$$

d'où, en retranchant :

$$\overline{AC}^2 - \overline{AD}^2 = AB(BC - BD),$$

ce qui s'écrit :

$$(AC + AD)(AC - AD) = AB \times DC;$$

or,

$$AC + AD = DC,$$

donc :

$$AC - AD = AB.$$

En second lieu, de :

$$\frac{AB}{AC} = \frac{AC}{BC}$$

on tire :

$$\frac{AB}{AC - AB} = \frac{AC}{BC - AC},$$

ce qui peut s'écrire, en tenant compte du résultat déjà obtenu :

$$\frac{AB}{AD} = \frac{AC}{AB},$$

donc :

$$AC \times AD = \overline{AB}^2.$$

D'où la construction suivante : nous élevons en B la perpendiculaire à AB sur laquelle nous prenons BI = AB, nous décrivons la circon-

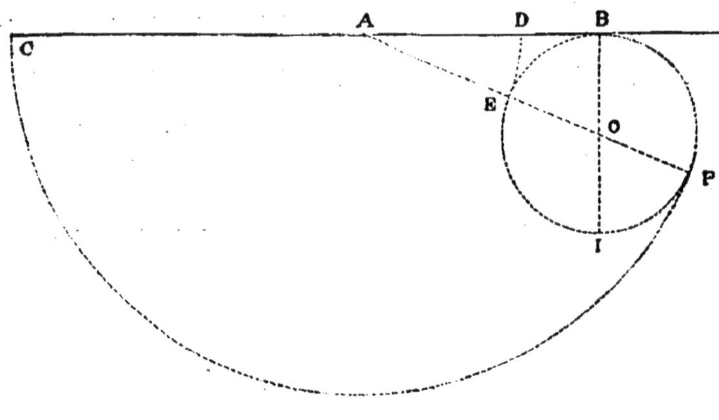

Fig. 235.

férence sur BI comme diamètre, et nous traçons AO; les longueurs AE et AF, ayant pour différence EF = AB, et pour produit $\overline{AB}^2$, répondent à la question ; il suffira donc de prendre AD = AE et AC = AF pour obtenir les points cherchés C et D.

Remarque I. — On peut d'ailleurs montrer aisément, a posteriori, que chacun des points ainsi obtenus partage AB en moyenne et extrême raison.

Ainsi, on a sur la figure 235 :

$$\frac{AF}{AB} = \frac{AB}{AE},$$

on en tire :

$$\frac{AF - AB}{AB} = \frac{AB - AE}{AE},$$

ou :

$$\frac{AD}{AB} = \frac{DB}{AD},$$

donc AD est moyenne géométrique entre AB et BD.

On agirait de même pour le point C.

Remarque II. — La figure fournit les valeurs des deux distances AD, AC par la méthode déjà employée dans le deuxième cas du problème XVI, on obtient ainsi :

$$AC = \frac{AB}{2}(\sqrt{5}+1),$$

et

$$AD = \frac{AB}{2}(\sqrt{5}-1).$$

*THÉORÈME XXXIII (*Théorème de Ptolémée*).

Dans un quadrilatère inscriptible, le produit des diagonales est égal à la somme des produits des côtés opposés, et réciproquement.

Pour démontrer ce théorème et la réciproque, nous considérons un quadrilatère quelconque ABCD (fig. 236), et formons le triangle BEC, de sorte que les angles EBC, ECB soient respectivement égaux aux angles ABD, ADB : la similitude des triangles ABD, BEC donne :

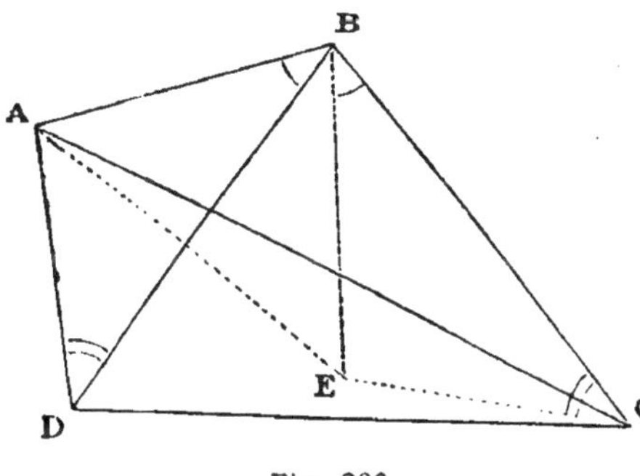

Fig. 236.

$$\frac{AD}{EC} = \frac{BD}{BC} = \frac{AB}{BE}; \quad (1)$$

de l'égalité des deux premiers rapports, on déduit :

$$AD \times BC = EC \times BD. \quad (2)$$

D'ailleurs, les triangles BDC, AEB sont semblables, parce qu'ils ont un angle égal compris entre côtés proportionnels : en effet, les angles ABE, DBC sont composés de deux angles égaux et d'une partie commune, et les deux derniers rapports de l'égalité (1) établissent la proportionnalité des côtés qui comprennent ces angles ; de cette similitude on tire la proportion :

$$\frac{AB}{BD} = \frac{AE}{DC},$$

d'où l'égalité :

$$AB \times DC = EA \times BD. \quad (3)$$

Si l'on ajoute membre à membre (2) et (3), on obtient :

$$AD \times BC + AB \times DC = (EC + EA) \times BD. \quad (4)$$

Or, $(EC + EA)$ est généralement plus grand que AC, et ne peut lui être égal que si le point E est sur AC, c'est-à-dire si l'angle ECB égale l'angle ACB, ou encore si les angles ADB, ACB sont égaux, ou enfin si le quadrilatère ABCD est inscriptible.

Donc, en résumé, *dans un quadrilatère le produit des diagonales est tout au plus égal à la somme des produits des côtés opposés, et il ne peut égaler cette somme que si le quadrilatère est inscriptible.*

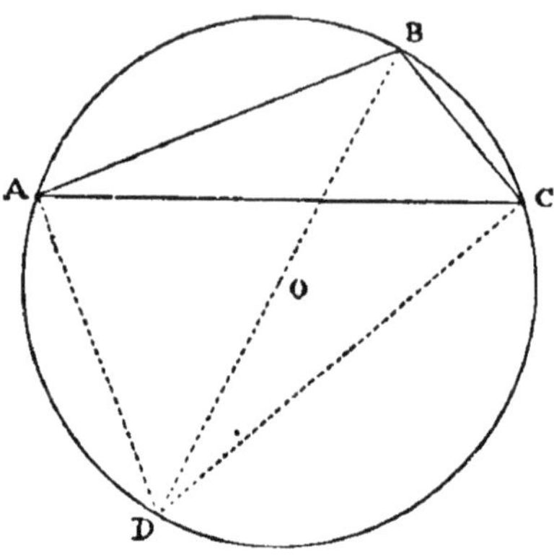

Fig. 237.

Corollaire I. — *Connaissant les cordes qui sous-tendent deux arcs d'une circonférence donnée, on sait calculer la corde qui sous-tend la somme ou la différence de ces arcs.*

Soit AB et BC les cordes données, et soit AC sous-tendant la somme des arcs : traçons le diamètre BOD, et les cordes DA, DC ; dans le quadrilatère inscrit ABCD, nous connaissons

$$AB, \quad BC, \quad BD, \quad AD = \sqrt{4R^2 - \overline{AB}^2}, \qquad DC = \sqrt{4R^2 - \overline{BC}^2};$$

donc, en appliquant le théorème de Ptolémée, on aura :

$$2R \times AC = AB\sqrt{4R^2 - \overline{BC}^2} + BC\sqrt{4R^2 - \overline{AB}^2},$$

d'où l'on peut déduire la valeur de AC.

Corollaire II. — *Dans un quadrilatère inscriptible, le rapport des diagonales est égal au rapport des sommes des produits des côtés aboutissant aux extrémités de ces diagonales.*

Soit le quadrilatère inscrit ABCD (fig. 238), on a la relation :

$$\frac{AC}{BD} = \frac{AD \times AB + CB \times CD}{DA \times DC + BA \times BC}.$$

Nous prenons, en effet, l'arc AE égal à l'arc DC, et nous appliquons le théorème de Ptolémée au quadrilatère inscrit AECB, nous aurons la relation :

$$AC \times BE = EC \times AB + CB \times AE; \qquad (1)$$

de même, nous prenons l'arc DF égal à l'arc AB; le quadrilatère inscrit BCDF donne :

$$BD \times CF = FB \times DC + FD \times BC. \qquad (2)$$

Prenons le quotient membre à membre des égalités (1) et (2), et simplifions en remarquant :

$$AE = CD, \quad DF = AB,$$
$$EC = FB = AD,$$

nous obtiendrons la relation énoncée.

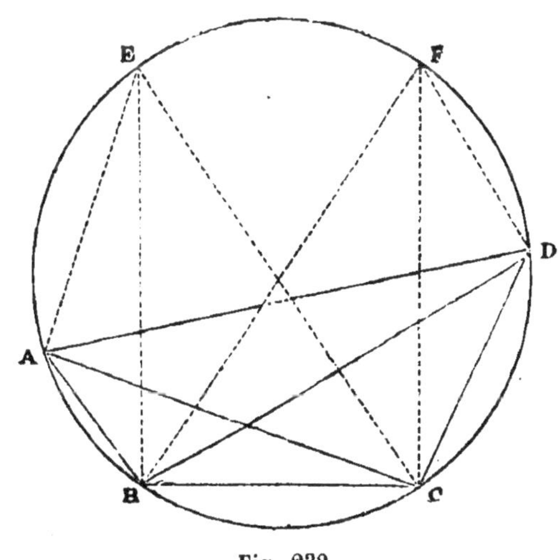

Fig. 238.

Corollaire III. — *Connaissant les côtés d'un quadrilatère inscriptible, on sait calculer les diagonales.*

Soit, en effet (fig. 239), a, b, c, d les côtés d'un quadrilatère inscriptible dont les diagonales sont représentées par λ et μ :

Le théorème de Ptolémée donne la relation : $\lambda\mu = ac + bd$, (1)

et le corollaire II donne : $\dfrac{\lambda}{\mu} = \dfrac{ad + bc}{ab + cd}$, (2)

deux équations à deux inconnues qui font connaître λ et μ.

On obtient, en multipliant membre à membre :

$$\lambda = \sqrt{\frac{(ac + bd)\,(ad + bc)}{ab + cd}},$$

puis, en divisant (1) par (2) membre à membre :

$$\mu = \sqrt{\frac{(ac + bd)\,(ab + cd)}{ad + bc}}.$$

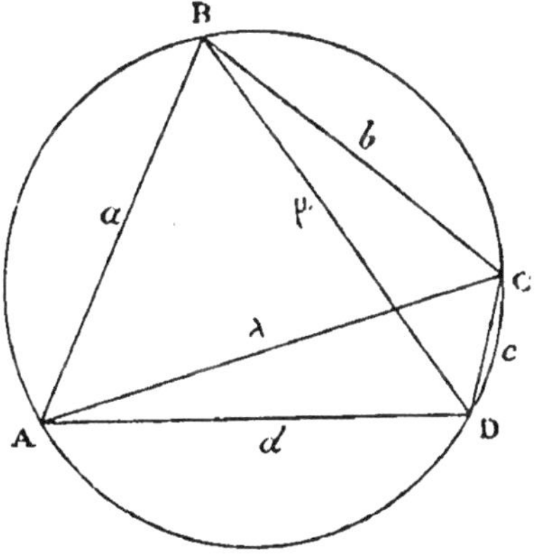

Fig. 239.

Corollaire IV. — *Le lieu géométrique des points M du plan d'un triangle équilatéral ABC, tels que la distance de M à l'un des sommets soit la somme de ses distances aux deux autres sommets, est la circonférence circonscrite à ABC.*

Car : 1° Si $MA = MB + MC$, (1)
on aura aussi :

$$MA \times BC = MB \times AC + MC \times AB; \qquad (2)$$

d'où l'on conclut que le quadrilatère ABCD est inscriptible.

2° Si M est sur le plus petit arc sous-tendu par BC, on aura (2), d'où l'on déduit (1).

*THÉORÈME XXXIV

1° Le produit de deux côtés d'un triangle égale le produit du diamètre de la circonférence circonscrite par la hauteur relative au troisième côté.

2° Le produit de deux côtés d'un triangle égale le produit des segments déterminés sur le troisième côté par la bissectrice de l'angle intérieur ou extérieur, augmenté ou diminué du carré de la longueur de cette bissectrice comprise entre le somme et le côté.

1° Soit O (fig. 240) le centre de la circonférence circonscrite au triangle ABC, et soit AD la hauteur relative au côté BC : en traçant le diamètre AE, et joignant BE, nous formons deux triangles ADC, ABE semblables, parce qu'ils sont rectangles et qu'ils ont un angle aigu égal, car les angles AEB, ACB sont inscrits dans le même segment. De cette similitude on tire :

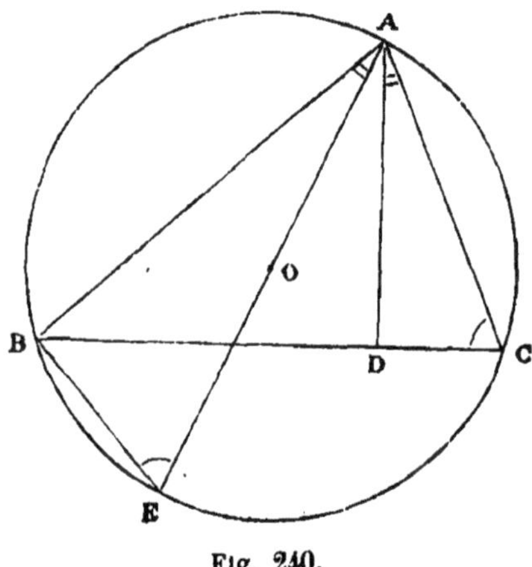

Fig. 240.

$$\frac{AB}{AD} = \frac{AE}{AC},$$

d'où :

$$AB \times AC = AE \times AD.$$

C'est ce qu'il fallait prouver.

2° Soit O (fig. 241) le centre de la circonférence circonscrite au triangle ABC; traçons le diamètre EE′ perpendiculaire à BC, il passera par le milieu E de l'arc BEC; par suite AE et AE′ sont les bissectrices des angles intérieur et extérieur au sommet A de ce triangle.

Nous voulons prouver que l'on a :

$$AB \times AC = DB \times DC + \overline{AD}^2$$
$$AB \times AC = D'B \times D'C - \overline{AD'}^2,$$

en effet, le triangle ABE est semblable au triangle ADC, car les

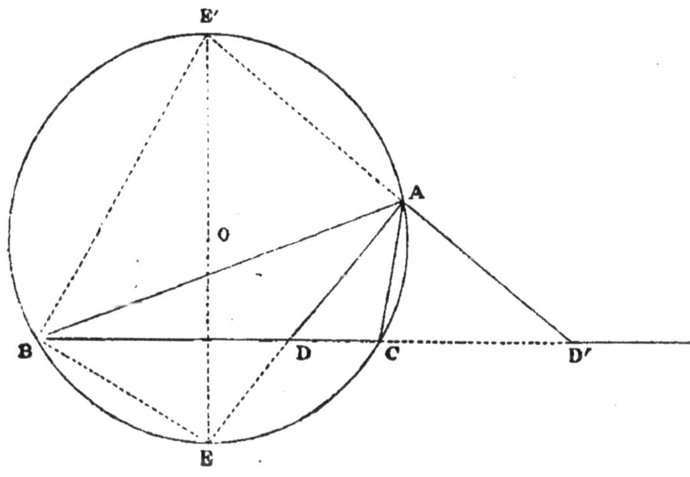

Fig. 241.

angles de ces triangles sont égaux chacun à chacun, comme ayant même mesure. On a donc la proportion :

$$\frac{AB}{AD} = \frac{AE}{AC},$$

d'où :

$$AB \times AC = AD\,(AD + DE),$$

ce qui peut s'écrire :

$$AB \times AC = AD \times DE + \overline{AD}^2,$$

et, comme

$$AD \times ED = DB \times DC$$

(th. XXIX), l'égalité précédente se transforme dans la suivante :

$$AB \times AC = DB \times DC + \overline{AD}^2.$$

De même, en considérant les triangles semblables ABE′, ACD′, on obtiendra la relation correspondante à la bissectrice de l'angle extérieur.

Corollaire. — *Connaissant les côtés d'un triangle, on sait calculer les longueurs des bissectrices des angles comprises entre les sommets et les côtés opposés.*

Soit, dans la figure 241 a, b, c les longueurs des côtés du triangle ABC, opposés aux angles A, B, C et soit α, α' les longueurs AD, AD′ des bissectrices des angles au sommet A.

Nous avons obtenu les relations :

$$bc = \mathrm{DB} \times \mathrm{DC} + \alpha^2$$
$$bc = \mathrm{D'B} \times \mathrm{D'C} - \alpha'^2,$$

or, on a :

$$\frac{\mathrm{DC}}{b} = \frac{\mathrm{DB}}{c} = \frac{a}{b+c},$$

d'où :

$$\mathrm{DB} \times \mathrm{DC} = \frac{a^2bc}{(b+c)^2};$$

de même :

$$\frac{\mathrm{D'B}}{c} = \frac{\mathrm{D'C}}{b} = \frac{a}{c-b},$$

en supposant $b < c$, d'où :

$$\mathrm{D'B} \times \mathrm{D'C} = \frac{a^2bc}{(b-c)^2}:$$

en remplaçant, on obtient :

$$\alpha^2 = bc\left[1 - \frac{a^2}{(b+c)^2}\right]$$
$$\alpha_1^2 = bc\left[\frac{a^2}{(b-c)^2} - 1\right]$$

ce qui s'écrit :

$$\alpha^2 = \frac{bc(b+c+a)(b+c-a)}{(b+c)^2};$$

d'où :

$$\alpha = \frac{2}{b+c}\sqrt{bcp(p-a)},$$

et

$$\alpha_1^2 = \frac{bc(a+b-c)(a-b+c)}{(b-c)^2};$$

d'où :

$$\alpha' = \pm\frac{2}{b-c}\sqrt{bc(p-b)(p-c)}.$$

Dans cette dernière formule, on prendra le signe + ou le signe — suivant que b sera plus grand ou plus petit que c.

*** APPLICATION XVII** (*Transformation par rayons vecteurs réciproques*).

Pour abréger le langage, on dit que deux portions de droite AB, A'B' (fig. 242) comprises entre les côtés d'un angle XOY sont

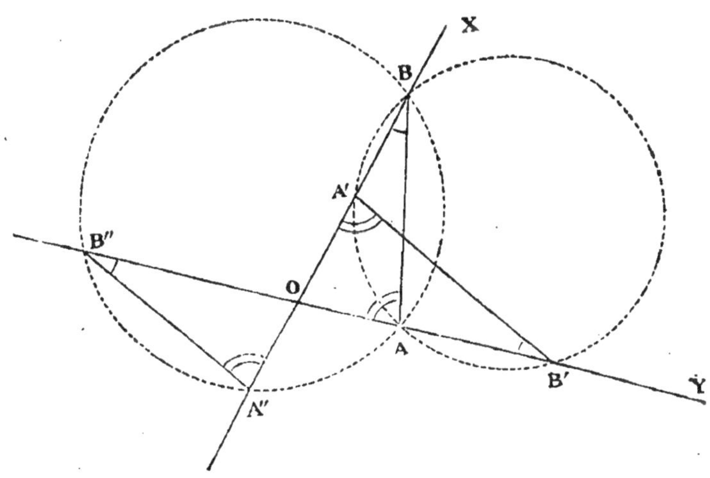

Fig. 242.

anti-parallèles, lorsque l'angle OBA que forme AB avec OX, égale l'angle OB'A' que forme A'B' avec OY ; de même, si A''B'' est parallèle à A'B' elle se trouve anti-parallèle à AB.

I. — ***Les extrémités de deux droites anti-parallèles sont sur une même circonférence, et réciproquement.***

Car, il est évident que le quadrilatère ABB'A' (fig. 242) a ses angles opposés supplémentaires, et que le quadrilatère ABB''A'' est inscrit dans la circonférence, dont fait partie le segment capable de l'angle BAO décrit sur BB'' comme corde.

II. — ***Les cordes de deux circonférences, dont les extrémités sont des points anti-homologues, sont anti-parallèles.***

Soit S (fig. 243) le centre de similitude directe des circonférences O et O' et soit les deux sécantes SAB', SCD' ; les cordes A'C', BD dont les extrémités A', B sont anti-homologues, ainsi que C', D, sont anti-parallèles, car A'C' est anti-parallèle de B'D' et BD est parallèle à B'D'.

Ce résultat peut s'énoncer ainsi : *quatre points deux à deux anti-homologues sur deux circonférences, sont situés sur une même circonférence.*

Ainsi, dans la figure 243 les quatre points A′, C′, B, D sont sur une

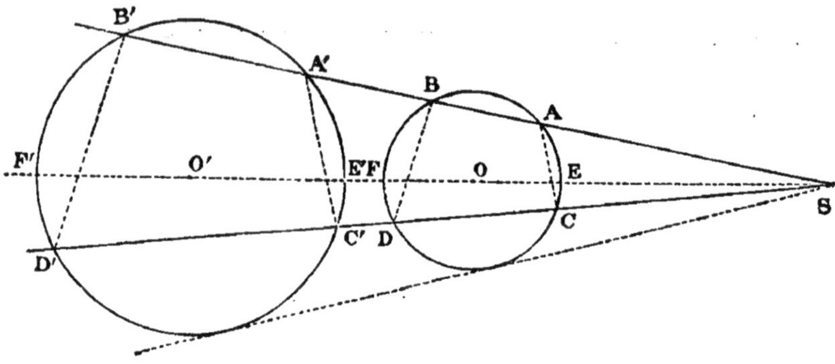

Fig. 243.

même circonférence, ainsi que les points B′, D′, A, C, que les points B′, C′, D, A et D′, A′, B, C, de même aussi pour les points A′, E′, F, B, F′, A′, B, E, etc.

Il résulte de là cette propriété déjà démontrée, qu'il y a une circonférence tangente à deux circonférences données en deux points anti-homologues, car la circonférence passant par les quatre points A′C′DB sera tangente aux deux circonférences aux points anti-homologues A′, B, lorsque la sécante SDC′ pivotant autour du point S viendra se confondre avec SBA′.

III. — Si l'on considère une ligne U et un point P, que l'on joigne un point M, mobile sur la ligne U, au point P (fig. 244), et qu'on détermine pour chaque position du point M un point N situé sur le même rayon PM, et tel que

$$PM \times PN = K^2,$$

K étant donné, le point N décrira une seconde ligne V qui s'appellera *la transformée de la courbe* U *par rayons vecteurs réciproques*. Le point P s'appelle *le pôle de la transformation*, et K^2 est *la puissance de transformation*.

Il faut remarquer que les cordes MM′, NN′ se correspondant dans la ligne et sa transformée sont anti-parallèles ; il en résulte que si le rayon PM′, tournant autour du point P, vient se confondre avec PM, les directions limites des cordes MM′, NN′ seront, par définition, des tangentes aux points M et N des lignes U et V, et seront par suite également inclinées, sur le rayon PM, mais de côtés différents.

Or, on appelle angle de deux lignes qui se coupent l'angle des tan-

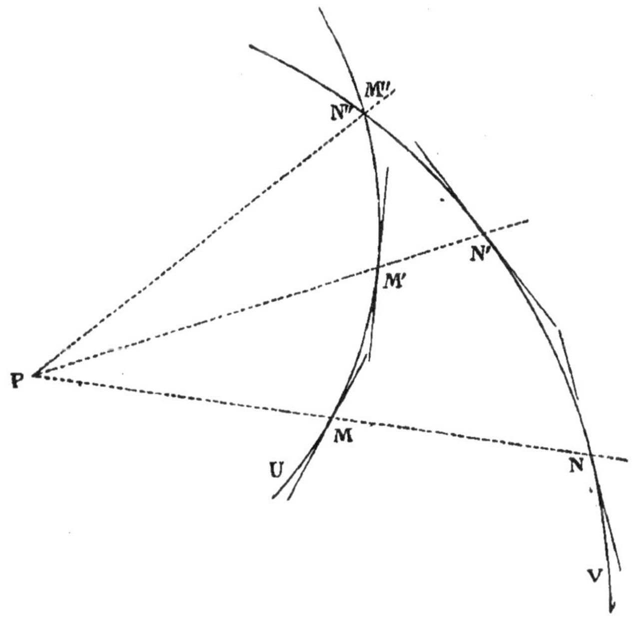

Fig. 244.

gentes au point commun; il en résulte que les transformées V,V' de deux lignes U,U', se coupent sous le même angle que ces deux lignes.

IV. — *La transformée d'une droite par rayons vecteurs réciproques, est une circonférence qui passe par le pôle de transformation.*

Soit, en effet, la droite XY et le pôle P (fig. 245) : nous cherchons le lieu des points N tels que :

$$PM \times PN = K^2;$$

pour cela, nous traçons la perpendiculaire PA, sur laquelle se trouve le point particulier B du lieu : les deux droites AM, BN sont antiparallèles, puisque

$$PA \times PB = PM \times PN,$$

donc l'angle PNB est droit, et par suite le point N est sur la circonférence de diamètre PB.

Réciproquement tout point N de cette circonférence est un point du lieu, car en traçant PNM, les droites NB et MA seront anti-parallèles, par suite :

$$PN \times PM = PA \times PB,$$

d'où :

$$PN \times PM = K^2.$$

Ceci prouve encore que : *la transformée d'une circonférence est*

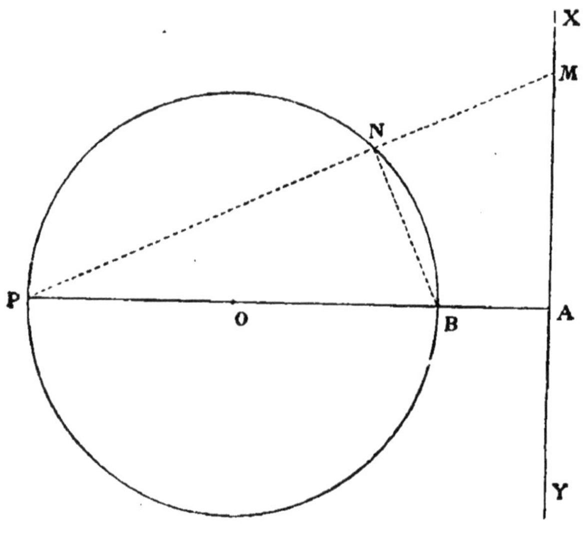

Fig. 245.

une droite quand le pôle de transformation est sur cette circonférence.

Mais il n'en est plus ainsi dans le cas général.

V. — *La transformée d'une circonférence par rayons vecteurs réciproques est une circonférence, quand le pôle n'est pas sur cette circonférence, et le pôle est un centre de similitude des deux circonférences.*

Soit la circonférence O, et le pôle P (fig. 246). Soit K la puissance de transformation, et μ la puissance du point P par rapport à la circonférence donnée : considérons un point M de cette circonférence et le point correspondant N du lieu. On a donc :

$$PN \times PM = K;$$

mais, en prenant le second point M_1 où le rayon PM rencontre la circonférence donnée, nous avons :

$$PM \times PM_1 = \mu.$$

De ces deux égalités on déduit :

$$\frac{PN}{PM_1} = \frac{K}{\mu}.$$

Le lieu du point N est donc la ligne homothétique de la circonfé-

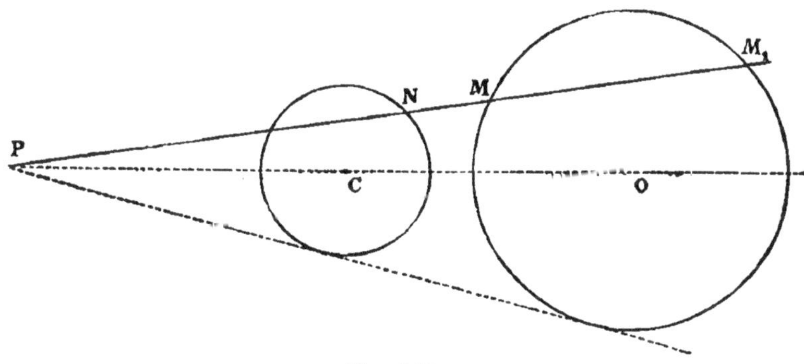

Fig. 246.

rence donnée par rapport au point P. Donc la transformée est une circonférence, et le pôle P de la transformation est le centre de similitude directe ou inverse des deux circonférences, suivant que K est positif ou négatif, c'est-à-dire suivant que les deux segments PN, PM sont soustractifs ou additifs.

Il est utile de pouvoir déterminer le centre et le rayon de la transformée ; or, nous remarquons que C étant le centre de la transformée, en représentant par x son rayon, on a :

$$\frac{PC}{PO} = \frac{x}{R} = \frac{PN}{PM_1} = \frac{K}{\mu};$$

donc :

$$PC = \frac{K}{\mu} PO,$$

et

$$x = \frac{K}{\mu} R.$$

On retrouve le résultat particulier au cas où le pôle est sur la circonférence en faisant $\mu = 0$.

Remarque. — Deux figures inverses d'une même troisième

par rapport au même point, sont homothétiques entre elles par rapport à ce point.

Exemple I. — *Si trois circonférences ont un point commun, la somme des angles du triangle curviligne formé par les trois autres points communs vaut deux droits.*

Soit P le point commun et soit ABC (fig. 247) le triangle curvi-

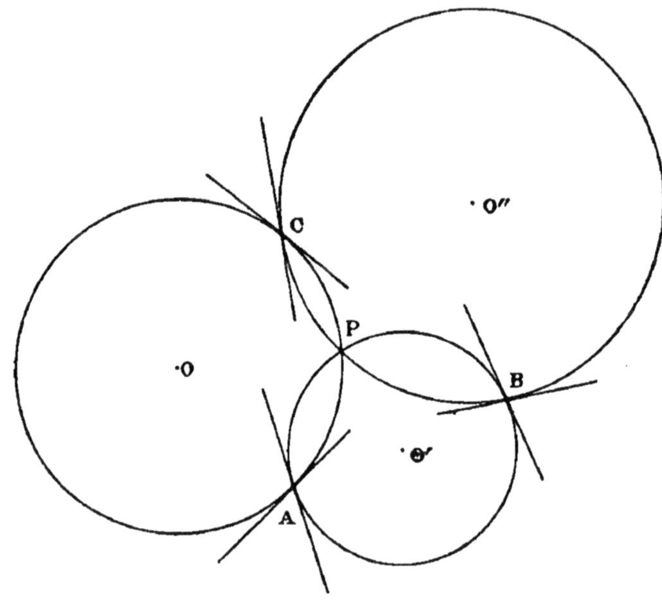

Fig. 247.

ligne que forment les seconds points communs : transformons par rayons vecteurs réciproques, en prenant le point P pour pôle de transformation ; les trois circonférences deviennent trois droites formant un triangle A′B′C′ dont la somme des angles vaut deux droits ; donc, les circonférences, se coupant sous le même angle que les transformées, forment des angles dont la somme vaut aussi deux droits.

Exemple II. — *Si l'on considère deux circonférences variables* M *et* M′ (fig. 248), *tangentes entre elles, et tangentes à deux circonférences fixes* O *et* O′ *qui se coupent en* A *et* B, *le lieu géométrique du point de contact* P *des circonférences* M *et* M′ *se compose de deux circonférences passant par les points* A *et* B *et se coupant à angle droit.*

Transformons la figure par rayons vecteurs réciproques, en prenant comme pôle un des points A communs aux circonférences fixes.

Les deux circonférences O et O′ deviendront deux droites X et X′ perpendiculaires aux directions AO, AO′, et dont le point H de concours correspond au point B; les circonférences M et M′ deviendront

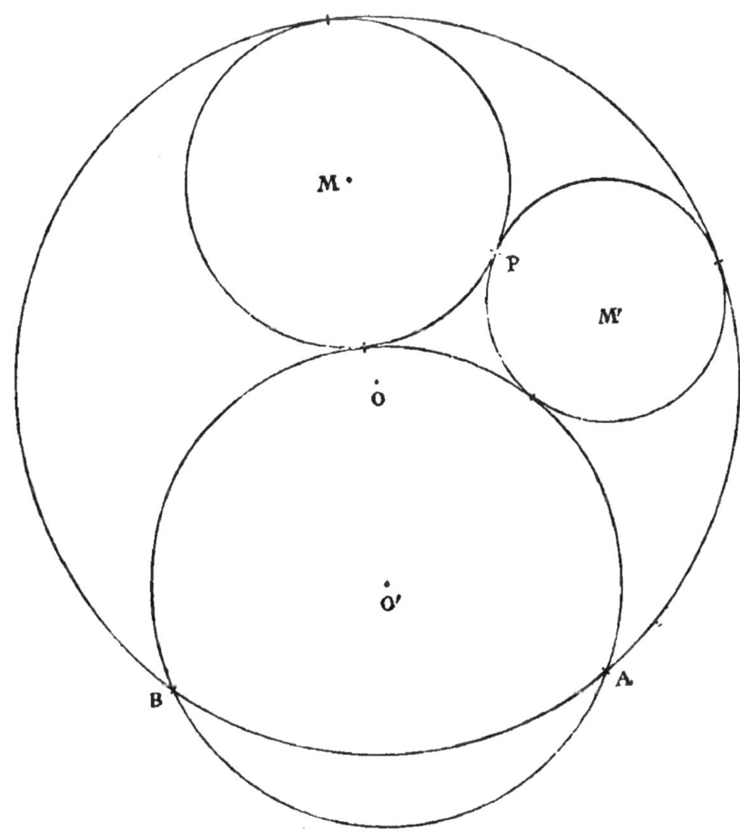

Fig. 248.

deux circonférences N et N′ tangentes entre elles en un point Q, et tangentes aux droites X et X′.

Or, le lieu géométrique du point de contact Q de deux circonférences tangentes à deux droites concourantes, est le système des deux bissectrices des angles que forment ces droites : donc le lieu du point P, qui est la figure transformée, est le système de deux circonférences passant par le point B, et par suite par le point A ; et ces circonférences se coupent en ces points orthogonalement, puisque les bissectrices, lieu du point Q, se coupent à angle droit.

*APPLICATION XVIII (*Pôles et polaires dans le cercle*).

D'un point A *du plan d'une circonférence* (fig. 249 et 250) *on trace une sécante qui rencontre la courbe aux points* M *et* N, *on détermine le conjugué* P *du point* A *sur* MN, *et l'on demande le lieu géométrique de ce point* P *quand la sécante pivote autour du point* A.

Nous prenons le symétrique N′ du point N par rapport au diamètre AO, et nous traçons N′M ; cette ligne passe par le point fixe D, conjugué du point A sur BC (th. VI) : DA est alors bissectrice de l'angle NDN′ du triangle NDM, et par suite la perpendiculaire élevée à AO par le point D sera bissectrice de l'angle NDM, donc elle passera par le conjugué P du point A sur MN.

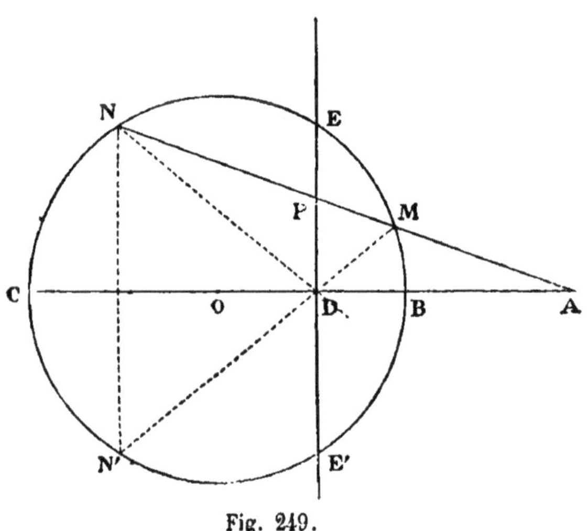

Fig. 249.

Les points du lieu sont donc situés sur la droite fixe, perpendiculaire sur OA au point D conjugué du point A.

Lorsque le point A est intérieur à la circonférence (fig. 250), il est facile de prouver que tout point de la droite trouvée est un point du lieu; mais dans le cas contraire (fig. 249), la portion EE′ de la droite comprise dans la circonférence répond seule à la question ; cependant par une généralisation, dont nous ne pouvons indiquer l'idée dans ce cours élémentaire, on dit encore que le lieu géométrique est la droite illimitée.

Cette droite s'appelle la POLAIRE DU POINT A, et le point A est dit le PÔLE DE CETTE DROITE.

Du résultat précédent nous concluons :

Corollaire I. — *La polaire est perpendiculaire au diamètre qui passe par le pôle.*

Corollaire II. — *Le rayon est moyenne géométrique entre les distances du centre au pôle et à la polaire.*

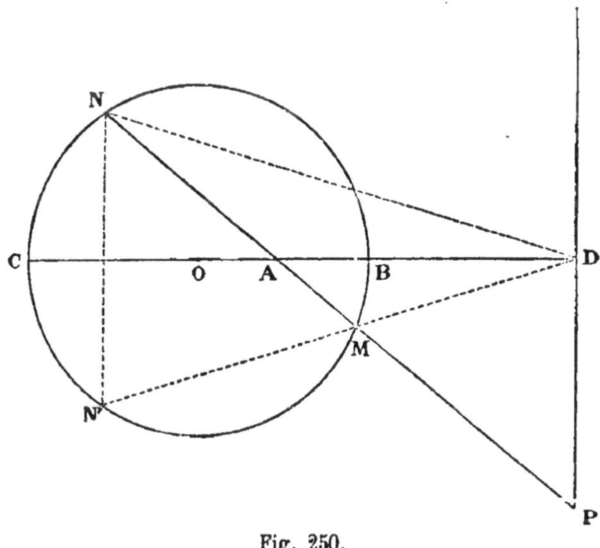

Fig. 250.

Car les points A, B, D, C formant une division harmonique, et O étant le milieu de BC, on a :

$$\overline{OB}^2 = OA \times OD.$$

Il en résulte que si le pôle s'approche du centre, la polaire s'en éloigne; que la polaire d'un point de la circonférence est la tangente en ce point; que le pôle est à l'infini quand la polaire passe par le centre et réciproquement.

Corollaire III. — *La polaire d'un point extérieur à la circonférence est la corde des contacts des tangentes issues de ce point.*

Car si la sécante, dans la figure 249, pivote autour du point A jusqu'à devenir tangente, les deux points M et N se confondant à ce moment, le point P se confond avec eux, et comme il reste sur EE′, cette droite EE′ passe par le point de contact.

Cela résulte encore du corollaire II : puisque dans le triangle OEA, OE est moyenne géométrique entre OA et OD, l'angle OEA est droit, donc AE est tangente en E.

Corollaire IV. — *Lorsque des points sont en ligne droite, les polaires passent par le pôle de cette droite, et réciproquement.*

Soit D le pôle de XY, et M un point quelconque de cette ligne (fig. 251) ; abaissons DN perpendiculaire sur OM ; les droites AM, DN

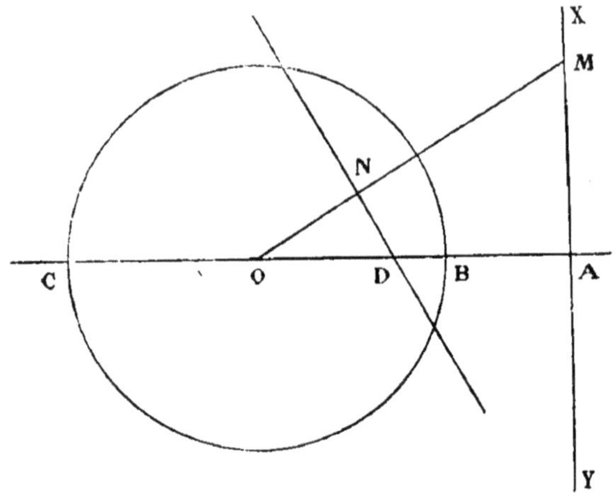

Fig. 251.

étant anti-parallèles on a :

$$ON \times OM = OD \times OA;$$

donc :

$$ON \times OM = R^2;$$

donc la perpendiculaire DN à OM est la polaire du point **M.**

Ainsi, lorsqu'un point parcourt XY, sa polaire pivote autour du point D, pôle de XY.

Les noms de pôle et polaire proviennent de cette propriété.

Corollaire V. — *Lorsqu'une corde pivote autour d'un point, le point de concours des tangentes à ses extrémités décrit la polaire de ce point.*

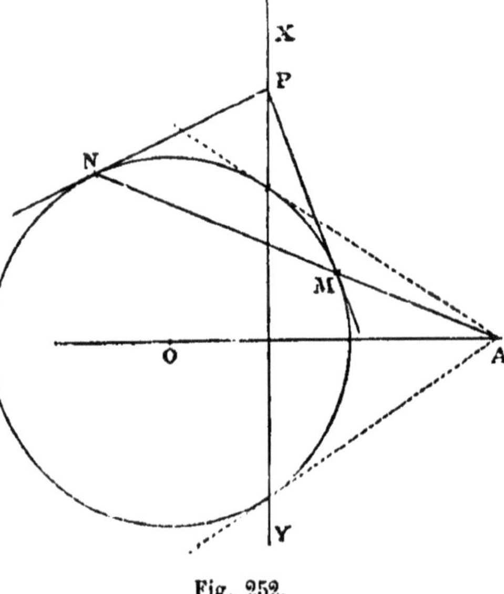

Fig. 252.

Soit P le point de concours des tangentes aux extrémités M, N d'une corde passant par le point fixe A (fig. 252) ; nous savons (corollaire IV) que lorsqu'une droite pivote autour d'un point A, son pôle se déplace sur la polaire de ce point, donc P étant le pôle de MN, se déplace sur XY polaire de A.

Ce corollaire V est un cas particulier de la propriété générale suivante :

Corollaire VI. — *Si d'un point* A *du plan d'une circonférence* (fig. 253) *on trace deux sécantes* AMN, AM'N', *les droites* MM', NN' *vont se couper sur la polaire du point* A, *ainsi que les cordes* NM', N'M.

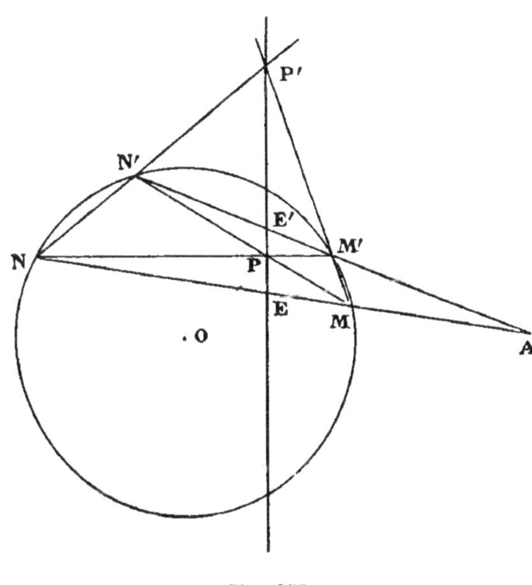

Fig. 253.

Nous savons, en effet (coroll. II, appl. V), que dans l'angle NP'M, la droite P'P est la polaire du point A, donc P'P passe par les conjugués E,E' de A sur M'N' et MN, elle se confond donc avec la polaire du point A par rapport à la circonférence.

Nous allons appliquer ces principes à quelques exemples importants.

Exemple I. — (**Hexagone de Pascal.**) — *Dans tout hexagone inscrit, dont les côtés sont numérotés* 1, 2, 3, 4, 5, 6, *en parcourant le polygone dans le même sens, les points de concours des côtés* 14, 25, 36, *sont en ligne droite.*

Considérons, en effet, le triangle HIK (fig. 254) formé par les côtés non consécutifs 1, 3, 5, sur les prolongements des côtés duquel se trouvent les points de concours M,N,P dont parle l'énoncé : il nous suffit de prouver (th. de Ménélaüs) :

$$\frac{MK}{MH} \times \frac{PH}{PI} \times \frac{NI}{NK} = 1.$$

Or, le triangle HIK coupé par la transversale MDE donne :

$$\frac{MK}{MH} \times \frac{DH}{DI} \times \frac{EI}{EK} = 1;$$

le même triangle coupé par PFA donne :

$$\frac{PH}{PI} \times \frac{FI}{FK} \times \frac{AK}{AH} = 1;$$

et ce même triangle coupé par NCB donne :

$$\frac{NI}{NK} \times \frac{BK}{BH} \times \frac{CH}{CI} = 1.$$

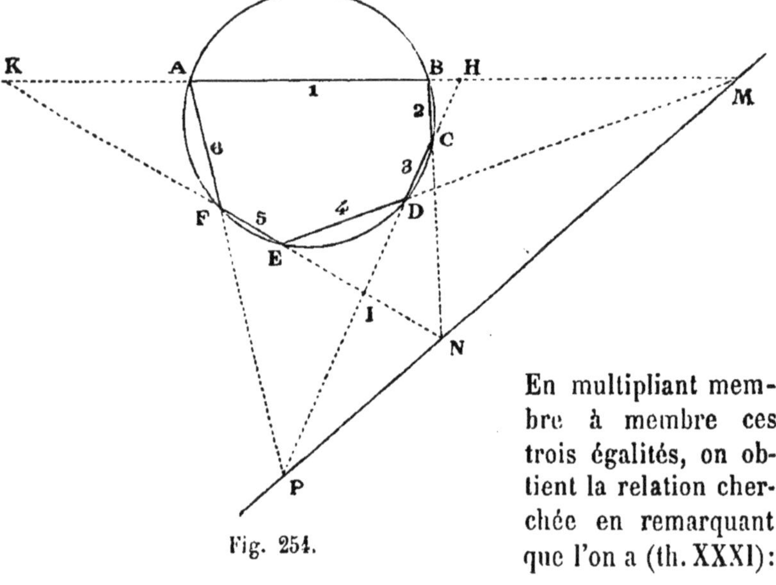

Fig. 254.

En multipliant membre à membre ces trois égalités, on obtient la relation cherchée en remarquant que l'on a (th. XXXI):

$$HA \times HB = HC \times HD, \qquad ID \times IC = IE \times IF, \qquad KA \times KB = KF \times KE.$$

L'énoncé ne suppose pas que l'hexagone considéré soit convexe.

Exemple II. — (Hexagone de Brianchon.) — *Dans tout hexagone circonscrit à une circonférence, et dont les sommets sont numérotés* 1, 2, 3, 4, 5, 6, *en parcourant le polygone dans le même sens, les diagonales* 14, 25, 36, *sont concourantes.*

Ce théorème se déduit du précédent de la façon suivante :

Considérons, en effet, l'hexagone inscrit ABCDEF (fig. 255) ayant pour sommets les points de contact des côtés de l'hexagone circonscrit considéré, et soit M, N, P les points de rencontre des côtés opposés, que nous savons être en ligne droite.

Les points 1 et 4 étant les pôles des côtés AF, CD, la droite 14 est la polaire du point P (coroll. IV) : de même 25 est la polaire du point M, et 36 est la polaire du point N.

Donc les trois diagonales sont concourantes au point H pôle de la droite MNP.

D'ailleurs, le théorème de Pascal est aussi une conséquence du théorème de Brianchon, et l'on voit aisément qu'à un système de points en ligne droite, on pourra faire correspondre un faisceau de droites concourantes, et réciproquement, en transformant la première figure; c'est une méthode très féconde, qui s'appelle la *transformation par polaires réciproques*. Les deux figures sont alors telles que chaque point de l'une est le pôle d'une droite de l'autre, et réciproquement.

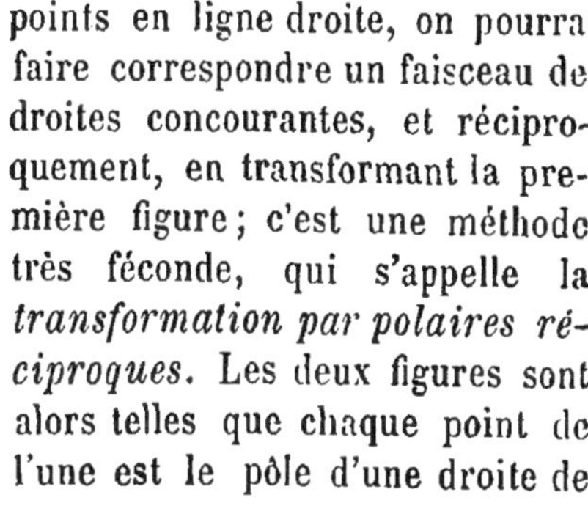

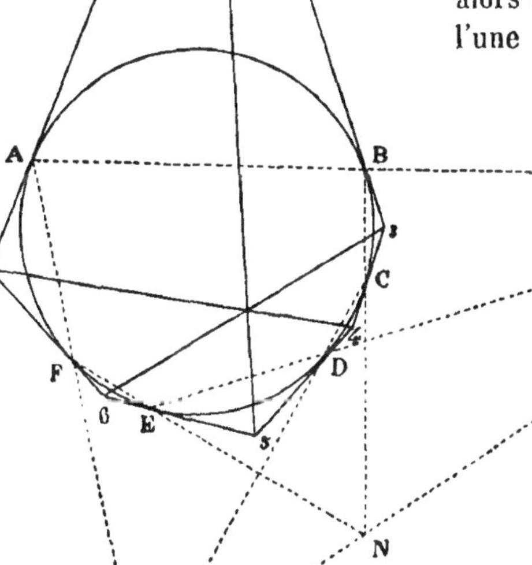

Fig. 255.

Des deux théorèmes que nous venons de démontrer on déduit les deux séries d'énoncés suivants :

Exemple III. — *Dans tout pentagone inscrit dans une circonférence, et dont les côtés sont numérotés* 1, 2, 3, 4, 5 *dans un même sens, les points de concours des côtés* 14, 25 *et du côté* 3 *avec la tangente au sommet commun aux côtés* 1, 5, *sont en ligne droite.*

Dans tout pentagone circonscrit à une circonférence, et dont les sommets sont numérotés 1, 2, 3, 4, 5 *dans un même sens, les droites qui joignent les sommets* 24, 35 *et le sommet* 1 *au point de contact du côté* 34 *sont concourantes.*

Chacun de ces théorèmes se démontre directement, et chacun es une conséquence de l'autre : on peut aussi les déduire des hexagones inscrit et circonscrit, en supposant dans le premier cas que deux sommets consécutifs se confondent, et dans le second cas que deux côtés consécutifs se placent sur la même direction.

Exemple IV. — *Dans tout quadrilatère inscrit dans une circonférence, les points de rencontre des côtés opposés, et les points de concours des tangentes aux sommets opposés, sont quatre points en ligne droite, formant une division harmonique.*

Dans tout quadrilatère circonscrit à une circonférence, les diagonales et les droites qui joignent les points de contact des côtés opposés sont concourantes, et forment un faisceau harmonique.

Mêmes remarques que dans l'exemple III.

Exemple V. — *Dans tout triangle inscrit dans une circonférence, les points de concours de chaque côté avec la tangente au sommet opposé sont en ligne droite.*

Dans tout triangle circonscrit à une circonférence, les droites qui joignent chaque sommet au point de contact du côté opposé sont concourantes.

Exemple VI. — *Étant donné un point fixe* A *et une circonférence* O (fig. 256), *on trace les deux sécantes arbitraires* AMN,

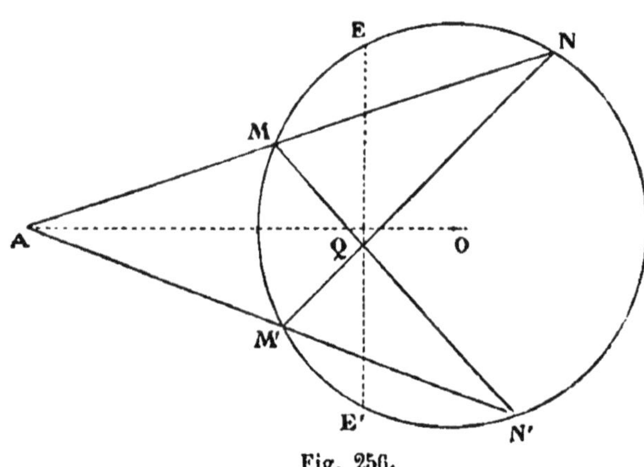

Fig. 256.

AM'N', *on décrit les circonférences circonscrites aux triangles* AMN', AM'N, *et l'on demande le lieu géométrique du second point* P *commun à ces circonférences.*

Pour montrer une application des théories précédentes, nous indiquerons l'une des solutions de ce problème du concours, donnée par l'élève qui a obtenu le premier prix.

Nous transformons la figure par rayons vecteurs réciproques, en prenant comme pôle le point A et comme puissance de transformation la puissance du point A par rapport à la circonférence donnée : dans ces conditions, la transformée du cercle O est le cercle lui-même, la transformée de la circonférence circonscrite à AMN′ est la corde NM′, la transformée de la circonférence circonscrite à AM′N est la corde MN′, donc le point correspondant au point P est le point Q : or, quand les deux sécantes varient, le point Q décrit la polaire du point A, donc le lieu du point P est la transformée de cette droite, c'est-à-dire une circonférence.

Cette circonférence qui passe par le point A, passe aussi par les points E et E′, donc c'est la circonférence qui a pour diamètre AO.

*APPLICATION XIX (*Axes radicaux*).

1° *Le lieu géométrique des points d'égale puissance par rapport à deux circonférences est une droite perpendiculaire à la ligne des centres, et qu'on appelle l'*AXE RADICAL *de ces circonférences.*

Soit, en effet, O et O′ les centres de ces circonférences, R et R′ les rayons ; soit M un point du lieu : les puissances de ce point sont, par définition :

$$\overline{MO}^2 - R^2 \quad \text{et} \quad \overline{MO_1}^2 - R_1^2.$$

On doit donc avoir, pour tout point M du lieu :

$$\overline{MO}^2 - R^2 = \overline{MO_1}^2 - R_1^2,$$

ou :

$$\overline{MO}^2 - \overline{MO_1}^2 = R^2 - R_1^2$$

La différence des carrés des distances d'un point du lieu aux points fixes O et O′ étant constante, et réciproquement, tout point dont la différence des carrés des distances aux points O et O′ est $R^2 - R_1^2$, étant un point du lieu, le lieu géométrique est une perpendiculaire à OO′ (problème XX).

Corollaire I. — *Tout point de l'axe radical est intérieur aux deux circonférences ou extérieur à chacune d'elles.*

Car, si un point est intérieur à une circonférence et extérieur à l'autre, ses puissances qui sont de signe contraire ne peuvent être égales.

Corollaire II. — *Lorsque deux circonférences sont sécantes ou tangentes, l'axe radical est la corde commune, ou la tangente commune.*

Car le point commun aux deux circonférences a une puissance nulle par rapport à chacune d'elles.

Corollaire III. — *La partie de l'axe radical extérieure aux deux circonférences est le lieu géométrique des points, d'où l'on peut mener des tangentes égales aux deux courbes, et la partie intérieure est le lieu des points pour lesquels les cordes minima sont égales.*

Car la puissance d'un point extérieur à une circonférence est le carré de la longueur de la tangente issue de ce point, tandis que cette puissance, pour un point intérieur, est égale et de signe contraire au carré de la demi-corde minimum.

Corollaire IV. — *L'axe radical de deux circonférences est le lieu géométrique des centres des circonférences qui coupent orthogonalement ces deux circonférences.*

Car la condition nécessaire et suffisante pour que deux circonfé-

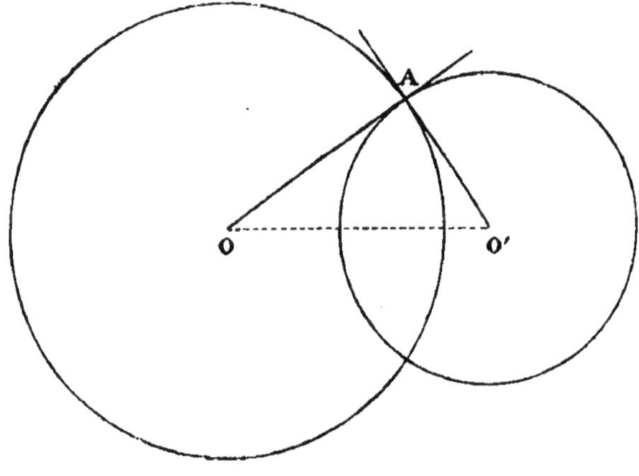

Fig. 257.

rences se coupent à angle droit, est que l'angle des rayons qui vont à l'un des points communs soit droit, puisque cet angle a ses côtés perpendiculaires aux tangentes qui sont rectangulaires.

La puissance du centre d'une circonférence O' coupant orthogonalement la circonférence O (fig. 257) est donc le carré du rayon O'A de cette circonférence ; autrement dit, le centre d'une circonférence coupant orthogonalement deux circonférences, est d'égale puissance par rapport à ces circonférences, d'où l'énoncé du corollaire IV.

Corollaire V. — *Toutes les circonférences qui coupent orthogonalement deux circonférences données, passent par deux points fixes situés sur la ligne des centres de ces deux circonférences.*

Car, le centre O (fig. 258) est d'égale puissance par rapport à deux quelconques des cercles qui coupent orthogonalement la circonférence O, et il en est de même pour le point O′ : donc OO′ est l'axe radical de deux quelconques des cercles orthogonaux : donc les points de cette droite, de puissance nulle par rapport à l'une quelconque de ces circonférences, sera de puissance nulle par rapport à toutes les autres. Il faut remarquer que ces points P et P′ sont les

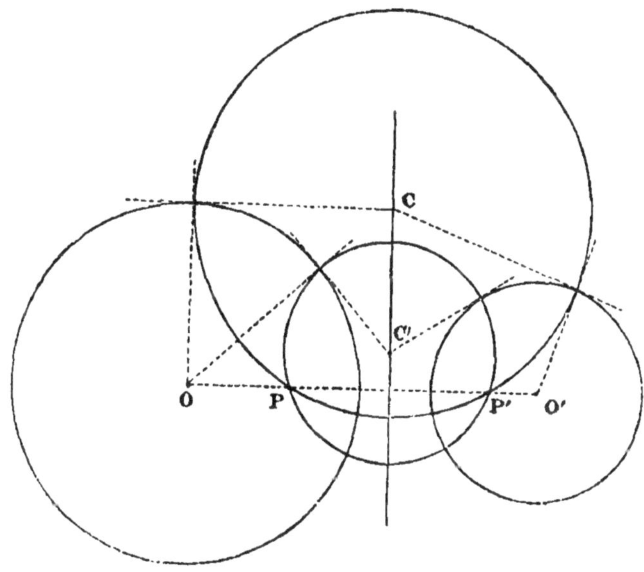

Fig. 258.

points du plan qui ont même polaire par rapport aux deux circonférences, car :

$$OP \times OP' = R^2,$$

et :

$$O'P \times O'P' = R_1^2.$$

Corollaire VI. — *L'axe radical de deux circonférences est le lieu géométrique du point de rencontre de deux cordes anti-homologues de ces circonférences et des tangentes en deux points anti-homologues.*

Car les extrémités de ces cordes étant deux à deux des points antihomologues, sont sur une même circonférence, leur point de concours est donc d'égale puissance par rapport aux deux circonférences.

2° *Les axes radicaux de trois circonférences considérées deux*

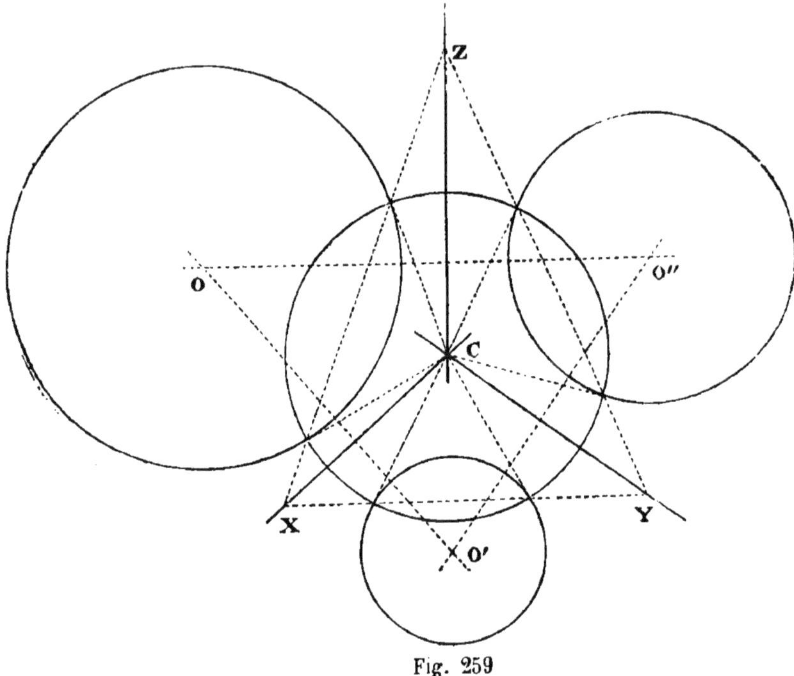

Fig. 259

a deux, passent par un même point qui s'appelle le CENTRE RADICAL *des trois circonférences.*

Nous ne supposons pas les centres en ligne droite, auquel cas les axes seraient parallèles : soit donc C (fig. 259) le point de concours des axes radicaux X et Y des circonférences O, O′ et O′,O″. Le point C est d'égale puissance par rapport aux trois circonférences, donc il appartient à l'axe radical Z des circonférences O, O″.

Ainsi, lorsque trois circonférences se coupent deux à deux, les trois cordes communes sont concourantes.

Corollaire I. — *On sait construire autant de points qu'on le veut de l'axe radical de deux circonférences.*

Il suffit, en effet, de tracer une circonférence arbitraire qui rencontre les deux circonférences considérées : le point de concours des deux cordes communes est sur l'axe radical cherché.

Corollaire II. — *Le centre radical de trois circonférences* *est le centre de la circonférence qui coupe orthogonalement ces trois circonférences.*

Corollaire III. — *Les cordes communes à une circonférence fixe, et à toutes les circonférences passant par deux points fixes, passent par un point fixe.*

Soit, en effet, C et C′ (fig. 260) les centres de deux circonférences arbitraires passant par les points A et B, et dont les cordes communes avec la circonférence fixe O sont MN, M′N′.

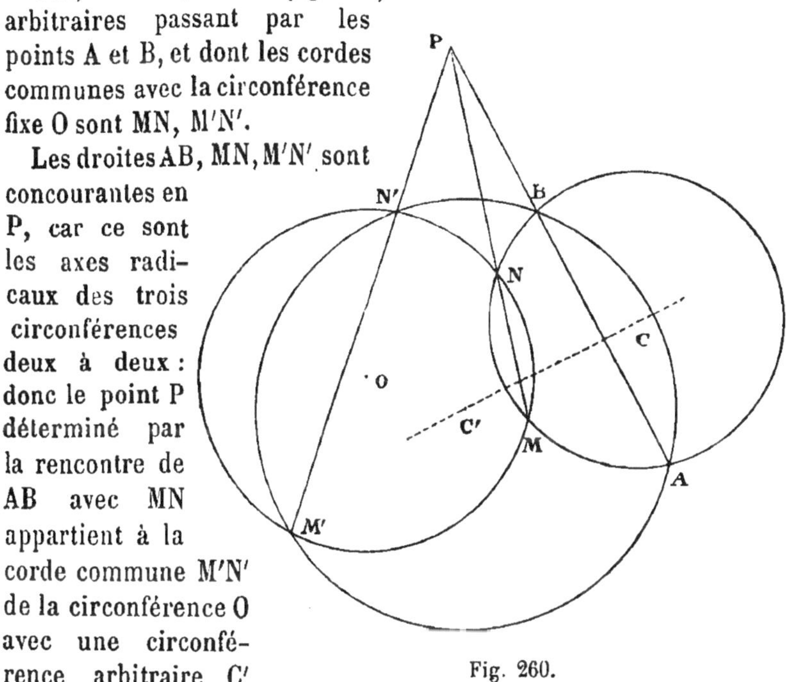

Fig. 260.

Les droites AB, MN, M′N′ sont concourantes en P, car ce sont les axes radicaux des trois circonférences deux à deux : donc le point P déterminé par la rencontre de AB avec MN appartient à la corde commune M′N′ de la circonférence O avec une circonférence arbitraire C′ passant par les points A et B.

Il résulte de là que si l'on considère une circonférence passant par les points A, B et tangente à la circonférence O, la tangente au point de contact des deux lignes passera par le point P.

Corollaire IV. — *Tracer une circonférence passant par deux points et tangente à une circonférence donnée.*

Par les points donnés A, B (fig. 261), nous traçons une circonférence qui coupe la circonférence donnée O; nous prenons le point P de rencontre de la corde commune MN avec AB, et nous traçons les tangentes PC, PC′ à la circonférence O : les circonférences circonscrites aux triangles ACB, AC′B répondent à la question. Il y aura autant de solutions que l'on pourra mener du point P de tangentes distinctes au cercle O. Donc il y aura impossibilité seulement dans le cas où P sera intérieur à O; il sera alors entre M et N, et par suite entre A et B : donc A sera sur l'un des arcs de C sous-tendus par MN, et B sur l'autre, c'est-à-dire que A et B seront, l'un intérieur à O, et l'autre extérieur. Il n'y aura qu'une solution si P est sur le cercle O, auquel cas il se confond avec A ou B. Il y aura deux so-

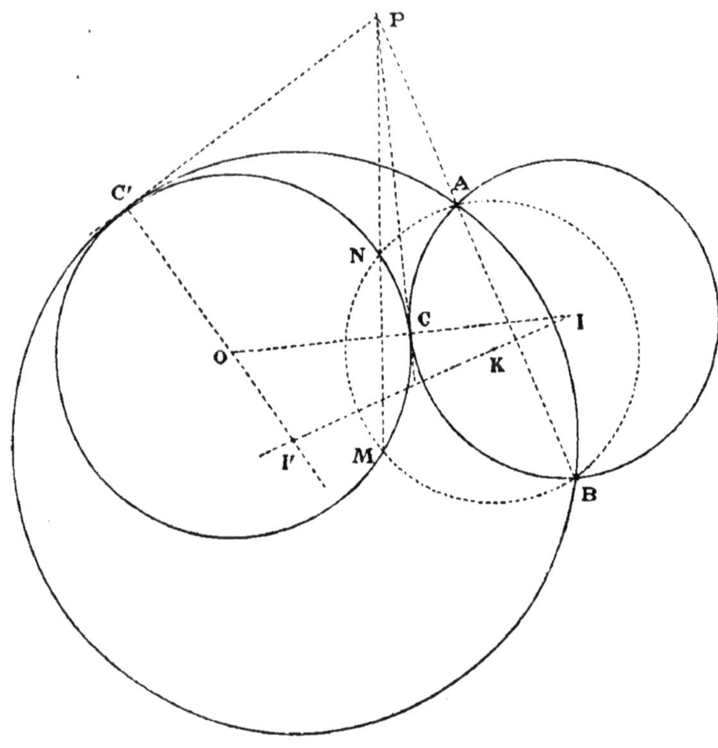

Fig. 261.

lutions distinctes quand P sera extérieur à O, c'est à-dire quand A et B seront dans la même région du plan limitée par la circonférence O.

Corollaire V. — *Tracer une circonférence passant par un point donné, et tangente à deux circonférences données.*

Soit C le centre d'une circonférence passant par le point M donné (fig. 262), et touchant extérieurement les circonférences données O et O' aux points A et A'.

La droite AA' passe par le centre de similitude directe S, et les points A et A' sont anti-homologues, ainsi que B et B'.

Traçons SM, et cherchons à déterminer le deuxième point N où cette ligne rencontre la circonférence cherchée.

Nous avons :

$$SN \times SM = SA \times SA';$$

or,

$$SA \times SA' = SB \times SB' \qquad \text{(appl. XVIII)},$$

donc :

$$SN \times SM = SB \times SB',$$

et SN est la quatrième proportionnelle aux longueurs SM, SB, SB′ toutes connues.

Le point N étant connu, on tracera les circonférences passant par

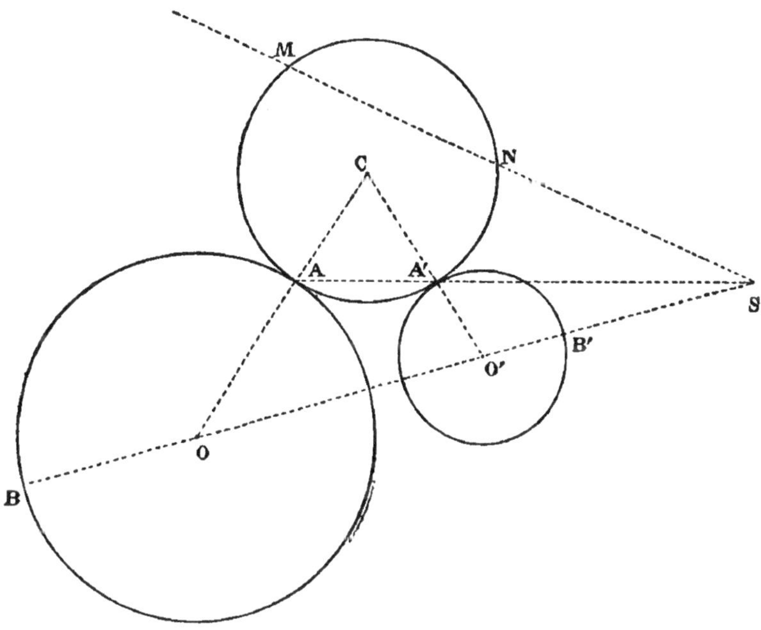

Fig. 262.

les points M, N et tangentes à l'une des circonférences données, elles seront tangentes à l'autre : nous aurons ainsi deux premières solutions du problème, les contacts étant de même espèce avec les deux circonférences.

En cherchant une circonférence tangente intérieurement à O et extérieurement à O′, nous serons conduits à substituer le centre S′ de similitude inverse au centre S, et à répéter les mêmes raisonnements.

Donc, dans le cas général nous obtenons quatre solutions.

Enfin on ramène à ce problème le suivant :

Corollaire VI. — *Tracer une circonférence tangente à trois circonférences données.*

Soit C le centre de la circonférence tangente intérieurement aux circonférences données O, O', O'' aux points M, M', M'' ; décrivons la circonférence de centre C et passant par le point O' : elle sera tangente aux circonférences de centre O et O'' et de rayons $R - R'$

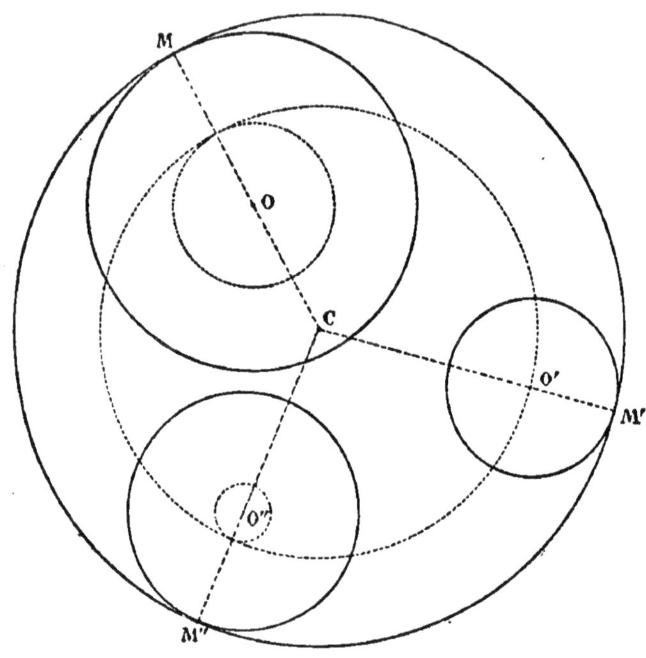

Fig. 263.

et $R'' - R'$. Nous sommes conduit à résoudre le problème précédent pour obtenir le point C ; seulement ce problème qui admet quatre solutions, n'en fournit que deux acceptables pour la question qui nous occupe, ce sont celles dont les contacts sur les circonférences auxiliaires sont de même espèce ; en procédant de la même façon, on obtiendra six autres solutions, qui se décomposent en trois couples, chaque couple contenant une circonférence tangente intérieurement à l'une des circonférences données et extérieurement aux deux autres, et inversement.

Le problème admet donc huit solutions dans le cas général.

Nous allons donner de ce dernier problème une solution fort remarquable due à *Gergonne*.

APPLICATION XX

Tracer une circonférence tangente à trois circonférences données (méthode de Gergonne).

Soit ω et ω_1 (fig. 264) les centres de deux circonférences tangentes intérieurement et extérieurement aux trois circonférences données O, O', O'' aux points mm_1, $m'm'_1$, $m''m''_1$.

1° Les trois cordes de contact mm_1, $m'm'_1$, $m''m''_1$ passent par le centre C de similitude inverse des circonférences ω et ω_1, car, par

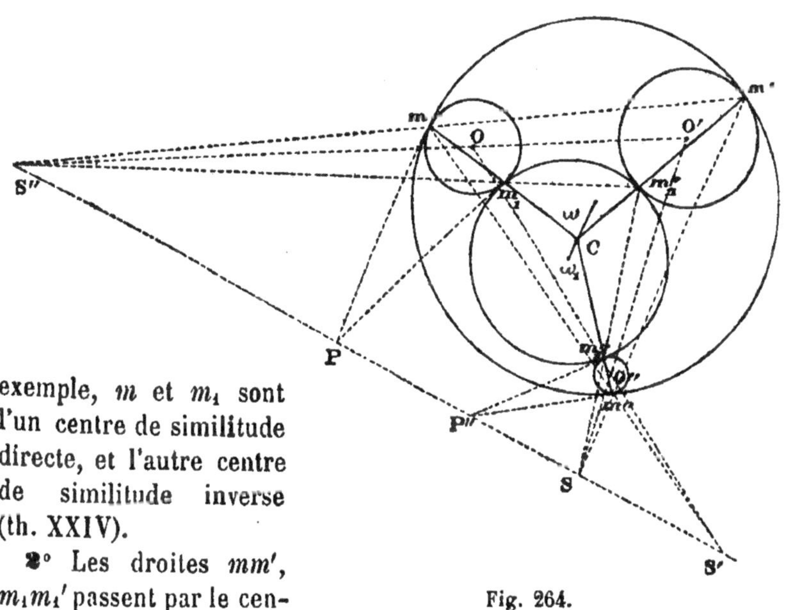

Fig. 264.

exemple, m et m_1 sont l'un centre de similitude directe, et l'autre centre de similitude inverse (th. XXIV).

2° Les droites mm', m_1m_1' passent par le centre de similitude directe S'' des circonférences O et O' (th. XXV) : de même $m'm''$ et $m'_1m''_1$ se coupent au point S, centre de similitude directe des circonférences O' et O''; et enfin mm'' et $m_1m''_1$ concourent au point S', centre de similitude directe des circonférences O et O'' : nous savons que les trois points de concours sont sur une même droite que nous avons appelée axe de similitude directe des circonférences O, O', O''.

3° Le point C est le centre radical des circonférences O, O', O'', parce que les cordes anti-homologues mm_1 $m'm'_1$ des circonférences O, O' se coupent sur l'axe radical de ces circonférences (coroll. VI, 1°, appl. XVII) ; donc ce point C est connu, et si nous pouvons connaître un second point de chacune des cordes de contact mm_1, $m'm'_1$,

$m''m''_1$, ces cordes seront connues, et par suite le problème résolu.

4° L'axe de similitude SS'S'' est l'axe radical des circonférences ω, ω_1, puisque dans ces circonférences, les points m et m_1 sont antihomologues. Donc le point de concours des tangentes en m et m_1 est sur cet axe, c'est-à-dire que le pôle de mm_1, par rapport à la circonférence O est sur SS'S''; donc le pôle de SS'S'' par rapport à la circonférence O est sur mm_1.

En prenant le pôle, par rapport à chacune des circonférences données, de l'axe de similitude directe de ces circonférences, on aura un point de chacune des cordes de contact, et en joignant ces pôles au centre radical C, on aura les cordes de contact.

La question est donc résolue.

Remarque I. — En joignant le point C aux pôles, par rapport aux circonférences données, de l'un des trois axes de similitude inverse de ces circonférences, on obtiendra trois nouvelles cordes de contact correspondant à deux nouvelles solutions du problème : circonférences tangentes intérieurement à l'une des circonférences données et extérieurement aux deux autres, et inversement; en répétant cette construction pour chacun des deux autres axes, on aura les huit solutions du problème général.

Remarque II. — La méthode précédente, fort remarquable par sa simplicité, a encore l'avantage de se prêter très facilement aux transformations : elle contient les solutions de tous les problèmes relatifs aux cercles tangents, en remplaçant une ou plusieurs circonférences par des points, une ou plusieurs circonférences par des droites.

Tous ces problèmes ont d'ailleurs été résolus dans ce cours en application immédiate des théorèmes élémentaires.

§ VII. — EXERCICES PROPOSÉS SUR LE LIVRE III

1. Étant donné une circonférence O, un diamètre fixe AB et deux points C, D sur ce diamètre, on considère un diamètre mobile PQ dont on joint les extrémités aux points C, D. Trouver le lieu géométrique du point de concours M des droites PC, QD.

2. Par un point A donné, tracer une sécante ABC à un angle donné XOY, de telle sorte que A partage BC dans un rapport donné.

3. Le quadrilatère ABCD étant inscrit, et les diagonales AC, BD se coupant en E, prouver la proportion :

$$\frac{EA}{EC} = \frac{AB \times AD}{CD \times CB}.$$

4. Trouver les points d'un plan dont le rapport donné des distances à deux points donnés du plan égale le rapport des distances à deux droites données.

5. On considère la tangente en A au cercle circonscrit à un triangle ABC, et l'on prend le point D, où la parallèle BD à cette tangente rencontre AC; prouver la proportion :

$$\frac{AC}{AB} = \frac{AB}{AD}.$$

6. Quatre points A, B, C, D, en ligne droite étant tels que :

$$\overline{AC}^2 = AB \times AD.$$

On trace une droite arbitraire par le point A, sur laquelle on prend un point E, tel que $AE = AC$; prouver que la droite EC partage l'angle BED en deux parties égales.

7. Construire les points d'une droite donnée dont le rapport des distances à un point du plan et à une droite perpendiculaire à la première a une valeur donnée.

8. On coupe un triangle ABC par une parallèle à une des bissectrices de l'angle A; elle rencontre respectivement les côtés BC, AC, AB aux points D, E, F : prouver la proportion :

$$\frac{DB}{DC} = \frac{FB}{EC}.$$

9. Si l'on considère trois parallèles X, Y, Z, et deux points A et B, en joignant ces points à un point P de X, ces droites vont couper les deux autres parallèles en des points M et M' : montrer que la droite MM' passe par un point fixe quand le point P parcourt X.

10. Si l'on considère deux tangentes parallèles à une même circonférence, et une tangente variable dont le point de contact est M, et qui rencontre les tangentes fixes en N et P, prouver que le produit $MN \times MP$ est constant.

11. Un losange ABCD est circonscrit à une circonférence, et une tangente variable rencontre en M et N les côtés AB, AD, prouver que le produit $BM \times DN$ est constant.

12. Construire un triangle connaissant deux côtés et la longueur de la bissectrice de l'angle qu'ils forment comprise entre le sommet et le côté opposé.

13. Lorsque deux circonférences sont tangentes extérieurement, la portion de tangente commune extérieure comprise entre les points de contact est moyenne géométrique entre les diamètres des deux circonférences.

14. Dans un triangle isocèle ABC, chacun des angles à la base étant double de l'angle au sommet, prouver la relation :

$$\overline{AB}^2 = \overline{BC}^2 + AB \times BC.$$

15. Sur deux côtés AB, AC d'un triangle, on décrit deux circonférences dont le second point commun est sur le côté BC; prouver que les rayons de ces circonférences sont toujours dans le rapport des côtés AB, AC.

16. Lorsque deux triangles ont leurs sommets situés deux à deux sur trois droites concourantes, les côtés homologues se coupent en trois points situés en ligne droite et réciproquement.

17. Par le point de rencontre S de deux tangentes communes extérieures à deux circonférences, on trace deux sécantes :

$$SADA'B', \quad SCDC'D';$$

prouver que l'on a : $SA \times SB' = SD \times SC' = SB \times SA' = SC \times SD'$
Démontrer la même propriété dans le cas où le point S est commun aux deux tangentes communes intérieures.

18. On considère un angle droit AMB dont les côtés passent par deux points fixes A et B d'une circonférence de centre O; on projette en P sur le diamètre du point A le second point N où MB rencontre la circonférence; prouver que le rapport $\frac{\overline{AM}^2}{AP}$ a une valeur constante.

19. Lorsque deux triangles ABC, A'B'C', sont tels que les angles A et A' sont égaux, et les angles B et B' supplémentaires, on a la proportion : $\frac{BC}{B'C'} = \frac{AC}{A'C'}$.

20. Si par le sommet A d'un triangle isocèle ABC on trace une droite arbitraire qui rencontre la base en D, et la circonférence circonscrite en E, on a : $AD \times AE = \overline{AB}^2$.

21. On considère les tangentes issues d'un point A à une circonférence, et dont les points de contact sont B et C; on abaisse la perpendiculaire BD sur le diamètre CC', et l'on propose de démontrer qu'elle est partagée en deux parties égales par AC'.

22. Si l'on considère deux circonférences dont l'une a son centre O sur l'autre, le produit des distances du point O aux points M, M' où la seconde circonférence est rencontrée par une tangente arbitraire à la première est constant.

23. Si dans un quadrilatère complet on enlève successivement chacun des quatre côtés, et que l'on circonscrive une circonférence au triangle restant, on obtient quatre circonférences qui passent par un même point.

24. Étant donné deux droites OX, OY, trouver le lieu des points M du plan pour lesquels la somme de la distance MP à OX et de la portion MQ de parallèle à OX comprise entre M et OY a une valeur donnée. En déduire la construction graphique d'un rectangle de périmètre donné inscrit dans un triangle donné, et discuter.

25. Les droites MN qui coupent les côtés d'un angle XOY fixe en des points

M, N, tels que la somme des inverses de OM et ON soit constante, passent par un point fixe.

26. En construisant le carré BCDE extérieur au triangle ABC, la portion de BC comprise entre les droites AD, AE, est le côté du carré inscrit dans le triangle ABC.

27. Le lieu géométrique des points intérieurs à l'angle A d'un triangle isocèle ABC dont la distance à la base BC est moyenne géométrique entre les distances aux côtés égaux AB et AC est une circonférence.

28. Si l'on considère le cercle circonscrit au triangle ABC, il est rencontré en E et E' par les bissectrices AD, AD' des angles intérieur et extérieur au sommet A ; prouver que BE est moyenne géométrique entre EA et ED, et que BE' est moyenne géométrique entre E'A et E'D'.

29. Le produit es distances d'un point de la circonférence circonscrite à un quadrilatère à deux côtés opposés, égale le produit des distances du même point aux deux autres côtés.

30. Un angle MON de grandeur constante pivote autour de son sommet, et ses côtés viennent couper en M et N les côtés d'un angle fixe supplémentaire du premier. Trouver le lieu du point P qui partage MN dans un rapport donné.

31. Étant donné trois points A, B, C, mener par le point A une droite telle que les distances des points B, C à cette ligne soient dans un rapport donné (nombre des solutions).

32. Étant donné deux triangles ABC, A'B'C' et un point D, tracer par ce point une droite telle que la somme des distances des sommets A, B, C à cette ligne, soit dans un rapport donné avec la somme des distances à cette même ligne des sommets A', B', C'.

Généraliser en prenant deux systèmes de points.

33. Étant donné un triangle ABC et un point D sur BC, tracer une parallèle EF à BC, telle que la portion EF comprise dans l'angle A soit vue du point D sous un angle droit.

34. Soit quatre points A, B, C, D, en ligne droite ; C étant le milieu de AB, on a la relation : $\overline{AD}^2 + \overline{DB}^2 = 4\,\overline{CD}^2 + 2AD \times DB$.

35. La projection du milieu d'un côté d'un triangle rectangle sur l'hypoténuse, détermine sur cette ligne deux segments dont la différence des carrés égale le carré du troisième côté.

36. Soit l'angle droit AOB au centre d'une circonférence : nous abaissons d'un point C de l'arc intercepté une perpendiculaire CD sur le rayon OA, qui rencontre en E la bissectrice de l'angle AOB ; prouver que les lignes DE, DC et OA sont les côtés d'un même triangle rectangle.

37. La somme des carrés des distances du milieu d'une corde d'une circonférence à ses extrémités et aux extrémités du diamètre qui lui est parallèle, égale le carré du diamètre.

38. Le triangle ABC étant isocèle, d'une extrémité C de la base, on abaisse la perpendiculaire CD sur le côté AB; prouver que la somme des carrés des trois côtés du triangle égale :

$$3\,\overline{CD}^2 + 2\,\overline{AD}^2 + \overline{BD}^2.$$

39. En représentant par a, b, c, les côtés d'un triangle rectangle dont l'hypoténuse est a, et par H la hauteur, les trois lignes $H, a+H, b+c$, sont les côtés d'un même triangle rectangle.

40. Lorsqu'on projette un point P sur les côtés d'un polygone ABCDE, on détermine des segments tels sur ces côtés, que la somme des carrés des segments non consécutifs égale la somme des carrés des autres.

41. Le triangle rectangle ABC ayant pour hauteur AD, on a la relation :

$$\frac{1}{\overline{AD}^2} = \frac{1}{\overline{AB}^2} + \frac{1}{\overline{AC}^2}.$$

42. Si l'on considère deux circonférences tangentes en A, l'une passant par le centre de l'autre, en les coupant par une perpendiculaire au diamètre du point A, le rapport des carrés des distances du point A aux points de rencontre est constant.

43. La somme des carrés des segments déterminés par un diamètre fixe d'un cercle sur une corde inclinée à 45 degrés sur ce diamètre est constante.

44. Étant donné un angle XOY et un point A sur OX, tracer une circonférence tangente à OX en A et qui intercepte une longueur donnée sur OY.

45. La somme des carrés de deux côtés opposés AB, CD d'un quadrilatère, augmentée de la somme des carrés des diagonales, égale la somme des carrés des deux autres côtés, plus quatre fois le carré de la ligne qui joint les milieux de ces côtés.

46. Soit BC la base du triangle isocèle ABC, et la hauteur BD, montrer que l'on a

$$\overline{BC}^2 = 2\,AC \times DC.$$

47. Si l'on coupe le triangle isocèle ABC par une parallèle DE à BC, qui rencontre AB en D, on aura :

$$\overline{BD}^2 = \overline{DC}^2 - BC \times DE.$$

48. Soit M un point arbitraire pris sur la base BC d'un triangle isocèle ABC, prouver que l'on a :

$$MB \times MC = \overline{AB}^2 - \overline{AM}^2.$$

49. Dans tout trapèze, la somme des carrés des diagonales égale la somme

des carrés des côtés non parallèles, augmentée des produits des deux bases.

50. La somme des carrés des quatre segments de deux cordes rectangulaires d'un cercle, est indépendante de la position du point de concours.

51. Un rectangle a un sommet A fixe, tandis que les deux sommets voisins B et D parcourent une même circonférence ; quel est le lieu géométrique du quatrième sommet C?

52. Si l'on partage le diamètre AB d'une circonférence en trois parties égales aux points C, D, en joignant un point M de la circonférence à ces deux points, la somme des carrés des côtés du triangle MCD vaut les $\frac{2}{3}$ du carré du diamètre.

53. Quel est le lieu géométrique des points qui partagent toutes les cordes égales d'une même circonférence dans un rapport donné?

54. Si A est un point fixe dans une circonférence, et MN une corde arbitraire parallèle au diamètre du point A, la somme $AM^2 + AN^2$ sera constante.

55. Si deux points A, B, sont sur un même diamètre et équidistants du centre, en traçant par B une corde arbitraire MN, on forme un triangle AMN dont la somme des carrés des côtés est constante.

56. Le rapport de la différence des carrés des diagonales d'un trapèze à la différence des carrés des côtés non parallèles est le même que le rapport de la somme des bases à leur différence.

57. La somme des carrés des trois côtés d'un triangle quelconque est égale au double de la somme des produits de chaque hauteur par la partie comprise entre le sommet et le point de concours.

Elle est aussi égale à douze fois le carré du rayon du cercle circonscrit, moins la somme des carrés des distances du point de concours des hauteurs aux trois sommets.

58. Dans un triangle quelconque ABC, on trace les hauteurs AD, BE, prouver la relation :

$$\overline{AB}^2 = AE \times AC + BD \times BC$$

59. Dans un triangle quelconque ABC, on trace la médiane BD et la hauteur AE, prouver que l'on a la relation :

$$\overline{BD}^2 = \overline{DC}^2 + BC \times BE \quad \text{si} \quad C < 90^\circ$$
$$\overline{BD}^2 = \overline{DC}^2 - BC \times BE \quad \text{si} \quad C > 90^\circ.$$

60. La somme des carrés des distances d'un point du plan à deux sommets opposés d'un rectangle, égale la somme des carrés des distances du même point aux deux autres sommets.

61. Lorsqu'une droite AB est partagée par un point C en moyenne et extrême raison, la somme des carrés de la droite entière AB et du

plus petit segment BC, égale le triple carré du plus grand segment AC.

La propriété est vraie pour chacun des deux points C, C′, qui partagent AB en moyenne et extrême raison.

62. Étant donné deux points A et B d'un plan, trouver le lieu géométrique des points M du plan pour lesquels on a, soit : $5\overline{MA}^2 + 3\overline{MB}^2 = K^2$, soit $5\overline{MA}^2 - 3\overline{MB}^2 = K^2$.

63. Étant donné deux circonférences O et O′, trouver le lieu géométrique des points M du plan, tels que les tangentes MP, MP′, issues de ce point aux deux circonférences, satisfassent à la relation : $4\overline{MP}^2 \pm 3\overline{MP'}^2 = K^2$.

64. D'un point donné hors d'une circonférence, tracer une sécante telle que la corde interceptée soit moyenne géométrique entre la sécante entière et sa partie extérieure.

65. Étant donné un angle XOY et un point fixe A sur la bissectrice de cet angle : par A on mène à l'angle une sécante arbitraire MAN, dont on projette les extrémités en M′ et N′ sur OC ; on prend le milieu B de OC, et l'on décrit la circonférence de diamètre M′B, qui rencontre NN′ en P : prouver que le lieu géométrique du point P est la circonférence de diamètre OC.

66. D'un point donné hors d'une circonférence, mener une sécante telle que le produit de la sécante entière par sa partie intérieure égale le carré d'une ligne donnée.

67. On donne dans un plan deux circonférences : on demande le lieu des points tels que si de chacun d'eux on mène n sécantes à la première circonférence, et n' à la seconde, la somme des produits de chaque sécante entière par sa partie extérieure soit égale à une quantité donnée.

68. Étant donné un triangle ABC, dont l'angle A est obtus, tracer par le sommet A une droite dont la portion AD comprise dans le triangle, soit moyenne proportionnelle entre les deux segments DB, DC qu'elle détermine sur le côté BC.

69. Étant donné deux points A, B de côtés différents d'une droite XY, tracer par ces points une circonférence qui intercepte la plus petite corde sur XY.

70. Si trois circonférences ont une même corde commune, et que d'un point de l'une on mène des tangentes aux deux autres, les longueurs de ces tangentes seront dans un rapport constant.

71. Soit AB une corde fixe d'un cercle dont le milieu est C, et soit MN une corde arbitraire que rencontre la première en P, prouver que $\overline{CP}^2 + PM \times PN$ est constant.

72. Circonscrire à un triangle donné le triangle de périmètre maximum semblable à un triangle donné.

73. Inscrire dans un triangle donné le triangle de périmètre minimum semblable à un second triangle donné.

74. Par deux points donnés, faire passer une circonférence qui partage en deux parties égales une circonférence donnée.

75. Inscrire dans une circonférence donnée un triangle dont un côté passe par un point donné, les deux autres côtés étant parallèles à des directions données.

76. Inscrire dans une circonférence donnée un triangle dont deux côtés passent par deux points donnés, le troisième côté étant parallèle à une direction donnée.

77. Inscrire dans une circonférence donnée un triangle dont les côtés passent par trois points donnés.

78. Quel est le lieu géométr que des centres des circonférences, telles que les tangentes menées à ces lignes de deux points fixes donnés soient respectivement égales à des longueurs données.

79. Si l'on considère les points B', D', C' où une circonférence passant par A rencontre les côtés AB, AD, et la diagonale AC d'un parallélogramme ABCD, on a la relation : $AC \times AC' = AB \times AB' + AD \times AD'$.

80. Si l'on complète en E et F le quadrilatère ABCD inscrit dans la circonférence O :

1° Le carré de EF égale la somme des carrés des tangentes à la circonférence O, issues des points E et F ;

2° Les tangentes issues du milieu de EF ont pour somme EF ;

3° La circonférence décrite sur EF comme diamètre, coupe orthogonalement la circonférence O.

81. Étant donné un quadrilatère inscriptible, on mène par le point de rencontre des diagonales la corde minimum ; prouver que ce point est le milieu de la portion comprise entre deux côtés opposés.

82. Dans tout triangle, la somme des distances du centre du cercle circonscrit aux trois côtés égale la somme des rayons des cercles inscrit et circonscrit.

83. Étant donné une circonférence, deux points A et A' de cette ligne et une droite XY, on prend un point arbitraire M sur la circonférence on tire AM, A'M, qui rencontrent XY en P et P' ; prouver qu'il existe deux points B, B' sur XY, tels que $BP \times B'P'$ conserve une valeur constante quand M se déplace, et déterminer la position de ces points.

84. Dans un triangle quelconque, D est le milieu de BC, E est le pied de la hauteur, et F le pied de la bissectrice intérieure de l'angle A ; enfin G et H sont les points de contact sur BC des cercles, situés dans l'angle A, et tangents aux trois côtés ; prouver les deux relations : $FH \times EG = FG \times EH$ et $DH \times DG = DF \times DE$.

85. Étant donné trois points fixes A, B, C en ligne droite, on fait passer une circonférence arbitraire O par les points A et B, qui rencontre la perpendiculaire au milieu de AB aux points P et P' ; trouver le lieu géométrique des points où la circonférence O rencontre les sécantes CP, CP'.

86. Étant donné un angle XOY, et deux points A, B sur le côté OY, on prend sur OX un point M arbitraire que l'on joint aux deux points A, B. Par A on mène la parallèle à MB, et par B la parallèle à MA, qui rencontrent OX aux points P, Q; trouver le lieu géométrique du point N de rencontre de AQ avec BP.

87. Étant donné un triangle ABC, trouver une sécante dont la portion DE comprise entre les côtés AB, AC, soit à la fois égale à BD et à EC.

88. Construire un triangle ABC dans lequel on donne l'angle A et chacune des sommes AB + BC et AC + BC.

89. Lorsqu'un point M parcourt une circonférence C, orthogonale à deux circonférences O, O′, le point de rencontre P, de ses polaires par rapport aux circonférences O, O′, parcourt la circonférence C et les points M et P sont toujours sur un même diamètre.

90. Le lieu géométrique des points du plan de trois circonférences O, O′, O″ dont les polaires par rapport à ces trois lignes sont concourantes, est la circonférence qui coupe orthogonalement les circonférences O, O′, O″.

91. En projetant les pieds des hauteurs d'un triangle sur les trois côtés, on obtient six points qui sont les sommets d'un hexagone inscriptible dont les côtés opposés sont parallèles.

92. On trace un diamètre AOB fixe d'une circonférence et une corde variable AM sur laquelle on prend un point N, tel que le rapport de NM à NA soit constant; quel est le lieu du point P de rencontre de ON avec BM?

93. Soit le quadrilatère ABCD complété aux points E où AC rencontre CD, et F où AC rencontre BD. Les circonférences circonscrites aux triangles ABF, ADE, BCE, DCF passent par un même point G, dont les projections sur les quatre côtés du quadrilatère sont en ligne droite; prouver de plus que les centres de ces quatre circonférences sont sur une même circonférence passant par le point G.

Les triangles obtenus, en joignant ce point aux extrémités des côtés opposés du quadrilatère, sont semblables.

94. Construire le triangle ABC dans lequel on donne AB, le pied D sur AB de la bissectrice de l'angle C, et la projection E sur AB du centre de gravité. — Discuter.

95. Etant donné les deux droites OX, OY, trouver le lieu du point M tel qu'en menant MN parallèle à OX et MP parallèle à OY, on ait la relation $\alpha \times MN + \beta \times MP = C$, α et β étant des nombres donnés et C une longueur connue. — Discussion.

96. Du point A donné on trace la sécante AMN à la circ. donnée O; par le milieu P de MN on élève la perpend. à cette corde, sur laquelle on porte $PQ = K \times AP$. Trouver le lieu du point Q. — Discussion.

97. Par le point de contact A de deux circonférences O, O′ tangentes, on trace une sécante qui rencontre O en M et O′ en M′: trouver le lieu du point P où O′M rencontre OM′.

98. Les som. B, C, d'un tr. variable ABC étant fixes, l'angle A const., tr. le lieu géom. du pt. P de rencontre des dr. BM, CN, qui partagent AC et AB dans des rapports donnés. — Discussion.

99. Du pt A on trace la séc. AMN à la circ O : tr. le lieu pt P de renc. des circ. passant par A, et tang. à O, l'une en M, l'autre en N.

100. Par deux pts A et B faire passer la circ. qui interc. sur une circ. donnée un arc minimum.

101. Soit S un pt situé sur le côté AC du tr. ABC : on prend M sur SC et N sur AB, de sorte que le rap. de SM à MC égale le rapport K, de AN à NB. — 1° Pr. que le lieu du pt. P où se coup. BM et CN est une dr. quand K varie. — 2° Pr. que cette dr. passe par un pt fixe quand S se déplace sur AC.

102. Étant donné une circ. à laquelle on circ. le parallélogramme ABCD 1° pr. que ABCD est un losange ; 2° pr. que l'on a $\overline{AC}^2 + \overline{BD}^2 = \overline{2R}^2$; 3° quel est parmi tous les los. circ. à ce c., celui qui a la plus petite surf. (B. S. Sorb.)

103. Tr. la rel. qui doit exister entre les deux bases a, b et la long. com. c des côtés non parallèles d'un trapèze isocèle, pour qu'on puisse lui insc. un c. Exprimer le rayon de ce c. en fonct. de a et b. Calc. aussi le rayon du c. circ. (B. S. Dijon.)

104. On donne une circ. de rayon R et une dr. située dans son plan à la distance d du centre. Const. un carré dont un côté soit une corde de la circ., et dont le côté opposé s'applique sur la dr. — Disc. (B. S. Dijon.)

105. Étant donné un tri. équil. ABC, on prend sur les côtés AB, BC, CA, et non sur leur prolong., des pts. A' B' et C' tels que $AA' = BB' = CC' = \alpha$. Calc. la surf. du tr. A'B'C' en fonc. du côté a du tr. ABC. Max. et min. de cette aire. (B. S. Sorb.)

106. Trouver sur la méd. AD du tr. ABC les pts dont la somme des carrés des dist. aux 3 sommets soit min. (B. S. Sorbonne.)

107. Calc. les long. des biss. intér. des trois angles d'un tr. rectangle en fonct. des côtés de l'angle droit. (B. S. Dijon.)

108. Construire un tri. isoc., conn. la base a et la long. com. β des méd. about. aux extr. de la base. Calc. la val. com. des côtés. (B. S. Dijon.)

109. Dans un tr. isoc. on donne la hauteur principale H, le rayon r du c. insc., et l'on dem. de calc. les côtés du tri. et les autres haut. (B. S. Dijon.)

110. On donne un c. O et sur ce c. 2 pts. A A'; on considère tous les couples de deux c. C, C' tang. entre eux et tang. au c. O, le 1er A, le 2me en A'.

1° Tr. le lieu du pt de contact des deux c. C et C', puis prenant un pt sur ce lieu, reconnaître d'après sa position sur le lieu, le mode de contact des c. C et C' qui corr. à ce pt et le mode de contact de chacun d'eux avec le c. O.

2° Tr. le lieu du pt. de concours des tang. com. extér. aux c. C et C' d'un même couple.

3° A un pt N du lieu précédent correspondent deux couples de c.

C et C'. Soit M le pt de contact des c. de l'un de ces couples, et M' le pt. de contact des c. de l'autre couple. On considère le tri. MNM' ; tr. le lieu du centre du c. insc. dans ce tri., le lieu du centre du c. cir., le lieu du pt de concours des hauteurs, et vérifier que tout pt com. à deux de ces trois lieux appartient à l'autre.

4° Soit R le rayon du c. O et θ l'angle des rayons de ce c. qui sont terminés aux pts A et A'. Calculer les rayons d'un couple de c. C, C', tels que le rapport de la somme des carrés des rayons de ce c. au carré du rayon du c. O soit égal à un nombre donné m. Discuter le problème dans le cas où $\theta = 90°$, et reconnaître pour chaque sol., selon la valeur de m, le mode de contact de chacun d'eux avec le c. O.

(Concours général.)

111. O, O', O'' sont trois circ. homoth. dir. ou inv. par rapport au même centre S ; par ce point on mène une sec. quelc. SM : soit A et B ses pts d'inters. avec la circ. O ; soit B' l'homologue sur la circ. O' du pt B ; soit A'' l'homologue sur la circ. O'' du pt A. Dém. que le produit $AA'' \times BB'$ est constant et égal à $LL'' \times LL'$, les pts de contact de la tang. com. aux 3 circ., étant L, L', L''. Considérer le cas où les circ. O', O'' coïncident : $AA' \times BB' = \overline{LL'}^2$. Déduire de cette prop. que toutes les circ. tang. à 2 circ. O', O'' ont avec toute circ. O. homot. à O' et à O'', une tang. com. int. ou ext. DE de long. constante.

Récipr. O et O' étant deux circ. données et S leur centre de simil. dir. ou inv., le lieu du pt P déterminé sur chaque séc. SAB' par la condition $AA' \times BP = K^2 =$ const. est une circ. homot. aux deux premières. Plus génér. le lieu des pts P et Q déterminés sur chaque séc. SAB par les conditions $AP \times BQ = K^2$ et $A'P \times B'Q = H^2$ se compose de deux circ., une pour chaque pt., homot. aux deux premières. (École navale.)

112. Soit Δ une transversale rencontrant respectivement en A', B', C' les côtés BC, AC, AB du triangle ABC : prouver que les symétriques de ces points par rapport aux milieux des côtés sont sur une même droite Δ'.

(Les droites Δ et Δ' associées comme l'énoncé l'indique sont nommées *transversales réciproques* par M. G. de Longchamps.)

113. Soit M un point dans le plan du triangle ABC, et soit A' B' C' les points où les droites qui joignent M aux sommets rencontrent les côtés opposés : prouver qu'en joignant à ces sommets les points respectivement symétriques de A'B'C' par rapport aux milieux déjà cités, on a encore trois droites concourantes en M'.

(Les points M et M' associés comme l'énoncé l'indique sont nommés *points réciproques* par M. G. de Longchamps.)

QUATRIÈME LIVRE

POLYGONES RÉGULIERS, MESURE DE LA CIRCONFÉRENCE AIRES DES FIGURES PLANES

---

§ I. — PROPRIÉTÉS GÉNÉRALES DES POLYGONES RÉGULIERS

Définitions. — UNE LIGNE BRISÉE EST RÉGULIÈRE *lorsque tous ses angles sont égaux, ainsi que ses côtés.*

UN POLYGONE EST DIT RÉGULIER *lorsque tous ses angles sont égaux, ainsi que ses côtés :* c'est donc une ligne brisée régulière fermée.

Un polygone régulier concave est dit ÉTOILÉ.

Le polygone régulier le plus simple est le *triangle équilatéral.*

Le *carré* est le polygone régulier de quatre côtés.

La somme des angles intérieurs d'un polygone convexe de n côtés étant égale à $(2n - 4)$ droits, l'angle intérieur du polygone régulier convexe de n côtés est la fraction de droit représentée par $\frac{2n-4}{n}$: donc tous les polygones réguliers convexes d'un même nombre de côtés ont même angle. L'angle du pentagone régulier convexe est $\frac{6}{5}$ de droit, et celui de l'hexagone régulier est $\frac{4}{3}$ de droit.

THÉORÈME I

Une ligne brisée régulière est à la fois inscriptible et circonscriptible.

Soit la ligne brisée régulière ABCDEF (fig. 265).

1° Il y a une circonférence passant par tous les sommets :

En effet, soit O le centre de la circonférence passant par les points A, B, C, il nous suffira de prouver que cette ligne passe par le sommet D, c'est-à-dire que OD égale OA : à cet effet, considérons les deux quadrilatères OABM, ODCM dans lesquels OM est perpendiculaire sur BC ; ils sont superposables, car en faisant tourner la portion de plan ODCM d'une demi-révolution autour de OM, MC prendra la direction de MB, et comme le point M est le milieu de BC, le point C viendra en B : les angles BCD et CBA étant égaux, CD prendra la direction de BA, et les longueurs CD, BA étant égales, le point D se placera en A, donc :

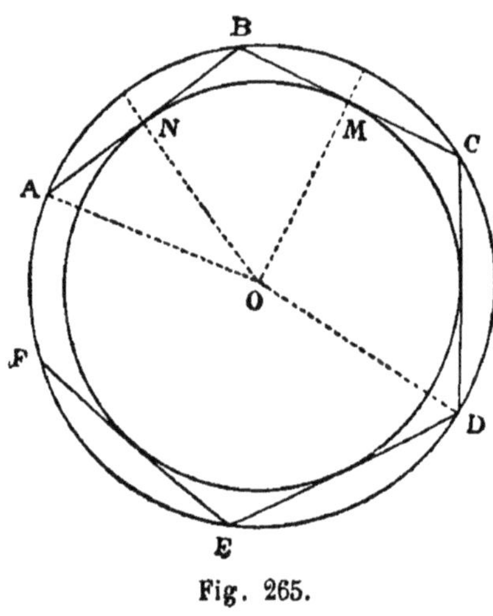

Fig. 265.

$$OD = OA.$$

2° Il y a une circonférenee tangente à tous les côtés de la ligne brisée.

Car dans la circonférence circonscrite ces côtés sont des cordes égales, donc elles sont tangentes en leurs milieux à une circonférence concentrique à la première.

Corollaire. — *Un polygone régulier est à la fois inscriptible et circonscriptible.*

Définitions. — LE CENTRE D'UNE LIGNE BRISÉE RÉGULIÈRE OU D'UN POLYGONE RÉGULIER *est le centre de la circonférence circonscrite* : c'est donc aussi le centre de la circonférence inscrite.

Le RAYON et l'APOTHÈME d'un polygone régulier sont les rayons des circonférences circonscrite et inscrite.

Du centre d'un polygone régulier tous les côtés sont vus sous le même angle, qui s'appelle l'ANGLE AU CENTRE DU POLYGONE ; lorsque le polygone est convexe, cet angle au centre est la fraction $\frac{4}{n}$ d'angle droit.

THÉORÈME II

Une circonférence étant divisée en parties égales :

1° Les cordes qui joignent les points de division consécutifs forment un polygone régulier ;

2° Les tangentes en ces points forment un polygone régulier.

Soit la circonférence O (fig. 266) partagée en n parties égales aux points ABCDE...

1° Le polygone ABCDE... est régulier :

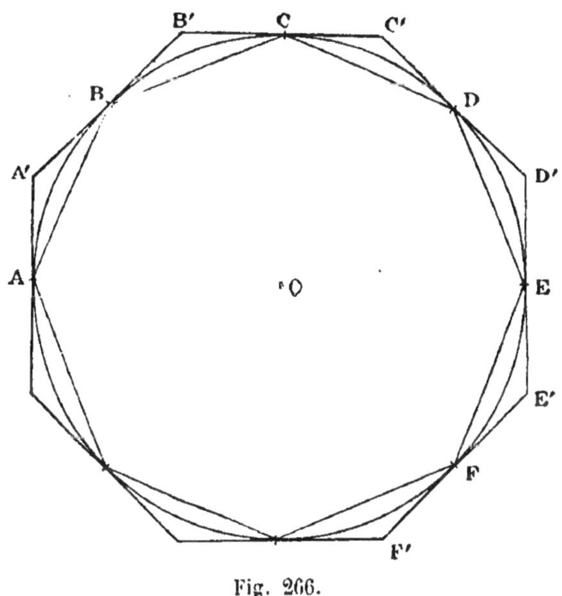

Fig. 266.

En effet, ses côtés sont égaux, puisque ces cordes sous-tendent des arcs égaux. Puis les angles sont égaux, car ils ont même mesure : l'un quelconque de ces angles est inscrit, et il intercepte les $\frac{n-2}{n}$ de la circonférence.

2° Les tangentes aux points de division déterminent le polygone circonscrit A'B'C'D'E'.. , prouvons qu'il est régulier :

Nous remarquons à cet effet que les triangles isocèles BB'C, CC'D ont les angles à la base égaux, car ces angles, formés par une corde et une tangente en l'une de ses extrémités, comprennent des arcs égaux entre leurs côtés ; d'ailleurs les bases de ces triangles sont égales, donc les triangles sont égaux ; il en résulte : 1° que les angles du polygone sont égaux ; 2° que le point de contact de chaque côté est le milieu de ce côté ; 3° que les côtés sont égaux puisque les moitiés de deux côtés consécutifs sont égales.

PROBLÈME I

La circonférence étant partagée en n *parties égales, quel est le nombre des côtés du polygone régulier inscrit dont le côté sous-tend* p *de ces divisions?*

Nous remarquons d'abord que l'on reviendra au point de départ, c'est-à-dire que le polygone se fermera, lorsque le nombre total des

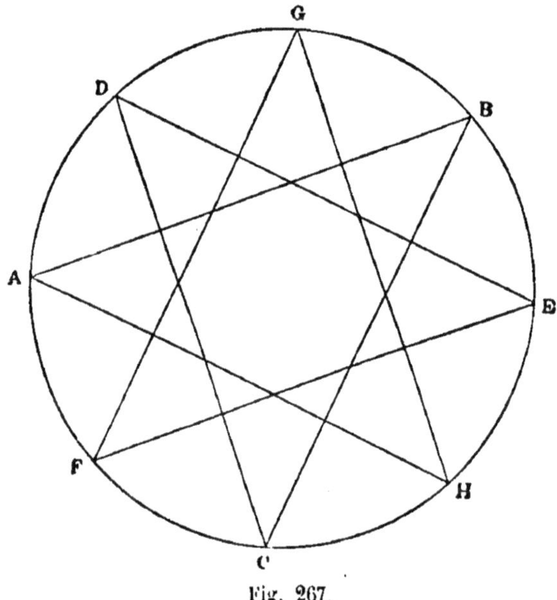

Fig. 267.

arcs sous-tendus sera un multiple commun aux nombres n et p, et réciproquement. Donc en partant d'un point, le polygone se fermera lorsqu'on aura parcouru un nombre d'arcs égal au plus petit commun multiple entre n et p, c'est-à-dire, en représentant par δ le plus grand commun diviseur à ces nombres, lorsque le nombre d'arcs parcourus sera :

$$\frac{np}{\delta}.$$

Or, chaque côté sous-tend p arcs, il y a donc $\frac{n}{\delta}$ côtés.

D'ailleurs le polygone régulier sera convexe ou étoilé suivant que $\frac{np}{\delta}$ sera égal ou supérieur à n, c'est-à-dire suivant que δ sera égal ou inférieur à p.

Le polygone régulier aura n côtés dans le seul cas où δ sera 1, c'est-à-dire dans l'hypothèse où p est premier avec n.

Ainsi, en supposant la circonférence partagée en douze parties égales, en sous-tendant $\frac{1}{12}$, on aura le dodécagone régulier convexe, $\frac{2}{12}$ l'hexagone régulier, $\frac{3}{12}$ le carré, $\frac{4}{12}$ le triangle équilatéral, $\frac{5}{12}$ le dodécagone régulier étoilé, $\frac{6}{12}$ le diamètre : il est inutile de continuer, car on retrouvera en ordre inverse les polygones précédents; en effet, si un côté sous-tend p divisions, le même côté sous-tend $(n-p)$ divisions.

Corollaire.— *Il y a autant de polygones réguliers différents de* n *côtés que de nombres premiers avec* n *depuis* 1 *jusqu'à* $\frac{n}{2}$.

Ainsi il y a deux pentagones réguliers, l'un convexe, dont le côté sous-tend $\frac{1}{5}$ de la circonférence ; l'autre étoilé, dont le côté sous-tend $\frac{2}{5}$ de la circonférence.

Il y a un seul hexagone régulier.

Il y a deux octogones réguliers dont les côtés sous-tendent l'un $\frac{1}{8}$, l'autre $\frac{3}{8}$ de la circonférence (fig. 267).

Il y a deux décagones réguliers, deux dodécagones réguliers (fig. 276).

Il y a quatre pentédécagones réguliers (15 côtés) dont les côtés sous-tendent $\frac{1}{15}$, $\frac{2}{15}$, $\frac{4}{15}$, $\frac{7}{15}$, de circonférence.

THÉORÈME III

Deux polygones réguliers convexes d'un même nombre de côtés sont semblables ; le rapport des périmètres est égal au rapport des rayons et au rapport des apothèmes.

La première partie de la proposition est évidente, car deux polygones réguliers convexes d'un même nombre de côtés ont même angle, et en second lieu le rapport de deux côtés homologues est identique au rapport de deux autres côtés homologues.

En second lieu, soit O et O' (fig. 268) les centres des polygones,

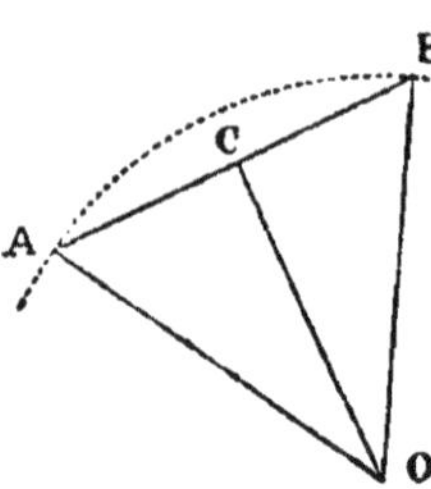

Fig. 268.

AB, A'B' deux côtés quelconques ; les triangles isocèles AOB, A'O'B' ont même angle au sommet, c'est la fraction de droit $\frac{4}{n}$, donc ils sont semblables ; les hauteurs OC, O'C' sont des lignes homologues, on a donc :

$$\frac{AB}{A'B'} = \frac{OA}{O'A'} = \frac{OC}{O'C'},$$

et comme le rapport des périmètres de ces polygones semblables est le même que le rapport des côtés homologues AB, A'B', il est aussi égal au rapport des rayons et au rapport des apothèmes.

PROBLÈME II

Connaissant le côté d'un polygone régulier inscrit dans une circonférence, calculer le côté du polygone régulier circonscrit semblable, et réciproquement.

1° Soit AB $= a$ le côté du polygone inscrit (fig. 269), nous traçons le rayon OC' perpendiculaire sur AB, nous menons la tangente en C' dont la partie A'B' comprise dans l'angle AOB est le côté du polygone régulier circonscrit semblable, car l'angle A'OB' est bien l'angle au centre de ce polygone : en représentant par a' le côté A'B', on a dans les triangles semblables AOB, A'OB' :

$$\frac{a'}{a} = \frac{R}{OC}.$$

Or, dans le triangle rectangle AOC, on a :

$$OC = \sqrt{R^2 - \frac{a^2}{4}}.$$

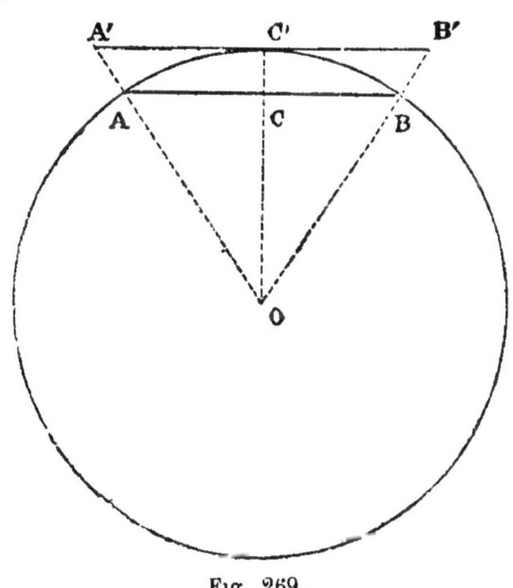

Fig. 269.

Donc, en remplaçant :

$$a' = \frac{aR}{\sqrt{R^2 - \frac{a^2}{4}}}.$$

2° Soit $A'B' = a'$, calculons $AB = a$: les mêmes triangles donnent :

$$\frac{a}{a'} = \frac{OA}{OA'};$$

or

$$OA' = \sqrt{R^2 + \frac{a'^2}{4}},$$

donc :

$$a = \frac{a'R}{\sqrt{R^2 + \frac{a_1^2}{4}}}.$$

PROBLÈME III

Connaissant le côté d'un polygone régulier inscrit dans une circonférence, calculer le côté du polygone régulier inscrit dans la même circonférence, mais d'un nombre double de côtés.

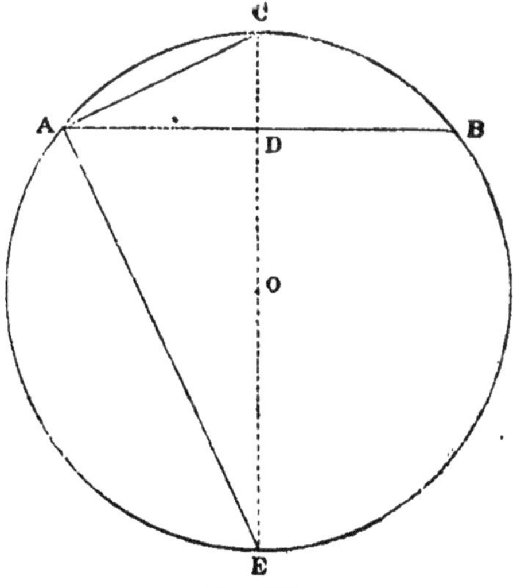

Fig. 270.

Soit $AB = a$ (fig. 270) le côté donné : traçons OC perpendiculaire sur AB, et proposons-nous de calculer $AC = a'$.

Nous avons d'abord :

$$\overline{AC}^2 = CE \times CD,$$

et

$$CD = R - OD;$$

or, dans le triangle rectangle OAD, nous avons :

$$OD = \sqrt{R^2 - \frac{a^2}{4}};$$

donc

$$\overline{AC}^2 = 2R\left(R - \sqrt{R^2 - \frac{a^2}{4}}\right),$$

et par suite :

$$a' = \sqrt{2R\left(R - \sqrt{R^2 - \frac{a^2}{4}}\right)}.$$

Corollaire. — *Connaissant une corde d'une circonférence, calculer les cordes qui sous-tendent les moitiés des arcs sous-tendus par la corde donnée.*

On a visiblement (fig. 270) :

$$AC = \sqrt{2R\left(R - \sqrt{R^2 - \frac{a^2}{4}}\right)}$$

$$AE = \sqrt{2R\left(R + \sqrt{R^2 - \frac{a^2}{4}}\right)}.$$

PROBLÈME IV

Connaissant le rayon et l'apothème d'un polygone régulier convexe, calculer le rayon et l'apothème du polygone régulier isopérimètre au premier et d'un nombre double de côtés.

Soit AB le côté du polygone donné (fig. 271), et O le centre de ce polygone : nous traçons le rayon OC perpendiculaire sur AB, et nous joignons les milieux A′ et B′ des cordes AC, BC. Il est évident que A′B′ est la longueur du côté du polygone isopérimètre au premier, mais ayant deux fois plus de côtés, puisque A′B′ est la moitié de AB : mais de plus le point O est le centre de ce polygone, car l'angle A′OB′ est la moitié de l'angle AOB, les angles AOC, COB étant doubles des angles COA′, COB′.

Donc : $OA = r$ et $OD = a$ étant le rayon et l'apothème du polygone donné,

$$OA' = r' \qquad \text{et} \qquad OE = a'$$

seront les rayon et apothème du second polygone : or, E étant le milieu de DC, on a :

$$2OE = OD + OC,$$

donc :

$$a' = \frac{r+a}{2};$$

puis, OA′ étant perpendiculaire sur AC, on a :

$$\overline{OA_1}^2 = OC \times OE,$$

donc :

$$r' = \sqrt{a'r}.$$

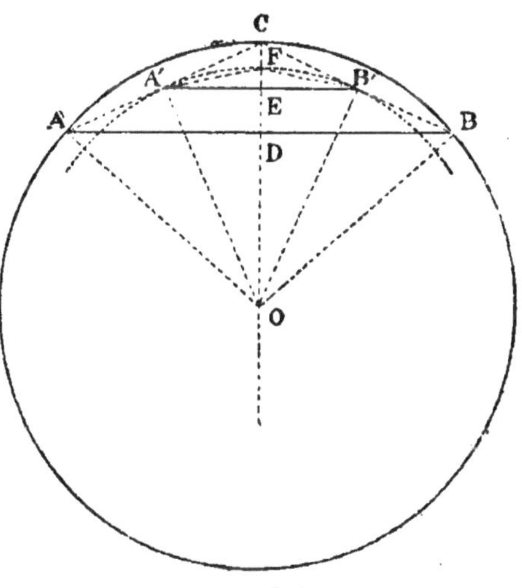

Fig. 271.

Ainsi, *l'apothème cherché est moyenne arithmétique entre le rayon et l'apothème donnés*, et *le rayon cherché est moyenne géométrique entre le rayon donné et l'apothème que l'on vient de calculer.*

Corollaire. — *La différence entre le rayon et l'apothème du second polygone est moindre que le quart de la différence entre le rayon et l'apothème du premier.*

Ceci se voit très simplement sur la figure : d'abord cette figure 271 montre que l'on a :

$$r' < r \quad \text{et} \quad a' > a,$$

donc déjà :

$$r' - a' < r - a;$$

de plus, décrivons de O comme centre une circonférence de rayon OA′, elle coupera OC en F, de sorte que :

$$EF = r' - a',$$

tandis que :

$$r - a = DC;$$

donc il faut prouver que l'on a :

$$EF < \frac{DC}{4},$$

ou

$$EF < \frac{EC}{2},$$

ou, enfin, que le point F est plus près de E que de C : or, A′F est bissectrice de l'angle CA'E, et, comme A'E < A'C, il en résulte FE < FC, ce qu'il fallait prouver.

Remarque. — D'ailleurs, lorsque deux quantités a et b sont liées à deux autres quantités a' et b' par les relations :

$$a' = \frac{a+b}{2} \qquad b' = \sqrt{a'b},$$

on a :

$$b' - a' < \frac{b-a}{4}.$$

En effet, remplaçons b' et a' par les valeurs accordées, nous aurons à prouver l'inégalité :

$$\sqrt{\frac{a+b}{2} \times b} < \frac{b-a}{4} + \frac{b+a}{2};$$

or, le second membre peut s'écrire :

$$\frac{b + \dfrac{a+b}{2}}{2},$$

il est donc la moyenne arithmétique des quantités b et $\frac{a+b}{2}$, tandis que le premier membre est la moyenne géométrique entre ces mêmes quantités : le sens de l'inégalité est donc établi.

PROBLÈME V

Connaissant les périmètres P *et* p *de deux polygones réguliers semblables, l'un circonscrit, l'autre inscrit à une même circonférence, calculer les périmètres* P' *et* p' *de deux polygones réguliers semblables ayant deux fois plus de côtés que les précédents, l'un circonscrit, et l'autre inscrit à la circonférence déjà considérée.*

Soit AB, A'B' (fig. 272) les côtés des polygones réguliers de n côtés, l'un inscrit, l'autre circonscrit à la circonférence O : traçons le rayon OC perpendiculaire sur AB, et menons les tangentes AD, BE; nous aurons en AC et DE les côtés des polygones d'un nombre double de côtés, inscrit et circonscrit à la circonférence O.

Donc :

$$P = 2n\,A'C, \qquad P' = 2n\,DE,$$
$$p = 2n\,AF, \qquad p' = 2n\,AC.$$

La droite OD étant bissectrice de l'angle AOC, est perpendiculaire sur AC; en menant AG, AH parallèles à OC, OD, nous obtiendrons

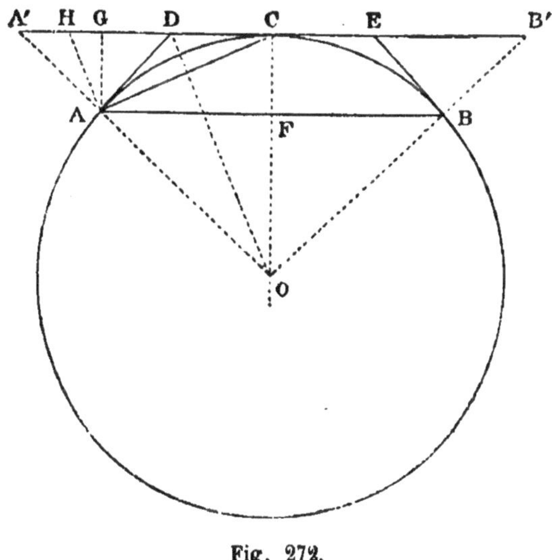

Fig. 272.

en AH et AC les bissectrices des angles au sommet A du triangle AGA', donc les quatre points A', H, G, C forment une division harmonique, et l'on a :

$$\frac{2}{CH} = \frac{1}{CG} + \frac{1}{CA'}.$$

Or,

$$AD = DC,$$

donc :

$$CH = DE;$$

on a donc, en divisant par $2n$ les deux membres de l'égalité :

$$\frac{2}{2n\,CH} = \frac{1}{2n\,CG} + \frac{1}{2n\,CA'}$$

ou

$$\frac{2}{P'} = \frac{1}{p} + \frac{1}{P};$$

donc :

$$\frac{1}{P'} = \frac{1}{2}\left(\frac{1}{p} + \frac{1}{P}\right),$$

formule qui fait connaître P' en fonction des données.

Dans le triangle rectangle HAC, on a :

$$\overline{AC}^2 = HC \times GC,$$

d'où :

$$(2n'AC)^2 = 2n\,HC \times 2n\,GC,$$

ou :

$$p'^2 = P' \times p,$$

d'où :

$$\frac{1}{p'} = \sqrt{\frac{1}{P'} \times \frac{1}{p}}.$$

Cette seconde formule fera connaître p', puisque P' est déjà calculé.

Ainsi les deux formules qui résolvent le problème, sont :

$$\frac{1}{P'} = \frac{1}{2}\left(\frac{1}{p} + \frac{1}{P}\right)$$

et

$$\frac{1}{p'} = \sqrt{\frac{1}{P'} \times \frac{1}{p}}.$$

Corollaire. — *La différence entre les inverses des périmètres* P' *et* p' *est moindre que le quart de la différence entre les inverses de* P *et* p.

Cela résulte de la seconde méthode développée dans la remarque du corollaire du problème IV.

§ II. — INSCRIPTION DES POLYGONES RÉGULIERS, CALCUL DES COTÉS

PROBLÈME VI

Inscrire un carré, un octogone régulier dans une circonférence et calculer les côtés de ces polygones.

1° Il suffit de tracer deux diamètres rectangulaires (fig. 273) pour partager la circonférence en quatre parties égales ; les extrémités de ces diamètres sont donc les sommets du carré inscrit.

La valeur du côté se déduit du triangle rectangle AOB, on a, en effet :

$$\overline{AB}^2 = 2R^2,$$

donc :

$$C_4 = R\sqrt{2}.$$

2° Les rayons qui partagent en deux parties égales les angles au centre du carré inscrit déterminent sur la circonférence, avec les sommets du carré, une division en huit parties égales ; en sous-tendant une de ces divisions (fig. 274), on a le côté AB de l'octogone régulier convexe inscrit, en sous-tendant trois divisions on a le côté BE de l'octogone étoilé.

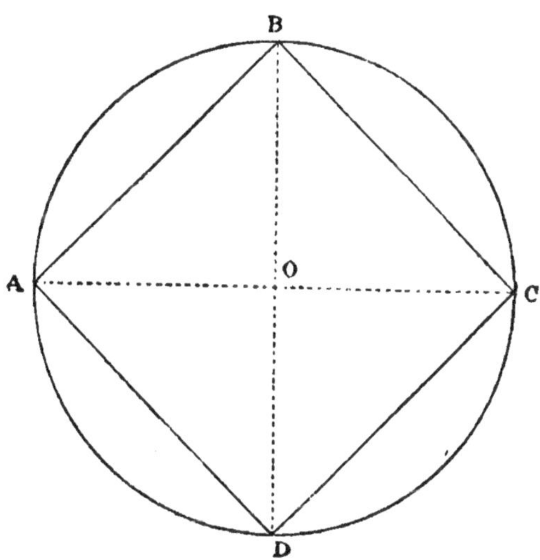

Fig. 273.

On déduit les valeurs de ces côtés des formules établies dans le problème III ; en désignant par a le côté du carré, on aura :

$$C_8 = \sqrt{2R\left(R - \sqrt{R^2 - \frac{a^2}{4}}\right)} \qquad C'_8 = \sqrt{2R\left(R + \sqrt{R^2 - \frac{a^2}{4}}\right)}$$

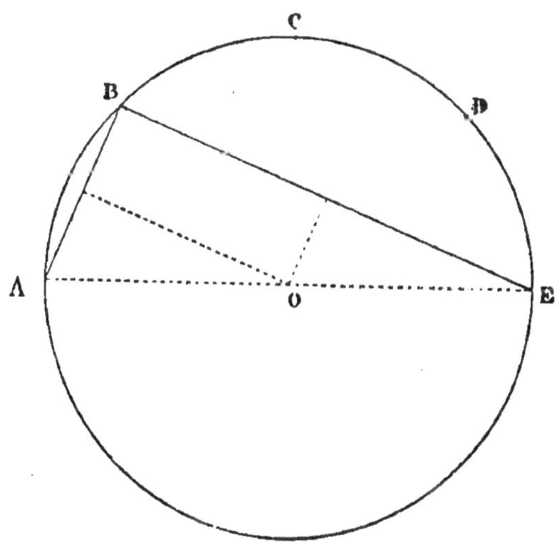

Fig. 274.

Remplaçons a par $R\sqrt{2}$, nous aurons :

$$C_8 = R\sqrt{2 - \sqrt{2}} \qquad C'_8 = R\sqrt{2 + \sqrt{2}}.$$

D'ailleurs les angles au centre de ces deux polygones étant supplémentaires, l'apothème de l'un est la moitié du côté de l'autre.

Remarque. — En continuant de la sorte, il est visible que l'on pourra inscrire un polygone régulier dont le nombre des côtés est 2^n, et calculer de proche en proche son côté.

On trouvera ainsi, pour le polygone convexe :

$$C_{2^n} = R\sqrt{2-\sqrt{2+\sqrt{2+\sqrt{2\ldots}}}}$$

les nombre des radicaux étant $(n-1)$.

PROBLÈME VII

Inscrire dans une circonférence donnée un triangle équilatéral, un hexagone régulier, un dodécagone régulier, et calculer les côtés de ces polygones.

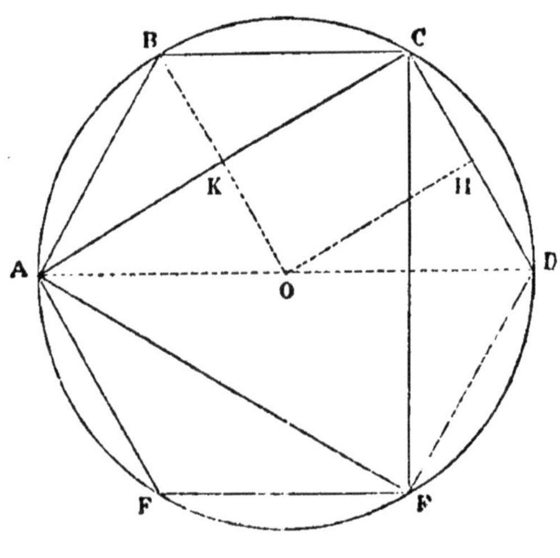

Fig. 275.

1° Cherchons d'abord à inscrire un hexagone régulier; soit AB le côté de ce polygone (fig. 275) : l'angle AOB vaut $\frac{4}{6}$ ou $\frac{2}{3}$ de droit, donc, dans le triangle AOB, la somme des angles à la base vaut $2-\frac{2}{3}$

ou $\frac{4}{3}$ de droit, mais ces angles sont égaux, donc chacun d'eux vaut $\frac{2}{3}$ de droit, et le triangle est équiangle et par suite équilatéral; donc enfin :

$$C_6 = AB = OA = R.$$

Il en résulte évidemment un moyen commode d'inscrire l'hexagone régulier.

2° Nous obtiendrons le triangle équilatéral, en joignant de deux en deux les sommets de l'hexagone.

La valeur du côté se déduit du triangle rectangle ACD ; on a, en effet :

$$\overline{AC}^2 = \overline{AD}^2 - \overline{CD}^2,$$

ou :

$$\overline{AC}^2 = 3R^2;$$

donc :

$$C_3 = R\sqrt{3}.$$

Remarque I. — Les angles au centre de l'hexagone régulier et du triangle équilatéral étant supplémentaires, puisque la somme des arcs interceptés vaut la demi-circonférence, l'apothème de chacun de ces polygones est la moitié du côté de l'autre : donc l'apothème de l'hexagone régulier est $\frac{R\sqrt{3}}{2}$ et l'apothème du triangle équilatéral est $\frac{R}{2}$.

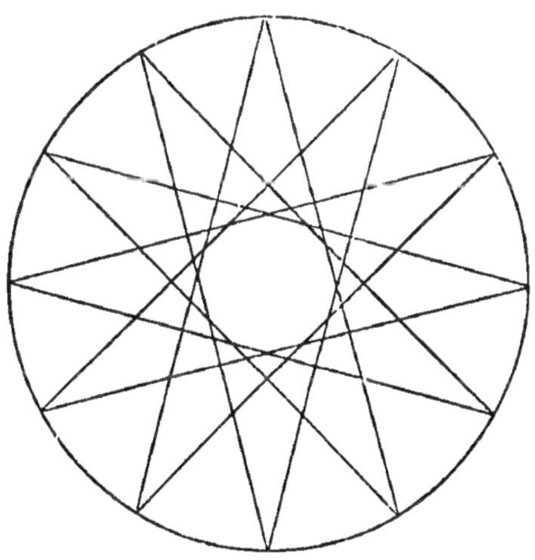

Fig. 276

3° En partageant en deux parties égales les angles au centre de l'hexagone régulier, nous partagerons la circonférence en douze parties égales (fig. 276); en sous-tendant un de ces arcs, nous aurons le côté du dodécagone régulier convexe; en sous-tendant cinq de ces arcs, nous aurons le dodécagone étoilé.

Pour calculer les côtés C_{12} et C'_{12} de ces polygones, nous remarquons que ce sont les cordes qui sous-tendent les moitiés des arcs sous-tendus par le côté de l'hexagone régulier; nous ferons donc usage des formules établies dans le problème III, dans lesquelles nous remplacerons a par C_6 ou R; nous obtenons ainsi :

$$C_{12} = \sqrt{2R\left(R - \sqrt{R^2 - \frac{R^2}{4}}\right)} \qquad C'_{12} = \sqrt{2R\left(R + \sqrt{R^2 - \frac{R^2}{4}}\right)}$$

en effectuant les calculs indiqués, nous trouvons :

$$C_{12} = R\sqrt{2 - \sqrt{3}} \qquad C'_{12} = R\sqrt{2 + \sqrt{3}}.$$

Ces valeurs peuvent encore s'écrire sous une autre forme, en remarquant les identités :

$$2 - \sqrt{3} = \frac{(1 - \sqrt{3})^2}{2}$$

et

$$2 + \sqrt{3} = \frac{(1 + \sqrt{3})^2}{2}.$$

On obtient alors :

$$C_{12} = \frac{R}{\sqrt{2}}(\sqrt{3} - 1)$$

et

$$C'_{12} = \frac{R}{\sqrt{2}}(\sqrt{3} + 1).$$

Remarque II. — Les angles au centre des deux dodécagones réguliers sont supplémentaires, donc l'apothème de l'un est la moitié du côté de l'autre.

Remarque III. — En partageant en deux parties égales l'arc sous-tendu par le côté du dodécagone convexe, on aura la vingt-quatrième partie de la circonférence; en continuant de la sorte on pourra donc inscrire un polygone régulier dont le nombre des côtés sera de la forme $2^n \times 3$, et calculer son côté.

PROBLÈME VIII

Inscrire dans une circonférence donnée un pentagone régulier, un décagone régulier, et calculer les côtés de ces polygones.

1° Cherchons d'abord à inscrire un décagone régulier; nous savons qu'il y a un décagone convexe et un décagone étoilé (problème I, corollaire I) qui s'obtiennent en sous-tendant $\frac{1}{10}$ et $\frac{3}{10}$ de la circonférence. Supposons le problème résolu, et la circonférence partagée en dix parties égales (fig. 277) aux points A, B, C, D, E, A′, B′, C′, D′, E′ : soit AB et AD les côtés des deux décagones; nous constatons d'abord l'égalité des quatre angles 1, 2, 3, 4 par les arcs compris entre leurs côtés, puis l'égalité des angles 5, 6, 7, pour la même raison. Donc :

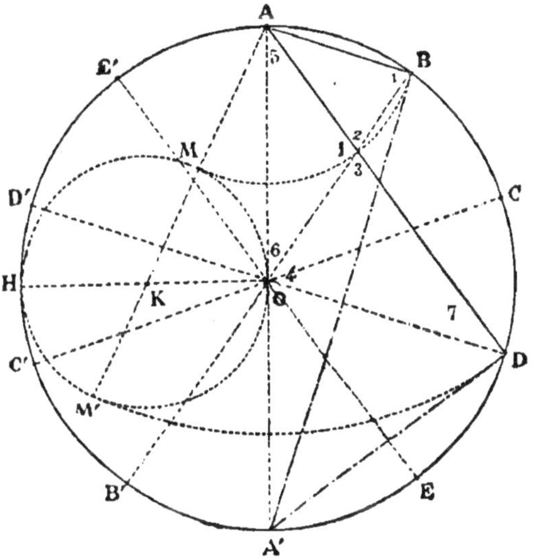

$$AB = AI = OI$$

donc :

$$C'_{10} - C_{10} = DI = R;$$

Fig. 277.

les triangles isocèles semblables AOD, AIO donnent :

$$\frac{AD}{OA} = \frac{OA}{AI},$$

d'où :

$$C'_{10} \times C_{10} = R^2.$$

Nous connaissons donc la différence et le produit des côtés des deux polygones; nous savons, par conséquent, les construire; et comme le produit R^2 est le carré de la différence, c'est un *partage du rayon en moyenne et extrême raison* que nous avons à faire; nous tracerons le rayon OH perpendiculaire sur AO, nous décrirons la circonférence de diamètre HO, et nous prendrons les distances du point A aux points M, M′ où elle rencontre AK; alors

$$AM = AB \quad \text{et} \quad AM' = AD.$$

Le calcul de ces côtés résulte de la figure; on a, en effet :

$$C_{10} = AK - KO$$

et

$$C'_{10} = AK + KO.$$

Or, dans le triangle rectangle AOK, on a :

$$\overline{AK}^2 = \overline{AO}^2 + \overline{OK}^2 = R^2 + \frac{R^2}{4},$$

donc :

$$AK = \frac{R}{2}\sqrt{5},$$

donc, enfin :

$$C_{10} = \frac{R}{2}(\sqrt{5} - 1)$$

et

$$C'_{10} = \frac{R}{2}(\sqrt{5} + 1).$$

Il faut remarquer que les valeurs de ces côtés peuvent aussi être mises sous la forme :

$$C_{10} = \frac{R}{2}\sqrt{6 - 2\sqrt{5}}$$

et

$$C'_{10} = \frac{R}{2}\sqrt{6 + 2\sqrt{5}}.$$

Corollaire I. — Des relations trouvées :

$$C'_{10} - C_{10} = R$$

et

$$C'_{10} \times C_{10} = R^2$$

on déduit, en ajoutant membre à membre le carré de la première et le double de la seconde :

$$\overline{C'_{10}}^2 + \overline{C_{10}}^2 = 3R^2,$$

ce qui peut s'énoncer ainsi : *le triangle rectangle qui a pour côtés de l'angle droit les côtés des deux décagones réguliers inscrits dans une circonférence, a pour hypoténuse le côté du triangle équilatéral inscrit dans cette même circonférence.*

2° Nous savons qu'il y a deux pentagones réguliers inscrits dans une circonférence et que les côtés sous-tendent $\frac{1}{5}$ et $\frac{2}{5}$ de circonférence ; donc, dans la figure 278 les cordes A'D et A'B sont respectivement égales à C_5 et C'_5. Il résulte de là que l'inscription des pentagones est résolue puisque nous savons inscrire le décagone.

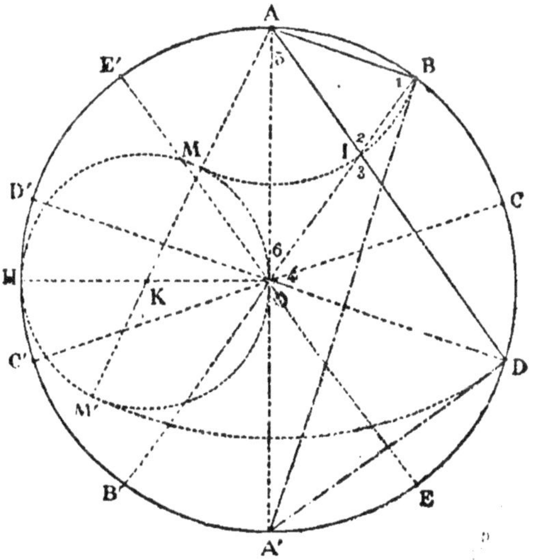

Le calcul de ces côtés résulte des triangles rectangles ABA', ADA' qui donnent :

$$\overline{C_5}^2 + \overline{C'_{10}}^2 = 4R^2$$

et

$$\overline{C'_5}^2 + \overline{C_{10}}^2 = 4R^2.$$

Fig. 278.

On en déduit :

$$\overline{C_5}^2 = 4R^2 - \frac{R^2}{4}(\sqrt{5}+1)^2$$

ou

$$\overline{C_5}^2 = \frac{R^2}{4}(16 - 6 - 2\sqrt{5});$$

donc, enfin :

$$C_5 = \frac{R}{2}\sqrt{10 - 2\sqrt{5}};$$

on aura, de même :

$$C'_5 = \frac{R}{2}\sqrt{10 + 2\sqrt{5}}.$$

Corollaire II. — Les relations trouvées ci-dessus conduisent à un résultat remarquable ; de

$$\overline{C_5}^2 + \overline{C'_{10}}^2 = 4R^2 \quad \text{et} \quad \overline{C'_{10}}^2 + \overline{C_{10}}^2 = 3R^2$$

on tire :

$$\overline{C_5}^2 = R^2 + \overline{C_{10}}^2;$$

on aurait, de même :

$$\overline{C'_5}^2 = R^2 + \overline{C'_{10}}^2.$$

Ce qui peut s'énoncer ainsi : *Le triangle rectangle qui a pour côtés de l'angle droit le rayon d'une circonférence et le côté du décagone régulier convexe ou étoilé inscrit, a pour hypoténuse le côté du pentagone régulier convexe ou étoilé.*

Corollaire III. — Le rayon OD (fig. 279) étant perpendiculaire sur le diamètre AB, si l'on décrit la circonférence ayant pour

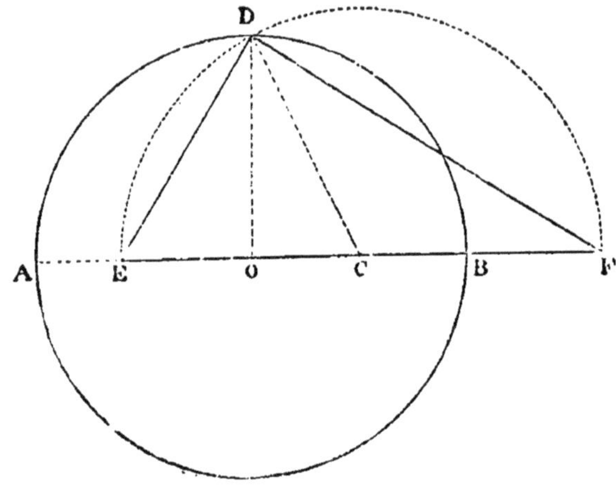

Fig. 279.

centre le milieu C de OB et passant par le point D, qui rencontre AB en E et F, on aura :

$$DE = C_5 \qquad DF = C'_5$$
$$OE = C_{10} \qquad OF = C'_{10}$$

car :

$$OE = CD - CO = \frac{R\sqrt{5}}{2} - \frac{R}{2},$$

donc :

$$OE = C_{10},$$

par suite :

$$OF = C'_{10}$$

et, à cause du corollaire II, DE et DF sont les côtés des pentagones.

Corollaire IV. — *Les apothèmes des décagones réguliers convexe et étoilé inscrits dans une circonférence sont les moitiés des côtés des pentagones réguliers étoilé et convexe inscrits dans la même circonférence, et réciproquement.*

En effet, les angles au centre du décagone convexe et du pentagone étoilé sont supplémentaires, puisque la somme des arcs interceptés vaut une demi-circonférence. Il en est de même pour les angles au centre du décagone étoilé et du pentagone convexe.

Remarque. — Si l'on partage en deux parties égales l'arc sous-tendu par le côté du décagone régulier convexe, on aura le vingtième de la circonférence. On sait donc inscrire un polygone régulier dont le nombre des côtés est $2^n \times 5$, et calculer le côté par les formules du problème III.

*PROBLÈME IX

Inscrire dans une circonférence un pentédécagone régulier, et calculer le côté de ce polygone.

Nous savons (coroll. problème I) qu'il y a quatre pentédécagones (15 côtés) réguliers inscrits dans une circonférence ; les côtés sous-tendent $\frac{1}{15}, \frac{2}{15}, \frac{4}{15}, \frac{7}{15}$ de circonférence; nous saurons donc inscrire l'un quelconque de ces polygones quand nous connaîtrons la quin-

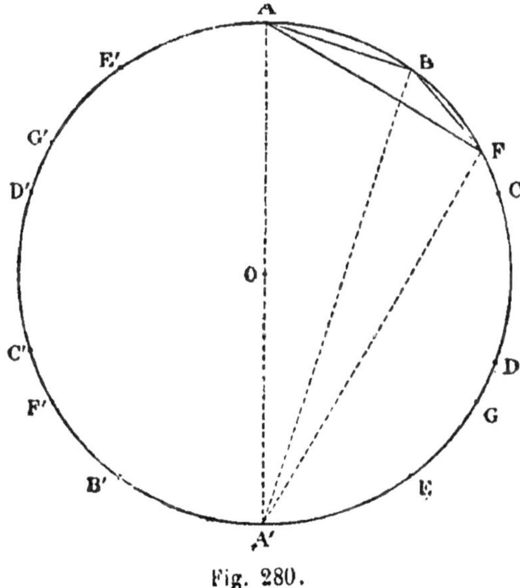

Fig. 280.

zième partie de la circonférence. On l'obtient aisément en remarquant l'identité :

$$\frac{1}{15} = \frac{1}{6} - \frac{1}{10},$$

car,

$$\frac{1}{6} - \frac{1}{10} = \frac{5}{30} - \frac{3}{30}.$$

Soit AF le côté de l'hexagone (fig. 280) et AB le côté du décagone convexe, alors l'arc BF est le quinzième de la circonférence ; l'inscription du pentédécagone est donc résolue.

Pour calculer le côté $BF = C_{12}$ du pentédécagone convexe, par exemple, nous appliquons le théorème de Ptolémée au quadrilatère inscrit ABFA', dans lequel trois côtés et les deux diagonales sont connus.

En effet :

$$AB = C_{10} \qquad AF = C_6 \qquad A'B = C'_5 \quad \text{et} \quad A'F = C_3 ;$$

on a donc :

$$AA' \times BF + A'F \times AB = AF \times A'B,$$

d'où, en remplaçant :

$$2R \times C_{15} = \frac{R^2}{2}\sqrt{10 + 2\sqrt{5}} - \frac{R^2}{2}\sqrt{3}(\sqrt{5} - 1),$$

d'où l'on tire :

$$C_{15} = \frac{R}{4}\left[\sqrt{10 + 2\sqrt{5}} - \sqrt{3}(\sqrt{5} - 1)\right].$$

Pour calculer les côtés des pentédécagones étoilés, on pratiquera de la même façon : par exemple, pour le polygone obtenu en sous-tendant $\frac{4}{15}$, on partira de l'identité :

$$\frac{4}{15} = \frac{4}{6} - \frac{4}{10},$$

ou :

$$\frac{4}{15} = \frac{2}{3} - \frac{2}{5}.$$

On considérera le quadrilatère inscrit AEA'F', dans lequel $EF' = C''_{15}$, et on appliquera le théorème de Ptolémée ; on obtient ainsi les valeurs suivantes :

$$C'_{15} = \frac{R}{4}\left[\sqrt{3}(\sqrt{5} + 1) - \sqrt{10 - 2\sqrt{5}}\right],$$

$$C''_{15} = \frac{R}{4}\left[\sqrt{10 + 2\sqrt{5}} - \sqrt{3}(\sqrt{5} - 1)\right],$$

$$C'''_{15} = \frac{R}{4}\left[\sqrt{3}(\sqrt{5} + 1) - \sqrt{10 - 2\sqrt{5}}\right].$$

Remarque. — Il est évident qu'en partageant en deux parties égales l'arc sous-tendu par le côté du pentédécagone régulier convexe, on aura la trentième partie de la circonférence ; on pourra donc inscrire dans une circonférence un polygone régulier dont le nombre des côtés est $2^n \times 3 \times 5$, et calculer son côté.

*PROBLÈME X

Inscrire dans une circonférence un polygone régulier d'un nombre quelconque de côtés.

Ce problème revient à trouver la $n^{\text{ème}}$ partie de la circonférence, n étant un nombre entier quelconque ; si l'on veut résoudre ce problème par une construction géométrique, c'est-à-dire par l'emploi des seuls instruments *règle et compas*, il sera généralement impossible. Il faut que le nombre n remplisse certaines conditions déterminées par Gauss (*Disquisitiones Arithmeticæ*) pour que le problème soit géométriquement possible.

Cependant on peut donner une solution *approximative* pouvant rendre des services dans certains cas.

On trace un diamètre AB (fig. 281) que l'on partage en n parties

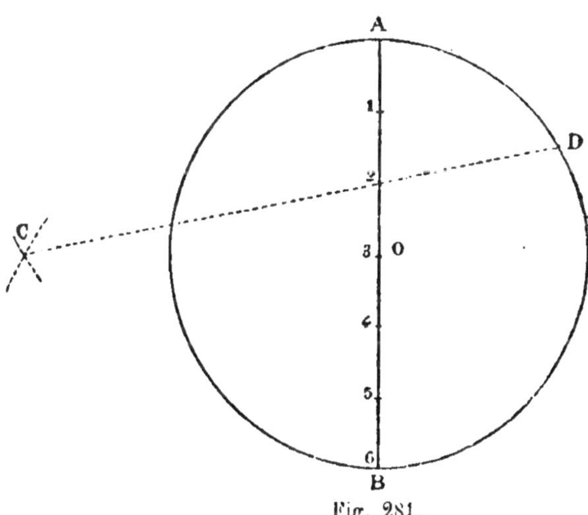

Fig. 281.

égales : aux points de division marquons à partir de A les numéros d'ordre 1, 2, etc., et joignons le point 2 au point C, dont les distances aux points A et B sont égales à AB ; cette droite rencontrera la circonférence au point D tel que l'arc AD est sensiblement la $n^{\text{ème}}$ partie de la circonférence.

Cette construction donne exactement le quart, le sixième et le huitième de la circonférence, mais elle n'est qu'approximative pour toute autre valeur de n.

§ III. — MESURE DE LA CIRCONFÉRENCE.

Définition. — Pour mesurer une longueur, nous devons chercher le rapport de cette longueur à la longueur choisie pour unité : or, l'unité de longueur est une *portion de droite,* à laquelle nous ne pouvons comparer *un arc de courbe;* les longueurs d'une droite et d'une courbe ne peuvent être égales, puisque l'égalité en géométrie est synonyme de superposition ; nous sommes ainsi conduit à définir de la façon suivante la longueur d'un arc de courbe.

La longueur d'un arc de courbe est la limite vers laquelle tend le périmètre d'une ligne brisée inscrite, limitée aux extrémités de l'arc, dont le nombre des côtés croît sans limite, tandis que chacun des côtés tend vers zéro.

Mais cette définition suppose que, dans le cas général, il y a une limite pour le périmètre variable de la ligne brisée ainsi définie, et que cette limite ne dépend ni de la nature de la ligne brisée, ni de la loi suivant laquelle on fait croître le nombre des côtés; ces propriétés générales se démontrent rigoureusement, mais nous ne pouvons donner ici une idée du procédé qu'on emploie.

Pour nous restreindre au cas de la circonférence, nous démontrerons d'abord le théorème suivant :

*THÉORÈME IV

Deux polygones réguliers convexes semblables étant, l'un inscrit, l'autre circonscrit à une circonférence donnée :

1° *Les périmètres de ces polygones tendent vers une même limite quand le nombre des côtés croît en doublant sans limite.*

2° *La limite commune ne dépend pas de la nature des polygones considérés, ni de la loi suivant laquelle croît le nombre des côtés.*

1° Soit p et P les périmètres de deux polygones réguliers convexes de n côtés, l'un inscrit, l'autre circonscrit à la circonférence O (fig. 282).

Quand le nombre n croît en doublant, le périmètre p augmente, car chaque côté est remplacé par une ligne brisée de mêmes extrémités ; tandis que P décroît parce qu'un périmètre enveloppant est plus long qu'un périmètre convexe enveloppé. Or, la quantité croissante p reste toujours inférieure au périmètre de l'un quelconque des polygones circonscrits ; donc cette variable a une limite qui est le plus petit des états de grandeur qu'elle ne peut atteindre.

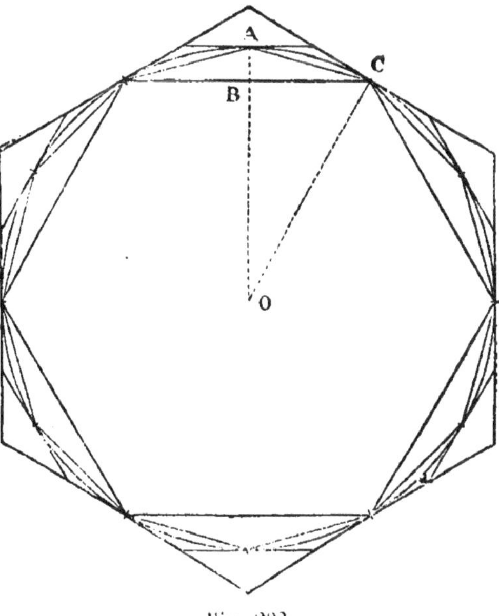

Fig. 282.

De même la quantité décroissante P restant toujours supérieure au périmètre de l'un quelconque des polygones inscrits a une limite qui est le plus grand des états de grandeur qu'elle ne peut atteindre en décroissant.

Si nous prouvons que l'on peut attribuer à n une valeur assez grande pour que la différence $(P - p)$ soit aussi voisine de zéro qu'on le voudra, nous en pourrons conclure que les limites des variables P et p sont égales.

Or, les longueurs P et p sont dans le rapport des apothèmes (th. III) ; on a donc :

$$\frac{P}{p} = \frac{OA}{OB},$$

d'où :

$$\frac{P}{P - p} = \frac{OA}{AB},$$

ce qui donne :

$$P - p = \frac{AB \times P}{R}.$$

Mais, quand le nombre des côtés croît sans limite, P décroît, et AB devient plus petit que toute quantité donnée, puisque $AB < AC$, et que AC tend vers zéro comme côté du polygone inscrit ; par suite, le produit $AB \times P$ devient aussi voisin de zéro qu'on le veut, il en est donc de même du quotient $\frac{AB \times P}{R}$ dont le diviseur est constant ; donc $(P - p)$ a pour limite zéro, et les limites des périmètres P et p sont égales, quelle que soit la loi suivant laquelle croît le nombre n.

2° Soit C la limite commune vers laquelle tendent les périmètres p et P quand n croît indéfiniment, et soit C_1 la limite commune vers laquelle tendent les périmètres p_1, P_1, de deux autres polygones réguliers convexes semblables, l'un inscrit, l'autre circonscrit à la circonférence donnée, quand le nombre n_1 de leurs côtés croît sans limite, d'après une loi quelconque.

C ne peut être plus petit que C_1, car la variable p_1 est toujours moindre que la variable P, elle ne peut donc tendre vers une limite C_1 plus grande que la limite C de P : pour la même raison C_1 ne peut être moindre que C, donc :

$$C = C_1.$$

Corollaire I. — *L'apothème d'un polygone régulier inscrit dans une circonférence et le rayon d'un polygone régulier circonscrit ont pour limite commune le rayon de la circonférence, quand le nombre des côtés croît sans limite.*

Corollaire II. — *Deux lignes brisées régulières d'un même nombre de côtés étant, l'une inscrite, l'autre circonscrite, à un arc de cercle donné :*

1° *Les périmètres de ces lignes brisées, tendent vers une même limite quand le nombre des côtés croît sans limite ;*

2° *La limite commune ne dépend pas de la nature des lignes brisées régulières, ni de la loi suivant laquelle croît le nombre des côtés.*

Les mêmes développements que ci-dessus s'appliquent évidemment à ce cas.

Définitions. — LA LONGUEUR D'UNE CIRCONFÉRENCE *est la limite commune vers laquelle tendent les périmètres des polygones réguliers convexes inscrits ou circonscrits à cette courbe, lorsque le nombre des côtés croît sans limite.*

LA LONGUEUR D'UN ARC DE CIRCONFÉRENCE *est la limite commune vers laquelle tendent les périmètres des lignes brisées régulières inscrites ou circonscrites à cet arc, lorsque le nombre des côtés croît sans limite.*

On dit que DEUX ARCS SONT SEMBLABLES, *dans deux circonférences, lorsque les angles au centre qui les interceptent sont égaux.*

THÉORÈME V

Les longueurs de deux circonférences sont dans le rapport des rayons.

Soit R et R′ les rayons de deux circonférences dont les longueurs sont C et C′. Inscrivons dans ces circonférences deux polygones réguliers convexes d'un même nombre n de côtés ; en représentant les périmètres de ces polygones par P et P′, on aura (th. III) :

$$\frac{P}{P'}=\frac{R}{R'}.$$

Faisons croître n indéfiniment, les variables P et P′ tendront respectivement vers C et C′ par définition, et comme leur rapport reste égal au rapport des rayons, on a :

$$\frac{C}{C'}=\frac{R}{R'}.$$

Corollaire I. — *Si le rayon d'une circonférence égale la somme des rayons de plusieurs circonférences, la longueur de la première circonférence est la somme des longueurs des autres.*

Soit C la longueur de la circonférence de rayon R et soit c, c', c'' les longueurs des circonférences de rayons r, r', r'' ; si :

$$R=r+r'+r'',$$

on aura :

$$C=c+c'+c'',$$

et réciproquement, car on a :

$$\frac{C}{R}=\frac{c}{r}=\frac{c'}{r'}=\frac{c''}{r''}=\frac{c+c'+c''}{r+r'+r''}.$$

Remarque. — Si $R=r-r'$ la longueur de la circonférence de rayon R sera la différence des circonférences dont les rayons sont r et r'.

Corollaire II. — *Deux arcs semblables sont dans le rapport des rayons.*

Soit les arcs semblables de longueurs A et A′, appartenant aux circonférences de longueurs C et C′ et de rayons R et R′, interceptés par des angles au centre égaux à α ; nous savons que dans une même circonférence les angles au centre sont dans le rapport des arcs qu'ils interceptent (livre II), on a donc :

$$\frac{A}{C} = \frac{\alpha}{4},$$

et aussi,

$$\frac{A'}{C'} = \frac{\alpha}{4}$$

donc :

$$\frac{A}{C} = \frac{A'}{C'},$$

donc, enfin :

$$\frac{A}{A'} = \frac{C}{C'} = \frac{R}{R'}.$$

THÉORÈME VI

Le rapport de la longueur d'une circonférence à son diamètre est constant.

Soit C la longueur d'une circonférence de rayon R ; nous la comparons à une circonférence arbitraire de longueur C' et de rayon R' :

Nous avons (th. V) :

$$\frac{C}{C'} = \frac{R}{R'},$$

d'où :

$$\frac{C}{2R} = \frac{C'}{2R'}.$$

Ce qui prouve que le rapport $\frac{C}{2R}$ ne dépend pas de la circonférence considérée.

Remarque. — *Le rapport constant de la longueur d'une circonférence à son diamètre est un nombre incommensurable* qui, par suite, ne peut être représenté ni par un nombre entier ni par une fraction ; son carré est aussi incommensurable : on le représente par la lettre grecque π ; ainsi, on a, par définition :

$$\frac{\text{Circ. R}}{2R} = \pi.$$

On a calculé des nombres décimaux représentant π avec une erreur moindre que la dernière décimale; c'est ainsi que l'on connaît les 500 premières décimales de π : nous indiquons les seize premières qui sont plus que suffisantes pour les applications :

$$\pi = 3{,}1415926535897932...$$

ARCHIMÈDE a donné de π la valeur approchée $\frac{22}{7}$ qui est commode dans les applications; ce résultat représente π par excès avec une erreur moindre que 0,005.

ADRIEN MÉTIUS a donné la valeur $\frac{355}{113}$ qui se retient aisément en écrivant 113355 et séparant en deux parties dont on forme les termes du rapport. Cette valeur donne 7 décimales exactes.

Corollaire I. — *La longueur C de la circonférence de rayon R est donnée par la formule*

$$C = 2\pi R.$$

Cela résulte immédiatement de la définition du nombre π. Nous remarquons qu'il faudra généralement faire un calcul d'approximation pour évaluer la longueur d'une circonférence de rayon donné, ou pour calculer le rayon d'une circonférence dont la longueur est connue.

Corollaire II. — *La longueur l d'un arc de circonférence de rayon R dont l'angle au centre a pour mesure α est représentée par la formule :*

$$l = \frac{\pi R \alpha}{2}$$

si l'unité d'angle est l'angle droit; et par :

$$l = \frac{\pi R \alpha}{180}$$

si l'unité d'angle est le degré.

En effet, les arcs d'une même circonférence sont dans le rapport des angles au centre qui les interceptent; si donc nous prenons le degré comme unité de mesure des angles, nous aurons :

$$\frac{l}{\pi R} = \frac{\alpha}{180},$$

d'où :

$$l = \frac{\pi R \alpha}{180}.$$

Remarque. — Si l'angle α contient des fractions sexagésimales du degré : des minutes ou des secondes, il faudra transformer tout en minutes ou en secondes.

Soit, par exemple, à calculer la longueur de l'arc dans la circonférence de rayon R, intercepté par l'angle au centre de $31^\circ 4' 27'',5$; on emploiera la formule :

$$\frac{l}{\pi R} = \frac{(31 \times 60 + 4) \times 60 + 27,5}{180 \times 60 \times 60}.$$

§ IV. — CALCUL DU RAPPORT DE LA CIRCONFÉRENCE AU DIAMÈTRE

Ce calcul se fait *effectivement* par un procédé que nous ne pouvons donner dans ce cours élémentaire : nous nous proposons seulement d'*indiquer* comment on *pourrait* arriver à trouver rigoureusement un nombre décimal qui représente π avec une approximation déterminée. Par définition :

$$\pi = \frac{C}{2R};$$

il en résulte deux méthodes distinctes : l'une consiste à *se donner* C *et à calculer* R, MÉTHODE DES ISOPÉRIMÈTRES; l'autre a pour but *de calculer* C *en se donnant* R, MÉTHODE DES PÉRIMÈTRES.

Dans ces deux cas, on connaîtra les deux termes du rapport dont la valeur est π.

Méthode des isopérimètres.

Soit C la longueur d'une circonférence : construisons un polygone régulier P_1 de n côtés ayant pour périmètre C, et soit r_1 et a_1 son rayon et son apothème; le rayon R cherché de la circonférence est compris entre r_1 et a_1, car r_1 est le rayon d'une circonférence enveloppant P_1 et par suite de périmètre plus grand que C, tandis que a_1 est le rayon de la circonférence inscrite dans P_1, c'est-à-dire de longueur inférieur à C; or, des circonférences sont entre elles comme les rayons, donc :

$$r_1 > R > a_1.$$

Doublons le nombre n des côtés du polygone P_1 de façon à former un second polygone régulier P_2 ayant $2n$ côtés, mais de périmètre C, et soit r_2 et a_2 les rayon et apothème de P_2; r_2 et a_2 comprendront encore R pour les raisons données ci-dessus, mais comme $r_2 < r_1$ et $a_2 > a_1$, on aura dans r_2 et a_2 des valeurs de R plus approchées que r_1 et a_1.

En doublant encore le nombre des côtés, on obtiendra un polygone P_3 ayant pour rayon et apothème r_3 et a_3, nouvelles valeurs approchées de R, l'une par excès, l'autre par défaut, mais plus approchées que les précédentes.

En continuant ainsi, nous obtiendrons des valeurs qui auront pour limite R. En effet, nous savons (problème IV) que l'on a :

$$r_2 - a_2 < \frac{r_1 - a_1}{4},$$

et

$$r_3 - a_3 < \frac{r_2 - a_2}{4};$$

donc, a fortiori,

$$r_3 - a_3 < \frac{r_1 - a_1}{4^2},$$

de même :

$$r_4 - a_4 < \frac{r_1 - a_1}{4^3},$$

et en général :

$$r_{n+1} - a_{n+1} < \frac{r_1 - a_1}{4^n}.$$

Or, 4^n croît sans limite, donc :

$$(r_{n+1} - a_{n+1})$$

tend vers zéro quand n croît sans limite.

Il résulte de là que l'on aura, par le moyen indiqué, des valeurs aussi approchées de R que l'on voudra, en considérant un polygone d'un nombre suffisamment grand de côtés. Soit donc :

$$C = 2,$$

d'où :

$$\pi = \frac{1}{R};$$

et soit P_1 le carré de périmètre 2, on aura :

$$a_1 = \frac{1}{4} \quad \text{et} \quad r_1 = \frac{1}{4}\sqrt{2}.$$

Alors P_2 est l'octogone régulier de périmètre 2 : les formules du problème IV donnent :

$$a_2 = \frac{a_1 + r_1}{2} \quad \text{et} \quad r_2 = \sqrt{a_2 \times r_1};$$

d'où l'on tire :

$$a_2 = \frac{1 + \sqrt{2}}{8} \quad \text{et} \quad r_2 = \frac{1}{8}\sqrt{4 + 2\sqrt{2}}.$$

De même, on obtiendra l'apothème a_3 du polygone régulier P_3 de 16 côtés et de périmètre 2, en prenant la moyenne arithmétique entre a_2 et r_2, et on aura le rayon r_3 par la moyenne géométrique entre r_2 et a_3.

De telle sorte que *le rayon de la circonférence de longueur* 2, *c'est-à-dire* $\frac{1}{\pi}$, *est la* LIMITE *vers laquelle tendent les nombres de la suite que l'on forme en partant de* $\frac{1}{4}$ *et* $\frac{1}{4}\sqrt{2}$ *et prenant alternativement la moyenne arithmétique et la moyenne géométrique.*

Si l'on remarque que $\frac{1}{4}$ est la moyenne arithmétique entre 0 et $\frac{1}{2}$, et que $\frac{1}{4}\sqrt{2}$ est la moyenne géométrique entre $\frac{1}{2}$ et $\frac{1}{4}$, on peut énoncer le résultat sous la forme suivante :

Théorème de Schwab. — *Le nombre* $\frac{1}{\pi}$ *est la limite vers laquelle tendent les nombres de la suite qui commence par* 0 *et* $\frac{1}{2}$, *et dans laquelle un terme est alternativement la moyenne arithmétique ou la moyenne géométrique entre les deux nombres qui le précèdent.*

Le nombre $\frac{1}{\pi}$ étant compris entre deux termes consécutifs quelconques de cette suite, diffère de chacun d'eux de moins qu'ils ne diffèrent entre eux ; c'est-à-dire que si deux termes consécutifs ont p décimales communes, chacun d'eux représentera $\frac{1}{\pi}$ à moins de $\frac{1}{10^p}$: or, si nous connaissons p *décimales exactes* dans $\frac{1}{\pi}$, nous en pourrons déduire π avec p *chiffres exacts*, c'est-à-dire avec une erreur moindre que $\frac{1}{10^{p-1}}$: en effet, l'erreur relative de $\frac{1}{\pi}$ a même limite supérieure que l'erreur relative de π, et comme $\frac{10}{\pi} > \pi$, car $\pi < 10$, on aura autant de chiffres exacts.

Remarque. — On peut d'ailleurs simplifier la suite des calculs précédents, et remplacer, à partir d'un certain terme, la moyenne géométrique par la moyenne arithmétique :

Nous remarquons, en effet, *que l'excès de la moyenne arithmétique de deux nombres sur leur moyenne géométrique est moindre que le carré de la différence de ces nombres divisé par huit fois le plus petit.*

Soit a et b ces nombres, et soit $a > b$, on a :

$$\frac{a+b}{2} - \sqrt{ab} < \frac{(a-b)^2}{8b},$$

car on peut écrire cette inégalité sous la forme :

$$(\sqrt{a}-\sqrt{b})^2 < \frac{(\sqrt{a}+\sqrt{b})^2(\sqrt{a}-\sqrt{b})^2}{4b},$$

ou encore :

$$4b < (\sqrt{a}+\sqrt{b})^2,$$

ce qui est évident, puisque

$$\sqrt{a} > \sqrt{b}.$$

Donc, si nous arrivons à deux termes consécutifs, a_k, r_k, dans la suite précédente, tels que :

$$\frac{(r_k - a_k)^2}{8a_k} < \frac{1}{10^p},$$

nous pourrons remplacer, dans les calculs ultérieurs, *les moyennes géométriques par des moyennes arithmétiques,* sans modifier les p chiffres exacts que nous voulons obtenir dans π.

Méthode des périmètres.

Soit R le rayon donné d'une circonférence dont nous nous proposons de calculer la longueur C : soit p_1 et P_1 les périmètres de deux polygones réguliers de n côtés, l'un inscrit et l'autre circonscrit à cette circonférence ; nous savons que la longueur C est comprise entre p_1 et P_1 : soit p_2 et P_2 les périmètres des polygones réguliers de $2n$ côtés l'un inscrit, l'autre circonscrit ; ces nombres seront de nouvelles valeurs approchées de C, et plus approchées que les précédentes, puisque

$$p_1 < p_2 \quad \text{et} \quad P_1 > P_2.$$

En continuant de la sorte, nous obtiendrons des valeurs de plus en plus approchées de C, et qui seront aussi approchées qu'on le voudra, puisque, par définition, C est la limite commune vers laquelle tendent ces périmètres.

Il sera commode, pour appliquer cette méthode de remplacer les périmètres par leurs inverses qui tendront vers $\frac{1}{C}$, afin d'employer les formules du problème V. Soit donc :

$$R = \frac{1}{2},$$

d'où :

$$\frac{1}{\pi} = \frac{1}{C},$$

et soit p_1 et P_1 les périmètres des carrés inscrit et circonscrit dans cette circonférence : alors

$$\frac{1}{P_1} = \frac{1}{4} \quad \text{et} \quad \frac{1}{p_1} = \frac{1}{4}\sqrt{2} :$$

Nous obtiendrons les périmètres p_2 et P_2 des octogones réguliers inscrit et circonscrit par les formules du problème V :

$$\frac{1}{P_2} = \frac{1}{2}\left(\frac{1}{p_1} + \frac{1}{P_1}\right) \quad \text{et} \quad \frac{1}{p_2} = \sqrt{\frac{1}{p_1} \times \frac{1}{P_2}}.$$

Ce qui donne :

$$\frac{1}{P_2} = \frac{1 + \sqrt{2}}{8} \quad \text{et} \quad \frac{1}{p_2} = \frac{1}{8}\sqrt{4 + 2\sqrt{2}}.$$

Donc $\frac{1}{C}$, *c'est-à-dire* $\frac{1}{\pi}$, *est la limite vers laquelle tendent les nombres de la suite obtenue en partant de* $\frac{1}{4}$ et $\frac{1}{4}\sqrt{2}$, *et prenant alternativement la moyenne arithmétique et la moyenne géométrique.*

Nous sommes ainsi ramenés au théorème DE SCHWAB, et à la même série de calculs que dans la méthode des *isopérimètres.*

§ V. — MESURE DES AIRES POLYGONALES

Définitions. — On appelle AIRE (1) ou SURFACE *d'une figure plane l'étendue de la portion du plan limitée par cette figure.*

Deux figures peuvent avoir des aires *égales* sans être *superposables.* Dans ce cas on dit que ces figures sont ÉQUIVALENTES.

*L'unité de surface choisie est l'*AIRE DU CARRÉ DONT LE CÔTÉ EST L'UNITÉ DE LONGUEUR.

THÉORÈME VII

Deux rectangles de même hauteur sont dans le rapport des bases.

Soit les deux rectangles ABCD, ABC'D' (fig. 283) de même hauteur AB : dont les aires sont R et R', nous voulons prouver que l'on a :

$$\frac{R}{R'} = \frac{AD}{AD'}.$$

1° Supposons les bases commensurables entre elles et soit une commune mesure contenue 5 fois dans AD et 3 fois dans AD' en sorte que :

$$\frac{AD}{AD'} = \frac{5}{3};$$

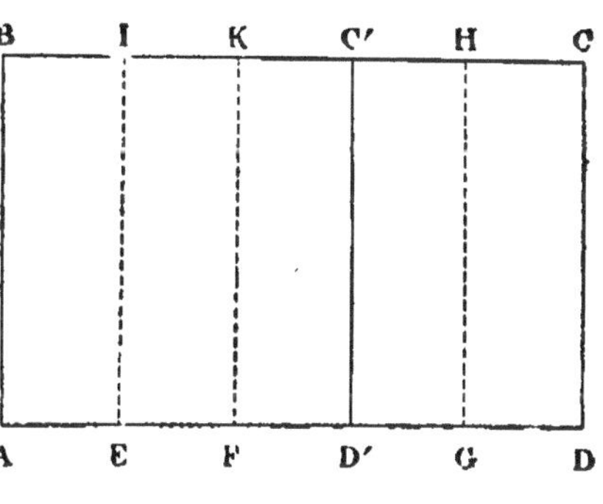

Fig. 283.

par les points de division menons des parallèles à AB : nous décomposerons ainsi les rectangles considérés en rectangles partiels égaux, car ils sont superposables : donc l'aire de l'un de ces rectangles est une commune mesure entre les aires R et R' et l'on a :

$$\frac{R}{R'} = \frac{5}{3},$$

(1) *Area,* aire à battre le blé.

donc :

$$\frac{R}{R'} = \frac{AD}{AD'}.$$

* **2°** Supposons qu'il n'existe pas de commune mesure entre AD et AD'; partageons alors AD' en n parties égales et portons cette partie aliquote de AD' autant de fois que possible sur AD, soit m ce nombre, alors nous aurons :

$$\frac{m}{n} < \frac{AD}{AD'} < \frac{m+1}{n}.$$

Par les points de division menons des parallèles à AB, nous décomposerons le rectangle R' en n rectangles égaux, et le rectangle R en m rectangles égaux aux précédents, plus un rectangle moindre que ceux-ci, donc on a aussi :

$$\frac{m}{n} < \frac{R}{R'} < \frac{m+1}{n}.$$

La différence entre $\frac{AD}{AD'}$ et $\frac{R}{R'}$ est donc moindre que $\frac{1}{n}$; or $\frac{1}{n}$ est aussi voisin de zéro qu'on le veut pour des valeurs de n suffisamment grandes, donc :

$$\frac{AD}{AD'} \quad \text{et} \quad \frac{R}{R'}$$

ont une différence rigoureusement nulle.

Dans tous les cas on a donc :

$$\frac{R}{R'} = \frac{AD}{AD'};$$

c'est ce qu'il fallait prouver.

Corollaire. — *Deux rectangles qui ont une dimension égale sont dans le rapport des dimensions inégales.*

Car on peut prendre pour base d'un rectangle l'un quelconque de ses côtés.

THÉORÈME VIII

Deux rectangles sont dans le rapport des produits de leurs deux dimensions.

Soit les rectangles R et R' ayant respectivement pour dimensions a, b et a', b'.

Comparons-les à un rectangle auxiliaire R″ ayant pour dimensions a' et b; nous aurons, en appliquant le théorème VII :

$$\frac{R}{R''} = \frac{a}{a'} \quad \text{et} \quad \frac{R''}{R'} = \frac{b}{b'}.$$

Donc, en multipliant membre à membre les deux proportions, et en supprimant le facteur commun R″ aux deux termes du premier membre :

$$\frac{R}{R'} = \frac{a \times b}{a' \times b'}.$$

C'est la proportion à démontrer.

THÉORÈME IX

L'aire d'un rectangle a pour mesure le produit des mesures de ses deux dimensions, lorsque l'unité de surface est l'aire du carré dont le côté est l'unité de longueur.

Soit R l'aire d'un rectangle dont les dimensions sont a et b,

Soit C l'aire du carré dont le côté α est l'unité de longueur;

On a, d'après le théorème VIII :

$$\frac{R}{C} = \frac{a}{\alpha} \times \frac{b}{\alpha}.$$

Or, les rapports :

$$\frac{R}{C}, \quad \frac{a}{\alpha}, \quad \frac{b}{\alpha},$$

sont, par définition, les mesures des quantités R, a, b, puisque C et α sont les unités de surface et de longueur : l'égalité précédente exprime donc que la mesure du rectangle est le produit des mesures de ses deux dimensions.

Remarque. — On énonce plus brièvement ce théorème en disant : *Le rectangle a pour mesure le produit de ses deux dimensions*, mais il faut toujours sous-entendre la correspondance établie entre les unités de surface et de longueur.

Corollaire. — *L'aire du carré est la seconde puissance de son côté.*

D'où le nom de carré donné à la seconde puissance d'un nombre.

THÉORÈME X

Le parallélogramme a pour mesure le produit de sa base par sa hauteur.

Ceci revient à prouver que le parallélogramme est équivalent au rectangle de même base et de même hauteur.

Soit en effet le parallélogramme ABCD (fig. 284), et le rectangle DD'CC' de même base et de même hauteur; ces figures sont équivalentes parce que les triangles rectangles ADD', BCC', qui ont l'hypoténuse égale et un côté de l'angle droit égal, sont égaux.

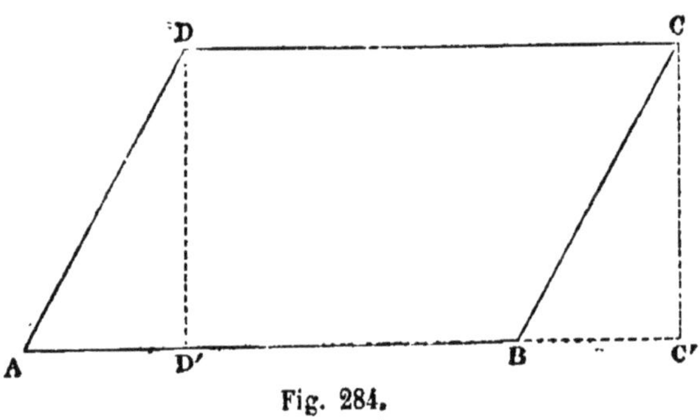

Fig. 284.

THÉORÈME XI

Le triangle a pour mesure la moitié du produit de sa base par sa hauteur.

Ce qui revient à prouver qu'un triangle vaut la moitié du parallélogramme construit sur deux de ses côtés.

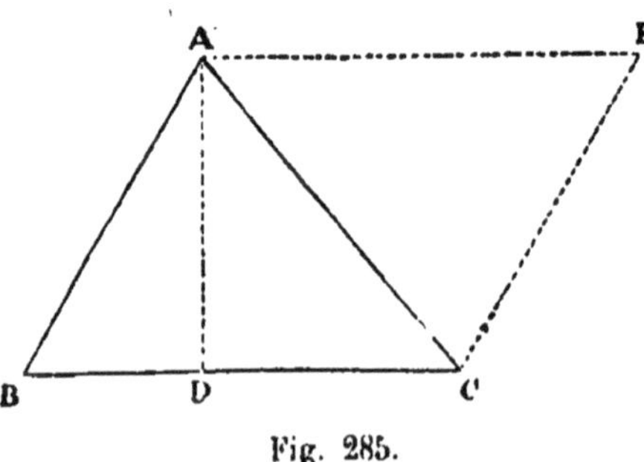

Fig. 285.

Soit en effet le triangle ABC (fig. 285), et le parallélogramme ABCE construit sur les côtés AB, BC; la diagonale AC partage ce quadrilatère en deux triangles égaux.

Donc ABC est la moitié du parallélogramme.

Corollaire I. — *Deux triangles de même base sont dans le rapport des hauteurs.*

Il en résulte que le triangle d'aire maximum, ayant un côté donné ainsi que l'angle opposé, est le triangle isocèle.

Corollaire II. — *Deux triangles de même hauteur sont dans le rapport des bases.*

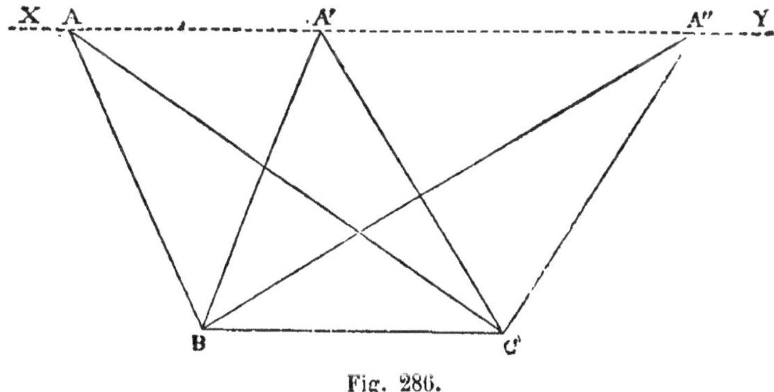

Fig. 286.

Exemple I. — *Si le sommet* A *d'un triangle* (fig. 286), *de base invariable* BC, *se déplace sur le parallèle* XY *à* BC, *l'aire conservera la même valeur.*

Exemple II. — *L'aire du triangle qui a pour côtés les médianes d'un triangle donné est les trois quarts de l'aire de ce triangle.*

Car en menant CH et BH (fig. 287) parallèles à AB et CF, la figure

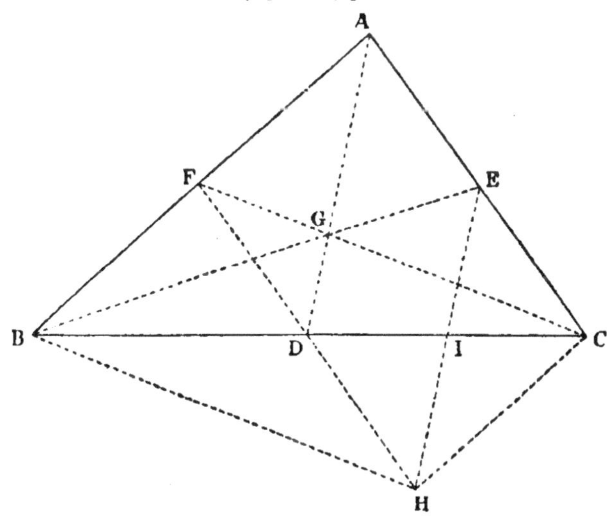

Fig. 287.

BFCH sera un parallélogramme, par suite le triangle BHE a pour côtés les médianes de ABC, et les aires sont dans le même rapport que BEI et BEC; or BI est les 3/4 de BC, donc BEI est les 3/4 de BEC.

Corollaire III. — *Les lettres a, b, c, R, S représentant les côtés d'un triangle, le rayon du cercle circonscrit et l'aire, on a la relation :*

$$abc = 4RS.$$

En effet, en représentant par h la hauteur relative au côté a, on a la relation :

$$bc = 2Rh. \qquad \text{(Th. XXXIII, livre III.)}$$

En multipliant les deux membres par a, et remarquant que $2S = ah$, on obtient la relation énoncée.

Corollaire IV. — *L'aire d'un triangle en fonction des côtés est donnée par la formule:*

$$R = \sqrt{p(p-a)(p-b)(p-c)},$$

en posant:

$$2p = a + b + c.$$

En effet, h étant la hauteur relative au côté a, nous avons trouvé (probl. IX, livre III) :

$$h = \frac{2}{a}\sqrt{p(p-a)(p-b)(p-c)}.$$

En multipliant le résultat par $\frac{a}{2}$ on obtient la formule énoncée.

Corollaire V. — *Si l'on représente par* r *le rayon de la circonférence inscrite dans un triangle, par* r′, r″, r‴ *les rayons des circonférences ex-inscrites, situées dans les angles* A, B, C, *on a les relations :*

$$S = pr = (p-a)r' = (p-b)r'' = (p-c)r'''.$$

En effet, en joignant le centre O du cercle inscrit aux trois sommets (fig. 288), on décompose le triangle en trois triangles, ayant pour hauteur commune r, et pour bases les côtés du triangle. On a donc :

$$S = \frac{ar}{2} + \frac{br}{2} + \frac{cr}{2},$$

ou

$$S = pr.$$

De même en joignant le centre O′ du cercle ex-inscrit situé

dans l'angle A, aux trois sommets, on obtiendra trois triangles, tels que :

$$ABC = O'AB + O'AC - O'BC;$$

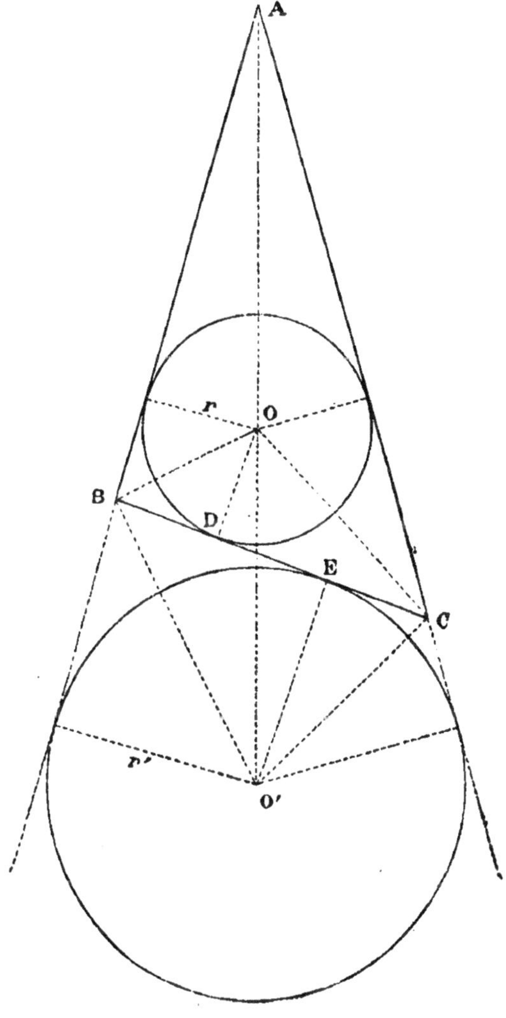

Fig. 288.

donc :

$$S = \frac{cr'}{2} + \frac{br'}{2} - \frac{ar'}{2},$$

ou :

$$S = \frac{b + c - a}{2} r'.$$

Mais

$$a + b + c = 2p,$$

donc :

$$b + c - a = 2(p - a),$$

et par suite :

$$S = (p - a)r'.$$

Remarque I. — Les corollaires III, IV, V permettent de calculer en fonction des côtés les rayons des circonférences circonscrite, inscrite et ex-inscrites à un triangle.

Remarque II. — Ces mêmes corollaires conduisent aisément aux relations suivantes :

$$S^2 = rr'r''r''',$$

$$S^2 = \frac{1}{2} Rhh'h'',$$

$$\frac{1}{r} = \frac{1}{r'} + \frac{1}{r''} + \frac{1}{r'''} = \frac{1}{h} + \frac{1}{h'} + \frac{1}{h''}.$$

Remarque III. — Le corollaire V fournit une méthode purement géométrique pour établir la formule :

$$S = \sqrt{p(p - a)(p - b)(p - c)}.$$

On en tire en effet :

$$S^2 = p(p - a)rr'.$$

Or les triangles OBD, O'BE (fig. 288) dont les côtés sont respectivement perpendiculaires, sont semblables et donnent :

$$\frac{OD}{BE} = \frac{BD}{O'E};$$

or :

$$BD = p - b$$

et

$$BE = p - c$$

(coroll. II, prob. XI, liv. II).

Donc :

$$rr' = (p - b)(p - c),$$

et en remplaçant :

$$S^2 = p(p - a)(p - b)(p - c).$$

C'est la formule déjà trouvée.

Corollaire VI. — *En représentant par* a *le côté d'un triangle équilatéral, l'aire est donnée par la formule :*

$$\frac{a^2\sqrt{3}}{4}.$$

Car la hauteur a pour valeur :

$$\frac{a\sqrt{3}}{2}.$$

Corollaire VII. — *Un polygone étant toujours décomposable en triangles, la mesure du triangle conduit à la mesure d'un polygone quelconque.*

Corollaire VIII. — *L'aire d'un polygone circonscrit à une circonférence est égale au demi-produit de son périmètre par le rayon.*

En effet, en joignant le centre aux divers sommets, on décompose le polygone en triangles, ayant pour hauteur commune le rayon de la circonférence, et pour bases les divers côtés du polygone : si donc a, b, c, d, e... sont les côtés de ce polygone, et R le rayon de la circonférence, on aura :

$$S = \frac{aR}{2} + \frac{bR}{2} + \frac{cR}{2} + \frac{dR}{2} + \frac{eR}{2} + \dots$$

ou

$$S = \frac{1}{2}(a + b + c + d + e + \dots) \times R.$$

Corollaire IX. — *L'aire d'un polygone régulier convexe est égal au demi-produit du périmètre par l'apothème.*

THÉORÈME XII

Les aires de deux triangles qui ont un angle égal ou supplémentaire sont dans le rapport des produits des côtés qui comprennent cet angle.

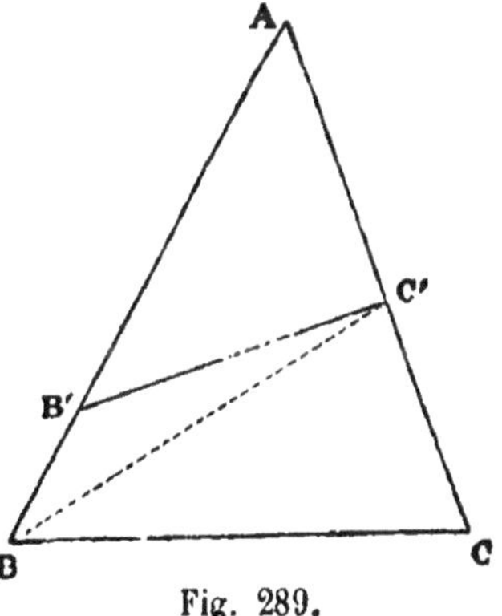

Fig. 289.

Soit les triangles ABC, AB'C' (fig. 289) qui ont l'angle A commun : traçons C'B, et comparons chacun des triangles considérés au triangle ABC'.

Les triangles AB'C' et ABC' ayant même hauteur, sont dans le rapport des bases AB', AB ; on a donc :

$$\frac{AB'C'}{ABC'} = \frac{AB'}{AB};$$

et de même :

$$\frac{ABC'}{ABC} = \frac{AC'}{AC},$$

d'où, en multipliant membre à membre, et supprimant le facteur ABC' commun aux deux termes du premier membre :

$$\frac{AB'C'}{ABC} = \frac{AB' \times AC'}{AB \times AC}.$$

Ce qu'il fallait prouver.

Même démonstration dans le cas des angles supplémentaires.

APPLICATION I

Étant donné un triangle ABC (fig. 290), *on prend sur les côtés des points* A', B', C' *qui les partagent en segments additifs proportionnels à deux nombres donnés* m *et* n ; *on répète les mêmes constructions sur le triangle* A'B'C', *et ainsi de suite : trouver vers quelle limite tend la somme des aires de tous ces triangles.*

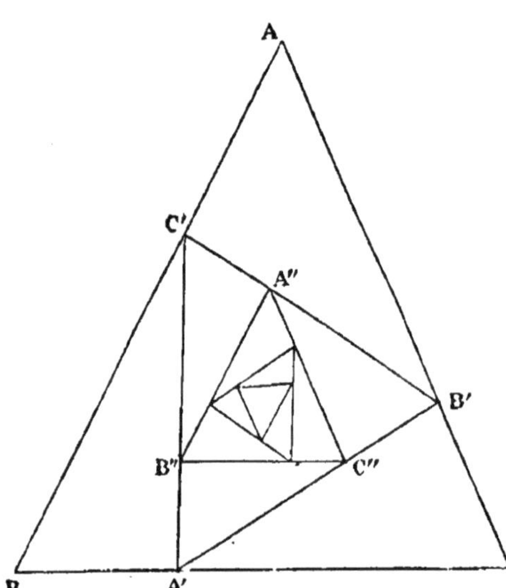

Fig. 290.

On a, par hypothèse :

$$\frac{A'B}{A'C} = \frac{B'C}{B'A} = \frac{C'A}{C'B} = \frac{m}{n};$$

on a donc (th. XII) :

$$\frac{AB'C'}{ABC} = \frac{mn}{(m+n)^2}.$$

Donc les triangles AB'C', BA'C', CA'B' sont équivalents, et l'on a :

$$\frac{ABC - 3A'B'C'}{ABC} = \frac{(m+n)^2 - 3mn}{(m+n)^2}.$$

S et S' étant les aires des triangles ABC, A'B'C', on a donc :

$$S' = S\,\frac{m^2 - mn + n^2}{(m+n)^2}$$

Par suite, l'aire S″ de A″B″C″ sera donnée par la relation :

$$S'' = S' \frac{m^2 - mn + n^2}{(m+n)^2};$$

donc ces aires forment une progression géométrique décroissante, dont la limite est :

$$\frac{(m+n)^2}{3mn} S.$$

THÉORÈME XIII

Le trapèze a pour mesure le demi-produit de la hauteur par la somme des bases.

Soit le trapèze ABCD (fig. 291) que nous décomposons en deux

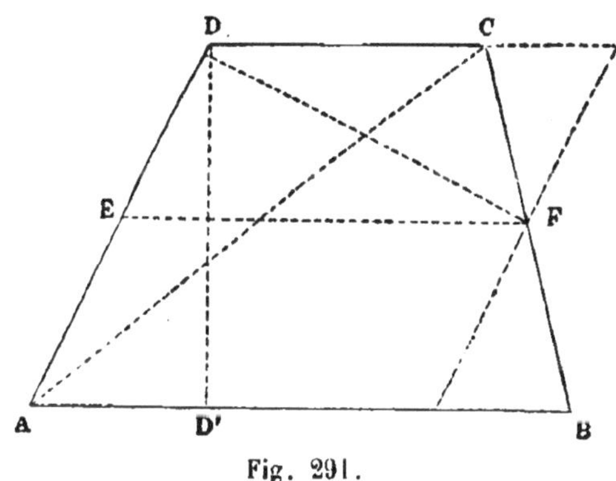

Fig. 291.

triangles par la diagonale AC ; nous aurons donc, en représentant par S l'aire du trapèze, et par H sa hauteur DD′ :

$$S = \frac{1}{2} AB \times H + \frac{1}{2} CD \times H,$$

ou :

$$S = \frac{1}{2} H(AB + CD).$$

Corollaire I. — *Le trapèze a pour mesure le produit de la hauteur par la parallèle aux bases équidistantes de celles-ci.*

En effet nous savons que cette parallèle EF (fig. 291) est la demi-somme des bases.

Ce résultat se voit encore aisément en menant la parallèle à AD par le point F, on forme un parallélogramme équivalent au trapèze.

Corollaire II. — *Le trapèze a pour mesure le produit d'un des côtés non parallèles par la distance à celui-ci du milieu du côté opposé.*

Car le parallélogramme que nous venons de construire (fig. 291) a pour mesure le produit de AD par la distance du point F à ce côté.

APPLICATION II

Évaluer l'aire d'un trapèze en le considérant comme différence de deux triangles.

Soit

$$AB = a \quad \text{et} \quad CD = b,$$

les bases d'un trapèze (fig. 292) dont la hauteur $EF = h$, et soit O le point de concours des côtés non parallèles.

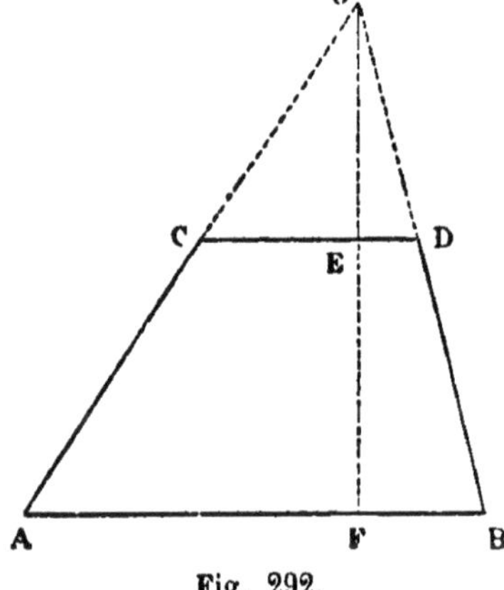

Fig. 292.

On a :

$$S = \frac{1}{2} a \times OF - \frac{1}{2} b \times OE.$$

Or,

$$\frac{OF}{a} = \frac{OE}{b} = \frac{h}{a-b},$$

d'où :

$$OF = \frac{ah}{a-b}, \qquad OE = \frac{bh}{a-b};$$

et en remplaçant :

$$S = \frac{1}{2} h. \frac{a^2 - b^2}{a-b};$$

donc :

$$S = \frac{1}{2} h(a+b).$$

C'est la formule déjà trouvée.

APPLICATION III

Tracer par le sommet A *d'un triangle donné* ABC (fig. 293) *une droite* XY *telle que les perpendiculaires abaissées sur cette droite des sommets* B *et* C, *déterminent un trapèze* BB'C'C *d'aire donnée* K^2.

Soit E le milieu de BC projeté en E′ sur XY, lequel point se projette en D sur BC.

Nous aurons (corollaire II, th. XIII) :

$$K^2 = BC \times E'D$$

donc E′D est connue, c'est la troisième proportionnelle à BC et K.

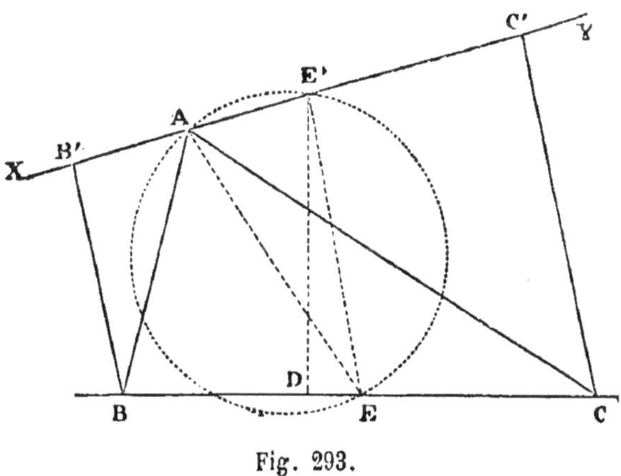

Fig. 293.

Le point E′ est donc sur la circonférence de diamètre AE et sur la parallèle à BC menée à une distance de cette ligne égale à E′D.

Si donc ces deux lignes se rencontrent le problème admettra deux solutions.

*APPLICATION IV

Évaluer l'aire d'un quadrilatère en fonction des côtés et des diagonales.

Nous remarquons d'abord que l'*aire d'un quadrilatère est la moitié de l'aire du parallélogramme dont les côtés sont égaux et parallèles aux diagonales*. Ce qui se voit aisément en traçant des parallèles aux diagonales par les sommets.

Le quadrilatère est aussi le double du parallélogramme qui a pour sommets les milieux de ses côtés.

Toute la question revient donc à calculer l'aire du triangle MNP (fig. 294) dont le quadruple sera l'aire S cherchée. Posons :

$$AB = a, \quad BC = b, \quad CD = c, \quad DA = d, \quad BD = m, \quad AC = n,$$

et représentons par α, β, γ les côtés MP, NM, NP du triangle MNP. Nous savons déjà que l'on a :

$$\mathrm{MNP} = \frac{1}{4}\sqrt{(\alpha+\beta+\gamma)(\alpha+\beta-\gamma)(\alpha-\beta+\gamma)(\beta+\gamma-\alpha)},$$

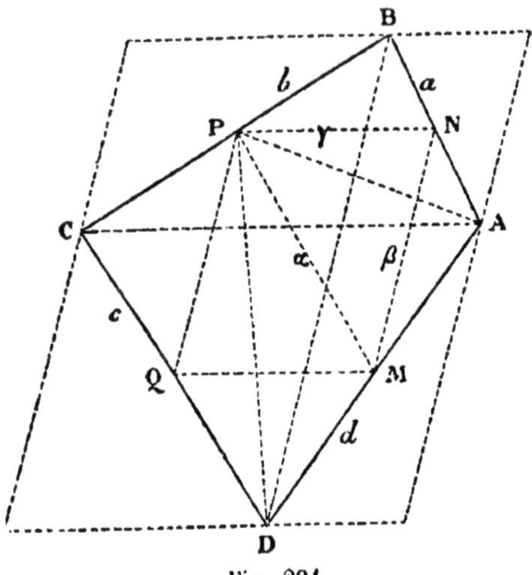

Fig. 294.

ce qui donne, en groupant les facteurs deux à deux :

$$\mathrm{MNP} = \frac{1}{4}\sqrt{[(\beta+\gamma)^2-\alpha^2][\alpha^2-(\beta-\gamma)^2]}.$$

Or, β et γ sont les moitiés des diagonales m et n, il reste donc à évaluer $\alpha^2 = \overline{\mathrm{MP}}^2$.

Traçons PA, PD; le théorème de la médiane appliqué à chacun des triangles APD, ABC, DBC, donne :

$$4\alpha^2 + d^2 = 2\overline{\mathrm{AP}}^2 + 2\overline{\mathrm{DP}}^2,$$

$$2\overline{\mathrm{AP}}^2 + \frac{b^2}{2} = a^2 + n^2,$$

$$2\overline{\mathrm{DP}}^2 + \frac{b^2}{2} = c^2 + m^2;$$

et en ajoutant :

$$\alpha^2 = \frac{m^2 + n^2 + a^2 + c^2 - b^2 - d^2}{4};$$

en remplaçant, on a ainsi :

$$\mathrm{MNP} = \frac{1}{4}\sqrt{\frac{2mn - a^2 - c^2 + b^2 + d^2}{4} \times \frac{2mn + a^2 + c^2 - b^2 - d^2}{4}}$$

donc :

$$S = \frac{1}{4}\sqrt{(2mn - a^2 - c^2 + b^2 + d^2)(2mn + a^2 + c^2 - b^2 - d^2)}.$$

On déduit de là quelques résultats intéressants :

1° *Le quadrilatère est inscriptible.*

Alors on a :

$$mn = ac + bd$$

(th. de *Ptolémée*) ; remplaçons, nous aurons :

$$S = \frac{1}{4}\sqrt{[(b+d)^2 - (a-c)^2][a+c)^2 - (b-d)^2]}.$$

En décomposant en facteurs du premier degré, et posant :

$$2p = a + b + c + d,$$

on obtient la formule simple :

$$S = \sqrt{(p-a)(p-b)(p-c)(p-d)}.$$

2° *Le quadrilatère est à la fois inscriptible et circonscriptible,* Alors les points de contact de la circonférence inscrite déterminant des segments égaux deux à deux, on a :

$$p = a + c = b + d,$$

en remplaçant, il vient :

$$S = \sqrt{abcd}.$$

3° *Le quadrilatère est un trapèze.*

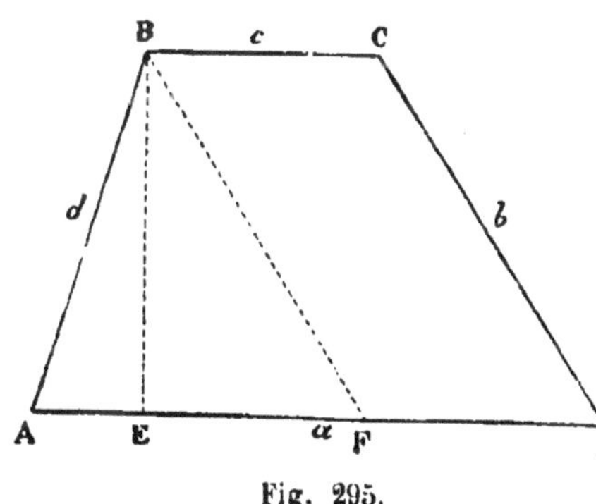

Fig. 295.

La transformation de la formule générale étant un peu pénible, nous préférons établir directement ce résultat.

Les bases étant a, c, en appelant h la hauteur BE (fig. 295), nous savons que l'on a :

$$S = \frac{a+c}{2} \times h.$$

Calculons h dans le triangle ABF dont le côté BF est parallèle à CD, en appliquant la formule générale :

$$h = \frac{2}{\alpha}\sqrt{p(p-\alpha)(p-\beta)(p-\gamma)},$$

nous aurons :

$$h = \frac{2}{a-c}\sqrt{\frac{a-c+b+d}{2} \times \frac{a-c+b-d}{2} \times \frac{a-c-b+d}{2} \times \frac{b+d-a+c}{2}}$$

donc :

$$S = \frac{1}{4}\frac{a+c}{a-c}\sqrt{(b+d+c-a)(b+d+a-c)(a+d-b-c)(a+b-d-c)}.$$

PROBLÈME XI

Construire un triangle équivalent à un polygone donné.

Il suffit, pour résoudre ce problème, de montrer que l'on peut, par la règle et le compas, transformer un polygone en un autre polygone équivalent mais ayant un côté de moins.

Soit donc le polygone ABCDE (fig. 296), isolons le sommet D, par

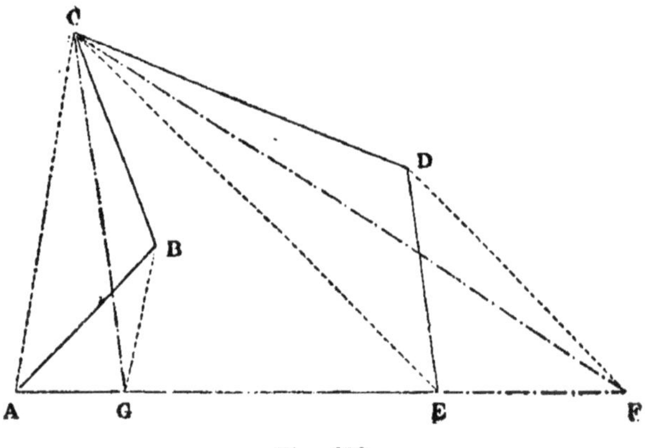

Fig. 296.

exemple, par la diagonale CE, traçons DF parallèle à CE, et joignons CF : le polygone ABCF a un côté de moins que le premier, et lui est équivalent; car en considérant la partie commune ABCE, les triangles CDE, CFE qui ont même base CE et même hauteur, puisque DF est parallèle à CE, sont équivalents.

De même on fera disparaître le sommet de l'angle rentrant ABC, en menant AC, et traçant BG parallèle à AC, le triangle GCF répond à la question.

En particulier, pour le trapèze ABCD (fig. 297) nous obtenons le triangle BCE, en menant DE parallèle à AC; dans ce cas on remarque que la figure ACDE étant un parallélogramme, CE passe par le milieu F de DA. Le triangle trouvé a même hauteur que le trapèze et pour base la somme des bases : on arrive donc ainsi à l'énoncé du théorème XIII.

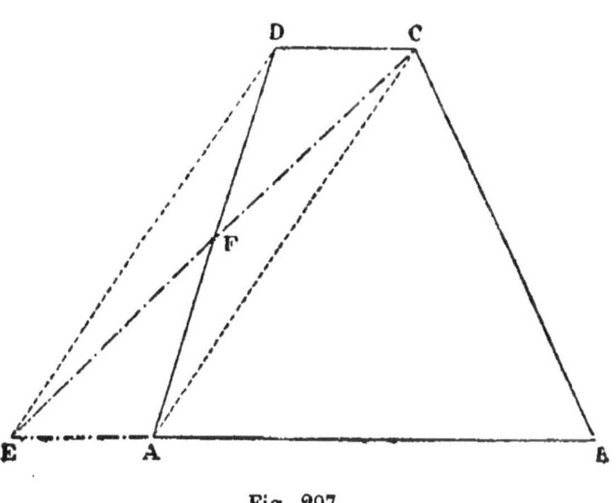

Fig. 297.

Corollaire I. — *Pouvant construire un triangle équivalent à un polygone donné, et sachant mesurer l'aire du triangle, on sait mesurer l'aire d'un polygone quelconque.*

Corollaire II. — *On sait construire un carré équivalent à un polygone donné.*

Car on sait transformer le polygone en un triangle équivalent ; le côté du carré cherché sera donc la moyenne géométrique entre la base et la moitié de la hauteur de ce triangle.

APPLICATION V

Par un point donné sur un côté d'un quadrilatère, tracer une droite qui partage l'aire de cette figure dans un rapport donné.

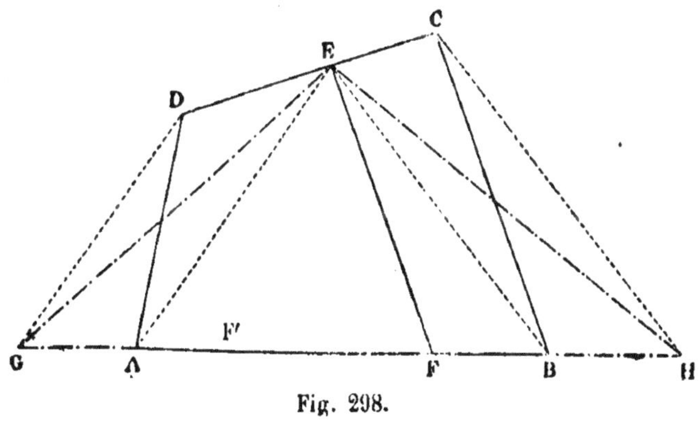

Fig. 298.

Soit EF (fig. 298), passant par le point donné E, et tel que les aires des quadrilatères ADEF, FBCE soient dans le rapport de m à n ; transformons ces quadrilatères en triangles équivalents à l'aide des parallèles DG, CH aux droites EA, EB ; alors les triangles GEF, FEH, respectivement équivalents aux quadrilatères, seront dans le rapport de m à n ; et comme ils ont même hauteur, il faut et il suffit qu'on ait :

$$\frac{FG}{FH} = \frac{m}{n}:$$

le point F est donc connu, et le problème est résolu ; une seconde solution est évidemment fournie par EF', telle que HF' = GF.

Remarque. — Il peut arriver que le point F ainsi déterminé ne soit pas situé entre A et B, ainsi que cela se présente dans la

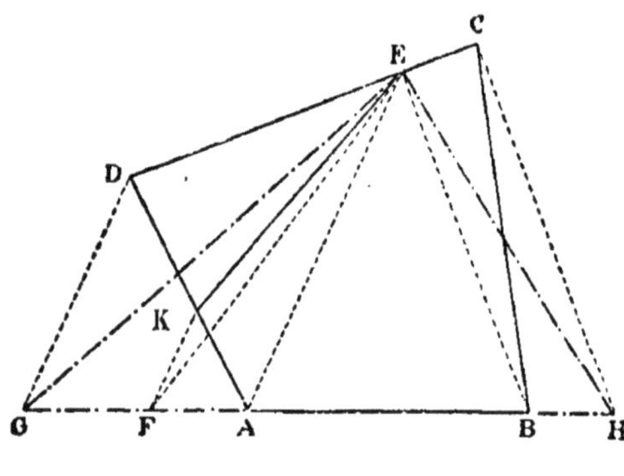

Fig. 299.

figure 299 : alors la droite EF ne répond plus à la question, et pour résoudre le problème, on tracera FK parallèle à DG et l'on joindra E au point K où elle rencontre AD. Il arrive, en effet, que les triangles AFE, AKE sont équivalents, et par suite l'aire ECBAK est équivalente au triangle FEH.

APPLICATION VI

Le carré construit sur un côté d'un triangle opposé à un angle aigu ou obtus, égale la somme des carrés construits sur les deux autres côtés, diminuée ou augmentée du double de l'aire du rectangle qui a pour dimensions l'un de ces deux côtés et la projection de l'autre sur celui-ci.

Cet énoncé est identique à celui du théorème XXVII (livre III), c'est donc une démonstration nouvelle de ce théorème qui résulte des propriétés précédentes.

Soit, par exemple, le triangle ABC (fig. 300) dont l'angle A est

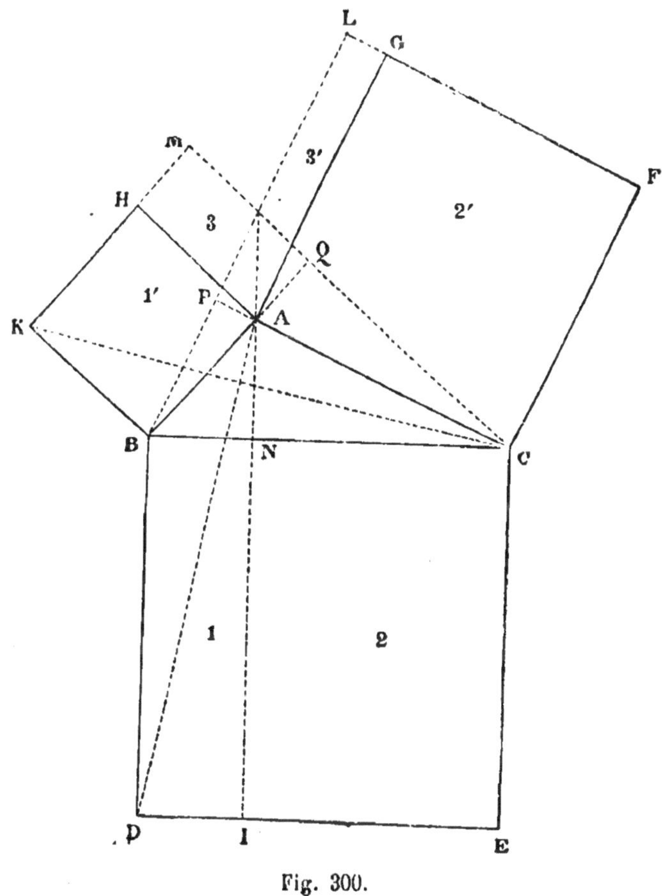

Fig. 300.

obtus ; nous construisons les carrés sur les côtés, et nous menons les hauteurs qui déterminent les rectangles 1, 2, 1', 3, 2', 3' : les rectangles 1 et 1' sont équivalents, ainsi que 2 et 2', 3 et 3'; prouvons, par exemple, l'équivalence des rectangles 1, 1'; à cet effet, traçons CK et AD, nous formons deux triangles respectivement équivalents aux moitiés des rectangles considérés, parce qu'ils ont mêmes bases et mêmes hauteurs. Or ces triangles sont égaux parce qu'ils ont un angle égal compris entre côtés égaux chacun à chacun; les angles KBC, ABD valent chacun l'angle ABC augmenté d'un droit.

Par suite le carré BCDE égale la somme des carrés ABKH, AGFC augmentée du double de l'un des rectangles 3 et 3' : or, le rectangle 3, par exemple, a pour dimensions le côté AB et la projection AQ de AC sur AB ; la relation énoncée est donc démontrée.

§ VI. — RAPPORT DES AIRES DE DEUX POLYGONES SEMBLABLES

THÉORÈME XIV

Le rapport des aires de deux polygones semblables est égal au rapport des carrés de deux côtés homologues.

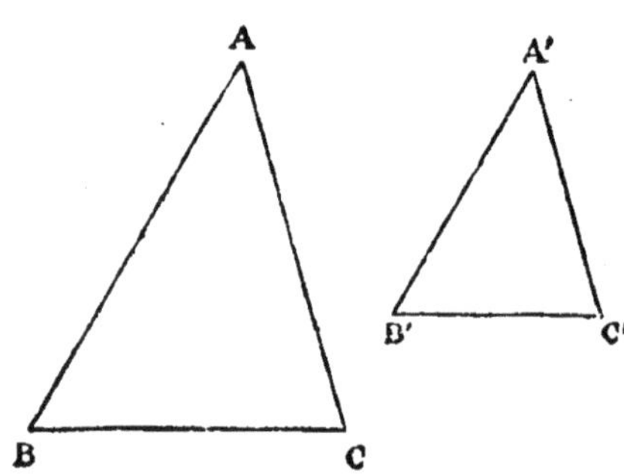

Fig. 301.

1° Considérons d'abord le cas des deux triangles semblables ABC, A'B'C' (fig. 301).

Ces triangles ayant un angle égal, par exemple $A = A'$, on a, en appliquant le théorème XII :

$$\frac{A'B'C'}{ABC} = \frac{A'B' \times A'C'}{AB \times AC};$$

mais

$$\frac{A'B'}{AB} = \frac{A'C'}{AC},$$

donc :

$$\frac{A'B'C'}{ABC} = \frac{\overline{A'B'}^2}{\overline{AB}^2}.$$

2° Considérons deux polygones semblables P et P' dont les aires sont S et S' ; prenons un point O arbitraire dans le polygone P et le point homologue O' dans l'autre P'. Joignons ces points aux sommets homologues ; nous décomposerons ces polygones en triangles semblables chacun à chacun (th. XVII, livre III): soit α, β, γ... les aires des triangles dont est formé le polygone P, et α', β', γ'... les aires des triangles semblables à ceux-ci dans le polygone P' ; enfin soit a et a' les longueurs de deux côtés homologues, nous aurons, d'après 1° :

$$\frac{a^2}{a_1^2} = \frac{\alpha}{\alpha'} = \frac{\beta}{\beta'} = \frac{\gamma}{\gamma'} = \ldots$$

d'où :

$$\frac{a^2}{a_1^2} = \frac{\alpha + \beta + \gamma + \cdot\cdot}{\alpha' + \beta' + \gamma' + \ldots} = \frac{S}{S'}.$$

C'est ce qu'il fallait prouver.

APPLICATION VII

Partager un triangle en parties équivalentes par des parallèles à l'un des côtés.

Supposons le problème résolu, et soit (fig. 302) les parallèles B'C',

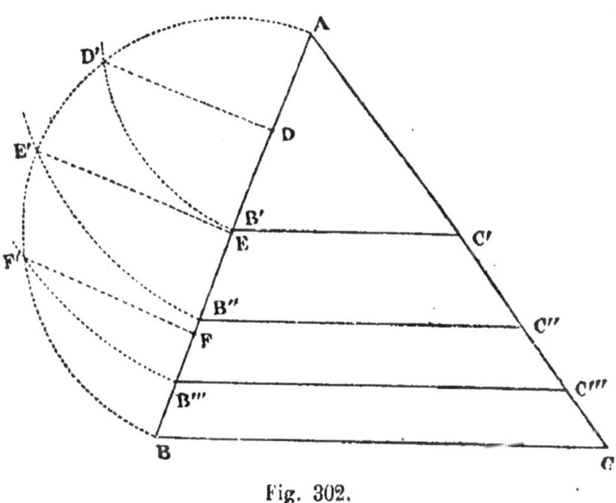

Fig. 302.

B''C'', B'''C''' à BC partageant le triangle en quatre parties équivalentes.

Au lieu de comparer les parties entre elles, nous comparons les riangles semblables AB'C', AB''C'', AB'''C''' et ABC.

On doit avoir :

$$\frac{\text{AB'C'}}{1} = \frac{\text{AB''C''}}{2} = \frac{\text{AB'''C'''}}{3} = \frac{\text{ABC}}{4}. \qquad (1)$$

Mais, en appliquant le théorème XIV, on a :

$$\frac{\text{AB'C'}}{\overline{\text{AB'}}^2} = \frac{\text{AB''C''}}{\overline{\text{AB''}}^2} = \frac{\text{AB'''C'''}}{\overline{\text{AB'''}}^2} = \frac{\text{ABC}}{\overline{\text{AB}}^2}. \qquad (2)$$

Donc, en divisant (1) par (2), on devra avoir :

$$\frac{\overline{AB'}^2}{1} = \frac{\overline{AB''}^2}{2} = \frac{\overline{AB'''}^2}{3} = \frac{\overline{AB}^2}{4}.$$

Par suite, en nous reportant au corollaire IV du théorème XXV (livre III), nous partagerons AB en quatre parties égales, aux points D, E, F, et nous tracerons par ces points des perpendiculaires à AB qui rencontrent la circonférence de diamètre à AB aux points D′, E′, F′. Enfin, nous prendrons :

$$AB' = AD', \quad AB'' = AE', \quad AB''' = AF'.$$

Les parallèles à BC menées par les points B′, B″, B‴ répondent à la question.

APPLICATION VIII

Par l'un des points A *communs à deux circonférences* O, O′ (fig. 303), *on trace une sécante* MAN *dont on joint les extrémités*

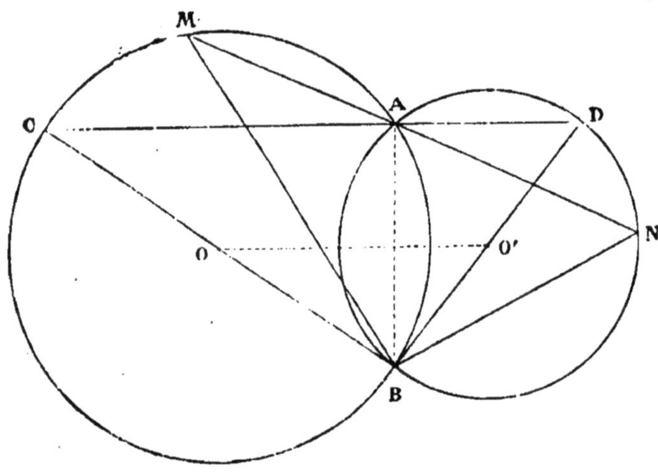

Fig. 303.

au second point commun B. *Trouver la position de* MN *pour laquelle l'aire du triangle* MBN *est maximum.*

Nous remarquons que le triangle MBN reste semblable à lui-même quand la sécante MN pivote autour du point A, car les angles M et N ont une mesure constante. Donc le maximum de l'aire aura lieu en même temps que le maximum d'un côté.

Or, le côté BM a pour maximum le diamètre BOC, donc la position cherchée est CAD : à ce moment BD passe par O′ et CAD est parallèle à OO′.

Ceci montre que le maximum de la longueur MAN est atteint quand la sécante est parallèle à OO′, résultat déjà obtenu dans le Second Livre : et réciproquement, en partant de ce résultat, on voit a priori que la base et la hauteur étant maxima dans cette position CAD, l'aire doit être maximum.

PROBLÈME XII

Construire un polygone semblable à plusieurs polygones donnés semblables entre eux, et tel que son aire soit la somme des aires de ces polygones.

Il suffit pour cela que le carré d'un côté de ce polygone soit la somme des carrés des côtés homologues des polygones donnés.

Soit en effet S l'aire du polygone cherché, et A un de ses côtés;

Soit s, s', s'' les aires des polygones donnés, et a, a', a'' les côtés de ces polygones homologues à A, on a (th. XIV) :

$$\frac{S}{A^2} = \frac{s}{a^2} = \frac{s'}{a'^2} = \frac{s''}{a''^2} = \frac{s + s' + s''}{a^2 + a'^2 + a''^2}.$$

Or, par hypothèse,

$$S = s + s' + s'',$$

donc :

$$A^2 = a^2 + a'^2 + a''^2.$$

Il sera donc aisé de construire A, et par suite le polygone cherché.

Corollaire. — *Si l'on construit trois polygones semblables entre eux, ayant pour côtés homologues les côtés d'un triangle rectangle, l'aire du polygone construit sur l'hypoténuse sera la somme des aires des deux autres.*

C'est une généralisation du théorème du carré de l'hypoténuse.

PROBLÈME XIII

Construire un polygone semblable à un polygone donné, et dont l'aire soit une fraction donnée de l'aire de ce polygone.

Soit P le polygone donné dont l'aire est S et l'un des côtés a, soit

P′ le polygone cherché dont l'aire S′ est la fraction donnée $\frac{m}{n}$ de l'aire S, et dont le côté homologue à a est x.

Nous avons (th. XIV) :

$$\frac{S'}{S} = \frac{x^2}{a^2},$$

et par hypothèse :

$$\frac{S'}{S} = \frac{m}{n}$$

donc :

$$\frac{x^2}{a^2} = \frac{m}{n}.$$

Nous sommes donc ramené au problème VII du livre III qui consiste à construire une ligne dont le carré soit au carré d'une ligne donnée dans le rapport de deux nombres ou de deux longueurs données.

PROBLÈME XIV

Construire un polygone semblable à un polygone donné et équivalent à un deuxième polygone donné.

Soit à construire le polygone X semblable au polygone P et équivalent au polygone Q.

Soit a un côté du polygone P, cherchons l'homologue x dans le polygone X. A cet effet, déterminons les côtés α et β des carrés équivalents aux polygones P et Q (coroll. II, problème XI) ; en appliquant le théorème XIV nous aurons :

$$\frac{\beta^2}{\alpha^2} = \frac{x^2}{a^2},$$

puisque β^2 est aussi équivalent au polygone X ; de là on tire :

$$\frac{x}{a} = \frac{\beta}{\alpha},$$

donc x est la quatrième proportionnelle aux longueurs α, β, a.

Le problème est donc résolu.

Corollaire. — *On sait construire un triangle équilatéral équivalent à un polygone donné.*

§ VII. — MESURE DE L'AIRE DU CERCLE

THÉORÈME XV

L'AIRE D'UN CERCLE *est la limite commune vers laquelle tendent les aires de deux polygones réguliers semblables, l'un inscrit, l'autre circonscrit à la circonférence, lorsque le nombre des côtés croît sans limite.*

Soit en effet S_1 et S'_1 les aires de deux polygones réguliers P_1 et P'_1 semblables de n côtés, l'un inscrit, l'autre circonscrit à la circonférence de rayon R. Quand nous faisons croître le nombre des côtés, par exemple en doublant indéfiniment le nombre primitif, les aires S_1, S_2, S_3 vont en croissant, car S_1 est une partie de S_2, S_2 est une partie de S_3 et ainsi de suite; mais l'aire du cercle est toujours supérieure à cette aire variable.

Dans les mêmes conditions les aires S'_1, S'_2, S'_3 vont en décroissant pour une raison inverse de la précédente, mais l'aire du cercle est toujours inférieure à cette aire variable.

Donc les deux aires variables S et S' tendent chacune vers une limite quand n croît indéfiniment, et si nous prouvons que ces limites sont égales, il en faudra conclure que cette limite est l'aire du cercle. Le théorème sera donc démontré si nous prouvons que la différence $S' - S$ tend vers zéro quand n croît sans limite.

Or, les apothèmes de deux polygones réguliers semblables étant des lignes homologues, en désignant par r l'apothème du polygone inscrit, on a (th. XIV) :

$$\frac{S'}{R^2} = \frac{S}{r^2} = \frac{S' - S}{R^2 - r^2};$$

d'où l'on tire :

$$S' - S = \frac{S(R^2 - r^2)}{r^2}.$$

Mais, quand n croît sans limite, S croît sans atteindre le cercle et r tend vers R, donc :

$$\frac{S(R^2 - r^2)}{r^2}$$

tend vers zéro. Donc :

$$\text{Limite } (S' - S) = 0.$$

Ce qui démontre le théorème.

Corollaire. — *L'aire d'un secteur circulaire est la limite vers laquelle tend l'aire d'un secteur polygonal régulier inscrit, quand le nombre des côtés de la ligne brisée régulière croît sans limite.*

Les mêmes considérations que ci-dessus conduisent évidemment à cet énoncé.

THÉORÈME XVI

L'aire du cercle a pour mesure le demi-produit de la longueur de la circonférence par le rayon.

En effet un polygone régulier inscrit dans la circonférence a pour mesure le demi-produit de son périmètre par son apothème (coroll. IX, th. XI) : le nombre des côtés croissant sans limite, l'aire de ce polygone a pour limite l'aire du cercle (th. XV), le périmètre a pour limite la longueur de la circonférence par définition, et l'apothème a pour limite le rayon de la circonférence. Donc l'aire du cercle a pour mesure le demi-produit de la longueur de la circonférence par le rayon.

Corollaire I. — *Si on représente par* R *le rayon d'une circonférence, le cercle aura pour expression :* πR^2.

Il faut en effet, pour l'obtenir, prendre la moitié du produit de $2\pi R$ par R.

Corollaire II. — *Les aires de deux cercles sont dans le rapport des carrés des rayons.*

Car ces aires ont pour expressions :

$$S = \pi R^2, \quad S' = \pi R'^2,$$

d'où :

$$\frac{S'}{S} = \frac{R'^2}{R^2}.$$

Remarque. — Ce résultat est d'ailleurs une conséquence immédiate du théorème XV, puisque les aires de deux polygones réguliers semblables inscrits dans ces circonférences, sont dans le rapport constant des carrés des rayons.

Corollaire III. — *La formule* $S = \pi R^2$ *conduit à deux nouvelles méthodes pour le calcul de* π ;

Puisque le rapport de l'aire d'un cercle au carré de son rayon est constant et égal à π.

PROBLÈME XV

Construire un cercle égal à la somme de plusieurs cercles donnés.

Deux cercles ayant toutes les propriétés de deux polygones semblables dans lesquels les rayons sont des lignes homologues, on résoudra ce problème de même que le problème XII.

Corollaire. — Si l'on décrit des circonférences ayant pour diamètres les côtés d'un triangle rectangle, le cercle qui a pour diamètre l'hypoténuse vaut la somme des deux autres.

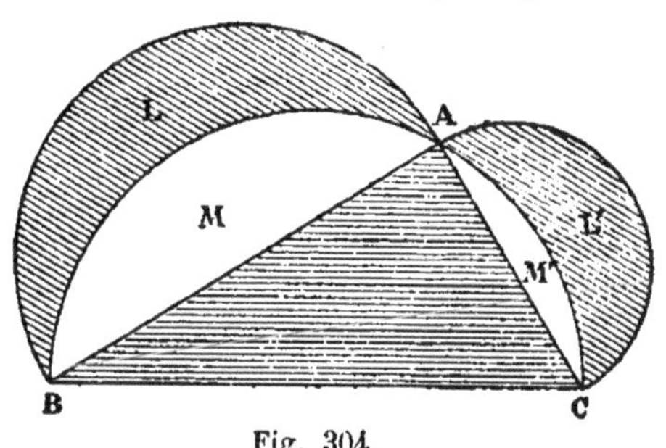

Fig. 304.

Il en résulte, par exemple, que les *lunules* L *et* L' (fig. 304) *ont une somme équivalente à l'aire du triangle rectangle*, car en retranchant les segments M et M' du demi-cercle BC, on obtient le même résultat qu'en les retranchant de la somme des demi-cercles AB et AC.

Et encore : *le cercle inscrit dans le triangle rectangle* ABC (fig. 305) *est la somme des cercles inscrits dans les triangles* ABD, ADC *déterminés par la perpendiculaire* AD.

En effet ces trois triangles sont semblables, et les rayons des cercles inscrits dans ces triangles sont des lignes homologues : or, les trois lignes homologues BC, AC, AB sont les trois côtés d'un triangle

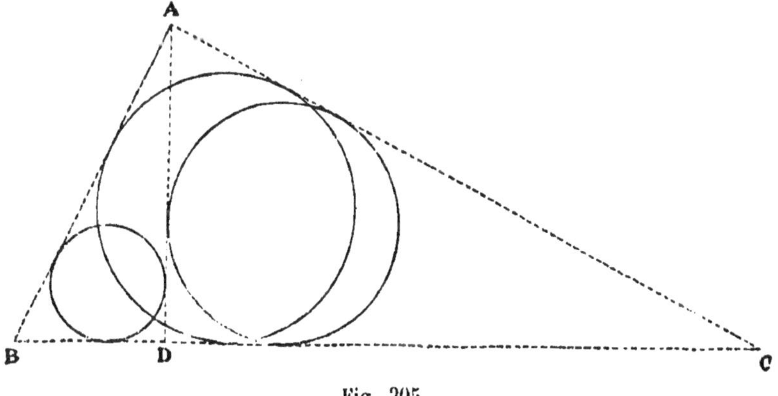

Fig. 305.

rectangle, donc il en est de même pour trois lignes homologues quelconques.

PROBLÈME XVI

Construire un cercle qui soit une fraction donnée d'un cercle donné.

Même solution que pour le problème XIII.

THÉORÈME XVII

L'aire du SECTEUR CIRCULAIRE *est égale au demi-produit de l'arc par le rayon.*

Car un secteur polygonal régulier inscrit dans le secteur circulaire a pour aire le demi-produit de la ligne brisée régulière par l'apothème.

Quand on fait croître sans limite le nombre des côtés de la ligne brisée, l'aire du secteur polygonal a pour limite l'aire du secteur circulaire (th. XV, corollaire), la ligne brisée régulière a pour limite l'arc de cercle, par définition, et l'apothème a pour limite le rayon (corollaire I, th. IV) : donc l'aire du secteur est égale au demi-produit de l'arc par le rayon.

Corollaire I. — *Dans un même cercle les aires de deux secteurs circulaires sont dans le rapport des angles au centre.*

Car ils sont dans le rapport des arcs.

Corollaire II. — *Les aires de deux secteurs circulaires semblables (de même angle au centre) sont dans le rapport des carrés des rayons.*

Car, en appelant S et S' les aires des secteurs, C et C' les aires des cercles et R et R' les rayons, on a :

$$\frac{S}{C} = \frac{S'}{C'},$$

puisque les angles au centre sont égaux ; donc :

$$\frac{S}{S'} = \frac{C}{C'},$$

et enfin :

$$\frac{S'}{S} = \frac{R'^2}{R^2}$$

Corollaire III. — *L'angle au centre d'un secteur circulaire de rayon R étant α, l'aire de ce secteur a pour expression :*

$$S = \frac{\pi R^2 \alpha}{4},$$

ou

$$S = \frac{\pi R^2 \alpha}{360},$$

suivant que l'unité d'angle est l'angle droit ou le degré.

En effet, d'après le corollaire I, on a, le degré étant l'unité d'angle :

$$\frac{S}{\pi R^2} = \frac{\alpha}{360},$$

d'où l'une des formules énoncées.

THÉORÈME XVIII

L'aire d'un SEGMENT DE CERCLE *est égale au demi-produit du rayon par l'excès de l'arc sur la moitié de la corde qui sous-tend l'arc double.*

Soit en effet le segment compris entre l'arc AMB (fig. 306) et sa corde : son aire est la différence des aires du secteur AOB et du triangle AOB. On a donc :

$$S = \frac{1}{2} R \times \text{arc AMB} - \frac{1}{2} R \times AC.$$

Or, AC est la moitié de la corde AA′ qui sous-tend l'arc double ABA′. Donc :

$$= \frac{1}{2} R \left(\text{arc AMB} - \frac{1}{2} \text{corde AA}'\right).$$

C'est l'expression énoncée ci-dessus.

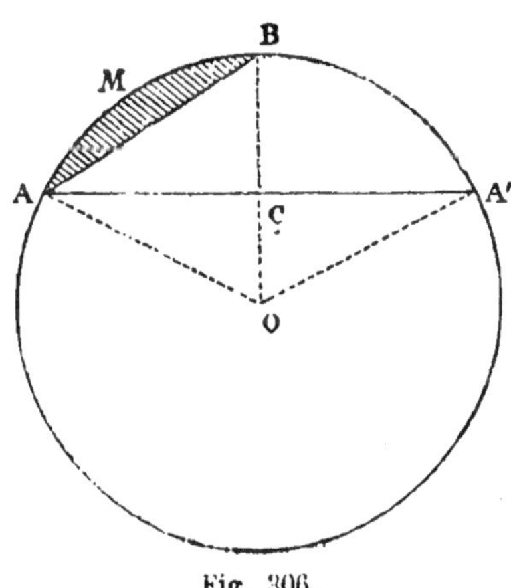

Fig. 306.

§ VIII. — EXERCICES PROPOSÉS SUR LE LIVRE IV

1. Inscrire dans un carré un triangle équilatéral en plaçant un des sommets à l'un des sommets du carré.
2. Inscrire un carré dans un segment de cercle

3. Dans quel rapport se coupent deux diagonales d'un hexagone régulier?

4. Mener dans une circonférence donnée une corde parallèle à une direction donnée et qui partage la courbe en deux parties proportionnelles aux nombres 3 et 5.

5. Si la distance des centres de deux circonférences est double de l'un des rayons, et si les rayons de l'un des points communs sont à angle droit, la corde commune est le côté de l'hexagone inscrit dans l'une des circonférences, et le côté du triangle équilatéral inscrit dans l'autre.

6. Une demi-circonférence AOB, étant partagée en douze parties égales, évaluer les distances du point A aux douze autres points.

7. Si l'on considère deux polygones réguliers semblables, l'un P inscrit dans la circonférence O, l'autre P′ circonscrit à cette même circonférence, la circonférence O sera moyenne géométrique entre la circonférence inscrite dans P et la circonférence circonscrite à P′.

8. Deux diagonales d'un pentagone régulier convexe ou étoilé se partagent réciproquement en moyenne et extrême rayon.

9. Les côtés du pentagone régulier convexe ou étoilé forment un pentagone régulier étoilé ou convexe.

10. Soit A, B, C, D quatre sommets consécutifs d'un polygone régulier de centre O, et soit E le point de concours des côtés AB, CD, prouver que le quadrilatère AECO est inscriptible.

11. La somme des distances d'un point intérieur à un polygone régulier à tous les côtés est constante.

12. Sur une droite donnée comme côté, décrire un octogone régulier.

13. En représentant par R le rapport des périmètres de deux polygones réguliers semblables, l'un inscrit, l'autre circonscrit à une même circonférence, et par R′ le rapport des périmètres des deux polygones réguliers d'un nombre double de côtés inscrit et circonscrit à cette même circonférence, prouver la relation :

$$R' = \sqrt{\frac{R+1}{2}}.$$

14. Soit une circonférence partagée en un nombre impair de parties égales aux points $A_0, A_1, A_2 \ldots A_{2n}$, et soit B le point diamétralement opposé du point A_0, prouver que l'on a :

$$BA_1 \times BA_2 \times BA_3 \ldots BA_n = R^n.$$

15. La somme des aires des triangles ayant pour sommet commun un point intérieur à un parallélogramme, et pour bases deux côtés opposés, est constante.

16. Soit un triangle ABC dans lequel les points F, G, situés sur les côtés BA, CA, sont tels que

$$BA = n\,BF, \qquad \text{et} \qquad CA = n\,CG.$$

On trace les perpendiculaires BD, CE au côté BC, telles que, AH étant la hauteur de ABC, on ait :

$$BD = n\,AH, \qquad CE = n\,AH.$$

La somme des aires des triangles DBF, CEG sera égale à l'aire du triangle ABC, si les angles B et C sont tous deux aigus. Si l'un de ces angles est obtus, l'aire de ABC sera la différence des aires des triangles DBF, CEG.

17. Montrer qu'un rectangle est la moitié du rectangle qui a pour dimension les diagonales des carrés construits sur ses côtés.

18. L'aire d'un triangle rectangle a pour mesure le produit des segments déterminés sur l'hypoténuse par le point de contact du cercle inscrit.

19. Soit ABCD un quadrilatère arbitraire : on mène une parallèle FEG à la diagonale AC par le milieu E de l'autre, qui rencontre CB ou CD en G ; prouver que la droite AG partage l'aire en deux parties équivalentes.

20. Si l'on considère le cercle circonscrit à un triangle ABC dont les angles sont aigus, et si l'on considère les points diamétralement opposés des sommets, on obtient un hexagone dont l'aire est double de celle du triangle considéré.

21. Dans quel cas la somme des produits des côtés opposés d'un quadrilatère inscriptible représente-t-elle le double de l'aire de ce quadrilatère ?

22. Montrer que l'aire d'un triangle est le demi-produit du rayon du cercle circonscrit par le périmètre du triangle qui a pour sommets les pieds des hauteurs.

23. Dans un triangle ABC, on suppose le côté AC double du côté BC, et l'on mène les bissectrices des angles intérieur et extérieur en C qui rencontrent le côté AB aux points D, E ; prouver que les aires des triangles BDC, ADC, ABC, DCE sont proportionnelles aux nombres 1, 2, 3, 4.

24. Trouver un point M dans le plan d'un triangle ABC tel que les droites qui joignent ce point aux trois sommets, décomposent le triangle en trois parties équivalentes.

25. On joint un point P du plan d'un parallélogramme ABCD aux quatre sommets : prouver que l'aire du triangle PBD est la somme ou la différence des aires des triangles PAB, PBC.

26. Soit deux axes indéfinis XX′, YY′ qui se coupent au point O, et une droite ZZ′ qui rencontre ces axes aux points A, B, tels que :

$$OA = a, \qquad OB = b\,;$$

en représentant par x, y les longueurs des parallèles aux axes, comprises dans le triangle AOB, et menées par un point M de AB, on a la relation :

$$\frac{x}{a} + \frac{y}{b} = 1.$$

Étendre cette propriété aux points de ZZ′ qui ne sont pas compris entre A et B.

27. On construit les carrés sur les trois côtés d'un triangle quelconque, et l'on joint deux à deux les sommets extérieurs au triangle : évaluer l'aire comprise dans la ligne brisée ainsi formée.

28. Si l'on construit les carrés sur les côtés de l'hexagone précédent, la somme des six carrés sera égale au quadruple de la somme des carrés construits sur les trois côtés du triangle considéré.

29. Lorsque deux polygones sont homothétiques directs par rapport à un point intérieur, l'aire de tout polygone, à la fois circonscrit à l'un et inscrit dans l'autre, est moyenne géométrique entre les aires de ces deux polygones.

30. Étant donné un cercle O et un diamètre AOB, trouver le lieu des points M tels qu'en menant la tangente MP, le rapport de l'aire du triangle AMB au carré de MP ait une valeur donnée K^2.

31. On mène les médianes d'un triangle, ce qui décompose son aire en six petits triangles ; en représentant par $R_1, R_2, R_3, R_4, R_5, R_6$ les rayons des cercles circonscrits, et par $r_1, r_2 \ldots r_6$ les rayons des cercles inscrits à ces triangles, on a les relations :

$$R_1R_3R_5 = R_2R_4R_6$$

$$\frac{1}{r_1} + \frac{1}{r_3} + \frac{1}{r_5} = \frac{1}{r_2} + \frac{1}{r_4} + \frac{1}{r_6}.$$

32. En menant au cercle inscrit à un triangle des tangentes parallèles aux côtés, on obtient trois triangles dont nous représentons les aires par $\alpha^2, \beta^2, \gamma^2$. S^2 étant l'aire du triangle considéré, et r le rayon du cercle inscrit, on a les relations $S = \alpha + \beta + \gamma$, $S\alpha\beta\gamma = r^4$.

33. Par un point donné dans le plan de deux droites, tracer une droite qui forme avec les données un triangle d'aire donnée. Discussion.

34. Par un point donné D sur le côté AB du triangle ABC, tracer une droite qui rencontre AC en E, de sorte que le triangle DAE soit équivalent à ABC.

35. Partager un triangle en deux parties équivalentes par une parallèle à une direction donnée.

36. Partager un quadrilatère en deux parties équivalentes par une parallèle à une direction donnée.

37. Construire un triangle ayant deux angles donnés, qui soit équivalent à un triangle équilatéral donné

38. Circonscrire à un triangle donné un triangle semblable à un second triangle donné, et dont l'aire soit donnée.

39. Circonscrire à un triangle donné le triangle équilatéral de surface maximum.

40. Inscrire dans un triangle donné un triangle semblable à un triangle donné et dont l'aire soit donnée.

41. La couronne comprise entre deux circonférences concentriques, est équivalente au cercle ayant pour diamètre la corde de la plus grande circonférence tangente à l'autre.

42. Étant donné une circonférence de diamètre AOB, on prend un point arbitraire C sur le diamètre, et l'on décrit les demi-circonférences ayant pour diamètres AC et BC, tracées l'une d'un côté de AB, l'autre de l'autre côté : calculer les deux parties dans lesquelles se trouve décomposé le cercle considéré.

43. L'octogone régulier inscrit dans un cercle donné est équivalent au rectangle ayant pour dimensions les côtés des carrés inscrit et circonscrit.

44. L'hexagone régulier inscrit est les trois quarts de l'hexagone régulier circonscrit ; c'est aussi une moyenne géométrique entre les triangles équilatéraux inscrit et circonscrit.

45. L'aire du dodécagone régulier convexe est le triple du carré de son rayon.

46. Soit AB un arc de cercle de centre O, et soit C la projection de A sur OB, si l'on prend sur l'arc AB un arc AD égal en longueur à la distance AC, le segment ADB sera équivalent au secteur DOB.

47. On considère deux circonférences tangentes en A, et l'on mène par ce point une sécante qui intercepte des segments AB, AC dans les deux courbes ; prouver que les aires de ces segments sont dans le rapport des carrés des rayons.

48. s et S étant les aires de deux polygones réguliers semblables, l'un inscrit, l'autre circonscrit à un cercle, et s', S′ celles des deux polygones inscrit et circonscrit au même cercle et d'un nombre double de côtés, on a les relations :

$$\frac{1}{s'} = \sqrt{\frac{1}{s} \times \frac{1}{S'}} \quad \text{et} \quad \frac{2}{S'} = \frac{1}{S} + \frac{1}{s}.$$

49. En représentant par a, r l'apothème et le rayon d'un polygone régulier, et par a', r' l'apothème et le rayon du polygone régulier de même aire et d'un nombre double de côtés, on a les relations :

$$r' = \sqrt{ar} \qquad a' = \sqrt{a . \frac{r+a}{2}}.$$

50. Transformer un polygone régulier convexe en un autre polygone régulier équivalent d'un nombre double de côtés.

51. Trouver un point intérieur à un triangle, tel qu'en le joignant aux trois sommets, l'aire soit décomposée en parties proportionnelles à des longueurs données.

52. En prenant le point de rencontre des parallèles à chacune des diagonales d'un quadrilatère menées par le milieu de l'autre, et en joignant ce point aux milieux des côtés, on décompose l'aire en quatre parties équivalentes.

53. Par un point donné, tracer une droite qui partage l'aire d'un trapèze en parties proportionnelles à deux lignes données.

54. Construire un triangle ABC dont l'aire est donnée, ainsi que le côté BC, sachant que la médiane AD est moyenne géométrique entre AB et AC.

55. Décrire une circonférence tangente intérieurement à une circonférence donnée et qui partage l'aire en deux parties dont le rapport est donné.

56. Etant donné deux points A et B dont la distance est a et dont les distances à une même droite XY sont α et β, on considère les trapèzes dont les bases sont perpendiculaires à XY, dont A et B sont deux des sommets et dont le point de rencontre des diagonales est situé sur XY. Trouver le trapèze d'aire minimum. (B. S. Rennes.)

57. Connaissant tous les éléments d'un triangle, calculer : 1° les côtés du triangle ayant pour sommets les points de contact du cercle inscrit ; 2° l'aire de ce même triangle. (B. S. Grenoble.)

58. Dans un trapèze on donne les deux côtés parallèles a, b et les deux diagonales m, n. Calculer les côtés non parallèles, la hauteur et la surface. Appliquer les formules au cas où $m = n$, et calculer dans ce cas le rayon du cercle circonscrit. (B. S. Grenoble.)

59. Le côté d'un octogone régulier convexe étant α, calculer : 1° Le rayon du cercle circonscrit ; 2° la longueur des cordes qui joignent les sommets de l'octogone de 3 en 3 ; 3° la surface de cet octogone. (B. S. Nancy.)

60. Entourer un cercle O dans une couronne de n cercles extérieurs égaux entre eux, tangents entre eux et au cercle donné. Calculer le rayon des cercles extérieurs au moyen du rayon R du cercle donné et du côté a du polygone régulier de n côtés inscrit dans le cercle O. — Considérer le cas où il y aura 6 cercles extérieurs. (B. S. Marseille.)

61. Etant donné un triangle ABC, on prend sur les côtés les points A′, B′, C′ tels que l'on ait :

$$\frac{AC'}{AB} = \frac{BA'}{BC} = \frac{CB'}{CA} = m.$$

1° Prouver que les triangles AB′C′, BA′C′ et C′A′B′ sont équivalents, et déterminer le rapport de l'aire de l'un de ces triangles à celle de ABC.

2° Calculer l'aire A′B′C′ en fonctions de l'aire ABC.

3° Déterminer pour quelle valeur de m cette aire est minimum.

4° Trouver le lieu géométrique du point de rencontre des parallèles à AB et AC menées par A′ et C′, quand m prend toutes les valeurs possibles. (B. S. Rennes.)

62. Partager un parallélogramme par une parallèle, à une diagonale, en deux parties dont l'une soit double de l'autre. (B. S. Dijon.)

63. Trois arcs de cercle contigus par leurs extrémités ont des rayons égaux, et chacun d'eux a pour centre l'extrémité commune des deux autres. Exprimer en fonction de leur rayon commun l'aire plane qu'ils limitent. (B. S. Dijon.)

64. Une droite AB, de longueur constante m, se déplace en restant tangente par son extrémité A à une circonférence fixe quelconque : elle prend ainsi la position A′B′. Prouver que l'aire ABA′B′ qu'elle a engendrée dans son mouvement est équivalente à celle du secteur circulaire de rayon m, et dont l'angle au centre est l'angle dont le point A a tourné autour du centre de la circonférence considérée. (B. S. Dijon.)

65. Etant donné un triangle ABC quelconque, on trace le cercle inscrit, on mène la tangente B′C′ parallèle à BC; on trace le cercle inscrit du triangle AB′C′ ; on mène à ce cercle la tangente B″C″ parallèle à B′C′, et ainsi de suite. Si l'on désigne respectivement par a, b, c, les côtés BC, AC, AB du triangle ABC, par $2p$ son périmètre, par S et D la somme et la différence des côtés AB et AC, le rapport du rayon de l'un des cercles au rayon du cercle précédent est égal à $(p-a) : p$. On demande :

1° De démontrer que la limite vers laquelle tend la somme des surfaces des cercles a pour expression, à un facteur numérique près :

$$(S^2-a^2)\,(a^2-D^2) : a\,S.$$

2° De trouver les valeurs de a qui rendent cette expression maxima ou minima, S et D restant constants, et de démontrer que la valeur qui correspond au maximum satisfait aux conditions géométriques du problème. (École navale)

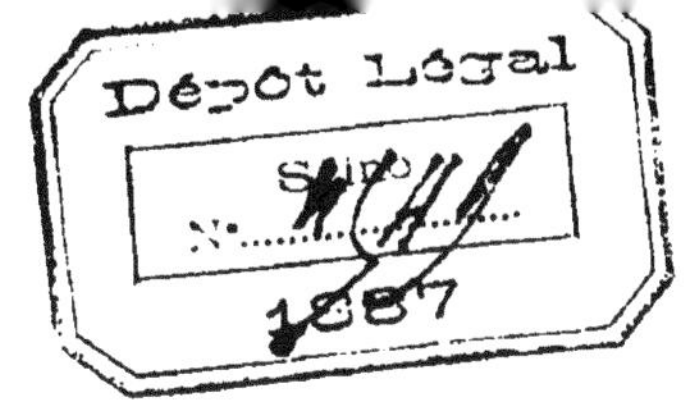

CINQUIÈME LIVRE

PLAN ET ANGLES SOLIDES

§ I. — DÉFINITION DU PLAN ET CONSÉQUENCES

Nous rappelons l'*axiome* II : *Il existe une surface telle que la droite qui passe par deux quelconques de ses points s'y trouve entièrement contenue.*

Cette surface s'appelle PLAN.

Une droite, qui n'est pas dans un plan, ne peut donc avoir avec ce plan que zéro point ou un point commun : dans le premier cas la droite est *dite parallèle au plan;* dans le deuxième cas on dit que la droite rencontre le plan, et le seul point commun s'appelle *la trace ou le pied de la droite sur le plan.*

Par une droite donnée il passe une infinité de plans : d'abord en faisant coïncider une droite d'un plan avec la droite donnée, on aura un plan passant par cette droite; puis, en faisant tourner ce plan autour de la droite donnée, on aura dans chacune des positions occupées par ce plan un nouveau plan passant par la droite donnée.

On conçoit que dans ce mouvement on puisse amener le plan mobile à contenir un point donné de l'espace, ce qui montre qu'*il y a un plan passant par une droite donnée et un point extérieur.*

THÉORÈME I

Par deux droites qui se coupent on peut faire passer un plan, et on ne peut en faire passer qu'un seul.

1° Soit les droites X et Y concourantes en O (fig. 307) : nous pouvous faire passer un plan par X et par un point arbitraire de Y; ce plan contiendra Y entièrement, puisqu'il contient déjà le point O de cette droite : donc il y a un plan contenant X et Y.

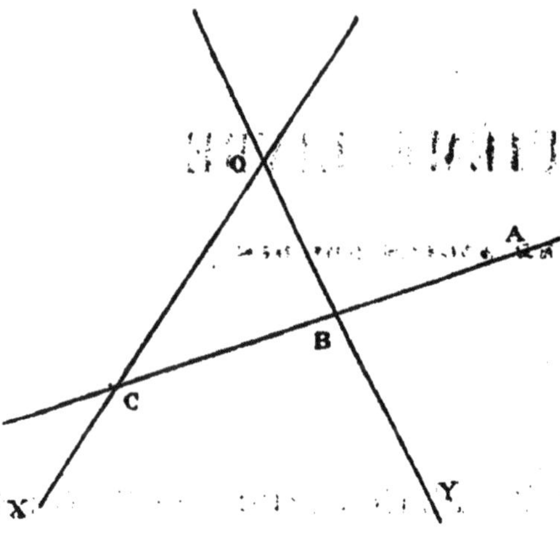

Fig. 307.

2° Il n'y en a qu'un seul; soit, en effet, deux plans P et Q contenant tous deux ces droites; prouvons que tout point A du plan P est dans le plan Q : il en faudra conclure que les surfaces coïncident. A cet effet, joignons le point A à un point arbitraire C de X; cette droite AC sera entièrement dans le plan P or, deux droites d'un plan sont parallèles ou concourantes, donc nous pouvons prendre le point arbitraire C de sorte que AC rencontre Y, puisqu'il n'y a qu'une seule parallèle à Y passant par le point A; soit B ce point commun; la droite ABC sera donc dans le plan Q, puisque ce plan contient les droites X et Y sur lesquelles sont les points B et C : donc le point A est dans le plan Q; c'est ce qu'il fallait prouver.

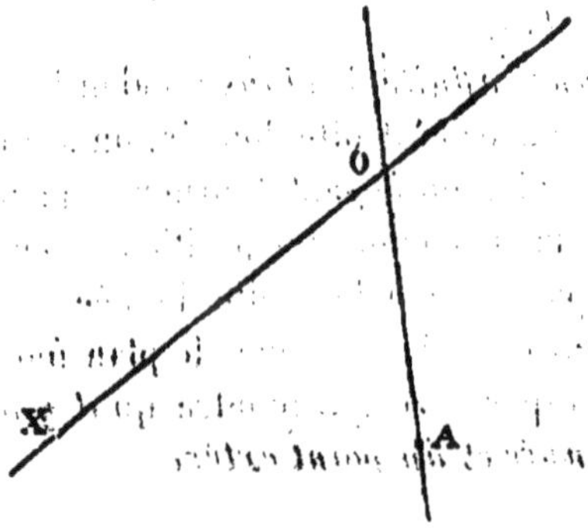

Corollaire I. — *Deux droites concourantes déterminent un plan.*

C'est une autre façon de dire qu'il y a un plan et un seul passant par deux droites concourantes.

Fig. 308.

Corollaire II. — *Une droite et un point extérieur déterminent un plan.*

Car si l'on joint le point A à un point quelconque O de X (fig. 308), tout plan passant par les deux droites OA, OX passera par le point A et la droite X, et réciproquement.

Une droite mobile s'appuyant sur une droite fixe, et passant par un point fixe extérieur à cette droite, engendre un plan.

Corollaire III. — *Trois points non en ligne droite déterminent un plan.*

Car tout plan contenant les droites qui joignent un de ces points aux deux autres contient ces trois points, et réciproquement.

Corollaire IV. — *Deux droites parallèles déterminent un plan.*

D'abord ces droites sont dans un même plan par définition : puis, il n'y a qu'un seul plan qui les contienne, parce qu'il n'y a qu'un plan passant par l'une d'elles et par un point de l'autre.

Une droite mobile qui s'appuie sur deux droites fixes parallèles ou concourantes, engendre un plan.

Corollaire V. — *Deux plans coïncident s'ils ont en commun deux droites, ou une droite et un point extérieur, ou trois points non situés en ligne droite.*

THÉORÈME II

L'intersection de deux plans est une droite.

Nous rappelons que l'intersection de deux surfaces est, par définition, le lieu géométrique des points communs à ces surfaces.

Soit A et B (fig. 309) deux des points communs aux plans P et Q : la droite AB ayant deux points dans chacun d'eux est tout entière commune aux deux plans ; et il ne peut y avoir de point commun hors de cette ligne, parce que les deux plans coïncideraient (coroll. V, th. I) : donc l'intersection est la droite indéfinie AB.

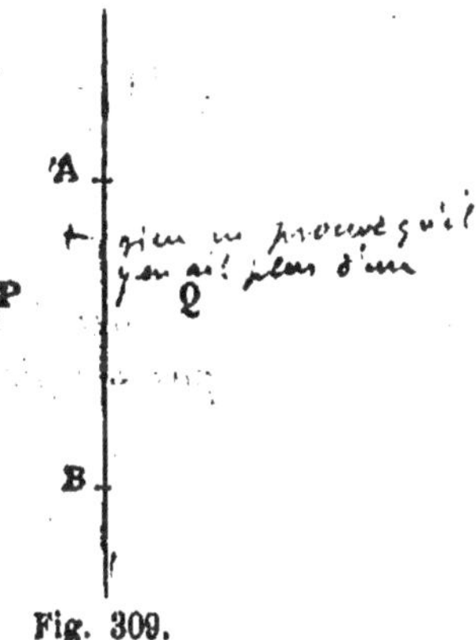

Fig. 309.

APPLICATION I

Tracer par un point donné une droite qui rencontre deux droites données dans l'espace.

Soit la droite ABC (fig. 310) qui passe par le point donné A, et qui s'appuie sur les droites données X et Y.

Le plan determiné par le point A et la droite X contient ABC, et il en est de même du plan déterminé par le point A et la droite Y : donc ABC est l'intersection de ces deux plans.

Il faut remarquer que les deux plans considérés ayant déjà un point commun A, ont toujours au moins une droite commune, et que le problème a toujours au moins une solution, deux droites parallèles devant être considérées comme concourantes à l'infini.

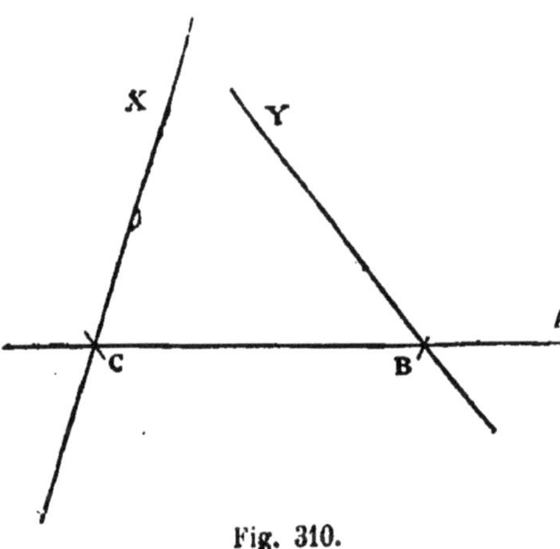

Fig. 310.

Enfin le problème ne peut admettre plusieurs solutions que si les plans coïncident, c'est-à-dire si les droites données sont dans un même plan contenant le point A : dans ce cas le problème admet une infinité de solutions, il est dit *indéterminé*.

§ II. — PERPENDICULAIRES ET OBLIQUES A UN PLAN

THÉORÈME III

Lorsqu'une droite est perpendiculaire à deux droites passant par son pied dans un plan, elle est perpendiculaire à toute autre droite du plan passant par ce point.

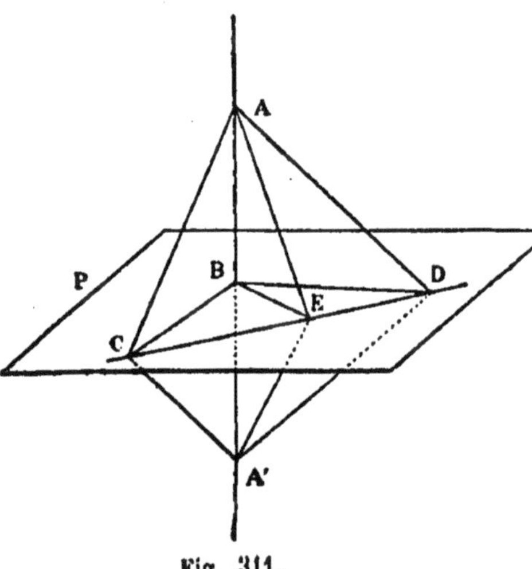

Fig. 311.

(Pour figurer un plan, surface illimitée, nous traçons un parallélogramme qui est une figure nécessairement plane.)

Soit la droite AB (figure 311) perpendiculaire sur les droites BC, BD passant par son pied B dans le plan P : prouvons qu'elle est aussi perpendiculaire à une droite BE arbitraire du plan P.

A cet effet, traçons une droite DEC du plan P qui rencontre les droites BC, BD, BE, prenons BA' = BA et joignons les points A et A' aux points C, E, D.

Les triangles ACD, A'CD sont égaux parce qu'ils ont les trois côtés égaux chacun à chacun ; en effet, CA et CA' sont des obliques à AA' qui s'écartent également du pied B de la perpendiculaire à cette droite issue du même point C ; de même DA = DA'.

De cette égalité nous concluons l'égalité des angles ADC, A'DC, et par suite l'égalité des triangles ADE, A'DE, qui ont un angle égal compris entre côtés égaux chacun à chacun : donc AE = A'E, et par suite la droite EB, qui joint le sommet E du triangle isocèle AEA' au milieu B de la base, est perpendiculaire sur cette base AB. — C'est ce qu'il fallait prouver.

Définitions. — *Une droite est dite* PERPENDICULAIRE A UN PLAN *quand elle est perpendiculaire à toutes les droites qui passent par son pied dans ce plan.*

Il résulte du théorème III, qu'*il suffit qu'une droite soit perpendiculaire à deux droites passant par son pied dans un plan pour être perpendiculaire à ce plan.*

Une droite non perpendiculaire à un plan est dite *oblique* à ce plan : *il suffit donc qu'une droite soit oblique à une droite d'un plan pour être oblique à ce plan.*

THÉORÈME IV

Toutes les perpendiculaires élevées en un point d'une droite, dans l'espace, sont contenues dans un même plan qui est perpendiculaire en ce point à cette droite.

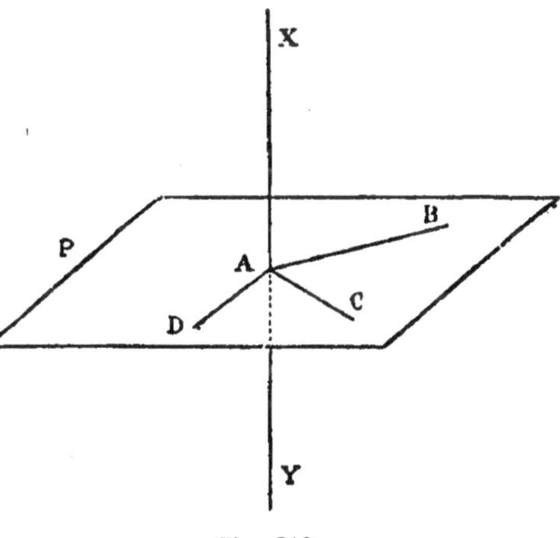

Fig. 312.

Soit, en effet, les perpendiculaires AB, AC, AD (fig. 312) élevées au point A de XY dans trois plans arbitraires passant par XY. Il nous suffira de prouver que AD est dans le plan P déterminé par AB et AC.

Or, XY est perpendiculaire à ce plan (th. III), donc XY est perpendiculaire à la droite suivant laquelle le plan P est rencontré par le plan DXY : cette droite coïncide donc avec AD puisque, dans ce plan DXY, AD est la seule perpendiculaire au point A de XY : donc AD est dans le plan P.

Corollaire. — *Une perpendiculaire en un point d'une droite engendre un plan perpendiculaire à cette droite, en tournant autour de cette droite.*

THÉORÈME V

Par un point donné passe un plan et un seul perpendiculaire à une droite donnée.

Deux cas à considérer, suivant que le point est sur la droite ou hors de cette droite.

1er cas. — Soit O (fig. 313) un point arbitraire de XY : élevons par ce point deux perpendiculaires OA, OB à XY dans deux plans

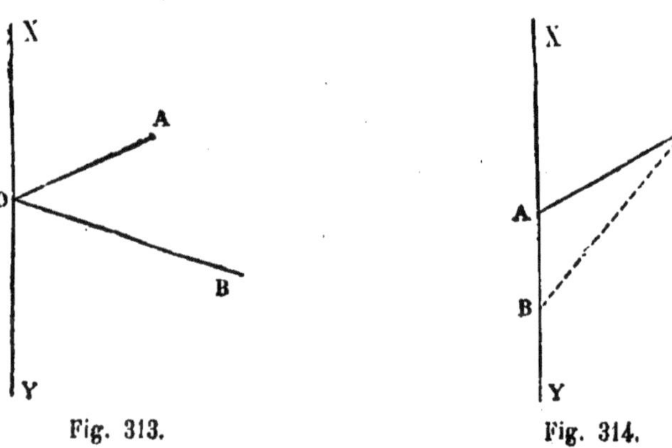

Fig. 313. Fig. 314.

distincts contenant cette droite. Le plan AOB sera perpendiculaire à XY, et comme il contient toutes les perpendiculaires au point O de XY (th. IV), XY sera oblique à tout autre plan passant par le point O.

2e cas. — Soit O situé hors de XY (fig. 314) : dans le plan que déterminent le point O et XY, abaissons la perpendiculaire OA à XY; le plan mené par A, perpendiculaire à XY, contiendra le point O, car il contient AO (th. IV); d'ailleurs tout plan passant par le point O et perpendiculaire à XY contient OA, sans quoi il contiendrait une oblique OB à XY; mais il n'y a qu'un seul plan perpendiculaire à XY en A (1er cas), donc il n'y a aussi qu'un seul plan perpendiculaire à XY, passant par le point O.

Définition. — *Deux points sont dits* SYMÉTRIQUES *par rapport à un plan,* lorsque ce plan est perpendiculaire au milieu de la droite qui joint ces deux points.

APPLICATION II

Le lieu géométrique des points de l'espace également distants de deux points donnés est le plan perpendiculaire au milieu de la droite qui joint ces points.

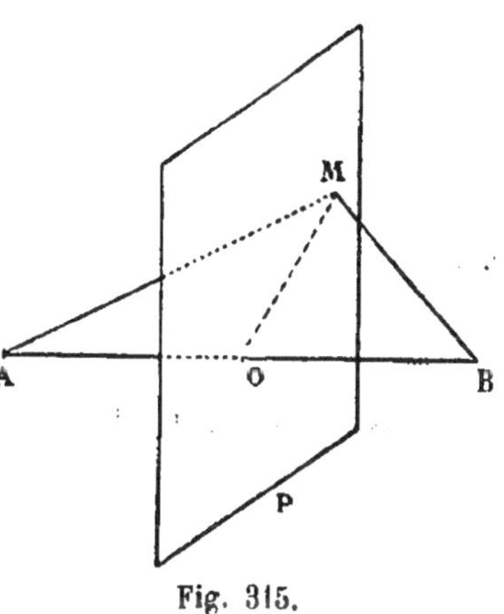

Fig. 315.

Soit M (fig. 315) un point de l'espace également distant des points A et B; en joignant le point M au milieu O de AB, on obtient une perpendiculaire à AB : donc le point M appartient au plan P perpendiculaire au milieu O de AB.

Réciproquement, tout point M de ce plan est à égale distance des points A et B, parce que la droite MO du plan P est perpendiculaire au milieu O de AB.

Donc le lieu est le plan P.

APPLICATION III

Le lieu géométrique des points de l'espace dont la différence des carrés des distances à deux points donnés a une valeur donnée, est un plan perpendiculaire à la droite qui joint ces deux points.

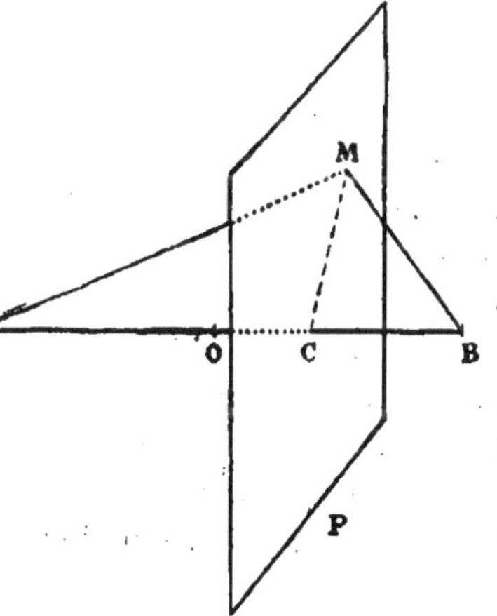

Fig. 316.

Soit, en effet, M un point du lieu (fig. 316), tel que :

$$\overline{MA}^2 - \overline{MB}^2 = K^2$$

abaissons la perpendiculaire MC sur AB; nous savons (th. XXVII, livre III), que O étant le milieu de AB, on a :

$$\overline{MA}^2 - \overline{MB}^2 = 2AB \times OC;$$

que, par suite:

$$OC = \frac{K^2}{2AB};$$

et qu'enfin le point C est fixe : donc tous les points du lieu sont dans le plan P perpendiculaire en ce point C de AB.

Réciproquement, tout point M de ce plan est un point du lieu, car on a

$$\overline{MA}^2 - \overline{MB}^2 = 2AB \times OC;$$

et, par suite :

$$\overline{MA}^2 - \overline{MB}^2 = K^2.$$

THÉORÈME VI

Par un point donné passe une droite et une seule perpendiculaire à un plan donné.

Deux cas à considérer, suivant que le point est sur le plan ou hors de ce plan.

1er cas. — Soit O (fig. 317) le point donné dans le plan P : tra

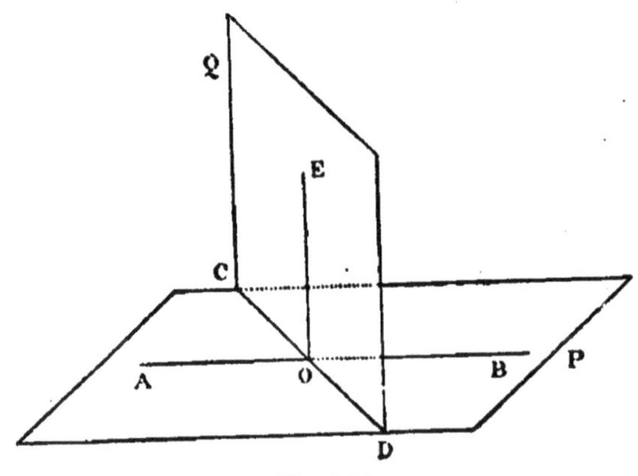

Fig. 317.

çons par ce point une droite arbitraire AB du plan P ; la perpendiculaire au plan en O devra être perpendiculaire à AB, elle sera par suite contenue dans le plan Q perpendiculaire au point O de AB (th. IV) : soit CD la droite suivant laquelle le plan Q rencontre le plan P ; la perpendiculaire cherchée devra aussi être perpendiculaire à CD. Traçons donc OE, droite du plan Q, perpendiculaire à CD ; elle est perpendiculaire au plan P (th. III) et c'est la seule, car il n'y a qu'une seule droite du plan Q perpendiculaire au point O de CD.

2e cas. — Soit le point O donné hors du plan P (fig. 318) : traçons une droite arbitraire AB dans le plan P, et menons par le point O, le plan Q perpendiculaire à AB, qui rencontre le plan P suivant DC : abaissons OE perpendiculaire sur CD, elle est perpendiculaire au plan P.

En effet, traçons EB arbitrairement dans le plan P, prenons EO′ = EO, et joignons les points O et O′ aux points C et B; les triangles OCB, O′CB sont égaux parce qu'ils ont un angle égal compris entre côtés égaux chacun à chacun : BC est, en effet, perpendiculaire au plan Q par construction, et par suite les angles OCB, O′CB sont droits : de plus CO et CO′ sont des obliques à OO′ qui s'écartent également du pied E de la perpendiculaire CE à cette droite, donc CO = CO′ : il résulte de cette égalité BO = BO′ : donc la droite BE, qui joint le sommet B du triangle isocèle OBO′ au milieu E de la base, est perpendiculaire sur cette base.

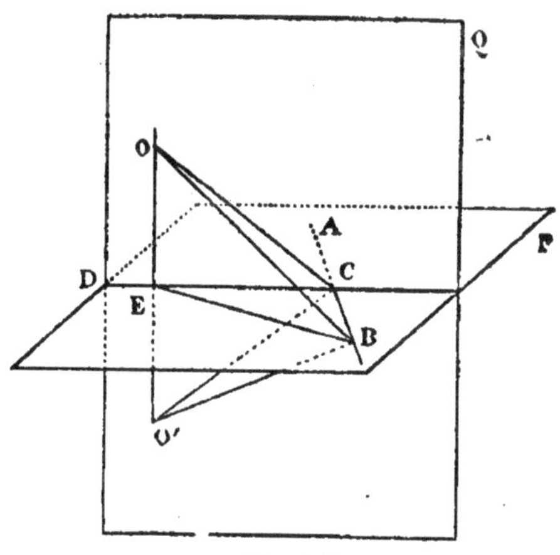

Fig. 318.

OE étant perpendiculaire à deux droites EC, EB passant par son pied dans le plan P est perpendiculaire à ce plan.

D'ailleurs c'est la seule perpendiculaire issue du point O au plan P, car toute autre droite OF (fig. 319) est oblique à l'intersection EF du plan P avec le plan OEF, puisque OE est perpendiculaire sur EF.

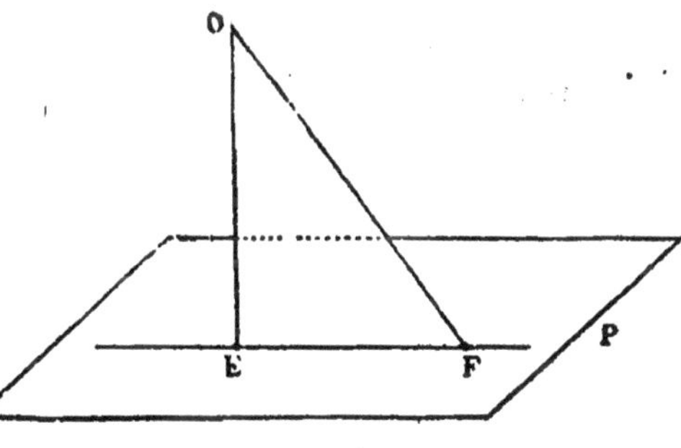

Fig. 319.

Définition. — La projection d'un point sur un plan *est le pied de la perpendiculaire abaissée de ce point sur le plan.*

THÉORÈME VII

Si d'un point extérieur à un plan on trace la perpendiculaire et différentes obliques :

1° *La perpendiculaire est plus courte que toute oblique ;*

2° *Deux obliques qui s'écartent également du pied de la perpendiculaire sont égales ;*

3° *De deux obliques qui s'écartent inégalement du pied de la perpendiculaire, la plus longue est celle qui s'en écarte le plus.*

1° Soit la perpendiculaire OA et l'oblique OB (fig. 320) : OA et OB sont l'une perpendiculaire et l'autre oblique à l'intersection AB du plan P et du plan OAB, donc : OA < OB (géom. plane).

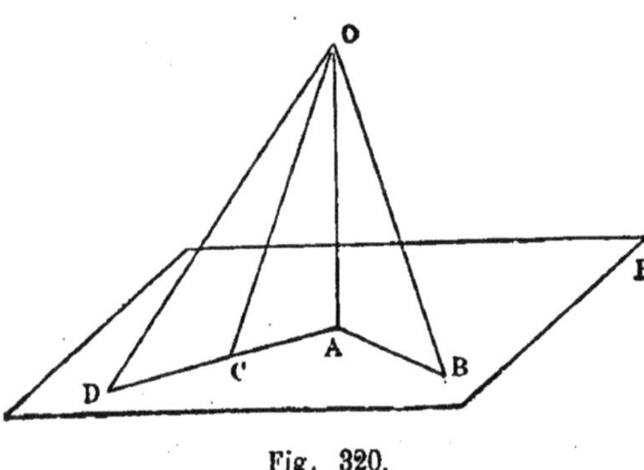

Fig. 320.

2° Soit les obliques OB et OC telles que AB = AC, les triangles OAB, OAC sont égaux parce qu'ils ont un angle égal compris entre côtés égaux chacun à chacun, donc : OC = OB.

3° Soit AB < AD; nous prenons sur AD : AC = AB, alors OC < OD (géom. plane) donc : OB < OD.

Corollaire. — *Le lieu géométrique des pieds des obliques égales issues d'un point à un plan est une circonférence ayant pour centre la projection du point sur le plan.*

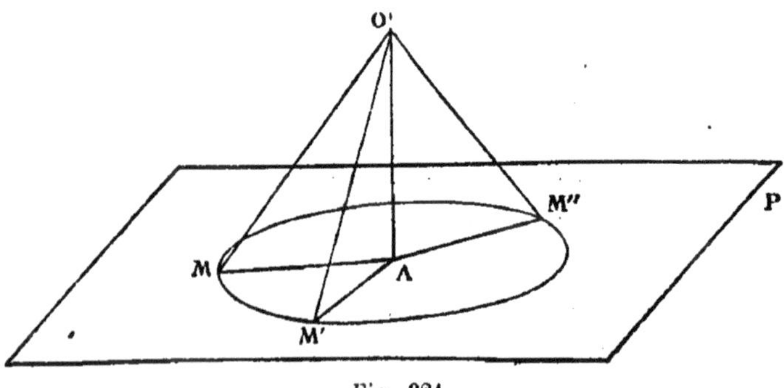

Fig. 321.

Soit OM, OM', OM'', des obliques égales (fig. 321) issues du point O au plan P : les distances des pieds M, M', M'', à la projection A du point O sont égales, donc tous ces pieds sont sur une circonférence de centre A :

Réciproquement, tout point M' de cette circonférence est un point du lieu, car les obliques OM' et OM sont égales puisque AM' = AM.

Définition. — LA DISTANCE D'UN POINT A UN PLAN *est la distance de ce point à sa projection sur le plan.*

APPLICATION IV

Quel est le lieu géométrique des points d'un plan P, *d'où l'on voit sous un angle droit une portion de droite* AB *donnée hors de ce plan.*

Soit M (fig. 322) un point du plan P, tel que l'angle AMB soit droit : la droite qui joint le point M au milieu C de AB est égale à AC,

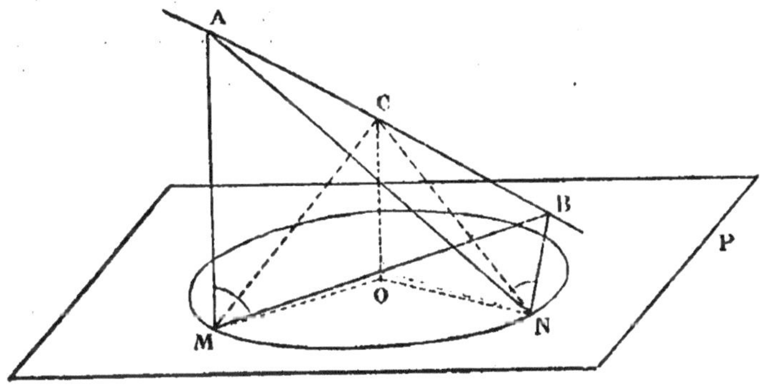

Fig. 322.

donc le point M appartient au lieu des pieds sur le plan P des obliques égales à CA et issues du point C. Traçons donc la circonférence passant par le point M et ayant pour centre la projection O de C, sur le plan P.

Réciproquement, tout point N de cette ligne, est tel que

$$NC = MC = AC,$$

donc le triangle ANB est rectangle en N.

Le lieu géométrique est donc cette circonférence.

Il est clair qu'il n'y aura de points du lieu que si la distance du point C au plan P est au plus égale à la moitié de AB ; et le lieu se réduira au point O si

$$CO = \frac{AB}{2}.$$

APPLICATION V

Le lieu géométrique des points de l'espace également distants de trois points donnés, est une droite perpendiculaire au plan que déterminent ces trois points.

Soit, en effet, M (fig. 323) un point du lieu, tel que :

$$MA = MB = MC,$$

soit O la projection du point M sur le plan P des trois points A, B, C : le point O sera à égale distance des points A, B, C, et par suite tous les points, tels que M, seront sur la perpendiculaire au plan P élevée par le centre de la circonférence circonscrite au triangle ABC.

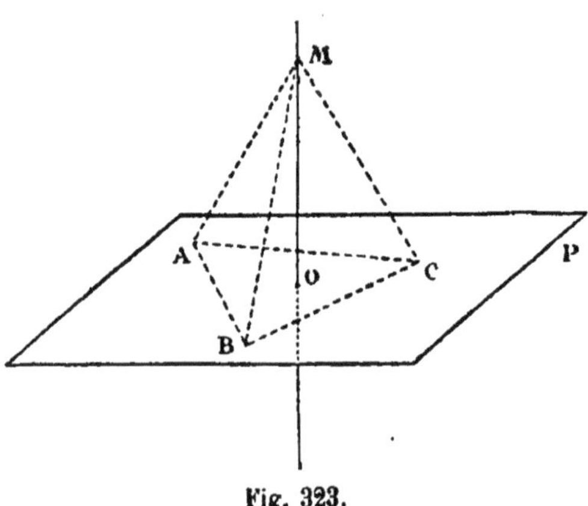

Fig. 323.

Il est évident, d'ailleurs, que tout point de cette perpendiculaire est un point du lieu, donc elle est le lieu géométrique.

THÉORÈME VIII (*Théorème des trois perpendiculaires*).

Si du pied d'une perpendiculaire à un plan, on abaisse une perpendiculaire sur une droite quelconque du plan, toute droite joignant le pied de cette seconde perpendiculaire à un point de la première, est perpendiculaire sur la droite du plan.

Soit la perpendiculaire BC (fig. 324) abaissée du pied B, de la perpendiculaire AB au plan P, sur DE, droite arbitraire de ce plan ; nous voulons prouver que la droite AC, qui joint le point C à un point quelconque A de AB, est perpendiculaire sur DE.

A cet effet, nous prenons sur DE, de part et d'autre du point C, deux longueurs égales, CE = CD, : les distances BE, BD seront aussi égales, puisque BC est perpendiculaire au milieu de DE ; donc les lignes AD, AE, obliques au plan P, s'écartant également du pied B de la perpendiculaire, sont égales (th. VII), et par suite AC est perpendiculaire sur DE, c'est ce qu'il fallait prouver.

Corollaire I. — Réciproquement : *si d'un point d'une perpendiculaire à un plan on mène une perpendiculaire sur une droite quelconque du plan, la droite qui joint le pied de cette perpendiculaire au pied de la perpendiculaire au plan est perpendiculaire sur la droite du plan.*

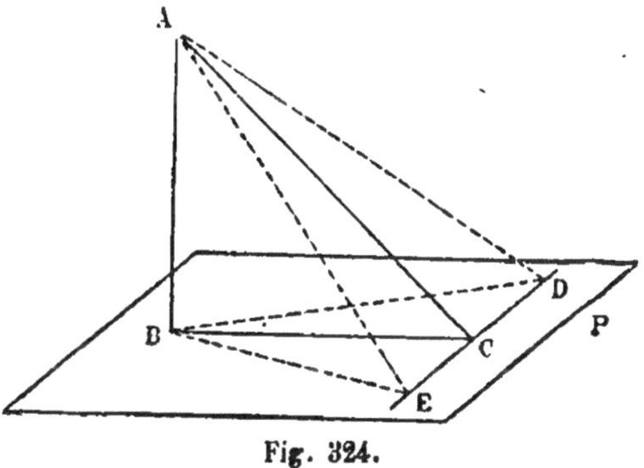

Fig. 324.

Soit, en effet, AC (fig. 324) perpendiculaire sur DE; la perpendiculaire abaissée du point B sur DE rencontrera cette droite en un point C′ tel que AC′ sera perpendiculaire sur DE, donc C′ et C se confondent.

Dailleurs on peut démontrer cette réciproque sans le secours de la proposition directe, en remarquant que AD et AE sont égales et que par suite BE égale BD.

Corollaire II. — *Une droite est toujours perpendiculaire à une droite passant par son pied dans un plan; et si elle est perpendiculaire à deux droites distinctes passant par son pied, elle est perpendiculaire à toutes les droites du plan, c'est-à-dire perpendiculaire au plan.*

Soit AB qui perce le plan P en B (fig. 325) : nous abaissons la perpendiculaire AC au plan P issue d'un point quelconque de AB ; nous tirons CB, et nous élevons en B la perpendiculaire EF à BC dans le plan P : AB sera perpendiculaire sur EF.

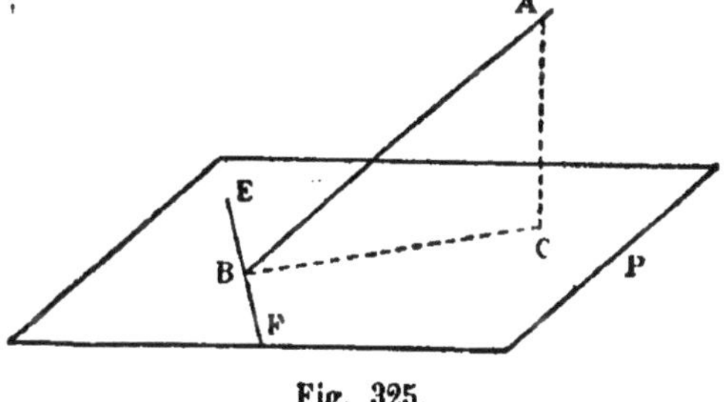

Fig. 325.

Si AB est perpendiculaire au plan P, elle se confond avec AC, BC est donc arbitraire dans le plan P, et il en est de même de EF : nous savons que AB est alors perpendiculaire à toute droite du plan P.

APPLICATION VI

Quel est le lieu géométrique des projections d'un point de l'espace, sur toutes les droites d'un plan qui passent par un point fixe?

Soit M (fig. 326) la projection du point A sur une droite arbitraire BX du plan P, passant par le point fixe B. Nous projetons A en A′

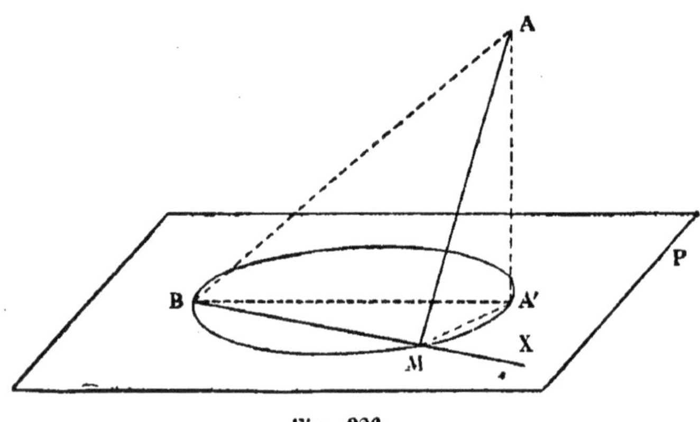

Fig. 326.

sur le plan P, et nous remarquons que A′M est perpendiculaire sur BX (coroll. th. VIII), donc le point M est situé sur la circonférence de diamètre A′B.

Réciproquement, tout point M de cette circonférence est tel que l'angle BMA′ est droit, que, par suite, AM est perpendiculaire sur BX (th. VIII), ce point M est donc un point du lieu.

Donc le lieu géométrique est la circonférence de diamètre A′B.

§ III. — DROITES ET PLANS PARALLÈLES

THÉORÈME IX

Si deux droites sont parallèles, tout plan perpendiculaire à l'une l'est aussi à l'autre.

Soit, en effet, le plan P (fig. 327) perpendiculaire à AB; prouvons qu'il est perpendiculaire à toute droite CD parallèle à AB.

Les deux parallèles AB, CD déterminent un plan Q qui rencontre le plan P suivant BD : or, AB est perpendiculaire à BD, donc CD l'est aussi (géom. plane).

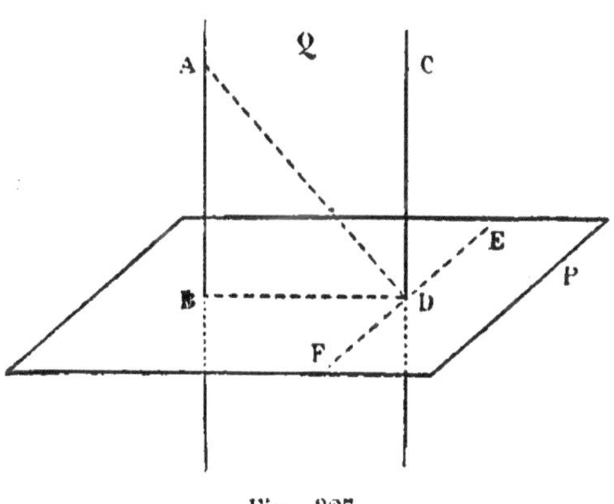

Fig. 327.

Il reste à prouver que CD est perpendiculaire à une seconde droite du plan P : traçons EF dans le plan P perpendiculaire au point D de BD, elle sera perpendiculaire à toute droite DA du plan Q (th. VIII), donc, réciproquement, CD est perpendiculaire à EF. C'est ce qui restait à prouver.

THÉORÈME X

Deux droites perpendiculaires à un plan sont parallèles.

Soit AB et CD (fig. 328) perpendiculaires au plan P : la parallèle à AB menée par un point de CD sera perpendiculaire au plan P (th. IX), donc elle coïncide avec CD : donc CD est parallèle à AB.

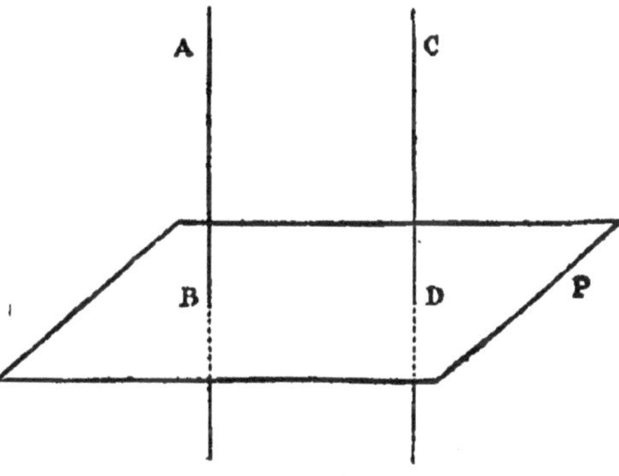

Fig. 328.

Remarque. — On peut démontrer ce théorème directement par un procédé analogue à celui qui a servi pour le théorème IX, et alors le théorème IX s'en déduit.

THÉORÈME XI

Deux droites parallèles à une troisième sont parallèles entre elles.

Soit X et Y (fig. 329) respectivement parallèles à Z : considérons le plan P perpendiculaire sur Z, il sera perpendiculaire à chacune des droites X et Y (théor. IX), donc ces droites sont parallèles entre elles (th. X).

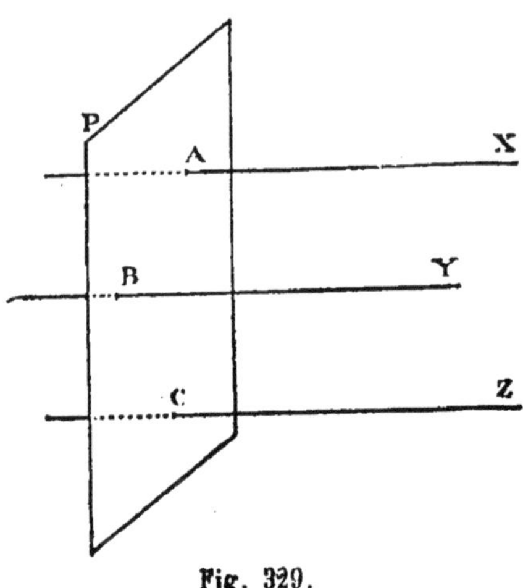

Fig. 329.

THÉORÈME XII

Lorsque deux droites sont parallèles, chacune est parallèle à tout plan qui contient l'autre.

Soit le plan P (fig. 330) passant par CD, droite parallèle à AB : CD est l'intersection du plan P avec le plan Q des parallèles considérées ; par suite, la droite AB du plan Q ne peut rencontrer le plan P qu'en un point de CD : donc AB étant parallèle à CD l'est aussi au plan P.

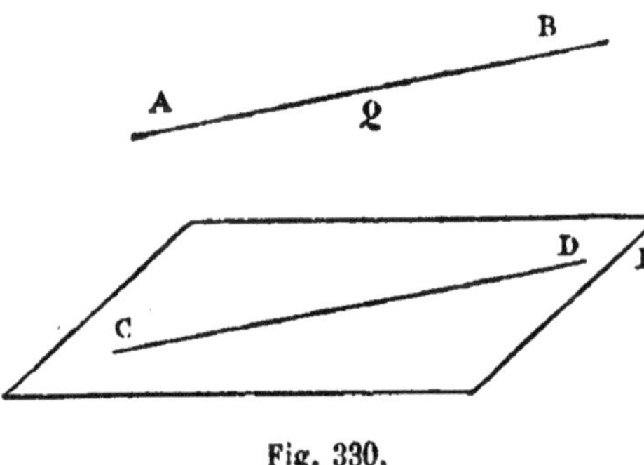

Fig. 330.

Corollaire I. — *Par un point hors d'un plan il passe une infinité de parallèles à ce plan.*

Ce sont les parallèles menées par le point aux différentes directions contenues dans le plan.

Corollaire II. — *Une droite et un plan perpendiculaires à une même droite sont parallèles.*

Car le plan contient une parallèle à la droite.

THÉORÈME XIII

Si par une droite parallèle à un plan on fait passer un plan qui rencontre le premier, l'intersection est parallèle à la droite.

Soit CD (fig. 331) l'intersection du plan P avec un plan Q contenant AB parallèle au plan P, je dis que CD est parallèle à AB.

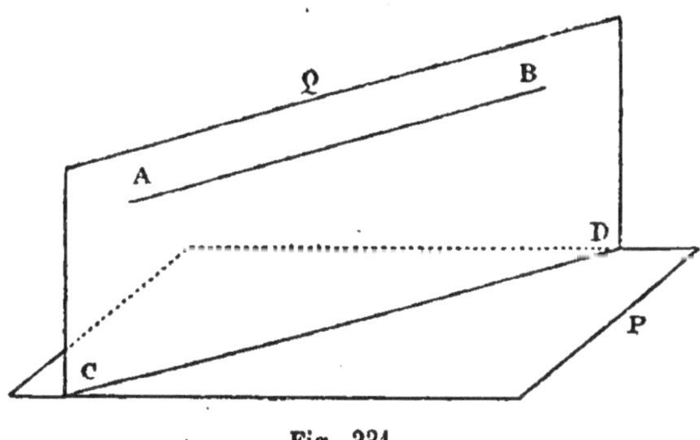

Fig. 331.

En effet, AB et CD sont d'abord dans le même plan Q, et en second lieu elles ne peuvent se rencontrer, puisque CD est entièrement dans le plan P que AB ne rencontre pas.

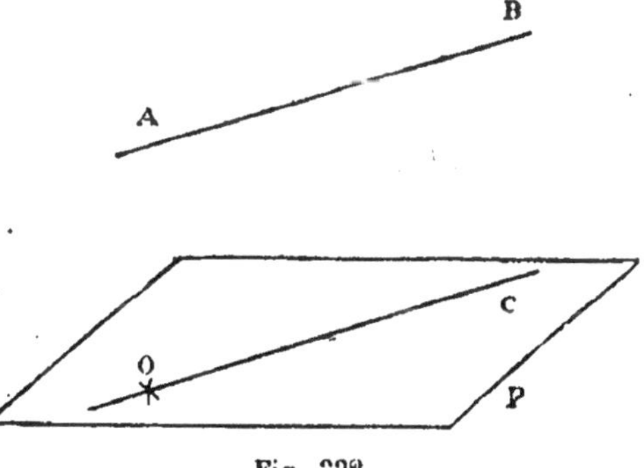

Fig. 332.

Corollaire I. — *Si par un point d'un plan parallèle à une droite, on mène une parallèle à cette droite, elle est entièrement contenue dans le plan.*

Soit AB (fig. 332) parallèle au plan P qui contient le point O ; le plan Q déterminé par le point O et AB coupe le plan P suivant une parallèle à AB, qui se confond avec la parallèle OC à AB menée par le point O.

Corollaire II. — *L'intersection de deux plans parallèles à une même droite est parallèle à cette droite.*

Soit AB (fig. 333) l'intersection des plans P, Q, tous deux parallèles à XY : la parallèle à XY menée par un point A de AB sera dans chacun des plans P, Q (coroll. I), donc elle se confond avec AB.

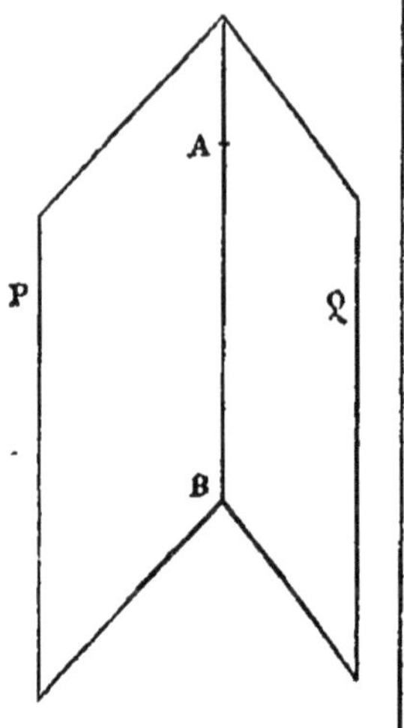

Fig. 333.

Corollaire III. — *Les parallèles à une même direction, menées par les différents points d'une droite, sont dans un même plan.*

Autrement dit :

Une droite mobile, parallèle à une direction fixe, et s'appuyant sur une droite fixe, engendre un plan parallèle à cette direction.

Ou encore

Il y a toujours un plan et un seul passant par une droite donnée et parallèle à une direction donnée (non parallèle à cette droite).

Corollaire IV. — *Il y a un plan et un seul passant par un point donné et parallèle à deux directions différentes données.*

Car il faut et il suffit que ce plan contienne les parallèles à ces directions menées par le point donné.

THÉORÈME XIV

Les portions de droites parallèles, comprises entre un plan et une droite parallèles, sont égales.

Soit les portions de parallèles AC et BD (fig. 334) comprises entre le plan P et la droite AB qui lui est parallèle. Le plan déterminé par les parallèles AC, BD contenant AB, coupe le plan P suivant une parallèle CD à AB (th. XIII). Donc AC et BD sont égales comme portions de parallèles comprises entre parallèles.

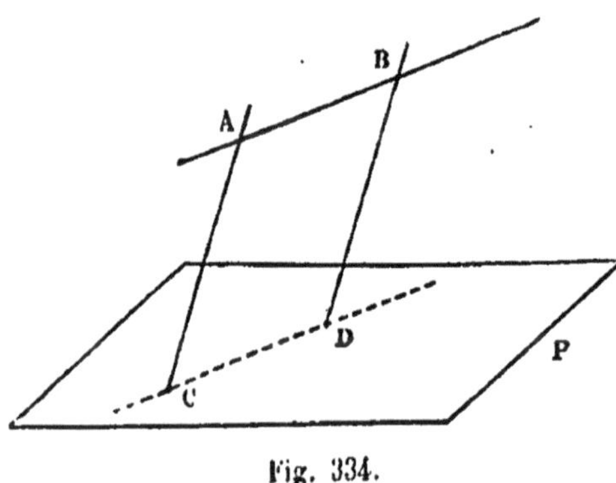

Fig. 334.

Corollaire. — *Une droite et un plan parallèles sont partout également distants.*

Définition. — Deux plans sont parallèles *lorsqu'ils n'ont aucun point commun.*

THÉORÈME XV

Deux plans perpendiculaires à une même droite sont parallèles.

Car si ces plans avaient un point commun, ils se confondraient puisqu'il n'y a qu'un seul plan, passant par un point, perpendiculaire à une droite.

THÉORÈME XVI

Toutes les parallèles à un plan menées par un point de l'espace sont contenues dans un même plan parallèle au premier.

Soit AB (fig. 335) une parallèle quelconque au plan P, passant par le point donné A : abaissons la perpendiculaire AC au plan P, et prenons l'intersection CD du plan P avec le plan des droites AB, AC : CD sera parallèle à AB (th. XIII) et perpendiculaire à AC, donc AB est aussi perpendiculaire sur AC (Géom. plane).

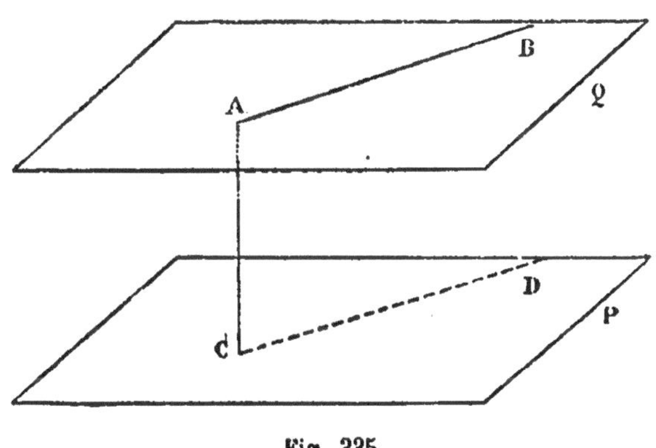

Fig. 335.

Toute parallèle au plan P menée par A est donc perpendiculaire en ce point à AC, donc elle est contenue dans le plan Q perpendiculaire au point A de AC.

D'ailleurs ce plan Q est parallèle au plan P (th. XV).

THÉORÈME XVII

Les plans de deux angles à côtés parallèles sont parallèles, et ces angles sont égaux ou supplémentaires.

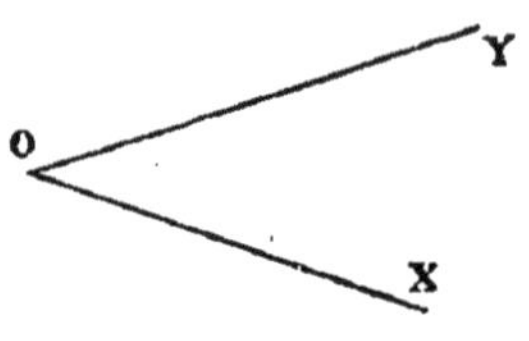

Soit les angles XOY, X'O'Y' (fig. 336) dont les côtés sont respectivement parallèles :

1° Les droites OX, OY sont parallèles au plan P de l'angle X'O'Y',

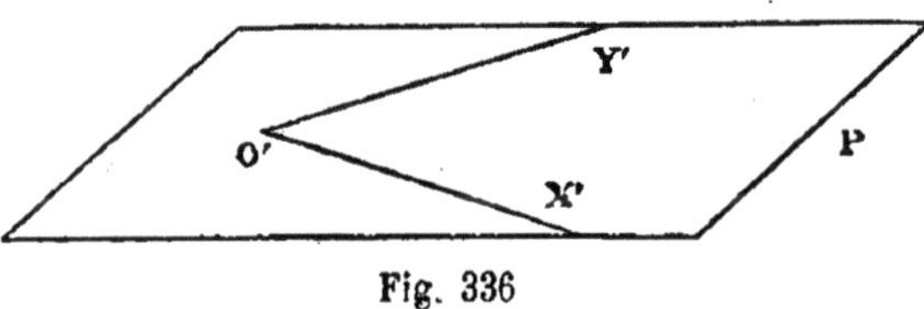

Fig. 336

puisque chacune est parallèle à une droite de ce plan (th. XII), donc le plan XOY est parallèle au plan P (th. XVI).

2° Ces angles sont égaux si les côtés de l'un vont tous deux dans le même sens où tous deux en sens contraire des côtés de l'autre : ils sont supplémentaires dans le cas contraire.

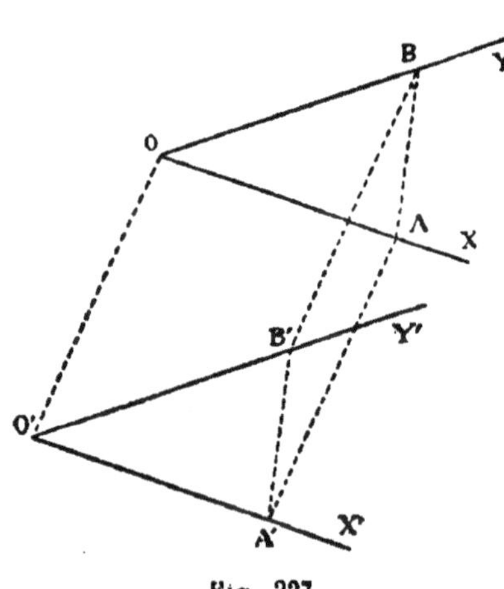

Fig. 337.

Supposons les côtés de l'angle XOY (fig. 337) dirigés tous deux dans le sens des côtés de l'angle X'O'Y', et prenons sur les quatre côtés des longueurs égales entre elles.

La figure OAA'O' ayant deux côtés opposés égaux et parallèles est un parallélogramme, donc AA' est égale et parallèle à OO'. De même, BB' est égale et parallèle à OO'.

Donc la figure AA'BB' est un parallélogramme puisque AA' et BB' égales et parallèles à OO' osnt égales et parallèles entre elles : donc AB = AB'; par suite les triangles AOB, A'O'B' sont égaux parce qu'ils ont leurs trois côtés égaux chacun à chacun, donc les angles XOY, X'O'Y' sont égaux, c'est ce qu'il fallait prouver.

Remarque. — Il ne suffit pas que deux plans contiennent deux droites respectivement parallèles pour être parallèles (coroll. II, th. XIII) : il faut encore que ces quatre droites ne soient pas parallèles entre elles ; c'est-à-dire que les deux droites de l'un des plans ne fassent pas entre elles un angle nul.

Définition. — On appelle ANGLES DE DEUX DROITES *qui ne se rencontrent pas, les angles que font les parallèles à ces droites menées par un point quelconque.*

Ainsi, deux droites qui ne se rencontrent pas sont rectangulaires si les parallèles à ces droites, menées par un point, forment un angle droit.

Donc *une droite perpendiculaire à un plan est perpendiculaire à toutes les droites de ce plan qui passent ou non par son pied dans ce plan.*

Pour qu'une droite soit perpendiculaire à un plan, il suffit qu'elle soit perpendiculaire à deux directions différentes de ce plan.

THÉORÈME XVIII

Les intersections de deux plans parallèles par un troisième sont parallèles.

Soit AB et CD (fig. 338) les intersections des plans parallèles P et Q par le plan R.

D'abord AB et CD sont dans un même plan, et en second lieu elles ne peuvent se rencontrer puisque les plans P et Q qui les contiennent n'ont aucun point commun.

Donc AB est parallèle à CD.

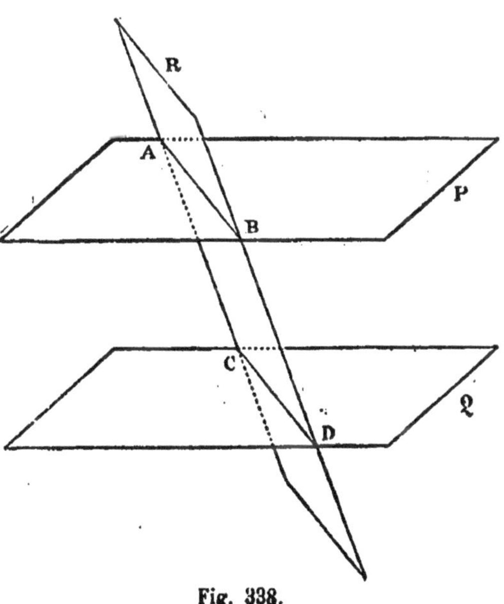

Fig. 338.

Corollaire I. — *Par un point donné on peut toujours mener un plan, et un seul, parallèle à un plan donné.*

Soit le plan P et le point O (fig. 339) : menons les parallèles OX, OY à deux droites arbitraires O'X', O'Y' du plan P : leur plan est parallèle au plan P (th. XVII) ; et elles sont contenues dans tout plan Q parallèle au plan P passant par le point O : en effet, les plans OO'X'

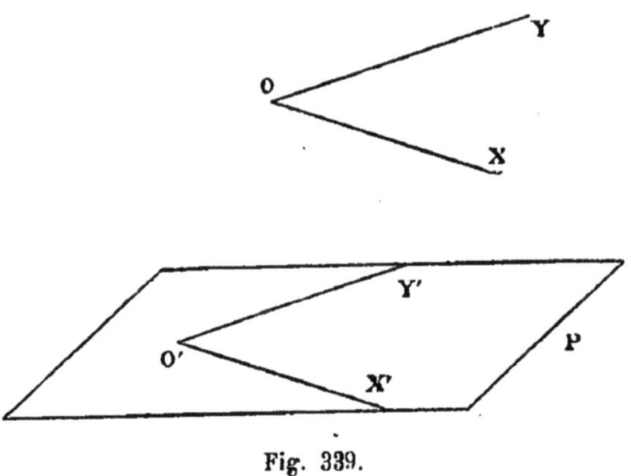

Fig. 339.

et OO'Y' coupent le plan Q suivant des parallèles à O'X' et O'Y' (th. XVIII). Donc il n'y a qu'un seul plan parallèle à P passant par O, puisqu'il n'y a qu'un seul plan contenant les droites OX, OY.

Corollaire II. — *Deux plans parallèles à un troisième sont parallèles entre eux.*

En effet, si les plans P, Q parallèles au plan R, avaient un point commun, ils se confondraient, puisqu'il n'y a qu'un seul plan parallèle à R passant par un point déterminé.

THÉORÈME XIX

Si deux plans sont parallèles, toute droite perpendiculaire à l'un l'est aussi à l'autre.

Soit AB (fig. 340) perpendiculaire au plan P, montrons qu'elle est aussi perpendiculaire au plan Q, supposé parallèle au plan P.

D'abord cette droite rencontre le plan Q, car, dans l'hypothèse contraire, elle serait parallèle à ce plan, et serait par suite contenue dans le plan P (th. XVI) qui est le seul plan parallèle à Q passant par A (coroll. I, th. XVIII).

En second lieu, le plan perpendiculaire au point B de AB est pa-

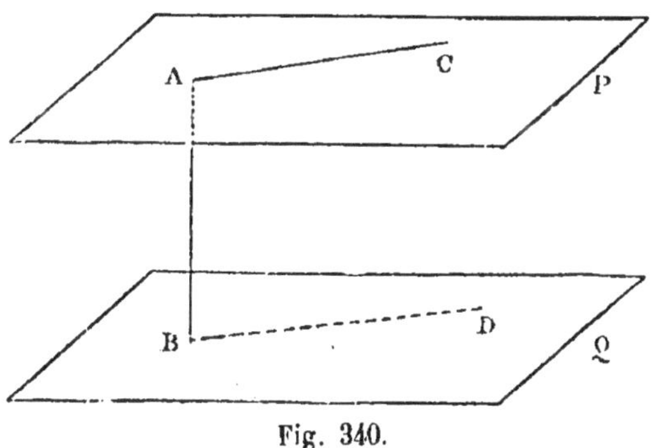

Fig. 340.

rallèle au plan P (th. XV), il se confond donc avec le plan Q (coroll. I, th. XVIII). Ce qu'il fallait prouver.

THÉORÈME XX

Les portions de droites parallèles comprises entre deux plans parallèles sont égales.

Soit AB et CD (fig. 342) les portions de droites parallèles comprises entre les plans parallèles P et Q. Le plan de ces parallèles coupe les plans P et Q suivant les parallèles AC, BD (th. XVIII); donc AB et CD sont égales comme portions de parallèles comprises entre parallèles (Géom. plane).

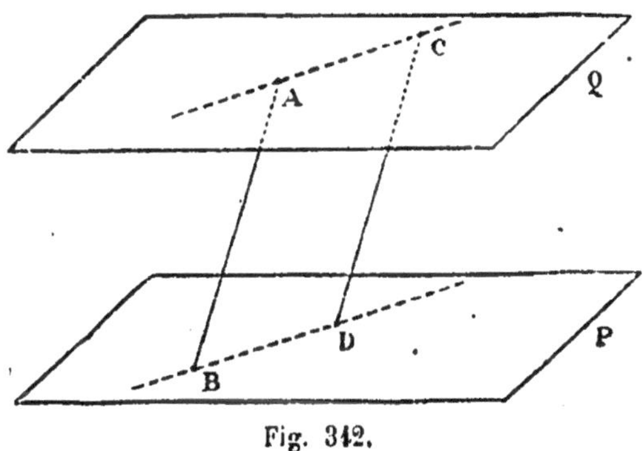

Fig. 342.

Corollaire. — *Deux plans parallèles sont partout également distants.*

THÉORÈME XXI

Trois plans parallèles partagent en même rapport toutes les droites qu'ils rencontrent.

Il suffit de prouver qu'ils partagent ainsi deux droites quelconques. Soit donc X et Y (fig. 343) deux droites rencontrées par les plans parallèles P, Q, R aux points A, B, C, A′, B′, C′; nous voulons prouver que l'on a :

$$\frac{A'B'}{AB} = \frac{B'C'}{BC}.$$

A cet effet menons AY′ parallèle à Y: les droites BD, CE d'intersection des plans Q et R avec le plan des droites X, Y′ sont parallèles (th. XVIII), on a donc (Géom. plane):

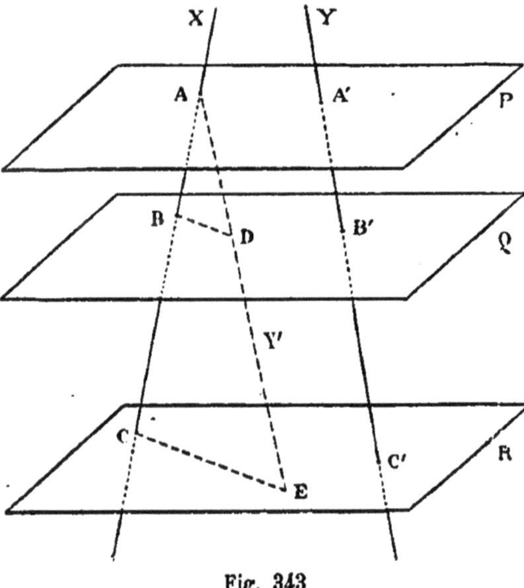

Fig. 343

$$\frac{AD}{AB} = \frac{DE}{BC}.$$

Or, AD et DE sont respectivement égales à A′B′ et B′C′ (th. XX), donc :

$$\frac{A'B'}{AB} = \frac{B'C'}{BC}.$$

Corollaire I. — *Lorsqu'une droite mobile reste parallèle à un plan fixe en s'appuyant sur deux droites fixes, elle détermine sur ces droites des segments proportionnels.*

Car chacune des positions de cette droite est contenue dans un plan parallèle au plan fixe.

Corollaire II. — *Le lieu géométrique des milieux des portions de droites comprises entre deux plans parallèles est un plan parallèle à ceux-ci.*

Corollaire III. — *Le lieu géométrique des milieux des portions de droites comprises entre deux droites de l'espace est un plan parallèle à ces droites.*

En effet, si nous faisons passer par chacune des droites fixes AB et CD (fig. 344) un plan parallèle à l'autre, le milieu O d'une portion de droite arbitraire MN, comprise entre AB et CD, sera dans le plan R parallèle aux plans P et Q et à égale distance de ceux-ci (coroll. II).

Réciproquement, tout point O du plan R appartient à une droite s'appuyant sur AB et CD (appl. I) et il est le milieu de la portion de droite comprise entre AB et CD (th. XXI).

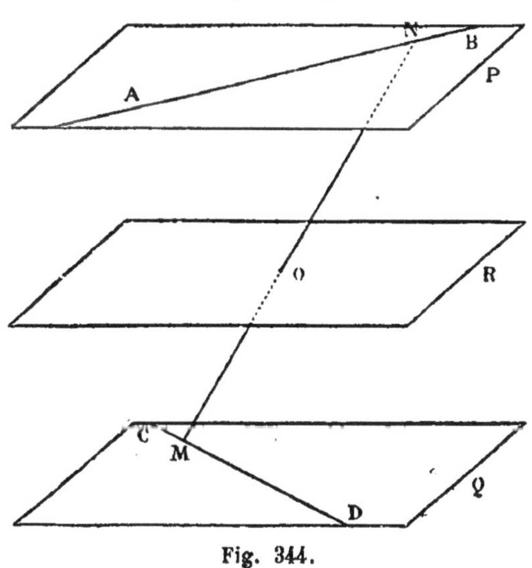

Fig. 344.

Plus généralement : *Le lieu géométrique des points qui partagent dans un rapport donné les portions de droites comprises entre deux droites données, est le système de deux plans parallèles à chacune de ces droites.*

PROBLÈME I

Construire la perpendiculaire commune à deux droites données et trouver leur plus courte distance.

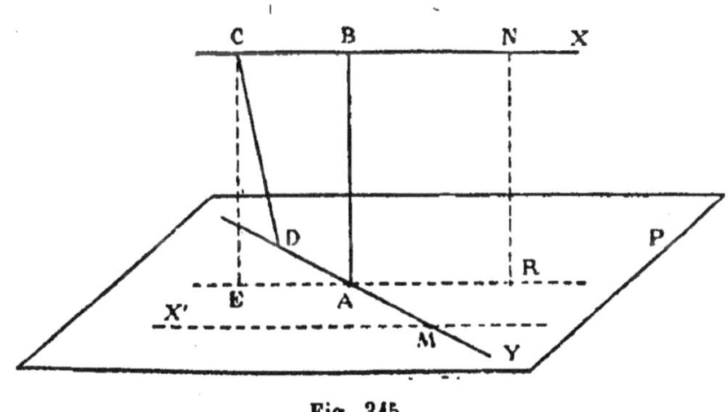

Fig. 345.

1° Soit X et Y (fig. 345) les droites données : nous traçons le plan P parallèle à X et passant par Y; à cet effet, nous menons une parallèle X' à X par un point M de Y. Nous abaissons la perpendiculaire NR au plan P d'un point N arbitraire de X; nous traçons RA parallèle à X qui sera dans le plan P et rencontrera Y en A; nous menons par le point A la parallèle AB à NR : elle sera dans le plan des parallèles X et AR, donc elle rencontrera X.

Cette droite AB est perpendiculaire à chacune des droites X et Y, car étant parallèle à NR elle est perpendiculaire au plan P, et par suite à chacune des droites Y et AR : elle l'est donc aussi à X qui est parallèle à AR.

D'ailleurs toute perpendiculaire commune aux droites X et Y est perpendiculaire au plan P, et par suite parallèle à AB. Donc AB est la seule perpendiculaire commune, à moins que X et Y ne soient parallèles entre elles.

2° AB (fig. 345) est la plus courte distance de deux points situés l'un sur X, l'autre sur Y : soit, en effet, C et D deux quelconques de ces points; menons CE parallèle à BA : elle sera dans le plan des parallèles X et AR, et rencontrera AR : CE est donc perpendiculaire au plan P et égale à AB; donc : CD $>$ CE, et, par suite : CD $>$ AB.

Corollaire I. — *La plus courte distance de deux droites est la distance d'un point quelconque de l'une au plan qui lui est parallèle et qui passe par l'autre.*

Ou encore : *La plus courte distance de deux droites est la distance des plans parallèles contenant ces droites.*

Corollaire II. — *La perpendiculaire commune à deux droites est parallèle à l'intersection de deux plans respectivement perpendiculaires à ces droites.*

Car une droite et un plan perpendiculaires à une même direction étant parallèles, AB est parallèle au plan Q perpendiculaire à X, et aussi au plan Q' perpendiculaire à Y, donc AB est parallèle à l'intersection de ces plans (coroll. II, th. XIII).

On est ainsi conduit à résoudre le problème suivant pour construire, par un autre procédé, la perpendiculaire commune.

APPLICATION VII

Construire une droite s'appuyant sur deux droites données et parallèle à une direction donnée.

Soit AB parallèle à Z (fig. 346), et s'appuyant aux points A et B sur les droites X et Y.

Le plan déterminé par X et AB est parallèle à Z, et il en est de même du plan déterminé par Y et AB.

Donc AB est l'intersection des plans parallèles à Z et passant respectivement par X et Y.

Par des points arbitraires M et N des droites X et Y, on tracera donc des parallèles Z′, Z″ à Z, et les plans XZ′ et YZ″ se couperont suivant la droite cherchée.

Pour que le problème soit possible, il faut et il suffit que les deux plans auxiliaires ne soient pas parallèles, c'est-à-dire que les droites X, Y, Z ne soient pas parallèles à un même plan.

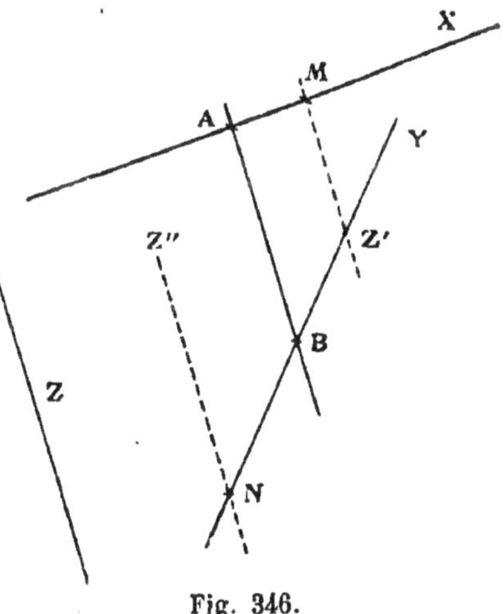

Fig. 346.

Dans tout autre cas le problème aura au moins une solution : s'il admet deux solutions, les plans auxiliaires se confondent, les droites X et Y sont dans un même plan parallèle à Z, et alors, toute droite de ce plan parallèle à Z répondant à la question, le problème est indéterminé.

APPLICATION VIII

Construire une droite parallèle à un plan donné, s'appuyant sur deux droites données et dont la portion comprise entre ces droites ait une longueur donnée.

Il faut remarquer d'abord qu'une droite ne serait pas déterminée par les conditions de s'appuyer sur deux droites et d'être parallèle à à un plan, car tout plan parallèle au plan donné déterminerait sur les droites des points situés sur une droite qui répondrait à la question.

Soit donc AB (fig. 347) une droite parallèle au plan donné P, s'appuyant en A et B sur les droites données X et Y, et telle que $AB = m$, longueur donnée.

Menons AE parallèle à Y qui rencontre le plan P en E : soit C et D les traces des droites données sur le plan P ; si le point E est connu, le point A en résultera, et le problème sera résolu.

Or, DE est égal et parallèle à AB (th. XIII) : le point E est donc sur la circonférence de rayon m et tracée dans le plan P du point D comme centre.

Puis, CE est l'intersection du plan P avec le plan passant par X et

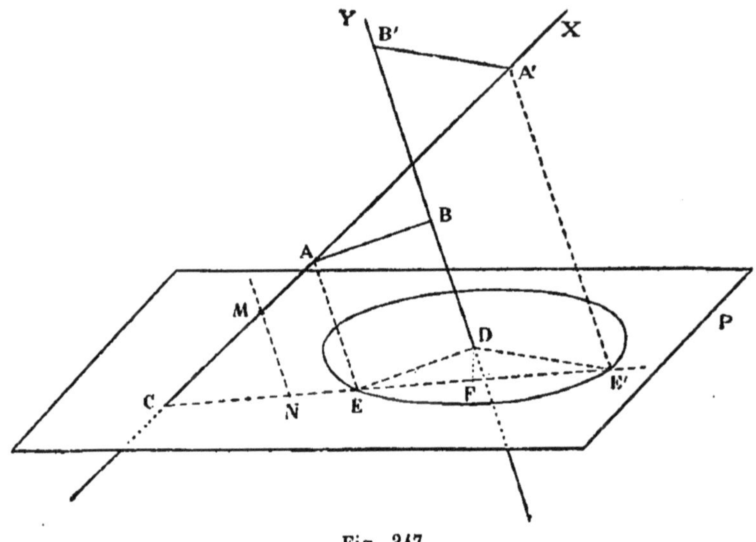

Fig. 347.

parallèle à Y : par suite, on obtiendra CE à priori en joignant le point C au point N où la parallèle à Y passant par un point arbitraire M de X rencontrera le plan P.

Le point E sera donc à l'intersection de cette droite et de la circonférence précédente : ce point étant connu, on prendra le point A où la parallèle à Y menée par le point E rencontre X, et par ce point on tracera la parallèle AB à DE qui répondra à la question.

Le problème ne sera possible qu'autant que la droite CN et la circonférence de centre D et de rayon m, auront un point commun. Si donc DF est la distance du point D à CN, la condition de possibilité est

$$m \geqslant \mathrm{DF},$$

DF est le *minimum* de la longueur donnée.

Si $m > \mathrm{DF}$, nous aurons deux points E et E' de rencontre, et par suite deux solutions AB, A'B'.

* APPLICATION IX

Lorsqu'un plan transversal rencontre les côtés d'un quadrilatère gauche, il détermine huit segments tels que le produit de quatre segments, qui n'ont pas d'extrémités communes, égale le produit des quatre autres.

Et réciproquement : Si quatre points situés sur les côtés d'un quadrilatère gauche (en nombre pair sur les côtés eux-mêmes) déterminent des segments tels que le produit de quatre segments n'ayant pas d'extrémités communes, soit égal au produit des quatre autres, ces points sont dans un même plan.

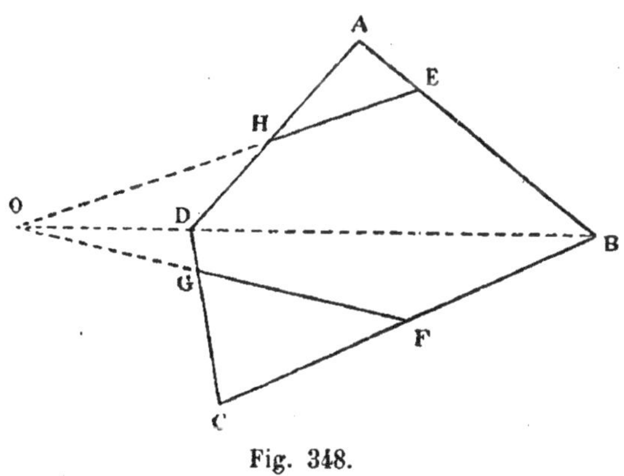

Fig. 348.

1° Soit le quadrilatère gauche ABCD (fig. 348) dont les côtés sont rencontrés par un même plan aux points E, F, G, H : prouvons que l'on a :

$$\frac{EA}{EB} \times \frac{FB}{FC} \times \frac{GC}{GD} \times \frac{HD}{HA} = 1.$$

A cet effet, remarquons que les droites HE, GF vont rencontrer la diagonale DB en un même point O, qui est le point où le plan transversal rencontre cette diagonale.

En appliquant le théorème de Ménélaüs aux triangles DAB, DBC, coupés par les transversales OHE, OGF, on a :

$$\frac{EA}{EB} \times \frac{OB}{OD} \times \frac{HD}{HA} = 1, \qquad \frac{GC}{GD} \times \frac{OD}{OB} \times \frac{FB}{FC} = 1;$$

et en faisant le produit membre à membre, et remarquant

$$\frac{OB}{OD} \times \frac{OD}{OB} = 1,$$

il reste la relation qu'il fallait prouver.

2° Réciproquement, soit le quadrilatère gauche ABCD (fig. 349) sur les côtés duquel se trouvent les points E, F, G, H (en nombre pair sur les côtés eux-mêmes), tels que :

$$\frac{EA}{EB} \times \frac{FB}{FC} \times \frac{GC}{GD} \times \frac{HD}{HA} = 1.$$

Prouvons que ces quatre points sont dans le même plan.

A cet effet, faisons passer un plan par les points H, E, F et soit G′ le point où il rencontre la droite DC. Ce point déterminera des segments soustractifs sur DC parce que le plan HEF rencontrant AB et AD eux-mêmes, rencontre le prolongement de DB.

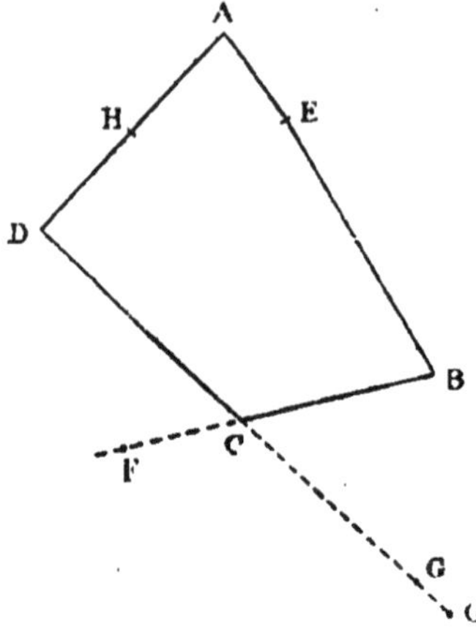

Fig. 349.

On a donc, d'après 1° :

$$\frac{EA}{EB} \cdot \frac{FB}{FC} \cdot \frac{G'C}{G'D} \cdot \frac{HD}{HA} = 1;$$

d'où, en comparant à l'hypothèse :

$$\frac{GC}{GD} = \frac{G'C}{G'D};$$

par suite, les points G et G′, partageant le segment DC en segments soustractifs de même rapport, se confondent.

Corollaire. — *Si deux droites sont telles que l'une partage en segments proportionnels de même espèce deux côtés opposés d'un quadrilatère, et que l'autre partage les deux autres côtés en segments proportionnels de même espèce, elles sont dans le même plan.*

Car les quatre rapports considérés précédemment sont deux à deux inverses l'un de l'autre, et la réciproque du théorème s'applique.

*APPLICATION X

Quatre plans passant par une même droite et par les quatre points d'une division harmonique déterminent une division harmonique sur une droite arbitraire. Ces plans forment ce qu'on appelle un FAISCEAU HARMONIQUE.

Soit en effet le faisceau des quatre plans passant par XY (fig. 350) et par les points A, C, B, D formant une division harmonique : d'abord il est clair que tout plan passant par la droite AD coupe les quatre plans suivant les rayons d'un faisceau harmonique OA, OB, OC, OD : en second lieu, un plan quelconque O′A′D′ coupe encore les quatre plans suivant un faisceau harmonique, car ce plan coupe le plan précédent suivant une droite A′D′ partagée harmoniquement par le premier faisceau harmonique. Il en résulte qu'une droite quelconque est partagée harmoniquement par les quatre plans.

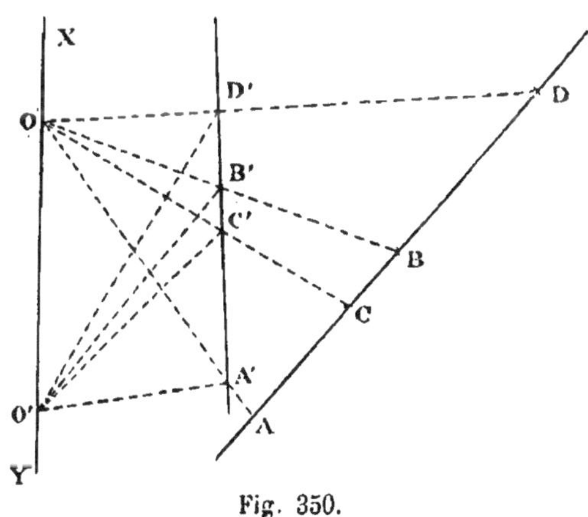

Fig. 350.

Corollaire I. — *Si l'on considère deux plans fixes et un point fixe, le lieu géométrique du conjugué harmonique de ce point sur toute sécante passant par ce point, est un plan passant par la droite commune aux deux plans fixes.*

Ce plan est appelé PLAN POLAIRE *du point par rapport aux deux plans considérés.*

Corollaire II. — *Si l'on fait passer un plan arbitraire par le point fixe* O, *il rencontre les plans* P *et* Q *suivant les droites* X *et* Y *et le lieu géométrique de la polaire* Z *de* O *par rapport aux droites* X *et* Y *est le plan solaire du point* O *par rapport aux plans* P *et* Q.

Corollaire III. — *Si l'on fait passer deux droites arbitraires* X *et* X′ *par un point* O, *qui rencontrent des plans fixes* P *et* Q *aux points* A, B *et* A′, B′, *le lieu géométrique du point de concours des droites* AB′ *et* A′B *est le plan polaire du point* O *par rapport aux plans* P, Q.

§ IV. — ANGLE DIÈDRE

Définitions. — *Un* ANGLE DIÈDRE (1) *est la figure formée par deux plans qui se coupent, et qui sont limités à leur intersection.*

Ainsi, dans la figure 351, les plans P et Q limités à leur intersection AB forment un angle dièdre qu'on énonce PABQ, en plaçant les lettres de l'ARÊTE AB entre les deux lettres indiquant les PLANS DES FACES.

Si les plans ne sont pas limités à leur intersection, il y a quatre angles dièdres formés(fig. 352).

(1) δίς, deux fois; ἕδρα, base.

Il est évident que la grandeur d'un angle dièdre ne dépend pas de l'étendue que nous donnons sur la figure aux faces; elle dépend seulement de l'écartement des deux plans.

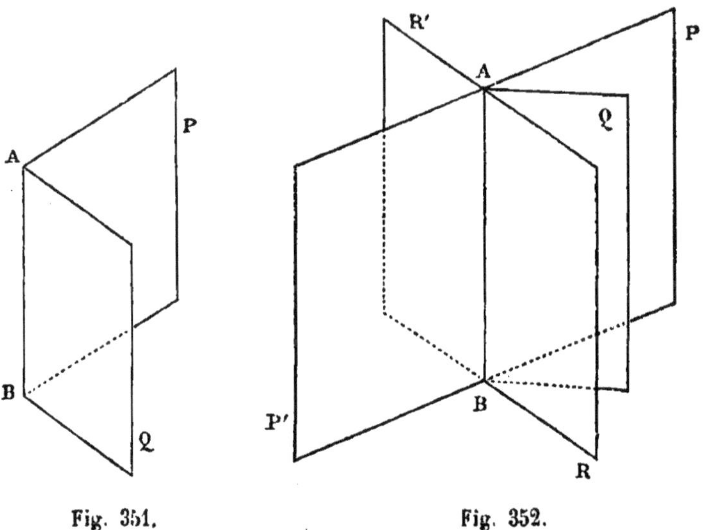

Fig. 351. Fig. 352.

Deux dièdres adjacents *ont même arête, une face commune, et sont placés de part et d'autre de cette face.*

Tels sont les dièdres PABQ, QABR (fig. 352).

Deux dièdres sont opposés par l'arête *lorsque les faces de l'un sont les prolongements, au delà de l'arête, des faces de l'autre.*

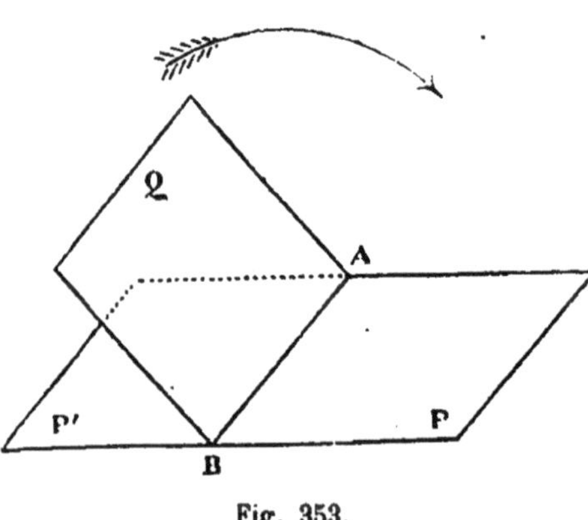

Fig. 353.

Tels sont les dièdres P'ABR, P'ABR' (fig. 352).

Considérons en particulier les dièdres adjacents PABQ, P'ABQ (fig. 353) formés par le plan Q qui rencontre le plan PP'; et supposons le plan Q mobile autour de AB, comme autour d'une charnière, dans le sens de la flèche. En supposant le plan Q d'abord appliqué sur P', les deux angles dièdres adjacents commenceront par être inégaux : l'un ira toujours en croissant, et l'autre toujours en décroissant de quantités aussi petites que l'on voudra : d'ailleurs, à un certain moment, le plus grand des deux dièdres deviendra le plus petit, et par suite, il y aura une position du plan mobile Q, et une seule, pour laquelle les deux angles dièdres seront égaux. Dans cette position on dit que le plan Q est PERPENDICULAIRE sur le plan P, donc :

UN PLAN EST PERPENDICULAIRE SUR UN AUTRE *quand il forme avec celui-ci deux angles dièdres adjacents égaux.*

Un angle dièdre est DROIT *lorsqu'une de ses faces est perpendiculaire sur l'autre.*

Les deux angles dièdres adjacents formés par un plan qui en rencontre un autre ont pour somme deux dièdres droits : on dit qu'ils sont *supplémentaires.*

Réciproquement, si deux dièdres adjacents sont supplémentaires, les faces non communes sont dans le même plan.

THÉORÈME XXII

Si par deux points de l'arête d'un dièdre on trace des perpendiculaires à cette arête dans les deux faces du dièdre, on forme des angles rectilignes égaux.

Soit les angles COD, C'O'D' (fig. 354) dont les côtés, situés dans les faces P et Q du dièdre PABQ, sont perpendiculaires à l'arête AB : ces deux angles rectilignes ayant leurs côtés respectivement parallèles et de même sens sont égaux (th. XVII).

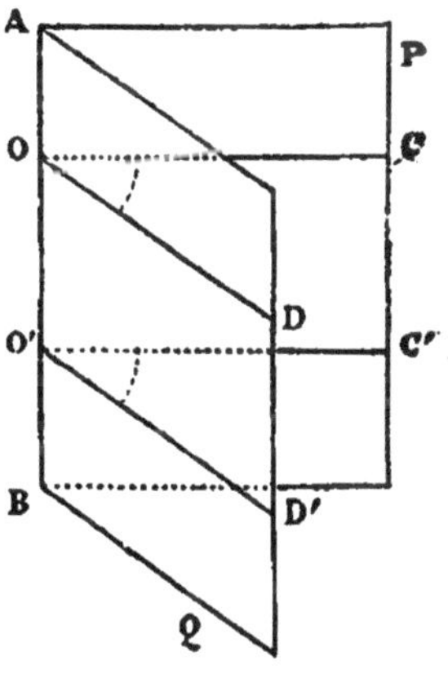

Fig. 354.

Remarque. — En élevant en un point de l'arête d'un dièdre une perpendiculaire dans chacune des faces, on forme donc un angle rectiligne dont la grandeur ne dépend pas du point choisi sur l'arête : cet angle rectiligne peut servir à caractériser l'angle dièdre.

Définition. — On appelle ANGLE RECTILIGNE CORRESPONDANT A UN ANGLE DIÈDRE, *l'angle formé par les perpendiculaires élevées en un même point de l'arête dans chacune des faces.*

Cet angle peut être obtenu en coupant les faces de l'angle dièdre par un plan perpendiculaire à l'arête.

THÉORÈME XXIII

Lorsque deux dièdres sont égaux les angles rectilignes qui leur correspondent sont égaux, et réciproquement.

La proposition directe est évidente, puisque les angles dièdres peuvent coïncider : prouvons donc la réciproque.

Soit les angles rectilignes COD, C′O′D′ (fig. 355) correspondants aux dièdres PABQ, P′A′B′Q′ : ces angles rectilignes étant égaux, portons le dièdre P′A′B′Q′ sur le dièdre PABQ, de sorte que les angles

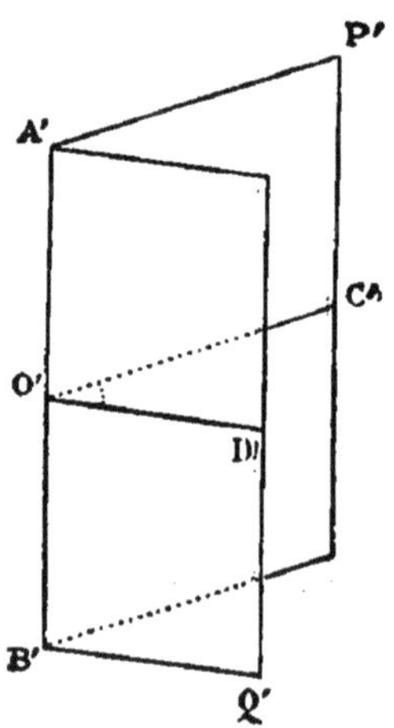

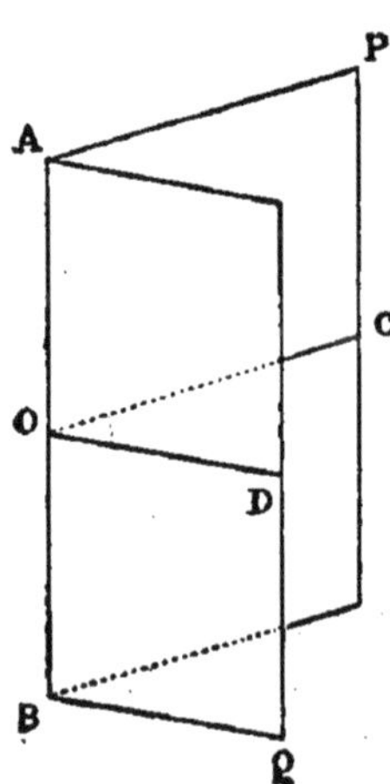

Fig. 355.

rectilignes coïncident, O′C′ étant sur OC et O′D′ sur OD : A′B′ perpendiculaire au plan C′O′D′ sera donc perpendiculaire au point O du plan COD, donc elle coïncide avec AB ; par suite les plans P et P′ ayant deux droites communes coïncideront, ainsi que les plans Q et Q′ ; donc les angles dièdres coïncident et sont par suite égaux.

Corollaire I. — *Deux angles dièdres opposés par l'arête sont égaux.*

Car en les coupant par un plan perpendiculaire à l'arête on obtient deux angles rectilignes égaux comme opposés par le sommet.

Corollaire II. — *Lorsque deux plans parallèles sont rencontrés par un troisième :*

1° *Les angles dièdres alternes internes sont égaux ;*

2° *Les angles dièdres alternes externes sont égaux ;*

3° *Les angles dièdres correspondants sont égaux*

4° *Les angles dièdres internes, du même côté du plan sécant, sont supplémentaires ;*

5° *Les angles dièdres externes, du même côté du plan sécant, sont supplémentaires ;*

Et réciproquement.

THÉORÈME XXIV

Lorsqu'un angle dièdre est droit, l'angle rectiligne qui lui correspond est droit, et réciproquement.

1° Soit le dièdre droit PABQ (fig. 356) formé par le plan Q perpendiculaire au plan P. Soit COD l'angle rectiligne : l'angle COD' adjacent à COD sera le rectiligne du dièdre P'ABQ; mais les deux dièdres adjacents sont égaux par définition, donc les rectilignes sont aussi égaux (th. XXIII), et par suite OC est perpendiculaire sur OD.

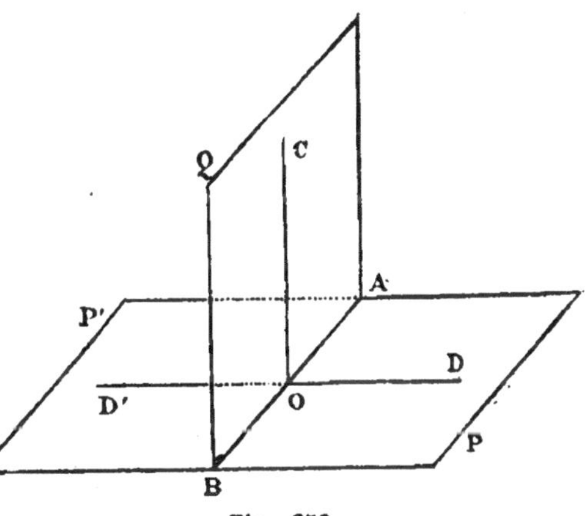

Fig. 356.

2° Soit COD le rectiligne supposé droit de l'angle dièdre PABQ (fig. 356) : le rectiligne adjacent COD' sera le rectiligne correspondant au dièdre adjacent P'ABQ. Or, les rectilignes sont égaux, donc les dièdres sont aussi égaux, c'est-à-dire que le plan Q est perpendiculaire sur le plan P.

Corollaire I. — *Les angles dièdres droits sont égaux.*

Car les rectilignes sont égaux.

Corollaire II. — *Lorsqu'un plan est perpendiculaire sur un autre, réciproquement celui-ci est perpendiculaire sur le premier.*

Car en coupant la figure par un plan perpendiculaire à l'intersection des deux plans, on obtient quatre angles rectilignes droits, donc les quatre angles dièdres sont aussi droits.

THÉORÈME XXV

Deux angles dièdres sont dans le même rapport que les angles rectilignes qui leur correspondent.

Soit les deux dièdres PABQ, P'A'B'Q' (fig. 357), dont les angles rectilignes sont CBD, C'B'D'.

1° Supposons que les angles rectilignes soient commensurables,

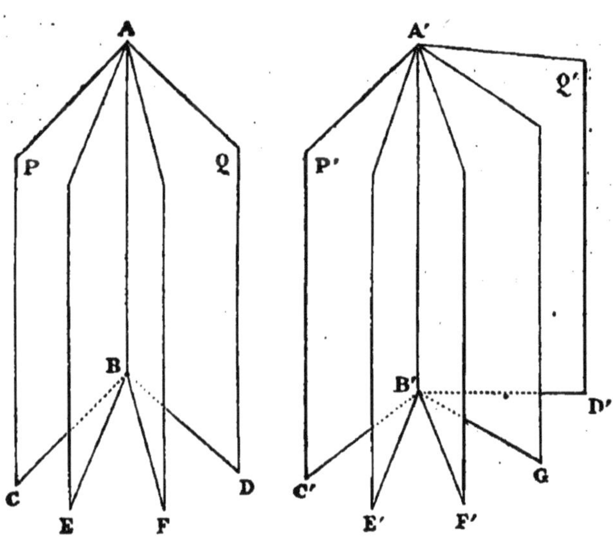

Fig. 357.

et soit une commune mesure contenue trois fois dans CBD et quatre fois dans C'B'D' en sorte que :

$$\frac{CBD}{C'B'D'} = \frac{3}{4}.$$

Par les droites de division des angles rectilignes, et par les arêtes correspondantes, menons des plans : nous formerons des angles dièdres égaux (th. XXIII).

Donc un même angle dièdre est contenu trois fois dans le dièdre PABQ et quatre fois dans le dièdre P'A'B'Q'; le rapport des deux dièdres sera donc $\frac{3}{4}$ comme le rapport des angles rectilignes.

* **2°** Supposons les angles rectilignes incommensurables : soit R

et R' les rectilignes et D et D' les dièdres ; partageons R' en n parties égales, et portons autant de fois que possible cette partie aliquote de R' sur R ; nous trouverons que R est compris entre m et $(m+1)$ fois cette partie : donc on a :

$$\frac{m}{n} < \frac{R}{R'} < \frac{m+1}{n}.$$

Par les droites de division et l'arête correspondante faisons passer des plans, nous formerons n angles dièdres égaux dans le dièdre D et nous trouverons m dièdres égaux à ceux-ci dans D', plus un reste moindre que ceux-ci, donc :

$$\frac{m}{n} < \frac{D}{D'} < \frac{m+1}{n}.$$

Les rapports : $\frac{R}{R'}$ et $\frac{D}{D'}$ étant tous deux compris entre $\frac{m}{n}$ et $\frac{m+1}{n}$, ont une différence moindre que $\frac{1}{n}$: or, n étant arbitraire, $\frac{1}{n}$ est aussi voisin de zéro qu'on le veut, donc la différence entre $\frac{R}{R'}$ et $\frac{D}{D'}$ est rigoureusement nulle, parce qu'elle n'est pas variable.

THÉORÈME XXVI

L'angle dièdre a même mesure que l'angle rectiligne qui lui correspond, si l'unité d'angle dièdre a pour angle rectiligne l'unité d'angle rectiligne.

Soit, en effet, D un angle dièdre, dont R est l'angle rectiligne.

Soit d l'unité d'angle dièdre, et r son angle rectiligne qui est, par hypothèse, l'unité d'angle rectiligne.

On a, par le théorème XXV :

$$\frac{D}{d} = \frac{R}{r};$$

Or, par définition $\frac{D}{d}$ et $\frac{R}{r}$ sont les mesures des quantités D et R, donc la mesure est la même pour le dièdre et pour le rectiligne.

Remarque. — Dans un langage rapide on dit : *l'angle dièdre a même mesure que son angle rectiligne;* mais il faut sous-entendre la correspondance établie par l'énoncé entre les unités d'angle dièdre et d'angle rectiligne, sans laquelle le théorème est visiblement faux.

§ V. — PLANS PERPENDICULAIRES

THÉORÈME XXVII

Si deux plans sont perpendiculaires, toute droite de l'un, perpendiculaire à leur intersection, est perpendiculaire sur l'au re.

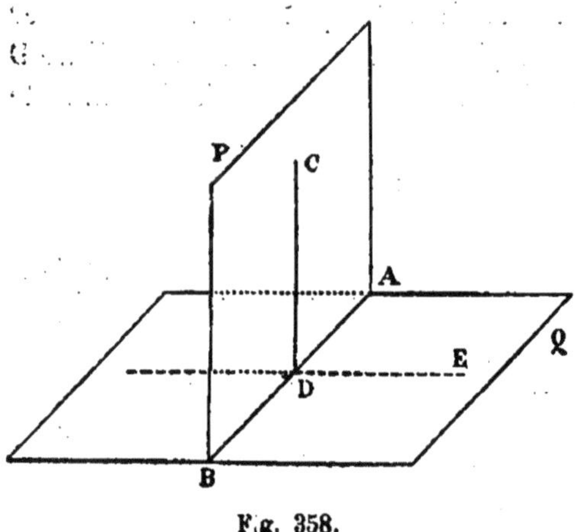

Fig. 358.

Soit les plans P, Q (fig. 358) perpendiculaires entre eux, qui se coupent suivant AB; soit CD droite du plan P perpendiculaire sur AB : je dis que CD est perpendiculaire au plan Q, autrement dit que CD est perpendiculaire à une seconde droite du plan Q.

Menons en effet DE dans le plan Q perpendiculaire sur AB, l'angle CDE sera le rectiligne correspondant au dièdre PABQ, et, puisque ce dièdre est droit, CDE est un angle droit, ce qu'il fallait prouver.

Corollaire. — *Si deux plans sont perpendiculaires, que d'un point de l'un on abaisse une perpendiculaire sur l'autre, elle sera contenue entièrement dans le premier plan.*

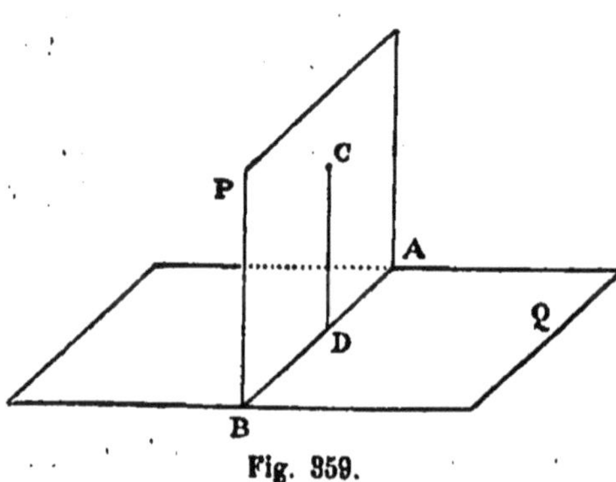

Fig. 359.

Car la perpendiculaire abaissée du point C (fig. 359) sur la droite AB est entièrement dans le plan P; de plus elle est perpendiculaire au plan Q, et c'est la seule perpendiculaire abaissée de ce point sur le plan Q.

THÉORÈME XXVIII

Pour que deux plans soient perpendiculaires, il faut et il suffit que l'un contienne une perpendiculaire à l'autre.

La condition est nécessaire d'après le théorème XXVII. Montrons qu'elle est suffisante.

Soit le plan P (fig. 360) contenant CD perpendiculaire au plan Q prouvons qu'il est perpendiculaire à ce plan.

A cet effet, traçons DE dans le plan Q perpendiculaire à l'intersection AB des deux plans : comme CD est perpendiculaire à toute droite du plan Q, elle est perpendiculaire à AB et à DE ; donc CDE est le rectiligne du dièdre, et il est droit. Donc le dièdre est aussi droit (th. XXIV).

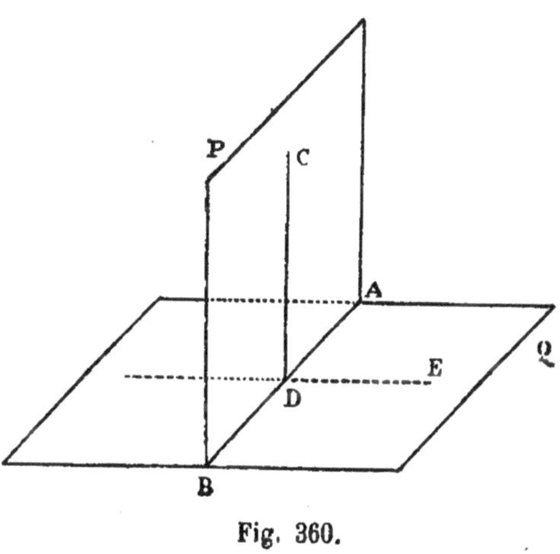

Fig. 360.

Corollaire I. — *Par une droite perpendiculaire à un plan passe une infinité de plans perpendiculaires à celui-ci.*

Corollaire II. — *Par une droite oblique à un plan il passe un plan et un seul perpendiculaire à ce plan.*

Soit AB oblique au plan P (fig. 361) ; d'un point C de AB, abaissons une perpendiculaire CD au plan P : tout plan passant par AB perpendiculaire au plan P contiendra CD, et réciproquement ; donc le plan déterminé par AB et CD est perpendiculaire au plan P et

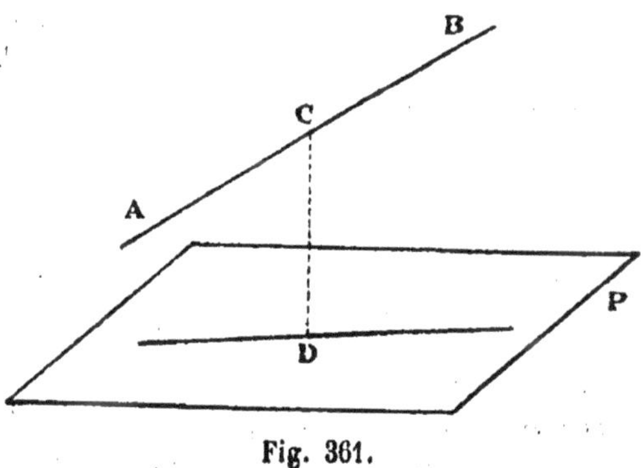

Fig. 361.

Définition. — Nous rappelons que la projection d'un point sur un plan est le pied de la perpendiculaire abaissée de ce point sur le plan.

On appelle PROJECTION D'UNE LIGNE SUR UN PLAN *le lieu géométrique des projections des points de cette ligne sur ce plan.*

Soit la ligne MM'M''... (fig. 362) et le plan P : considérons un

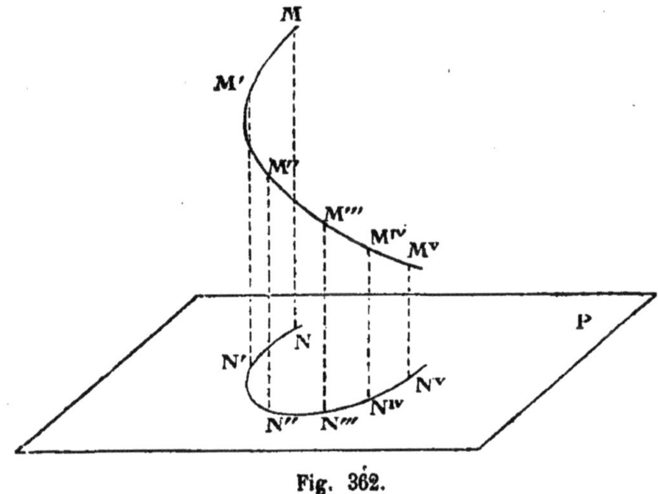

Fig. 362.

point mobile qui parcourt cette ligne dans un sens convenu; la projection de ce point mobile sur le plan P décrira en même temps une autre ligne NN'N''..., qui est, par définition, la *projection* de la ligne considérée.

THÉORÈME XXIX

La projection sur un plan d'une droite oblique à ce plan est une droite.

Car si nous faisons passer par la droite ABC (fig. 363) le plan perpendiculaire au plan P, il contiendra les perpendiculaires au plan P abaissées des différents points de ABC; l'intersection des deux plans sera par suite la projection de la droite; cette projection est donc une droite.

Remarque. — Le plan mené par une droite, perpendiculairement à un second plan, s'appelle quelquefois *le plan projetant* cette droite sur le second plan.

Corollaire I. — *La projection d'une droite sur un plan contient la trace de cette droite sur ce plan.*

Corollaire II. — *La projection d'une droite perpendiculaire à un plan est un point.*

Corollaire III. — *La projection sur un plan, d'une droite*

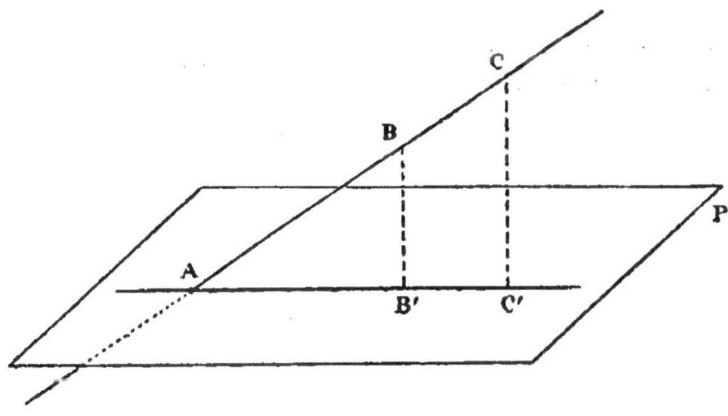

Fig. 363.

parallèle à ce plan, est parallèle à cette droite, et réciproquement.

C'est une application immédiate des théorèmes XIII et XII.

THÉORÈME XXX

Les projections de deux droites parallèles sur un plan sont parallèles.

Soit les deux parallèles AB, A'B' (fig. 364) dont les plans projetants sur le plan P contiennent les perpendiculaires AC, A'C' au

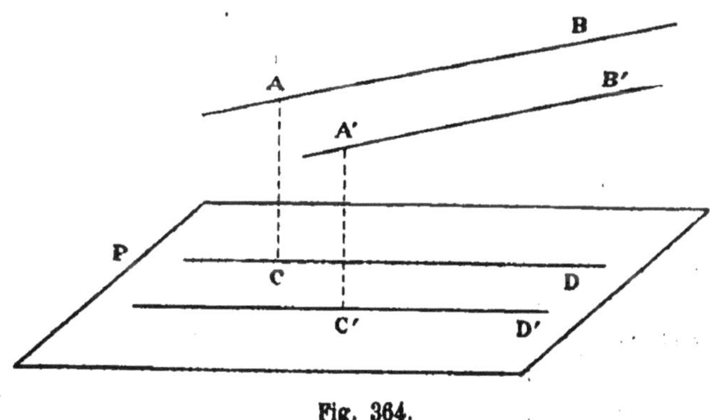

Fig. 364.

plan P. Ces plans, contenant deux angles à côtés parallèles, sont parallèles (th. XVII); donc CD et C'D' sont parallèles (th. XVIII).

Remarque. — Deux plans perpendiculaires à un troisième ne sont pas en général parallèles; le théorème XXX donne la condition suffisante pour qu'il en soit ainsi; on peut donc l'énoncer comme il suit :

Corollaire. — *Pour que deux plans perpendiculaires à un troisième soient parallèles, il faut et il suffit qu'ils contiennent deux droites parallèles obliques à ce troisième.*

La condition est évidemment nécessaire, et le théorème XXX prouve qu'elle est suffisante.

THÉORÈME XXXI

L'intersection de deux plans perpendiculaires à un troisième est perpendiculaire à ce plan.

Soit AB (fig. 365) l'intersection des plans P, Q perpendiculaires

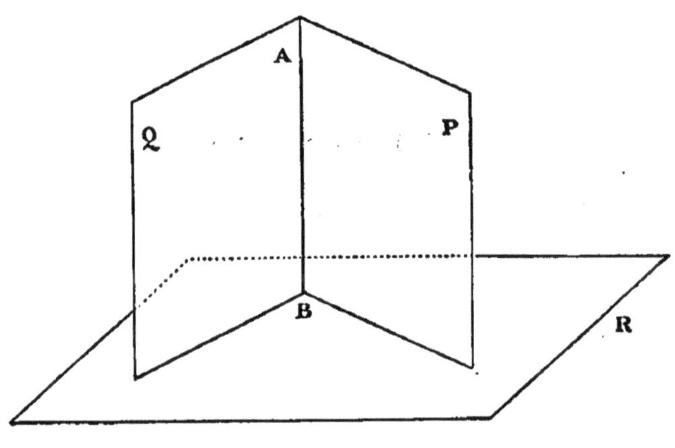

Fig. 365.

au plan R; d'un point A de AB abaissons une perpendiculaire au plan R : elle sera contenue dans chacun des plans P, Q (coroll., th. XXVII); donc elle se confond avec AB, qui est dès lors perpendiculaire au plan R.

Corollaire. — *Si une droite est perpendiculaire sur un plan, sa projection sur un second plan est perpendiculaire à l'intersection des deux plans.*

Soit A′B′ (fig. 366) la projection sur le plan P de la perpendiculaire AB au plan Q : prouvons qu A′B′ est perpendiculaire sur l'intersection CD des plans P.Q.

En effet le plan R, projetant AB sur P, est perpendiculaire à P, mais il est aussi perpendiculaire à Q puisqu'il contient AB : donc

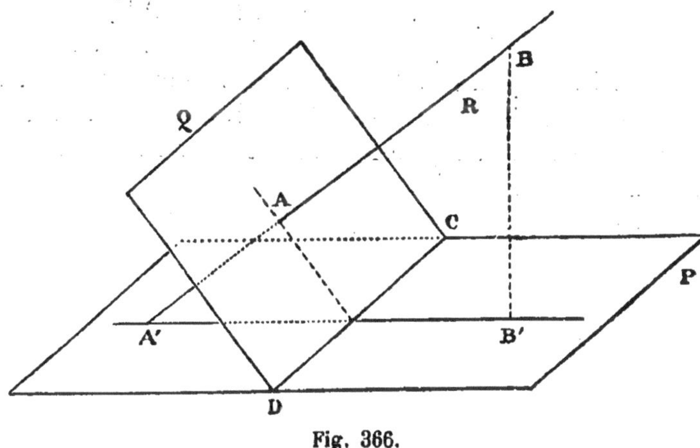

Fig. 366.

ce plan R est perpendiculaire sur CD (th. XXXI); CD est donc perpendiculaire sur A'B' droite du plan R.

THÉORÈME XXXII

La condition nécessaire et suffisante pour qu'un angle droit se projette sur un plan suivant un angle droit, est que l'un de ses côtés soit parallèle à ce plan.

1° La condition est nécessaire, c'est-à-dire que si l'angle BAC

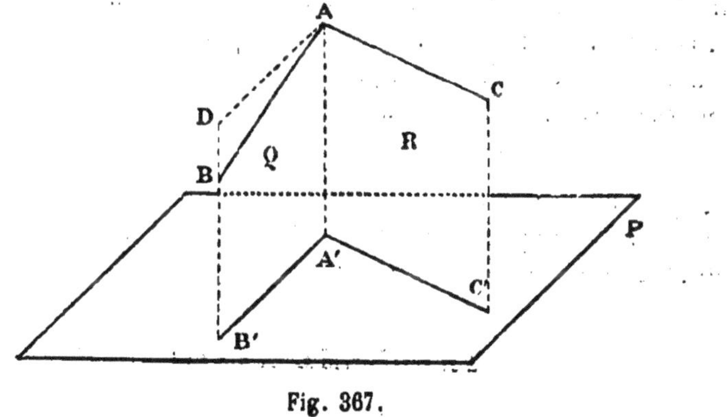

Fig. 367.

(fig. 367) et sa projection B'A'C' sur le plan P sont des angles droits, l'un des côtés AB, AC est parallèle au plan P. Supposons en effet que AB ne soit pas parallèle au plan P, et traçons AD parallèle à A'B', cette droite sera dans le plan Q projetant AB et ne se confondra pas avec AB. Or A'B' étant perpendiculaire aux droites AA', A'C' du plan R est perpendiculaire à ce plan, par suite AD, parallèle à A'B', étant perpendiculaire au plan R, est perpendiculaire sur AC; AC est donc perpendiculaire à deux droites AB, AD du plan Q, et par suite à AA' : donc elle est parallèle au plan P (coroll. II, th. XII); la condition est donc nécessaire.

2° La condition est suffisante; soit l'angle droit BAC (fig. 368)

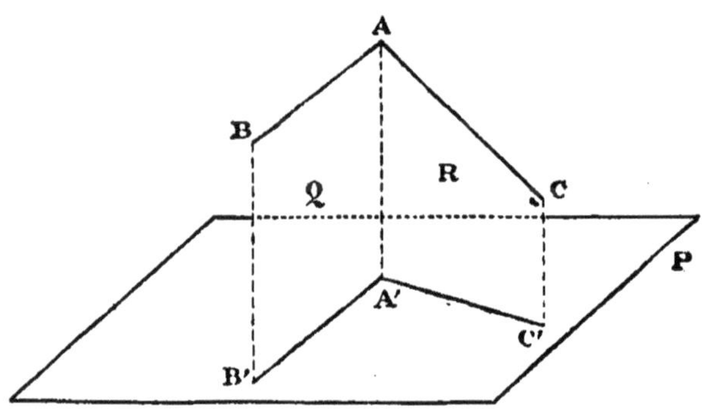

Fig. 368.

dont le côté AB est parallèle au plan P : prouvons que sa projection B'A'C' sur le plan P est un angle droit.

Nous remarquons que AB est parallèle à A'B' (coroll. III, th. XXIX), que par suite AB est perpendiculaire à AA'; donc AB est perpendiculaire à deux droites AC, AA' du plan R, et par suite perpendiculaire à ce plan : donc les plans Q et R sont perpendiculaires entre eux (th. XXVIII) : l'angle rectiligne B'A'C' du dièdre qu'ils forment est donc droit, ce qu'il fallait prouver.

Remarque. — Le corollaire du théorème XXXI est aussi un corollaire du théorème XXXII, car la droite AB (fig. 366), perpendiculaire au plan Q, est perpendiculaire sur toute droite DC de ce plan: donc les projections de ces droites sur un plan P parallèle à DC seront perpendiculaires entre elles.

THÉORÈME XXXIII

Le plus petit angle qu'une droite oblique à un plan fasse avec les différentes droites de ce plan est l'angle aigu qu'elle fait avec sa projection sur ce plan.

Nous remarquons d'abord qu'il suffit de considérer les angles formés par la droite AB (fig. 369) avec les droites du plan P passant par le pied B de AB.

Soit donc A′ la projection du point A, et BC une direction arbi-

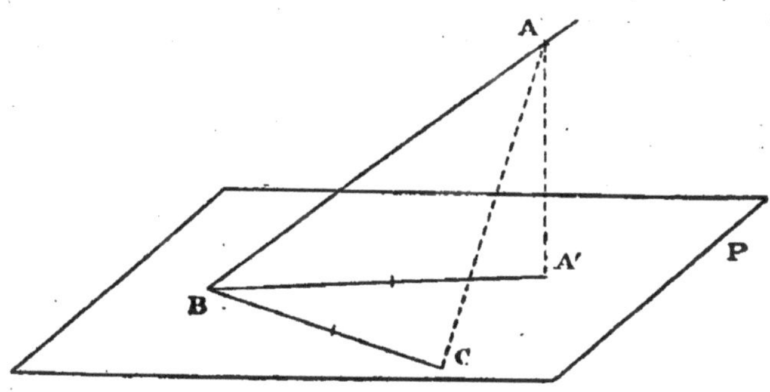

Fig. 369.

traire du plan P : prouvons que l'angle ABA′ est moindre que l'angle ABC; à cet effet, prenons BC = BA′ et traçons AC : les triangles ABA′, ABC ont deux côtés égaux chacun à chacun, et le troisième côté inégal, puisque AA′ est perpendiculaire au plan P : donc les angles de ces triangles opposés à ces troisièmes côtés sont dans l'ordre de grandeur de ces côtés. Or :

$$AA' < AC,$$

donc :

$$ABA' < ABC \text{ (Géom. plane).}$$

Corollaire. — *Le plus grand angle qu'une droite fasse avec les différentes droites d'un plan est l'angle obtus qu'elle fait avec sa projection sur ce plan.*

Car en retranchant de deux droits le plus petit angle, on obtiendra le maximum de la différence.

Définition. — L'ANGLE D'UNE DROITE ET D'UN PLAN *est l'angle aigu formé par cette droite avec sa projection sur ce plan.*

Cet angle est égal au complément de l'angle aigu formé par la droite et une perpendiculaire au plan.

La projection d'une portion de droite sur un plan croît quand l'angle de la droite et du plan décroît. Sa plus grande valeur est la portion de droite elle-même quand l'angle est nul, c'est-à-dire quand la droite est parallèle au plan.

THÉORÈME XXXIV

La droite d'un plan qui fait le plus grand angle possible avec un deuxième plan, est perpendiculaire à l'intersection des deux plans. L'angle maximum est le rectiligne du dièdre aigu des deux plans.

Soit les deux plans P et Q (fig. 370) se coupant suivant AB : il

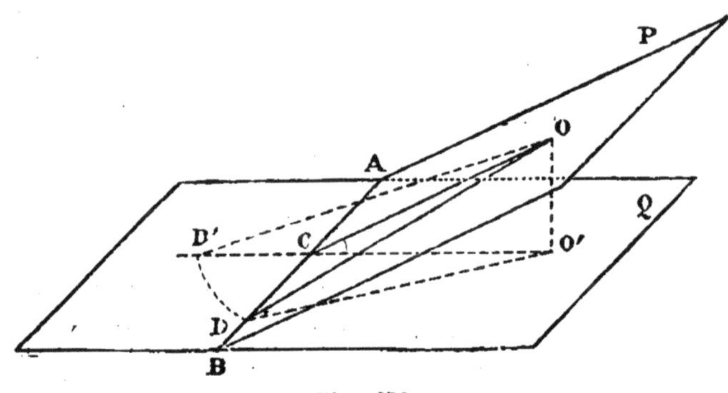

Fig. 370.

nous suffit de comparer les angles que font avec le plan Q les droites du plan P passant par l'un quelconque O de ses points.

Soit OC perpendiculaire à AB et OD quelconque. Projetons O en O′ sur le plan Q ; CO′ et DO′ seront les projections de OC et OD, il reste donc à prouver que l'angle OCO′ est plus grand que l'angle ODO′ : or O′C est perpendiculaire sur AB (théorème des trois perpendiculaires), donc $O'D > O'C$.

Prenons sur O′C la longueur $O'D' = O'D$: le point C sera compris entre O′ et D′, donc l'angle OCO′ est extérieur au triangle OD′C, il est donc plus grand que l'angle OD′O′ ; mais les triangles ODO′ et OD′O′ sont égaux, donc l'angle ODO′, égal à l'angle OD′O′, est moindre que l'angle OCO′, ce qu'il fallait prouver.

Définition. — La direction OC perpendiculaire à AB s'appelle la LIGNE DE PLUS GRANDE PENTE *du plan* P *par rapport au plan* Q c'est suivant cette direction que se meut un mobile pesant abandonné à lui-même sur le plan P supposé parfaitement poli, le plan Q étant horizontal.

APPLICATION XI

Faire passer, par une droite donnée, le plan qui fait le plus grand angle possible avec une deuxième droite donnée.

Soit un plan P arbitraire passant par la droite donnée X : il fera avec Y un angle qui ne surpassera pas l'angle aigu que X fait avec Y, car le plan P contient X (th. XXXIII); si donc nous pouvons mener par X un plan tel que Y s'y projette suivant une parallèle à X, nous aurons résolu le problème. Le plan cherché est donc déterminé par X et la perpendiculaire commune aux droites X et Y.

Corollaire. — *La condition nécessaire et suffisante pour que l'on puisse mener par une droite un plan perpendiculaire à une seconde droite, est que ces droites soient rectangulaires, c'est-à-dire que des parallèles à ces droites menées par un point de l'espace soient à angle droit.*

PROBLÈME II

Quel est le lieu géométrique des points de l'espace également distants de deux plans qui se coupent.

Soit les plans P, Q (fig. 371) qui se coupent suivant AB : ils parta-

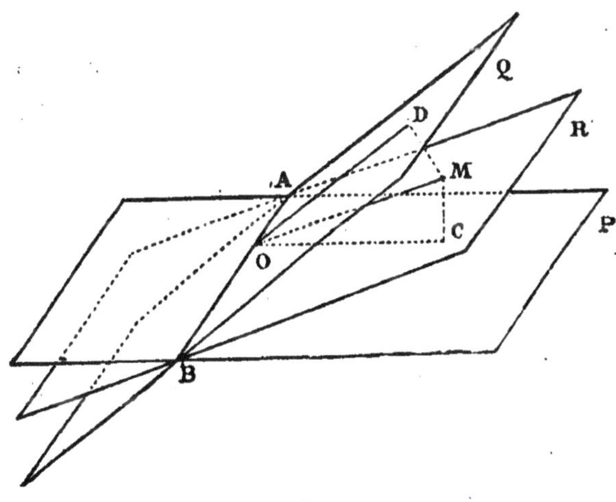

Fig 371.

gent l'espace en quatre régions; étudions les points du lieu situés dans l'angle dièdre PABQ.

Soit M un point tel que les distances MC, MD soient égales ; le plan DMC perpendiculaire aux plans P et Q est perpendiculaire à l'arête AB (th. XXXII), il détermine donc les côtés OC, OD de l'angle rectiligne ; la droite OM est donc bissectrice de l'angle rectiligne, c'est-à-dire que le point M est situé dans le plan R bissecteur de l'angle dièdre PABQ.

Réciproquement, tout point M de ce plan est un point du lieu, car si l'on mène le plan passant par M et perpendiculaire sur AB, il coupera les plans P et Q suivant les côtés OC, OD de l'angle rectiligne, et le plan R suivant la bissectrice OM de cet angle : or, le point M de cette bissectrice est également distant des côtés OC, OD, et les distances du point M à ces droites sont précisément les distances du point M aux plans P, Q (th. XXVII).

Donc, dans l'angle dièdre PABQ, le lieu géométrique est la portion du plan R bissecteur de ce dièdre et comprise dans cet angle.

Le lieu complet se compose donc de deux plans illimités rectangulaires, bissecteurs des quatre angles dièdres formés par les plans donnés.

Ces quatre plans forment un faisceau harmonique.

* **Remarque.** — *Le lieu géométrique des points de l'espace dont le rapport des distances à deux plans donnés a une valeur donnée, est le système de deux plans passant par l'intersection des deux premiers. Ces quatre plans forment un faisceau harmonique, et réciproquement.*

Le problème précédent est un cas particulier de cette propriété générale, dont la démonstration est aisée en se reportant à la question analogue traitée en géométrie plane (appl. VII, livre III).

* APPLICATION XII

Centre des moyennes distances

PRINCIPE I. — *Si l'on considère un système de* n *points* $A_1, A_2, \ldots A_n$ *dans l'espace, qu'on détermine le point* C_1 *milieu de* A_1A_2, *le point* C_2 *au tiers de* C_1A_3 *à partir de* C_1, *le point* C_3 *au quart de* C_2A_4 *à partir de* C_2 *et ainsi de suite, on obtient finalement un dernier point* C_{n-1}, *dont la distance à un plan quelconque est le quotient par* n *de la somme algébrique des distances à ce plan de tous les points* $A_1, A_2, \ldots A_n$ *du système.*

En effet, représentons par $a_1 a_2 \ldots a_n$, $c_1 c_2 \ldots c_{n-1}$ les valeurs algébriques des distances au plan considéré des points $A_1 A_2 \ldots A_n$, $C_1 C_2 \ldots C_{n-1}$.

En appliquant successivement le théorème XIV (livre III), nous avons :

$$\begin{aligned} 2c_1 &= a_1 + a_2 \\ 3c_2 &= 2c_1 + a_3 \\ 4c_3 &= 3c_2 + a_4 \\ &\ldots\ldots\ldots \\ &\ldots\ldots\ldots \\ (n-1)c_{n-2} &= (n-2)c_{n-3} + a_{n-1} \\ nc_{n-1} &= (n-1)c_{n-2} + a_n. \end{aligned}$$

En ajoutant membre à membre et réduisant les termes $c_1 c_2 \ldots c_{n-2}$, il reste visiblement :

$$nc_{n-1} = a_1 + a_2 + a_3 + \ldots + a_{n-1} + a_n.$$

C'est ce qu'il fallait prouver.

REMARQUE I. — Le point C_{n-1} obtenu comme précédemment *est unique* pour un système de points donnés, car si l'on applique le principe précédent à trois plans rectangulaires deux à deux, on obtiendra une valeur, indépendante de l'ordre dans lequel la construction précédente a été faite, pour la distance du point C_{n-1} à chacun de ces plans : or, il n'y a qu'un seul point qui soit à des distances données en valeur absolue et en signes des trois plans considérés, il n'y a donc qu'un seul point tel que C_{n-1}.

REMARQUE II. — Le point C_{n-1} s'appelle le CENTRE DES MOYENNES DISTANCES du système de points $A_1 A_2 \ldots A_n$, à cause de la propriété précédente.

REMARQUE III. — On pourrait remplacer dans ce qui précède les perpendiculaires abaissées des points $A_1 A_2 \ldots A_n$ par des parallèles à une direction donnée quelconque.

Corollaire I. — *La somme algébrique des distances de tous les points d'un système à un plan passant par le centre des moyennes distances est nulle, et* RÉCIPROQUEMENT.

Corollaire II. — *Si l'on projette sur un axe tous les points* $A_1 A_2 \ldots A_n$ *d'un système, et le centre* O *de leurs moyennes distances, la somme algébrique des distances de la projection du point* O *aux projections de tous les points est nulle.*

Car, si l'on imagine le plan passant par O et perpendiculaire à l'axe considéré, les distances des points du système à ce plan sont égales en valeur absolue et en signes, aux distances de la projection du point O sur l'axe aux projections sur cet axe des points du système; donc cette somme est nulle d'après le corollaire I.

PRINCIPE II. — *La somme des carrés des distances d'un point* M *de l'espace* (fig. 372) *aux* n *points* $A_1A_2...A_n$ *d'un système, égale* n *fois le carré de la distance du point* M *au centre* O *des moyennes distances, plus la somme des carrés des distances du point* O *à tous les points* $A_1A_2...A_n$.

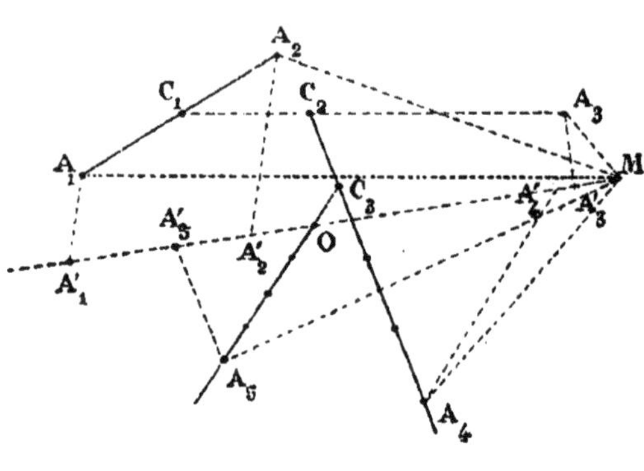

Fig. 372.

Soit O (fig. 372) le centre des moyennes distances des points $A_1A_2A_3A_4A_5$, et M un point quelconque de l'espace : nous projetons les points $A_1A_2... A_5$ sur MO en $A'_1\, A'_2... A'_5$; les triangles $MOA_1\, MOA_2... MOA_5$, donnent successivement :

$$\overline{MA_1}^2 = MO^2 + \overline{OA_1}^2 + 2OM \times OA'_1$$
$$\overline{MA_2}^2 = \overline{MO}^2 + \overline{OA_2}^2 + 2OM \times OA'_2$$
$$\overline{MA_3}^2 = \overline{MO}^2 + \overline{OA_3}^2 - 2OM \times OA'_3$$
$$\overline{MA_4}^2 = \overline{MO}^2 + \overline{OA_4}^2 - 2OM \times OA'_4$$
$$\overline{MA_5}^2 = \overline{MO}^2 + \overline{OA_5}^2 + 2OM \times OA'_5.$$

Les derniers termes des seconds membres ayant le signe —, ou le signe +, suivant que la projection du point du système sur MO est du même côté de O que le point M, ou de l'autre côté : en ajoutant membre à membre, nous remarquons que la somme des derniers termes des seconds membres est nulle, parce qu'elle est le produit de 2OM par la somme algébrique des distances du point O aux projections des points du système sur un axe OM passant par le point O (corollaire II du principe I), il reste donc :

$$\Sigma\, \overline{MA_1}^2 = 5\,\overline{MO}^2 + \Sigma\, \overline{OA_1}^2.$$

C'est ce qu'il fallait prouver.

Corollaire I. — *Le point de l'espace dont la somme des carrés* *des distances à tous les points d'un système est minimum est le centre des moyennes distances du système.*

Corollaire II. — *Le lieu géométrique des points de l'espace dont la somme des carrés des distances à tous les points d'un système a une valeur donnée, est une sphère ayant pour centre le centre des moyennes distances.*

Corollaire III. — *Le lieu géométrique des points d'un plan dont la somme des carrés des distances à plusieurs points a une valeur donnée, est une circonférence dont le centre est la projection sur le plan du centre des moyennes distances de ces points.*

Corollaire IV. — *Le point d'un plan dont la somme des carrés des distances à des points donnés est minimum est la projection sur ce plan du centre des moyennes distances.*

Corollaire V. — En représentant par a, b, c, les côtés d'un triangle ABC, dont G est le centre de gravité, M étant un point quelconque de l'espace, on a :

$$\overline{MA}^2 + \overline{MB}^2 + \overline{MC}^2 = 3\overline{MG}^2 + \frac{a^2 + b^2 + c^2}{3}.$$

On obtient, en effet, la somme des carrés des distances du point G aux sommets A, B, C, en appliquant le principe II successivement à chacun des sommets du triangle; et ajoutant membre à membre les résultats, on obtient aisément :

$$\overline{GA}^2 + \overline{GB}^2 + \overline{GC}^2 = \frac{a^2 + b^2 + c^2}{3}.$$

§ VI. — ANGLES TRIÈDRES ET POLYÈDRES

Définition. — On appelle ANGLE POLYÈDRE (1) *la figure formée par plusieurs plans qui ont un point commun, chacun de ces plans étant limité aux droites d'intersection avec les deux plans voisins.*

Dans la figure 373, les plans passant par le point S et dont les intersections successives sont les droites SA, SB, SC, SD, SE, forment un angle polyèdre à cinq faces : le SOMMET de cet angle est le point S; les ARÊTES sont les intersections SA, SB,... les FACES sont les

(1) Πολύς, nombreux ; ἕδρα, base.

angles formés par deux arêtes consécutives, tels que ASB, BSC,...

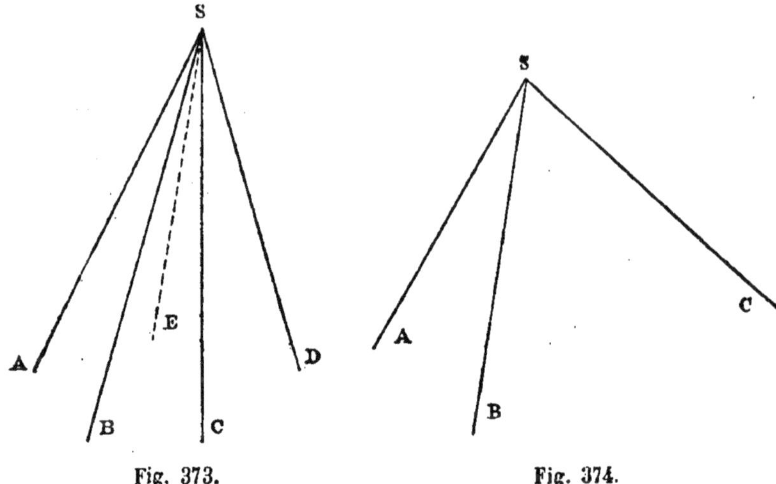

Fig. 373. Fig. 374.

LES DIÈDRES DE CET ANGLE POLYÈDRE *sont formés par les plans de deux faces consécutives.*

L'angle polyèdre le plus simple n'a que trois faces : il s'appelle TRIÈDRE (1).

Un angle trièdre, tel que SABC (fig. 374) a donc six éléments angulaires, les trois faces et les trois dièdres.

Un angle trièdre est dit *rectangle*, *birectangle* ou *trirectangle* quand il a un, deux ou trois dièdres droits.

Un angle polyèdre est CONVEXE *quand il est situé tout entier du même côté du plan de l'une quelconque de ses faces.* La section d'un angle polyèdre convexe par un plan qui rencontre toutes les arêtes d'uu même côté du sommet, est un polygone convexe.

THÉORÈME XXXV

Chacune des faces d'un angle trièdre est moindre que la somme des deux autres.

Il n'y a évidemment lieu à faire de démonstration que pour la plus grande des trois faces : soit donc ASC (fig. 375) la plus grande face ; traçons SD dans le plan de cette face, formant avec SC, du même côté que SA, un angle égal à la face BSC ; la droite SD sera

(1) Τρίς, trois fois ; ἕδρα, base.

comprise dans l'angle ASC, et il restera à prouver que l'angle ASD est moindre que la face ASB.

A cet effet, prenons SD = SB, et faisons passer par DB un plan qui rencontre SA et SC d'un même côté du point S : les triangles SBC et SDC seront égaux, parce qu'ils ont un angle égal compris entre côtés égaux chacun à chacun, donc :

$$CD = CB.$$

Or, AD + DC est moindre que AB + BC, puisque le point B n'est pas sur AC, donc :

$$AD < AB.$$

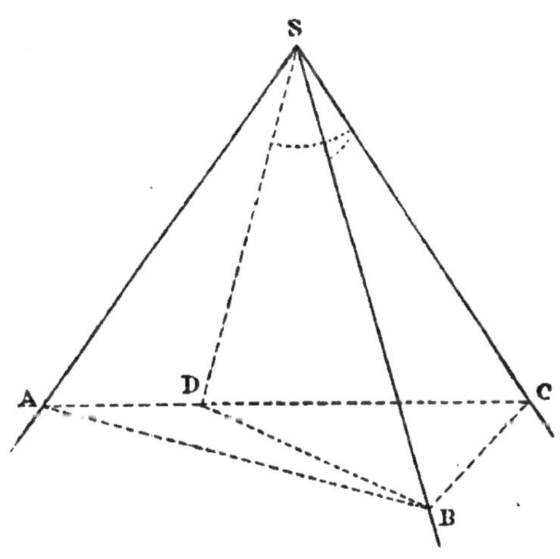

Fig. 375.

Dès lors, les triangles SAD, SAB ont deux côtés égaux chacun à chacun, et les troisièmes côtés inégaux : par suite (Géom. plane), les angles opposés à ces troisièmes côtés sont dans l'ordre de grandeur de ces côtés, donc :

$$ASD < ASB.$$

C'est ce qu'il fallait prouver.

THÉORÈME XXXVI

La somme des trois faces d'un angle trièdre est moindre que quatre angles droits.

Soit le trièdre SABC (fig. 376) : prolongeons l'arête SA au delà du sommet, en SA'; nous formerons un second trièdre SA'BC dans lequel nous avons (th. XXXV) :

$$BSC < BSA' + CSA';$$

aux deux membres ajoutons ASB + ASC, nous ne troublerons pas le sens de l'inégalité, nous aurons donc :

$$ASB + ASC + BSC < ASB + BSA' + ASC + CSA'.$$

C'est ce qu'il fallait prouver, car le premier membre est la somme des trois faces du trièdre considéré, et le deuxième membre est la somme de quatre angles deux à deux supplémentaires, c'est-à-dire quatre droits.

Remarque. — Si la somme des trois faces égalait quatre droits les trois arêtes seraient dans un même plan, le trièdre n'existerait plus.

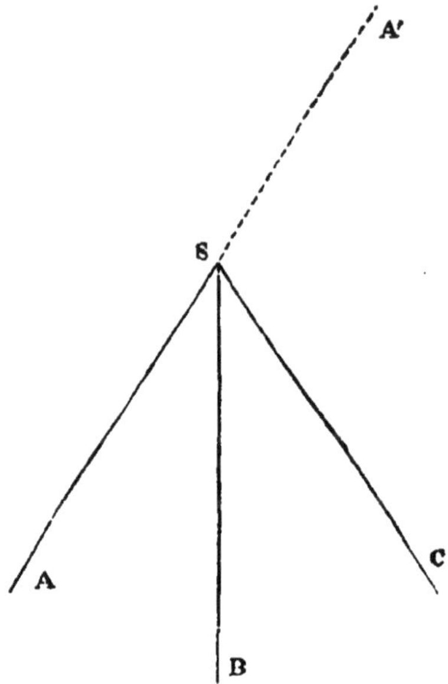

Fig. 376.

THÉORÈME XXXVII

La somme des faces d'un angle polyèdre convexe est moindre que quatre angles droits.

Soit l'angle polyèdre convexe SABCDE (fig. 377), que nous coupons par un plan qui rencontre toutes les arêtes d'un même côté du sommet : nous obtenons ainsi un polygone convexe ABCDE, dans l'intérieur duquel nous prenons le point arbitraire O; en joignant ce point O aux sommets du polygone, nous formons autant de triangles qu'il y a de faces; désignons par σ

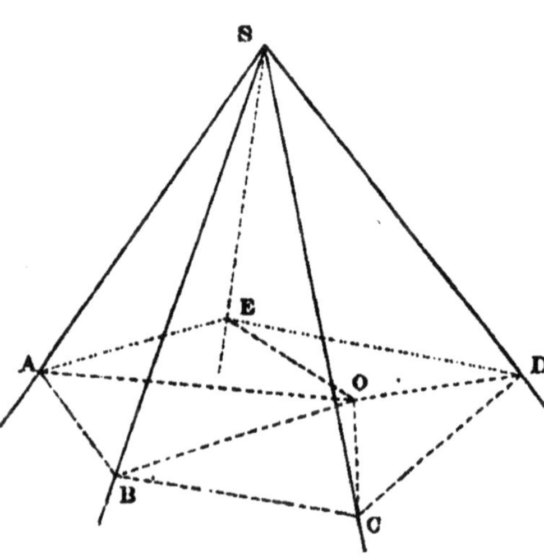

Fig. 377.

la somme des angles à la base de ces triangles, O étant le sommet, la somme totale des angles de ces triangles sera donc :

$$4 + \sigma.$$

Soit, de même, S et Σ les sommes des angles au sommet S et à la base des triangles situés dans les faces ; on aura :

$$S + \Sigma = 4 + \sigma$$

puisqu'il y a autant de triangles ayant pour sommet le point S et le point O. Donc, prouver que :

$$S < 4,$$

revient à prouver :

$$\Sigma > \sigma.$$

Or, si nous considérons le trièdre qui a pour sommets le point A et pour arêtes AB, AS et AE, on aura (th. XXXV) :

$$SAE + SAB > OAE + OAB;$$

et ce résultat se maintiendra quel que soit le sommet de la section considéré. Par suite, deux à deux les angles qui composent Σ ont une somme plus grande que les angles qui composent σ, donc :

$$\Sigma > \sigma,$$

ce qu'il fallait démontrer.

THÉORÈME XXXVIII

Lorsqu'on prolonge les arêtes d'un trièdre au delà du sommet, on forme un second trièdre qui a ses éléments, faces et dièdres, respectivement égaux aux éléments du premier, mais qui n'est pas en général superposable à celui-ci.

Soit (fig. 378) les deux trièdres SABC, SA′B′C′ opposés par le sommet :

1° Il est évident que les faces de ces trièdres sont égales chacune à chacune, comme angles rectilignes opposés par le sommet, et que les dièdres sont égaux chacun à chacun comme dièdres opposés par l'arête : ainsi, les dièdres ASBC, A′SB′C′, tels que les faces de l'un sont les prolongements, au delà de l'arête BB′, des faces de l'autre, sont égaux.

2° Mais ces deux trièdres ne sont pas, en général, superposables ;

en effet, la disposition des éléments égaux est inverse dans ces deux figures : supposons un observateur placé dans le trièdre SABC, le dos appuyé sur la face ASC, la tête vers S, il aura les éléments du trièdre disposés de sa gauche à sa droite dans l'ordre suivant : dièdre SC, face CSB, dièdre SB, face BSA, dièdre SA.

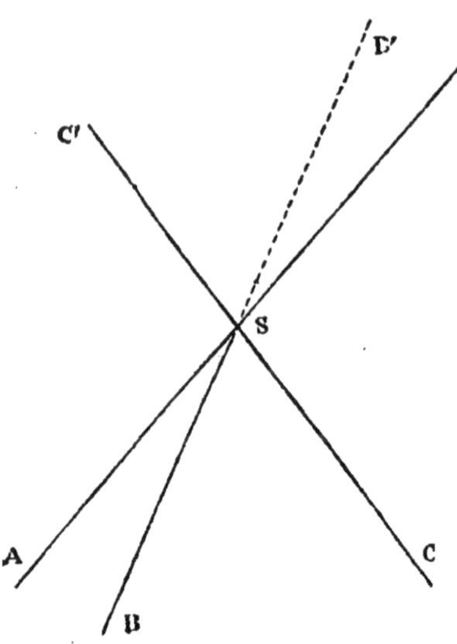

Fig. 378.

En second lieu, supposons cet observateur placé dans le second trièdre, le dos appuyé sur la face A'SC', la tête vers S. Il aura les éléments de ce trièdre disposés de sa droite à sa gauche dans l'ordre : dièdre SC', face C'SB', dièdre SB', face B'SA', dièdre SA'.

Les éléments égaux dans ces figures sont donc disposés en ordre inverse : il résulte de là que les trièdres ne peuvent coïncider, car s'ils coïncidaient, les éléments égaux seraient évidemment dans le même ordre.

On peut même affirmer qu'ils ne pourront jamais coïncider de sorte que les éléments *de même nom* soient superposés. Il faudrait retourner l'un pour qu'il puisse coïncider avec l'autre.

Corollaire I. — *Lorsque deux faces d'un trièdre sont égales les dièdres opposés à ces faces sont égaux.*

Soit (fig. 378) les faces ASB, BSC égales : le trièdre SABC pourra coïncider avec le trièdre opposé par le sommet SA'B'C' ; en plaçant B'SA' sur son égal BSC, les angles drièdres SB' et SB étant égaux, le plan B'SC' coïncidera avec le plan BSA, et comme les faces ASB, B'SC' sont égales, SC' coïncidera avec SA. Les trièdres coïncident donc de cette façon, et le dièdre SA' coïncide avec le dièdre SC, donc les dièdres SA et SC opposés aux faces égales sont égaux.

Corollaire II. — *Lorsque deux dièdres d'un trièdre sont égaux, les faces opposées à ces dièdres sont égales.*

Par un raisonnement analogue au précédent on pourra faire coïncider le trièdre et son symétrique, d'où l'on déduira la conséquence de l'énoncé.

Corollaire III. — *Si les trois faces d'un trièdre sont égales, les trois dièdres sont aussi égaux, et réciproquement.*

Corollaire IV. — *Si on prolonge les arêtes d'un angle polyèdre au delà du sommet, on forme un second angle polyèdre dont les faces et les dièdres sont respectivement égaux aux faces et aux dièdres du premier; mais ces éléments sont disposés en ordre inverse dans ces deux angles qui ne peuvent pas être superposés.*

Définition. — *Deux trièdres composés d'éléments égaux chacun à chacun, mais disposés en ordre inverse, sont dits* SYMÉTRIQUES.

Nous voyons donc, d'après le théorème XXXVIII, que deux trièdres opposés par le sommet sont symétriques.

THÉORÈME XXXIX

Dans un trièdre, au plus grand dièdre est opposée la plus grande face, et réciproquement.

1° Soit le trièdre SABC (fig. 379), dans lequel le dièdre ASCB est plus grand que le dièdre BSAC : soit SDC un plan formant avec ASC, et du même côté que BSC, un dièdre ASCD égal au dièdre BSAC ; ce plan sera compris dans le dièdre ASCB, et la section de ce plan avec la face ASB sera comprise dans l'angle ASB, autrement dit :

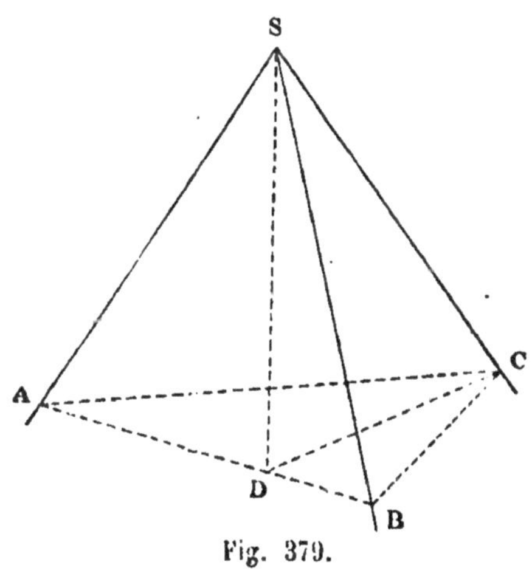

Fig. 379.

$$ASB = ASD + DSB.$$

Or, dans le trièdre SADC, les faces ASD, CSD opposées aux dièdres égaux sont égales, et dans le trièdre SBCD, on a :

$$DSC + DSB > BSC,$$

donc :

$$ASD + DSB > BSC;$$

ou encore :

$$ASB > BSC,$$

ce qu'il fallait prouver.

2° Soit la face ASB > BSC : le dièdre SA ne peut être ni égal au dièdre SC ni plus grand que ce dièdre, car alors la face BSC serait égale à la face ASB (coroll. II, th. XXXVIII), ou plus grande que cette face (1° th. XXXIX) ; donc le dièdre SA est moindre que le dièdre SC.

Remarque. — Il y a lieu, comme on voit, d'établir un rapprochement entre les trièdres et les triangles : l'analogie se poursuivra dans quelques-uns des théorèmes suivants ; les faces du trièdre remplacent les côtés du triangle, les dièdres remplacent les angles.

THÉORÈME XL (*Lemme du théorème XLI*).

Si par un point de l'arête d'un angle dièdre, on élève une perpendiculaire à chaque face, du même côté de cette face que l'autre, on forme un angle rectiligne qui est supplémentaire de l'angle rectiligne correspondant au dièdre.

Soit un point O (fig. 380) de l'arête AB du dièdre PABQ : menons OC perpendiculaire au plan Q, et ne prenons que la demi-droite située du même côté de ce plan que la face P : soit de même OD perpendiculaire à P. Le plan des deux droites OC, OD étant perpendiculaire à chacune des faces du dièdre, est perpendiculaire à l'arête AB (th. XXXI), il coupe donc les faces suivant l'angle rectiligne EOF correspondant à ce dièdre.

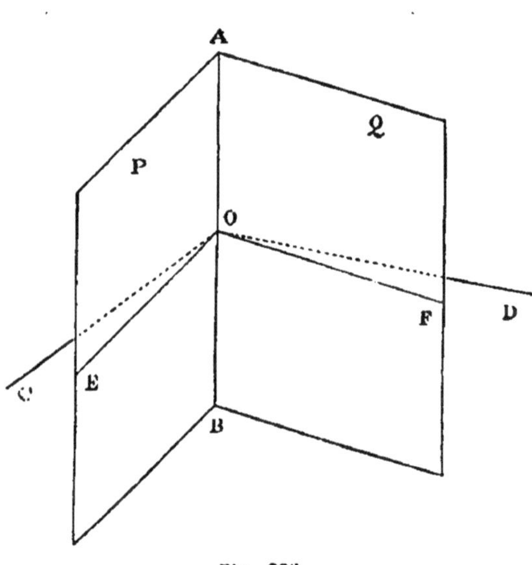

Fig. 380.

Les deux angles COD, EOF ont leurs côtés respectivement perpendiculaires, donc ils sont égaux ou supplémentaires : il suffit donc de prouver qu'ils ne peuvent être égaux ; supposons, par exemple, le dièdre aigu, alors EOF est aigu, par suite OD et OC qui forment des angles droits avec OE et OF sont extérieurs à l'angle EOF ; ce serait l'inverse si le dièdre était obtus : donc les angles COD, EOF ne peuvent être égaux ; c'est ce qui restait à prouver.

THÉORÈME XLI

Si par le sommet d'un angle trièdre on élève une perpendiculaire à chaque face, du même côté de cette face que la troisième arête, on forme un second angle trièdre dont les faces et les dièdres sont supplémentaires des dièdres et des faces du premier trièdre.

Soit le trièdre SABC (fig. 381), nous traçons SA' perpendiculaire au plan BSC, du même côté de ce plan que SA nous traçons de même

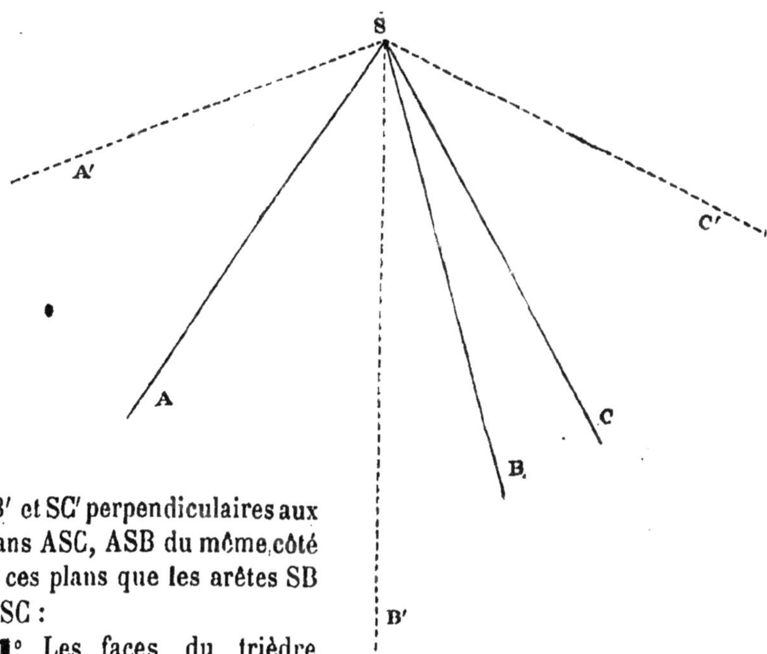

Fig. 381.

SB' et SC' perpendiculaires aux plans ASC, ASB du même côté de ces plans que les arêtes SB et SC :

1° Les faces du trièdre SA'B'C' sont supplémentaires des dièdres du trièdre SABC : par exemple, la face A'SB' est supplémentaire du dièdre ASCB, car SA' et SB' ont été menées par un point S de l'arête SC perpendiculaires à chaque face de ce dièdre et du même côté de cette face que l'autre : donc (th. XL), l'angle A'SB' est supplémentaire du rectiligne correspondant au dièdre ASCB.

2° Les faces du trièdre SABC sont supplémentaires des dièdres du trièdre SA'B'C' : il nous suffira, pour le prouver, de montrer qu'on obtient le trièdre SABC, en exécutant sur le trièdre SA'B'C' les constructions faitès sur SABC pour obtenir SA'B'C', c'est-à-dire qu'il y a réciprocité entre ces deux trièdres : ainsi, prouvons, par exemple, que SA est perpendiculaire au plan B'SC' du même côté de ce plan que SA'.

La droite SB' est perpendiculaire par hypothèse au plan ASC, donc elle est perpendiculaire sur SA, de même SC' perpendiculaire au plan ASB est perpendiculaire sur SA ; donc SA est perpendiculaire au plan SB'C'. Pour montrer qu'elle est du même côté de ce plan que SA', il suffit de montrer que l'angle ASA' est aigu ; car si une droite SA (fig. 382) est perpendiculaire au plan SB'C', une droite SA' ou SA'₁ sera du même côté de ce plan, ou de côté différent, suivant que l'angle ASA' ou ASA₁' sera aigu ou obtus.

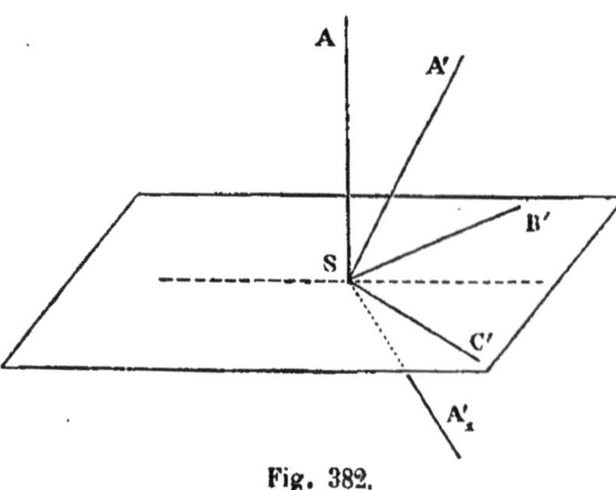

Fig. 382.

Or, SA' (fig. 381) a été menée perpendiculaire au plan BSC du même côté que SA, donc l'angle ASA' est aigu, c'est ce qu'il fallait prouver.

Remarque I. — Les deux trièdres ainsi construits sont dits SUPPLÉMENTAIRES *l'un de l'autre.*

Remarque II. — Les droites indéfinies perpendiculaires aux faces du trièdre SABC déterminent huit trièdres, parmi lesquels deux ont les propriétés énoncées dans le théorème XXXXI : ces deux trièdres sont symétriques l'un de l'autre, et un seul est dit supplémentaire de SABC. De là résultent les précautions prises dans l'énoncé pour définir le trièdre SA'B'C'.

Remarque III. — Des propriétés des faces d'un trièdre on déduit des propriétés des dièdres par la considération du trièdre supplémentaire.

THÉORÈME XLII

1° *La somme des dièdres d'un trièdre est comprise entre deux droits et six droits.*

2° *La somme de deux dièdres d'un trièdre est moindre que le troisième dièdre augmenté de deux droits.*

Soit S un trièdre dont les dièdres sont A, B, C, soit S_1 le trièdre supplémentaire dont les faces $a_1 b_1 c_1$ sont respectivement supplémentaires des dièdres A, B, C.

On a donc :

$$a_1 + A = 2, \quad b_1 + B = 2, \quad c_1 + C = 2.$$

1° De ce que la somme des faces d'un trièdre est moindre que quatre droits, on déduit que : $(A + B + C)$ est supérieur à deux droits, car :

$$A + B + C = 6 - (a_1 + b_1 + c_1).$$

Or, la somme $(a_1 + b_1 + c_1)$ est positive et moindre que 4, donc : $(A + B + C)$ est plus petit que 6, mais plus grand que 2.

2° De ce que chaque face d'un trièdre est moindre que la somme des deux autres, on déduit que :

$$a_1 < b_1 + c_1;$$

donc :

$$2 - A < 2 - B + 2 - C,$$

ou :

$$B + C < 2 + A,$$

c'est-à-dire que la somme de deux dièdres est inférieure au troisième dièdre augmenté de deux droits.

Remarque. — Il est bien clair que, réciproquement, on déduirait les relations entre les faces des relations entre les dièdres que nous venons d'établir.

THÉORÈME XLIII

Deux trièdres sont égaux ou symétriques quand ils ont un dièdre égal compris entre deux faces égales chacune à chacune.

Si les éléments égaux sont disposés dans le même ordre, les trièdres sont égaux, comme nous allons le prouver : dans le cas contraire, l'un des trièdres est égal au symétrique de l'autre.

Soit (fig. 383) les trièdres SABC, S'A'B'C' dans lesquels les dièdres ASBC, A'S'B'C' sont égaux, ainsi que les faces ASB, A'S'B' et les faces BSC, B'S'C', et supposons de plus ces éléments égaux disposés de la même façon. Portons le trièdre S'A'B'C' sur le trièdre

SABC, de sorte que les faces égales BSC, B'S'C' coïncident, S'B' étant sur SB et S'C' sur SC ; les plans A'S'B' et ASB coïncideront, puisque les dièdres qui ont pour arêtes SB et S'B' sont égaux et

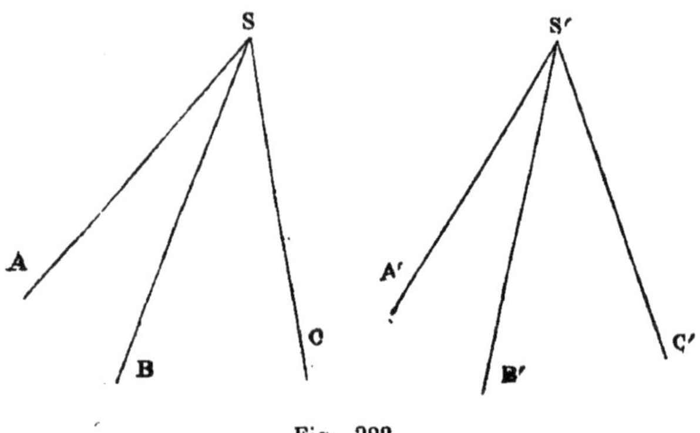

Fig. 383.

disposés de la même façon : donc les angles égaux ASB, A'S'B' étant dans le même plan, et ayant un côté commun, coïncideront : donc S'A' se placera sur SA. Les trièdres sont donc égaux.

THÉORÈME XLIV

Deux trièdres sont égaux ou symétriques quand ils ont une face égale adjacente à deux dièdres égaux chacun à chacun.

Les trièdres seront égaux si les éléments égaux sont disposés en même ordre, et symétriques dans le cas contraire.

Même démonstration que dans le théorème XLIII.

D'ailleurs on peut aussi déduire le théorème XLIV du théorème XLIII, et réciproquement, de la façon suivante : soit S et S' les deux trièdres qui ont pour faces a, b, c, a', b', c' et pour dièdres A, B, C, A', B', C', supposons :

$$A = A' \quad b = b' \quad c = c'.$$

Soit S_1 et S'_1 les trièdres respectivement supplémentaires des trièdres considérés, soit $a_1, b_1, c_1, a'_1, b'_1, c'_1$ les faces et $A_1, B_1, C_1, A'_1, B'_1, C'_1$, les dièdres de ces trièdres ; on aura : $a_1 = a'_1$ puisque :

$$a_1 + A = 2 \quad \text{et} \quad a'_1 + A' = 2;$$

de même on aura : $B_1 = B'_1$ et $C_1 = C'_1$, donc (th. XLIII) les trièdres S_1 et S'_1 sont égaux ou symétriques ; par suite :

$$b_1 = b'_1 \quad c_1 = c'_1 \quad A_1 = A'_1.$$

En revenant aux trièdres S et S′ on aura donc :

$$B = B' \quad C = C' \quad a = a';$$

donc ils sont égaux ou symétriques (th. XLIII).

THÉORÈME XLV

Deux trièdres sont égaux ou symétriques quand ils ont leurs trois faces égales chacune à chacune.

Les trièdres seront égaux si les faces égales sont disposées dans le même ordre ; ils seront symétriques dans le cas contraire.

Supposons le premier cas, auquel le second se ramène, et soit (fig. 384) SABC, S′A′B′C′ deux trièdres dans lesquels les faces sont égales chacune à chacune et disposées de la même façon.

Nous prenons sur les six arêtes des longueurs égales, et nous for-

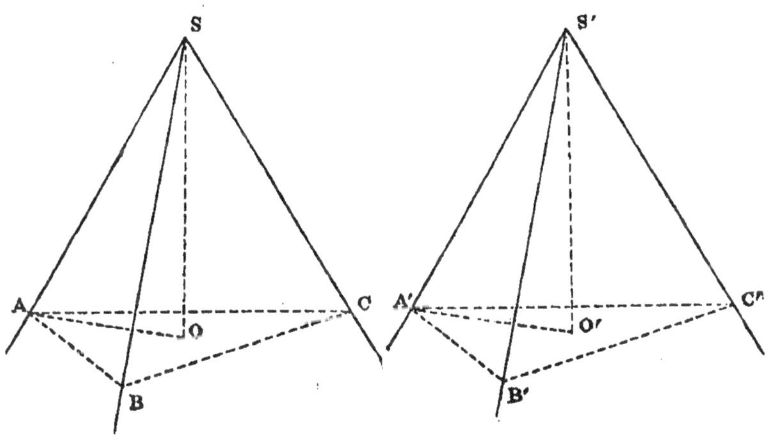

Fig. 384.

mons ainsi deux triangles ABC, A′B′C′ égaux, parce qu'ils ont les trois côtés égaux chacun à chacun ; en effet : A′B′ = AB, par exemple, parce que les triangles SAB, S′A′B′ ont un angle égal, par hypothèse, compris entre côtés égaux par construction. Projetons les points S et S′ en O et O′ sur les plans de ces triangles : les points O et O′ seront les centres des circonférences circonscrites aux triangles ABC, A′B′C′ (corollaire, th. VII) : or, ces triangles sont égaux, donc les rayons OA, O′A′ des circonférences circonscrites sont égaux ; par suite, les triangles rectangles AOS, A′O′S′ qui ont l'hypoténuse égale et un côté de l'angle droit égal sont égaux; donc : $OS = O'S'$: donc, si nous portons $S'A'B'C'$ sur SABC, de sorte que $A'B'C'$ coïncide avec ABC, les points O' et O coïncideront, les perpendiculaires $O'S'$, OS prendront la même direction, et, par suite, les points S' et S coïncideront : donc les figures coïncident et les trièdres sont égaux.

THÉORÈME XLVI

Deux trièdres sont égaux ou symétriques quand ils ont leurs dièdres égaux chacun à chacun.

Ce théorème se déduit du précédent par la considération des trièdres supplémentaires : en effet, les faces de ces trièdres supplémentaires sont égales chacune à chacune comme suppléments de dièdres égaux; les dièdres de ces trièdres sont donc égaux chacun à chacun (th. XLV), par suite, les suppléments de ces dièdres ou les faces des trièdres proposés sont égales chacune à chacune : ces trièdres sont donc égaux ou symétriques (th. XLV).

PROBLÈME III

Construire un angle trièdre, connaissant les trois faces.

Soit, pour fixer les idées, ASB (fig. 385) la plus grande face, et construisons les angles ASC_1, BSC_2 respectivement égaux aux deux autres faces : les droites SC_1 et SC_2 représenteront les rabattements de la troisième arête SC sur le plan ASB, quand on la fait tourner autour de SA, et autour de SB.

Par suite, le point C est sur la circonférence décrite par C_1 en tournant autour de SA, circonférence dont le plan est perpendiculaire à SA et dont le centre est au pied I de la perpendiculaire C_1D_1 à SA : donc la projection du point C sur le plan ASB est sur C_1D_1.

Pour la même raison, cette projection est sur la perpendiculaire C_2D_2 à SB issue du point C_2, tel que : $SC_1 = SC_2$.

Donc cette projection est au point c de rencontre de ces deux perpendiculaires : pour avoir le point C, il restera donc à prendre sur la perpendiculaire élevée par c au plan ASB un point qui soit à une distance du point I égale à IC_1 : élevons donc, dans le plan de la figure, cM_1 perpendiculaire à cI et décrivons la circonférence de centre I et de rayon IC_1; elle coupera la perpendiculaire en un point M_1, tel que cM_1 égalera cC; il suffira donc de porter cette longueur à partir du point c, et de part et d'autre, sur la perpendiculaire au plan ASB.

Nous obtiendrons ainsi deux trièdres SABC et SABC' symétriques l'un de l'autre, qui répondent tous deux au problème.

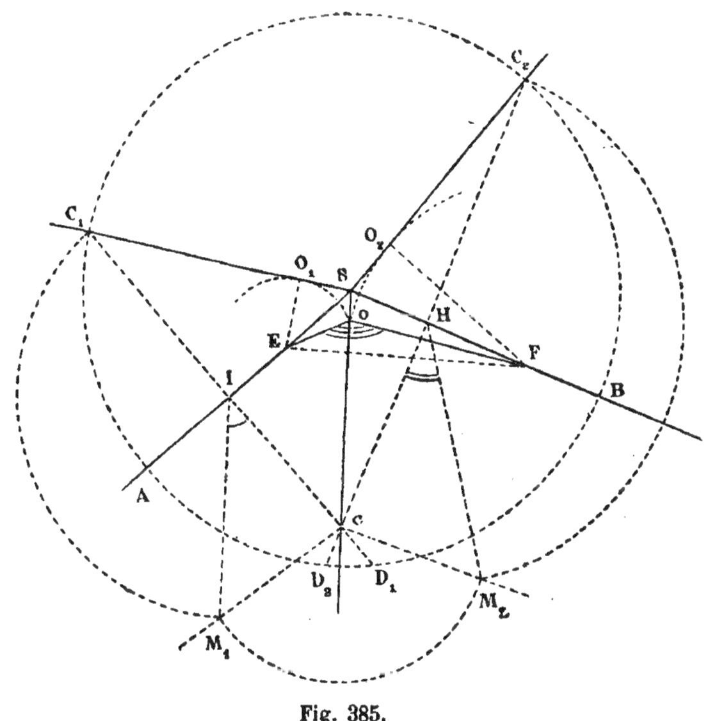

Fig. 385.

Discussion. — Nous savons déjà que les faces données ne peuvent appartenir à un même trièdre que si : 1° leur somme est moindre que quatre droits, et si 2° chacune est moindre que la somme des deux autres.

Voyons si à ces conditions le problème que nous venons de résoudre est possible : pour que notre construction fournisse le point C, il faut et il suffit que le point M_1 existe, c'est-à-dire que Ic soit moindre que C_1I, ou encore :

$$Ic < ID_1,$$

ou enfin que le point c de rencontre des cordes C_1D_1 et C_2D_2 soit intérieur à la circonférence de centre S et de rayon SC_1.

Or, la somme des trois angles C_1SA, ASB, BSC_2 étant moindre que quatre droits, le point C_2 n'est pas sur l'arc BAC_1, ni a fortiori sur l'arc BA; et comme l'arc BD_2, égal à BC_2, est moindre que l'arc AB (car nous avons supposé que ASB est la plus grande face), le point D_2 est sur l'arc BA.

Pour la même raison le point D_1 est sur l'arc AB.

Mais de plus, l'arc AB est moindre que la somme des arcs AC_1,BC_2, donc D_2 est situé entre A et D_1 sur l'arc AB : par suite, les deux arcs sous-tendus par C_1D_1 contiennent l'un le point C_2, l'autre le point D_2. Il est donc certain que les deux cordes C_1D_1 et C_2D_2 se coupent dans l'intérieur de la circonférence.

Le problème est donc possible, et nous pouvons énoncer le principe important suivant :

Corollaire I. — *Les conditions nécessaires et suffisantes pour qu'un trièdre ait trois faces données sont que : 1° la somme des trois faces soit moindre que quatre droits; 2° chacune des faces moindre que la somme des deux autres.*

Remarque. — La construction indiquée fournit les trois dièdres du trièdre admettant les faces données :

En effet la droite CI est perpendiculaire à l'arête AS dans le plan SAC, donc elle forme avec I*c* le rectiligne du dièdre BSAC; or, le triangle C*c*I est égal au triangle M_1*c*I construit sur la figure 385, donc le dièdre SA a pour rectiligne l'angle M_1I*c* : de même, on aura en M_2H*c* le rectiligne du dièdre SB.

Pour obtenir le rectiligne du dièdre ASCB, nous coupons par un plan P perpendiculaire à SC : sa trace sur le plan de la figure sera perpendiculaire à la projection S*c* de cette droite (coroll. th. XXXI), soit donc EF cette trace, et soit O le point où ce plan rencontre SC : les droites OE et OF, perpendiculaires sur SC, auront pour rabattements sur le plan de la figure les perpendiculaires O_1E à SC_1 et O_2F à SC_2 : donc nous connaissons les trois côtés du triangle OEF dont l'angle opposé à EF est l'angle cherché.

Corollaire II. — *Les conditions nécessaires et suffisantes pour qu'un trièdre ait trois dièdres donnés, sont que : 1° la somme des trois dièdres soit comprise entre deux droits et six droits; 2° chaque dièdre augmenté de deux droits soit supérieur à la somme des deux autres.*

Car le trièdre supplémentaire aura pour faces les suppléments des dièdres donnés; or il faut et il suffit que ce trièdre supplémentaire existe, que, par suite, ses faces remplissent les conditions du corollaire I; et nous savons que ces conditions entre les faces sont équivalentes aux conditions entre les dièdres contenues dans le corollaire II (th. XLII).

* PROBLÈME IV

Quel est le lieu géométrique des points de l'espace egalement éloignés de trois plans qui forment un trièdre.

Soit (fig. 386) les intersections AA', BB', CC' de ces plans deux à deux, et soit M un point à égale distance de ces plans : ce point M, étant à égale distance des deux plans ASB, ASC, appartient à l'un

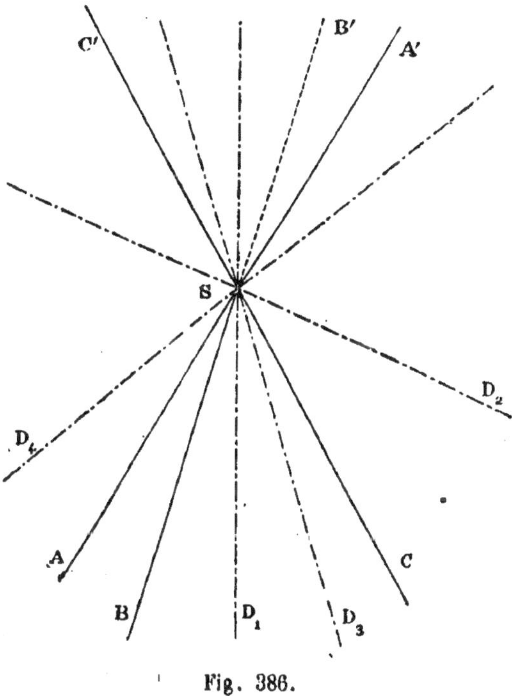

Fig. 386.

des deux plans bissecteurs P, P' des quatre dièdres formés par ces deux plans (problème II); pour la même raison le point M appartient à l'un des deux plans bissecteurs Q, Q' des quatre dièdres formés par les plans ASC, BSC.

Donc tout point du lieu appartient à l'une des quatre droites suivant lesquelles les plans P, P' coupent les plans Q, Q'.

Réciproquement, tout point situé sur une de ces droites, appartenant à l'un des plans P, P' et à l'un des plans Q, Q', est à égale distance des trois plans donnés.

Donc le lieu géométrique se compose de quatre droites SD_1, SD_2, SD_3, SD_4.

Les trois plans donnés déterminent huit angles trièdres, deux à deux opposés par le sommet : il y a une des quatre droites et une seule dans chacun de ces quatre systèmes de trièdres.

Corollaire. — *Les plans bissecteurs des trois dièdres intérieurs à un trièdre passent par une même droite. Les plans bissecteurs de deux dièdres extérieurs et le plan bissecteur du troisième dièdre intérieur passent par une même droite.*

Ces quatre droites sont précisément celles qui forment le lieu géométrique précédent.

APPLICATION XIII

Couper un trièdre trirectangle par un plan tel que la section soit égale à un triangle donné.

La solution de cette question repose sur cette propriété : *la projection du sommet d'un trièdre trirectangle sur une section plane est le point de concours des hauteurs du triangle de section.*

Soit, en effet, ABC (fig. 387) une section plane du trièdre trirectangle OXYZ et soit H le point de concours des hauteurs du triangle ABC : OA étant perpendiculaire sur le plan YOZ (th. XXXI) et AD perpendiculaire à BC, le plan AOD est perpendiculaire sur BC (th. VIII), donc ce plan AOD est perpendiculaire au plan ABC ; il en est de même du plan BOE et du plan COF ; l'intersection OH de ces plans est donc perpendiculaire au plan ABC (th. XXXI). Donc H est la projection du point O sur ABC.

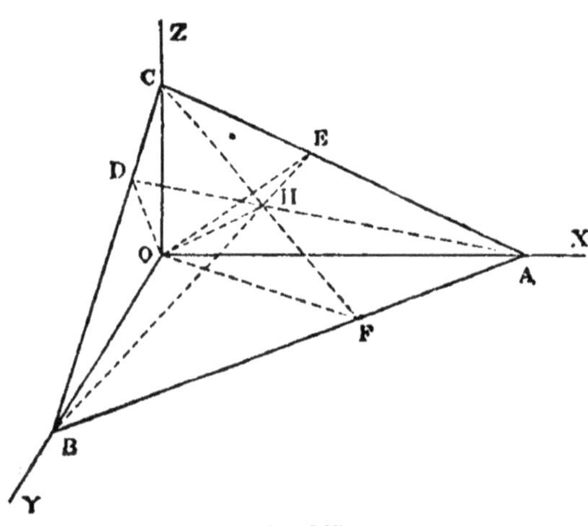

Fig. 387.

Il en résulte que OA est la moyenne géométrique entre AD et AH, longueurs connues, puisque le triangle ABC est donné : donc on peut construire chacune des longueurs OA, OB, OC et par suite connaître trois points du plan cherché.

Corollaire I. — *Le triangle* AOB *est moyenne géométrique entre les triangles* ACB *et* AHB.

Car ces triangles ont même base AB et la hauteur OF de AOB est moyenne géométrique entre les hauteurs HF et CF de AHB et ACB.

Corollaire II. — *Le carré du triangle* ABC *est la somme des carrés des triangles* AOB, AOC, BOC.

Car :

$$\overline{AOB}^2 = ABC \times AHB$$
$$\overline{AOC}^2 = ABC \times AHC$$
$$\overline{BOC}^2 = ABC \times BHC;$$

en faisant la somme, on trouve :

$$\overline{AOB}^2 + \overline{AOC}^2 + \overline{BOC}^2 = \overline{ABC}^2.$$

§ VII. — EXERCICES PROPOSÉS SUR LE LIVRE V

1. Toute ligne droite également inclinée sur trois droites qui passent par son pied dans un plan, est perpendiculaire à ce plan?
2. Quel est le lieu géométrique des points d'un plan également éloignés de deux points donnés hors de ce plan.
3. Trouver sur un plan un point également éloigné de trois points donnés hors de ce plan.
4. Trouver sur une droite donnée un point dont la différence des carrés des distances à deux points donnés ait une valeur donnée.
5. Trouver sur un plan ou une droite donnée le point dont la somme des distances à deux points donnés de l'espace soit minimum.
6. Trouver sur un plan ou une droite donnée le point dont la différence des distances à deux points donnés hors de ce plan soit maximum.
7. Mener par le pied d'une droite dans un plan une perpendiculaire à cette droite située dans ce plan.
8. Une droite mobile reste parallèle à un plan fixe et s'appuie sur deux droites fixes : quel est le lieu géométrique des points qui partagent dans un rapport donné la portion de cette droite comprise entre les deux directrices?
9. Quel est le lieu géométrique des points de l'espace, tels qu'en les projetant sur deux droites concourantes en O, la somme ou la différence des distances de ces projections au point O ait une valeur donnée?
10. Étant donné un point O et plusieurs droites parallèles X, Y, Z,... les

plans déterminés par ce point et ces droites viennent couper un plan arbitraire suivant des droites concourantes ou parallèles.

11. Les plus courtes distances d'une droite à toutes les droites d'un plan qui lui est parallèle sont égales.

Trouver une exception à ce théorème.

12. Le lieu géométrique des milieux des portions de droite de longueur donnée dont les extrémités parcourent deux droites rectangulaires données est une circonférence.

13. Étant donné trois droites arbitraires de l'espace, construire une droite qui les rencontre, et dont la portion comprise entre deux d'entre elles ait son milieu sur l'autre.

14. Étant donné trois droites quelconques, construire une droite parallèle à un plan donné et s'appuyant sur les droites données.

15. Quel est le lieu des points de l'espace dont la somme ou la différence des distances à deux plans donnés ait une valeur donnée?

16. Trouver sur une droite donnée le point dont la somme des distances à deux plans donnés soit maximum ou minimum.

17. Quel est le lieu géométrique des points de l'espace également éloignés de deux points donnés et de deux plans donnés?

18. Quel est le lieu des points de l'espace également éloignés de trois plans donnés?

19. Quel est le lieu géométrique des points également éloignés des trois arêtes d'un angle trièdre.

20. Les plans menés par les arêtes d'un trièdre perpendiculairement aux faces opposées passent par une même droite (plans hauteurs).

21 Les plans menés par les arêtes d'un trièdre et les bissectrices des faces opposées passent par une même droite.

22. Toute section faite dans un trièdre rectangle par un plan perpendiculaire à l'une quelconque des arêtes est un triangle rectangle.

23. Couper un angle polyèdre à quatre faces par un plan, tel que la section soit un parallélogramme.

24. Si dans le plan de chaque face d'un angle trièdre et par son sommet on élève une perpendiculaire à l'arête opposée, on obtient trois droites situées dans le même plan.

25. La plus grande face d'un angle trièdre est opposée au plus grand angle dièdre, et réciproquement.

26. La somme des angles que les arêtes d'un angle trièdre font avec les faces qui leur sont opposées, est moindre que la somme des trois faces, mais plus grande que la moitié de cette somme.

27. Étant donné deux droites AB et A'B' perpendiculaires aux points A et A' d'un même plan P, et telles que les longueurs AB, A'B' soient données, trouver sur une droite du plan P les points d'où l'on voit sous le même angle les portions de droite AB, A'B'; discussion.

SIXIÈME LIVRE

LES POLYÈDRES : MESURE DES VOLUMES, SYMÉTRIE, SIMILITUDE, HOMOTHÉTIE.

---

§ I. — DÉFINITION ET PROPRIÉTÉS ÉLÉMENTAIRES DES POLYÈDRES

On appelle POLYÈDRE (1) *un volume limité par des polygones plans.*

Ces polygones sont les FACES du polyèdre, les côtés et les sommets de ces faces sont les ARÊTES et les SOMMETS du polyèdre.

Suivant que le nombre des faces d'un polyèdre est 4, 6, 8,... on l'appelle TÉTRAÈDRE (2), HEXAÈDRE (3), OCTAÈDRE (4)...

Dans un polyèdre, il y a deux espèces d'angles solides : les dièdres, formés par deux faces consécutives, et les angles polyèdres formés par les plans des faces qui contiennent un même sommet, et dont les arêtes sont les arêtes du polyèdre aboutissant à ce sommet.

Un polyèdre est dit CONVEXE *lorsqu'il est situé entièrement du même côté du plan de chacune de ses faces.*

*THÉORÈME I (*Théorème d'Euler*)

Le nombre des arêtes d'un polyèdre convexe augmenté de deux, est égal à la somme du nombre des faces et du nombre des sommets.

(1) πολύς, nombreux; ἕδρα, base.
(2) τέτραχις, quatre fois; ἕδρα, base.
(3) ἕξ, six; ἕδρα, base.
(4) ὀκτώ, huit; ἕδρα, base.

Soit en effet A, S, F les nombres des arêtes, des sommets et des faces ; il faut établir la relation générale :

$$(1) \qquad A + 2 = F + S.$$

Pour cela nous prouverons que dans une surface polyédrique convexe et ouverte on a :

$$(2) \qquad A + 1 = F + S,$$

d'où résultera la relation précédente, puisqu'en enlevant une face au polyèdre convexe on ne change ni le nombre des sommets, ni le nombre des arêtes.

Or, la relation (2) est vraie pour une surface composée d'un seul polygone plan, car le nombre des arêtes égale le nombre des sommets; si donc nous prouvons qu'étant vraie pour F faces, elle est vraie pour $(F+1)$, il sera démontré qu'elle est vraie quel que soit F. Ajoutons donc une face à la surface polyédrique ouverte, cette face ayant m côtés dont p coïncident avec p côtés de la ligne brisée plane ou gauche qui limitait la surface primitive : alors le nouveau nombre F' des faces sera $F+1$, le nouveau nombre des arêtes :

$$A' = A + m - p;$$

et, comme il y a $p+1$ sommets communs entre la première ligne brisée et la face nouvelle, on aura :

$$S' = S + m - p - 1.$$

La somme des faces et des sommets est donc :

$$F + S + m - p,$$

ou, comme $F + S = A + 1$ par hypothèse :

$$F' + S' = A + m - p + 1,$$

c'est-à-dire :

$$F' + S' = A' + 1.$$

C'est ce qu'il fallait prouver.

Corollaire I. — *La somme des angles des faces d'un polyèdre convexe est égale à autant de fois quatre droits qu'il y a de sommets moins deux.*

Soit en effet

$$n_1, n_2, n_3 \dots n_p,$$

les nombres des côtés des différentes faces du polyèdre; pour chacune d'elles la somme des angles est égale à autant de fois deux droits qu'il y a de côtés moins deux : donc la somme x des angles des faces sera, en prenant l'angle droit pour unité :

$$x = (2n_1 - 4) + (2n_2 - 4) + \dots + (2n_F - 4),$$

ou :

$$x = 2(n_1 + n_2 + \dots + n_F) - 4F.$$

Or, en parcourant successivement les périmètres de toutes les faces, on compte deux fois chaque arête, donc la somme entre parenthèses vaut 2 A, par suite :

$$x = 4(A - F);$$

et, en appliquant le théorème d'Euler :

$$x = 4(S - 2).$$

C'est ce qu'il fallait prouver.

Corollaire II. — (*Théorème de Legendre.*) *Le nombre des conditions nécessaires pour déterminer un polyèdre dont le nombre des faces est donné, ainsi que les nombres des côtés de ces faces, est égal au nombre des arêtes.*

Supposons, en effet, qu'il s'agisse de construire un polyèdre de F faces, dont les faces sont des polygones de $n_1, n_2, \dots n_F$ côtés; soit S le nombre des sommets, et A le nombre des arêtes. Nous savons déjà que l'on a :

$$A + 2 = F + S,$$

et

$$2A = n_1 + n_2 + \dots + n_F.$$

Considérons trois sommets arbitraires : pour déterminer le triangle formé par ces points, il faut trois conditions, par exemple les trois côtés : pour déterminer un quatrième sommet, il suffit de connaître ses distances aux trois premiers, ce qui fait trois nouvelles conditions, et, par suite, pour les (S — 3) sommets qui restent à fixer cela fera 3 (S — 3) ; nous obtenons ainsi :

$$3(S - 3) + 3;$$

mais il faut remarquer que les (S — 3) points ne sont pas tous déterminés de la même façon, car le plan d'une face est déterminé par trois sommets, et chacun des autres sommets de cette face n'exige plus que deux conditions ; il faut donc diminuer le nombre précédent de :

$$(n_1 - 3) + (n_2 - 3) + \dots + (n_F - 3),$$

ou :

$$2A - 3F,$$

ce qui donne le nombre cherché :

$$3(S - 3) + 3 - 2A + 3F,$$

ou :

$$3(S + F) - 2A - 6,$$

c'est-à-dire

$$A.$$

Corollaire III. — *Le nombre des conditions nécessaires pour l'égalité de deux polyèdres est égal au nombre des arêtes de l'un d'eux.*

Définition. — *On dit qu'un polyèdre est* RÉGULIER *lorsque ses angles polyèdres sont égaux entre eux et que les faces sont des polygones réguliers égaux.*

*THÉORÈME II

Il ne peut exister que cinq polyèdres réguliers convexes.

En effet les angles polyèdres doivent être égaux, et chacun doit avoir ses faces égales à l'angle d'un polygone régulier convexe ; puisque les faces du polyèdre sont des polygones réguliers égaux.

Or l'angle du triangle équilatéral est $\frac{2}{3}$ de droit ; on ne pourra donc former que trois angles polyèdres avec cette face ; un trièdre, un angle polyèdre à quatre faces et un angle à cinq faces : au delà la somme des faces n'étant plus inférieure à quatre droits, l'angle polyèdre convexe n'existerait plus.

L'angle du carré vaut un droit, on ne pourra donc former qu'un seul angle solide, le trièdre trirectangle.

L'angle du pentagone régulier convexe en $\frac{6}{5}$, on ne pourra former qu'un trièdre.

L'angle de l'hexagone vaut $\frac{8}{5}$, il n'y a donc pas d'angle solide convexe ayant ses faces égales à cet angle qui est trop grand. Il en sera de même a fortiori pour tout polygone d'un nombre plus grand de côtés.

Remarque. — Ces cinq polyèdres réguliers convexes existent, comme on peut le montrer en cherchant à construire chacun d'eux. Ce sont :

Le TÉTRAÈDRE RÉGULIER formé par quatre triangles équilatéraux égaux, assemblés trois à trois à chaque sommet;

L'HEXAÈDRE RÉGULIER, ou CUBE, formé de six carrés égaux, assemblés trois à trois à chaque sommet;

L'OCTAÈDRE RÉGULIER formé de 8 triangles équilatéraux, assemblés quatre à quatre à chaque sommet;

Le DODÉCAÈDRE (1) RÉGULIER formé de douze pentagones réguliers convexes égaux, assemblés trois à trois à chaque sommet;

L'ICOSAÈDRE (2) RÉGULIER formé de vingt triangles équilatéraux assemblés cinq à cinq à chaque sommet ;

Corollaire. — *Si l'on représente par* F, S *et* A *les nombres de faces, de sommets et d'arêtes d'un polyèdre régulier convexe, par* n *le nombre des côtés de chaque face, et par* p *le nombre des arêtes de chaque angle polyèdre, on a les relations :*

$$2A = nF = pS.$$

Car, en comptant les côtés de toutes les faces, on compte deux fois chaque arête, donc :

$$2A = nF;$$

et il en est de même en comptant les arêtes des angles solides.

En appliquant ces formules aux polyèdres réguliers précédents, on voit ainsi que le *dodécaèdre* a vingt sommets et trente arêtes ; que l'*icosaèdre* a douze sommets et trente arêtes.

Définitions. — LE PRISME (3) *est un polyèdre dont deux faces sont des polygones égaux et parallèles, appelés* BASES, *et dont les autres faces sont des parallélogrammes joignant les côtés égaux et parallèles des deux bases.*

La HAUTEUR du prisme est la distance des deux plans de bases.

(1) δώδεκα, douze; ἕδρα, base.
(2) εἴκοσι, vingt; ἕδρα, base.
(3) πρίσμα, de πρίω, je scie.

Le prisme est DROIT ou OBLIQUE suivant que les arêtes latérales sont perpendiculaires ou obliques aux plans des bases.

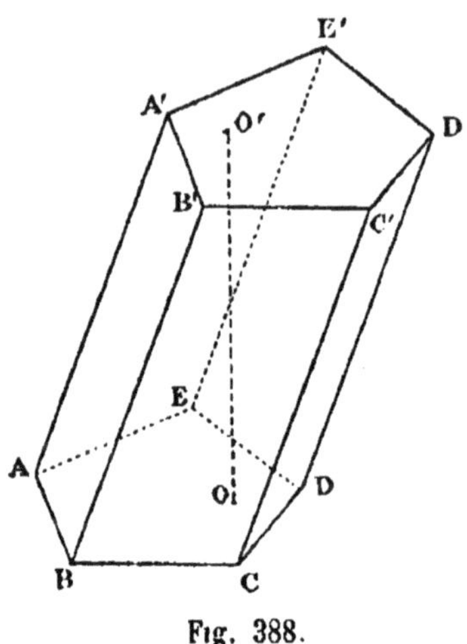

Fig. 388.

La hauteur du prisme droit égale l'une quelconque des arêtes latérales, mais elle est moindre que celle-ci dans les prismes obliques.

UN PRISME EST RÉGULIER *quand il est droit et que ses bases sont des polygones réguliers*, mais un prisme régulier n'est pas un polyèdre régulier.

Le PARALLÉLÉPIPÈDE (1) *est un prisme dont les bases sont des parallélogrammes.* Ce polyèdre (fig. 389) a donc six faces qui sont toutes des parallélogrammes égaux deux à deux et parallèles. De sorte que l'on peut prendre pour bases deux quelconques des faces opposées : la hauteur est alors la distance des plans de ces faces.

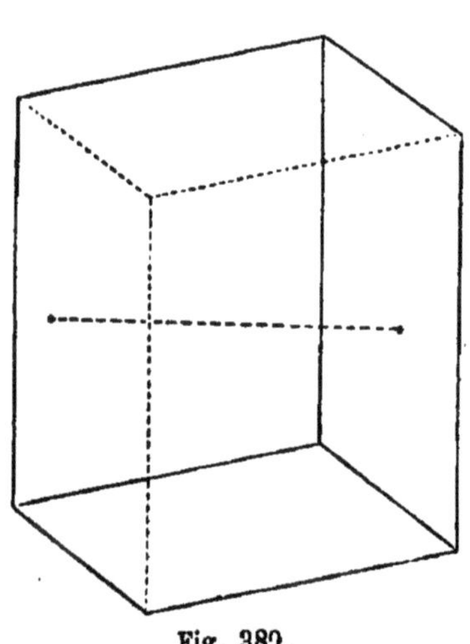
Fig. 389.

Un parallélépipède est DROIT *quand les plans de deux faces opposées sont perpendiculaires sur les quatre autres arêtes :* il y a donc dans ce cas quatre faces nécessairement rectangulaires.

Un parallélépipède est RECTANGLE, *lorsque ses six faces son des rectangles :* c'est un parallélépipède droit à bases rectangulaires.

Le CUBE (2) *est un parallélépipède rectangle dont toutes les arêtes sont égales :* c'est l'hexaèdre régulier.

Le RHOMBOÈDRE *est un parallélépipède dont toutes les arêtes sont égales :* il a donc pour faces des losanges.; d'où le nom de rhomboèdre, tiré du mot *rhombe* par lequel on désignait le losange.

(1) παράλληλος, placé en regard
(2) κύβος, dé à jouer.

THÉORÈME III

Les sections d'un prisme par des plans parallèles qui rencontrent toutes les arêtes latérales sont des polygones égaux et parallèles.

Soit FGHKI (fig. 390) et F'G'H'K'I' les sections du prisme ABCDE A'B'C'D'E par deux plans parallèles. Les côtés de ces polygones sont deux à deux parallèles comme intersections de deux plans parallèles par un troisième, donc ils sont égaux comme parallèles comprises entre parallèles; et les angles des polygones sont égaux chacun à chacun parce que leurs côtés parallèles sont dirigés dans le même sens. Les deux polygones sont donc superposables.

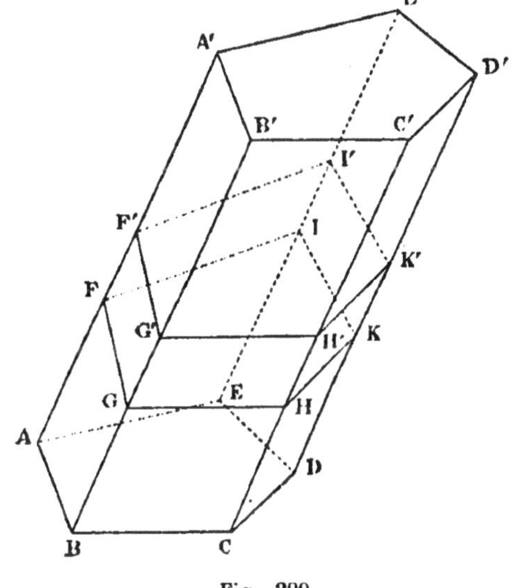

Fig. 390.

Définition. — On appelle SECTION DROITE *d'un prisme la section dont le plan est perpendiculaire aux arêtes latérales.*

C'est la seule section plane qui ait la propriété de devenir une droite quand on développe le prisme sur le plan de l'une de ses faces; d'où son nom.

THÉORÈME IV

Deux prismes sont égaux lorsqu'ils ont un angle dièdre à la base égal, compris entre une base et une face latérale égales chacune à chacune, et disposées de la même façon.

Soit les deux prismes ABCDEFGH (fig. 391), A'B'C'D'E'F'G'H', dans lesquels les dièdres AB, A'B' sont égaux, ainsi que les bases, et les faces latérales ABEF, A'B'E'F'.

Portons le prisme A'B'H' sur l'autre, de sorte que les bases inférieures coïncident, ce qui est possible, puisqu'on les suppose égales : A'B' étant sur AB les plans A'B'E' et ABE coïncideront, puisque les angles dièdres AB, A'B' sont égaux ; et comme ces faces latérales ont même disposition par rapport aux bases, les parallélogrammes égaux ABFE, A'B'F'E' coïncideront : C'G' et CG coïncideront donc aussi, puisque ces droites, égales et parallèles à BF ont une extrémité com-

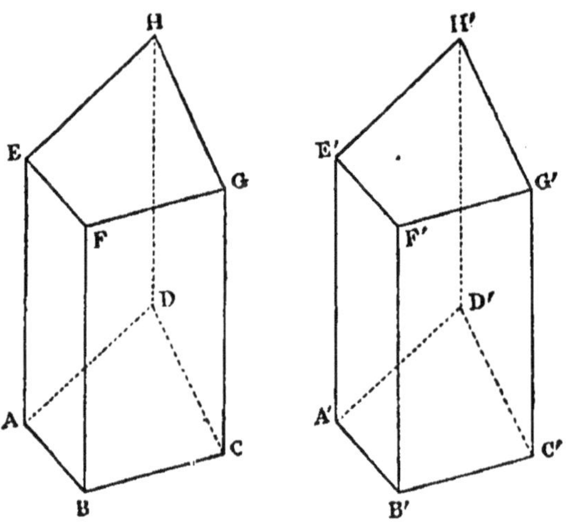

Fig. 391.

mune C et C', et il en sera de même des autres arêtes : donc les solides coïncident.

Corollaire. — *Deux prismes droits sont égaux lorsqu'ils ont des bases égales et même hauteur.*

En effet, ces prismes ont les dièdres à la base droits, et les faces latérales sont des rectangles égaux chacun à chacun, parce qu'ils ont même base et même hauteur.

* THÉORÈME V

Dans un parallélépipède

1° *Les douze arêtes sont quatre à quatre égales et parallèles ;*

2° *Les quatre diagonales sont concourantes en un point qui est le milieu de chacune d'elles ;*

3° *La somme des carrés des douze arêtes égale la somme des carrés des quatre diagonales.*

Les deux premières parties du théorème sont évidentes sur la figure 392 : prouvons la troisième partie. Pour cela nous rappelons

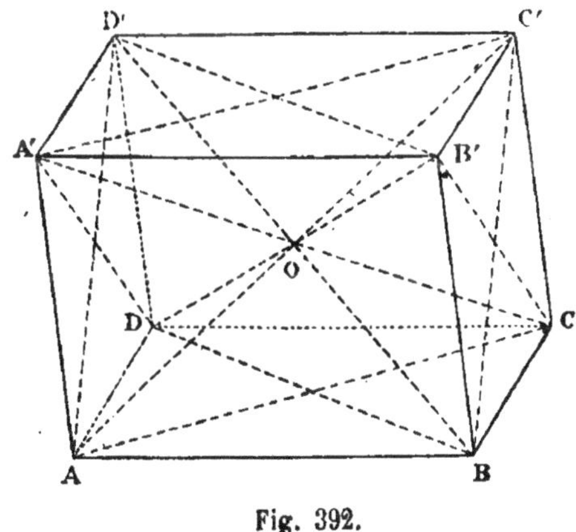

Fig. 392.

que, dans un parallélogramme, la somme des carrés des côtés égale la somme des carrés des diagonales.

Les deux parallélogrammes BB'CC' et ADD'A' donnent :

$$4\overline{BC}^2 + 4\overline{AA'}^2 = 2\overline{BC'}^2 + 2\overline{B'C}^2;$$

donc, en ajoutant $4\overline{AB}^2$ aux deux membres :

$$4\overline{AB}^2 + 4\overline{BC}^2 + 4\overline{AA'}^2 = 2(\overline{BC'}^2 + \overline{AB}^2) + 2(\overline{B'C}^2 + \overline{AB}^2).$$

Or, dans le parallélogramme A'DCB', on a :

$$2\overline{B'C}^2 + 2\overline{DC}^2 = \overline{A'C}^2 + \overline{DB'}^2,$$

et, dans le parallélogramme ABC'D', on a :

$$2\overline{BC'}^2 + 2\overline{AB}^2 = \overline{AC'}^2 + \overline{BD'}^2,$$

donc, en remplaçant :

$$4\overline{AB}^2 + 4\overline{AA'}^2 + 4\,AD^2 = \overline{AC'}^2 + \overline{DB'}^2 + \overline{A'C}^2 + \overline{D'B}^2.$$

Corollaire I. — *Dans un parallélépipède rectangle les diagonales sont égales, et le carré de l'une d'elles égale la somme des carrés des trois arêtes aboutissant au même sommet.*

On en conclut que :

Corollaire II. — *Le carré d'une portion de droite égale la somme des carrés de ses projections sur les trois arêtes d'un trièdre trirectangle.*

Car les projections sur des directions parallèles sont égales, et par suite la portion de droite est la diagonale d'un parallélépipède rectangle ayant pour dimensions ses projections sur les trois axes rectangulaires.

Corollaire III. — *Le carré de la diagonale d'un cube est le triple du carré du côté de ce cube.*

Définitions. — LA PYRAMIDE (1) *est un polyèdre dont l'une des faces est un polygone quelconque appelé* BASE, *et dont les autres faces sont des triangles ayant pour sommets un même point et pour bases les côtés de la face polygonale.*

Les faces triangulaires (fig. 393) sont les *faces latérales* de la pyramide, leur sommet commun est le *sommet*, la distance du sommet au plan de base est la *hauteur*.

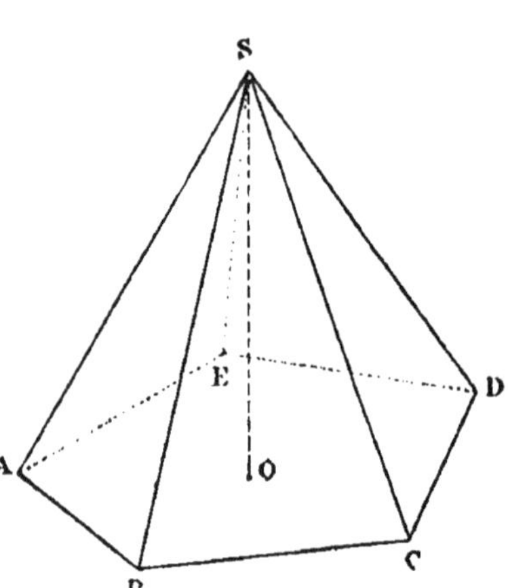

Fig. 393.

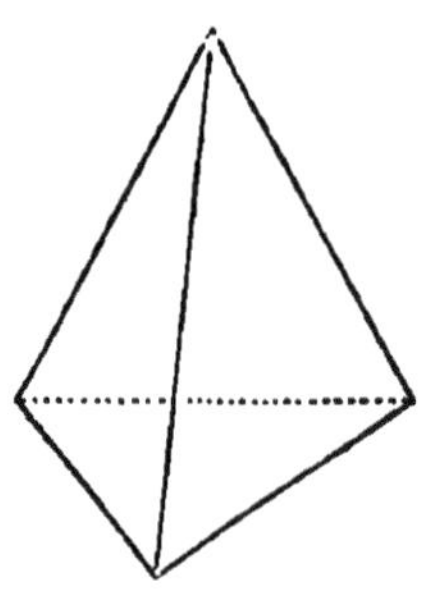

Fig. 394.

La pyramide est dite *triangulaire, quadrangulaire, pentagonale,...* suivant que le nombre des côtés de sa base est trois, quatre, cinq...

La pyramide triangulaire (fig. 394) s'appelle aussi *tétraèdre,* et dans ce polyèdre la base est l'une quelconque des quatre faces triangulaires. Les arêtes d'un tétraèdre sont les côtés et les diagonales d'un quadrilatère gauche.

Une pyramide est RÉGULIÈRE *quand sa base est un polygone régulier, et que la projection du sommet sur le plan de base est le centre de ce polygone régulier.* Mais une pyramide régulière n'est pas un polyèdre régulier.

(1) πυραμὶς, flamme.

THÉORÈME VI

Lorsqu'on coupe une pyramide par un plan parallèle à sa base :

1° Les arêtes latérales et la hauteur sont partagées en même rapport;

2° Le polygone de section est semblable au polygone de base ;

3° Le rapport des aires de la section et de la base est égal au rapport des carrés de leurs distances au sommet.

Soit A'B'C'D' (fig. 395) la section de la pyramide SABCB par un

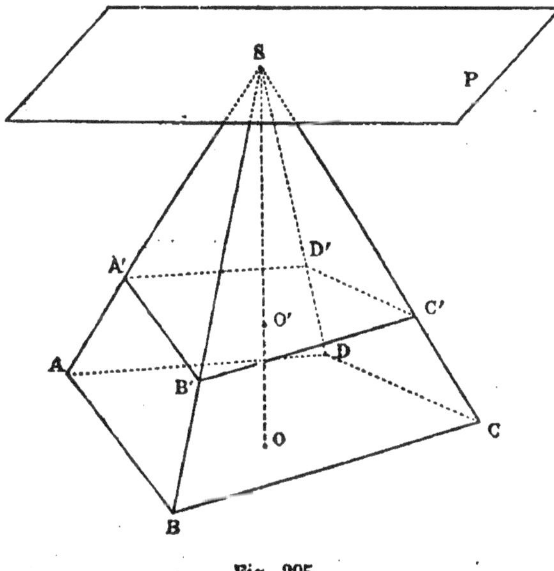

Fig. 395.

plan parallèle à sa base, soit SO la hauteur coupée en O' :

1° Les arêtes sont partagées en même rapport, parce que, si nous menons par le sommet S un plan parallèle P au plan de base, les trois plans parallèles intercepteront des segments proportionnels sur deux droites quelconques (th. XXI, liv. V). On a donc :

$$\frac{SA'}{SA} = \frac{SB'}{SB} = \frac{SC'}{SC} = \frac{SD'}{SD} = \frac{SO'}{SO}.$$

2° Les polygones A'B'C'D', ABCD ont leurs côtés respectivement parallèles (th. XVIII, liv. V), et dirigés en même sens, donc les angles sont égaux chacun à chacun.

D'ailleurs les triangles semblables SA'B', SAB donnent :

$$\frac{A'B'}{AB}=\frac{SA'}{SA},$$

rapport constant d'après 1°.

Donc les côtés homologues sont proportionnels, les polygones sont donc semblables, par définition, et le rapport de similitude est $\frac{SO'}{SO}$.

3° Les aires de deux polygones semblables étant dans le rapport des carrés des côtés homologues, on a :

$$\frac{A'B'C'D'}{ABCD}=\frac{\overline{A'B'}^2}{\overline{AB}^2}=\frac{\overline{SO'}^2}{\overline{SO}^2}.$$

Corollaire I. — *Si deux pyramides ont même hauteur, en les coupant par des plans parallèles aux bases, à la même distance des sommets, on obtient des sections dont les aires sont dans le rapport des bases.*

Car en représentant par B et B' les aires des bases, par S et S' les aires des sections, par H la hauteur commune et par h la distance de chaque sommet au plan sécant, on a d'après 3° :

$$\frac{S}{B}=\frac{h^2}{H^2} \quad \text{et} \quad \frac{S'}{B'}=\frac{h^2}{H^2};$$

donc :

$$\frac{S}{B}=\frac{S'}{B'},$$

donc le rapport de S à S' est le même que le rapport de B à B'.

Corollaire II. — *Si deux pyramides ont même hauteur et des bases équivalentes, en les coupant par des plans parallèles aux bases à la même distance des sommets, on obtient des sections équivalentes.*

Car, de :

$$\frac{S}{S'}=\frac{B}{B'},$$

on déduit :

$$S=S' \quad \text{si} \quad B=B'.$$

Corollaire III. — *Si trois points* A, A', A'' *situés* (fig. 396) *sur l'une des arêtes d'un angle polyèdre de sommet* S, *sont tels que* SA *soit moyenne géométrique en SA et SA″, en menant par ces points des plans parallèles entre eux, la section relative au point A′ sera moyenne géométrique entre les deux autres.*

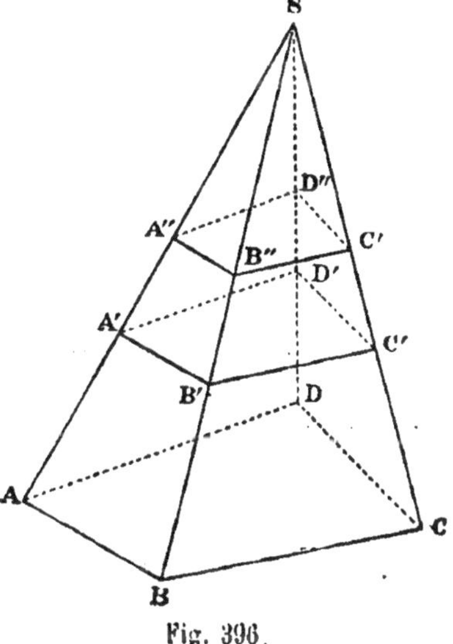

Fig. 396.

Car, en désignant les aires par $\alpha, \alpha', \alpha''$, on a (th. VI) :

$$\frac{\alpha'}{\alpha} = \frac{\overline{SA'}^2}{\overline{SA}^2} \quad \text{et} \quad \frac{\alpha''}{\alpha'} = \frac{\overline{SA''}^2}{\overline{SA'}^2}.$$

Or :

$$\frac{SA}{SA'} = \frac{SA'}{SA''},$$

donc

$$\frac{\alpha}{\alpha'} = \frac{\alpha'}{\alpha''}.$$

Ce qu'il fallait prouver.

THÉORÈME VII

Deux pyramides sont égales lorsqu'elles ont un dièdre à la base égal, compris entre une base et une face latérale égales chacune à chacune, et disposées de la même façon.

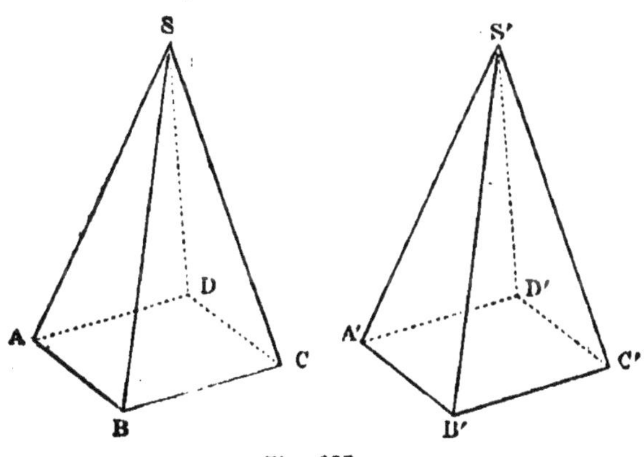

Fig. 397.

Soit (fig. 397) les pyramides SABCD, S′A′B′C′D′ dans lesquelles les dièdres à la base SABC, S′A′B′C′ sont égaux, ainsi que les bases, et les faces latérales SAB, S′A′B′.

Nous portons la pyramide S′ sur l'autre, de façon que le polygone A′B′C′D′ coïncide avec son égal ABCD ; alors le plan S′A′B′ se confondra avec le plan SAB, puisque les dièdres AB, A′B′ sont égaux, et les triangles égaux A′S′B′ et ASB disposés de la même façon coïncideront, donc les deux pyramides coïncident.

Corollaire. — *Deux tétraèdres sont égaux quand ils ont un dièdre égal compris entre deux faces égales chacune à chacune et disposées de la même façon.*

*APPLICATION I

Les droites qui joignent les sommets d'un tétraèdre aux centres de gravité des faces opposées, se coupent en un point qui partage chacune d'elles dans le rapport de 1 à 3, et qui est le centre des moyennes distances des quatre sommets du tétraèdre.

Soit *a* (fig. 398) le centre de gravité du triangle BCD, qui est aussi le centre des moyennes distances des points B, C, D ; le point G situé au quart de A*a* à partir du point *a* sera donc le centre des moyennes distances des quatre sommets A, B, C, D : donc c'est le point de concours des quatre droites, telles que A*a*.

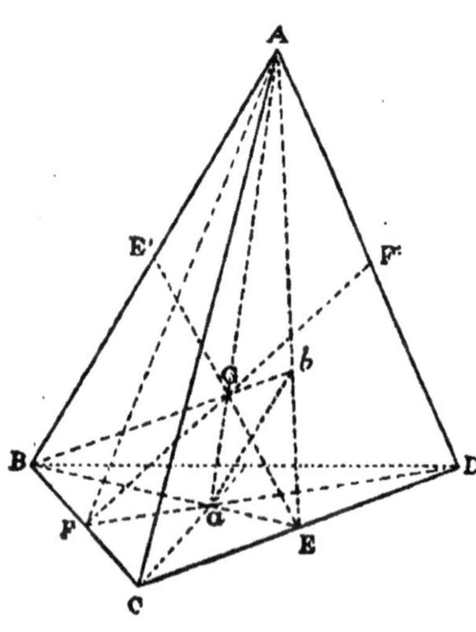

Fig. 398.

On peut encore le prouver de la façon suivante : soit *a*,*b* les centres de gravité des faces BCD, ACD : les droites A*a*, B*b*, étant dans le plan qui passe par AB et par le milieu E de CD, se coupent, soit G le point commun : *ab* partageant les côtés EA et EB du triangle AEB dans le même rapport $\frac{1}{2}$, est parallèle à AB et en vaut e tiers, donc *a*G et le tiers de AG : donc les droites, telles que B*b* viennent couper A*a* au point G situé au quart de A*a* à partir de *a*.

REMARQUE. — Le point G s'appelle le CENTRE DE GRAVITÉ du tétraèdre.

Corollaire I. — *Les six plans passant par une arête d'un tétraèdre et le milieu de l'arête opposée, passent par un même point qui est le centre des moyennes distances des quatre sommets.*

Car chacun de ces plans contient le point G.

Corollaire II. — *Les droites qui joignent les milieux des arêtes opposées d'un tétraèdre sont concourantes au milieu de chacune d'elles.*

Car ces droites sont les intersections deux à deux des six plans considérés dans le corollaire I.

Ou encore, parce que les milieux E, E', F, F' de deux couples d'arêtes opposées sont les sommets d'un parallélogramme.

Nous retrouvons ainsi la généralisation d'une application de géométrie plane (livre I) : les droites qui joignent les milieux des côtés opposés d'un quadrilatère se coupent sur la droite qui joint les milieux des diagonales, et le point de concours est le milieu de chacune des trois portions de droite.

* APPLICATION II

Si dans un tétraèdre deux couples d'arêtes opposées sont rectangulaires, le troisième couple est aussi formé d'arêtes rectangulaires, et les quatre perpendiculaires abaissées des sommets sur les faces opposées sont concourantes.

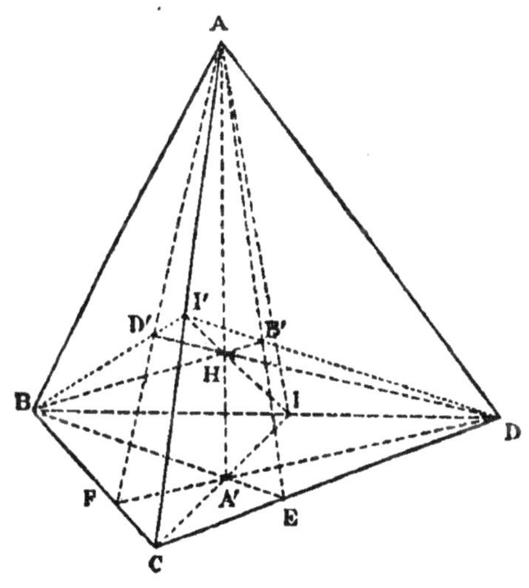

Fig. 399.

Soit (fig. 399) le tétraèdre ABCD dans lequel nous supposons les arêtes opposées AB et CD rectangulaires, ainsi que les arêtes BC et AD.

1° Prouvons que AC et BD sont rectangulaires : à cet effet, traçons la hauteur AA'; CD étant perpendiculaire sur deux droites AB et AA' du plan A'AB est perpendiculaire aux droites EB, EA : donc le point A′ appartient à deux hauteurs BE, DF du triangle BCD, par suite CA′I est la troisième hauteur, donc BD est perpendiculaire à deux droites AA′, CI du plan ACA′ elle est donc perpendiculaire sur AC, ce qu'il fallait prouver.

Il résulte de là que dans ce tétraèdre la projection de chaque sommet sur la face opposée est le point de concours des hauteurs de cette face.

2° Soit BB′ une seconde hauteur, le plan DBB′ est perpendiculaire sur AC, puisqu'il contient deux droites perpendiculaires à AC, donc il contient la troisième hauteur DD′ : or, AA′ rencontre chacune des lignes BB′, DD′, parce que AA′ est contenu dans chacun des plans ABE, ADF, donc il les rencontre au point H où il perce le plan BI′D. Les quatre hauteurs sont donc concourantes puisque trois quelconques d'entre elles le sont.

Corollaire I. — *Les six plans, tels que chacun passant par une arête soit perpendiculaire à l'arête opposée, passent par un même point.*

Car chacun de ces plans contient le point H.

Corollaire II. — *Les perpendiculaires communes aux trois couples d'arêtes opposées sont concourantes.*

Car ces droites, telles que II′, sont les intersections deux à deux des six plans du corollaire I.

Corollaire III. — *Si l'on considère les six angles dièdres du trièdre, et les douze angles formés par les arêtes avec les faces, ces dix-huit angles auront pour somme douze droits.*

En effet, dans le triangle ABE (fig. 399), nous avons l'angle AEB rectiligne du dièdre CD, et les angles ABE, BAE qui sont les angles formés par AB avec les faces BCD, ACD, qui ne la contiennent pas : ces angles ont pour somme deux droits, et comme il y a six triangles analogues, la somme totale vaut bien douze droits.

§ II. — MESURE DU VOLUME DU PRISME

Définition. — *Deux figures peuvent avoir même volume sans être superposables ; dans ce cas on dit qu'elles sont* ÉQUIVALENTES.

L'unité choisie pour la mesure des volumes est le cube, dont le côté est l'unité de longueur.

Méthode. — Pour arriver à la mesure du volume d'un prisme quelconque, nous commençons par évaluer le volume du parallélépipède rectangle duquel nous déduisons le volume du parallélépipède quelconque : de là nous passons à la mesure du prisme triangulaire qui fournit la mesure d'un prisme quelconque en décomposant celui-ci en prismes triangulaires.

THÉORÈME VIII

Deux parallélépipèdes rectangles de même base sont dans le rapport des hauteurs.

Soit (fig. 400) les parallélépipèdes rectangles ABCDEFGH, ABCDE'F'G'H', dont les volumes sont P,P', de même base ABCD, et dont les hauteurs sont AE et AE'.

1° Supposons les hauteurs commensurables entre elles, et soit une commune mesure contenue trois fois dans AE et cinq fois dans AE', en sorte que :

$$\frac{AE'}{AE} = \frac{5}{3}.$$

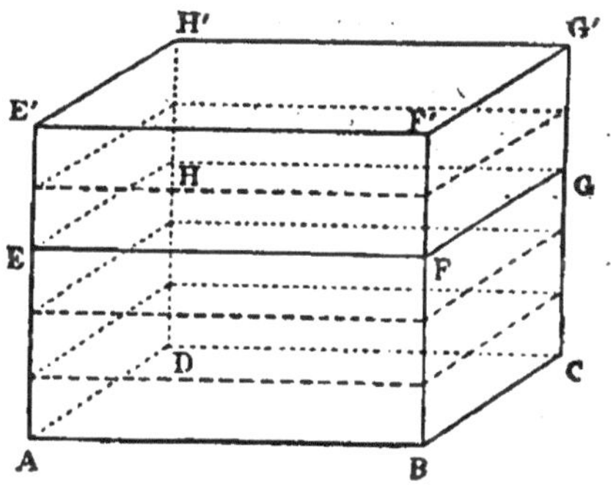

Fig. 400.

Par les points de division menons des plans parallèles aux bases : nous obtiendrons des parallélépipèdes rectangles égaux parce que ce sont des prismes droits de même base et de même hauteur : donc un même parallélépipède sera contenu trois fois dans P et cinq fois dans P'.

Donc :

$$\frac{P'}{P} = \frac{5}{3}.$$

Ce qu'il fallait prouver.

* **2°** Supposons les hauteurs incommensurables entre elles, partageons AE en n parties égales et portons autant de fois que possible cette partie aliquote de AE sur AE' : nous trouvons qu'elle est contenue m fois avec un reste moindre que cette $n^{ème}$ partie de AE ; par suite :

$$\frac{m}{n} < \frac{AE'}{AE} < \frac{m+1}{n}.$$

Par les points de division menons des plans parallèles aux bases, nous formerons ainsi n parallélépipèdes égaux dont la somme est P; puis m parallélépipèdes égaux à ceux-ci, plus un parallélépipède moindre que l'un d'eux, dont la somme sera P′; donc :

$$\frac{m}{n} < \frac{P'}{P} < \frac{m+1}{n}.$$

Par suite, les rapports :

$$\frac{AE'}{AE} \quad \text{et} \quad \frac{P'}{P},$$

tous deux compris entre :

$$\frac{m}{n} \quad \text{et} \quad \frac{m+1}{n},$$

ont une différence moindre que $\frac{1}{n}$: or, n peut être pris assez grand pour que $\frac{1}{n}$ soit aussi voisin de zéro qu'on le veut, donc la différence entre :

$$\frac{AE'}{AE} \quad \text{et} \quad \frac{P'}{P},$$

qui est un nombre déterminé, est rigoureusement nulle.

Corollaire. — *Deux parallélépipèdes rectangles qui ont deux dimensions égales sont dans le rapport des troisièmes dimensions.*

Car on peut prendre pour bases les rectangles qui ont ces dimensions égales.

THÉORÈME IX

Deux parallélépipèdes rectangles de même hauteur sont dans le rapport des bases.

Soit P et P′ les volumes de deux parallélépipèdes rectangles de même hauteur H, et dont les bases R et R′ ont pour dimensions respectives a, b et a', b'. Comparons chacun de ces volumes au parallélépipède rectangle auxiliaire P″, auquel nous donnons pour dimensions a', b, H : il aura donc deux dimensions communes avec chacun des parallélépipèdes considérés, et on aura par suite, en appliquant le corollaire du théorème VIII :

$$\frac{P}{P''} = \frac{a}{a'} \quad \text{et} \quad \frac{P''}{P'} = \frac{b}{b'},$$

d'où, en multipliant, et supprimant le facteur P″ commun aux deux termes du premier membre :

$$\frac{P}{P'} = \frac{a \times b}{a' \times b'};$$

or, les rectangles R et R′ sont dans le rapport des produits de leurs deux dimensions, donc :

$$\frac{P}{P'} = \frac{R}{R'}.$$

Corollaire. — *Deux parallélépipèdes rectangles qui ont une dimension égale sont dans le rapport des produits des deux autres dimensions.*

THÉORÈME X

Deux parallélépipèdes rectangles sont dans le rapport des produits des bases par les hauteurs.

Soit P et P′ deux parallélépipèdes rectangles de bases R et R′ et de hauteurs H et H′. Comparons-les à un parallélépipède rectangle P″ de base R′ et de hauteur H : en appliquant le théorème IX, nous aurons :

$$\frac{P}{P''} = \frac{R}{R'} \quad \text{et} \quad \frac{P''}{P'} = \frac{H}{H'},$$

d'où, en multipliant membre à membre, et supprimant le facteur P″ commun aux deux termes du premier membre :

$$\frac{P}{P'} = \frac{R \times H}{R' \times H'}.$$

Corollaire. — *Deux parallélépipèdes rectangles sont dans le rapport des produits des trois dimensions.*

Puisque les rectangles R et R′ sont dans le rapport des produits de leurs deux dimensions.

THÉORÈME XI

Le parallélépipède rectangle a pour mesure le produit des mesures de sa base et de sa hauteur, en prenant pour unités de volume et de surface le cube et le carré ayant pour côtés l'unité de longueur.

Soit P un parallélépipède rectangle de base R et de hauteur H.

Soit p le cube dont chaque face est le carré r construit sur l'unité de longueur h.

En appliquant le théorème X, on a :

$$\frac{P}{p} = \frac{R}{r} \times \frac{H}{h}.$$

Or, par hypothèse, p, r, h sont les unités de volume, de surface et de longueur, donc les rapports :

$$\frac{P}{p}, \quad \frac{R}{r} \quad \text{et} \quad \frac{H}{h}$$

sont les mesures, par définition, des quantités P, R et H.

L'égalité précédente signifie donc que la mesure de P est le produit des mesures de R et de H.

Remarque. — Dans le langage rapide on énonce ce théorème en disant : *le parallélépipède rectangle est égal au produit de sa base par sa hauteur*. Mais il faut sous-entendre les hypothèses qui établissent une correspondance nécessaire entre les unités de mesure.

Corollaire I. — *Le volume du parallélépipède rectangle égale le produit des trois dimensions.*

En effet, soit a, b, c les trois dimensions du parallélépipède rectangle P; en prenant pour base le rectangle de dimensions a, b, la hauteur du solide sera c, et l'aire de la base sera $a \times b$, donc :

$$P = a \times b \times c.$$

Corollaire II. — *Le volume du cube est la troisième puissance de l'arête.*

D'où le nom de *cube* donné à la troisième puissance d'un nombre.

THÉORÈME XII (*lemme du théorème XIII*).

Tout prisme est équivalent au prisme droit qui a pour base sa section droite et pour hauteur son arête latérale.

Soit (fig. 401) le prisme quelconque ABCD A'B'C'D' : par les sommets A et A' menons les plans perpendiculaires à l'arête AA' : nous obtenons ainsi les sections AEFG, A'E'F'G' qui déterminent le prisme droit ayant pour base la section droite du prisme considéré, et pour hauteur l'arête AA' de ce prisme.

Pour prouver que ces prismes sont équivalents, nous remarquons qu'ils ont une partie commune comprise entre les plans ABCD, A'E'F'G', il suffit donc de prouver que les solides ABCDEFG, A'B'C'D'E'F'G' sont égaux. A cet effet, portons le second sur le premier, de façon que le polygone A'E'F'G' coïncide avec son égal AEFG : les arêtes E'B', F'C', G'D' perpendiculaires au plan A'E'F' prendront la direction des arêtes EB, FC, GD.

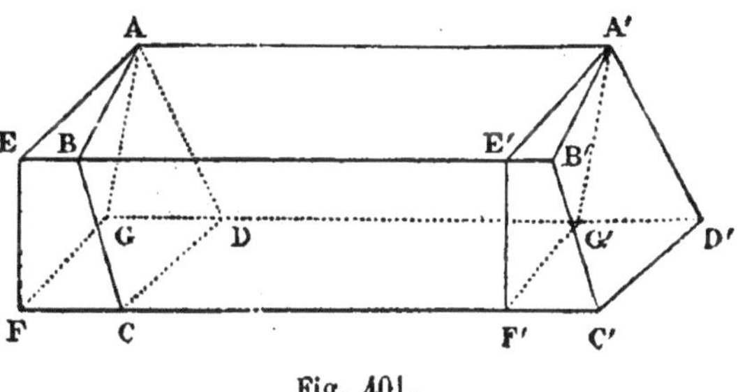

Fig. 401.

Or E'B' = EB, car EE' = AA' = BB', donc les points B', C', D' coïncideront avec les points B, C, D.

Les deux prismes sont donc équivalents.

THÉORÈME XIII

Le volume d'un parallélépipède quelconque est égal au produit de la base par la hauteur.

Ce théorème se déduit du théorème XI au moyen du théorème XII :

1° Considérons d'abord (fig. 402) le parallélépipède droit ABCD A'B'C'D', dans lequel l'arête AA' est perpendiculaire au plan ABCD : la base est donc ABCD. Menons par les points D, C des plans perpendiculaires à DC ; ces plans contiendront les arêtes DD', CC', et détermineront un prisme droit DD'EE' CC'FF' équivalent au parallélépipède considéré (th. XII) : or, ce prisme droit est un parallélépipède rectangle, car les angles du parallélogramme DD'EE' sont les rectilignes de dièdres droits : donc nous savons mesurer ce prisme droit ; d'après le théorème XI, on aura

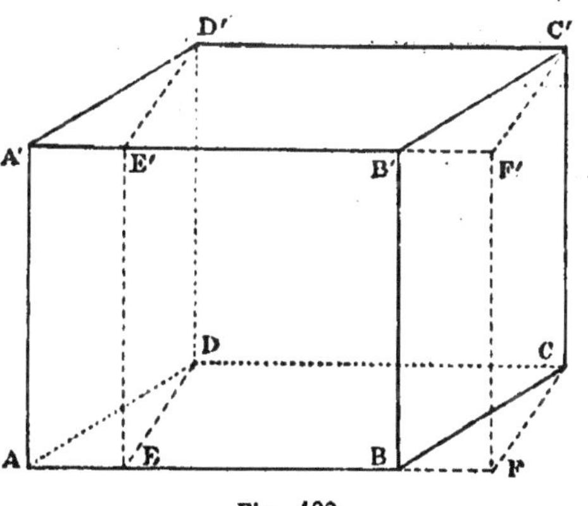

Fig. 402.

pour son volume, et par suite pour le volume P du parallélépipède considéré :

$$P = DE \times DD' \times DC;$$

mais, $DC \times DE$ est la mesure du parallélogramme ABCD qui est la base B du parallélépipède considéré ; celui-ci a donc pour mesure le produit de la base par la hauteur.

2° Soit enfin (fig. 403) le parallélépipède quelconque ABCD A'B'C'D dans lequel nous prenons comme base le parallélogramme ABCD.

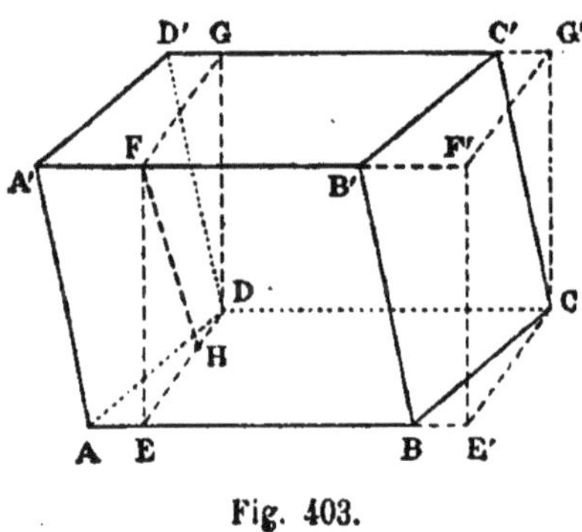

Fig. 403.

Menons par les points D et C des plans perpendiculaires à DC; ils détermineront un prisme droit DEFG CE'F'G' équivalent au parallélépipède donné (th. XII); or ce prisme droit ayant pour base un parallélogramme DEFG est un parallélépipède droit que nous savons mesurer d'après 1°; donc P étant le volume de ce prisme, et par suite celui du parallélépipède considéré, on a :

$$P = DEFG \times DC.$$

Or, en traçant FH perpendiculaire sur DE, nous aurons la hauteur du parallélogramme DEFG, et aussi celle du parallélépipède considéré, parce que le plan DEFG est perpendiculaire sur le plan ABCD : donc :

$$P = DE \times FH \times DC.$$

Et comme :

$$ABCD = DE \times DC,$$

on a :

$$P = ABCD \times FH :$$

Nous trouvons ainsi pour mesure du volume P le produit de la base par la hauteur.

THÉORÈME XIV (*lemme du théorème XV*).

Le plan qui passe par deux arêtes opposées d'un parallélépipède, partage ce solide en deux prismes triangulaires équivalents.

Soit en effet (fig. 404) le parallélépipède ABCD A′B′C′D′, coupé par le plan diagonal BDD′B′ : nous voulons prouver que les prismes triangulaires ABD′ et BCD′ sont équivalents.

A cet effet, coupons la figure par un plan perpendiculaire à l'arête BB′, et soit EFGH la section obtenue; EFH et FGH seront les sections droites des deux prismes triangulaires. Le prisme ABD′ est donc équivalent au prisme droit qui a pour base HEF et pour hauteur BB′ (th. XII); et de même le prisme BCD′ est équivalent au prisme droit de base FGH et de hauteur BB′. Or ces deux prismes droits sont égaux (coroll. du th. IV) parce qu'ils ont des bases égales et même hauteur; donc les deux prismes ABD′, BCD′ sont équivalents entre eux, puisqu'ils sont respectivement équivalents à des prismes égaux.

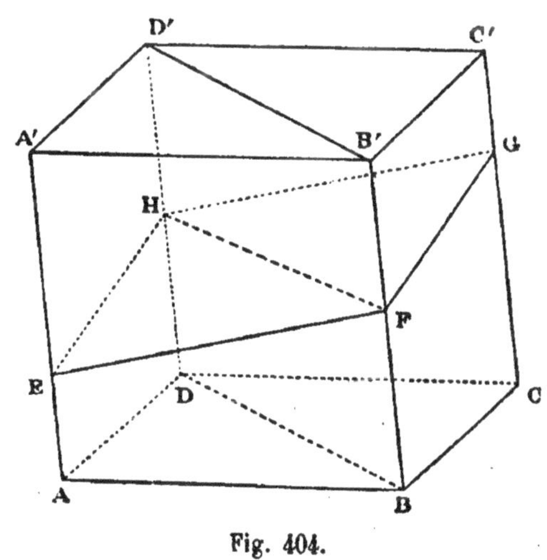

Fig. 404.

Remarque. — Les deux prismes dans lesquels le parallélépipède est décomposé par le plan BD B′D′ ont leurs faces égales chacune à chacune, et leurs angles dièdres égaux chacun à chacun, mais ces éléments égaux sont disposés en ordre inverse dans ces deux solides; ils ne sont donc pas égaux; nous verrons qu'ils sont appelés *symétriques*.

THÉORÈME XV

Le volume du prisme triangulaire est égal au produit de sa base par sa hauteur.

Pour démontrer ce théorème, nous prouverons que le prisme triangulaire est la moitié d'un parallélépipède de même hauteur et de base double, au moyen du théorème XIV.

Soit (fig. 405) le prisme triangulaire ABC A′B′C′, nous construisons les parallélogrammes ABCD, A′B′C′D′ et nous joignons DD′ : la figure BB′ DD′ est un parallélogramme, puisque deux côtés opposés sont égaux et parallèles, donc le solide ABCD A'B'C'D' est un parallélépipède, et le prisme considéré en est la moitié (th. XIV). Traçons B'O perpendiculaire sur ABCD, le volume du prisme sera :

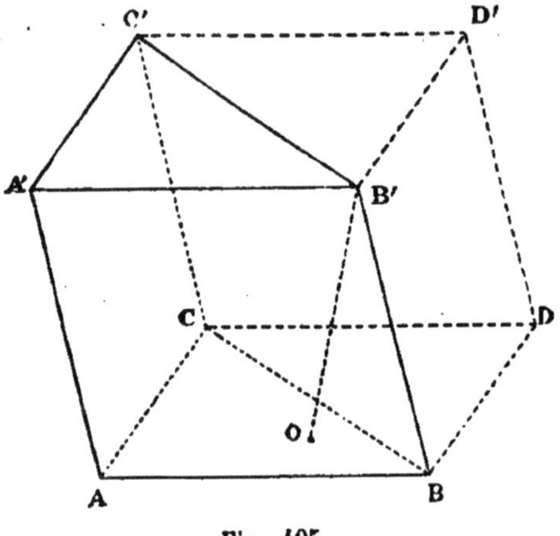

Fig. 405.

$$\frac{1}{2}\text{ ABCD} \times \text{B'O},$$

c'est-à-dire :

$$\text{ABC} \times \text{B'O}.$$

Ce qu'il fallait prouver.

Corollaire. — *Le volume d'un prisme triangulaire est égal au demi-produit d'une face latérale par la distance de cette face à l'arête opposée.*

Car le parallélépipède ABCD A'B'C'D', dont le prisme est la moitié, a pour mesure le produit de AA'C'C par la distance de B'B à cette face.

THÉORÈME XVI

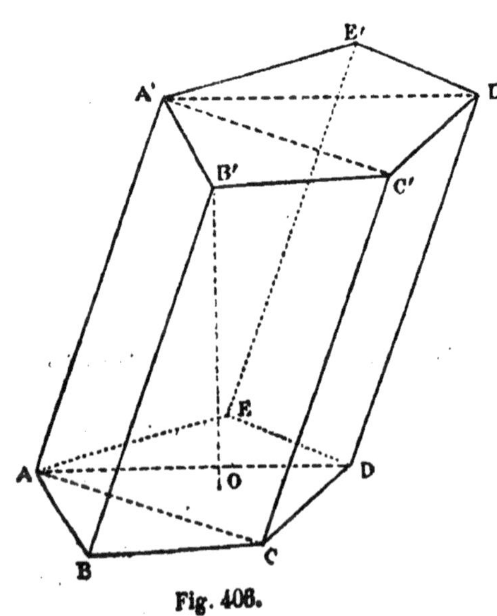

Fig. 406.

Le volume d'un prisme quelconque est égal au produit de la base par la hauteur.

Soit (fig. 406) le prisme polygonal ABCDE A'B'C'D'E'; nous le décomposons en prismes triangulaires, de même hauteur que le prisme considéré, par les plans passant par AA' et les arêtes C'C', DD' des faces non contiguës. Nous aurons ainsi :

Prisme ABCA'B'C' $=$ ABC $\times$ B'O,
Prisme ACDA'C'D' $=$ ACD $\times$ B'O,
Prisme ADEA'D'E' $=$ ADE $\times$ B'O,

en faisan la somme membre à membre, nous obtiendrons :

Prisme ABCDEA'B'C'D'E' $=$ (ABC $+$ ACD $+$ ADE) $\times$ B'O.

Or, aparenthèse du second membre est l'aire de la base du prisme, lequel a donc pour volume le produit de sa base par sa hauteur.

Corollaire. — *Le volume d'un prisme est égal au produit de sa section droite par son arête.*

Car le prisme est équivalent au prisme droit qui a pour base la section droite et pour hauteur son arête (th. XII).

§ III. — MESURE DU VOLUME DE LA PYRAMIDE

THÉORÈME XVII (*lemme du théorème XVIII*).

Deux pyramides triangulaires de bases équivalentes et de même hauteur sont équivalentes.

Soit (fig. 407) les pyramides SABC, S'A'B'C' dont les triangles de base sont équivalents : plaçons ces bases sur le même plan ; les hauteurs des solides étant égales, la droite SS' sera parallèle à ce plan : partageons l'une des arêtes, SA, en n parties égales, et par les points obtenus menons des plans parallèles au plan de base ; chacun de ces plans déterminera des sections équivalentes dans les deux pyramides (coroll. II, th. VI).

Construisons, dans la pyramide SABC, $(n - 1)$, prismes ayant pour bases supérieures les sections précédentes, et leurs arêtes latérales égales et parallèles aux parties séparées sur SA : en construisant de la même façon des prismes intérieurs à la pyramide S'A'B'C', ils seraient respectivement équivalents aux précédents parce que deux prismes de bases équivalentes et de même hauteur sont équivalents.

Donc, en désignant par P la somme des volumes des prismes construits dans la pyramide SABC, par V et V' les volumes de ces pyramides, on aura, quel que soit n,

$$P < V \quad \text{et} \quad P < V'.$$

D'ailleurs quand on fait croître n, P va en augmentant; et cela indéfiniment; car, par exemple, si on double n, on remplacera chacun des prismes par deux prismes dont un est la moitié, et l'autre plus grand que la moitié de celui-ci.

De même nous construisons n prismes extérieurs à la pyramide S'A'B'C', ayant pour bases inférieures la base et les sections de cette pyramide, et les arêtes latérales égales et parallèles aux n parties

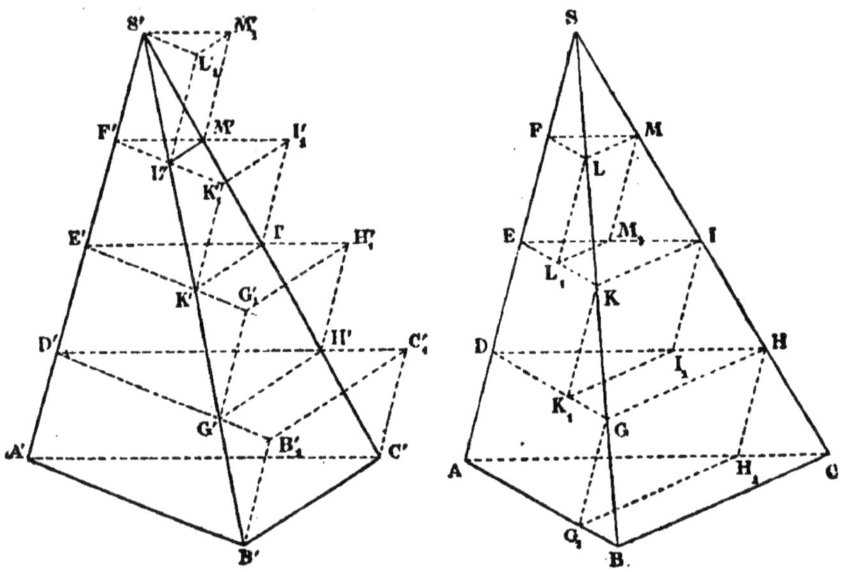

Fig. 407.

séparées sur S'A'. En construisant de la même façon les prismes relatifs à la pyramide SABC, ils seraient respectivement équivalents aux prismes extérieurs à la pyramide S'A'B'C'.

Si donc nous désignons par Q la somme des volumes de ces prismes, on aura, quel que soit n,

$$Q > V \qquad Q > V',$$

et quand on fait croître n, Q restant toujours supérieure au volume de chaque pyramide, va en décroissant indéfiniment.

Donc les quantités P et Q tendent chacune vers une limite ; si nous prouvons que ces limites sont égales, il sera démontré que V et V', étant toujours compris entre ces valeurs de P et Q, sont égales entre elles, et égales à la limite commune des deux variables P et Q.

Or, (Q — P) est le prisme $A'B'C'D'B'_1C'_1$, car les $(n-1)$ autres prismes intérieurs à S'A'B'C' sont respectivement équivalents aux $(n-1)$ prismes extérieurs à SABC ; bases équivalentes et même hauteur.

Mais ce prisme $A'B'C'D'B'_1C'_1$ a une base constante, et une hauteur qui, étant la $n^{ème}$ partie de la hauteur commune aux deux pyramides, tend vers zéro quand n croît sans limite : donc (Q — P) peut devenir aussi voisin de zéro qu'on le veut. — Donc V égale V′, et ce volume est la limite vers laquelle tend chacune des sommes de prismes considérées, quand n croît sans limite.

Corollaire. — *Le volume d'une pyramide triangulaire ne change pas quand un de ses sommets se déplace sur une parallèle à la face opposée.*

THÉORÈME XVIII

Le volume de la pyramide triangulaire est égal au tiers du produit de la base par la hauteur.

Nous démontrerons ce théorème en prouvant, à l'aide du théorème XVII, que la pyramide est le tiers d'un prisme de même base et de même hauteur.

Soit (fig. 408) la pyramide SABC : nous traçons SA′ et SC′ respectivement égales et parallèles à BA et BC, et nous traçons A′C′, AA′, CC′; nous obtenons ainsi un prisme de même base et de même hauteur que la pyramide.

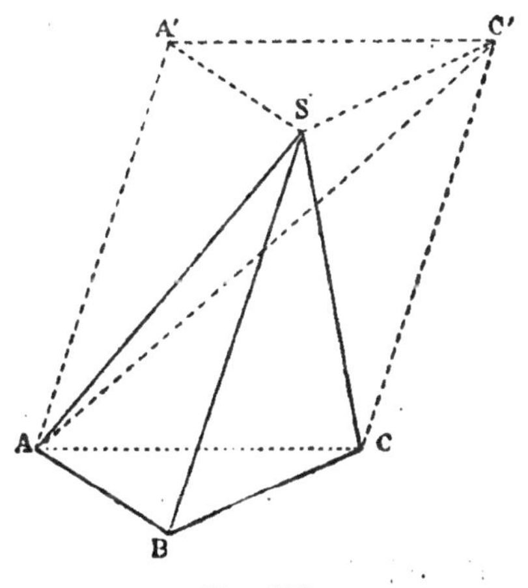

Fig. 408.

Si nous enlevons la pyramide SABC, il reste une pyramide quadrangulaire SAA′C′C, et il suffira de prouver qu'elle est double en volume de la pyramide SABC.

Pour cela, considérons le plan SAC′; il partage la pyramide quadrangulaire en deux pyramides triangulaires SACC′, SAA′C′ équivalentes, car elles ont des bases égales, comme moitiés d'un même parallélogramme, et même hauteur, car les bases sont dans le même plan, et les sommets coïncident.

Or, la pyramide SAA′C′ est équivalente à la pyramide donnée, car elle a pour base A′SC′ égale à ABC, et même hauteur, la hauteur du prisme : donc la pyramide quadrangulaire vaut le double de la pyramide SABC qui est bien le tiers du prisme de même base et de même hauteur.

En désignant par B et H la base et la hauteur de la pyramide, le volume du prisme est $B \times H$; donc le volume de la pyramide est

$$\frac{1}{3} B \times H.$$

THÉORÈME XIX

Le volume de la pyramide quelconque est égal au tiers du produit de la base par la hauteur.

Soit (fig. 409) la pyramide SABCDE que nous décomposons en pyramides de même hauteur SO que celle-ci, en faisant passer des plans par l'arête SA et les arêtes latérales des faces non contiguës.

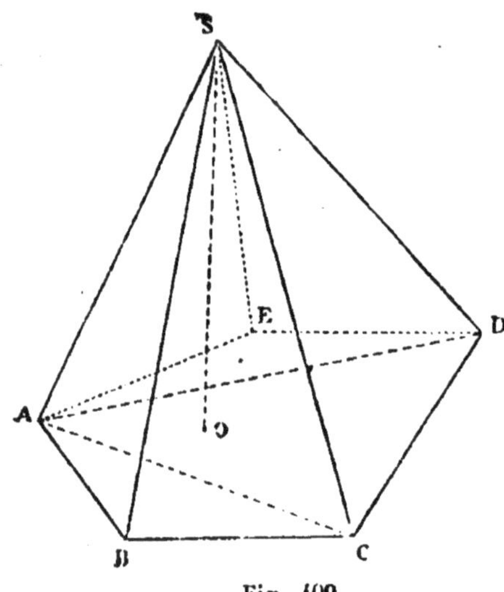

Fig. 409.

Le volume de chacune de ces pyramides partielles s'évalue par le théorème XVIII; ce qui donne :

$$\text{Pyramide SABC} = \frac{1}{3} \text{ABC} \times \text{SO},$$

$$\text{Pyramide SACD} = \frac{1}{3} \text{ACD} \times \text{SO},$$

$$\text{Pyramide SADE} = \frac{1}{3} \text{ADE} \times \text{SO},$$

et en faisant la somme membre à membre, on obtient :

$$\text{Pyramide SABCDE} = \frac{1}{3} \text{ABCDE} \times \text{SO}.$$

Ce qu'il fallait prouver.

Corollaire I. — *Deux pyramides de bases équivalentes sont dans le rapport des hauteurs.*

Corollaire II. — *Deux pyramides de même hauteur sont dans le rapport des bases.*

Corollaire III. — *Une pyramide quelconque est le tiers d'un prisme de même base et de même hauteur.*

Corollaire IV. — a *étant le coté d'un tétraèdre régulier, le volume est représenté par* $\frac{a^3\sqrt{2}}{12}$.

Car chacune des faces (fig. 410) a pour aire $\frac{a^2\sqrt{3}}{4}$, et la hauteur AG a pour pied G le centre du triangle équilatéral BCD, donc :

$$GB = \frac{a}{\sqrt{3}};$$

donc :

$$AG = \frac{a\sqrt{2}}{\sqrt{3}},$$

et le volume est :

$$\frac{1}{3} \cdot \frac{a^2\sqrt{3}}{4} \cdot \frac{a\sqrt{2}}{\sqrt{3}} = \frac{a^3\sqrt{2}}{12}.$$

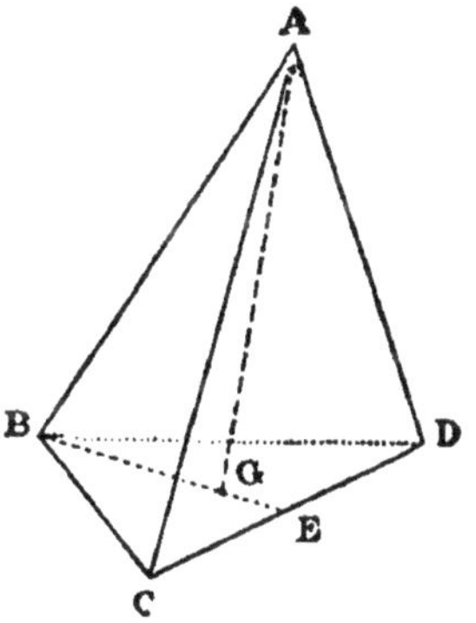

Fig. 410.

Corollaire V. — a *étant le côté de l'octaèdre régulier, le volume est représenté par :*

$$\frac{a^3\sqrt{2}}{3}.$$

Car la base ABCD (fig. 411), commune aux deux pyramides, est un carré de côté a, et la hauteur SS′ égale la diagonale AC de ce carré ; donc le volume est :

$$\frac{1}{3} a^2 \times a\sqrt{2} = \frac{a^3\sqrt{2}}{3}.$$

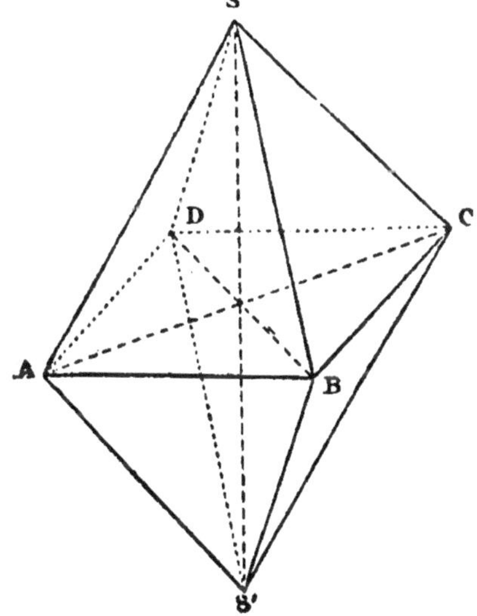

Fig. 411.

THÉORÈME XX

Deux pyramides triangulaires qui ont un angle trièdre égal sont dans le rapport des produits des arêtes qui forment ce trièdre.

Soit (fig. 412) les pyramides triangulaires SABC, SA′B′C′ dans lesquelles les angles trièdres S sont égaux : traçons A′B, BC′, et comparons les pyramides proposées à la pyramide auxiliaire SA′BC′.

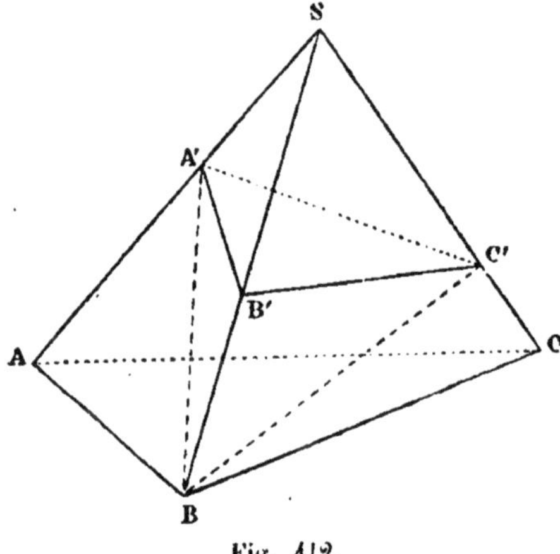

Fig. 412.

Nous aurons :

$$\frac{SA'B'C'}{SA'BC'} = \frac{SB'}{SB}.$$

Car en prenant le point A′ comme sommet commun, ces pyramides ont même hauteur, et les bases sont dans le rapport des lignes SB′ et SB. Puis

$$\frac{SA'BC'}{SABC} = \frac{SA' \times SC'}{SA \times SC}.$$

Car en prenant le point B comme sommet commun, ces pyramides ont même hauteur, elles sont donc dans le rapport des bases lesquelles ont un angle égal et sont, par suite, dans le rapport des produits des côtés qui comprennent cet angle.

En multipliant membre à membre, le facteur SA′BC′ disparaît, et il reste :

$$\frac{SA'B'C'}{SABC} = \frac{SA' \times SB' \times SC'}{SA \times SB \times SC}.$$

Ce qu'il fallait prouver.

Remarque. — Le théorème est encore vrai si un angle trièdre de l'une des pyramides est égal à l'un des huit angles trièdres formés par les directions de trois arêtes de l'autre aboutissant au même sommet.

§ IV. — MESURE DU VOLUME DU TRONC DE PYRAMIDE A BASES PARALLÈLES ET DU TRONC DE PRISME TRIANGULAIRE.

Définition. — *On appelle* TRONC DE PYRAMIDE *à bases paral-*

lèles le solide compris entre la base d'une pyramide et la section du solide par un plan parallèle à cette base:

Si le sommet est compris entre ces plans parallèles on dit que le tronc est de *seconde espèce.*

THÉORÈME XXI

Un tronc de pyramide triangulaire à bases parallèles est la somme de trois pyramides de même hauteur que le tronc, et qui ont respectivement pour bases les deux bases du tronc et la moyenne géométrique entre ces bases.

Soit (fig. 413) la pyramide SABC coupée par le plan A'B'C' parallèle à sa base : nous la coupons par le plan AB'C qui détache une pyramide triangulaire B'ABC, qui est une des pyramides de l'énoncé, et une pyramide quadrangulaire B'AA'C'C; nous coupons celle-ci par le plan AB'C' qui en détache la pyramide AA'B'C' ; c'est une seconde pyramide de l'énoncé; il reste donc la pyramide B'AC'C'.

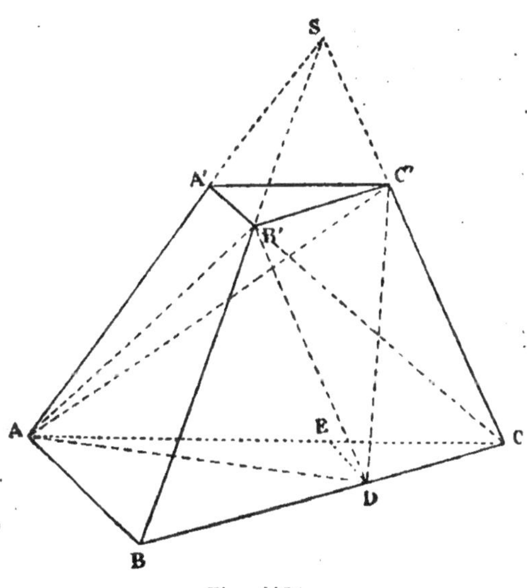

Fig. 413.

Nous traçons B'D parallèle à C'C, et par suite au plan ACC', qui sera dans la face BB'C'C, et qui rencontrera BC en D : en portant le sommet B' en D, et conservant la base AC'C, nous ne changerons pas le volume de cette pyramide, car la hauteur et la base conservent la même valeur; prenons C' comme sommet de cette pyramide, elle aura pour base ADC; donc elle a même hauteur que le tronc, et il nous reste à prouver que ADC est moyenne géométrique entre ABC et A'B'C'.

Or, si nous menons DE parallèle à AB, le triangle DEC sera égal au triangle A'B'C', car ces triangles sont semblables et ont un côté homologue égal, DC = B'C'; donc il suffit de prouver que ADC est moyenne géométrique entre ABC et CDE ; comme deux triangles de même hauteur sont dans le rapport des bases, on a successivement :

$$\frac{ABC}{ADC}=\frac{BC}{DC}$$

et

$$\frac{ADC}{EDC}=\frac{AC}{EC};$$

mais DE parallèle à AB donne :

$$\frac{BC}{DC}=\frac{AC}{EC},$$

donc :

$$\frac{ABC}{ADC}=\frac{ADC}{EDC}.$$

Ce qui restait à prouver.

Corollaire. — *Si sur l'arête* SAA' *d'un tronc de pyramide on prend le point* A'' *tel que* SA'' *soit moyenne géométrique entre* SA *et* SA', *et qu'on fasse passer par* A'' *une section parallèle aux bases, le tronc sera équivalent aux trois pyramides de même hauteur que ce tronc et dont les bases sont les deux bases du tronc et le triangle de section.*

Car on sait (corollaire III, th. VI) que cette section est moyenne géométrique entre les bases.

THÉORÈME XXII

Un tronc de pyramide polygonale à bases parallèles est la somme de trois pyramides de même hauteur que le tronc, ayant respectivement pour bases les bases du tronc et la moyenne géométrique entre ces bases.

Soit en effet (fig. 414) la pyramide SABCDE coupée par le plan A'B'C'D'E' parallèle à sa base : prenons SA'' moyenne géométrique entre SA et SA', et menons la section passant par A'' et parallèle aux bases. Nous savons (coroll. III, th. VI) que l'aire de cette section est moyenne géométrique entre les aires des deux bases.

Cela posé, décomposons le tronc polygonal en troncs triangulaires par les plans contenant l'arête AA' et les arêtes latérales des faces non contiguës. Nous savons mesurer chacun de ces troncs par le corollaire du théorème XXI. Nous aurons, pour le tronc ABCA'B'C' à faire la somme des pyramides de hauteur A'O et de bases ABC, A'B'C', A''B''C''; de même pour les autres troncs : en faisant la somme de tous ces volumes, on aura les pyramides de hauteur A'O et de bases ABCDE, A'B'C'D'E' et A''B''C''D''E''. Ce qu'il fallait prouver.

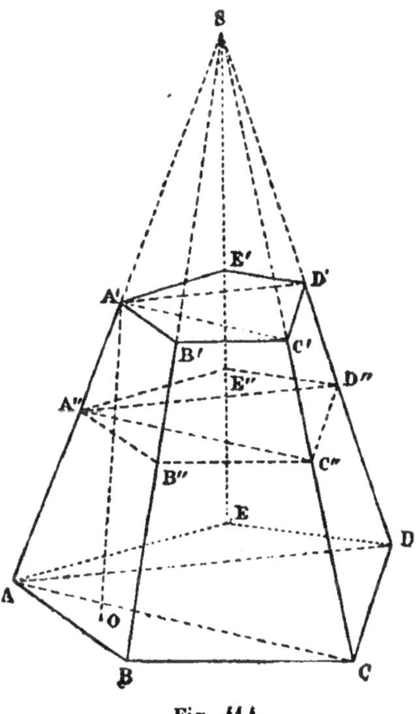

Fig. 414.

Corollaire. — *En représentant par* B *et* b *les aires des deux bases d'un tronc de pyramide à bases parallèles de hauteur* H, *son volume est représenté par la formule :*

$$\frac{1}{3}\,H(B + b + \sqrt{Bb}).$$

En effet les pyramides ayant pour bases les bases du tronc ont respectivement pour volumes :

$$\frac{1}{3}\,BH \qquad \text{et} \qquad \frac{1}{3}\,bH.$$

La base de la troisième pyramide est la quantité x telle que :

$$\frac{B}{x} = \frac{x}{b},$$

c'est-à-dire $\sqrt{Bb}$, donc le volume de cette pyramide est :

$$\frac{1}{3}\sqrt{Bb}.\ H.$$

En ajoutant on a donc :

$$\frac{1}{3}\,BH + \frac{1}{3}\,bH + \frac{1}{3}\sqrt{Bb}.\ H.$$

Ce qui donne la formule énoncée en mettant $\frac{1}{3}$ H en facteur commun.

* APPLICATION III

Évaluer le volume d'un tronc de pyramide à bases parallèles en le considérant comme différence de deux pyramides.

Soit α^2 et α_1^2 les aires des deux bases, H la hauteur, on a (fig. 415):

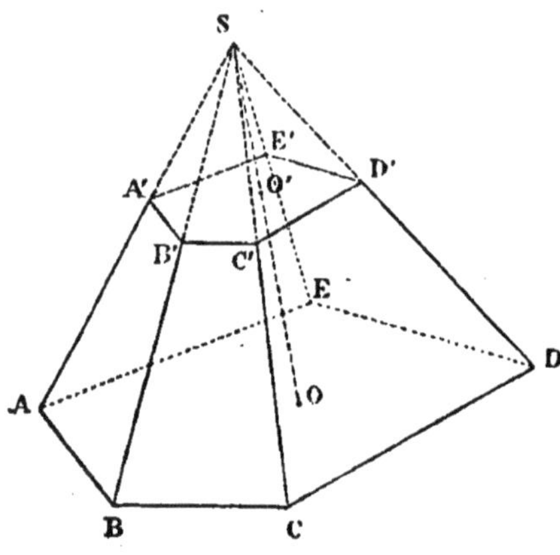

Fig. 415.

$$V = \frac{1}{3}\alpha^2 \times SO - \frac{1}{3}\alpha_1^2 \times SO'.$$

Or, d'après le théorème VI on a :

$$\frac{\alpha^2}{\overline{SO}^2} = \frac{\alpha_1^2}{\overline{SO'}^2};$$

d'où :

$$\frac{\alpha}{SO} = \frac{\alpha'}{SO'} = \frac{\alpha - \alpha'}{H}.$$

En remplaçant, dans V, SO et SO' par les valeurs qu'on en tire, on obtient :

$$V = \frac{1}{3} \cdot \frac{\alpha^3 H}{\alpha - \alpha'} - \frac{1}{3} \cdot \frac{\alpha_1^3 H}{\alpha - \alpha'},$$

ou

$$V = \frac{1}{3} H. \frac{\alpha^3 - \alpha_1^3}{\alpha - \alpha'};$$

et, en effectuant la division : $V = \frac{1}{3} H (\alpha^2 + \alpha\alpha' + \alpha_1^2)$.

C'est la formule qu'il fallait prouver.

*APPLICATION IV

Évaluer le tronc de pyramide à bases parallèles de seconde espèce.

De même que précédemment, soit α^2 et α_1^2 les aires des deux bases, et H la distance de leurs plans qu'on appelle encore la *hauteur :*

Nous aurons (fig. 416) : $V = \frac{1}{3}\alpha^2 \times SO + \frac{1}{3}\alpha_1^2 \times SO'$.

Or,

$$\frac{\alpha^2}{\overline{SO}^2} = \frac{\alpha'^2}{\overline{SO'}^2};$$

d'où :

$$\frac{\alpha}{SO} = \frac{\alpha'}{SO'} = \frac{\alpha + \alpha'}{H}.$$

En remplaçant, dans V, SO et SO' par les valeurs qu'on en tire, on obtient :

$$V = \frac{1}{3} \frac{\alpha^3 H}{\alpha + \alpha'} + \frac{1}{3} \frac{\alpha_1^3 H}{\alpha + \alpha'};$$

d'où :

$$V = \frac{1}{3} H . \frac{\alpha^3 + \alpha'^3}{\alpha + \alpha'}.$$

En effectuant la division indiquée, on obtient :

$$V = \frac{1}{3} H (\alpha^2 - \alpha\alpha' + \alpha_1^2).$$

Donc : *le tronc de pyramide à bases parallèles de seconde espèce est l'excès de la somme de deux pyramides de même hauteur et de mêmes bases que le tronc, sur la pyramide de même hauteur que le tronc et dont la base est moyenne géométrique entre les bases du tronc.*

Remarque. — Ce principe peut s'établir pour le cas du tronc triangulaire par des transformations géométriques analogues à celles que l'on a employées dans la démonstration du théorème XXI.

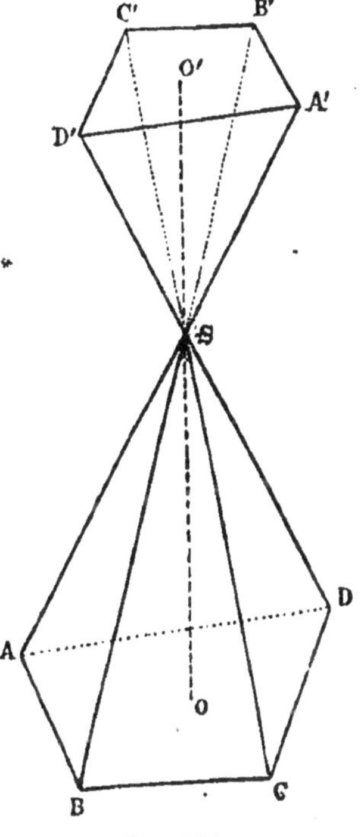

Fig. 416.

APPLICATION V

Lorsqu'un polyèdre est limité par deux polygones à plans parallèles (bases) et par des triangles ayant pour sommets et pour bases les sommets et les côtés de ces polygones, son volume a pour mesure l'expression :

$$\frac{H}{6}(S + S' + 4S'')$$

et représentant par H *la distance des plans des deux bases, par* S *et* S' *les aires de ces bases, et par* S'' *l'aire de la section dont le plan parallèle aux basses est équidistant de celles-ci* (fig. 416 bis).

Soit en effet les deux bases ABCD, EFG, dont les plans sont parallèles, et soit LMNPQRT la section par le plan parallèle aux bases et équidistant de leurs plans : les sommets de ces sections sont les milieux des arêtes latérales. Prenons un point arbitraire O dans cette section, et joignons-le à tous les sommets des bases : le polyèdre sera décomposé en pyramides dont la somme sera le volume cherché. Or parmi ces pyramides, nous distinguerons celles qui [o]nt pour bases S et S', de celles qui ont pour base les faces latérales du polyèdre.

Les deux premières pyramides ont respectivement pour volume

$\frac{1}{6}$ HS et $\frac{1}{6}$ HS'. Soit alors OABF une des autres pyramides; pour l'évaluer, nous remarquons que OFMN en est le quart, et que OFMN a pour mesure $\frac{1}{6}$ H $\times$ OMN.

La somme de ces pyramides sera donc $\frac{4}{6}$ H multiplié par la somme des aires telles que OMN, c'est-à-dire S'', d'où le résultat énoncé.

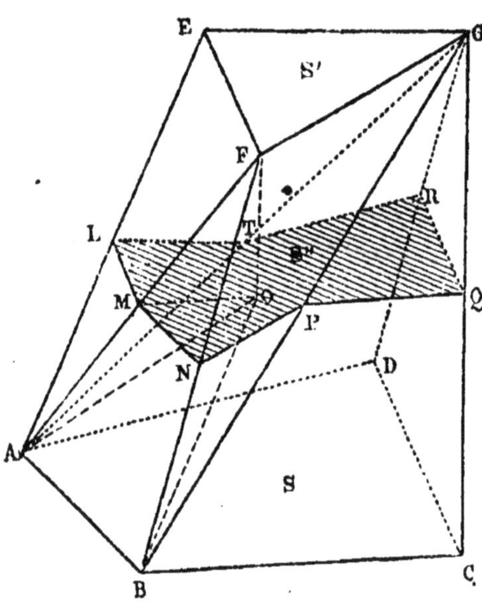

Fig. 410 *bis*.

Remarque I. — Le volume du tronc de pyramide polygonale résulte évidemment de la formule précédente.

On démontre aisément, en effet, que $\sqrt{S''}$ est, dans ce cas, la demi-somme de $\sqrt{S}$ et $\sqrt{S'}$, d'où la formule déjà obtenue pour le tronc de pyramide.

Remarque II. — La formule précédente permet de cuber tous les volumes que l'on étudie en géométrie élémentaire, sans pour cela donner, dans la plupart des cas, des résultats aussi commodes que ceux qui sont contenus dans les théorèmes classiques.

Cette formule s'applique aussi aux corps ronds.

THÉORÈME XXIII

Un tronc de prisme triangulaire est la somme de trois pyramides ayant pour base commune l'une des bases du tronc, et pour sommets les sommets de l'autre base.

Soit (fig. 417) le tronc de prisme ABC A'B'C' : nous faisons passer le plan AB'C qui le décompose en deux pyramides : l'une triangulaire B'ABC, qui est une des pyramides de l'énoncé, l'autre quadrangulaire

B'AA'C'C : nous décomposons cette dernière en deux pyramides triangulaires par le plan AB'C'.

La première de ces pyramides B'AC'C est équivalente à la pyramide BAC'C, car BB' est parallèle au plan de la base commune : or, cette pyramide BAC'C a pour sommet le point C' et pour base ABC, donc c'est encore une pyramide de l'énoncé.

Il reste donc la pyramide B'AA'C' : nous ne changerons pas son volume en transportant C' en C, sans changer les sommets A,A',B', car C'C est parallèle au plan AA'B ; enfin, nous ne changerons pas le volume de la pyramide CAA'B' en transportant le point B' en B, puisque BB' est parallèle au plan AA'C ; la troisième pyramide a donc pour sommets les points A,A',B,C ; donc, pouvant prendre pour sommet le point A', elle est bien la troisième pyramide de l'énoncé.

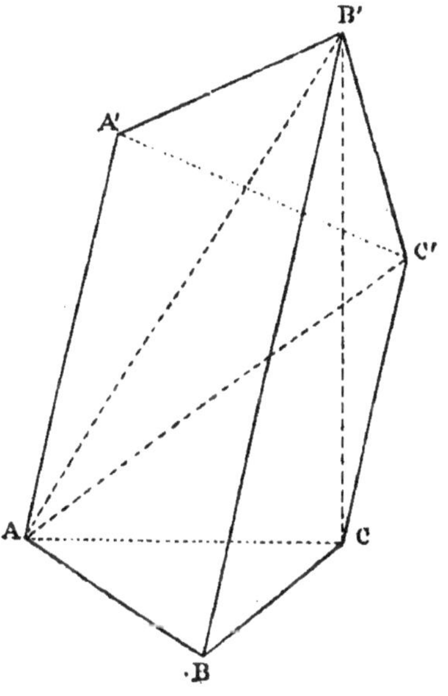

Fig. 417.

Corollaire I. — *Les arêtes d'un tronc de prisme triangulaire droit étant* a, b, c, *et l'aire de la section droite étant* S, *le volume est répresenté par :*

$$S \times \frac{a+b+c}{3}.$$

En effet, dans ce cas particulier, les arêtes latérales sont les hauteurs des trois pyramides dont la somme égale le tronc.

Corollaire II. — *Les arêtes d'un tronc de prisme triangulaire oblique étant* a, b, c, *et l'aire de la section droite étant* S, *le volume est représenté par :*

$$S \times \frac{a+b+c}{3}.$$

Car soit DEF (fig. 418) la section droite dont l'aire est S.

Chacun des troncs de prismes droits DEFABC, DEFA'B'C' s'évaluera par le corollaire I, et l'on aura :

$$V = \frac{S}{3}(A'D + EB' + FC') + \frac{S}{3}(DA + EB + FC).$$

En effectuant la somme, et groupant les portions d'une même arête, on obtient :

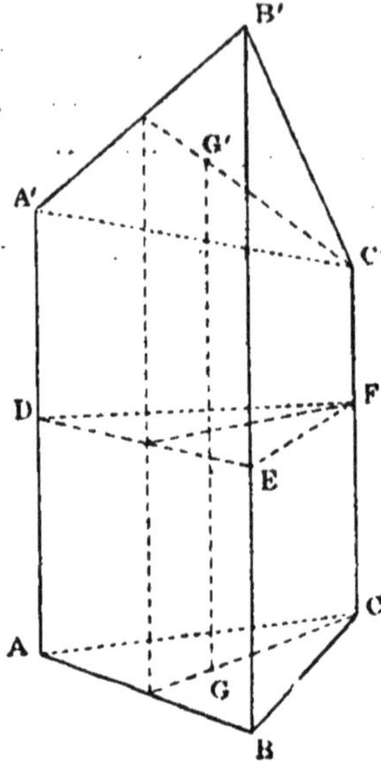

Fig. 418.

$$V = \frac{S}{3}(a + b + c).$$

Corollaire III. — *Le volume d'un tronc de prisme triangulaire est le produit de la section droite par la distance des centres de gravité des deux bases.*

Car la droite qui joint les centres de gravité est parallèle aux arêtes latérales, et vaut le tiers de leur somme.

Remarque. — Cet énoncé est général ; il s'applique au tronc de prisme polygonal (Voy. le *Cours de mécanique*).

§ V. — *SYMÉTRIE

Définition. — *On dit que deux points* A, A' *sont* SYMÉTRIQUES PAR RAPPORT A UNE DROITE, *appelée* AXE, *lorsque cette droite est perpendiculaire au milieu de la portion de droite* AA'.

On dit que deux points A *et* A' *sont* SYMÉTRIQUES PAR RAPPORT A UN POINT, *appelé* CENTRE, *lorsque ce point est le milieu de la portion de droite* AA'.

On dit que deux points A *et* A' *sont* SYMÉTRIQUES PAR RAPPORT A UN PLAN, *lorsque ce plan est perpendiculaire au milieu de la portion de droite* AA'.

On dit que deux figures sont SYMÉTRIQUES PAR RAPPORT A UN AXE, A UN POINT, OU A UN PLAN, *lorsque les points de ces deux figures sont deux à deux symétriques par rapport à cet axe, à ce point, ou à ce plan.*

THÉORÈME XXIV

Deux figures symétriques par rapport à un axe sont égales.

Soit A, B... (fig. 419) des points de la première figure P, et

A′, B′... les points symétriques de ceux-ci par rapport à XY, et qui forment la seconde figure P′ : si nous imprimons à chaque point de la figure P′ un mouvement de rotation, dans le même sens, autour de XY, l'angle de rotation étant deux droits, les points A′,B′... viendront se confondre avec les points A B... de la figure P. Donc les figures P et P′ sont égales, puisqu'elles peuvent coïncider.

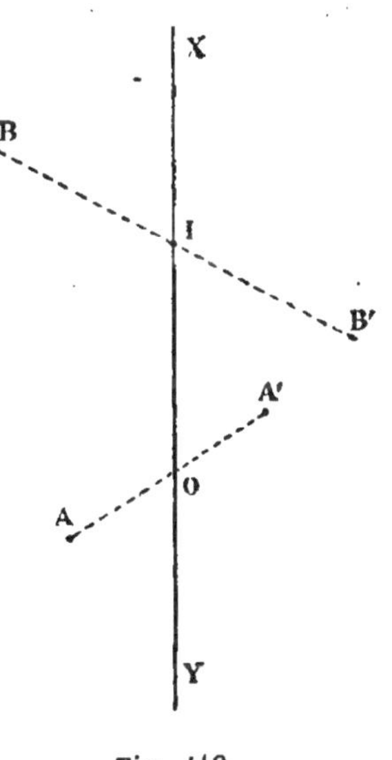

Fig. 419.

Remarque. — Il n'y a donc pas lieu d'étudier la symétrie par rapport à un axe, puisqu'elle reproduit des figures identiques à celles que l'on considère.

THÉORÈME XXV

Deux figures symétriques d'une même troisième par rapport à deux points différents, sont égales.

Soit A,B...(fig. 420), les points de la figure P, et A′,B′..., les symétriques de ces points par rapport au centre O, qui forment la figure P′. Soit de même A″,B″..., les symétriques de ces mêmes points par rapport au centre O′, qui forment la figure P″. Montrons que les figures P′,P″ peuvent coïncider.

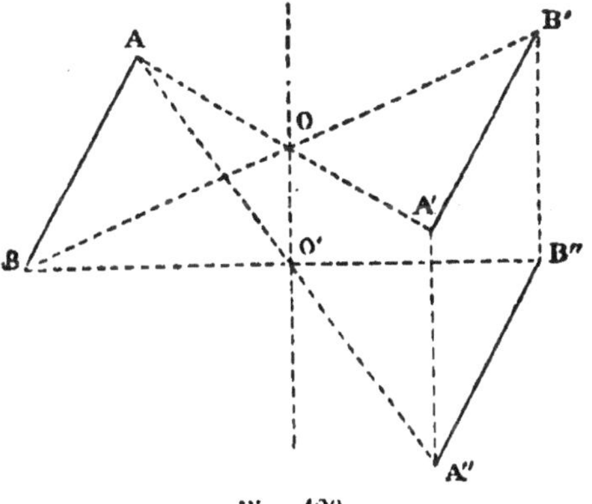

Fig. 420.

En effet OO′ est parallèle aux droites A′A″ et B′B″ et vaut la moitié de chacune d'elles; donc A′A″ est égale et parallèle à B′B″. Par suite si l'on déplace la figure P″ de sorte que tous ses points décrivent des droites parallèles à OO′ et double de OO′, elle viendra coïncider avec la figure P′ : ces deux figures sont donc égales.

Corollaire. — *On obtient toujours la même figure symétrique* *de la figure donnée, par rapport à un point, quelle que soit la position de ce point.*

THÉORÈME XXVI

Deux figures symétriques d'une même troisième par rapport à deux plans différents, sont égales.

Soit A,B... (fig. 421), les points de la figure P dont les symétriques par rapport au plan Q sont A',B'... qui forment la figure P'; soit de même A'',B''..., les symétriques des points de P par rapport au deuxième plan Q', ces points forment la figure P''.

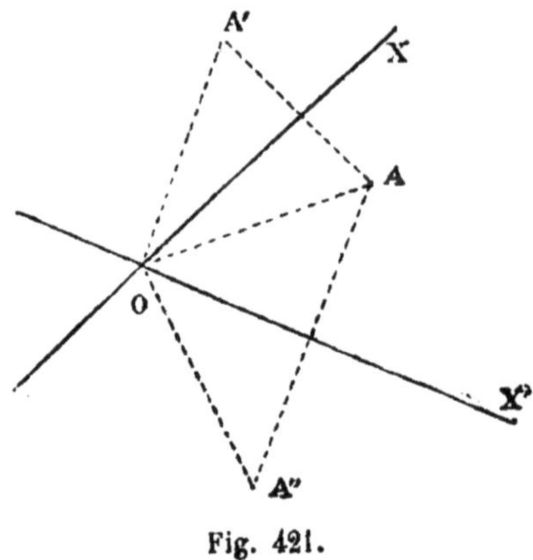

Fig. 421.

Prouvons que les figures P' et P'' sont égales :

Prenons le plan AA'A'' pour plan de la figure; il sera perpendiculaire à chacun des plans Q,Q' représentés par leurs traces OX, OX', il sera donc perpendiculaire à leur intersection au point O. Il est évident que l'angle A'OA'' est double de l'angle XOX', c'est-à-dire double du rectiligne α du dièdre, contenant le point A, que forment les plans Q et Q'. Il en sera de même pour l'angle B'O'B'' et ainsi de suite : donc si l'on imprime une rotation d'angle 2α à la figure P'' autour de l'intersection des plans Q,Q', les points A'',B''..., viendront coïncider avec les points A',B'...: les deux figures sont donc égales.

Corollaire. — *On obtient toujours la même figure symétrique d'une figure donnée par rapport à un plan, quelle que soit la position de ce plan.*

THÉORÈME XXVII

Deux figures symétriques d'une même troisième, l'une par rapport à un point et l'autre par rapport à un plan, sont égales.

Soit A,B... (fig. 422), les points d'une figure P, et A', B'..., les symétriques de ces points par rapport à un plan Q, ils formeront la figure P' symétrique de la figure P par rapport au plan Q.

Comme on ne change pas la figure symétrique de P par rapport à un point en déplaçant ce point, soit O un point du plan Q, et soit A″,B″..., les symétriques des points A,B,C par rapport au point O, ils forment la figure P″ symétrique de P par rapport à un point.

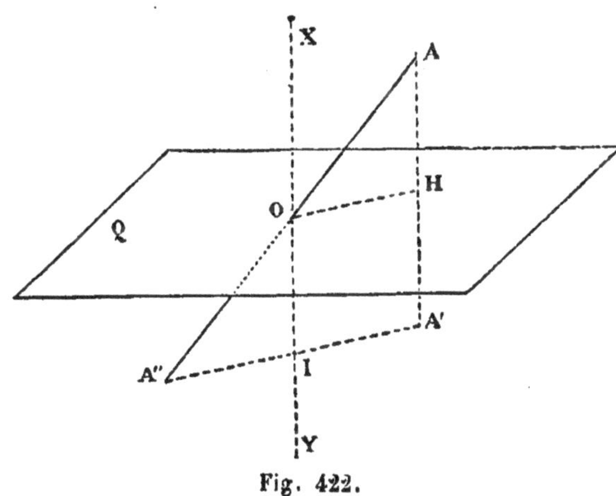

Fig. 422.

Traçons XY perpendiculaire au point O du plan Q; cette droite parallèle à AA′ est contenue dans le plan AA′A″ qui contient le point O: XY rencontre donc A′A″, soit I: cette droite OI passe donc par le milieu de A′A″ puisque O est le milieu de AA″, et lui est perpendiculaire, car A′A″ est parallèle à OH. Donc les points A′,A″ sont symétriques par rapport à XY; il en est évidemment de même des deux points B′,B″ et C′, C″... Donc les figures P′,P″ sont symétriques l'une de l'autre par rapport à l'axe XY, elles sont donc égales (th. XXIV).

Corollaire — *Une figure donnée n'a qu'une seule symétrique qu'on peut obtenir en prenant les symétriques de ses divers points soit par rapport à un point arbitraire, soit par rapport à un plan arbitraire.*

THÉORÈME XXVIII

1° *La figure symétrique d'une droite est une droite égale.*

2° *La figure symétrique d'un angle rectiligne est un angle égal.*

3° *La figure symétrique d'un plan est un plan.*

4° *La figure symétrique d'un polygone plan est un polygone égal au premier.*

5° *La figure symétrique d'un angle dièdre est un angle dièdre égal.*

6° *La figure symétrique d'un angle polyèdre est un angle polyèdre dont les faces et les angles dièdres sont respectivement égaux aux faces et aux angles dièdres du premier, mais ces éléments égaux sont disposés en ordre inverse dans les deux angles: ils sont symétriques d'après la définition du livre V.*

1° Si l'on prend pour centre de symétrie le milieu de la portion de droite donnée, on trouve évidemment cette même portion de droite pour figure symétrique.

2° Si l'on prend pour centre de symétrie le sommet de l'angle, on trouve pour figure symétrique l'angle opposé par le sommet.

3° Si l'on prend pour plan de symétrie le plan lui-même, le résultat est évident.

4° Si l'on prend pour plan de symétrie le plan du polygone on retrouve évidemment le même polygone.

5° Si l'on prend pour centre de symétrie un point de l'arête du dièdre on trouve pour figure symétrique l'angle dièdre opposé par l'arête.

6° Si l'on prend pour centre de symétrie le sommet de l'angle polyèdre, on obtient (coroll. IV, th. XXXVIII, livre V) pour figure symétrique un angle polyèdre dont les faces et les dièdres sont respectivement égaux aux faces et aux dièdres du premier; mais ces éléments égaux étant disposés en ordre inverse dans les figures, ces deux angles ne sont pas égaux.

THÉORÈME XXIX

Deux polyèdres symétriques ont :

1° *Leurs arêtes égales chacune à chacune;*

2° *Leurs faces égales chacune à chacune;*

3° *Leurs angles dièdres égaux chacun à chacun;*

4° *Leurs angles polyèdres symétriques chacun à chacun;*

5° *Leurs volumes équivalents.*

Les quatre premières parties sont des conséquences immédiates du théorème XXVIII.

Pour démontrer la cinquième partie, nous commençons par remarquer que deux pyramides symétriques sont équivalentes, car si l'on prend le plan de base pour plan de symétrie, les hauteurs des deux pyramides sont visiblement égales : elles ont donc même base et même hauteur, donc même volume.

Or, deux polyèdres symétriques sont évidemment décomposables en pyramides symétriques chacune à chacune ; car, si l'on prend un point O intérieur au polyèdre P et le point O′ symétrique de celui-ci les pyramides ayant pour sommet commun le point O et pour bases les faces du polyèdre P, auront pour symétriques les pyramides qui ont pour sommet commun le point O′ et pour bases les faces du polyèdre P′ : or, ces pyramides symétriques sont équivalentes chacune à chacune, donc les polyèdres P et P′ ont même volume.

§ VI. — SIMILITUDE DES POLYÈDRES

Définition. — DEUX POLYÈDRES SONT SEMBLABLES *lorsqu'ils ont les faces semblables chacune à chacune et les angles polyèdre homologues égaux.*

Les sommets *homologues des polyèdres* sont les sommets *homologues des faces semblables*, les *arêtes homologues* joignent des sommets homologues deux à deux : les *angles polyèdres homologues* sont formés par les faces semblables et homologues.

Par suite de l'égalité des angles polyèdres homologues, les dièdres homologues sont égaux, et les éléments égaux dans deux angles polyèdres homologues sont disposés dans le même ordre ; donc les faces homologues, qui forment ces angles polyèdres sont disposées aussi dans le même ordre : on dit qu'elles sont semblablement placées.

THÉORÈME XXX

Dans deux polyèdres semblables :

1° *Le rapport de deux arêtes homologues est constant.*

2° *Les surfaces sont dans le rapport des carrés de deux arêtes homologues.*

1° Soit a et a' deux arêtes homologues des polyèdres semblables P et P′ ; soit F_1 et F_2 les faces du polyèdre P ayant a pour arête commune, elles sont semblables aux faces F_1', F_2' du polyèdre P′ ayant a' pour arête commune : donc $\frac{a'}{a}$ est le rapport similitude des faces

F_1', F_1 et aussi des faces F_2', F_2 : de proche en proche, deux faces homologues quelconques auront $\frac{a'}{a}$ pour rapport de similitude : le rapport de deux arêtes homologues est donc le même que le rapport de similitude de deux faces homologues quelconques.

2° Soit α, β, γ... les aires des faces du polyèdre P, et α', β', γ',... les aires des faces homologues dans le polyèdre P' : a' et a étant deux arêtes homologues, on a la suite de rapports égaux :

$$\frac{a'^2}{a^2} = \frac{\alpha'}{\alpha} = \frac{\beta'}{\beta} = \frac{\gamma'}{\gamma} = ..$$

d'où :

$$\frac{a'^2}{a^2} = \frac{\alpha' + \beta' + \gamma' + \dots}{\alpha + \beta + \gamma + \dots}.$$

Or, les termes du second membre sont les surfaces des polyèdres P' et P ; le rapport de ces aires est donc égal au rapport des carrés de deux arêtes homologues quelconques.

* **Corollaire**. — *Le nombre des conditions nécessaires pour la similitude de deux polyèdres est égal au nombre des arêtes moins une de l'un d'eux.*

En effet, il suffit d'une condition pour que deux polyèdres semblables soient égaux : or il faut autant de conditions qu'il y a d'arêtes (corol. III, th. I) pour que deux polyèdres soient égaux, donc il en faut une de moins, pour qu'ils soient semblables.

Définition. — *Le rapport de deux arêtes homologues dans deux polyèdres semblables s'appelle le* RAPPORT DE SIMILITUDE *des deux polyèdres.*

L'égalité de deux polyèdres correspond au cas où le rapport de similitude est égal à l'unité, autrement dit :

Deux polyèdres semblables sont égaux s'ils ont une arête homologue égale.

THÉORÈME XXXI

Tout plan parallèle à une face d'un tétraèdre, et rencontrant les arêtes du même côté de cette face que le sommet opposé détermine un tétraèdre semblable au premier.

Soit (fig. 423) la section B'C'D' par un plan parallèle à BCD : les deux tétraèdres ABCD, AB'C'D' sont semblables : 1° parce que leurs faces sont semblables chacune à chacune; 2° parce que les angles trièdres homologues sont égaux, car le trièdre A est commun et les trièdres B et B′ ont leurs faces égales chacune à chacune et disposées dans le même ordre : il en est de même des trièdres C, C′ et D, D′.

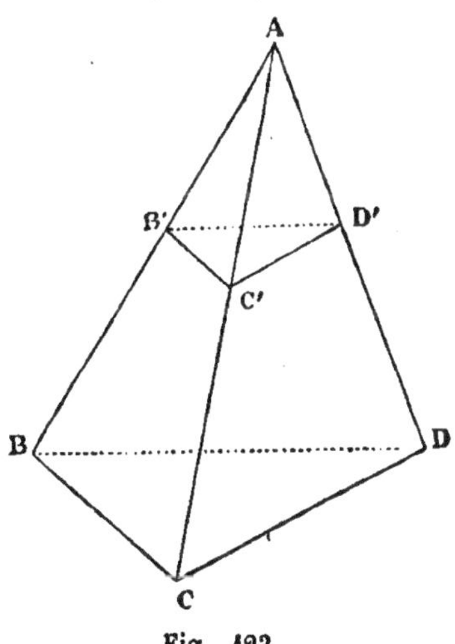

Fig. 423.

Corollaire. — *Tout plan parallèle à la base d'une pyramide, et rencontrant les arêtes du même côté du sommet que cette base, détermine une pyramide semblable à la première.*

Même démonstration que dans le cas du tétraèdre.

THÉORÈME XXXII

Deux tétraèdres sont semblables lorsqu'ils ont un angle dièdre égal compris entre des faces semblables chacune à chacune et semblablement disposées.

Soit (fig. 424) les tétraèdres ABCD, A′B′C′D′ ayant les dièdres CABD

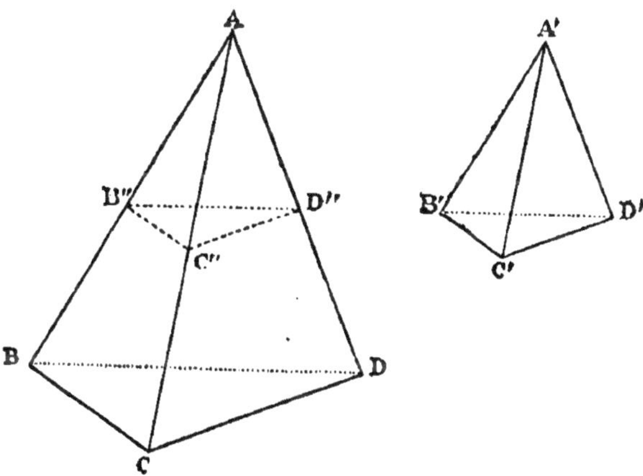

Fig. 424.

et C′A′B′D′ égaux, les faces ABC, A′B′C′ semblables, ainsi que les faces ABD A′B′D′, ces faces étant disposées de la même façon dans les deux tétraèdres.

Nous prenons AB″ = A′B′, et par le point B″ nous faisons passer un plan parallèle à BCD : nous formerons ainsi un tétraèdre AB″C″D″ semblable au tétraèdre ABCD, il nous suffira donc de prouver qu'il est égal au tétraèdre A′B′C′D′.

Or ces deux tétraèdres ont déjà un dièdre égal, prouvons que les faces qui le comprennent sont égales chacune à chacune, comme elles sont disposées de la même façon, les tétraèdres seront égaux (coroll., th. VII). Or, AB′C″ semblable à ABC est semblable à A′B′C′; mais ces triangles semblables ont un côté homologue égal AB″ = A′B′ par construction, donc ils sont égaux : il en est de même des triangles A′B′D′ et AB″D″. Donc les pyramides ABCD, A′B′C′D′ sont semblables.

Remarque. — Le cas de similitude de deux tétraèdres que nous venons de démontrer est indispensable pour les théorèmes suivants : mais il existe d'autres cas de similitude qu'il peut être utile de connaître :

1° *Deux tétraèdres sont semblables lorsqu'ils ont les arêtes proportionnelles et semblablement disposées.*

En effet, dans ce cas, les triangles qui forment les faces sont semblables chacun à chacun ; par suite les trièdres sont égaux chacun à chacun, puisqu'ils ont les faces égales chacune à chacune et disposées de la même façon : donc, par définition, les tétraèdres sont semblables.

2° *Deux tétraèdres sont semblables lorsqu'ils ont les dièdres égaux chacun à chacun et semblablement disposés.*

Car dans ce cas les angles trièdres sont égaux chacun à chacun, par suite les faces de ces trièdres sont égales chacune à chacune, et les triangles qui forment les faces des tétraèdres sont semblables chacun à chacun : donc les tétraèdres sont semblables par définition.

3° *Deux tétraèdres sont semblables lorsqu'ils ont une face semblable adjacente à trois drièdres égaux chacun à chacun et disposés de la même façon.*

En effet, les trièdres qui ont pour sommets les sommets de ces faces sont égaux chacun à chacun, donc les autres faces des tétraèdres sont semblables, et l'on revient encore à la définition des polyèdres semblables.

THÉORÈME XXXIII

Deux polyèdres composés d'un même nombre de tétraèdres semblables chacun à chacun et semblablement disposés sont semblables.

Soit en effet (fig. 425) les polyèdres P et P′ composés des tétraèdres OABC, OACD, ODCE, ODEF,... respectivement semblables aux tétraèdres O′A′B′C′, O′A′C′D′, O′D′C′E′, O′D′E′F′...

1° Les faces des deux polyèdres sont des polygones semblables et semblablement disposées ; car, soit la face plane ABCD du polyèdre P, formée des triangles ABC, ACD ; les triangles semblables à ceux-ci A′B′C′, A′C′D′ seront d'abord dans un même plan, parce que les

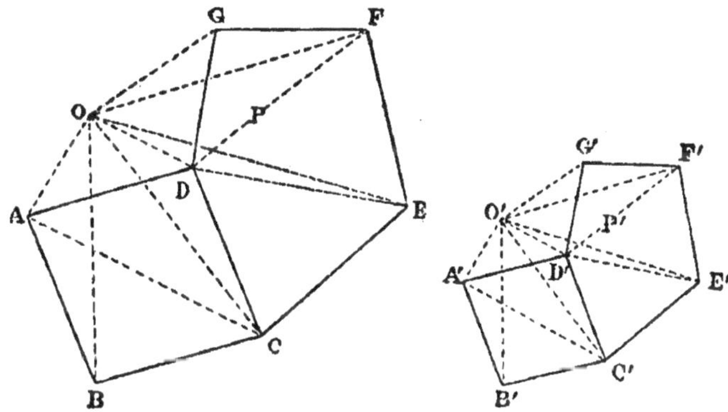

Fig. 425.

dièdres adjacents O′A′C′B′, O′A′C′D′ respectivement égaux aux dièdres OACB, OACD qui sont supplémentaires, sont aussi supplémentaires entre eux ; d'ailleurs les deux polygones ABCD, A′B′C′D′ composés d'un même nombre de triangles semblables, disposés de la même façon, sont semblables.

2° Les angles polyèdres sont égaux chacun à chacun : il suffit en effet de prouver qu'ils ont les faces et les dièdres égaux chacun à chacun et disposés en même ordre. — Or, les faces étant des angles homologues dans des polygones semblables sont égales. Soit enfin les deux dièdres homologues ADCE, A′D′C′E′ : ils sont composés de dièdres égaux chacun à chacun, car les dièdres ADCO et A′D′C′O′ sont des dièdres homologues dans les tétraèdres semblables OACD, O′A C′D′. Il en est de même des dièdres ODCE, O′D′C′E′.

Donc les polyèdres sont semblables.

THÉORÈME XXXIV

Deux polyèdres semblables sont décomposables en un même nombre de tétraèdres semblables et semblablement disposés.

Soit (fig. 426) les polyèdres semblables P, P′, dont nous considérons deux faces adjacentes homologues chacune à chacune.

Soit un point O intérieur au polyèdre P : nous construisons le point O′ en menant par A′B′ un plan qui fasse avec A′B′C′ un angle dièdre égal à l'angle OABC, puis, dans ce plan, nous construisons un

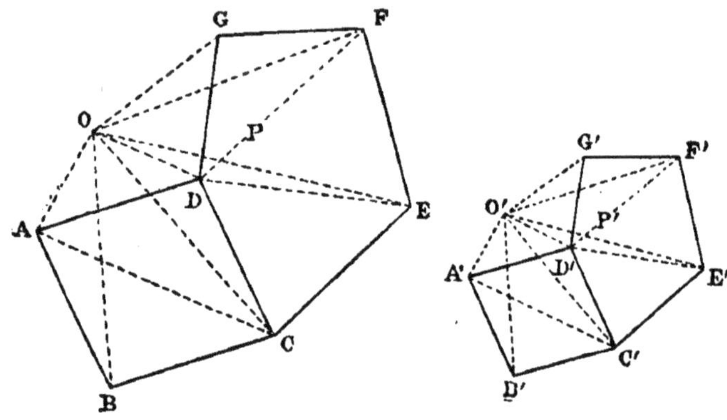

Fig. 426.

triangle A′B′O′ semblable à ABO, les côtés A′B′ et AB étant homologues, et ces triangles étant semblablement placés par rapport aux faces ABC, A′B′C′.

Les tétraèdres OABC, O′A′B′C′ seront semblables parce qu'ils ont un dièdre égal compris en faces semblables et semblablement placées. Il en résulte la similitude des tétraèdres adjacents OACD, O′A′C′D′, car les dièdres OACD, O′A′C′D′ respectivement, supplémentaires des dièdres OACB, O′A′C′B′ qui sont égaux, sont égaux, et ces dièdres sont compris entre faces semblables chacune à chacune et semblablement disposées.

Il en résulte encore la similitude des tétraèdres ODCE, O′D′C′E′, car les dièdres ODCE, O′D′C′E′ s'obtiennent en retranchant des dièdres égaux ADCE, A′D′C′E′, les dièdres égaux ODCA, O′D′C′A′ : d'ailleurs les faces qui comprennent ces dièdres égaux sont semblables.

En continuant de la sorte, il est évident que les polyèdres seront décomposés en un même nombre de tétraèdres semblables chacun à chacun.

Définitions. — Le point O′ que nous avons construit dans la démonstration précédente est dit homologue du point O : en général on dit que *deux points* O *et* O′ *sont homologues dans deux polyèdres semblables* P *et* P′, *lorsqu'en joignant ces points à trois sommets homologues deux à deux, on forme des tétraèdres semblables et semblablement placés par rapport aux faces des polyèdres* P *et* P′.

On dit que deux droites MN et M′N′ sont *homologues* dans deux polyèdres semblables P et P′, lorsque les points M et M′ sont homologues ainsi que N et N′, et l'on démontre aisément que le rapport de deux lignes homologues est égal au rapport de similitude des polyèdres.

THÉORÈME XXXV

Les volumes de deux polyèdres semblables sont dans le rapport des cubes de deux arêtes homologues.

Nous considérons d'abord le cas de deux tétraèdres semblables, et nous y ramènerons le cas général à l'aide du théorème XXXIV.

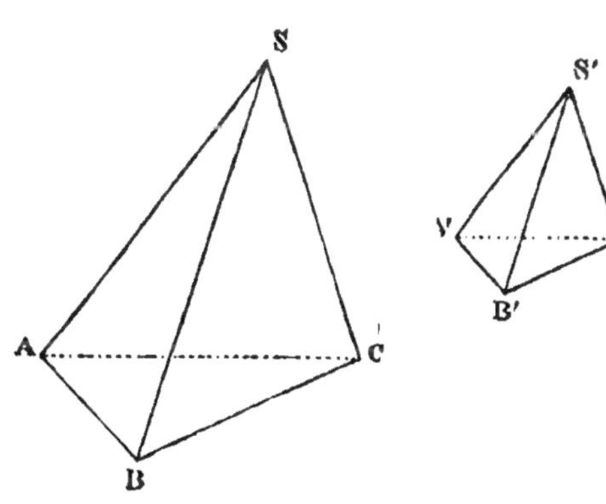

Fig. 427.

1° Soit (fig. 427) les tétraèdres semblables SABC, S′A′B′C′ : les angles trièdres S et S′ étant égaux, les volumes V et V′ de ces tétraèdres sont dans le rapport des produits des trois arêtes de ces trièdres (th. XX):

$$\frac{V'}{V} = \frac{S'A'}{SA} \times \frac{S'B'}{SB} \times \frac{S'C'}{SC}.$$

Or

$$\frac{S'A'}{SA} = \frac{S'B'}{SB} = \frac{S'C'}{SC},$$

donc

$$\frac{V'}{V} = \frac{\overline{S'A'}^3}{\overline{SA}^3}.$$

2° Soit deux polyèdres semblables P et P′ dont les volumes sont V et V′ : prenons deux points homologues O et O′ dans l'intérieur de ces polyèdres, et considérons les tétraèdres ayant pour sommets ces points, et pour bases les triangles semblables chacun à chacun dans lesquels les faces sont décomposables : nous formerons ainsi deux systèmes de tétraèdres semblables chacun à chacun, et dont le rapport de similitude sera le rapport de deux arêtes a et a' homologues quelconques des polyèdres P et P′ : soit α, β, γ... les volumes des tétraèdres qui composent P, et α', β', γ'... les volumes des tétraèdres homologues dans P′ ; nous aurons, d'après 1° :

$$\frac{a'^3}{a^3} = \frac{\alpha'}{\alpha} = \frac{\beta'}{\beta} = \frac{\gamma'}{\gamma} = \ldots$$

d'où :

$$\frac{a'^3}{a^3} = \frac{\alpha' + \beta' + \gamma' + \ldots}{\alpha + \beta + \gamma + \ldots} = \frac{V'}{V}.$$

Ce qu'il fallait prouver.

§ VII. — * NOTIONS SUR L'HOMOTHÉTIE DANS L'ESPACE

Définitions. — *Si deux systèmes de points* A, B, C, D... A′, B′, C′, D′... *sont tels que les droites* AA′, BB′, CC′, DD′... *concourent au point* O, *et si ce point* O *partage en segments proportionnels de même espèce toutes les portions de droites* AA′, BB′..., *on dit que les deux systèmes sont* HOMOTHÉTIQUES *entre eux ; cette homothétie est* DIRECTE *ou* INVERSE *suivant que les segments déterminés par le point* O *sont* SOUSTRACTIFS *ou* ADDITIFS.

Le point O est le CENTRE D'HOMOTHÉTIE, et le rapport constant $\frac{OA'}{OA}$ est le RAPPORT D'HOMOTHÉTIE du système P′ au système P.

On dit que *deux polyèdres sont homothétiques entre eux* lorsque les sommets de l'un forment un système homothétique au système formé par les sommets de l'autre.

THÉORÈME XXXVI

Lorsque deux systèmes P′, P″ *sont homothétiques directs d'un même troisième* P *par rapport à deux centres différents* O, O′ *et que le rapport d'homothétie est le même, les systèmes* P′ *et* P″ *sont égaux.*

Soit, en effet, dans les systèmes P′, P″ les points A′, A″ homologues du point A du système P : en représentant par K le rapport commun d'homothétie, on a :

$$\frac{OA'}{OA} = \frac{O'A''}{O'A} = K;$$

donc OO′ est parallèle à A′A″, et par suite :

$$\frac{OO'}{A'A''} = \frac{OA}{AA'} = \frac{OA}{OA - OA'} = \frac{1}{1 - K}.$$

A′A″ est donc constant : par suite, les droites telles que A′A″, B′B″, C′C″... sont égales entre elles et toutes parallèles à OO′.

Donc en déplaçant P′ de sorte que les points de ce système parcourent des droites égales et parallèles à A′A″, il viendra coïncider avec P″.

Les deux systèmes P′ et P″ sont donc égaux : c'est ce qu'il fallait prouver.

Remarque. — La démonstration précédente s'applique aussi au cas où *les deux systèmes* P *et* P′ *sont homothétiques inverses par rapport au système* P.

Mais si P′ *étant homothétique direct à* P, P″ *est homothétique inverse à* P, les systèmes P′ et P″ ne seront plus égaux : P′ *sera égal au système symétrique de* P″.

Corollaire I. — *Pour obtenir un polyèdre homothétique à un polyèdre donné, on peut prendre un point quelconque pour centre d'homothétie.*

Corollaire II. — *La figure homothétique d'une droite est une droite parallèle, et le rapport des deux longueurs égale le apport d'homothétie.*

Ceci est évident en prenant le centre d'homothétie en un point quelconque de cette droite.

Corollaire III. — *La figure homothétique d'un angle est un angle égal.*

Il suffit, en effet, de prendre le sommet de l'angle pour centre d'homothétie.

Corollaire IV. — *La figure homothétique d'un plan est un plan parallèle.*

Corollaire V — *La figure homothétique d'un angle dièdre est un angle dièdre égal.*

Corollaire VI. — *La figure homothétique d'un angle polyèdre est un angle polyèdre égal ou symétrique.*

THÉORÈME XXXVII

Deux polyèdres homothétiques directs sont semblables.

Car, d'abord, les deux polyèdres ont leurs angles polyèdres égaux chacun à chacun (coroll. VI, th. XXXVI).

En second lieu, les faces sont deux à deux semblables, car les polygones plans (coroll. IV, th. XXXVI) ont leurs angles égaux (coroll. III) et leurs côtés proportionnels (coroll. II).

Remarque. — *Si deux polyèdres sont homothétiques inverses entre eux, chacun d'eux est semblable au polyèdre symétrique de l'autre.*

Car, si l'on construit le symétrique de l'un d'eux par rapport au centre d'homothétie, on obtient un polyèdre homothétique direct de l'autre.

THÉORÈME XXXVIII

Si deux polyèdres P *et* P′ *sont semblables, on peut toujours placer l'un d'eux* P′, *de sorte qu'il soit homothétique direct de* P *par rapport à un centre donné* O.

En effet, si nous construisons le polyèdre P″ homothétique direct de P par rapport au centre O, en prenant pour rapport d'homothétie de P″ à P′, le rapport de similitude de P′ à P, nous obtiendrons un polyèdre égal au polyèdre P′. Il suffira donc de superposer P′ à P″ pour le rendre homothétique direct à P par rapport au point O.

Corollaire. — *On forme tous les polyèdres semblables à un polyèdre donné en construisant les polyèdres homothétiques directs à celui-ci, par rapport à un centre arbitraire, et en faisant varier de zéro à l'infini le rapport d'homothétie.*

§ V. — EXERCICES PROPOSÉS SUR LE LIVRE VI

* **1.** Dans tout polyèdre convexe : 1° les faces d'un nombre impair de côtés sont en nombre pair ; 2° les sommets auxquels aboutissent un nombre impair d'arêtes sont en nombre pair.

*2. Le nombre des faces triangulaires d'un polyèdre convexe, augmenté du nombre des angles trièdres, est au moins égal à 8.

*3. Si l'on décompose un polyèdre en n autres polyèdres, en désignant par S le nombre total des sommets des $(n+1)$ polyèdres, par F le nombre des faces et A le nombre des arêtes, on aura la relation :

$$A + (n+1) = S + F.$$

4. Construire un parallélépipède ayant trois arêtes dirigées suivant trois droites données arbitrairement dans l'espace.

5. Chaque face latérale d'un prisme triangulaire a une aire inférieure à la somme des aires des deux autres faces.

6. Les plans perpendiculaires au milieu des arêtes d'un tétraède passent par un même point.

7. Les perpendiculaires élevées aux faces d'un tétraèdre par le centre du cercle circonscrit passent par un même point.

8. Les points de rencontre des côtés d'une section plane d'un prisme ou d'une pyramide avec les côtés correspondants d'une autre section plane sont en ligne droite.

En conclure que si deux triangles sont tels que leurs sommets soient situés deux à deux sur trois droites concourantes ou parallèles, les côtés homologues se coupent sur une même droite, et réciproquement (triangles homologiques).

9. Le plan bissecteur d'un dièdre d'un tétraèdre partage l'arête opposée en segments proportionnels aux aires des faces adjacentes.

10. Si l'on considère pour chaque trièdre d'un tétraèdre la droite également inclinée sur les trois faces, on obtient quatre droites concourantes.

11. Si la droite intérieure au trièdre A d'un tétraèdre ABCD et également inclinée sur les trois faces, rencontre en A′ la face opposée BCD, les aires des triangles A′BC, A′CD, A′DB sont proportionnelles aux aires des faces ABC, ACD, ADB.

12. Si l'on coupe un tétraèdre ABCD par un plan qui contient les milieux E, F des deux arêtes opposées AB, CD, la droite EF partagera en deux parties égales la droite qui joint les points où ce plan rencontre deux autres arêtes opposées.

13. Couper un tétraèdre par un plan parallèle à deux arêtes opposées de sorte que l'aire de la section soit maximum.

14. Parmi toutes les sections d'un tétraèdre par les plans qui contiennent les milieux de deux arêtes opposées, celle qui a une aire minimum est perpendiculaire au plan parallèle à deux autres arêtes opposées.

15. Couper un cube par un plan, de sorte que la section soit un hexagone régulier.

16. Lorsque deux tétraèdres ABCD, A′B′C′D′ sont tels que les droites AA′, BB′, CC′, DD′ sont concourantes, les faces correspondantes se coupent suivant quatre droites situées dans un même plan.

17. Soit un tétraèdre ABCD, et la section plane qui rencontre en E, F, G chacune des arêtes AB, AC, AD : nous prenons les points de rencontre B′, C′, D′, des diagonales dans les quadrilatères CFGD, BEGD, BEFC :

1° Prouver que les plans BAB′, CAC′, DAD′ passent par une même droite.

2° En désignant par A′ le point où cette ligne rencontre BCD, prouver que les quatre droites AA′, BB′, CC′, DD′ sont concourantes.

3° Le plan des trois points B′, C′, D′ passe par la droite commune aux plans BCD, EFG.

4° En supposant la section parallèle à BCD, quel est le lieu géométrique du point de concours des droites BB′, CC′, DD′ quand le plan EFG se déplace?

18. Si par chacune des arêtes d'un tétraèdre ABCD on fait passer un plan parallèle à l'arête opposée, on obtient un parallélépipède dit circonscrit au tétraèdre : en désignant par A′, B′, C′, D′ les sommets de ce parallélépipède opposés aux sommets du tétraèdre, on obtient le second tétraèdre A′B′C′D′ inscrit dans le même parallélépipède : les deux tétraèdres ABCD, A′B′C′D′ sont dits *conjugues :*

1° Les volumes de deux tétraèdres conjugués sont équivalents;

2° Etant donné un tétraèdre, construire son conjugué;

3° Évaluer le volume commun aux deux tétraèdres inscrits dans le même parallélépipède.

19. Étant donné deux points fixes A, B sur une droite X, et deux points variables M, N sur une seconde droite fixe Y, tels que la distance MN reste constante :

1° Le volume de tétraèdre ABMN est constant;

2° Placer les points M, N de sorte que la surface du tétraèdre soit minimum.

20. Le volume d'un prisme triangulaire est la moitié du produit d'une face latérale par la distance à cette face de l'arête opposée.

21. Le volume d'un prisme triangulaire ne change pas si l'on déplace les sommets appartenant à une même arête latérale, le long de cette arête, la distance de ces deux sommets restant invariable.

Ce volume est d'ailleurs proportionnel à cette distance.

22. Partager une pyramide quadrangulaire en deux parties équivalentes, par un plan contenant une arête de la base.

23. Tout plan mené par les milieux de deux arêtes opposées d'un tétraèdre partage le solide en deux parties équivalentes.

24. Déterminer un point O à l'intérieur d'un tétraèdre ABCD de sorte que les droites qui joignent ce point aux sommets forment quatre pyramides équivalentes.

25. Si l'on joint un point O, intérieur à un tétraèdre ABCD, à chacun des sommets, en représentant par A′, B′, C′, D′ les points où ces lignes rencontrent les faces, on a la relation :

$$\frac{OA'}{AA'} + \frac{OB'}{BB'} + \frac{OC'}{CC'} + \frac{OD'}{DD'} = 1.$$

26. Par une droite donnée dans le plan de l'une des faces d'un tétraèdre, tracer un plan qui partage son volume en deux parties équivalentes.

27. Partager un tétraèdre en deux parties équivalentes par un plan parallèle à une droite donnée, ou passant par un point donné.

28. On coupe le tétraèdre ABCD par un plan quelconque qui détermine la section B′C′D′ : on propose d'évaluer le volume du tronc BCD B′C′D′ en fonction des distances du point A aux six points B, C, D, B′, C′, D′.

29. Étant donné les quatre hauteurs d'un tétraèdre et les distances d'un point à trois faces, calculer la distance de ce point à la quatrième face.

30. Si par un point M arbitraire de la face BCD d'un tétraèdre, on mène les parallèles aux arêtes issues du sommet A, qui rencontrent respectivement ces faces aux points B′, C′, D′, prouver la relation :

$$\frac{MB'}{AB} + \frac{MC'}{AC} + \frac{MD'}{AD} = 1.$$

Trouver à l'aide de quelle convention cette relation s'applique à tous les points du plan BCD.

31. Étant donné un prisme triangulaire, on y fait une section ABC parallèle aux bases; on joint ses sommets à un point S quelconque du plan de l'une des bases du prisme, et l'on considère la section A′B′C′ de l'autre base par le trièdre ainsi formé.

Déterminer la position de la section ABC par la condition que le tétraèdre SA′B′C′ soit équivalent au prisme.

32. Par un point S pris sur l'axe d'un prisme hexagonal régulier (en dehors du prisme) et par les côtés du triangle équilatéral dont les sommets coïncident avec trois sommets de la base supérieure, on fait passer des plans qui détachent du prisme trois tétraèdres et les remplacent par un tétraèdre unique reposant sur sa base supérieure.

Déterminer la position du point S pour laquelle la surface totale du décaèdre ainsi construit est minimum (alvéole des abeilles).

33. Le tronc de parallélépipède est équivalent aux $\frac{3}{4}$ de la somme de quatre pyramides ayant pour base commune l'une des bases du tronc, et pour sommets chacun des sommets de l'autre base.

34. Connaissant les deux bases d'un tronc de pyramide, calculer l'aire de la section par un plan parallèle aux bases qui partage la hauteur dans un rapport donné.

35. Évaluer le volume du tronc de prisme qui sert à cuber les cailloux dont on ferre les routes, en se donnant les dimensions des deux rectangles et la distance de leurs plans.

36. Les droites qui joignent les sommets homologues de deux polyèdres semblables dont les arêtes homologues sont parallèles (homothétiques) sont concourantes (ce point s'appelle le centre d'homothétie de ces polyèdres).

37. Les centres d'homothétie de trois polyèdres homothétiques deux à deux sont en ligne droite.

38. Les six centres d'homothétie de quatre polyèdres homothétiques deux à deux sont dans un même plan.

39. Calculer les dimensions d'un parallélépipède rectangle dont le volume est V, sachant que ces dimensions sont proportionnelles aux nombres a, b, c.

40. Quel est le rapport des volumes de deux tétraèdres dont l'un a été obtenu en menant par chaque sommet de l'autre un plan parallèle à la face opposée.

41. Partager une pyramide en parties proportionnelles à des nombres donnés m, n, p, par des plans parallèles à sa base.

42. Les carrés des volumes de deux polyèdres semblables sont proportionnels aux cubes de deux faces homologues.

43. Étant donné un losange ABCD : aux points A et C, extrémités d'une diagonale, on élève les perpendiculaires AE et CF au plan du losange. Calculer le volume du tétraèdre BDEF en fonction des diagonales et des longueurs AE et CF. — (B. S. Poitiers.)

44. Étant donné un hexagone régulier AA'BB'CC', on suppose le triangle équilatéral A'B'C' transporté perpendiculairement au plan ABC, et parallèlement à lui-même. On tire les droites AA', A'B, BB', B'C, CC', C'A.

1° Évaluer le volume ainsi défini, en représentant par a le côté de l'hexagone, et par H la hauteur de ce solide.

2° Calculer H par la condition que toutes les faces soient des triangles équilatéraux. — (B. S. Clermont.)

45. Un terrain triangulaire a pour côtés 130^m, 140^m et 150^m. On creuse tout autour un fossé qui raccourcit chacun des côtés de 2^m : sa profondeur est $1^m,5$. On répand ensuite sur le triangle la terre provenant du déblai à une hauteur uniforme. Quelle est cette hauteur ? — (La section droite du fossé est un rectangle.) (B. S. Bordeaux).

46. Un solide a la forme du toit d'une maison, c'est-à-dire qu'il est compris entre une face rectangulaire ABB'A' et quatre autres faces ABC, A'B'C', ACC'A', BCC'B', dont les plans passent respectivement par les côtés de la première.

Trouver la formule qui exprime ce volume, en représentant par α, β, les longueurs AA', AB, par γ la longueur CC' de l'arête commune aux faces latérales passant par AA′ et BB′ et par H la hauteur du point C au-dessus du plan ABA′. — (B. S. Dijon.)

47. On donne la hauteur H d'un tronc de pyramide, la surface m^2 d'une des bases, un côté a de cette base et le côté homologue a' de l'autre.

1° Calculer le volume du tronc, ainsi que celui d'un prisme de même hauteur et dont la base serait la section parallèle aux bases et équidistante de leurs plans.

2° On considère le prisme de hauteur H dont la base serait semblable aux bases du tronc, et dont le volume serait la différence des deux volumes précédents. Calculer le côté a'' de cette base, homologue à a. — (B. S. Nancy.)

SEPTIÈME LIVRE

SPHÈRE, FIGURES TRACÉES SUR LA SPHÈRE

---

§ I. — DÉFINITIONS ET NOTIONS GÉNÉRALES SUR LES SURFACES DE RÉVOLUTION.

Lorsque des points décrivent des arcs semblables, dans le même sens, sur des circonférences dont les plans sont perpendiculaires à une même droite, et dont les centres sont sur cet axe, la figure formée par ces points reste invariable de forme.

On dit alors que cette figure est animée d'un *mouvement de rotation autour de la droite fixe qui est appelé l'*AXE *de ce mouvement.*

On appelle SURFACE DE RÉVOLUTION *la surface engendrée par une ligne tournant autour d'une droite : cette ligne s'appelle la* GÉNÉRATRICE *de la surface.*

Lorsque la génératrice est une droite rencontrant l'axe, le solide engendré s'appelle CÔNE (1) DE RÉVOLUTION : le point fixe où la génératrice rencontre l'axe est le SOMMET DU CÔNE, et ce point sépare les deux NAPPES de la surface.

Lorsque la génératrice est une droite parallèle à l'axe, le solide engendré s'appelle CYLINDRE (2) DE RÉVOLUTION.

Enfin la SPHÈRE (3) *est la surface de révolution engendrée par une demi-circonférence tournant autour de son diamètre.* Le *centre* et le *rayon* de la sphère sont le centre et le rayon du cercle générateur.

La section d'une surface de révolution par un plan perpendiculaire à l'axe est une circonférence dont le centre est sur l'axe.

(1) κῶνος, toupie, pomme de pin.
(2) κύλινδρος, rouleau, cylindre.
(3) σφαῖρα, boule, balle.

Car, soit M (fig. 428) le point où le plan sécant rencontre la génératrice dans l'une quelconque de ses positions : la droite OM étant

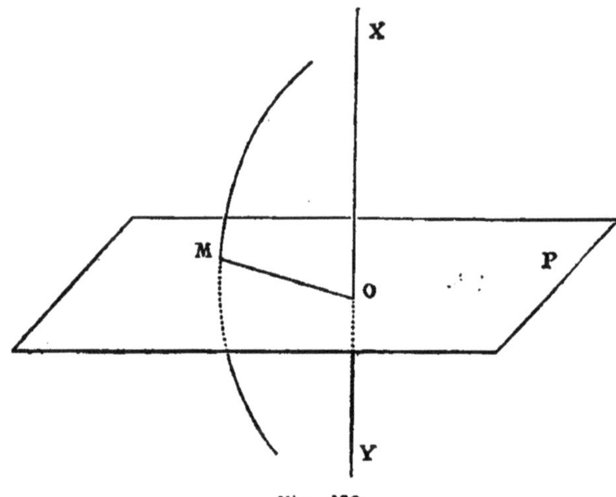

Fig. 428.

perpendiculaire à XY, la circonférence, décrite par ce point dans le mouvement de la génératrice, sera contenue dans le plan P.

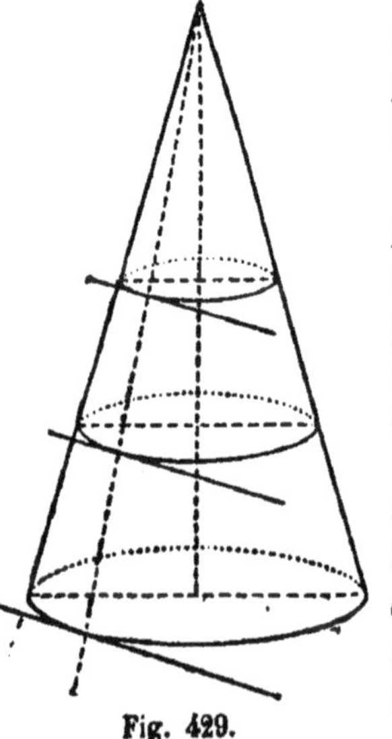

Fig. 429.

Ces circonférences de section d'une surface de révolution par des plans perpendiculaires à l'axe sont appelées les PARALLÈLES *de cette surface.*

La section d'une surface de révolution par un plan passant par l'axe est une ligne constante qui peut être prise comme génératrice de la surface, et qui s'appelle la COURBE MÉRIDIENNE *ou le* MÉRIDIEN *de cette surface.*

Si l'on considère un *cône* ou un *cylindre de révolution, les tangentes à tous les parallèles aux points où ils sont rencontrés par une même génératrice, sont dans un même plan qui s'appelle le* PLAN TANGENT *à la surface en l'un quelconque de ces points.*

En effet, ces tangentes (fig. 429), toutes perpendiculaires au plan déterminé par l'axe et la génératrice considérée, sont dans le plan perpendiculaire à celui-ci passant par la génératrice. Le plan tangent en un point donné d'un cône ou d'un cylindre de révolution est donc déterminé par la génératrice qui passe par ce point et par la tangente en ce point au parallèle.

On dit qu'un PLAN EST TANGENT A LA SPHÈRE *quand il n'a qu'un seul point commun avec cette sphère.*

Il faut remarquer que cette définition est particulière à la sphère : qu'elle ne pourrait pas, par exemple, convenir au cône ou au cylindre de révolution, puisque le plan tangent à ces surfaces a en commun avec elles tous les points d'une génératrice.

Un cône ou cylindre de révolution est CIRCONSCRIT A UNE SPHÈRE, quand les deux surfaces admettent le même plan tangent en tous les points communs.

DEUX SPHÈRES SONT TANGENTES *quand elles ont un seul point commun.*

La surface d'une sphère sépare deux régions de l'espace : *suivant qu'un point est intérieur ou extérieur à la sphère, sa distance au centre est plus petite ou plus grande que le rayon*, car ce point est en même temps intérieur ou extérieur à la circonférence, égale à la circonférence génératrice, section de la sphère par le plan déterminé par le point et l'axe de révolution.

D'ailleurs, tout point de la surface de la sphère est à une distance du centre égale au rayon, donc :

La sphère est le lieu géométrique des points de l'espace situés à une distance donnée d'un point : ce point est le CENTRE *et la distance donnée est le* RAYON.

On appelle DIAMÈTRE D'UNE SPHÈRE *l'une quelconque des droites passant par le centre, et limitée à la surface : tous les diamètres sont égaux*, car chacun est double du rayon de la sphère.

§ II. — SECTIONS PLANES DE LA SPHÈRE

THÉORÈME I

Toute section plane d'une sphère est une circonférence.

Soit AMM′ (fig. 430) la courbe commune au plan Q et à la surface de la sphère, traçons le diamètre PP′ perpendiculaire au plan Q : tous les points de la courbe seront à égale distance du pied C de cette perpendiculaire, parce que les obliques OA, OM, OM′ au plan Q sont égales au rayon de la sphère. Donc la ligne de section qui est plane est une circonférence ayant pour centre la projection C du centre de la sphère sur le plan sécant.

Remarque. — Si le plan sécant contient le centre de la sphère,

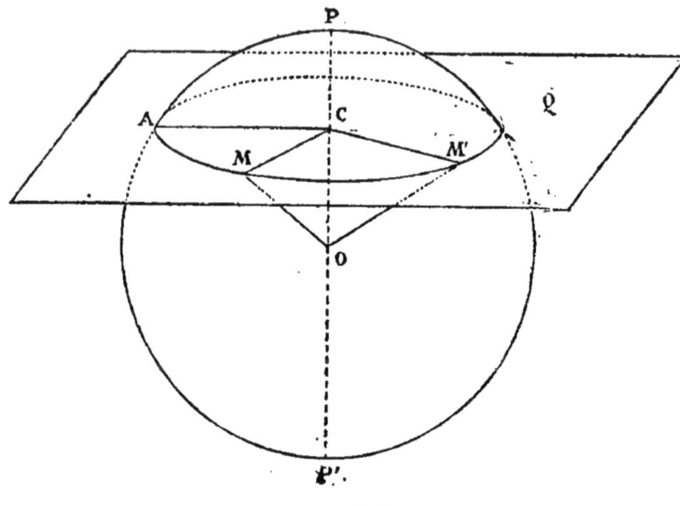

Fig. 430.

la démonstration est en défaut, mais il est alors évident que tout point de la section étant à une distance du point O égale au rayon de la sphère, cette section est une circonférence égale à la circonférence génératrice.

Corollaire I. — *La sphère est de révolution autour de l'un quelconque de ses diamètres.*

Car les sections par des plans perpendiculaires à ce diamètre sont des circonférences dont les centres sont sur ce diamètre.

Corollaire II. — *Entre les rayons* R *et* r *de la sphère et d'une section plane dont la distance au centre est* d, *on a la relation :*

$$r^2 = R^2 - d^2.$$

Cette relation, évidente dans le triangle rectangle OMC (fig. 430), montre que le maximum de r est R, alors que d est nul ; autrement dit : ***quand le plan sécant ne passe pas par le centre de la sphère, la section a un rayon moindre que la sphère :*** cette section s'appelle UN PETIT CERCLE par opposition au nom de GRAND CERCLE donné à toute section égale au cercle générateur.

De la même relation il résulte que ***deux petits cercles sont égaux ou inégaux suivant qu'ils sont à des distances égales ou iné-***

gales du centre de la sphère, et *que de deux cercles inégaux le plus grand est le plus près du centre de la sphère,* car si d augmente ou diminue, $R^2 - d^2$ diminue ou augmente.

Corollaire III. — *Une droite ne peut avoir plus de deux points communs avec une sphère.*

Car tout plan passant par la droite coupera la sphère suivant une circonférence qui ne peut avoir plus de deux points communs avec cette droite.

Corollaire IV. — *Deux grands cercles sont égaux et se coupent en parties égales.*

Car les deux plans de ces cercles contenant le centre de la sphère, qui est le centre commun aux deux grands cercles, se coupent suivant un diamètre commun.

Corollaire V. — *Par deux points de la surface d'une sphère, qui ne sont pas diamétralement opposés, passe un grand cercle et un seul.*

En effet, ces deux points et le centre de la sphère n'étant pas en ligne droite, déterminent un plan qui coupe la sphère suivant un grand cercle passant par les points considérés.

Si les points donnés sont diamétralement opposés, il y a une infinité de grands cercles qui les contiennent; ce sont les sections de la sphère par les plans qui passent par ce diamètre.

Corollaire VI. — *Par trois points de la surface d'une sphère passe un cercle situé sur la sphère.*

Car ces trois points, n'étant jamais en ligne droite, déterminent un plan qui coupe la sphère suivant une circonférence passant par ces points.

Ce sera un *grand cercle* ou un *petit cercle* suivant que le plan des trois points contiendra ou non le centre de la sphère.

Corollaire VII. — *Le lieu géométrique des centres des sections d'une sphère par des plans parallèles est le diamètre de la sphère perpendiculaire à ces plans.*

Corollaire VIII. — *Le lieu géométrique des centres des sections d'une sphère par des plans contenant une droite est un arc de la circonférence dont le plan est perpendiculaire à cette droite et dont le diamètre est la distance du centre de la sphère à cette droite.*

Corollaire IX. — *Le lieu géométrique des centres des sections d'une sphère par des plans contenant un point fixe est une portion de la surface de la sphère qui a pour diamètre la distance du centre au point fixe.*

THÉORÈME II

Un grand cercle partage la sphère en deux parties égales.

Soit (fig. 431) le grand cercle ACB qui partage la surface de la sphère dans les deux parties ADB, AEB : faisons faire une demi-révolution à la partie ADB autour d'un diamètre AB du grand cercle considéré : ce grand cercle viendra coïncider avec sa position première, et la partie ADB coïncidera avec la partie AEB : ces deux parties sont donc égales : chacune est appelée HÉMISPHÈRE.

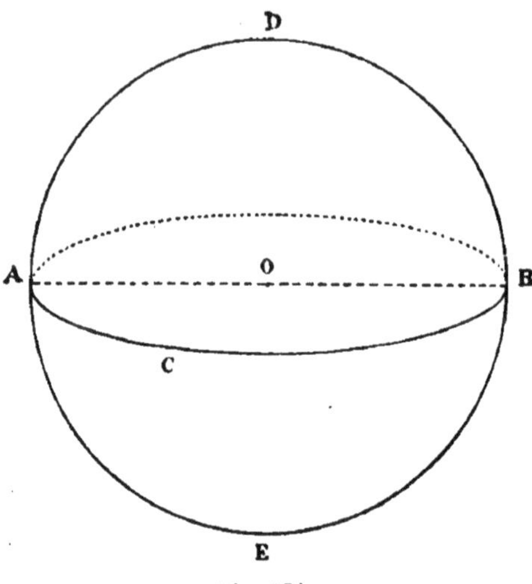

Fig. 431.

Définition. — *Les* PÔLES (1) *d'un cercle de la sphère sont les extrémités du diamètre de la sphère perpendiculaire au plan du cercle.*

THÉORÈME III

Chacun des pôles d'un cercle de la sphère est à égale distance de tous les points de la circonférence de ce cercle.

Soit PP′ (fig. 432) le diamètre de la sphère perpendiculaire sur le plan du cercle AB : les distances du pôle P à tous les points de la circonférence sont égales parce que les droites telles que PM, obliques au plan AMB, s'écartent également du pied C de la perpendiculaire PP′.

Il en serait évidemment de même pour le point P′.

Remarque. — Le point P étant celui des deux pôles du cercle ACB le plus près du plan de ce cercle (fig. 432), la *distance constante* PM *s'appelle la* DISTANCE POLAIRE DE CE CERCLE ; si l'on fait passer un arc de grand cercle arbitraire par les points P et P′, l'arc

(1) πόλος, pivot.

compris entre le point P et la circonférence AMB sera de longueur constante ; l'arc PM s'appelle le RAYON SPHÉRIQUE *du cercle* AMB.

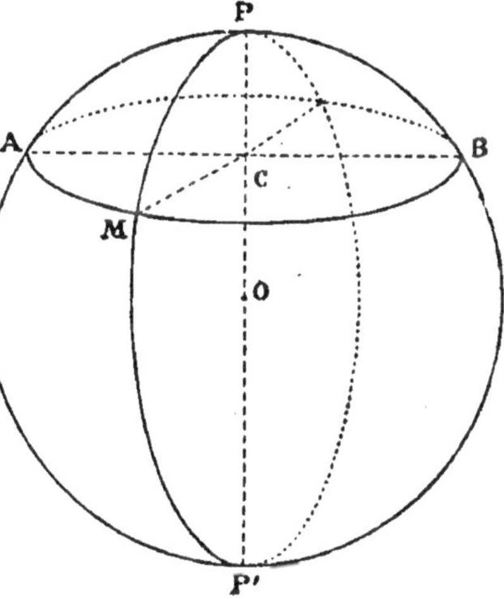

Fig. 432.

Il est évident qu'en faisant usage d'un compas à branches courbes ou articulées (compas sphérique), dont la distance des pointes est PM, on pourra, en fixant une des pointes en P, décrire avec l'autre la circonférence AMB.

Corollaire I. — *La distance polaire d'un grand cercle est égale à la corde du quadrant du grand cercle.*

En effet (fig. 433) le centre du grand cercle étant le centre de la sphère, l'arc PM est le quart du grand cercle PMP'.

Corollaire II. — *Les plans de deux grands cercles sont perpendiculaires lorsque l pôle de l'un est sur la circonférence de l'autre.*

Car le diamètre de la sphère perpendiculaire sur le premier est dans le plan du second.

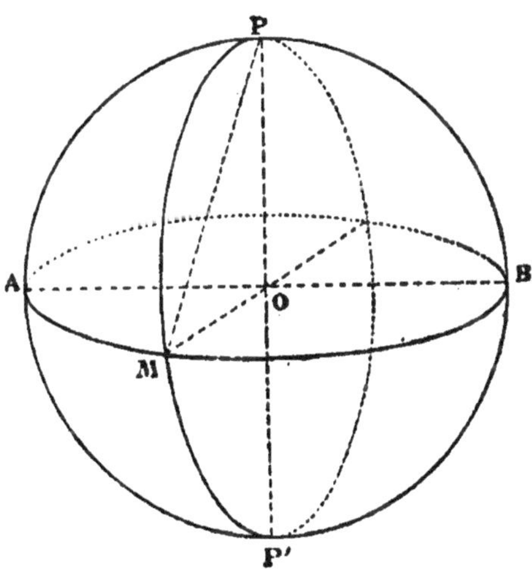

Fig. 433

§ III. — PROBLÈMES GRAPHIQUES ÉLÉMENTAIRES EXÉCUTÉS SUR LA SURFACE D'UNE SPHÈRE

PROBLÈME I

Construire le rayon d'une sphère impénétrable.

D'un point P arbitraire de la surface de la sphère (fig. 434), avec une distance polaire arbitraire, nous décrivons un cercle de la sphère à l'aide d'un compas sphérique, soit ABC, et sur la courbe tracée nous prenons trois points A, B, C : nous relevons avec le compas les côtés du triangle ABC, et nous traçons un triangle égal sur une feuille de papier; nous construisons alors le rayon de la circonférence circonscrite à ce triangle qui sera égal à IA.

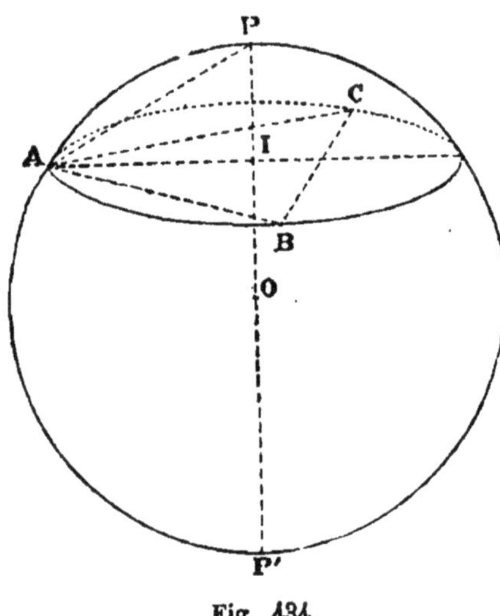

Fig. 434.

Par suite nous pourrons construire un triangle égal au triangle rectangle PAI, puisque nous connaissons l'hypoténuse PA, qui est la distance polaire prise arbitrairement au début, et le côté IA, soit $P_1A_1I_1$ (fig. 435) : en élevant la perpendiculaire $A_1P'_1$ à A_1P_1, nous aurons le diamètre cherché en $P_1P'_1$, car les triangles PAP′ (fig. 434) et $P_1A_1P'_1$ (fig. 435) ont un côté égal adjacent à deux angles égaux chacun à chacun ; en effet les angles PAP′ et $P_1A_1P'_1$ sont droits, et les angles API et $A_1P_1I_1$ sont égaux par suite de l'égalité des triangles API, $A_1P_1I_1$.

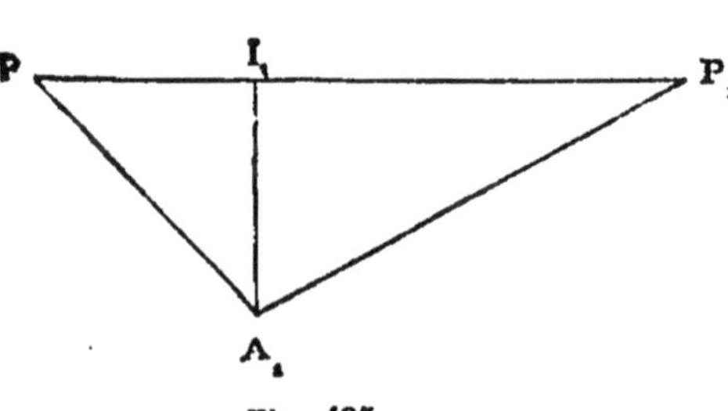

Fig. 435.

Corollaire. — *Étant donné une sphère impénétrable on peut construire la distance polaire du grand cercle.*

Car nous pouvons construire sur le papier un grand cercle, et prendre la corde du quadrant.

PROBLÈME II

Tracer le grand cercle qui passe par deux points donnés sur la surface d'une sphère.

Soit A, B (fig. 436) les deux points donnés : de chacun de ces points comme pôle avec la distance polaire du grand cercle pour distance polaire, nous décrivons un arc de grand cercle : soit P l'un des points communs à ces deux arcs; de ce point comme pôle avec la même distance polaire nous décrivons un grand cercle qui passe évidemment par les points A et B.

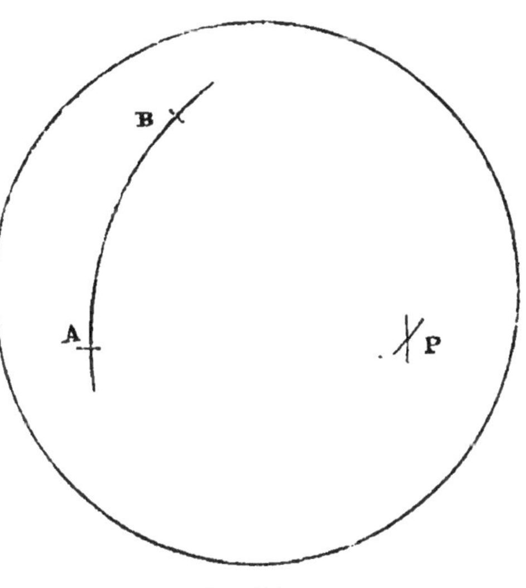

Fig. 436.

Remarque. — Il peut arriver que les arcs de grand cercle auxiliaires coïncident, dans ce cas les points A et B sont les pôles de ce grand cercle, et sont diamétralement opposés ; le problème est alors indéterminé : en prenant comme pôle un point arbitraire de ce grand cercle, on décrira autant de grands cercles qu'on le voudra répondant à la question.

PROBLÈME III

Tracer par un point donné de la surface d'une sphère le grand cercle perpendiculaire à un grand cercle donné.

Soit A le point donné (fig. 437) et BC l'arc de grand cercle : du point A comme pôle avec une distance polaire égale à la distance polaire d'un grand cercle, nous décrivons un grand cercle qui coupe BC en P, et de ce point comme pôle, avec la même distance polaire, nous décrivons un grand cercle qui passe évidemment par le point A, et qui est perpendiculaire sur BC, parce que le grand cercle BC contient le pôle du grand cercle AD (coroll. II, th. III).

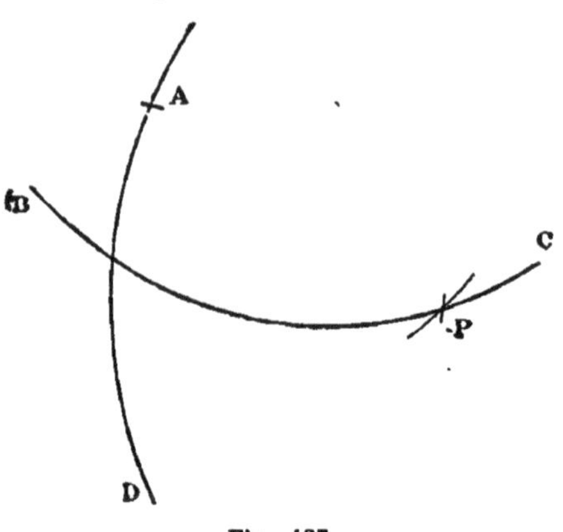

Fig. 437.

PROBLÈME IV

Tracer le grand cercle perpendiculaire au milieu de l'arc de grand cercle qui passe par deux points donnés de la surface d'une sphère.

Soit A et B les deux points donnés (fig. 438) : de chacun d'eux comme pôle, avec une distance polaire arbitraire, mais suffisante, nous décrivons des arcs de cercle qui se coupent : soit M et M′ les deux points obtenus ; l'arc de grand cercle qui passe par les points M et M′ satisfait au problème . en effet, le plan déterminé par ces deux points et le centre de la sphère est perpendiculaire au milieu de la portion de droite AB, parce que chacun de ces points est à égale distance des extrémités A et B. Donc le grand cercle passant par M et M′ est perpendiculaire au grand cercle AB et passe par le milieu C de l'arc AB.

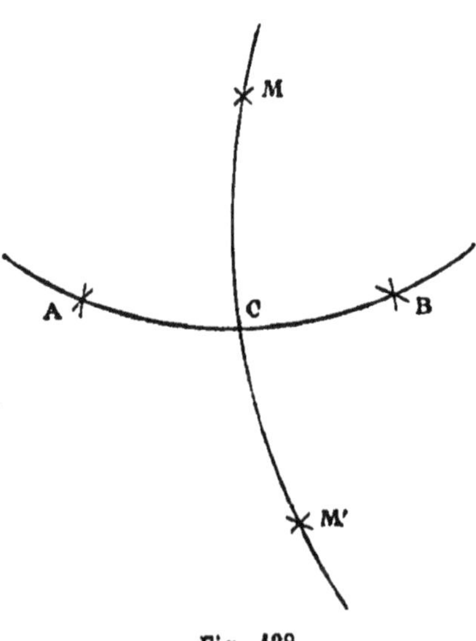

Fig. 438.

Remarque. — Cette construction permet de trouver le milieu C d'un arc de grand cercle donné.

PROBLÈME V

Construire le pôle du cercle de la sphère passant par trois points donnés sur la surface.

Soit A, B, C les points donnés (fig. 439) : construisons les deux grands cercles perpendiculaires l'un au milieu de AB, l'autre au milieu de BC, et soit P l'un des points communs à ces grands cercles ; le point P est l'un des deux pôles cherchés.

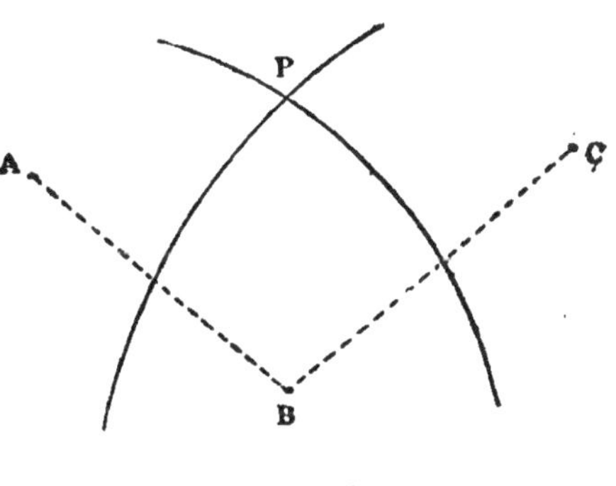

Fig. 439.

En effet, chacun de ces grands cercles est perpendiculaire au plan ABC, le diamètre suivant lequel ils se coupent est donc aussi perpendiculaire à ce plan.

Remarque. — On déduit de là le *tracé de la circonférence passant par trois points de la surface d'une sphère impénétrable.*

§ IV. — PLAN TANGENT. — INTERSECTION DE DEUX SPHÈRES

THÉORÈME IV

Le plan tangent à la sphère est perpendiculaire au rayon du point de contact, et réciproquement.

1° Soit P le plan tangent au point A de la sphère O (fig. 440); par définition, tout point M de ce plan, autre que le point A, est hors de la sphère : donc OA est plus courte que toute autre ligne OM allant du point O à un point M du plan P ; OA est donc perpendiculaire au plan P.

2° Soit le plan P perpendiculaire à l'extrémité A du rayon OA (fig. 440); la distance du point O à tout point M du plan sera plus grande que OA ; donc tout point de ce plan, autre que A, est hors de la sphère; le plan P est donc tangent en A à la sphère, puisqu'il n'a que ce point commun avec la surface.

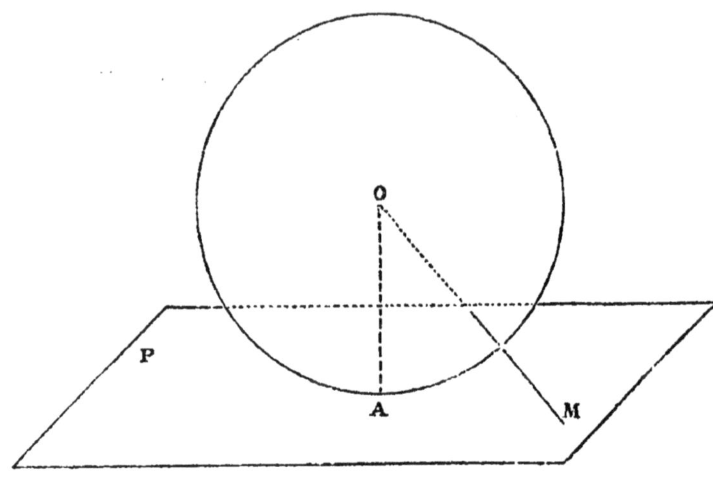

Fig. 440.

Corollaire I. — *Le plan tangent en un point de la sphère contient les tangentes en ce point à tous les cercles de la sphère qui passent par ce point.*

La tangente AB en un point M d'un petit cercle C (fig. 441) est perpendiculaire au rayon CM de ce petit cercle, donc elle est perpendiculaire au rayon OM de la sphère (th. des trois perpendiculaires).

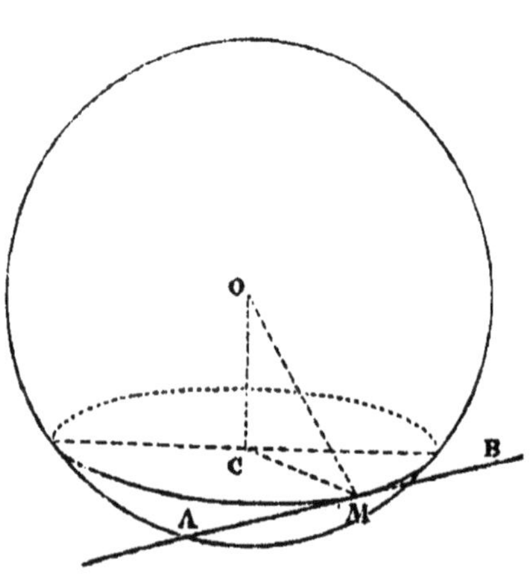

Fig. 441.

Donc les tangentes à tous les cercles de la sphère en un point A de la surface sont perpendiculaires au rayon OA, elles sont donc dans le plan tangent en A, qui est perpendiculaire en ce point sur OA.

Corollaire II. — *L'angle des plans de deux grands cercles, qui s'appelle l'*ANGLE DES GRANDS CERCLES, *a pour angle rectiligne l'angle des tangentes en l'un des points communs.*

Car le plan tangent en ce point, perpendiculaire à l'arête du dièdre, coupe ces plans suivant les tangentes en ce point aux deux courbes.

Cet angle a même mesure que l'arc de grand cercle compris entre ceux-ci, et dont le pôle est un des points communs.

Corollaire III. — *On peut mener à une sphère deux plans tangents parallèles à un plan donné.*

Car les points de contact sont les extrémités du diamètre perpendiculaire au plan donné.

Corollaire IV. — *Le lieu géométrique des points de contact des plans tangents à une sphère parallèles à une droite fixe est le grand cercle dont le plan est perpendiculaire à la droite fixe.*

Car les points de contact sont dans le plan passant par le centre et perpendiculaire à cette droite.

Corollaire V. — *Si l'on fait tourner une tangente à un grand cercle de la sphère autour du diamètre qui lui est parallèle, on engendre un cylindre de révolution circonscrit à la sphère.*

En effet, les points communs à ce cylindre et à la sphère sont situés sur le grand cercle engendré par le point de contact de la tangente génératrice, et en tout point de ce grand cercle, les plans tangents au cylindre et à la sphère ayant deux droites rectangulaires communes, se confondent.

Corollaire VI. — *Si l'on fait tourner une tangente à un grand cercle d'une sphère autour du diamètre qui passe par un de ses points, on engendre un cône de révolution qui est circonscrit à la sphère.*

Le rayon de la sphère est la moyenne géométrique entre les distances du centre au sommet d'un cône circonscrit et au plan de contact de ce cône sur la sphère.

Car la courbe commune à la sphère et à ce cône de révolution est le petit cercle engendré par le point de contact de la tangente considérée ; le plan tangent à la sphère en un point M de cette circonférence contient la tangente en ce point à ce petit cercle et la tangente au grand cercle qui est la génératrice du cône : donc ce plan est aussi tangent en ce point M au cône.

Remarque. — Il faut remarquer que le cercle de contact du cône circonscrit à la sphère O et de sommet S, sépare sur la surface de cette sphère les points visibles et invisibles pour un observateur dont l'œil est en S : il limite aussi sur cette surface la partie éclairée par des rayons lumineux émanés du point S. C'est pour cette raison que cette courbe s'appelle quelquefois *séparative.*

PROBLÈME VI

Construire le plan tangent à une sphère passant par une droite donnée.

Prenons comme plan de la figure le plan passant par le centre de la sphère et perpendiculaire à la droite donnée XY (fig. 442) : soit A la trace de XY sur ce plan : menons de ce point une tangente au grand cercle de section de la sphère par le même plan, soit AM : le plan déterminé par les droites AM et XY est tangent à la sphère en M, car ce plan est perpendiculaire au plan de la figure, et par suite perpendiculaire sur OM qui est dans le plan de la figure perpendiculaire sur AM.

Le problème aura autant de solutions que l'on pourra mener du

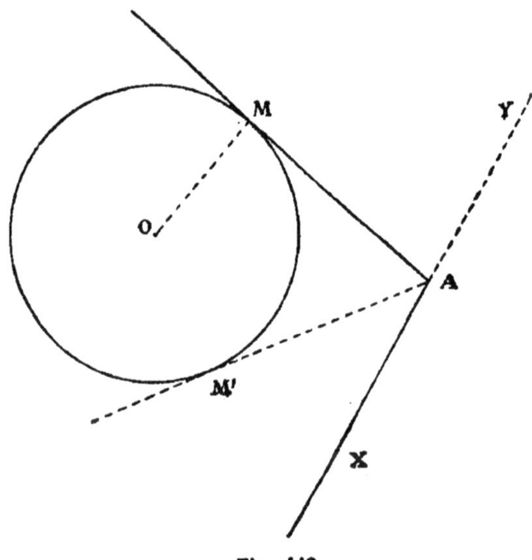

Fig. 442.

point A de tangentes au grand cercle MOM'.

Il y a donc deux, un ou zéro plans tangents à une sphère passant par une droite.

THÉORÈME V

L'intersection de deux sphères est une circonférence dont le plan est perpendiculaire à la ligne des centres, et dont le centre est sur cette ligne.

Coupons en effet les deux sphères O, O′ (fig. 443) par un plan arbitraire contenant les deux centres, et faisons tourner la figure autour de cette ligne OO′ : les sections engendreront les sphères considérées, et le point A commun engendrera une circonférence com-

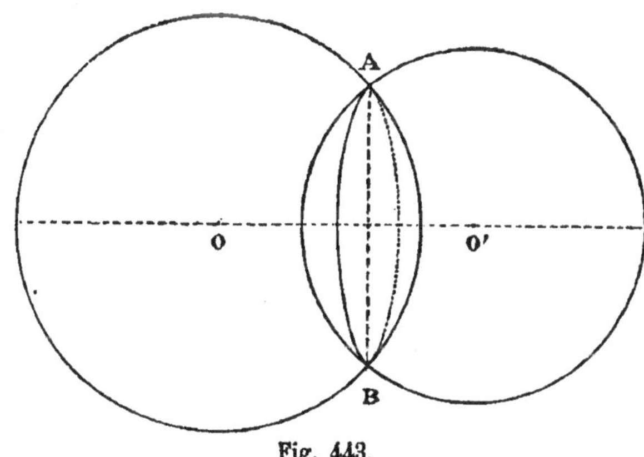

Fig. 443.

mune aux deux sphères, dont le plan est perpendiculaire sur OO′, et dont le centre est sur cette droite.

Corollaire I. — *Le point de contact de deux sphères tangentes est sur la ligne des centres, et les sphères admettent en ce point le même plan tangent.*

Corollaire II. — *Réciproquement : si deux sphères ont un point commun sur la ligne des centres, elles sont tangentes en ce point.*

Corollaire III. — *En représentant par* D *la distance des centres de deux sphères, par* R *et* R′ *les rayons, et supposant* $R > R'$.

1° *Si* $D > R + R'$ *les sphères sont extérieures, et réciproquement.*

2° *Si* $D = R + R'$ *les sphères sont tangentes extérieurement, et réciproquement.*

3° *Si* $R - R' < D < R + R'$ *les sphères sont sécantes, et réciproquement.*

4° *Si* $D = R - R'$ *les sphères sont tangentes intérieurement, et réciproquement.*

5° *Si* $D < R - R'$ *les sphères sont intérieures, et réciproquement.*

Ces cinq parties du corollaire III et les réciproques se démontrent aisément en considérant les deux grands cercles de section des sphères par un plan passant par la ligne des centres.

Corollaire IV. — *Le lieu géométrique des points de contact* *des plans tangents à une sphère passant par un point fixe est une circonférence, intersection de la sphère considérée par la sphère ayant pour diamètre la distance du centre au point fixe.*

Car, de chacun des points de contact on voit cette distance sous un angle droit; et le lieu des points de l'espace d'où l'on voit une portion de droite sous un angle droit est la surface de la sphère qui a cette portion de droite pour diamètre.

Cette circonférence est la courbe de contact du cône circonscrit à la sphère ayant pour sommet le point fixe.

* § V. — CENTRES, AXES, PLANS DE SIMILITUDE DES SPHÈRES

THÉORÈME VI

Deux sphères sont à la fois homothétiques directes et inverses.

Ce théorème se prouve aisément en considérant les grands cercles de section par un plan passant par la ligne des centres : les centres de similitude de ces grands cercles sont les CENTRES DE SIMILITUDE des deux sphères.

Corollaire I. — *Les sections de deux sphères par un plan contenant l'un des centres de similitude, admettent ce point comme centre de similitude.*

Corollaire II. — *La figure homothétique d'une sphère est une sphère,*

ou encore :

Le lieu géométrique des points qui partagent dans un rapport donné les portions de droite comprises entre un point fixe et une sphère, se compose de deux sphères, admettant avec la sphère considérée pour centre de similitude le point fixe.

Corollaire III. — *Les plans tangents communs extérieurs à deux sphères, en nombre illimité, passent par le centre de similitude directe, et les plans tangents communs intérieurs passent par le centre de similitude inverse :*

Ces centres de similitude sont les sommets des cônes circonscrits à la fois aux deux sphères.

Corollaire IV. — *Il y a généralement quatre plans tangents communs à deux sphères passant par un point donné.*

Ils s'obtiennent en menant des plans tangents à l'une d'elles par chacune des droites qui joignent le point à l'un des centres de similitude.

Définition. — Si par un centre de similitude S de deux sphères O, O′ on trace une sécante SABA′B′, les points A et A′ tels que les rayons OA, O′A′ soient parallèles sont dits HOMOLOGUES l'un de l'autre, et les points A, B′ ou A′, B pour lesquels les rayons ne sont pas parallèles sont dits ANTIHOMOLOGUES entre eux.

Il est évident que *les plans tangents aux points homologues sont parallèles.*

THÉORÈME VII

Trois sphères considérées deux à deux ont six centres de similitude, trois directs et trois inverses : les trois centres directs sont en ligne droite, et deux centres inverses sont en ligne droite avec le troisième centre direct. Ces quatre droites, qui sont dans le plan des trois centres, s'appellent les AXES DE SIMILITUDE DIRECTE ET INVERSE *du système des trois sphères.*

Cette propriété se démontre immédiatement en coupant les sphères par le plan des centres, puisque les centres de similitude des trois grands cercles obtenus sont les centres de similitude des trois sphères.

Corollaire. — *Il existe généralement huit plans tangents communs à trois sphères.*

On obtient ces plans en menant des plans tangents à l'une des sphères par chacun des quatre axes de similitude du système des trois sphères.

THÉORÈME VIII

Si l'on considère le système de quatre sphères, on obtient douze centres de similitude, six directs et six inverses : ces points déterminent huit plans, ne contenant pas les centres des sphères, dont chacun contient six centres de similitude ; on obtient seize axes de similitude qui déterminent ces mêmes huit plans dont chacun contient deux axes de similitude.

Ces plans s'appellent les PLANS DE SIMILITUDE *du système des quatre sphères.*

Soit en effet le système des quatre sphères $O_1O_2O_3O_4$, et considérons le tétraèdre qui a pour sommets ces centres ; la face $O_1O_2O_3$ contient six centres de similitude : en effet soit, par exemple, S le centre de similitude directe de O_1, O_2 : ce point S est commun aux droites qui passent, l'une X par les centres directs de O_1, O_3 et de O_2, O_3, l'autre Y par les centres inverses de O_1, O_3 et O_2, O_3 ; mais ce point S est situé sur la face $O_1O_2O_4$: il est donc aussi commun aux droites qui passent l'une X' par les centres directs de O_1, O_4 et de O_2, O_4, l'autre Y' par les centres inverses des mêmes sphères : le plan XX' contient donc déjà cinq centres de similitude et il contient de plus le centre de similitude direct de O_3, O_4.

De même, chacun des plans XY', X'Y, YY' contient six centres de similitude.

Donc, par chacun des centres de similitude de la face $O_1O_2O_3$ passent quatre plans, autres que le plan de cette face, tels que chacun contient six centres de similitude.

Or, les quatre plans relatifs au point S sont communs aux plans relatifs à quatre autres centres de cette face, il n'y aura donc comme plans nouveaux que ceux qui sont relatifs au centre S' de similitude inverse de O_1, O_2 ; par suite en tout huit plans autres que les faces du tétraèdre.

*APPLICATION I

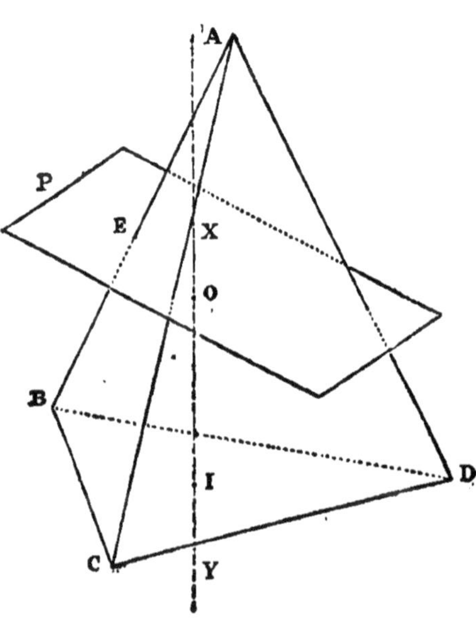

Fig. 444.

Sphère circonscrite au tétraèdre.

Soit le tétraèdre ABCD (fig. 444) : le lieu géométrique des centres des sphères passant par les points B, C, D est la perpendiculaire XY au plan BCD mené par le centre I du cercle circonscrit à ce triangle ; et le lieu géométrique du centre des sphères passant par les points A et B est le plan P perpendiculaire au milieu E de AB : donc le centre O d'une sphère circonscrite au tétraèdre est nécessairement le point commun au plan P et à la droite XY : or, AB n'étant pas parallèle au plan BCD, le plan P n'est pas parallèle à XY, donc il y a un centre et un seul.

Corollaire I. — *Les six plans perpendiculaires au milieu des arêtes d'un tétraèdre passent par un même point qui est le seul point de l'espace également distant des quatre sommets.*

Corollaire II. — *Les quatre perpendiculaires aux faces d'un tétraèdre, menées par les centres des circonférences circonscrites à ces faces, sont concourantes.*

*APPLICATION II

Sphères tangentes aux faces d'un tétraèdre.

Tout point à égale distance des quatre faces d'un tétraèdre sera le centre d'une sphère tangente à ces faces, et réciproquement.

Or, nous savons que le lieu géométrique des points situés à égale distance des trois faces du trièdre A est le faisceau de quatre droites (probl. IV, livre V), soit :

AD_1, AD_2, AD_3, AD_4 :

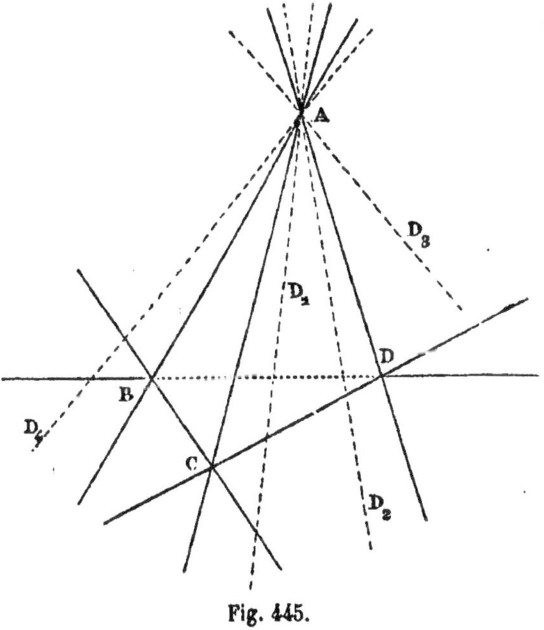

Fig. 445.

D'ailleurs le lieu géométrique des points équidistants des deux faces ABC, BCD est le système des deux plans P_1, P_2, bissecteurs des dièdres que forment ces faces.

Donc tout point cherché est situé à la fois sur l'une des quatre droites précédentes, et sur l'un des plans P_1P_2, et réciproquement.

Il y a donc au plus huit points qui répondent à la question, et, par suite, *il y a au plus huit sphères tangentes aux quatre faces d'un tétraèdre.*

Si l'on examine les positions de ces huit points, on voit que parmi les sphères il y en a une intérieure au tétraèdre qui s'appelle *sphère inscrite;* puis quatre sphères situées dans chacun des angles trièdres du tétraèdre qui s'appellent *sphères ex-inscrites :* enfin trois sphères tangentes aux quatre plans et situées dans les dièdres opposés par l'arête aux dièdres du tétraèdre. Or, il y a six de ces espaces, appelés *combles*, qui appartiennent deux à deux à des arêtes opposées du tétraèdre, et il ne peut y avoir une sphère tangente dans chacun des combles d'un même couple, comme cela se voit aisément à priori.

De ces trois dernières sphères, une, deux ou trois peuvent disparaître par suite de relations particulières entre les éléments du tétraèdre, mais il reste touojurs les cinq premières sphères.

Calcul des rayons. — On peut obtenir aisément les valeurs des rayons de ces huit sphères : représentons, en effet, par V le volume du tétraèdre, et par a, b, c, d les aires des faces opposées aux sommets A, B, C, D.

1° Le centre O de la sphère inscrite étant joint aux quatre sommets, le volume ABCD se trouve décomposé en quatre tétraèdres ayant pour hauteur commune le rayon r de cette sphère, et pour bases les faces a, b, c, d; il en résulte :

$$r = \frac{3V}{a+b+c+d}.$$

2° Le centre O_1 de la sphère ex-inscrite, située dans le trièdre A, étant joint aux quatre sommets, nous permet de décomposer ainsi qu'il suit le volume V :

$$V = O_1ABC + O_1ACD + O_1ABD - O_1BCD;$$

d'où :

$$V = \frac{1}{3} r_1 (b + c + d - a),$$

ou :

$$r_1 = \frac{3V}{b+c+d-a}.$$

De même on aura les rayons des trois autres sphères analogues.

On voit, sur ces formules, que ces sphères existent toujours, car les rayons sont positifs et finis, puisque l'aire d'une face d'un tétraèdre est toujours moindre que la somme des aires des trois autres faces.

3° Soit ω le centre d'une sphère de rayon ρ_1 tangente aux quatre plans, et située dans le comble qui a pour arête BC; en joignant ce point aux quatre sommets, on obtient la décomposition :

$$V = \omega ABD + \omega ACD - \omega BCD - \omega ABC;$$

d'où :

$$\rho_1 = \frac{3V}{(b+c)-(a+d)}.$$

En cherchant le rayon ρ'_1 de la sphère située dans le comble opposé par l'arête à celui-ci, on trouvera visiblement :

$$\rho'_1 = \frac{3V}{(a+d)-(b+c)};$$

d'où l'on voit déjà que ces deux sphères ne peuvent exister en même temps : par suite il y a au plus une sphère pour deux combles opposés par l'arête.

En désignant par ρ_2 et ρ'_2 les rayons des sphères inscrites dans les combles AC, BD, on aura de même :

$$\rho_2 = \frac{3V}{(a+c)-(b+d)}, \qquad \rho'_2 = \frac{3V}{(b+d)-(a+c)}.$$

Et enfin, ρ_3 et ρ'_3 étant les rayons des sphères inscrites dans les combles AB, CD, on aura de même :

$$\rho_3 = \frac{3V}{(a+b)-(c+d)}, \qquad \rho'_3 = \frac{3V}{(c+d)-(a+b)}.$$

Il est évident que si l'on suppose

$$b+c=a+d,$$

les combles AD et BC ne contiendront pas de sphères tangentes. Si, de plus,

$$b=a, \qquad c=d,$$

d'où :

$$a+c=b+d,$$

les sphères de rayons ρ_2 et ρ'_2 disparaîtront.

Enfin, si l'on a :

$$a=b=c=d,$$

les rayons ρ_3 et ρ'_3 deviennent infinis, et il n'existe plus aucune sphère tangente dans les combles.

Donc, en résumé, une des trois sphères inscrites dans les combles disparaît si la somme des aires de deux faces égale la somme des aires des deux autres, sans autre condition : deux sphères disparaissent si deux faces du tétraèdre sont respectivement équivalentes aux deux autres. Et enfin les trois sphères n'existent plus dans le cas où les quatre faces du tétraèdre sont équivalentes.

Donc, en général, huit sphères qui peuvent se réduire à cinq

Construction des centres et des rayons. — Cette construction résulte du principe suivant :

Les points de contact d'une face du tétraèdre, avec les huit sphères tangentes aux quatre plans, sont les centres des circonférences circonscrites aux huit triangles qui ont pour sommets les points communs aux circonférences décrites, dans le plan de cette face, avec ses sommets pour centres, et les distances de ces sommets au quatrième pour rayons.

Représentons, en effet (fig. 446), par a, b, c, d les points de con-

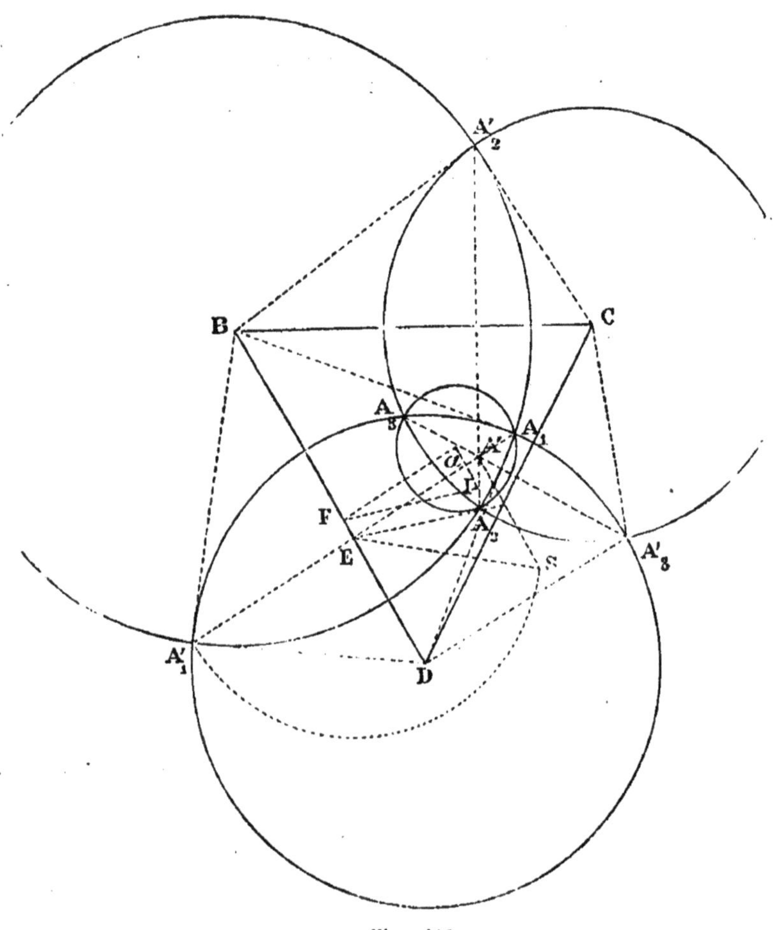

Fig. 446.

tact d'une même sphère de centre O, par exemple la sphère inscrite, sur les faces opposées aux sommets A,B,C,D ; il est évident que les points de contact de cette sphère sur deux faces sont également distants de l'arête commune à ces faces : il en résulte que si l'on rabat les faces ABC, ABD, ACD sur la face BCD, dans un certain sens, *les quatre points* a, b, c, d *se confondront en* a.

D'ailleurs les distances A*b*, A*c*, A*d* sont égales, comme tangentes issues de A à une même sphère, par suite le point *a* sera à égale distance des trois rabattements A_1, A_2, A_3 du point A sur la face BCD : il est donc le centre de la circonférence passant par ces trois points.

Si donc des points B, C, D comme centres, avec des rayons respectivement égaux à BA, CA, DA, nous décrivons des circonférences, nous obtiendrons les six points de rencontre $A_1A'_1$, $A_2A'_2$, $A_3A'_3$, représentant les rabattements du sommet A autour de chacune des droites BD, BC, CD et dans les deux sens. Les circonférences circonscrites aux huit triangles :

$$A_1A_2A_3,\ A_1A_2A'_3,\ A_1A'_2A_3,\ A'_1A_2A_3,\ A_1A'_2A'_3,\ A'_1A_2A'_3,\ A'_1A'_2A_3,\ A'_1A'_2A'_3$$

seront les points de contact, sur la face BCD, des huit sphères tangentes aux quatre plans.

Trois de ces points peuvent disparaître ; ainsi, les trois points A'_1, A_3, A'_2 peuvent se trouver en ligne droite, alors la sphère qui touche le plan BCD au centre de la circonférence passant par ces points, disparaîtra.

Les centres des sphères seront déterminés si l'on peut construire les rayons. Or les trois cordes communes aux circonférences précédentes passent par un même point A' (centre radical) qui est la projection du sommet A sur le plan BCD, par suite le rectiligne du dièdre ABDC s'obtiendra en construisant le triangle SA'E, rectangle en A', et tel que :

$$ES = EA'_1.$$

Par suite, dans le triangle *a*FI obtenu en menant *a*I, *a*F respectivement parallèles à A'S, A'E, et FI parallèle à la bissectrice de l'angle A'ES, nous aurons en *a*I le rayon de la sphère tangente en *a*.

La solution graphique de la question est donc complète.

*APPLICATION III

Le lieu géométrique des points de l'espace dont la somme des carrés des distances à tous les points d'un système donné a une valeur donnée, est une sphère ayant pour centre le centre des moyennes distances du système donné.

Soit en effet $A_1, A_2, \ldots A_n$ les points donnés, et C le centre des moyennes distances : M étant un point quelconque de l'espace, nous savons que l'on a :

$$\Sigma(\overline{MA_p}^2) = n.\overline{MC}^2 + \Sigma(\overline{CA_p}^2).$$

Si donc :

$$\Sigma(\overline{MA_p}^2) = K^2,$$

on en conclura :

$$n\overline{MC}^2 = K^2 - \Sigma(CA_p)^2.$$

Donc MC est constant; par suite, tout point M du lieu est sur la sphère de centre C, dont le rayon R est donné par la formule :

$$R = \sqrt{\frac{K^2 - \Sigma(\overline{CA_p}^2)}{n}}.$$

Et réciproquement, tout point de cette sphère est un point du lieu.

Corollaire I. — *Le lieu géométrique des points d'un plan dont la somme des carrés des distances à tous les points d'un système donné a une valeur donnée, est une circonférence dont le centre est la projection sur ce plan du centre des moyennes distances du système donné.*

Corollaire II. — *Le point d'un plan dont la somme des carrés des distances à tous les points d'un système donné est minimum, est la projection sur ce plan du centre des moyennes distances du système donné.*

Corollaire III. — *Le lieu géométrique des points de l'espace dans la somme des carrés des distances aux* n *points d'un système* P *est égale à la somme des carrés des distances aux* n' *points d'un système* P', *est une sphère ayant pour centre le point* O *qui partage la distance* CC', *des centres des moyennes distances des systèmes* P *et* P', *en segments soustractifs tels que :*

$$\frac{OC}{OC'} = \frac{n'}{n}.$$

(Voy. Rem. II, appl. XIV, livre III.)

Si les systèmes donnés sont composés d'un même nombre de points, le lieu géométrique précédent devient un plan perpendiculaire sur CC'.

*APPLICATION IV (*pôle et plan polaire par rapport à la sphère*).

Si d'un point A *de l'espace, on trace une sécante arbitraire* AMN *à une sphère* O (fig. 447), *et qu'on détermine sur* MN *le conjugué* P *du point* A, *le lieu géométrique du point* P, *quand la sécante pivote autour du point* A, *est un plan perpendiculaire sur* OA, *qu'on appelle le* PLAN POLAIRE *du point* A *par rapport à la sphère.*

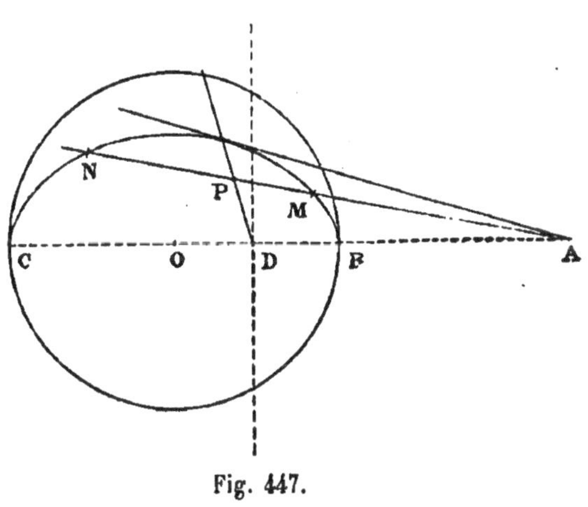

Fig. 447.

En effet, considérons le plan déterminé par AMN et le point O. en joignant le point P au conjugué D de A sur le diamètre BC, nous aurons une perpendiculaire sur AO : c'est la polaire du point A par rapport à la section de la sphère. Donc tous les points P du lieu sont dans le plan perpendiculaire au point D à AO.

Corollaire I. — *Le plan polaire du point* A *contient les polaires de ce point par rapport à tous les cercles de la sphère dont les plans passent par le point* A.

Car l'une quelconque de ces polaires est le lieu des conjugués du point A sur les sécantes à la sphère contenues dans son plan.

Corollaire II. — *Le plan polaire d'un point extérieur à une sphère est le plan de contact du cône circonscrit à la sphère dont le sommet est en ce point.*

Le plan polaire d'un point de la surface de la sphère est tangent en ce point à la sphère.

Corollaire III. — *Le rayon de la sphère est moyenne géométrique entre les distances du centre à un point de l'espace et à son plan polaire.*

Corollaire IV. — *Les plans polaires de tous les points d'un plan passent par le pôle de ce plan, et réciproquement.*

Car si l'on coupe la figure par un plan contenant l'un de ces points, le centre de la sphère et le pôle du plan donné, le plan polaire du point donnera une section passant par le pôle.

Définition. — Soit une droite X et une sphère O (fig. 448), soit D le pôle de X par rapport au grand cercle dont le plan contient X, et soit Y la perpendiculaire à ce plan au point D : les droites X et Y sont appelées DROITES RÉCIPROQUES.

Corollaire V. — *Le lieu géométrique des pôles des plans passant par une droite est la droite réciproque de la première.*

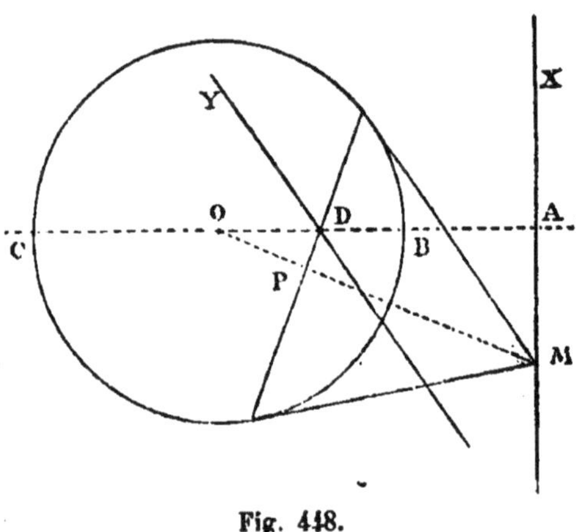

Fig. 448.

En effet, prenons comme plan de la figure 448 le plan déterminé par X et le centre O de la sphère : la droite réciproque Y sera la perpendiculaire à ce plan passant par le pôle D de X par rapport au grand cercle de section : or, le plan polaire de tout point M de X contiendra la polaire du point M par rapport à ce grand cercle, c'est-à-dire qu'il passera par le point D, et sera perpendiculaire à OM, c'est-à-dire au plan de la figure : donc il contient Y.

Quand un point parcourt la droite X, son plan polaire pivote autour de Y, et réciproquement.

Corollaire VI. — *Deux droites réciproques sont l'une extérieure à la sphère et l'autre sécante; la seconde est la corde des contacts des plans tangents qui contiennent l'autre.*

Ou encore : *Si le sommet d'un cône circonscrit à la sphère parcourt une droite, le plan de la courbe de contact pivote autour d'une droite.*

*APPLICATION V (*plan radical de deux sphères*).

On appelle PUISSANCE D'UN POINT PAR RAPPORT A UNE SPHÈRE *la quantité* $(D^2 - R^2)$, dans laquelle R est le rayon de la sphère et D la distance de ce point au centre. La puissance est donc positive, nulle ou négative, suivant que le point est extérieur à la sphère, sur la surface, ou intérieur à la sphère.

La valeur absolue de la puissance d'un point par rapport à une sphère est égale au produit des segments déterminés par ce point sur la corde interceptée par la sphère sur toute sécante passant par ce point. On démontre aisément que ce produit est le même pour deux sécantes arbitraires, en considérant la circonférence de section de la sphère par le plan des deux sécantes.

La puissance d'un point par rapport à une sphère est égale à la puissance de ce point par rapport à la section de la sphère par un plan qui contient ce point.

Principe. — *Le lieu géométrique des points d'égale puissance par rapport à deux sphères est un plan perpendiculaire à la droite qui joint les centres : ce plan s'appelle le* PLAN RADICAL *des deux sphères.*

C'est, en effet, le lieu géométrique des points dont la différence des carrés des distances aux deux centres égale la différence des carrés des rayons (appl. III, livre V).

C'est aussi le lieu géométrique des axes radicaux des grands cercles de section par un plan qui pivote autour de la ligne des centres.

Corollaire I. — *Lorsque deux sphères sont sécantes ou tangentes, le plan radical est le plan du cercle commun, ou le plan tangent au point de contact.*

Car tout point commun aux deux sphères ayant une puissance nulle par rapport à chacune d'elles est d'égale puissance par rapport aux deux sphères.

Corollaire II. — *Le plan radical de deux sphères est le lieu géométrique des droites d'intersection des plans tangents aux deux sphères en des points antihomologues* (th. VI), *et aussi des points communs aux cordes de ces sphères dont les extrémités sont deux à deux antihomologues.*

En effet, deux points antihomologues sur les sphères sont antihomologues sur les sections des sphères par tout plan qui contient ces deux points; les tangentes en ces points aux sections se coupent donc en un point de leur axe radical, qui est situé sur l'intersection des deux plans tangents : donc tout point de la droite commune à ces deux plans tangents est d'égale puissance par rapport aux deux sphères.

Corollaire III. — *Le plan radical de deux sphères est le lieu géometrique des centres des sphères coupant orthogonalement ces deux sphères.*

On dit que deux sphères sont orthogonales lorsque les plans tangents aux points communs sont rectangulaires. Le carré de la distance des centres de deux sphères orthogonales égale la somme des carrés des rayons, et réciproquement.

La puissance du centre de l'une des sphères par rapport à l'autre est donc le carré de son rayon.

Donc *le centre d'une sphère orthogonale à deux sphères est d'égale puissance par rapport à ces deux sphères.*

Toutes les sphères orthogonales à deux sphères fixes passent par deux points fixes situés sur la ligne des centres, car chacun des centres est d'égale puissance par rapport à toutes les sphères orthogonales considérées : la ligne des centres appartient donc au plan radical de deux quelconques de ces sphères; si donc l'une des sphères orthogonales coupe cette droite, les points communs sont de puissance nulle par rapport à toutes les sphères orthogonales.

Corollaire IV. — *Les plans radicaux de trois sphères considérées deux à deux passent par une même droite qui s'appelle l'*AXE RADICAL *du système des trois sphères.*

Car les plans radicaux P_1 des sphères O_2O_3, et P_2 des sphères O_1O_3 se coupent suivant une droite X qui est le lieu des points d'égale puissance par rapport aux trois sphères : X est donc située dans le plan radical des sphères O_1O_2.

La ligne des centres de deux sphères est l'axe radical de toutes les sphères orthogonales à celles-ci.

Corollaire V. — *L'axe radical de trois sphères est le lieu des centres des sphères coupant orthogonalement les trois sphères : toutes ces sphères coupent suivant la même circonférence le plan des trois centres qui est le plan radical de deux quelconques de ces sphères.*

Corollaire VI. — *Les plans des cercles communs à une sphère fixe et à toutes les sphères passant par trois points, ont une droite commune.*

Par cette droite passent les plans tangents à la sphère fixe aux points de contact de cette sphère et des sphères tangentes à celle-ci passant par les trois points.

On déduit de là la construction des sphères passant par trois points et tangentes à une sphère donnée.

Corollaire VII. — *Si l'on considère quatre sphères deux à eux on obtient six plans radicaux qui ont un point commun qu'on appelle le* CENTRE RADICAL *du système des quatre sphères.*

En effet, le point où l'axe radical de trois de ces sphères rencontre le plan radical de l'une d'elles et de la quatrième, étant d'égale puissance par rapport aux quatre sphères, appartient à chacun des six plans radicaux.

LE CENTRE RADICAL *de quatre sphères est le centre de la sphère qui coupe celles-ci orthogonalement.*

* APPLICATION VI

La condition nécessaire et suffisante pour que deux cercles de l'espace appartiennent à une même sphère, est que l'intersection du plan de ces cercles soit l'axe radical de l'un de ces cercles et du

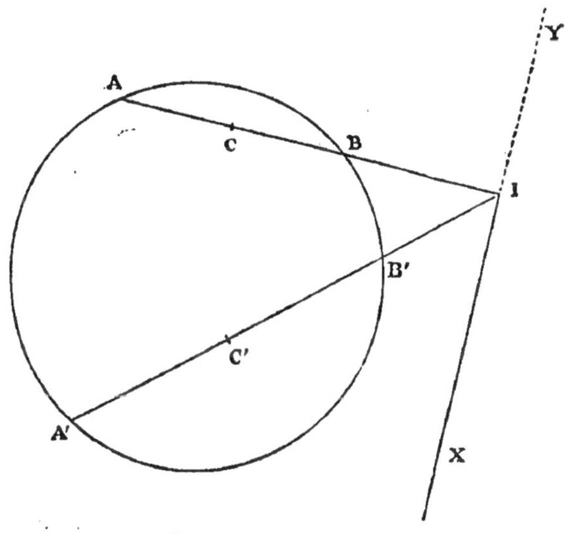

Fig. 449.

cercle obtenu en rabattant l'autre sur le plan du premier, autour de l'intersection.

1° La condition est évidemment nécessaire, car tout point commun aux plans des deux cercles d'une sphère a pour puissance, par rapport à chacun de ces cercles, sa puissance par rapport à la sphère.

2° La condition est suffisante : d'abord si elle est remplie, la droite CC′ qui joint les centres est rectangulaire avec l'intersection des deux plans, puisque cette intersection est perpendiculaire sur la ligne des centres quand l'un des cercles est rabattu.

Prenons alors pour plan de la figure 449 le plan passant par les centres C et C′ et perpendiculaire à l'intersection XY, et soit I le pied de XY sur ce plan, les diamètres IAB, I′A′B′ seront tels que :

$$IA' \times IB' = IA \times IB;$$

donc, une circonférence passe par les quatre points A, B, A′, B′, et par suite la sphère, ayant pour grand cercle cette circonférence, contient les deux cercles considérés.

*APPLICATION VII

Construire une sphère tangente à quatre sphères données.

Nous allons donner de ce problème une solution entièrement analogue à la solution de Gorgonne (livre III) pour les circonférences tangentes à trois circonférences données.

Soit O, O′, O″, O‴ les centres des quatre sphères données, et considérons deux sphères de centres ω et ω_1 tangentes l'une intérieurement, l'autre extérieurement aux quatre sphères données.

Soit M, M′, M″, M‴ les points de contact de ω, et soit M_1, M'_1, M''_1, M'''_1 les points de contact de ω_1.

1° Les quatre droites MM_1, $M'M'_1$, $M''M''_1$, $M'''M'''_1$ passent par un même point C qui est le centre de similitude inverse de ω et ω_1, car en considérant les trois sphères ω, O, ω_1, M est centre de similitude directe de O et ω, M_1 est centre de similitude directe de O et ω_1.

2° Le point C est le centre radical des quatre sphères données, car il est d'égale puissance par rapport à toutes ces sphères : en effet, MM′ et $M_1M'_1$ vont concourir au centre S de similitude directe des sphères O, O′ : donc le point C de concours de cordes antihomologues MM_1 et $M'M'_1$ des sphères O est O′ est d'égale puissance par rapport aux deux sphères O et O′.

Il résulte de là que nous connaissons un point C de chacune des quatre cordes de contact; nous allons déterminer un second point sur chacune d'elles : elles seront alors connues, et le problème sera résolu.

3° Les six points tels que S sont dans un même plan qui est l'un des huit plans de similitude des quatre sphères : ce plan est le plan radical des sphères ω, ω_1, car chacun des points S est d'égale puissance par rapport à ces sphères, puisque dans ces sphères les cordes MM′, $M_1M'_1$ sont antihomologues.

4° Chacune des cordes de contact contient le pôle du plan de similitude des quatre sphères par rapport à la sphère à laquelle elle appartient : en effet, la corde réciproque de MM_1 est dans le plan radical des sphères ω, ω_1, puisqu'elle est l'intersection des plans tangents aux points antihomologues M, M_1 de ces sphères : donc le pôle par rapport à la sphère O du plan radical considéré est sur MM_1.

De tout ceci il résulte que pour avoir les points de contact sur les sphères données des sphères ω et ω_1, on prendra un des huit plans de similitude des sphères données, on déterminera le pôle de ce plan par rapport à chacune des quatre sphères, et l'on joindra chacun de ces quatre points au centre radical des quatre sphères : ces droites détermineront sur les sphères proposées les points de contact cherchés : nous aurons donc dans le cas général seize sphères tangentes à quatre sphères données.

Théorème de Dupuis. — *Lorsqu'une sphère variable ω reste constamment tangente, de la même manière, à trois sphères fixes, le point de contact sur chacune des sphères décrit une circonférence.*

Conservons, en effet, la notation précédente, et soit O''' le centre d'une sphère variable ; ω sera dans chacune des positions de O''' le centre d'une sphère tangente intérieurement aux sphères fixes O, O', O''. Le centre radical C se déplacera sur l'axe radical des sphères fixes, qui est une perpendiculaire au plan $OO'O''$. Le plan de similitude des quatre sphères pivotera autour de l'axe de similitude directe des sphères $OO'O''$ qui est dans le plan des centres, et le pôle de ce plan par rapport à O, décrira la droite réciproque de cet axe, c'est-à-dire une perpendiculaire au plan des centres : donc la droite variable MM_1 qui passe constamment par le centre radical et le pôle par rapport à O du plan de similitude, restera dans le plan des deux perpendiculaires au plan $OO'O''$ que décrivent ces deux points : le point M se déplace donc sur la section de la sphère O par ce plan.

*§ VI. — TRIANGLE SPHÉRIQUE

Définition. — UN TRIANGLE SPHÉRIQUE *est la figure formée par trois arcs de grands cercles, moindres chacun qu'une demi-circonférence, tracés sur la surface d'une sphère.*

Dans cette figure (450) il y a six éléments : *trois côtés*, c'est-à-dire les longueurs des arcs compris entre les sommets, et *trois angles*, c'est-à-dire les angles que forment deux à deux les plans des grands cercles : nous savons que l'angle A, par exemple, a même mesure que l'arc de grand cercle ayant A pour pôle, compris entre les côtés AB, AC : c'est aussi l'angle des tangentes au point A à ces grands cercles.

Un polygone sphérique (fig. 451) *est la figure formée par plusieurs arcs de grands cercles tracés sur la surface d'une sphère :* le polygone est dit *convexe* lorsqu'il est situé tout entier dans l'un des hémisphères déterminés par chacun des grands cercles qui forment ses côtés.

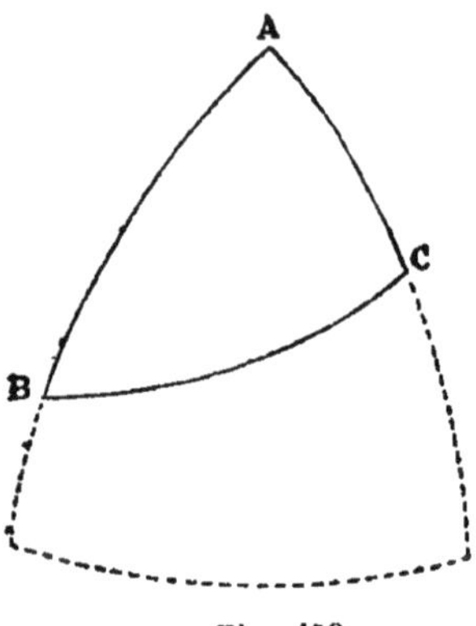

Fig. 450.

Il faut remarquer que si l'on joint le centre de la sphère à tous les sommets d'un polygone sphérique convexe, on forme un angle polyèdre convexe dont les dièdres sont égaux aux angles du polygone, et dont les faces ont même mesure que les côtés de ce polygone. Il résulte de là que les propriétés des polygones sphériques peuvent se déduire des propriétés démontrées pour les angles polyèdres (livre V).

Mais on peut établir directement la théorie complète des figures tracées sur la sphère, et composer une *géométrie sphérique* comme on a fait une *géométrie plane*.

Il ne nous paraît pas utile, dans ce cours, de nous astreindre à suivre exclusivement l'une de ces méthodes; nous chercherons surtout à prendre dans chacune d'elles les procédés les plus simples : on conçoit, en effet, qu'il y ait lieu, dans certains cas, à étudier les figures tracées sur une sphère de préférence à la figure formée par les angles polyèdres ayant le centre pour sommet commun, cette dernière figure étant, dans ces cas, plus difficile à voir nettement que l'autre. C'est par ces raisons que l'hypothèse de la *sphère céleste* rend de grands services en astronomie.

THÉORÈME IX

Chacun des côtés d'un polygone sphérique convexe est moindre qu'une demi-circonférence.

Soit (fig. 451) le polygone sphérique convexe ABCDE, dans lequel le côté AE est supérieur à une demi-circonférence : prenons AM égal au demi-grand cercle : ce point M sera un second point commun aux deux grands cercles AB, AE; par suite, le côté AE ne se trouve pas tout entier dans l'un des hémisphères déterminés par le grand cercle AB, ce qui est contraire à l'hypothèse faite sur la convexité du polygone.

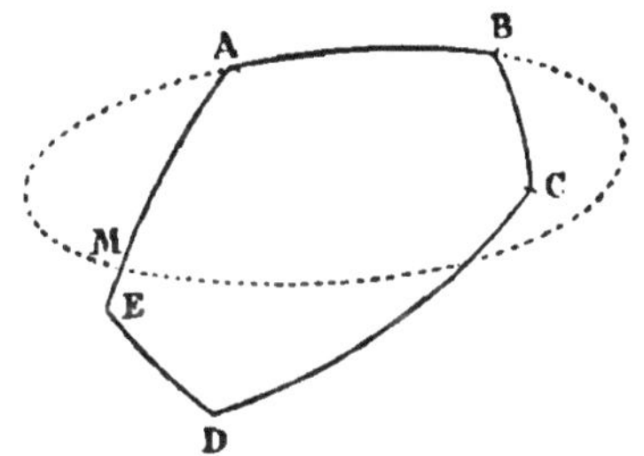

Fig. 451.

THÉORÈME X

A un triangle sphérique donné correspond un triangle sphérique symétrique, dont les éléments sont égaux chacun à chacun aux éléments du premier, mais disposés dans un ordre inverse.

Car, si l'on prolonge au delà du centre les arêtes de l'angle trièdre qui a son sommet en ce point, et dont les arêtes passent par les sommets du triangle considéré, on obtiendra un second trièdre symétrique du premier.

Corollaire I. — *A un polygone sphérique correspond un polygone sphérique symétrique, dont les éléments sont égaux chacun à chacun aux éléments du premier, mais disposés en ordre inverse.*

Corollaire II. — *Si deux côtés d'un triangle sphérique sont égaux, les angles opposés à ces côtés sont égaux, et réciproquement.*

Le triangle est alors égal au triangle symétrique.

Corollaire III. — *Un triangle sphérique équilatéral est aussi équiangle, et réciproquement.*

APPLICATION VIII

Quel est le lieu géométrique du sommet d'un triangle sphérique dont un côté est donné de grandeur et de position, et dans lequel l'excès de la somme des angles adjacents à ce côté sur le troisième a une valeur donnée?

Soit ABC (fig. 452) l'un des triangles dans lesquels AB reste fixe, ainsi que $A + B - C$: soit P le pôle du petit cercle passant par les trois sommets; les arcs de grands cercles PA, PB, PC décomposent le triangle en trois triangles isocèles : la somme des angles PAB, PBA est précisément l'excès A + B — C, donc cette somme est constante, et par suite ces angles sont constants puisqu'ils sont égaux entre eux.

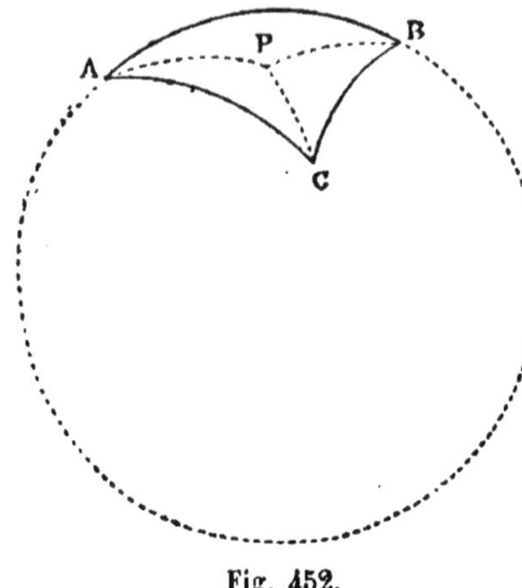

Fig. 452.

La position du point P est donc indépendante de la position du point C : autrement dit, ce point P sera toujours le pôle du petit cercle passant par A, B et un point quelconque du lieu.

Le lieu géométrique est donc un arc de ce petit cercle.

THÉORÈME XI

Chaque côté d'un triangle sphérique est moindre que la somme des deux autres, et la somme des trois côtés est moindre qu'une circonférence de grand cercle.

Car dans le trièdre qui a le centre de la sphère pour sommet, et dont les arêtes passent par les sommets du triangle sphérique, chacune des faces est moindre que la somme des deux autres, et la somme des trois faces est inférieure à quatre droits.

Corollaire I. — *Chaque côté d'un triangle sphérique est supérieur à la différence des deux autres.*

Corollaire II. — *Chaque côté d'un polygone sphérique convexe est moindre que la somme des autres côtés, et la somme de tous les côtés est moindre qu'une circonférence de grand cercle.*

Corollaire III. — *Les conditions nécessaires et suffisantes pour que l'on puisse construire un triangle sphérique ayant pour côtés des arcs de longueur donnée sont :* 1° *que la somme des trois arcs soit moindre qu'une circonférence de grand cercle;* 2° *que chacun de ces arcs soit moindre que la somme des deux autres.*

Ces conditions sont nécessaires puisqu'elles sont satisfaites par les côtés d'un triangle sphérique (th. II). Elles sont suffisantes puisque, étant satisfaites, on peut construire le trièdre dont le sommet est au centre de la sphère, et dont les arêtes déterminent sur la surface de la sphère les sommets d'un triangle ayant pour côtés les longueurs données.

On pourra construire deux triangles sphériques symétriques ayant les côtés donnés.

Corollaire IV. — *La somme des arcs de grands cercles qui joignent un point intérieur à un triangle à deux sommets est moindre que la somme des deux côtés qui aboutissent aux mêmes sommets.*

Même démonstration que dans la géométrie plane.

PROBLÈME VII

Tracer un grand cercle passant par un point donné et tangent à un petit cercle donné.

On dit que deux cercles de la sphère sont tangents quand ils admettent la même tangente en un point commun qui s'appelle point de contact.

Il résulte de cette définition que le point de contact est situé sur le grand cercle qui passe par les pôles des deux cercles, car la tangente en un point d'un cercle de la sphère est perpendiculaire au grand cercle qui passe par ce point et le pôle du cercle considéré.

Réciproquement, si deux cercles de la sphère ont un point commun sur le grand cercle qui contient leurs pôles, ils sont tangents en ce point.

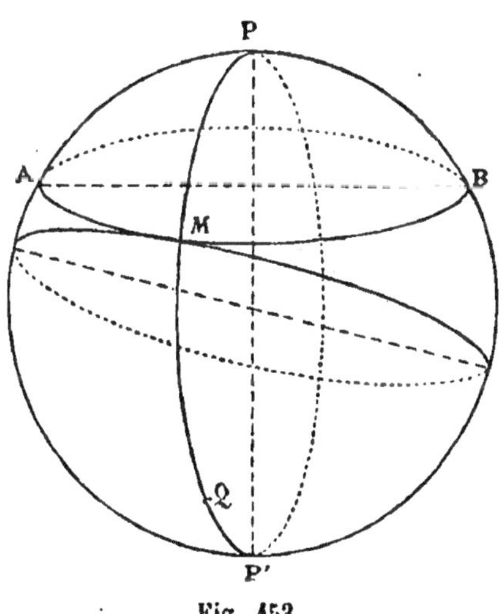

Fig. 453.

1° — Si le point donné par l'énoncé est situé sur le petit cercle donné, on trouvera aisément le pôle du grand cercle cherché. Sur le grand cercle PMP' (fig. 453) passant par le point donné M et par les pôles du petit cercle AB, nous portons à partir du point M un arc MQ égal au quart du grand cercle, et du point Q comme pôle, avec QM pour distance polaire, nous décrivons le grand cercle qui répond à la question.

Le problème est évidemment toujours possible et d'une seule manière; s'il arrivait que le point Q coïncide avec l'un des pôles du cercle donné, c'est que le cercle donné serait un grand cercle, qui serait lui-même la solution du problème.

2° — Soit M le point donné d'une façon quelconque (fig. 454), et AB le petit cercle donné; nous prenons pour plan de la figure le plan du grand cercle passant par le point M et les pôles P,P′ du petit cercle : soit Q le pôle d'un grand cercle passant par M et tangent au petit cercle en N; le triangle sphérique MPQ a ses trois côtés connus, car PM est donné, PQ vaut un quadrant plus le rayon sphérique du petit cercle, et MQ est un quadrant.

Donc, de M comme pôle nous décrivons un grand cercle, et de P comme pôle nous décrivons un petit cercle avec un rayon sphérique égal au rayon sphérique du petit cercle augmenté d'un quadrant; si ces deux circonférences se rencontrent, nous aurons le pôle Q de l'une des solutions. Voyons donc à quelles conditions aura lieu cette

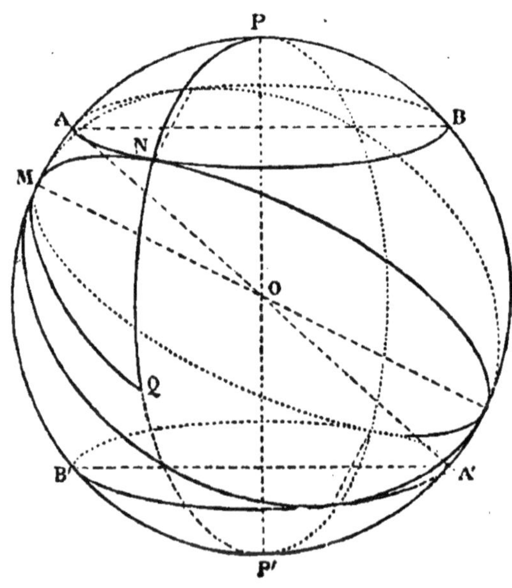

Fig. 454.

rencontre : soit arc $PA = a$, arc $PM = m$, $\alpha =$ quadrant du grand cercle. Pour que le triangle PMQ existe, il faut et il suffit que l'on ait :

$$m + \alpha + a + \alpha < 4\alpha \qquad (1)$$

$$m < a + \alpha + \alpha \qquad (2)$$

$$a + \alpha < m + \alpha \qquad (3)$$

$$\alpha < a + \alpha + m \qquad (4)$$

Or l'inégalité (1) donne :

$$m < 2\alpha - a,$$

ce qui signifie que le point M doit être situé hors de la calotte sphérique symétrique de PAB.

L'inégalité (2) est satisfaite *a priori* parce que m est moindre qu'une demi-circonférence ; il en est de même de l'inégalité (4).

Enfin l'inégalité (3) donne $m > a$, ce qui veut dire que M est situé hors de la calotte sphérique PAB.

Donc, il faut et il suffit que le point M ne soit pas situé hors de la zône qui a pour bases le petit cercle donné et le petit cercle symétrique de celui-ci.

Lorsque le point est sur la zône indiquée, le problème admet deux solutions symétriques l'une de l'autre par rapport au plan de la figure, et tangentes à la fois aux deux bases de la zône. Lorsque le point est situé sur l'une des deux bases de cette zône il n'y a plus qu'une seule solution.

PROBLÈME VIII

Tracer un grand cercle tangent à deux petits cercles donnés.

Nous remarquons d'abord qu'il peut y avoir deux façons de résoudre la question, suivant que les deux petits cercles se trouveront dans le même hémisphère déterminé par le cercle cherché, ou dans des hémisphères différents.

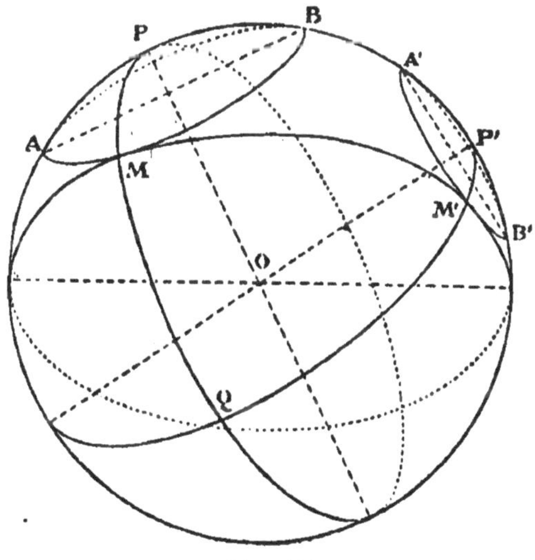

Fig. 455.

1° — Supposons d'abord le premier cas (fig. 455) : prenons

comme plan de la figure le plan du grand cercle qui passe par les pôles P,P' des petits cercles donnés, et soit M et M' les points de contact avec un grand cercle : les grands cercles passant par les points M,P et les points M',P' se coupent au pôle Q du grand cercle tangent. Tout revient donc à construire le triangle PQP' dans lequel les trois côtés sont connus.

Soit D le plus petit des deux arcs de grands cercles terminés en P et P'; soit a et a' les rayons sphériques des petits cercles donnés, et α le quadrant du grand cercle; les côtés de ce triangle seront :

$$D, \quad (a+\alpha), \quad (a'+\alpha).$$

Les conditions de possibilité sont donc :

$$D+a+\alpha+a'+\alpha<4\alpha \quad (1)$$
$$D<a+a'+2\alpha \quad (2)$$
$$a+\alpha<D+a'+\alpha \quad (3)$$
$$a'+\alpha<D+a+\alpha \quad (4)$$

L'inégalité (1) se réduit à :

$$D+a'<2\alpha-a$$

et elle exprime que le petit cercle P' est situé hors de la calotte sphérique symétrique de PAB.

L'inégalité (2) est toujours satisfaite, puisque $D<2\alpha$.

Les inégalités (3) et (4) expriment que D est supérieur à la différence entre a et a', c'est-à-dire que chaque petit cercle n'est pas intérieur à la calotte sphérique ayant l'autre pour base.

Donc le problème que nous résolvons sera possible toutes les fois qu'aucun des petits cercles ne sera pas intérieur à la calotte sphérique qui a pour base l'autre petit cercle et qu'il aura tous ses points extérieurs à la calotte symétrique.

Il y aura alors deux solutions, symétriques par rapport au plan de la figure, qui seront aussi tangentes aux petits cercles symétriques des cercles donnés : il n'y aura plus qu'une seule solution si l'un des petits cercles est tangent intérieurement à l'autre ou extérieurement à son symétrique.

2° Soit (fig. 456) le grand cercle tangent en M et M' aux deux petits cercles AB et A'B', de sorte que ces petits cercles ne soient pas dans le même hémisphère déterminé par le grand cercle. Soit Q l'un des points communs aux grands cercles PM et P'M' : ce point Q sera le pôle du grand cercle considéré ; le triangle PP'Q a donc encore trois côtés connus :

$$D, \quad (a + \alpha), \quad (\alpha - a').$$

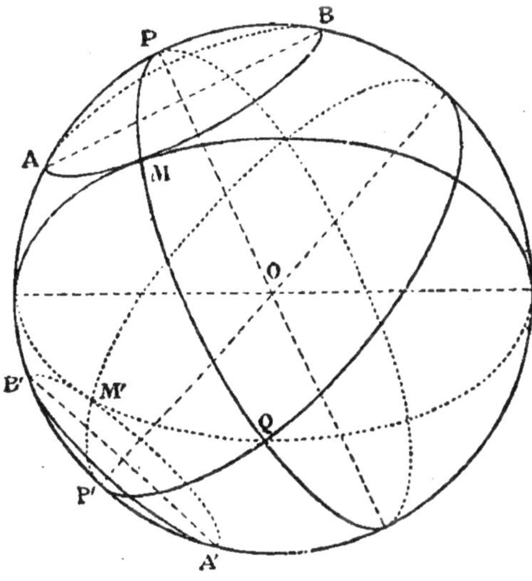

Fig. 456.

Par suite, les conditions nécessaires et suffisantes de possibilité sont :

$$D + a + \alpha + \alpha - a' < 4\alpha \qquad (1)$$
$$D < 2\alpha + a - a' \qquad (2)$$
$$a + \alpha < D + \alpha - a' \qquad (3)$$
$$\alpha - a' < D + a + \alpha \qquad (4)$$

Supposons $a > a'$. L'inégalité (2) est satisfaite, ainsi que (4).

L'inégalité (1) donne :

$$D - a' < 2\alpha - a,$$

et signifie que le petit cercle A'B' n'est pas intérieur à la calotte sphérique symétrique de PAB.

L'inégalité (3) donne :

$$D > a + a',$$

ce qui veut dire que le petit cercle A'B' n'a aucun point intérieur à la calotte sphérique PAB.

Donc le problème admettra deux solutions symétriques par rapport au plan de la figure, tant que chacun des petits cercles sera extérieur à la calotte sphérique déterminée par l'autre, et non intérieur à la calotte symétrique.

Il n'y aura plus qu'une solution si l'un des petits cercles est tangent extérieurement à l'autre ou intérieurement au symétrique.

THÉORÈME XII

Si l'on construit un triangle sphérique ayant pour sommets les pôles des côtés d'un triangle sphérique donné, réciproquement les sommets du second triangle seront les pôles des côtés du premier.

Soit A, B, C (fig. 457) les sommets du triangle sphérique donné, et A', B', C' les pôles des côtés BC, AC, AB : prouvons que A est le pôle de B'C'; en effet, B' étant le pôle de AC, le grand cercle B'C' est perpendiculaire sur AC, donc les pôles de B'C' sont sur AC, de même ils sont sur AB, donc le point A est un des pôles de l'arc B'C'.

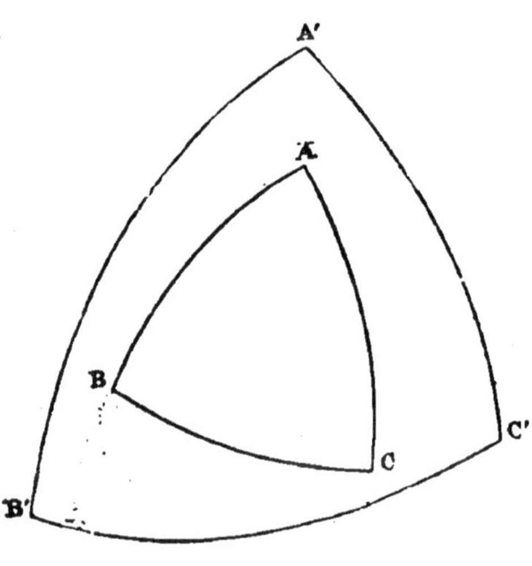

Fig. 457.

Remarque. — Un grand cercle ayant deux pôles, en formant un triangle sphérique dont les sommets sont les pôles des côtés d'un second triangle, on peut obtenir huit triangles deux à deux symétriques. Pour déterminer complètement ce qu'on appelle le TRIANGLE POLAIRE d'un triangle sphérique, nous imposerons comme condition à chaque sommet de ce triangle *de se trouver, avec le sommet du triangle opposé au côté dont il est le pôle, sur le même hémisphère déterminé par ce côté.*

Dans ces conditions, la réciprocité entre les deux triangles est obtenue, c'est-à-dire que A' étant le pôle de BC situé avec le sommet A dans le même hémisphère déterminé par BC, le point A est le pôle de B'C' situé avec le point A' dans le même hémisphère déterminé par B'C'; car l'arc de grand cercle AA', perpendiculaire aux deux arcs BC, B'C', est moindre qu'un quadrant à cause de la position des points A, A′ par rapport à BC; donc A étant le pôle de B′C′ est avec le point A′ dans le même hémisphère déterminé par B′C′.

Définition. — *Deux triangles sphériques sont dits* POLAIRES L'UN DE L'AUTRE *lorsque chaque sommet de l'un étant le pôle d'un côté de l'autre, est situé, avec le sommet opposé à ce côté, dans le même hémisphère déterminé par ce côté.*

Étant donné un triangle sphérique, on peut obtenir le triangle polaire en décrivant des grands cercles ayant pour pôles les sommets du triangle donné, et choisissant parmi les six points communs à ces grands cercles, ceux qui satisfont aux conditions indiquées.

THÉORÈME XIII

Les côtés d'un triangle sphérique sont supplémentaires des angles du triangle polaire, et réciproquement.

Soit, en effet (fig. 458), les triangles ABC, A′B′C′ polaires l'un de l'autre : A étant pôle de B′C′, l'angle A a même mesure que l'arc DE de B′C′ compris entre AB et AC : il suffit donc de prouver que la somme de B′C′ et de DE est égale à une demi-circonférence de grand cercle, ce qui est évident puisque les arcs B′E, et C′D valent chacun un quadrant.

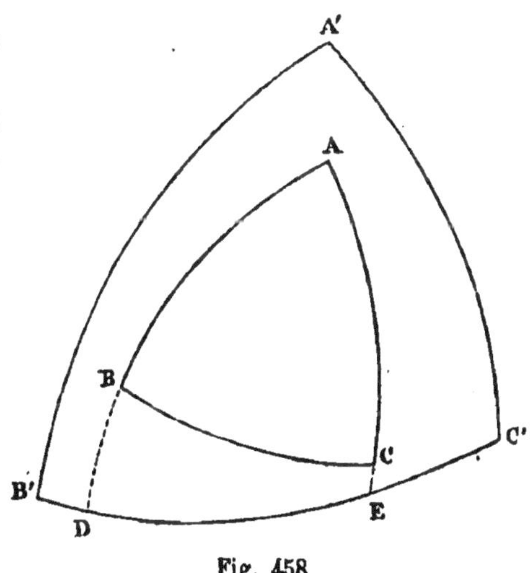

Fig. 458.

Remarque. — Cette propriété est d'ailleurs une conséquence immédiate de la théorie des trièdres supplémentaires. Les trièdres OABC, OA′B′C′ sont en effet supplémentaires, car OA′ est perpendiculaire sur le plan OBC, du même côté de cette face que l'arête OA.

THÉORÈME XIV

La somme des angles d'un triangle sphérique est comprise entre deux et six angles droits, et la somme de deux de ces angles est inférieure au troisième angle augmenté de deux droits.

Cette propriété peut se déduire du théorème II par la considération du triangle polaire.

Elle résulte d'ailleurs immédiatement de la substitution du trièdre OABC au triangle sphérique ABC.

Corollaire. — *Les conditions nécessaires et suffisantes pour que l'on puisse construire un triangle sphérique ayant des angles donnés sont : 1° que la somme de ces dièdres soit comprise entre deux droits et six droits ; 2° que chacun de ces dièdres augmenté de deux droits soit supérieur à la somme des deux autres.*

D'abord ces deux conditions sont nécessaires d'après l'énoncé du théorème XIV. En second lieu elles sont suffisantes parce que l'on pourra construire le triangle sphérique ayant pour côtés les excès d'une demi-circonférence de grand cercle sur les arcs de grand cercle qui ont même mesure que les angles donnés ; en construisant le triangle polaire de celui-ci, on aura le triangle cherché.

Lorsque ces conditions de possibilité sont satisfaites, il y a deux triangles sphériques symétriques qui répondent au problème.

THÉORÈME XV

Deux triangles sphériques sont égaux ou symétriques sur la même sphère, ou sur des sphères égales, dans chacun des quatre cas suivants :

1° *Lorsqu'ils ont un côté égal adjacent à deux angles égaux chacun à chacun ;*

2° *Lorsqu'ils ont un angle égal compris entre côtés égaux chacun à chacun ;*

3° *Lorsqu'ils ont les côtés égaux chacun à chacun ;*

4° *Lorsqu'ils ont les angles égaux chacun à chacun.*

Ces quatre théorèmes sont identiques aux théorèmes établis livre V sur les cas d'égalité ou de symétrie de deux angles trièdres. On peut d'ailleurs les démontrer directement par des méthodes analogues.

THÉORÈME XVI

Si d'un point pris hors d'un arc de grand cercle, on lui mène un arc perpendiculaire et des arcs obliques :

1° *L'arc perpendiculaire moindre qu'un quadrant est plus court que tout arc oblique; c'est le contraire pour l'arc supérieur à un quadrant;*

2° *Deux arcs obliques qui s'écartent également du pied de l'arc perpendiculaire sont égaux;*

3° *De deux arcs obliques qui s'écartent inégalement du pied de l'arc perpendiculaire, le plus écarté est le plus long.*

Même démonstration qu'en géométrie plane.

Corollaire I. — *Le lieu géométrique des points de la surface d'une sphère situés à égale distance de deux points donnés de cette surface, est l'arc de grand cercle perpendiculaire au milieu de l'arc qui joint les deux points donnés.*

Corollaire II. — *Deux triangles sphériques rectangles sont égaux ou symétriques :*

1° *Lorsqu'ils ont l'hypoténuse égale et un côté égal;*

2° *Lorsqu'ils ont l'hypoténuse égale et un angle adjacent égal.*

Corollaire III. — *Dans tout triangle sphérique rectangle le nombre des côtés supérieurs à un quadrant est pair.*

Soit en effet (fig. 459) les deux grands cercles rectangulaires AFA′, ACA′ dont l'un est dans le plan de la figure : soit le grand cercle FD perpendiculaire sur le diamètre AA′; alors les points F et D sont l'un le pôle de ADA′, l'autre le pôle de AFA′.

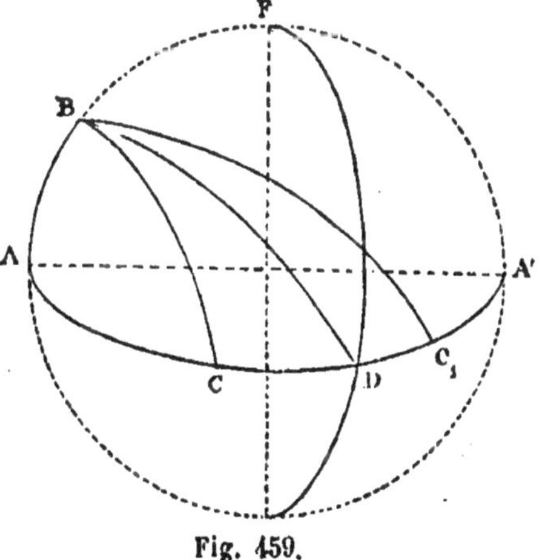

Fig. 459.

Enfin, soit le grand cercle BC déterminant, avec les deux premiers le triangle sphérique rectangle ABC dans lequel le côté AB est aigu : si AC est aigu, l'arc BC sera moindre que BD, c'est-à-dire aigu. Si AC_1 est obtus, BC_1 sera plus grand que BD ou obtus: donc si AB est aigu, les deux autres côtés sont tous deux aigus ou tous deux obtus.

Considérons (fig. 459) le triangle rectangle BCA′ rectangle en A′, dans lequel le côté A′B est obtus : si A′C est obtus, alors BC sera moindre que BD, c'est-à-dire aigu; si $A'C_1$ est aigu, alors BC_1 est supérieur à BD, donc BC_1 est obtus.

Donc si un côté est obtus, les deux autres sont l'un aigu et l'autre obtus, par suite le nombre des côtés supérieurs à un quadrant est toujours pair.

Corollaire IV. — *Dans tout triangle sphérique rectangle, tout angle oblique est de même espèce que le côté opposé.*

Reportons-nous à la figure 459 : dans le triangle rectangle ABC, ou ABC_1, où AB est aigu, l'angle ABC, ou ABC_1, est aigu ou obtus, puisque l'angle ABD est droit, et l'on voit qu'en même temps AC ou AC_1 est aigu ou obtus.

Dans le triangle A′BC, ou $A'BC_1$, où le côté A′B est obtus, l'angle A′BC ou $A'BC_1$ est obtus ou aigu, et en même temps le côté A′C ou $A'C_1$ est obtus ou aigu.

Donc tout angle oblique d'un triangle rectangle est de même espèce que le côté opposé.

PROBLÈME IX

Construire un triangle sphérique connaissant deux côtés et l'angle opposé à l'un d'eux.

Soit donné a, b, A. — Sur un arc de grand cercle (fig. 460) nous

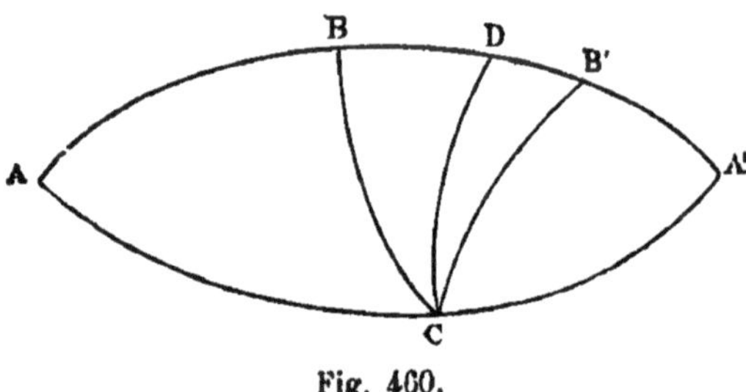

Fig. 460.

prenons une longueur égale à A, les deux grands cercles qui passent par les extrémités de cet arc et son pôle forment entre eux l'angle A : soit les grands cercles ABA′, ACA′. Nous portons sur l'un d'eux l'arc $AC = b$, et du point C comme pôle, avec a pour rayon sphérique, nous décrivons un arc de cercle. Supposons qu'il rencontre l'autre grand cercle en B et B′.

Si le problème admet une solution, elle sera ACB ou ACB′.

Discussion. — Soit CD l'arc de grand cercle perpendiculaire sur ABA'; nous remarquons d'abord que si l'angle A est aigu, CD sera aigu, et sera la plus courte distance sur la sphère du point C au grand cercle ADA'. Ce sera le contraire si l'angle A est obtus.

Dans le premier cas les arcs de grand cercle compris entre C et le grand cercle ADA', iront en diminuant en s'approchant de CD qui est leur minimum : dans le deuxième cas ces arcs iront en augmentant, et leur valeur maximum sera CD.

Donc, déjà, pour que les points B et B' existent, il faut que l'on ait :

$$a \geqslant \mathrm{CD} \quad \text{si} \quad \mathrm{A} \text{ aigu},$$

$$a \leqslant \mathrm{CD} \quad \text{si} \quad \mathrm{A} \text{ obtus}.$$

1° Ces conditions seront visiblement satisfaites si a et A sont d'espèce différente, et nous allons prouver que dans ce cas il ne peut y avoir qu'une seule solution. Supposons, par exemple, a obtus et A aigu, et désignons par α le quadrant du grand cercle. Si l'on peut mener une oblique issue du point C à un point de l'arc ADA' égale à a qui est obtus, ce ne pourra être que du côté de CD où se trouve l'oblique CA ou CA' obtuse : donc il ne peut y avoir qu'une seule solution, et pour qu'elle existe, il faut que l'on ait :

$$a < b \quad \text{si} \quad b > \alpha,$$

ou :

$$a < 2\alpha - b \quad \text{si} \quad b < \alpha.$$

Donc, si A aigu et a obtus, le problème sera possible d'une seule manière, ou impossible, suivant que l'on a :

$$a < b \quad \text{si} \quad b > \alpha,$$

ou :

$$a < 2\alpha - b \quad \text{si} \quad b < \alpha.$$

En supposant A obtus et a aigu, on arrivera de même à dire que le problème sera possible d'une seule manière, ou impossible, suivant que l'on aura :

$$a > b \quad \text{si} \quad b < \alpha,$$

et :

$$a > 2\alpha - b \quad \text{si} \quad b > \alpha.$$

2° Lorsque a et A sont de même espèce, le problème, s'il est possible, peut avoir une ou deux solutions.

En effet, supposons-les tous deux aigus, alors CD (fig. 460) est aigu ; il faut donc déjà :

$$a > \mathrm{CD};$$

puis, on voit que s'il y a une solution du côté de CD où se trouve celui des deux arcs CA, CA′ qui est aigu, il y en aura nécessairement une de l'autre côté :

$$b < \alpha \begin{cases} a < b & \text{2 solutions,} \\ a > b & \text{1 solution, car alors } a < 2\alpha - b; \end{cases}$$

$$b > \alpha \begin{cases} a < 2\alpha - b & \text{2 solutions,} \\ a > 2\alpha - b & \text{1 solution, car alors } a < b. \end{cases}$$

Si nous supposions a et A obtus les conséquences seraient analogues, on aurait d'abord la condition $a <$ CD, car CD est obtus, puis on renverserait les autres signes.

THÉORÈME XVII

Le plus court chemin d'un point à un autre sur la surface d'une sphère est un arc de grand cercle.

1° *Les plus courts chemins d'un point* P *d'une sphère* (fig. 461) *aux différents points d'une circonférence* MM′ *de cette sphère, ayant le point* P *pour pôle, sont égaux.*

En effet, en faisant tourner autour de PP′ une ligne de la sphère

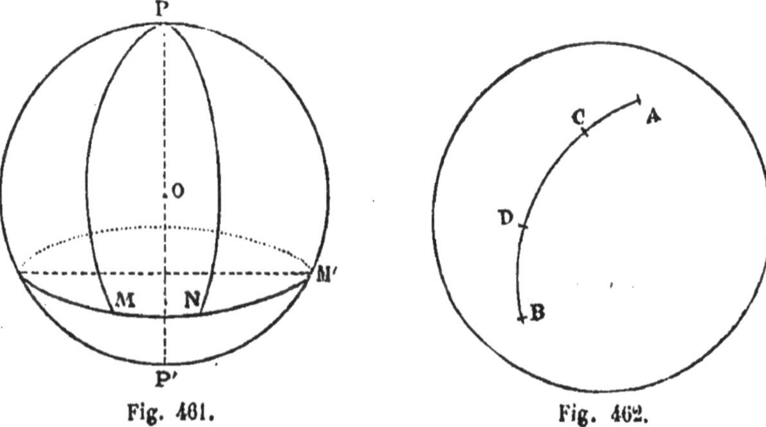

Fig. 461. Fig. 462.

passant par les points P et N, nous l'amènerons à passer par les points P et M, sans changer sa longueur : les plus courts chemins du point P aux points M et N sont donc superposables.

2° *Le plus court chemin d'un point* A *à un point* B (fig. 462) *sur* *la surface d'une sphère étant décomposé en plusieurs parties*, AC, CD, DB, *chacune de ces parties est le plus court chemin entre ses extrémités*.

Dans le cas contraire, en remplaçant AC, CD, et DB par les plus courts chemins qui correspondent à ces parties, on pourrait parcourir un chemin plus court que celui qu'on avait supposé pour aller de A à B.

3° *Le plus court chemin d'un point* A *à un point* B *de la surface d'une sphère* (fig. 463) *doit passer par l'un quelconque des points* M *du plus petit arc de grand cercle qui contient les points* A, B, *et par suite coïncide avec cet arc*.

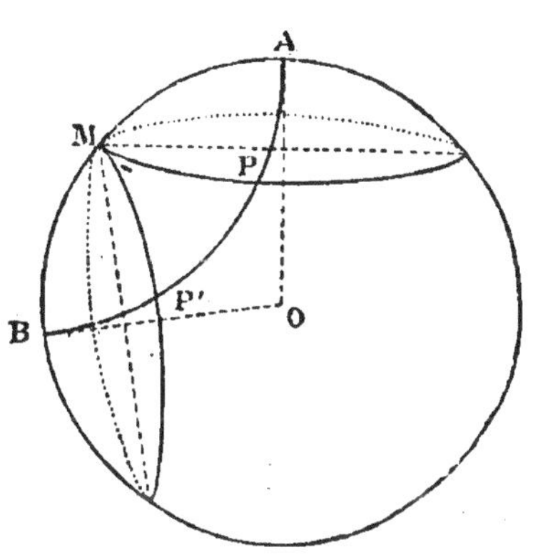

Fig. 463.

Soit en effet APP'B un chemin quelconque de A à B qui ne contient pas le point M; traçons les cercles de la sphère ayant pour pôles les points A et B; ils rencontrent le chemin considéré aux points P, P' : les plus courts chemins du pôle A aux points M et P sont égaux, ainsi que les plus courts chemins du pôle B aux points M et P'. Par suite, on suivra un chemin plus court que APP'B en réduisant à zéro le chemin de P à P', c'est-à-dire en passant par le point M, seul point commun aux deux circonférences considérées.

Remarque. — Dans le cas où les points considérés A et B sont diamétralement opposés, les deux circonférences auxiliaires ayant ces points pour pôles et passant par le point M se confondent, et la démonstration précédente est en défaut : mais comme elle subsiste quand l'un des points étant fixe, l'autre se déplace sur le grand cercle qui les joint, le plus court chemin est alors l'un quelconque des arcs de cercle qui passent par les points A, B.

§ VII. — EXERCICES PROPOSÉS SUR LE LIVRE VII

1. Construire un cône de révolution passant par trois droites concourantes données.
2. Construire un cône de révolution tangent à trois plans donnés.

3. Construire un cône de révolution ayant un sommet donné, tangent à deux plans passant par ce point, et dont l'axe est parallèle à un plan donné.

4. Quel est le lieu géométrique des points de l'espace qui sont à des distances données de deux points donnés?

5. Construire les points de l'espace situés à des distances données de trois points donnés.

6. Quel est le lieu géométrique des points de l'espace dont le rapport des distances à deux points donnés a une valeur donnée?

7. Quel est le lieu géométrique des points de l'espace également éclairés par deux lumières données, d'intensités I et I'?

8. Quel est le lieu géométrique des points de l'espace d'où l'on voit sous un même angle deux, ou trois, sphères données?

9. Par une droite donnée faire passer un plan qui coupe une sphère donnée suivant un cercle de rayon donné.

10. Construire le rayon d'une sphère connaissant les rayons des cercles suivant lesquels elle est coupée par deux plans parallèles donnés.

11. Le petit cercle de la sphère qui a pour rayon sphérique le tiers, ou le cinquième, du quadrant, a pour rayon la moitié du rayon de la sphère, ou le plus grand segment de ce rayon divisé en moyenne et extrême raison.

12. La somme des aires des cercles suivant lesquels les trois faces d'un angle trièdre trirectangle coupent une sphère, est constante pour une position donnée du sommet.

13. La somme des carrés des cordes interceptées par une sphère sur les arêtes d'un trièdre trirectangle, dont le sommet est donné, est constante.

Il en est de même pour la somme des carrés des distances du sommet aux six points de rencontre des arêtes et de la sphère.

14. Quel est le lieu des points de l'espace d'où l'on voit sous des angles droits deux portions de droites données de l'espace.

15. Lorsque trois sphères se coupent, les points communs à ces surfaces sont symétriques par rapport au plan des centres.

16. Trouver le lieu géométrique des centres des sphères qui coupent deux, ou trois, sphères données suivant des grands cercles.

17. Tracer par une droite un plan qui coupe deux sphères données suivant des cercles, dont les rayons soient proportionnels aux rayons de ces sphères.

18. Tracer par un point donné un plan qui coupe trois sphères données suivant des cercles dont les rayons soient proportionnels aux rayons de ces sphères

19. Construire une sphère de rayon donné tangente à un plan, ou à une sphère donnée, et passant par deux points donnés.

20. Construire une sphère de rayon donné tangente à deux plans donnés, ou à deux sphères données, et passant par un point donné.

21. Construire une sphère de rayon donné tangente à trois plans donnés, ou à trois sphères données.

22. Construire une sphère de rayon donné tangente à un plan et à une sphère donnée, et passant par un point donné.

23. Construire une sphère de rayon donné tangente à un plan et à deux sphères données.

24. Construire une sphère de rayon donné tangente à deux plans et à une sphère donnée.

25. Construire une sphère tangente à trois droites données en des points donnés.

26. Construire une sphère tangente à un plan donné, ou à une sphère donnée, et passant par trois points donnés.

27. Construire une sphère tangente à deux plans, ou à deux sphères données, et passant par deux points donnés.

28. Construire une sphère tangente à trois plans donnés, ou à trois sphères données, et passant par un point donné.

29. Construire une sphère tangente à trois plans donnés et à une sphère donnée, ou à trois sphères données et à un plan donné.

30. Construire une sphère tangente à deux plans et à deux sphères.

31. Le lieu géométrique des points de contact d'une sphère fixe avec les sphères passant par deux points fixes est une circonférence; si l'on fait varier un des deux points, les plans de ces circonférences, lieux des points de contact, pour chaque position de ce point variable, passent par une droite fixe.

32. Une sphère assujettie à passer par un point fixe A reste tangente à deux plans donnés P, Q. Quel est le lieu géométrique de son centre, et celui du point de contact sur l'un des plans P, Q?

33. Les distances de deux points de l'espace au centre d'une même sphère sont proportionnelles aux distances de chacun de ces points au plan polaire de l'autre.

34. Les arcs de grand cercle issus des sommets d'un triangle sphérique et perpendiculaires sur les côtés opposés passent par un même point.

35. Les arcs de grand cercle qui partagent en parties égales les angles d'un triangle sphérique passent par un même point.

Les arcs bissecteurs de deux angles extérieurs se coupent sur l'arc bissecteur du troisième angle intérieur.

36. Tracer les cercles tangents aux côtés d'un triangle sphérique.

37. Dans un losange sphérique, les diagonales se coupent à angle droit.

38. Par un point donné de la surface d'une sphère tracer un arc de grand cercle qui coupe un grand cercle donné sous un angle donné. — Discussion.

39. Si le plus grand angle d'un triangle sphérique égale la somme des deux autres, le cercle circonscrit à ce triangle a son pôle sur le plus grand côté.

40. Quel est le lieu géométrique des sommets des triangles sphériques qui ont un côté commun, et dont l'angle opposé est la somme des deux autres ?

41. Le lieu géométrique des sommets des triangles sphériques qui ont une base commune, et dans lesquels l'angle au sommet diffère d'une quantité constante de la somme des deux autres, est une circonférence.

42. Construire un triangle sphérique rectangle dont on connaît un angle et le côté opposé.

43. Construire un triangle sphérique rectangle dont on donne un côté de l'angle droit et l'hypoténuse.

44. Si l'on considère un triangle sphérique ABC et le triangle polaire A'B'C', les arcs de grand cercle AA', BB', CC', passent par un même point.

45. Les arcs de grand cercle passant par chaque sommet d'un triangle sphérique et le milieu du côté opposé, passent par un même point.

46. Soit le triangle sphérique ABC dont les milieux des côtés sont A', B', C' : les arcs de grand cercle A'B', A'C', B'C' rencontrent les troisièmes côtés en des points C'', B'', A'' situés sur un même grand cercle. — Généraliser.

47. Soit B' et C' les milieux des côtés AC et AB du triangle sphérique ABC, et P le pôle de l'arc de grand cercle B'C' : prouver que l'angle BPC est double de l'angle B'PC'.

HUITIÈME LIVRE

SURFACES ET VOLUMES DES CORPS RONDS

I. — SURFACE ET VOLUME DU CYLINDRE DROIT A BASES CIRCULAIRES

Définitions. — *Le cylindre droit à bases circulaires est le solide engendré par la révolution d'un rectangle autour d'un de ses côtés.*

LES BASES sont les cercles engendrés par les côtés perpendiculaires à celui qui sert d'axe; la HAUTEUR est la distance des bases.

Ce solide est la portion d'*un cylindre de révolution* (définitions livre VII) comprise entre deux parallèles.

Un prisme est dit INSCRIT *ou* CIRCONSCRIT *à un cylindre droit à bases circulaires lorsque ses bases sont inscrites ou circonscrites aux bases du cylindre.*

Lorsque l'on considère un prisme régulier inscrit dans un cylindre droit à bases circulaires, et que l'on fait croître sans limite le nombre des côtés de la base, la surface latérale a toujours pour mesure le produit du périmètre de base par la hauteur qui est constante; elle croît donc indéfiniment; or le facteur variable, *le périmètre de base,* tend vers une limite que nous avons définie : *la longueur de la circonférence de base du cylindre;* la surface convexe de ce prisme tend donc vers une limite, que nous appelons : SURFACE LATÉRALE DU CYLINDRE : d'où la définition suivante :

La SURFACE CONVEXE *ou* LATÉRALE *d'un cylindre droit à bases circulaires est la limite vers laquelle tend la surface latérale d'un prisme régulier inscrit dont le nombre des faces croît sans limite*

Il faut remarquer la nécessité de définir cette surface latérale qui n'est pas comparable avec l'unité de surface choisie qui est plane.

THÉORÈME I

La surface latérale d'un cylindre droit à bases circulaires a pour mesure le produit de la circonférence de base par la hauteur.

Considérons, en effet, un prisme régulier inscrit, dont le polygone de base a pour périmètre P ; en désignant par H la hauteur de ce solide, sa surface latérale aura pour mesure $P \times H$: si l'on fait croître indéfiniment le nombre des côtés de cette base, la limite de P est la longueur C de la circonférence de base du cylindre, donc la limite de la surface latérale est $C \times H$: or, par définition, cette limite est la surface latérale du cylindre ; cette surface a donc pour mesure le produit de la circonférence de base ar la hauteur.

Corollaire I. — *Les surfaces latérales de deux cylindres droits à bases circulaires de même base sont dans le rapport des hauteurs.*

Corollaire II. — *En représentant par* R *et* H *le rayon et la hauteur d'un cylindre droit à bases circulaires, la surface convexe est représentée par* $2\pi RH$, *et la surface totale par* $2\pi R(R + H)$

THÉORÈME II

Le volume d'un cylindre droit à bases circulaires a pour mesure le produit de l'aire de la base par la hauteur.

Considérons deux prismes réguliers dont les bases, d'un même nombre de côtés, sont, l'une inscrite, l'autre circonscrite aux bases du cylindre : les volumes de ces prismes seront toujours l'un plus petit, l'autre plus grand que le volume du cylindre. En représentant par b et B les aires des bases et par H la hauteur commune, ces volumes auront pour mesure bH et BH : or les quantités b et B, quand le nombre des côtés augmente indéfiniment, tendent vers une même limite qui est l'aire du cercle de base du cylindre ; donc les produits $b \times H$ et $B \times H$, et par suite les volumes, tendent vers une même limite. Le volume du cylindre toujours compris entre ces deux volumes variables est donc la limite commune vers laquelle ils tendent. Donc le volume du cylindre a pour mesure le produit de l'aire de sa base par la hauteur.

Corollaire I. — *Les volumes de deux cylindres droits de mêmes bases circulaires sont dans le rapport des hauteurs.*

Corollaire II. — *En représentant par* R *et* H *le rayon et la hauteur d'un cylindre droit à bases circulaires, le volume est représenté par* $\pi R^2 H$.

§ II. — SURFACE ET VOLUME DU CONE DROIT A BASE CIRCULAIRE

Définitions. — *Le* CÔNE DROIT A BASE CIRCULAIRE *est le solide engendré par la révolution d'un triangle rectangle autour d'un des côtés de l'angle droit.*

La BASE est le cercle engendré par le côté perpendiculaire à l'axe, le SOMMET est le sommet du triangle opposé à ce côté, et la HAUTEUR est la distance du sommet au plan de base.

L'APOTHÈME est la longueur de l'hypoténuse du triangle générateur.

Ce solide est la portion d'un *cône de révolution* comprise entre le sommet et un parallèle.

Une pyramide est dite INSCRITE *ou* CIRCONSCRITE *au cône* lorsqu'elle a même sommet que celui-ci, et que sa base est inscrite ou circonscrite à la base du cône.

Lorsque l'on considère une pyramide régulière inscrite dans un cône droit à base circulaire, et que l'on fait croître indéfiniment le nombre des côtés de cette base, la longueur du périmètre de la base croît sans cesse et tend vers une limite qui est, par définition, la longueur de la circonférence de la base du cône : en même temps, l'apothème de ce polygone tend vers le rayon de base, et la distance du sommet de la pyramide à un côté de sa base, qui s'appelle l'*apothème de la pyramide régulière*, tend vers l'apothème du cône.

Or, la surface latérale de la pyramide régulière est égale au demi-produit du périmètre de base par l'apothème : les deux facteurs tendent chacun vers une limite quand le nombre des côtés de la base croît sans limite ; donc le produit tend aussi vers une limite ; cette limite de la surface latérale de la pyramide s'appelle la SURFACE LATÉRALE DU CÔNE. D'où la définition suivante :

La SURFACE LATÉRALE *ou* CONVEXE *d'un cône droit à base circulaire est la limite vers laquelle tend la surface latérale d'une pyra-*

mide régulière inscrite, quand le nombre des côtés du polygone de base croît sans limite.

Il faut remarquer la nécessité de définir la surface du cône qui, étant courbe, n'est pas comparable à l'unité de surface choisie qui est plane.

THÉORÈME III

La surface latérale d'un cône droit à base circulaire est égale au demi-produit de la circonférence de base par l'apothème.

Soit la pyramide régulière SABCDEF (fig. 464) inscrite dans le cône SAD; l'aire latérale de cette pyramide étant l'aire SAB multipliée par le nombre des côtés de la base, a pour mesure le demi-produit du périmètre ABCDEF par l'apothème SG.

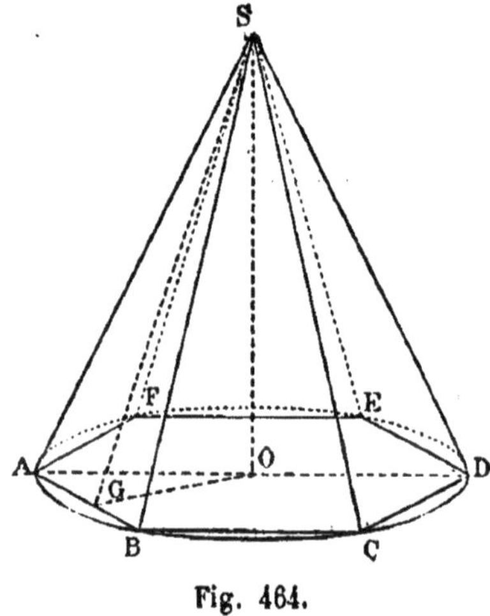

Fig. 464.

Si nous faisons croître indéfiniment le nombre des côtés de la base, l'aire de la pyramide ira en croissant et aura pour limite la surface latérale du cône, par définition.

Or, le périmètre de base a pour limite la circonférence OA, et l'apothème SG a pour limite l'apothème du cône, donc la surface latérale du cône est le demi-produit de la circonférence de base par l'apothème.

Corollaire I. — *Si l'on représente par* a *et* R *l'apothème et le rayon de base d'un cône, la surface convexe a pour expression :*

$$\pi R a.$$

Si l'on donne la hauteur H du cône, on en déduit :

$$a = \sqrt{H^2 + R^2}.$$

La surface latérale est donc :

$$\pi R \sqrt{H^2 + R^2}.$$

La surface totale a pour expression :

$$\pi R(a + R).$$

Corollaire II. — *La surface convexe du cône droit à base circulaire est égale au produit de l'apothème par la circonférence de section du cône par un plan perpendiculaire au milieu de la hauteur.*

Car, deux circonférences étant dans le rapport des rayons, la section est la moitié de la circonférence de base.

Corollaire III. — *Les surfaces convexes de deux cônes droits à bases circulaires de même angle au sommet sont dans le rapport des carrés des hauteurs, des carrés des apothèmes et des carrés des rayons.*

En effet, les triangles générateurs sont semblables et l'on a :

$$\frac{R'}{R} = \frac{a'}{a} = \frac{H'}{H},$$

Or,

$$\frac{S'}{S} = \frac{\pi R'a'}{\pi Ra} = \frac{R'}{R} \times \frac{a'}{a}.$$

donc :

$$\frac{S'}{S} = \frac{H'^2}{H^2} = \frac{a'^2}{a^2} = \frac{R'^2}{R^2}.$$

THÉORÈME IV

Le volume du cône droit à base circulaire égale le tiers du produit du cercle de base par la hauteur.

Considérons, en effet (fig. 465), deux pyramides régulières d'un même nombre de faces, l'une inscrite, l'autre circonscrite à un cône droit : les volumes de ces pyramides seront, l'un plus petit, l'autre plus grand que le volume du cône, quel que soit le nombre des faces, en représentant par b et B les aires de ces bases, et par H la hauteur du cône, ces volumes auront pour expressions :

$$\frac{1}{3}bH \quad \text{et} \quad \frac{1}{3}BH;$$

or, les facteurs b et B tendent tous deux vers la surface C du cercle de base du cône, donc les deux produits, et par suite les volumes des deux pyramides, ont des limites égales quand le nombre des côtés de la base croît sans limite.

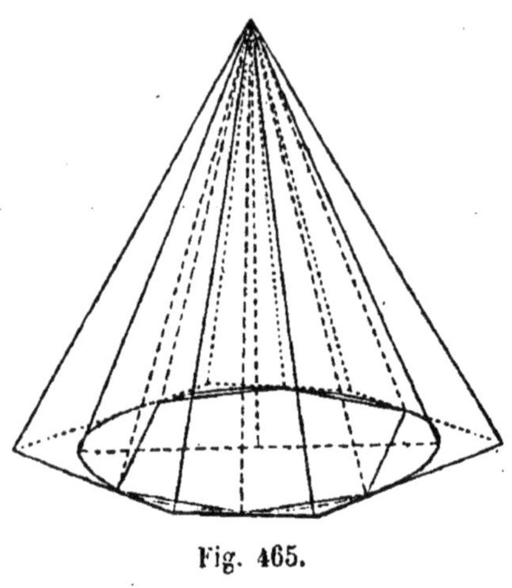

Fig. 465.

Le volume du cône étant toujours compris entre ces deux variables est donc leur limite commune; d'où il résulte que le volume du cône est égal au tiers du produit du cercle de base par la hauteur.

Corollaire I. — *Les volumes de deux cônes droits de même base circulaire sont dans le rapport des hauteurs.*

Corollaire II. — *Le volume du cône droit est le tiers du volume du cylindre droit de même base et de même hauteur.*

En sorte que si l'on fait tourner le rectangle ABCD (fig. 466) autour du côté BC, le triangle ABC engendrera un cône dont le volume sera le tiers du volume total; les volumes engendrés par les triangles ABC, ADC sont donc dans le rapport de 1 à 2.

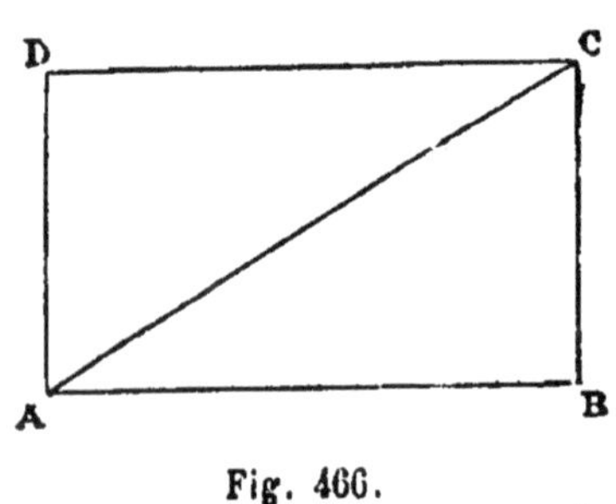

Fig. 466.

Corollaire III. — *En représentant par* R *et* H *le rayon de base et la hauteur d'un cône, le volume est représenté par :*

$$\frac{1}{3}\pi R^2 H.$$

Corollaire IV. — *Les volumes de deux cônes droits à base circulaire de même angle au sommet, sont dans le rapport des cubes des hauteurs, des cubes des apothèmes et des cubes des rayons.*

En effet, les triangles générateurs de ces cônes sont semblables, et par suite, on a ·

$$\frac{R'}{R}$$

Or,

$$\frac{V'}{V} = \frac{\frac{1}{3}\pi R'^2 H'}{\frac{1}{3}\pi R^2 H},$$

ou :

$$\frac{V'}{V} = \frac{R'^2}{R^2} \times \frac{H'}{H};$$

donc :

$$\frac{V'}{V} = \frac{R'^3}{R^3} = \frac{H'^3}{H^3} = \frac{a'^3}{a^3}.$$

§ III. — SURFACE ET VOLUME DU TRONC DE CONE DROIT A BASES PARALLÈLES

Définitions. — *On appelle* TRONC DE CÔNE DROIT A BASES PARALLÈLES *le solide compris entre la base d'un cône droit à base circulaire et une section par un plan parallèle à la base.*

La HAUTEUR *est la distance des bases, et l'*APOTHÈME *est la portion de génératrice du cône comprise entre les bases.*

Le tronc de cône droit à bases parallèles est aussi le solide obtenu en faisant tourner un *trapèze birectangle autour du côté perpendiculaire aux bases.*

THÉORÈME V

La surface latérale d'un tronc de cône droit à bases parallèles est égale au demi-produit de l'apothème par la somme des circonférences des bases.

Soit le cône SAA′ (fig. 467) coupé par le plan BB′ parallèle à sa base : la surface latérale du tronc du cône ABB′A′ est la différence des surfaces latérales des cônes SAA′, SBB′.

Or, si nous élevons dans un plan quelconque passant par SA une perpendiculaire AE à SA d'une longueur équivalente à la circonférence AOA′, le triangle rectangle SAE aura une aire équivalente à celle du cône SAA′.

En menant BF parallèle à AE, la longueur interceptée BF est équivalente à la circonférence BB', car on a :

$$\frac{BF}{AE} = \frac{SB}{SA} = \frac{CB}{OA} = \frac{\text{circf. CB}}{\text{circf. OA}}.$$

En rapprochant les rapports extrêmes, on voit qu'ils ont même dénominateur, donc les numérateurs sont égaux. — Il en résulte

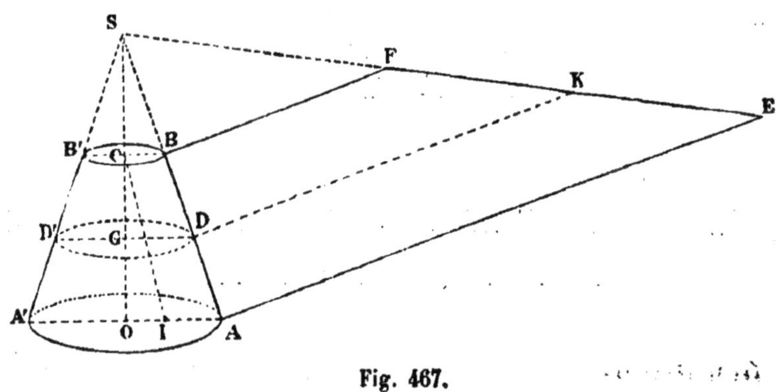

Fig. 467.

que le triangle SBF a une aire équivalente à celle du cône SBB' ; donc l'aire latérale du tronc de cône est équivalente à l'aire du trapèze ABFE. Or cette aire a pour mesure :

$$\frac{1}{2}\,AB(BF + AE),$$

donc c'est aussi la mesure de la surface latérale du tronc, qui peut d'ailleurs s'écrire :

$$\frac{1}{2}\,AB(\text{circf. OA} + \text{circf. CB}).$$

C'est ce qu'il fallait prouver.

Corollaire I. — *La surface convexe d'un tronc de cône droit à bases parallèles est égale au produit de l'apothème par la circonférence de section par le plan perpendiculaire au milieu de la hauteur.*

Soit D le milieu de AB : menons la section DD' parallèle aux bases, et DK parallèle à AE ; DK a une longueur équivalente à la circonférence GD, par les considérations précédentes, et DK vaut la demi-somme des lignes AE et BF, donc la circonférence GD est la demi-somme des circonférences de bases du tronc.

Corollaire II. — *En représentant par* R, r, a, *les rayons des bases et l'apothème du tronc de cône droit à bases parallèles, la surface convexe est représentée par*

$$\pi(R + r)a.$$

Si l'on donne la hauteur H du tronc, et non l'apothème, on pourra obtenir la valeur de cet apothème en formant le triangle rectangle COI (fig. 467), dans lequel CI est parallèle à AB : ce triangle donne en effet :

$$a = CI = \sqrt{H^2 + (R - r)^2}.$$

Remarque. — On peut obtenir par le calcul le résultat précédent : en désignant par S la surface latérale du tronc, on a en effet :

$$S = \pi R \times SA - \pi r \times SB,$$

or :

$$\frac{SA}{R} = \frac{SB}{r} = \frac{a}{R - r},$$

en remplaçant SA et SB par les valeurs tirées de ces proportions, il vient :

$$S = \frac{\pi R^2 a}{R - r} - \frac{\pi r^2 a}{R - r},$$

ou :

$$S = \pi \frac{R^2 - r^2}{R - r} \times a;$$

donc enfin :

$$S = \pi(R + r)a.$$

THÉORÈME VI

Le volume du tronc de cône droit à bases parallèles est la somme des volumes de trois cônes de même hauteur que le tronc, qui ont respectivement pour bases : les deux bases du tronc et la moyenne géométrique entre ces bases.

Soit le cône SOA (fig. 468) tronqué en O'A' par un plan parallèle à sa base. Nous considérons une pyramide PBCD, de base équivalente au cercle OA, et de même hauteur PE que le cône considéré nous prenons PE' = SO', et nous coupons par le plan parallèle à BCD passant par E'. Le tronc de cône est équivalent au tronc de pyramide ainsi formé.

En effet, le cône total SOA est équivalent à la pyramide PBCD, car ces solides ont des bases équivalentes et même hauteur; en second

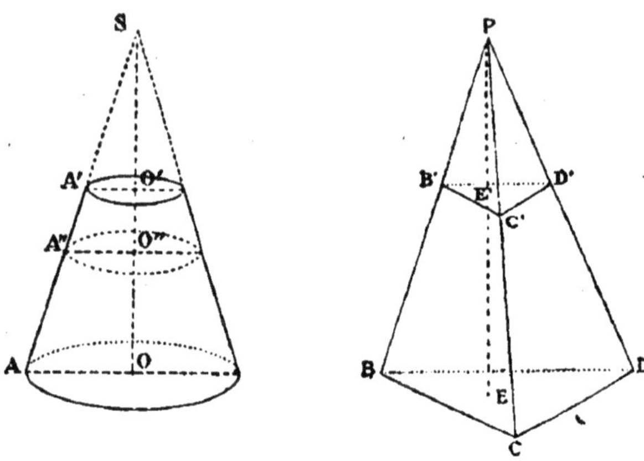

Fig. 468.

lieu, le cône SO'A' est équivalent à la pyramide PB'C'D', car les hauteurs sont égales et nous allons prouver que les bases sont équivalentes. On a en effet :

$$\frac{\text{cercle OA}}{\text{cercle O'A'}} = \frac{\overline{OA}^2}{\overline{O'A'}^2} = \frac{\overline{SO}^2}{\overline{SO'}^2},$$

puis :

$$\frac{BCD}{B'C'D'} = \frac{\overline{PE}^2}{\overline{PE'}^2},$$

donc :

$$\frac{\text{cercle OA}}{\text{cercle O'A'}} = \frac{BCD}{B'C'D'}.$$

Or les numérateurs sont équivalents par hypothèse, donc il en est de même des dénominateurs.

Donc enfin les deux troncs sont équivalents : par suite, le tronc de cône est équivalent à la somme de trois pyramides de même hauteur que le tronc, qui ont respectivement pour bases : les deux bases du tronc de pyramide et la moyenne géométrique entre ces bases, et comme ces pyramides sont respectivement équivalentes aux trois cônes énoncés plus haut, le théorème est démontré.

Corollaire I. — *Si l'on prend* SA'' *moyenne géométrique entre* SA *et* SA' (fig. 468), *l'aire de la section parallèle aux bases passant par* A'' *sera moyenne géométrique entre les aires des deux bases, et* *le tronc sera équivalent à la somme des trois cônes de même hauteur que le tronc, et dont les bases sont les cercles* OA, O′A′, O″A″.

On a en effet :

$$\frac{OA}{SA} = \frac{O'A'}{SA'} = \frac{O''A''}{SA''}.$$

Donc O″A″ est moyenne géométrique entre OA et O′A′ si SA″ est moyenne géométrique entre SA et SA′; et comme les cercles sont dans le rapport des carrés des rayons, le cercle O″A″ est moyenne géométrique entre les cercles OA et O′A′.

Corollaire II. — *En représentant par* R,r *et* H *les rayons des bases et la hauteur d'un tronc de cône à bases parallèles, son volume est représenté par :*

$$\frac{1}{3}\pi H(R^2 + Rr + r^2).$$

Car la moyenne géométrique entre :

$$\pi R^2 \quad \text{et} \quad \pi r^2$$

est :

$$\sqrt{\pi^2 R^2 r^2},$$

ou :

$$\pi R r.$$

Remarque I. — On peut obtenir par le calcul le résultat précédent comme il suit : V étant le volume du tronc qui est la différence des volumes des cônes SOA, SO′A′ (fig. 468), on a :

$$V = \frac{1}{3}\pi R^2 \times SO - \frac{1}{3}\pi r^2 \times SO',$$

or :

$$\frac{SO}{R} = \frac{SO'}{r} = \frac{H}{R - r},$$

et en remplaçant :

$$V = \frac{1}{3}\pi H \frac{R^3}{R - r} - \frac{1}{3}\pi H \frac{r^3}{R - r};$$

donc :

$$V = \frac{1}{3}\pi H \frac{R^3 - r^3}{R - r},$$

c'est-à-dire :

$$V = \frac{1}{3}\pi H(R^2 + Rr + r^2).$$

Remarque II. — On arrive ainsi aisément à la mesure du volume du tronc de cône à bases parallèles de seconde espèce (fig. 469), dans lequel le sommet est compris entre les plans de base ; il est en effet la somme de deux cônes, d'où :

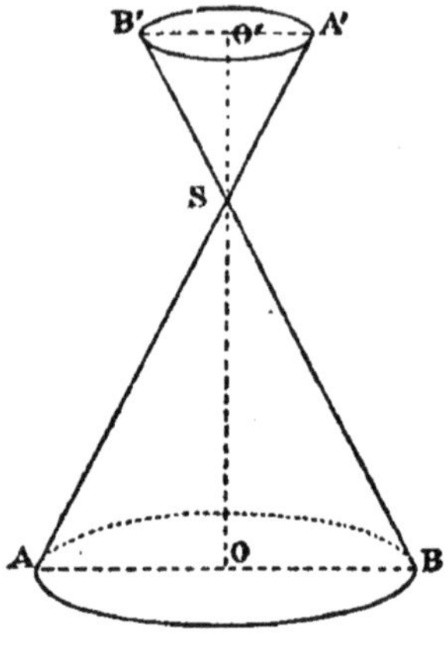

Fig. 469.

$$V = \frac{1}{3}\pi R^2 \times SO + \frac{1}{3}\pi r^2 \times SO',$$

or :

$$\frac{SO}{R} = \frac{SO'}{r} = \frac{H}{R+r}.$$

Et en remplaçant comme ci-dessus :

$$V = \frac{1}{3}\pi H \frac{R^3 + r^3}{R + r},$$

ce qui devient en effectuant la division :

$$V = \frac{1}{3}\pi H (R^2 - Rr + r^2).$$

§ IV. — SURFACE DE LA SPHÈRE

Définition. — *On appelle* ZÔNE (1) *la portion de la surface de la sphère comprise entre deux plans parallèles : la* HAUTEUR *de la zône est la distance de ces plans; les* BASES *sont les sections de la sphère par ces plans.*

Si l'un des plans considérés est tangent à la sphère, la zône n'a plus qu'une base, et elle s'appelle CALOTTE SPHÉRIQUE.

Si les deux plans sont tangents, la zône devient la sphère elle-même.

En coupant la sphère par un plan passant par les pôles des bases d'une zône, on obtient un grand cercle dont l'arc compris entre les deux bases *peut engendrer la zône en le faisant tourner autour du diamètre des pôles.*

THÉORÈME VII

La surface engendrée par la base d'un triangle isocèle tournant autour d'un axe situé dans son plan et passant par le sommet, est égale au produit de la circonférence qui a pour rayon la hauteur du triangle, par la projection de la base sur l'axe.

(1) ζώνη, ceinture.

Soit AB et CD (fig. 470) la base et la hauteur du triangle isocèle, et XY l'axe passant par le sommet C et situé dans le plan ABC, autour duquel on fait tourner AB. Dans ce mouvement le trapèze birectangle AA'B'B engendre un tronc de cône dont la surface latérale

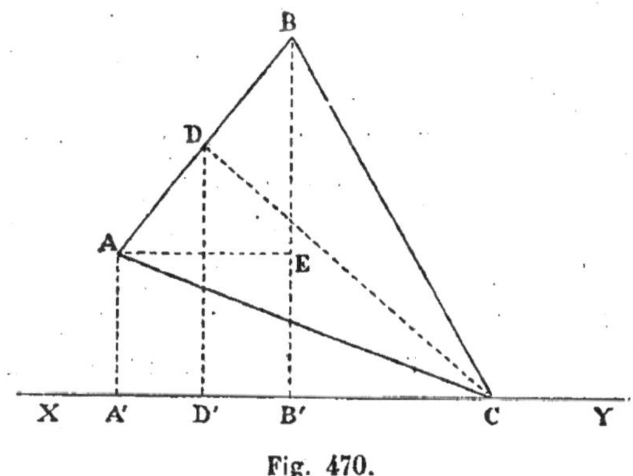

Fig. 470.

est engendrée par AB ; en désignant par S cette surface on a donc :

$$S = \text{circf. DD'} \times \text{AB}.$$

Or, si nous menons AE parallèle à XY, les triangles ABE, CDD ayant leurs côtés respectivement perpendiculaires, sont semblables, ce qui donne :

$$\frac{\text{AB}}{\text{AE}} = \frac{\text{CD}}{\text{DD'}} = \frac{\text{circf. CD}}{\text{circf. DD'}};$$

donc :

$$\text{AB} \times \text{circf. DD'} = \text{AE} \times \text{circf. CD};$$

donc enfin :

$$S = \text{circf. CD} \times \text{A'B'}.$$

Ce qu'il fallait prouver.

Remarque. — Si AB est parallèle à XY, le théorème est évident.

Corollaire. — *La surface engendrée par une portion de droite tournant autour d'un axe situé dans son plan, est égale au produit de la projection de la génératrice sur l'axe par la longueur de la circonférence ayant son centre sur l'axe et tangente au milieu de la génératrice.*

Car la portion de droite considérée est la base du triangle isocèle dont le sommet est, sur l'axe, le centre de la circonférence tangente au milieu de cette génératrice.

THÉORÈME VIII

La surface engendrée par une ligne brisée régulière, en tournant autour d'un de ses diamètres, est égale au produit de la longueur de la circonférence inscrite par la projection de cette ligne brisée sur l'axe.

Soit (fig. 471) la ligne brisée régulière ABCD et l'axe XY situé dans le plan de cette ligne, et passant par le centre O commun aux circonférences inscrite et circonscrite à cette ligne brisée.

Il est évident que la surface engendrée par ABCD est la somme des surfaces engendrées par les bases AB, BC, CD des triangles isocèles ayant le point O pour sommet commun ; soit donc OE l'apo-

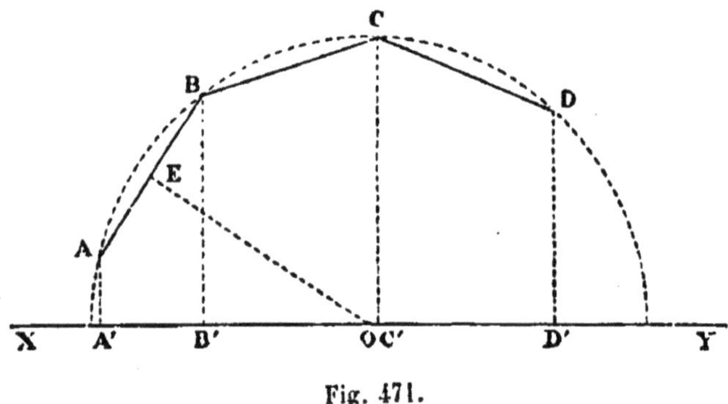

Fig. 471.

thème de la ligne brisée, la surface engendrée aura par expression, théorème VII :

$$S = A'B' \times \text{circf. } OE + B'C' \times \text{circf. } OE + C'D' \times \text{circf. } OE,$$

donc :

$$S = A'D' \text{ circf. } OE.$$

Ce qu'il fallait prouver.

Corollaire. — *Si l'on considère une ligne brisée régulière inscrite dans un arc de circonférence, et dont le nombre des côtés croît sans limite, la surface qu'elle engendre en tournant autour d'un diamètre déterminé tend vers une limite qui est indépendante de la loi suivant laquelle croît le nombre des côtés.*

En effet, cette surface est le produit de deux facteurs dont l'un, la projection de la ligne brisée variable sur l'axe, est constant et égal à la projection de la corde de l'arc considéré ; l'autre, la longueur de la circonférence inscrite, est variable quand le nombre des côtés croît; mais comme l'apothème a pour limite le rayon de l'arc circonscrit, quelle que soit la loi suivant laquelle croît le nombre des côtés, la surface aura toujours pour limite le produit de la projection de l'arc sur l'axe par la circonférence à laquelle appartient l'arc considéré.

Définition. — L'AIRE DE LA ZÔNE *est la limite vers laquelle tend la surface engendrée par une ligne brisée régulière, inscrite dans l'arc générateur, en tournant autour du diamètre perpendiculaire aux bases de la zône, lorsque le nombre des côtés de cette ligne brisée croît sans limite.*

THÉORÈME IX

La surface d'une zône est égale au produit de sa hauteur par la circonférence d'un grand cercle.

Nous prenons pour plan de la figure 472 un plan passant par les pôles P, P′ des bases de la zône ; soit AA′ et BB′ les traces sur ce plan des bases de la zône : l'arc de grand cercle AB engendrera la zône en tournant autour de PP′ : inscrivons une ligne brisée régulière d'un nombre arbitraire n de côtés dans cet arc ; la surface engendrée par cette ligne brisée en tournant autour de PP′ a pour expression :

CD × circf. OM.

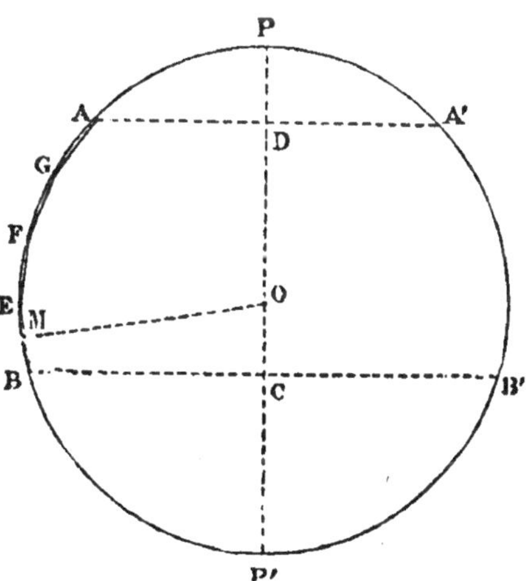

Fig. 472.

Faisons croître n indéfiniment, l'aire de la zône sera, par définition, la limite de la surface engendrée par la ligne brisée. Or, CD est constant, c'est la hauteur de la zône, et OM tend vers le rayon de l'arc générateur, donc :

aire de la zône = CD × circf. OA.

Corollaire I. — *Dans une même sphère, deux zônes sont dans le rapport des hauteurs.*

Ainsi, on partage la surface d'une sphère en parties équivalentes, en la coupant par des plans perpendiculaires à un même diamètre qu'ils partagent en parties égales.

Corollaire II. — *En représentant par* R *le rayon d'une sphère et* H *la hauteur d'une zône de cette sphère, l'aire de cette zône sera représentée par :*

$$2\pi RH.$$

Corollaire III. — *La calotte sphérique a même surface que le cercle dont le rayon est la corde de l'arc générateur.*

Soit (fig. 472) la calotte sphérique engendrée par la révolution de l'arc PA autour de PP' : la hauteur de la zône est alors PD, or on a :

$$\overline{AP}^2 = PP' \times PD = 2RH,$$

donc $2\pi RH$ est l'aire du cercle de rayon AP.

Corollaire IV. — *La zône a même surface que le cylindre de même hauteur, ayant pour base un grand cercle.*

Si l'on considère le carré circonscrit à un grand cercle (fig. 473), et que l'on fasse tourner la figure autour du diamètre parallèle à un côté, on engendrera un cylindre circonscrit à la sphère. Les portions de surface de la sphère et du cylindre comprises entre deux plans perpendiculaires au diamètre précédent sont équivalentes.

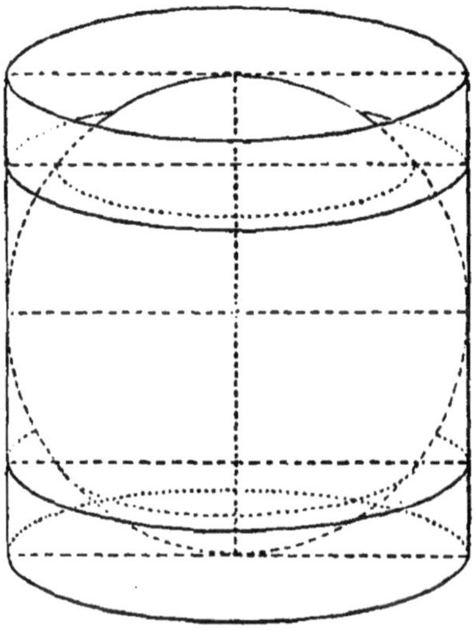

Fig. 473.

THÉORÈME X

La surface d'une sphère est égale au produit de son diamètre par la circonférence d'un grand cercle.

Car la sphère est une zône dont la hauteur est le diamètre.

Corollaire I. — *En représentant par* R *le rayon d'une sphère, la surface est représentée par* $4\pi R^2$.

Corollaire II. — *La surface d'une sphère est équivalente à la surface convexe du cylindre circonscrit.*

Corollaire III. — *La surface d'une sphère vaut quatre grands cercles, ou la surface du cercle qui a pour rayon le diamètre de la sphère.*

Corollaire IV. — *Les surfaces de deux sphères sont dans le rapport des carrés des rayons.*

APPLICATION

La surface totale du cylindre équilatéral inscrit, ou circonscrit, à une sphère, est moyenne proportionnelle entre la surface de la sphère et la surface totale du cône équilatéral inscrit, ou circoncrit, à cette sphère.

On appelle, en effet, *cylindre équilatéral* celui dont la hauteur égale le diamètre de base; si donc nous représentons par R le rayon de la sphère, la hauteur du cylindre équilatéral inscrit est $R\sqrt{2}$; la surface totale est donc :

$$2\pi\frac{R\sqrt{2}}{2}\times R\sqrt{2}+2\pi\frac{(R\sqrt{2})^2}{4}=3\pi R^2$$

On en conclut la surface totale du cylindre équilatéral circonscrit, en remplaçant R par $R\sqrt{2}$, ce qui donne :

$$6\pi R^2.$$

Le *cône équilatéral* ayant son diamètre égal à son apothème, si l'on considère celui qui est inscrit dans la sphère de rayon R, l'apothème aura pour valeur $R\sqrt{3}$, et par suite la surface totale sera :

$$\pi\left(\frac{R\sqrt{3}}{2}\right)^2+\pi\frac{R\sqrt{3}}{2}\times R\sqrt{3}=\frac{9}{4}\pi R^2.$$

On en déduit la surface totale du cône équilatéral circonscrit, en remplaçant R par 2R, ce qui donne :

$$9\pi R^2.$$

Or nous avons :

$$\frac{4}{3}=\frac{3}{\frac{9}{4}},$$

donc la surface totale du cylindre équilatéral inscrit est moyenne géométrique entre la surface de la sphère, et la surface totale du cône équilatéral inscrit.

De même, nous avons :

$$\frac{4}{6}=\frac{6}{9},$$

donc la surface totale du cylindre équilatéral circonscrit à la sphère est moyenne géométrique entre la surface de la sphère et la surface totale du cône équilatéral circonscrit.

§ V. — *SURFACE DU TRIANGLE SPHÉRIQUE

Le triangle sphérique trirectangle étant le huitième de la sphère, nous savons mesurer son aire, elle a pour expression :

$$\frac{\pi R^2}{2}.$$

Nous allons chercher le rapport d'un triangle sphérique au triangle trirectangle; il est évident qu'en multipliant ce rapport par $\frac{\pi R^2}{2}$ on aura la surface du triangle sphérique. La question revient donc à trouver la mesure dn triangle sphérique, l'unité choisie étant le triangle trirectangle.

Définition. — *Le* FUSEAU *est la portion de surface de la sphère comprise entre deux demi-grands cercles :* l'angle de ces grands cercles s'appelle l'ANGLE DU FUSEAU.

THÉORÈME XI

Deux fuseaux d'une même sphère sont dans le rapport de leurs angles.

En suivant l'ordre établi dans les propositions de ce genre, nous remarquons d'abord l'*égalité sur une même sphère de fuseaux d'angles égaux,* car ils sont superposables. Réciproquement, *deux fuseaux égaux sur une même sphère ont des angles égaux.*

Cela posé, démontrons le théorème énoncé.

1° Supposons les angles des fuseaux commensurables entre eux, et soit une commune mesure contenue trois fois dans l'angle A du faisceau F et cinq fois dans l'angle A′ du fuseau F′ : on aura :

$$\frac{A'}{A}=\frac{5}{3}.$$

Les plans qui partagent les angles A et A′ en trois et cinq parties égales, partagent les fuseaux F et F′ en trois et cinq parties égales, donc une de ces parties est commune mesure entre F et F′, et l'on a :

$$\frac{F'}{F}=\frac{5}{3},$$

c'est-à-dire :

$$\frac{F'}{F}=\frac{A'}{A}.$$

2° Supposons les angles des fuseaux incommensurables, et partageons l'angle A en n parties égales : cette partie aliquote de A ne sera pas contenue un nombre entier de fois dans A′, soit m le plus grand nombre de fois qu'elle s'y trouve contenue ; on aura donc :

$$\frac{m}{n}<\frac{A'}{A}<\frac{m+1}{n}.$$

Les plans de division partageront le fuseau F en n parties égales, et le fuseau F′ en m parties égales aux précédentes, plus un reste moindre que chacune de ces parties ; donc :

$$\frac{m}{n}<\frac{F'}{F}<\frac{m+1}{n}.$$

Les rapports

$$\frac{A'}{A} \quad \text{et} \quad \frac{F'}{F}$$

sont donc compris entre

$$\frac{m}{n} \quad \text{et} \quad \frac{m+1}{n};$$

quel que soit n. Leur différence est par suite moindre que $\frac{1}{n}$: or, n étant aussi grand qu'on le veut, $\frac{1}{n}$ est aussi voisin de zéro qu'on le veut, donc la différence entre les rapports est rigoureusement nulle ; et l'on a, dans tous les cas :

$$\frac{F'}{F}=\frac{A'}{A}.$$

THÉORÈME XII

Le fuseau a même mesure que le double de son angle, en prenant pour unité de surface le triangle trirectangle, et pour unité d'angle l'angle droit.

Soit, en effet, le fuseau F dont l'angle est A : soit T le triangle trirectangle qui est la moitié du fuseau dont l'angle α est droit ; on a, d'après le théorème XI :

$$\frac{F}{2T} = \frac{A}{\alpha},$$

ou :

$$\frac{F}{T} = 2 . \frac{A}{\alpha}.$$

Or : $\frac{F}{T}$ et $\frac{A}{\alpha}$ sont les mesures de F et de A, puisque T et α sont les unités choisies de surface et d'angle : l'égalité précédente signifie donc que le *fuseau a même mesure que le double de son angle.*

Remarque. — Dans le langage rapide, on énonce ce théorème en disant : *le fuseau a même mesure que le double de son angle*, en sous-entendant les hypothèses de l'énoncé sans lesquelles le théorème ne peut avoir de sens.

THÉORÈME XIII

Deux triangles sphériques symétriques sont équivalents.

Soit les triangles sphériques symétriques ABC, A'B'C' (fig. 474) : soit P et P' les pôles des petits cercles circonscrits à ces triangles, les arcs de grands cercles qui joignent ces points aux sommets de ces triangles déterminent, avec les côtés, des triangles sphériques isocèles qui sont deux à deux superposables : ainsi, les triangles PAC, P'A'C' sont égaux parce que leurs côtés sont égaux chacun à chacun et qu'ils sont isocèles.

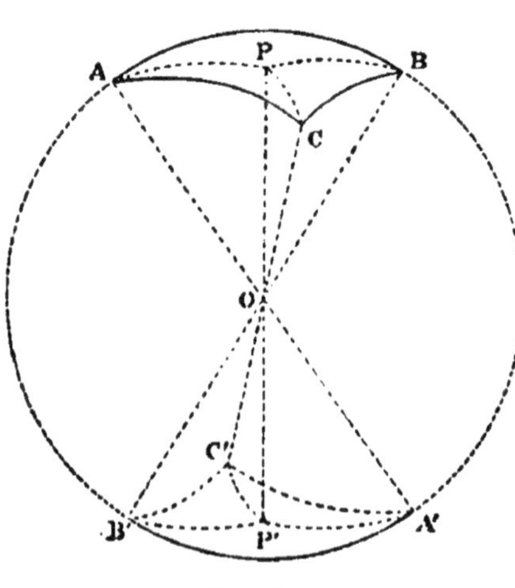

Fig. 474.

Donc les parties dans lesquelles ABC est décomposé sont superposables séparément aux parties dans lesquelles A'B'C' est décomposé, et les deux triangles sont équivalents.

Corollaire. — *Un côté d'un triangle sphérique forme avec les* *deux autres deux triangles opposés situés dans un des hémisphères qu'il limite : la somme de ces triangles est équivalente au fuseau dont l'angle est opposé au grand cercle considéré.*

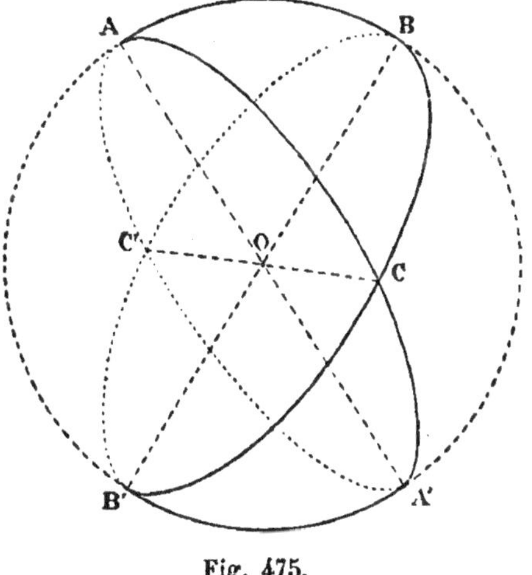

Fig. 475.

Soit, en effet, le triangle sphérique ABC (fig. 475) : le grand cercle AB détermine avec les côtés AC, BC un second triangle A'B'C opposé au premier, et situé avec lui dans l'un des hémisphères limités par ABA'B' : or, le triangle A'B'C est équivalent au triangle symétrique ABC' qui forme avec ABC le fuseau dont l'angle est ACB.

THÉORÈME XIV

Le triangle sphérique a pour mesure l'excès de la somme des mesures de ses angles sur 2, en prenant pour unités de surface et d'angle le triangle trirectangle et l'angle droit.

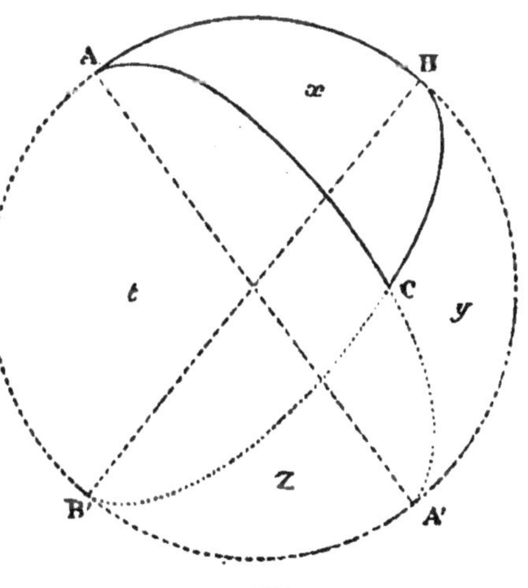

Fig. 476.

Soit, en effet, le triangle ABC (fig. 476) ; considérons l'hémisphère limité par le grand cercle AB qui contient le sommet C : nous savons (th. XII et coroll. du th. XIII) qu'en choisissant les unités comme l'indique l'énoncé, et représentant par A, B, C les mesures des angles du triangle, et par x, y, z, t les mesures des aires des triangles ABC, A'BC, A'B'C, AB'C, on a les égalités :

$$x + z = 2C,$$
$$x + y = 2A,$$
$$x + t = 2B.$$

d'où, en ajoutant membre à membre :

$$2x+(x+y+z+t)=2\times(A+B+C),$$

or : $(x+y+z+t)$, c'est la demi-sphère dont la mesure est 4, en remplaçant, et divisant par 2, on obtient :

$$x=A+B+C-2.$$

Ce qu'il fallait prouver.

Corollaire I. — *En représentant par* A, B, C *les mesures des angles d'un triangle sphérique, l'angle droit étant pris pour unité, et par* R *le rayon de la sphère, le mètre étant l'unité, la surface du triangle sera représentée par :*

$$(A+B+C-2)\times\frac{\pi R^2}{2},$$

le mètre carré étant l'unité de surface.

Corollaire II. — *En représentant par* A, B, C *les mesures des angles d'un triangle sphérique, le degré étant l'unité, et par* R *le rayon de la sphère, le mètre étant l'unité, la surface du triangle sera représentée par :*

$$\frac{A+B+C-180}{90}\times\frac{\pi R^2}{2}.$$

Corollaire III. — (Théorème de Lexell.) *Le lieu géométrique des sommets des triangles sphériques de même base et de même aire, est un arc de petit cercle passant par les points diamétralement opposés des extrémités de cette base.*

Soit, en effet, dans la figure 476, ACB un des triangles d'aire donnée S, ayant AB pour côté donné ; le triangle A'B'C a pour angles :

$$A'=2-A \quad \text{et} \quad B'=2-B,$$

donc :

$$A'+B'-C=2-A+2-B-C,$$

ou :

$$A'+B'-C=2-S.$$

Donc le triangle A'B'C a un côté fixe A'B', et l'excès de la somme des angles A', B' sur le troisième est constant : le lieu du point C est donc un arc de petit cercle passant par A' et B' (appl., livre VII).

THÉORÈME XV

L'aire d'un polygone sphérique convexe a pour mesure la somme des mesures de ses angles diminuée d'autant de fois 2 qu'il y a de côtés moins 2, les unités de surface et d'angle étant le triangle trirectangle et l'angle droit.

Soit le polygone sphérique convexe ABCDE (fig. 477) : nous le décomposons en autant de triangles sphériques qu'il y a de côtés moins 2, par les arcs de grand cercle AC, AD.

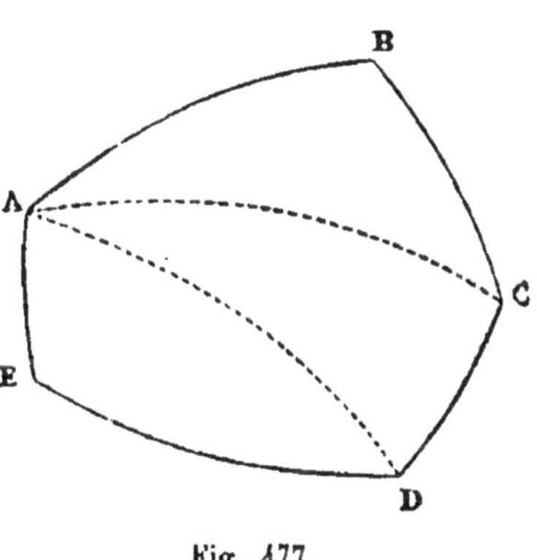

Fig. 477.

La somme des aires de ces triangles est précisément la somme des angles de ceux-ci diminuée d'autant de fois 2 qu'il y a de triangles : donc, en représentant par S la mesure de l'aire du polygone, par Σ la somme des mesures de ses angles, et par n le nombre des côtés, on aura :

$$S = \Sigma - 2(n - 2).$$

Corollaire. — *L'aire d'un polygone sphérique convexe est égale à l'excès de 4 sur le périmètre du polygone polaire.*

Car chaque côté du polygone polaire est le supplément d'un angle du polygone considéré, donc le périmètre p de ce polygone polaire vaut :

$$2n - \Sigma,$$

donc enfin :

$$S = 4 - p.$$

§ VI. — VOLUME DE LA SPHÈRE

Définitions. — *Le* SECTEUR SPHÉRIQUE *est le solide engendré par la révolution d'un secteur circulaire autour d'un diamètre qui ne traverse pas sa surface.*

Les BASES *du secteur sont les cercles engendrés par les extrémités de l'arc du secteur circulaire.*

Si l'axe de rotation coïncide avec l'un des rayons du secteur circulaire, le secteur sphérique n'a plus qu'une base.

La sphère est un secteur sphérique dont le secteur circulaire générateur est un demi-cercle.

Le secteur sphérique est généralement limité par les surfaces convexes de deux cônes droits, et par une zône.

THÉORÈME XVI

Le volume engendré par un triangle tournant autour d'un axe extérieur, situé dans son plan, et passant par un de ses sommets, est égal au produit de la surface engendrée par le côté opposé à ce sommet, par le tiers de la hauteur correspondante.

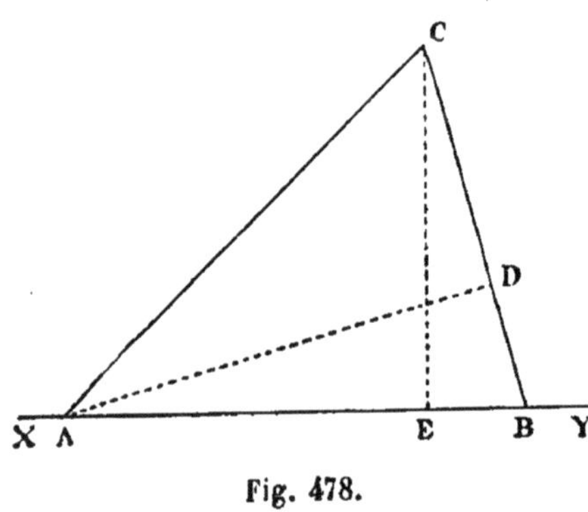

Fig. 478.

1° Considérons d'abord le cas particulier (fig. 478) où l'axe coïncide avec l'un des côtés. Nous en déduirons aisément le cas général.

Soit ABC tournant autour de AB : abaissons la perpendiculaire CE sur AB, et supposons, pour fixer les idées, que le point E soit situé entre A et B : le volume V engendré par ABC sera la somme des deux cônes engendrés par les triangles rectangles ACE, BCE ; nous aurons donc :

$$V = \frac{1}{3}\pi\overline{CE}^2 \times AE + \frac{1}{3}\pi\overline{CE}^2 \times BE,$$

donc :

$$V = \frac{1}{3}\pi\overline{CE}^2 \times AB.$$

Ce résultat convient aussi au cas où le point E serait extérieur à la portion de droite AB : il est général.

On peut écrire :

$$V = \frac{1}{3}\pi CE \times AB \times CE,$$

et remplacer (AB × CE) par (BC × AD), car ces deux produits représentent tous deux le double de l'aire du triangle ABC ; donc :

$$V = (\pi CE \times BC) \times \frac{1}{3} CE$$

C'est ce qu'il fallait prouver, parce que la surface engendrée par BC, côté opposé à un sommet par lequel passe l'axe, étant la surface latérale du cône engendré par BCE, a pour mesure :

$$\frac{1}{2} 2\pi CE \times BC.$$

2° Soit le cas général où l'axe ne coïncide pas avec un côté, mais supposons (fig. 479) qu'il ne soit pas parallèle au côté opposé BC, et qu'il le rencontre en F.

Le volume V engendré par ABC est la différence des volumes en-

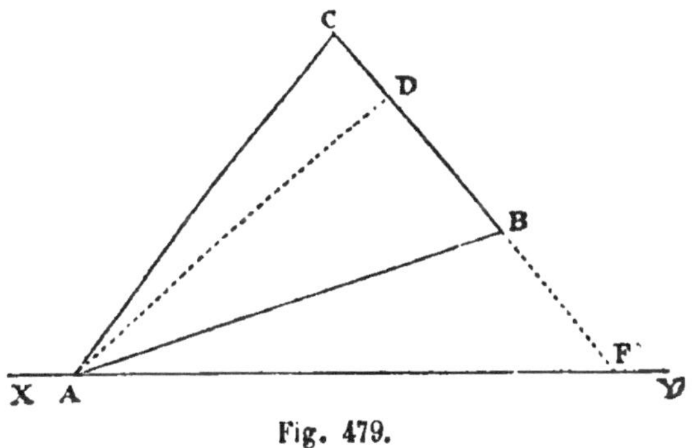

Fig. 479.

gendrés par les triangles AFC, AFB, et chacun de ces volumes peut être évalué d'après 1°. On a donc :

$$V = \text{surf. } CF \times \frac{1}{3} AD - \text{surf. } BF \times \frac{1}{3} AD;$$

donc .

$$V = \text{surf. } BC \times \frac{1}{3} AD;$$

parce que la différence des surfaces engendrées par CF et BF est la surface engendrée par BC.

3° Éliminons enfin la restriction faite dans 2°, et supposons l'axe parallèle à BC (fig. 480) : en traçant les perpendiculaires à XY passant par les sommets A,B,C, nous voyons (dans le cas de la figure) que le volume V engendré par le triangle ABC, est la somme des volumes engendrés par les triangles ADC, ADB.

Or, le volume engendré par ADC est les deux tiers du volume engendré par le rectangle ADCC′ (coroll. II, th. IV); de même, le volume engendré par ADB est les deux tiers du volume engendré par ADBB′. Donc le volume engendré par ABC est les deux tiers du cylindre engendré par le rectangle C′CBB′.

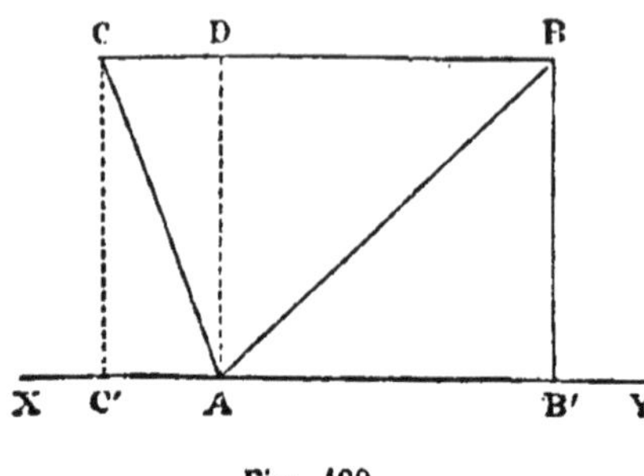

Fig. 480.

On a donc :

$$V = \frac{2}{3} \pi \overline{CC'}^2 \times BC,$$

ou :

$$V = (2\pi CC' \times BC) \times \frac{1}{3} AD.$$

Or, le facteur entre parenthèses est la surface du cylindre C′CBB′, c'est-à-dire la surface engendrée par BC en tournant autour de XY, donc nous obtenons encore pour le volume l'expression donnée par l'énoncé.

L'énoncé s'applique donc à tous les cas.

THÉORÈME XVII

Le volume engendré par un secteur polygonal régulier tournant autour d'un de ses diamètres extérieurs, est égal au produit de la surface engendrée par la ligne brisée régulière par le tiers de l'apothème.

Soit, en effet (fig. 481), le secteur polygonal régulier OABCD que

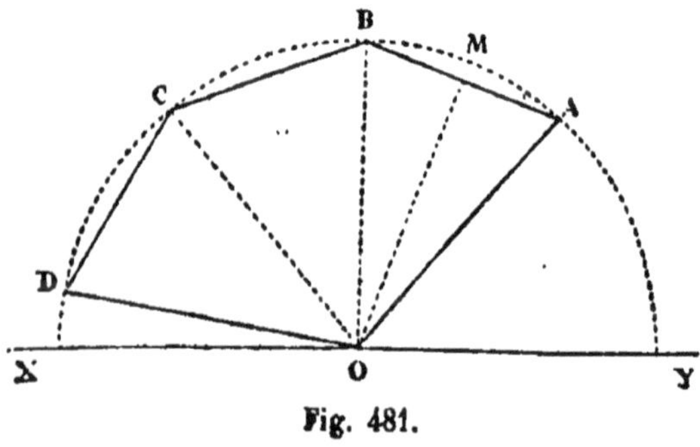

Fig. 481.

nous faisons tourner autour du diamètre XY : le volume V qu'il engendre est la somme des volumes engendrés par les triangles OAB, OBC, OCD, qui ont pour hauteur l'apothème OM de la ligne brisée régulière ABCD.

On obtient donc, en appliquant le théorème XVI :

$$V = \frac{1}{3} OM \times [\text{surf. AB} + \text{surf. BC} + \text{surf. CD}],$$

et, comme la quantité entre parenthèses est la surface engendrée par la ligne brisée régulière, nous obtenons l'expression donnée par l'énoncé.

Corollaire. — *Le volume du secteur sphérique est la limite vers laquelle tend le volume d'un secteur polygonal régulier, dont la ligne brisée régulière est inscrite dans l'arc du secteur générateur, quand le nombre des côtés de cette ligne brisée croît sans limite.*

Soit, en effet (fig. 481), le secteur sphérique engendré par la révolution du secteur circulaire OABCD en tournant autour du diamètre XY. Nous inscrivons une ligne brisée régulière d'un nombre arbitraire n de côtés; le volume engendré par le secteur polygonal régulier ainsi obtenu a pour expression :

$$\frac{1}{3} S \times a, \qquad (1)$$

en appelant S la surface engendrée par la ligne brisée et a l'apothème de cette ligne.

Si nous circonscrivons une ligne brisée régulière de n côtés à ce même arc, le secteur polygonal obtenu engendrera un volume qui aura pour expression :

$$\frac{1}{3} S' \times R, \qquad (2)$$

S′ étant la surface engendrée par la ligne brisée et R le rayon de l'arc considéré.

Or quand on fait croître indéfiniment n, S et S′ ont pour limite commune la surface de la zône engendrée par l'arc AD (par définition), et a a pour limite R, quelle que soit la loi suivant laquelle n croît. — Donc les deux produits (1) (2), et par suite les deux volumes engendrés, ont même limite.

Mais le volume engendré par le secteur circulaire est toujours compris entre ces volumes, donc il est la limite commune vers laquelle ils tendent.

THÉORÈME XVIII

Le volume d'un secteur sphérique est égal au produit de la zône qui lui sert de base par le tiers du rayon.

Soit (fig. 482) le secteur sphérique engendré par la révolution du secteur circulaire OAB autour du diamètre XY : nous inscrivons une ligne brisée régulière ACDEB dans l'arc AB ; le volume engendré par le secteur polygonal ainsi obtenu en tournant autour de XY, a pour expression :

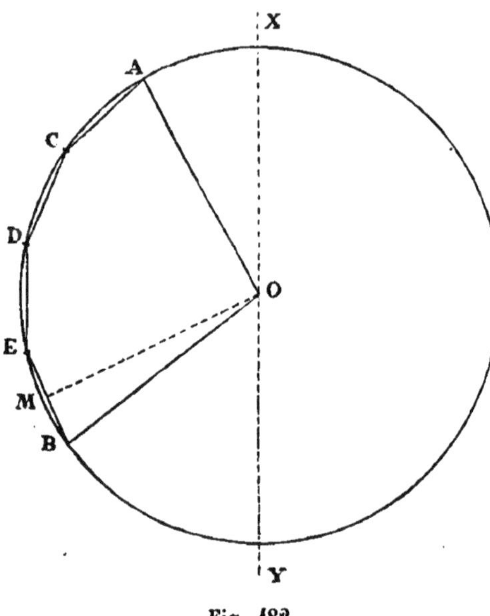

Fig. 482.

$$\text{surf. ACDEB} \times \frac{1}{3}\text{OM}.$$

Si nous faisons croître indéfiniment le nombre des côtés de la ligne brisée, le volume engendré par le secteur polygonal aura pour limite le volume du secteur sphérique. Or, la zône est par définition la limite vers laquelle tend la surface ACDEB, et OM a pour limite le rayon de l'arc AB : donc le secteur sphérique a pour volume le produit de la zône, engendrée par l'arc AB, par le tiers du rayon.

Corollaire. — *En représentant par* H *la distance des deux bases d'un secteur sphérique de rayon* R, *le volume de ce secteur a pour expression :*

$$\frac{2}{3}\pi R^2 H.$$

THÉORÈME XIX

Le volume de la sphère est égal au produit de sa surface par le tiers du rayon.

Car la sphère est un secteur sphérique dont la zône de base est la surface entière de la sphère.

Corollaire I. — *En représentant par* R *et* D *le rayon et le diamètre d'une sphère, son volume est représenté par :*

$$\frac{4}{3}\pi R^3 \quad \text{ou} \quad \frac{1}{6}\pi D^3,$$

car la surface de la sphère est :

$$4\pi R^2 \quad \text{ou} \quad \pi D^2.$$

Corollaire II. — *Les volumes de deux sphères sont dans le rapport des cubes des rayons.*

THÉORÈME XX

Le volume d'un polyèdre circonscrit à une sphère est égal au produit de la surface totale du polyèdre par le tiers du rayon.

Cela est évident en décomposant le polyèdre en pyramides qui ont pour sommet commun le centre, et pour bases les faces du polyèdre. Ces pyramides ont donc toutes pour hauteur le rayon, et la somme des aires des bases est la surface totale du polyèdre.

Corollaire. — *Le volume d'un cylindre, d'un cône ou d'un tronc de cône circonscrits à une sphère, est égal au produit de la surface totale par le tiers du rayon.*

On peut déduire ce résultat du théorème XX en substituant au cône une pyramide régulière circonscrite dont le nombre des faces croît sans limite.

La surface de cette pyramide a pour limite la surface du cône, par définition; le volume a pour limite le volume du cône, et elle reste toujours circonscrite à la sphère.

Il en est de même pour un tronc de cône.

APPLICATION

Le volume du cylindre équilatéral inscrit, ou circonscrit, à une sphère est moyenne géométrique entre le volume de la sphère et le volume du cône équilatéral inscrit, ou circonscrit, à cette sphère.

Le cylindre équilatéral inscrit a, en effet, pour hauteur et diamètre de base $R\sqrt{2}$, donc son volume est :

$$\pi\left(\frac{R\sqrt{2}}{2}\right)^2 \times R\sqrt{2} = \pi\,\frac{R^3\sqrt{2}}{2}$$

Le volume du cylindre circonscrit s'en déduit en remplaçant R par R $\sqrt{2}$, ce qui donne :

$$2\pi R^3.$$

De même, le cône équilatéral inscrit a pour apothème et diamètre de base R $\sqrt{3}$, donc il a pour volume :

$$\frac{1}{3}\pi\left(\frac{R\sqrt{3}}{2}\right)^2 \times \frac{3R}{2} = \frac{3\pi R^3}{8}.$$

On en conclut le volume du cône équilatéral circonscrit en remplaçant R par 2R, ce qui donne :

$$3\pi R^3.$$

Or, on a évidemment :

$$\frac{\frac{4}{3}}{\frac{\sqrt{2}}{2}} = \frac{\frac{\sqrt{2}}{2}}{\frac{3}{8}} \quad \text{et} \quad \frac{\frac{4}{3}}{2} = \frac{2}{3}.$$

Donc l'énoncé est démontré.

Remarque. — Ces résultats se déduisent simplement de la propriété analogue démontrée entre les surfaces totales de ces corps.

En effet, les volumes des solides circonscrits et de la sphère se déduisent des surfaces totales en multipliant par le tiers de R : donc la proportion démontrée entre les surfaces totales existe aussi entre les volumes, et réciproquement.

§ VII. — VOLUME DE LA PYRAMIDE SPHÉRIQUE, DE L'ANNEAU SPHÉRIQUE ET DU SEGMENT DE SPHÈRE.

Définitions. — *On appelle* PYRAMIDE SPHÉRIQUE *la portion du volume de la sphère comprise entre les faces d'un angle polyèdre convexe dont le sommet est au centre de la sphère :* le polygone sphérique convexe suivant lequel les faces du polyèdre coupent la surface de la sphère s'appelle la BASE DE LA PYRAMIDE.

On appelle ONGLET SPHÉRIQUE *la portion du volume de la sphère comprise entre deux demi-grands cercles;* le fuseau compris entre ces mêmes grands cercles est la BASE DE L'ONGLET, et son angle est l'ANGLE DE L'ONGLET.

L'ANNEAU SPHÉRIQUE *est le solide engendré par la révolution d'un segment de cercle autour d'un diamètre;* il est limité par une zône et la surface convexe d'un tronc de cône. La HAUTEUR *de l'anneau est la projection sur l'axe de la corde du segment.*

Le SEGMENT SPHÉRIQUE *est la portion de sphère comprise entre deux plans parallèles;* il est limité par une zône et les cercles de bases de cette zône : *les* BASES *et la* HAUTEUR *du segment sont les bases et la hauteur de la zône.*

Le segment sphérique peut n'avoir qu'une base si l'un des plans de base est tangent à la sphère.

La sphère est elle-même un segment sphérique compris entre deux plans tangents parallèles.

*THÉORÈME XXI

L'onglet sphérique a même mesure que le double de son angle, en prenant pour unité de volume la pyramide sphérique trirectangle, et pour unité d'angle l'angle droit.

On démontre, en effet, successivement, par la méthode déjà indiquée relativement au fuseau, les principes suivants :

Deux onglets d'une même sphère sont égaux quand leurs angles sont égaux, et réciproquement.

Deux onglets d'une même sphère sont dans le rapport de leurs angles.

D'où, en désignant par V le volume d'un onglet dont l'angle est A, et par P le volume de la pyramide sphérique trirectangle qui est la moitié de l'onglet dont l'angle α vaut un droit, on a :

$$\frac{V}{2P} = \frac{A}{\alpha};$$

donc :

$$\frac{V}{P} = \frac{2A}{\alpha}.$$

Ce qui exprime que la mesure de V est la même que la mesure de 2A, si les unités de volume et d'angle sont P et α.

*THÉORÈME XXII

Deux pyramides sphériques triangulaires symétriques sont équivalentes.

Car les plans qui passent par les arêtes de chaque pyramide et le pôle de sa base, décomposent ces pyramides en six pyramides sphériques isocèles qui sont deux à deux superposables.

Corollaire. — *Le plan d'une face d'une pyramide sphérique triangulaire forme avec les deux autres faces deux pyramides sphériques opposées, situées dans un des hémisphères que limite ce plan; la somme des volumes de ces deux pyramides est équivalente au volume de l'onglet dont l'angle est opposé à la face considérée.*

Car la pyramide symétrique de l'un des deux complète, avec l'autre, l'onglet dont parle l'énoncé.

*THÉORÈME XXIII

Le volume de la pyramide sphérique est égal au produit de l'aire de sa base par le tiers du rayon.

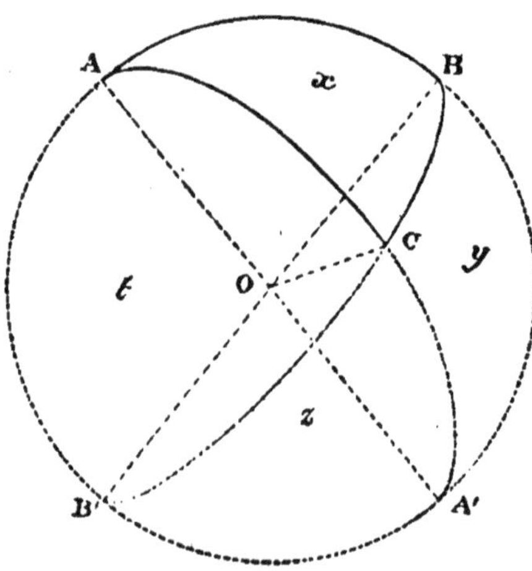

Fig. 483.

1° Soit la pyramide sphérique triangulaire OABC (fig. 483) : considérons l'hémisphère limité par le plan OAB qui contient le point C ; en représentant par x, y, z, t les mesures des volumes des quatre pyramides OABC, OA'BC, OA'B'C, OAB'C (en prenant comme unité la pyramide trirectangle), et représentant par A, B, C, les mesures des angles du triangle ABC (en prenant l'angle droit pour unité), nous avons (th. XXI et XXII) :

$$x + z = 2C,$$
$$x + y = 2A,$$
$$x + t = 2B;$$

d'où :

$$2x + (x + y + z + t) = 2(A + B + C);$$

or : $(x+y+z+t)$ c'est la demi-sphère qui vaut 4. Par suite :

$$x = A + B + C - 2.$$

Donc le rapport du volume de la pyramide triangulaire sphérique à la pyramide trirectangle est le même que le rapport de l'aire de la base de cette pyramide au triangle rectangle ; autrement dit, le rapport d'une pyramide triangulaire sphérique à l'aire de sa base est constant : ce rapport égale $\frac{R}{3}$, puisque le volume de la sphère est égal au produit de la surface par $\frac{R}{3}$.

Donc enfin le volume de la pyramide sphérique est égal au produit de l'aire de sa base par le tiers du rayon.

2° On obtiendra le résultat relatif à la pyramide sphérique polygonale en la décomposant en pyramides triangulaires.

THÉORÈME XXIV

L'anneau sphérique est équivalent à la moitié d'un cône droit de même hauteur que l'anneau, et qui a pour rayon de base la corde du segment générateur.

Soit (fig. 484) l'anneau sphérique engendré par le segment circu-

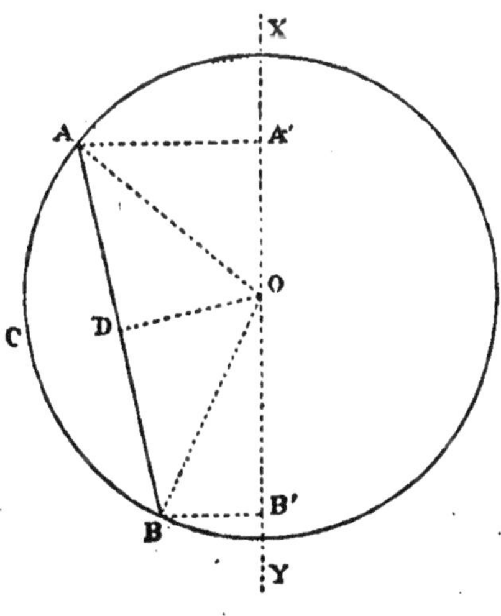

Fig. 484.

laire OABC tournant autour du diamètre XY : le volume V qu'il engendre est la différence des volumes engendrés par le secteur circulaire OACB et par le triangle OAB.

Donc :

$$V = \text{zone ACB} \times \frac{R}{3} - \text{surf. AB} \times \frac{OD}{3},$$

ou :

$$V = \frac{2}{3}\pi R^2 \times A'B' - \frac{2}{3}\pi \overline{OD}^2 \times A'B',$$

$$V = \frac{2}{3}\pi (R^2 - \overline{OD}^2) \times A'B'.$$

Or, dans le triangle rectangle AOD, on a :

$$R^2 - \overline{OD}^2 = \frac{\overline{AB}^2}{4};$$

d'où :

$$V = \frac{1}{2} \times \frac{1}{3}\pi \overline{AB}^2 \times A'B'.$$

Ce qu'il fallait prouver.

THÉORÈME XXV

Le volume du segment sphérique est égal au volume de la sphère qui a pour diamètre la hauteur du segment, augmenté de la demi-somme de deux cylindres ayant respectivement pour hauteur et pour bases, la hauteur et les bases du segment.

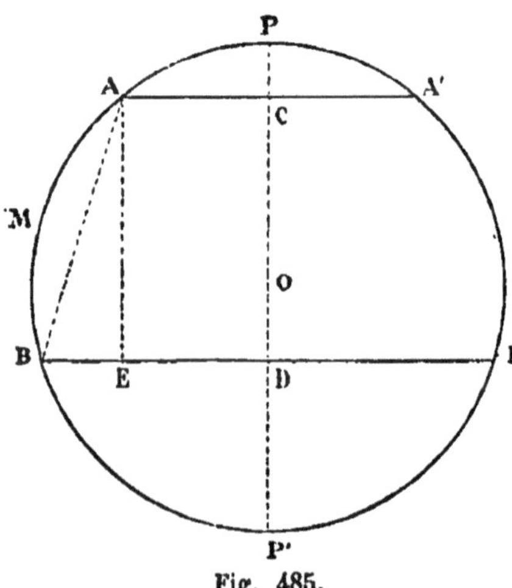

Fig. 485.

Nous prenons comme plan de la figure 485 un des plans passant par les pôles P, P′ des bases du segment : soit AA′ et BB′ les traces des plans des bases ; le segment de sphère est engendré par la révolution du trapèze mixtiligne AMBDC autour de PP′.

Il est donc la somme des volumes engendrés par le trapèze rectiligne birectangle ABDC, et par le segment circulaire AMB.

Or, le premier de ces volumes est un tronc de cône qui a pour expression :

$$\frac{1}{3}\pi CD(\overline{AC}^2 + AC \times BD + \overline{BD}^2), \qquad (1)$$

et le deuxième volume est celui d'un anneau sphérique qui a pour expression :

$$\frac{1}{6}\pi CD \times \overline{AB}^2;$$

or, en menant AE parallèle à CD, on a :

$$\overline{AB}^2 = \overline{CD}^2 + (BD - AC)^2,$$

donc, ce deuxième volume a pour expression :

$$\frac{1}{6}\pi CD(\overline{AC}^2 - 2AC \times BD + \overline{BD}^2 + \overline{CD}^2). \qquad (2)$$

Faisons la somme des résultats (1) et (2) en mettant en évidence le facteur commun $\frac{1}{6}\pi CD$, nous obtiendrons :

$$V = \frac{1}{6}\pi CD[3\overline{AC}^2 + 3\overline{BD}^2 + \overline{CD}^2],$$

ce qui peut s'écrire :

$$V = \frac{1}{6}\pi \overline{CD}^3 + \frac{1}{2}[\pi \overline{AC}^2 \times CD + \pi \overline{BD}^2 \times CD].$$

ce qui est le résultat exprimé dans l'énoncé.

Corollaire I. — *En représentant par* h, r *et* r' *la hauteur et les rayons de base d'un segment sphérique, son volume est représenté par la formule :*

$$\frac{1}{6}\pi h^3 + \frac{1}{2}\pi(r^2 + r'^2) \times h.$$

Corollaire II. — *Si le segment sphérique n'a qu'une base, il suffit de supposer* r' *nul, et l'on a la formule :*

$$\frac{1}{6}\pi h^3 + \frac{1}{2}\pi r^2 h.$$

Corollaire III. — *Si l'on donne la hauteur du segment à une base et le rayon de la sphère, le volume du segment aura pour expression :*

$$\pi h^2\left(R - \frac{h}{3}\right).$$

Car :

$$r^2 = h(2R - h),$$

d'où :

$$\frac{1}{6}\pi h^3 + \frac{1}{2}\pi r^2 h = \frac{1}{6}\pi h^3 + \pi h^2 R - \frac{1}{2}\pi h^3,$$

c'est-à-dire :

$$\pi h^2 \left(R - \frac{h}{3}\right).$$

§ VIII. — EXERCICES PROPOSÉS SUR LE LIVRE VIII

1. Les cylindres qui servent à mesurer les liquides ont une hauteur double du diamètre : calculer les dimensions du litre.

2. Les cylindres qui servent à la mesure des graines ont une hauteur égale au diamètre : calculer les dimensions du double décalitre.

3. Quel est le rayon intérieur d'un tube de verre cylindrique qui pèse vide 100 grammes, et qui pèse 200 grammes quand il contient une colonne de mercure de 12 centimètres de longueur : le poids spécifique du mercure est 13,6.

4. Évaluer les dimensions d'un cylindre droit à bases circulaires dont la surface totale équivaut à l'aire d'un cercle de rayon R donné, et dont la hauteur est moitié du rayon de base.

5. Étant donné la somme de la hauteur et du rayon de base d'un cylindre, calculer chacune de ces longueurs, de sorte que le volume du cylindre soit le plus grand possible.

6. Couper un cylindre droit à base circulaire par un plan parallèle à sa base, de sorte que l'aire de la base soit moyenne géométrique entre les deux parties dans lesquelles la surface latérale est partagée.

7. Quel est le rapport des volumes de deux cylindres de même surface convexe.

8. Quel est le rapport des surfaces latérales de deux cylindres de même volume.

9. Parmi tous les cylindres droits de même surface totale, quel est celui qui a le plus grand volume.

   Réciproquement, parmi tous les cylindres droits de même volume, quel est celui qui a la plus petite surface totale.

10. Étant donné les volumes V et V' engendrés par un rectangle qui tourne successivement autour de deux côtés adjacents, calculer la diagonale du rectangle.

11. Parmi tous les cônes de même apothème, quel est celui qui a le plus grand volume ?

12. Parmi tous les cônes de même surface totale quel est celui dont le volume est maximum?

13. Parmi tous les cônes de même volume quel est celui dont la surface totale est minimum?

14. Partager un cône en deux volumes équivalents par un plan parallèle à sa base.

15. Partager la surface latérale d'un cône droit en deux parties équivalentes par un plan parallèle à sa base.

16. Inscrire dans un cône droit un cylindre dont la surface latérale soit équivalente à l'aire d'un cercle de rayon donné. — Discussion.

17. Calculer les rayons de base d'un tronc de cône droit à bases parallèles, dont on donne la hauteur, l'apothème et le volume.

18. Un tronc de cône droit formé d'une substance dont le poids spécifique est D, flotte dans un liquide dont le poids spécifique est D′, la petite base étant au-dessous de la grande : les rayons des bases étant R, R′ et la hauteur H, calculer la hauteur de la partie immergée, et le rayon de la section faite dans le cône par la surface libre du liquide.

19. Si l'apothème d'un tronc de cône est égal à la somme des rayons des bases, la hauteur du tronc est le double de la moyenne géométrique des rayons de bases, et le volume est le produit de la surface totale par le sixième de la hauteur.

20. Partager un tronc de cône en deux parties équivalentes par un plan parallèle aux bases.

21. Les rayons des bases d'un tronc de cône droit sont 3 mètres et 5 mètres, son apothème est 7 mètres; trouver la surface et le volume.

22. Inscrire dans une sphère un cône droit dont la base soit la moitié de la surface latérale.

23. Inscrire dans une sphère un cylindre droit dont la somme des deux bases soit le double de la surface latérale.

24. Circonscrire à une sphère un cône droit dont la surface latérale soit double de la base.

25. Si l'on inscrit un demi-polygone régulier, d'un nombre pair de côtés, dans une demi-circonférence, et qu'on circonscrive un demi-polygone régulier semblable, la surface engendrée par la demi-circonférence est moyenne géométrique entre les surfaces engendrées par les deux polygones.

26. Si l'on divise une demi-circonférence en trois parties égales, et que l'on fasse tourner la figure autour du diamètre, la zone engendrée par l'arc situé au milieu est équivalente à la somme des autres zones.

27. La zone interceptée par une sphère fixe sur une sphère sécante de rayon variable qui passe par son centre, a une aire constante.

28. La zone interceptée par deux sphères fixes concentriques sur une sphère de rayon variable qui passe par leur centre commun, a une aire constante.

29. Couper une sphère par un plan tel que l'aire d'un grand cercle soit moyenne géométrique entre les deux calottes déterminées par ce plan.

30. Couper une sphère par un plan tel que la section ait même aire que la différence des deux calottes sphériques déterminées par ce plan.

31. Diviser une zone en moyenne et extrême raison par un plan parallèle à ses bases.

32. A quelle distance faut-il se placer d'une sphère donnée pour voir une fraction donnée $\frac{m}{n}$ de sa surface.

33. Placer un point M sur le prolongement du rayon OA d'une circonférence, de sorte qu'en faisant tourner la figure autour de OA, la tangente MP engendre une surface qui soit dans un rapport donné avec la zone engendrée par l'arc AP.

34. Inscrire dans une sphère un cône dont la surface latérale soit équivalente à celle de la calotte sphérique terminée au même cercle.

35*. Calculer l'aire d'un triangle sphérique tracé sur une sphère de 5 mètres de rayon, les angles de ce triangle étant 76° 30′, 61° 25′ et 70° 38′.

36*. Calculer les angles d'un triangle sphérique, sachant qu'ils sont entre eux comme les nombres entiers 5, 7 et 8, et que l'aire de ce triangle est la vingt-qnatrième partie de la surface de la même sphère.

37*. L'aire d'un losange sphérique a pour mesure quatre fois l'excès de son angle sur un droit.

38*. Deux triangles sphériques sont équivalents lorsque les triangles polaires ont même périmètre, et réciproquement.

39*. Transformer un polygone sphérique en un triangle sphérique équivalent.

40. Si l'on circonscrit à une sphère un cône dont la hauteur est double du diamètre de la sphère, la surface totale et le volume de ce cône seront respectivement doubles de la surface et du volume de la sphère.

41. Prouver que le volume engendré par un triangle tournant autour d'un axe passant par un sommet, et situé dans son plan, égale le produit de l'aire du triangle par la circonférence que décrit le centre de gravité.

Étendre cet énoncé (théorème de *Guldin*) au cas où l'axe ne passe plus par un sommet.

42. On trace la droite qui joint les milieux de deux côtés d'un triangle et l'on fait tourner la figure autour du troisième côté : quel est le rapport des volumes engendrés par les deux parties du triangle ?

43. Les volumes engendrés par un parallélogramme tournant successivement autour de deux côtés consécutifs sont dans le rapport inverse des longueurs de ces côtés.

44. On considère un triangle rectangle inscrit dans un demi-cercle, et l'on demande le rapport du volume qu'il engendre en tournant autour du diamètre, au volume de la sphère. — Discussion.

45. Étant donné les volumes engendrés par un triangle en tournant autour de chacun de ses côtés, calculer ces côtés.

46. Connaissant deux côtés d'un triangle, et sachant que le volume qu'il engendre en tournant autour du troisième côté est la somme des volumes engendrés en tournant autour des deux autres, calculer le troisième côté.

47. Les diamètres de la terre, de la lune et du soleil étant proportionnels aux nombres 1, $\frac{3}{11}$ 112, quels sont les volumes de la lune et du soleil, en prenant comme unité le volume de la terre ?

48. Inscrire dans une sphère un cylindre dont le volume soit la plus grande fraction possible du volume de la sphère.

49. On considère une chaudière ayant la forme d'un cylindre terminé par deux hémisphères ; on donne la longueur totale et l'on propose de déterminer les dimensions du cylindre de sorte que le volume ait une valeur donnée. — Discussion.

50. Couper une sphère par un plan qui partage en deux parties équivalentes le secteur sphérique ayant pour base la plus petite des zones déterminées par ce plan.

51. Couper une sphère par un plan qui partage son volume dans le rapport de 2 à 3.

52. Évaluer le volume du segment sphérique à une base, en le considérant comme la différence entre un secteur et un cône. En déduire la formule qui donne le volume du segment à deux bases.

53. Étant donné des circonférences concentriques dans lesquelles on trace des cordes parallèles à un diamètre fixe, et d'égales longueurs, prouver qu'en faisant tourner les segments circulaires obtenus autour de ce diamètre, ils engendrent des volumes équivalents.

54. On considère deux tangentes AB, AC à une circonférence de centre O ; on projette le point de contact B en D sur le rayon OC, et l'on fait tourner la figure autour du diamètre COD : prouver que le volume engendré par le triangle mixtiligne ABC est équivalent au volume engendré par le triangle ACD; il en résulte que le segment sphérique engendré par BDC est équivalent au volume engendré par ABD.

55. Si l'on considère deux sphères O, O′ tangentes extérieurement, et le cône S circonscrit à ces deux surfaces suivant les cercles C et C′, le volume compris entre le cône et les deux sphères est la moitié de

la partie de la sphère passant par C et C', située hors du même cône.

56. Étant donné une demi-circ. de diam. AOB, tracer la corde AC qui partage le demi-cercle en deux parties engendrant des vol. équiv., en tournant autour de AB.

57. Étant donné un demi-cercle de diam. AOB, et un point C situé sur OA, à une distance donnée a du centre, moindre que OA, tracer une droite CD qui rencontre la circ. en D, de telle sorte que les vol. engendrés, en faisant tourner autour de AB les deux parties du demi-cercle, soient équivalents.

58. Étant donné un demi-cercle de diam. AOB, tracer une tang. MP, rencontrant le prolongement de OA en M, et ayant son point de contact en P, de sorte qu'en faisant tourner la figure autour de AB, les vol. engendrés par les tri. mixtilignes MPA, OPA, soient équiv.

59. Étant donné un demi-cercle de diam. AOB, tracer une séc. AMN qui rencontre la courbe en M et la tang. en B au point N, de sorte qu'en faisant tourner la fig. autour de AB, les vol. engendrés par les tri. mixtilignes AMB, MBN soient équivalents.

60. Soit OA, OB deux rayons rectang. d'une circ. donnée : on trace la parallèle DE à OA à une distance a, qui rencontre le quadrant AB en D ; on mène la parallèle CE à OB à une distance b de cette droite, qui rencontre le même quadrant en C, et la parallèle précédente en E. Évaluer le vol. engendré par la rév. autour de OA du tri. mixtiligne CDE.

61. Un hexagone rég., de côté donné a, est posé sur une sphère de telle sorte que tous ses côtés lui soient tangents. On donne le rapport des calottes sphériques déterminées sur la sphère par le plan de l'hexagone : calculer le rayon de la sphère. — (B. S. Alger.)

62. Étant donné deux sphères tangentes extérieurement, et le cône qui leur est circonscrit : 1° évaluer la surface latérale du tronc de cône qui a pour bases les cercles de contact du cône ; 2° indiquer dans quel cas cette surface est maximum, lorsque les rayons des deux sphères ont une somme constante. — (B. S. Marseille.)

63. Sur une droite illimitée XY on prend $AB' = b$ et $AC' = c$. Aux points B' et C' on élève des perpendiculaires sur lesquelles on porte $B'B = b'$ et $C'C = c'$. Calculer le volume engendré par le triangle ABC en tournant autour de XY. — (B. S. Nancy.)

64. Soit BFC le plus petit arc d'une circonférence donnée limité aux points B et C : on trace en ces points les tangentes qui se coupent en A ; soit a la projection de l'arc CFB sur le rayon OB. Calculer les volumes engendrés : 1° par le segment BCFG ; 2° par le triangle BOC ; 3° par le triangle mixtiligne BFCA lorsque ces figures tournent autour de OB.

Cas particulier où l'angle BOC est droit. — (B. S. Toulouse.)

65 On donne dans le plan horiz. un losange $abcd$ dont la petite diagonale est égale au côté a ; aux sommets a, b, c on élève les verticales dont les longueurs respectives sont α, β, γ : soit A, B, C les points ainsi obtenus. On considère le cylindre de révol. dont la base sur le plan horiz. a pour centre d et est tangent à ac; le plan ABC détermine un tronc de cylindre compris entre ce plan et le plan horizontal.

1° Calculer le volume de ce tronc et appliquer au cas particulier : $a = 5^{cm}$ $\alpha = 6^{cm}$ $\beta = 2^{cm}$ $\gamma = 3^{cm}$.

2° Déterminer les axes de la section elliptique. — (B. S. Besançon.)

66. Couper un cône droit par un plan P parallèle à sa base, de sorte que les surfaces totales des deux parties soient équivalentes. Calculer la distance du plan au sommet, en fonction du rayon de base du cône et de son apothème. — (B. S. Sorbonne.)

67. Calculer la distance x du centre d'une sphère à un plan sécant tel que le plus petit segment limité par ce plan ait même volume que le cylindre de même base et de hauteur x. — (B. S. Nancy.)

68. Étant donné un petit cercle de rayon r sur une sphère de rayon R, déterminer le rayon d'un second cercle parallèle au premier et comprenant avec le premier un segment sphérique qui soit dans un rapport donné k avec le cône ayant pour sommet le centre du premier cercle et pour base le second. — Discuter. — (B. S. Toulouse.)

NEUVIÈME LIVRE

§ I. — PROPRIÉTÉS FONDAMENTALES DE L'ELLIPSE (1)

Définitions. — *On appelle* ELLIPSE *le lieu géométrique des points d'un plan tels que la somme des distances de chacun d'eux à deux points fixes de ce plan ait une valeur donnée.*

Les deux points fixes s'appellent les *foyers* de l'ellipse, et les distances d'un point de l'ellipse à ses foyers sont les rayons vecteurs de ce point : nous représenterons par $2a$ la valeur constante de la somme des rayons vecteurs d'un point de la courbe, et par $2c$ la distance des deux foyers qu'on appelle aussi la *distance focale*.

PROBLÈME I

Tracer une ellipse dont les foyers sont donnés, ainsi que la constante 2a.

1° *Tracé par points.* — Nous nous proposons de construire des points en nombre arbitraire de l'ellipse dont les foyers sont f et f' (fig. 486). Nous remarquons d'abord que si $2a < 2c$ il n'existera aucun point du lieu. Si $2a = 2c$ le lieu se réduira à la portion de droite ff' ; nous devons donc supposer :

$$2a > 2c.$$

Nous portons à partir du point O, milieu de ff',

$$OA = OA' = a,$$

et nous obtenons ainsi les deux seuls points du lieu situés sur la di-

(1) ἔλλειψις ellipse, manque

rection ff' ; nous prenons un point P arbitraire sur cette direction et situé entre A et A′, puis, des points f et f' comme centres avec A′P et

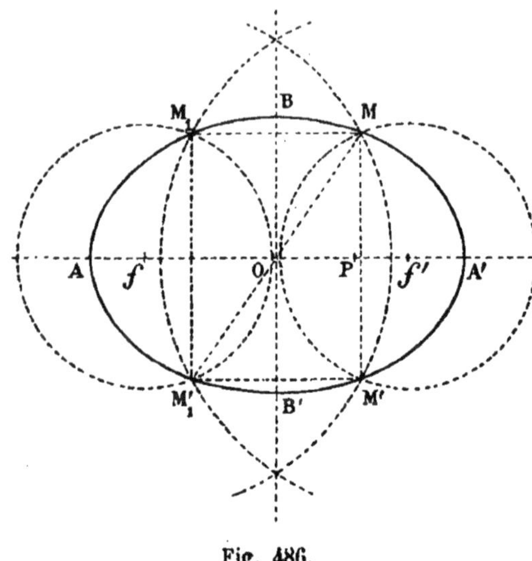

Fig. 486.

AP pour rayons, nous décrivons des circonférences ; si ces lignes se rencontrent en M, ce point appartient à l'ellipse, car :

$$Mf + Mf' = PA' + PA = 2a.$$

Discussion. — Voyons à quelle condition ces circonférences se couperont : les centres étant f et f', il faut et il suffit que le triangle fMf' existe, c'est-à-dire que l'on ait :

$$\begin{aligned} AP + PA' &> ff' \\ AP + ff' &> A'P \\ A'P + ff' &> AP. \end{aligned}$$

Or : $AP + A'P = 2a$, si l'on a eu la précaution évidente de prendre le point P entre A et A′ ; donc la première inégalité est toujours satisfaite.

Le point P étant sur la figure plus près de A′ que de A, la deuxième inégalité est aussi toujours vraie.

Quant à la troisième, nous l'écrirons ainsi :

$$a - OP + 2c > a + OP,$$

ou :

$$OP < c.$$

Ainsi, la seule condition est que le point P, situé à gauche de O, soit entre O et f' : il faut donc et il suffit que le point P soit situé entre f et f'.

En faisant varier la position du point P entre f et f', on obtiendra autant de points de la courbe que l'on voudra.

Corollaire I. — Les deux circonférences auxiliaires ont deux points communs symétriques par rapport à la droite ff' : cette droite est donc un axe de symétrie de la courbe.

Les points de l'ellipse sont deux à deux symétriques par rapport à l'axe focal.

Corollaire II. — Supposons qu'en conservant les rayons A'P et AP des circonférences auxiliaires, on échange les centres, en prenant comme tels les points f et f' ; nous obtiendrons (fig. 486) deux nouveaux points M_1, M'_1 de l'ellipse qui seront respectivement symétriques des points M et M' par rapport à la perpendiculaire élevée au point O de ff', donc :

La courbe admet un deuxième axe de symétrie qui est la perpendiculaire élevée au milieu de la droite qui joint les foyers.

Corollaire III. — *Le point* O *de rencontre des deux axes de l'ellipse a la propriété de partager en deux parties égales toutes les cordes qui le contiennent ; on l'appelle* CENTRE *de la courbe.*

En effet, à tout point M de l'ellipse correspondent par symétrie les trois points M', M_1, M'_1, et ces quatre points sont les sommets d'un rectangle, inscrit dans la courbe, dans lequel O est le point de concours des diagonales : donc le point O est le milieu de la corde MOM'_1 qui passe par un point arbitraire M de la courbe.

Une corde, telle que MOM'_1, qui passe par le centre O s'appelle un *diamètre de la courbe.*

Corollaire IV. — *Les diamètres maximum et minimum de la courbe sont dirigés suivant les axes.*

En effet, soit ρ et ρ' les rayons vecteurs Mf et Mf', et soit z la demi-différence de ces rayons ; dans le triangle fMf', dont OM est une médiane, on a la relation :

$$\rho^2 + \rho'^2 = 2\overline{OM}^2 + 2c^2,$$

d'où l'on tire :

$$2\overline{OM}^2 = (\rho + \rho')^2 - 2c^2 - 2\rho\rho' ;$$

Il en résulte que la plus grande et la plus petite valeur de OM correspondent au minimum et au maximum de $\rho\rho'$.

Or (fig. 486), on a $\rho\rho' = a^2 - \overline{OP}^2$; donc le minimum et le maximum de OM^2 correspondent au minimum et au maximum de OP, c'est-à-dire à $OP = 0$ ou $OP = c$.

La longueur maximum est $2a$, et la longueur minimum BB′ a pour valeur

$$2\sqrt{a^2 - c^2},$$

dans le triangle OBf : *cette longueur se représente par* 2b, *on a donc, par définition* :

$$a^2 = b^2 + c^2.$$

A cause de ces propriétés AA′ *est dit le* GRAND AXE, *et* BB′ *le* PETIT AXE ; *les points* A *et* A′ *sont les* SOMMETS *du grand axe,* B *et* B′ *les* SOMMETS *du petit axe.*

2° *Tracé de la courbe d'un mouvement continu.* — Nous fixons aux points f et f' les extrémités d'un cordeau dont la longueur est $2a$, et nous tendons ce cordeau à l'aide d'un piquet dont la pointe décrit l'ellipse.

Remarque I. — Ce procédé, qui peut servir sur le terrain, ne peut être d'aucun secours pour le tracé d'une ellipse sur le papier. Il permet de voir que l'*ellipse est une courbe fermée.*

Remarque II. — D'ailleurs la circonférence est une ellipse dans laquelle les deux foyers sont confondus ; la courbe diffère très peu d'une circonférence quand les foyers sont très voisins du centre, c'est-à-dire quand le rapport $\frac{c}{a}$, qu'on appelle EXCENTRICITÉ de la courbe, est très voisin de zéro, ainsi que cela arrive pour les orbites planétaires : au contraire la courbe est très aplatie quand les foyers sont voisins des sommets du grand axe, c'est-à-dire quand $\frac{c}{a}$ est voisin de l'unité. Nous retrouvons enfin la portion de droite AA′ quand c égale a.

THÉORÈME I

La somme des rayons vecteurs d'un point du plan d'une ellipse est plus grande ou plus petite que 2 a, *suivant que le point est extérieur ou intérieur à la courbe.*

1° Soit d'abord (fig. 487) M extérieur à la courbe : la droite Mf

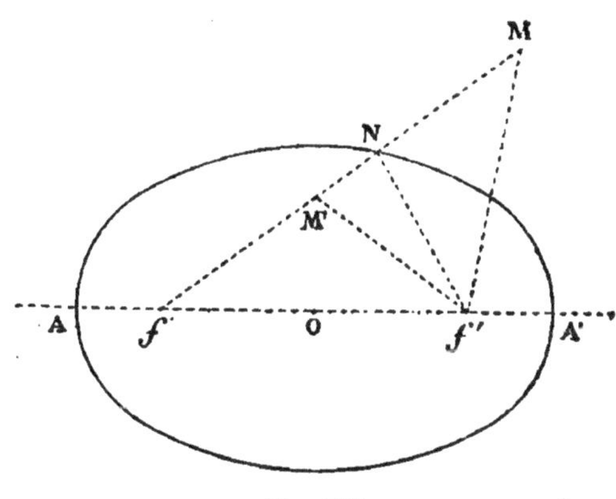

Fig. 487.

rencontre l'ellipse en un point N situé entre M et f.

Donc :

$$Mf = MN + Nf,$$

or :

$$Mf' + MN > Nf',$$

et en ajoutant aux deux membres Nf, on aura aussi :

$$Mf' + MN + Nf > Nf' + Nf;$$

donc :

$$Mf' + Mf > 2a.$$

2° Soit en second lieu le point M′ intérieur à l'ellipse ; la droite fM' rencontrera la courbe en un point N extérieur au segment $M'f$, on aura donc :

$$M'f = Nf - NM'.$$

Or, dans le triangle $M'Nf'$, on a :

$$M'f' - NM' < Nf',$$

et en ajoutant aux deux membres Nf :

$$M'f' + Nf - NM' < Nf + Nf';$$

donc :

$$M'f + M'f' < 2a.$$

Remarque. — Ainsi, quand on voudra prouver qu'un point est intérieur ou extérieur à l'ellipse, il suffira de prouver que la somme de ses rayons vecteurs est plus petite ou plus grande que $2a$.

THÉORÈME II

Le lieu géométrique des points d'un plan situés à égale distance d'une circonférence et d'un point intérieur, est une ellipse.

Soit, en effet, M un point également distant de la circonférence OC et du point intérieur f (fig. 488); la distance du point M à la circon-

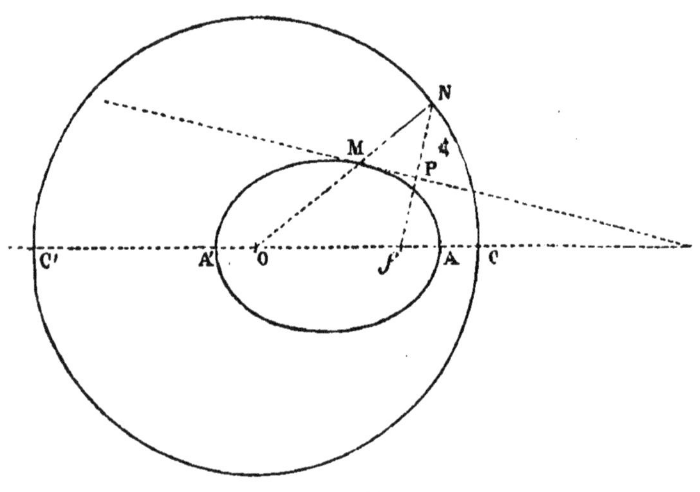

Fig. 488.

férence est le plus petit des deux segments déterminés par le point M sur le diamètre OMN, on a donc :

$$MN = Mf,$$

par suite :

$$OM + Mf = ON = R.$$

Tous les points du lieu appartiennent donc à l'ellipse qui a pour foyers les points O et f, et dans laquelle $2a = R$.

Réciproquement, soit M un point de cette courbe, traçons OMN, nous aurons :

$$MN = Mf,$$

puisque :

$$OM + MN = OM + Mf.$$

Corollaire I. — *L'ellipse est le lieu géométrique des points de son plan également distants de l'un de ses foyers et de la circonférence ayant pour centre l'autre foyer et pour rayon* 2a, *qu'on appelle* CERCLE DIRECTEUR.

L'ellipse a deux cercles directeurs.

Corollaire II. — *Le lieu géométrique des points d'un plan également distants de deux circonférences intérieures l'une à l'autre, est une ellipse ayant pour foyers les centres de ces lignes.*

Car soit M (fig. 489) un point également distant des circonférences O et O'; en portant sur OMP, la longueur PQ = O'P', et décri-

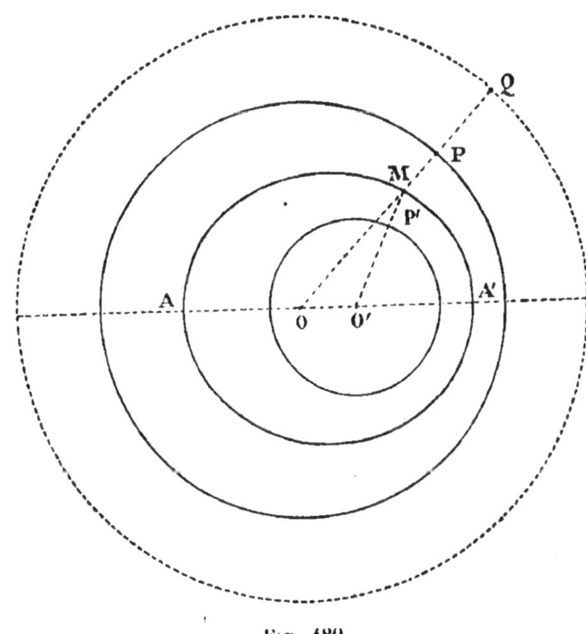

Fig. 489.

vant la circonférence de rayon OQ et de centre O, le point M sera également distant de cette circonférence et du point intérieur O', et réciproquement.

PROBLÈME II

Trouver les points communs à une droite et à une ellipse non tracée dont les éléments sont donnés.

Soit la droite XY (fig. 490) et l'ellipse ayant pour foyers f et f', et pour sommets de son grand axe les points A et A'; soit M un point commun à la droite et à l'ellipse.

Nous traçons le cercle directeur de centre f qui rencontre fM en P; nous avons MP = Mf', et si nous prenons le symétrique G du foyer f' par rapport à XY, nous aurons aussi MG = Mf'; donc M est le centre de la circonférence qui passe par les trois points f', P, G. Or cette

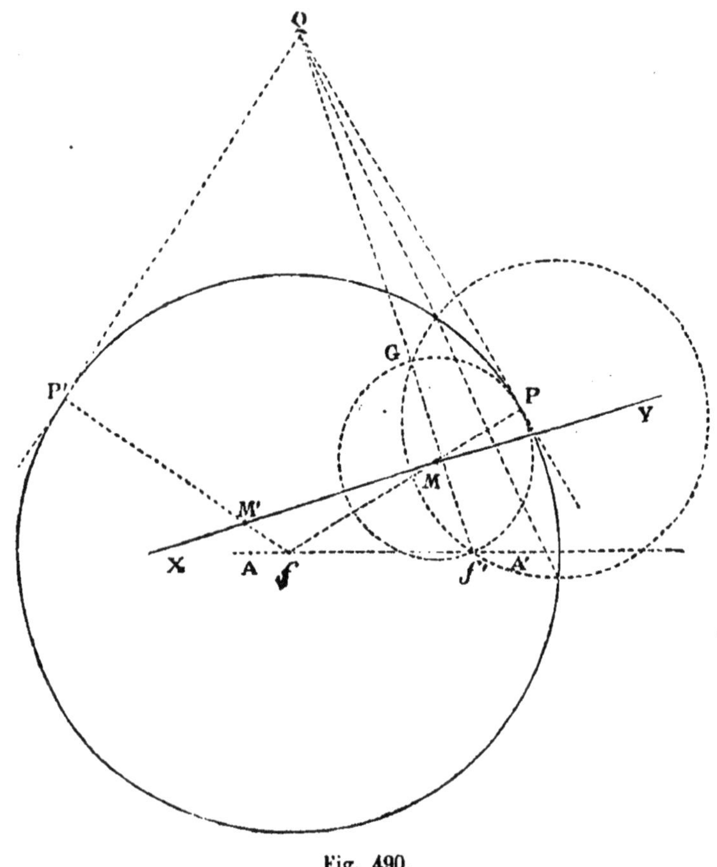

Fig. 490.

circonférence est tangente en P au cercle directeur, puisque ce point est sur la ligne des centres; donc tout point commun à XY et à l'ellipse est le centre d'une circonférence passant par les deux points connus f' et G et tangente au cercle directeur, et réciproquement.

Il en résulte que pour résoudre le problème, nous tracerons une circonférence passant par les points f' et G, et coupant le cercle directeur; la corde commune à ces deux circonférences rencontrera f'G en un point Q duquel nous tracerons des tangentes QP, QP' au cercle directeur; les rayons fP, fP' rencontreront XY aux points cherchés M, M'.

On déduit de cette construction que la droite XY rencontrera l'ellipse en deux points si le point G est intérieur au cercle directeur, en un seul point si G est sur la circonférence, et que XY n'aura aucun point commun avec la courbe si G est extérieur au cercle directeur.

Corollaire. — *Une droite ne peut avoir plus de deux points communs avec une ellipse.*

Définition. — *On appelle* TANGENTE *en un point donné d'une courbe la limite des positions occupées par une sécante passant par ce point, lorsqu'en tournant autour de ce point, un second point commun vient se confondre avec le premier.*

Ainsi, pour définir la tangente au point M de la courbe (fig. 491), nous considérons une sécante arbitraire MNP passant par le point M,

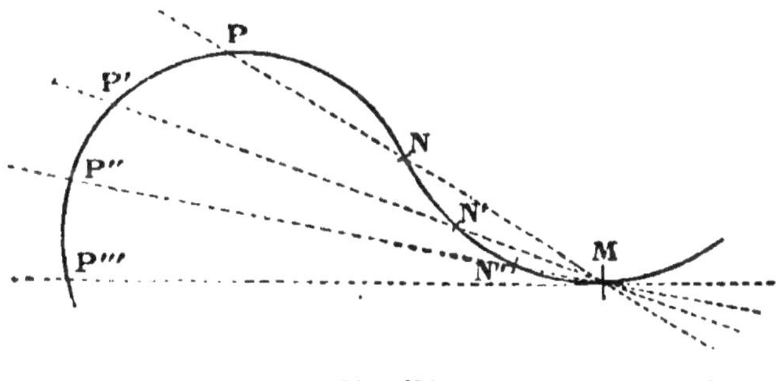

Fig. 491.

et nous faisons pivoter cette droite autour du point M jusqu'à ce que le point N, prenant les positions successives, N',N''N''',... vienne se confondre avec le point M. — A cet instant la droite occupe la position de tangente en M à la courbe considérée.

Il faut remarquer que la tangente en un point d'une courbe peut avoir avec cette courbe d'autres points communs que le point de contact, et qu'une droite qui n'a qu'un seul point commun avec une courbe n'est pas nécessairement une tangente. Aussi la définition donnée pour la tangente à la circonférence ne peut convenir dans le cas général, mais il est évident que la tangente à une circonférence satisfait à la définition précédente.

On appelle NORMALE *en un point d'une courbe, la perpendiculaire en ce point à la tangente.*

THÉORÈME III

Le symétrique d'un foyer d'une ellipse, par rapport à une tangente, l'autre foyer et le point de contact sont en ligne droite.

Soit K (fig. 492) le symétrique du foyer f par rapport à la tangente MZ au point M de l'ellipse AA' : nous voulons prouver que les points K, M, f' sont en ligne droite. A cet effet, menons une sécante MN (qui laisse d'un même côté les foyers f et f') prenons le symétrique G du foyer f par rapport à MN, et prouvons que la droite Gf' vient rencontrer MN en un point P toujours situé entre M et N.

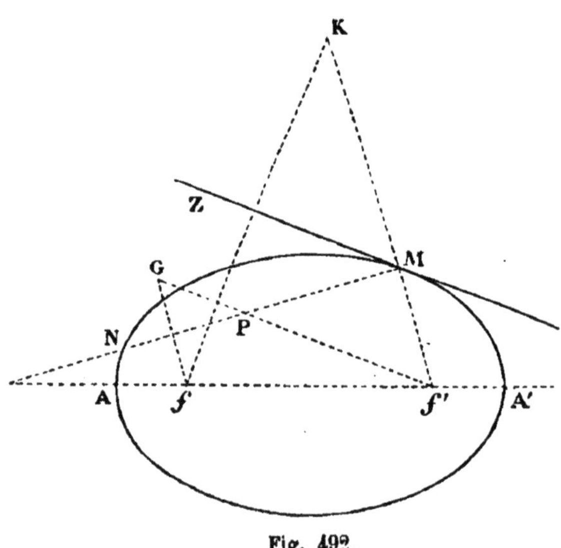

Fig. 492.

Comme la droite MN ne peut avoir plus de deux points communs avec la courbe, il suffira de prouver que le point P est intérieur à la courbe; or, ce point P ne peut pas se confondre à la fois avec chacun des points M et N, on aura donc, par exemple :

$$f'G < GN + Nf',$$

mais

$$GN = Nf, \qquad GP = Pf,$$

et le point P est situé entre f' et G, donc :

$$Pf' + Pf < Nf' + Nf,$$

ou :

$$Pf' + Pf < 2a.$$

Le point P est donc intérieur à la courbe (th. I).

Si donc nous faisons tourner MN autour du point M, de l'angle NMZ, dans le sens convenable, le point N viendra se confondre avec M puisque MZ est tangente en M, le point G viendra en K, et le point P toujours, compris entre N et M, sera au point M : la ligne $f'K$ passe donc par le point M.

Corollaire I. — *La tangente à l'ellipse fait des angles égaux avec les rayons vecteurs du point de contact.*

Car les angles ZMK, ZMf sont égaux, puisque MZ est perpendiculaire au milieu de fK.

Corollaire II. — *La normale en un point d'une ellipse est bissectrice de l'angle des rayons vecteurs de ce point.*

La tangente et la normale en un point d'une ellipse partagent harmoniquement la distance focale.

Corollaire III. — *Les tangentes aux sommets de la courbe sont perpendiculaires aux axes qui passent par ces points.*

Ces quatre tangentes forment un rectangle circonscrit à l'ellipse.

Corollaire IV. — *Le lieu géométrique du point symétrique d'un foyer d'une ellipse par rapport aux tangentes à cette courbe, est le cercle directeur qui a l'autre foyer pour centre.*

Car (fig. 492)

$$f'K = f'M + Mf,$$

puisque

$$MK = Mf.$$

Corollaire V. — *Les perpendiculaires aux milieux des portions de droite, comprises entre une circonférence et un point intérieur, enveloppent une ellipse.*

Reportons-nous, en effet, à la figure 488. La perpendiculaire au milieu P de fN rencontre ON en un point M de l'ellipse qui a pour foyers O et f, et comme PM est également inclinée sur les rayons vecteurs OM, fM, elle est tangente à cette ellipse.

THÉORÈME IV

1° *Le lieu géométrique des projections des foyers d'une ellipse sur les tangentes, est le cercle principal (qui a pour diamètre AA');*

2° *Le produit des distances des foyers à une tangente est constant pour la même ellipse.*

1° Soit PP' (fig. 493) la tangente en M à l'ellipse AA' : nous prenons le symétrique K du foyer f' par rapport à cette tangente ; la droite fK passe par le point de contact M, et la longueur $fK = 2a$: or, OP′ joignant les milieux de deux côtés du triangle $ff'K$ vaut la moitié de fK ; donc la circonférence décrite sur AA′ comme diamètre, et qui s'appelle le *cercle principal* de l'ellipse, passe par le point P′.

Réciproquement, les points P, P′, où une tangente à l'ellipse est

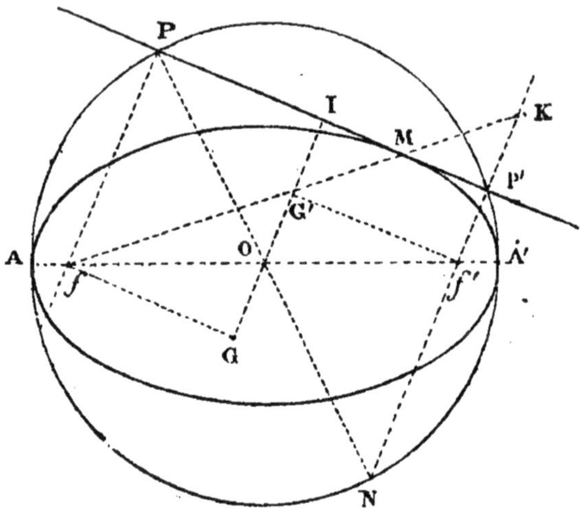

Fig. 493.

rencontrée par le cercle principal, sont les projections des foyers sur cette tangente ; car il n'y a que deux points communs à la droite et à la circonférence.

2° Le produit $fP \times f'P'$ est constant : en effet, les droites PO et $P'f'$ vont se couper en un point N de la circonférence principale, puisque l'angle PP′N est droit, et que PO est un diamètre : donc la figure $Pf'Nf$ est un parallélogramme, et par suite,

$$fP = f'N.$$

Or,

$$f'P' \times f'N = f'A' \times f'A,$$

donc le produit

$$fP \times f'P'$$

est constant.

D'ailleurs cette constante est b^2, parce que :

$$f'A = a + c \qquad \text{et} \qquad fA' = a - c,$$

et que, par suite,

$$f'A \times f'A' = a^2 - c^2 = b^2.$$

On peut voir ce résultat a priori, en plaçant la tangente arbitraire dans la position particulière où elle est parallèle à AA'; dans ce cas chacune des distances est égale à b.

Corollaire. — *La différence des carrés des distances du centre d'une ellipse à une tangente et à la parallèle à cette tangente menée par un foyer, est constante.*

Car, soit les parallèles fG, $f'G'$ à la tangente PP' (fig. 493), on a :

$$\overline{OI}^2 - \overline{OG}^2 = (OI + OG)(OI - OG) = fP \times f'P'.$$

PROBLÈME III

Tracer, par un point donné, une tangente à une ellipse donnée,

1° Le point donné M est situé sur l'ellipse (fig. 494).

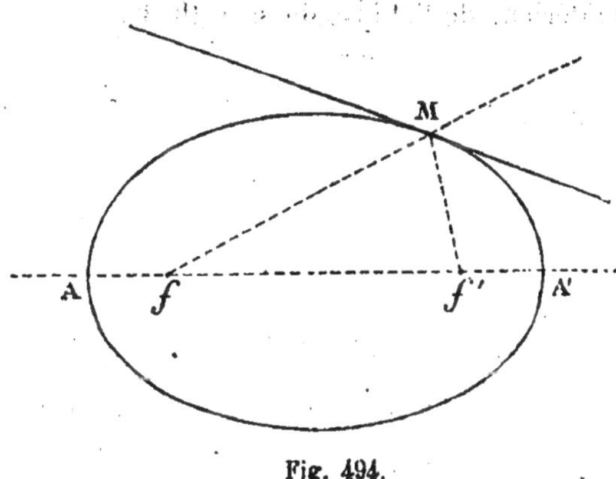

Fig. 494.

On tracera la bissectrice de l'angle formé par un des rayons vecteurs et le prolongement de l'autre.

2° Le point donné P est quelconque dans le plan de l'ellipse qui a pour grand axe AA' et pour foyers f et f' (fig. 495).

Il est évident que si nous pouvons connaître le symétrique K du foyer f' par rapport à une tangente, cette tangente sera la perpendiculaire abaissée du point P sur $f'K$: or, ce symétrique est sur le cercle directeur de centre f (coroll. IV, th. III), et aussi sur la circonférence de centre P et de rayon Pf'. Les points communs à ces deux circonférences permettent donc de construire les tangentes cherchées.

Discussion. — Voyons à quelle condition ces points communs

existeront : il faut et il suffit que le triangle $Pf K$ existe, et, comme ses côtés sont Pf, Pf' et $2a$, il faut et il suffit que l'on ait :

$$(1) \qquad Pf < Pf' + 2a$$
$$(2) \qquad Pf' < Pf + 2a$$
$$(3) \qquad 2a < Pf + Pf'.$$

Or, la ligne droite étant le plus court chemin d'un point à un autre, on a :

$$Pf \leqslant Pf' + 2c,$$

et

$$Pf' \leqslant Pf + 2c.$$

Les inégalités (1) et (2) sont donc vraies a fortiori, puisque

$$2a > 2c$$

Il reste donc l'inégalité (3) qui exprime que le point P ne doit pas être situé à l'intérieur de l'ellipse donnée (th. I).

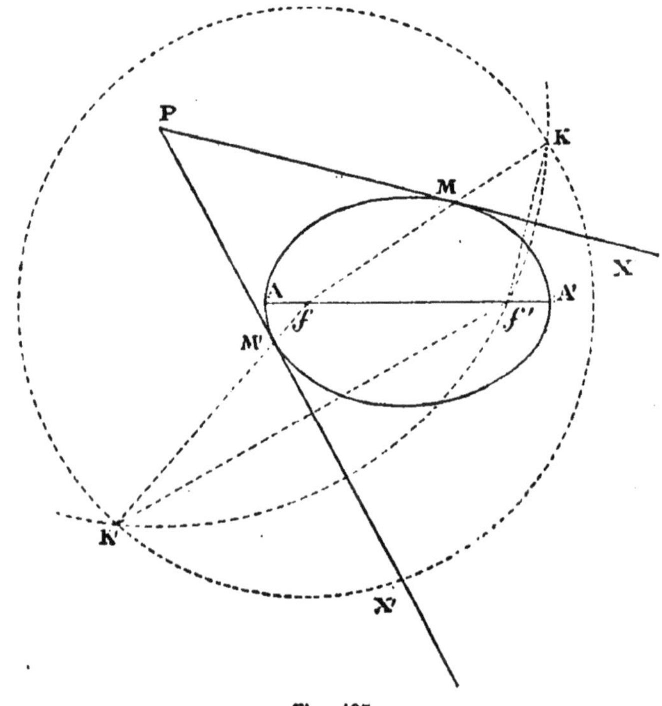

Fig. 495.

Les points K et K' existant, la construction s'achève aisément en abaissant les perpendiculaires PX, PX' sur $f'K$ et $f'K'$: pour avoir les points de contact, il suffit de prendre les points M et M′ de rencontre des tangentes avec les rayons fK, fK' (th. III).

En résumé, il y aura deux, une ou zéro tangentes issues d'un point donné à une ellipse, suivant que ce point sera extérieur à l'ellipse, situé sur la courbe, ou à l'intérieur.

Remarque. — La construction précédente conduit à un nouveau procédé assez usité pour mener par un point donné une tangente à une circonférence : on obtient les points symétriques du centre par rapport aux tangentes cherchées en prenant les points communs à une circonférence concentrique à la première, de rayon double, et à la circonférence ayant pour centre le point donné et pour rayon sa distance au centre donné : cette construction se légitime facilement a priori, et elle est une conséquence de la construction précédente, en remarquant que la circonférence est une ellipse dont les foyers sont confondus au centre.

THÉORÈME V

1° *Les tangentes issues d'un point à une ellipse font des angles égaux avec les rayons vecteurs de ce point.*

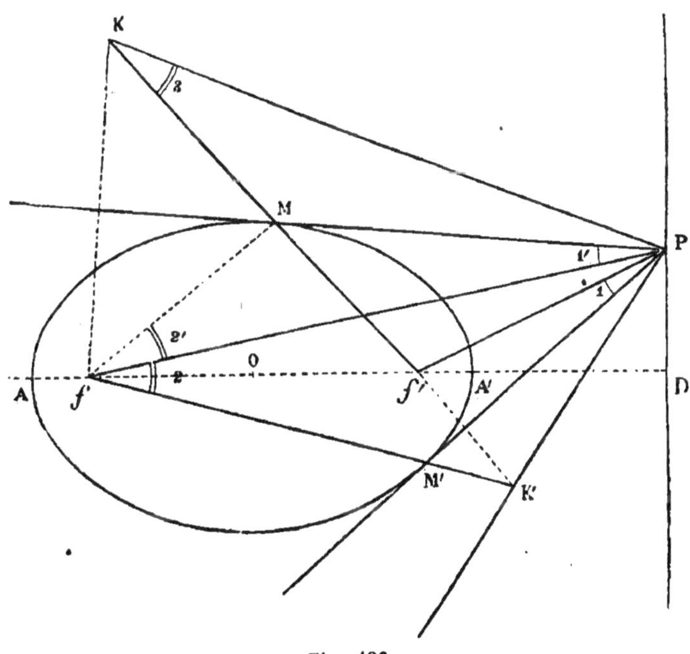

Fig. 490.

2° *La droite qui joint le point de concours de deux tangentes à un foyer, est bissectrice de l'angle des rayons vecteurs des points de contact issus de ce foyer.*

1° Soit les tangentes PM, PM′ (fig. 496) et les symétriques K et K′ des foyers f et f' par rapport à ces tangentes. Les triangles $Pf'K$, $PK'f$ sont égaux parce qu'ils ont les trois côtés égaux chacun à chacun; par suite, les angles KPf' et fPK' sont égaux, et en retranchant la partie commune fPf', les angles KPf et $K'Pf'$ seront égaux, donc les moitiés 1 et 1′ de ces angles sont égales, et les tangentes sont également inclinées sur les rayons vecteurs Pf, Pf' du point de concours.

2° Les mêmes triangles donnent l'égalité des angles 2 et 3 : or, les triangles PMK, PMf sont visiblement égaux, et par suite les angles 2′ et 3 sont égaux. Donc les angles 2 et 2′ sont égaux, et fP est bissectrice de l'angle MfM'.

Corollaire I. — *La partie d'une tangente mobile à une*

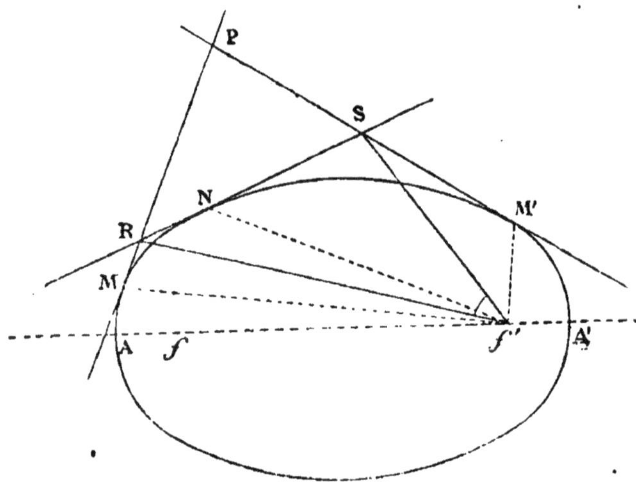

Fig. 497.

ellipse, comprise entre deux tangentes fixes, est vue de chacun des foyers de la courbe sous un angle constant.

Soit RS (fig. 497) la portion de tangente au point variable N, comprise entre les tangentes fixes PM, PM′ : les droites $f'R$ et $f'S$ sont bissectrices des angles $Mf'N$, $Nf'M'$. Donc l'angle $Rf'S$ étant moitié de l'angle $Mf'M'$ est constant.

Corollaire II. — *Le lieu géométrique des sommets des angles droits circonscrits à une ellipse est une circonférence concentrique à l'ellipse.*

En effet, en se reportant à la figure 496, on voit que si l'angle MPM′

est droit, il en est de même de l'angle KPf' qu'on obtient en remplaçant l'angle 1 par son égal KPM : on a donc dans le triangle rectangle KPf' :

$$4a^2 = \overline{PK}^2 + \overline{Pf'}^2,$$

ou :

$$\overline{Pf}^2 + \overline{Pf'}^2 = 4a^2.$$

Le lieu cherché est donc aussi le lieu des points P dont la somme des carrés des distances aux points fixes f et f' est égale à $4a^2$; par suite, ce lieu est une circonférence ayant pour centre le point O milieu de ff'. Pour avoir son rayon, nous appliquons le théorème XXVII du livre III au triangle Pff', ce qui donne :

$$2\overline{OP}^2 = 4a^2 - 2c^2,$$

ou :

$$OP^2 = a^2 + b^2.$$

Ce résultat est visible a priori en considérant le rectangle circonscrit à l'ellipse dont les côtés sont parallèles aux axes.

Corollaire III. — *Le lieu géométrique des points du plan pour lesquels la corde des contacts des tangentes issues de ce point à une ellipse, passe par un foyer, est le système de deux droites perpendiculaires au grand axe* (directrices de l'ellipse).

Cherchons, par exemple, le lieu des points P (fig. 496) pour lesquels la corde des contacts MM' passe par le foyer f' ; dans cette hypothèse, l'angle Mf'M' vaut deux droits, donc l'angle Kf'P, moitié de celui-ci (2° th. V), est droit, et le triangle KPf' donne :

$$PK^2 = 4a^2 + \overline{Pf'}^2,$$

ou :

$$\overline{Pf}^2 - \overline{Pf'}^2 = 4a^2.$$

Le lieu cherché est donc aussi le lieu des points dont la différence des carrés des distances aux points fixes f et f' égale $4a^2$, c'est donc une perpendiculaire à ff'. D'ailleurs, pour connaître sa distance au point O, nous appliquons le théorème XXVII, livre III, au triangle Pff', dont le sommet P est projeté en D sur la base :

$$\overline{Pf}^2 - \overline{Pf'}^2 = 4c \times OD,$$

donc :

$$OD = \frac{a^2}{c}.$$

On obtiendrait la droite symétrique de celle-ci par rapport au petit axe, pour le lieu des points dont la corde des contacts passe par le foyer f.

PROBLÈME IV

Tracer à une ellipse une tangente parallèle à une direction donnée.

Soit (fig. 498) l'ellipse dont le grand axe est AA′ et les foyers f, f', à laquelle on veut mener une tangente parallèle à la direction Z. Le symétrique du foyer f' par rapport à une tangente, étant situé sur le

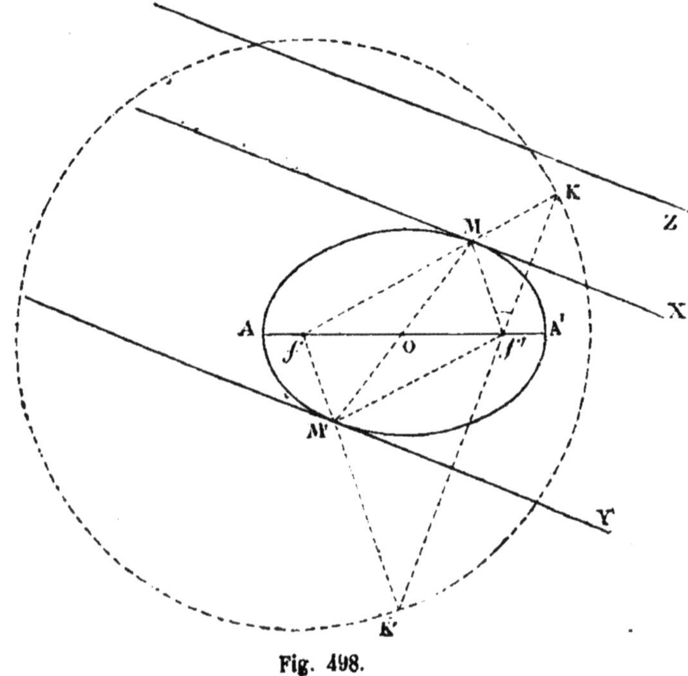

Fig. 498.

cercle directeur de centre f, en prenant les points communs K, K′ à ce cercle directeur et à la perpendiculaire abaissée du point f' sur la direction Z, nous aurons les points symétriques de f' par rapport aux tangentes cherchées.

D'ailleurs il y aura toujours deux points communs à ces deux lignes, puisque le point f' est à l'intérieur du cercle directeur.

Ayant trouvé les points K et K′, nous aurons les tangentes en élevant des perpendiculaires X et X′ au milieu de chacune des portions de droite f'K, f'K′, et les points de contact M et M′ seront les points de rencontre de ces tangentes X et X′ avec les rayons fK, fK′.

Corollaire. — *Il y a deux tangentes à une ellipse parallèles à une même direction, et les points de contact sont diamétralement opposés.*

La première partie résulte de la remarque déjà faite que toute droite passant par f' rencontre le cercle directeur en deux points.

Pour la seconde partie, il suffit de prouver que la figure $fMf'M'$ (fig. 498) est un parallélogramme; or, les angles $fK'K$, $Mf'K$, égaux à l'angle MKf' (car les triangles KfK', KMf' sont isocèles) sont égaux entre eux, et, par suite, Mf' est parallèle à fK'; de même $M'f'$ est parallèle à fK : donc MM' passe par le milieu O de ff'.

§ II. — *DIRECTRICES DE L'ELLIPSE

Définition. — *On appelle* DIRECTRICES DE L'ELLIPSE *deux perpendiculaires au grand axe, de part et d'autre du centre, à une distance de ce point égale à* $\frac{a^2}{c}$.

De cette définition résulte la construction de ces droites, qui sont les polaires des foyers par rapport au cercle principal.

Nous élevons la perpendiculaire fE à AA' (fig. 499), nous prenons le point E tel que OE égale a ou fE égale b, et nous élevons la perpendiculaire en E à OE qui rencontre AA' en D, de sorte que :

$$OD = \frac{a^2}{c};$$

la perpendiculaire à AA' menée par le point D est une des directrices.

THÉORÈME VI (*propriété fondamntale*).

Le rapport des distances d'un point de l'ellipse à un foyer et à la directricevoisineest constant et égal à $\frac{c}{a}$ (*excentricité*).

Soit M un point quelconque de l'ellipse (fig. 499), nous projetons ce point en H sur AA', et nous représentons par x la valeur algébrique qui a pour valeur absolue OH, et qui est positive ou négative suivant que le point H est situé à la gauche ou à la droite du point O. (Cette quantité ainsi définie s'appelle l'*abscisse* du point M.) En appelant ρ et ρ' les rayons vecteurs du point M, nous avons d'abord la relation :

$$\rho' + \rho = 2a. \qquad (1)$$

Puis, dans le triangle fMf', nous avons, par l'application du théo-

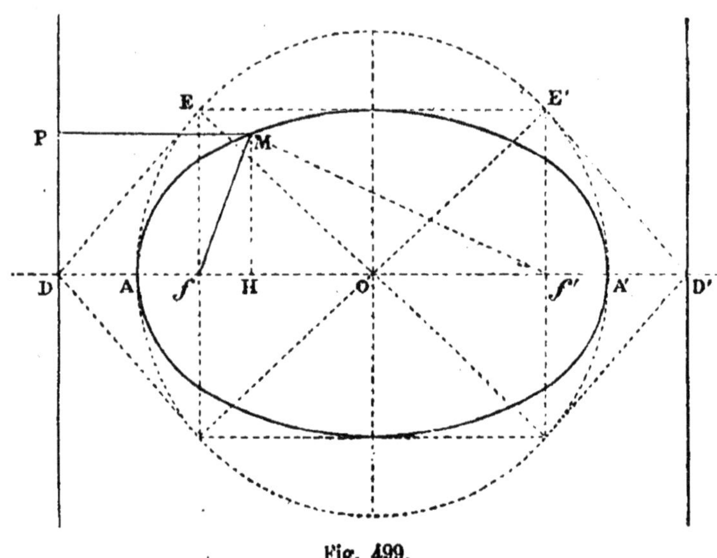

Fig. 499.

rème XXVII livre III :

$$\rho'^2 - \rho^2 = 4cx,$$

et cela quelle que soit la position du point M sur la courbe ; cette relation s'écrit :

$$(\rho' - \rho)(\rho' + \rho) = 4cx,$$

d'où l'on tire :

$$\rho' - \rho = \frac{2cx}{a}. \qquad (2)$$

Les relations (1) et (2) donnent les rayons vecteurs du point M en fonction de l'abscisse de ce point :

$$\rho' = a + \frac{cx}{a}, \qquad \rho = a - \frac{cx}{a},$$

valeurs absolument générales.

D'ailleurs :

$$MP = OD - x,$$

ou :

$$MP = \frac{a^2}{c} - x,$$

quelle que soit la position du point M ; donc :

$$\frac{\mathrm{M}f}{\mathrm{MP}}=\frac{a-\dfrac{cx}{a}}{\dfrac{a^2}{c}-x}.$$

Ce qui peut s'écrire :

$$\frac{\mathrm{M}f}{\mathrm{MP}}=\frac{\dfrac{c}{a}\left(\dfrac{a^2}{c}-x\right)}{\dfrac{a^2}{c}-x},$$

Donc enfin :

$$\frac{\mathrm{M}f}{\mathrm{MP}}=\frac{c}{a}.$$

Ce qu'il fallait prouver.

Corollaire I. — *La droite qui joint au foyer le point où une sécante à l'ellipse rencontre la directrice voisine, est bissectrice*

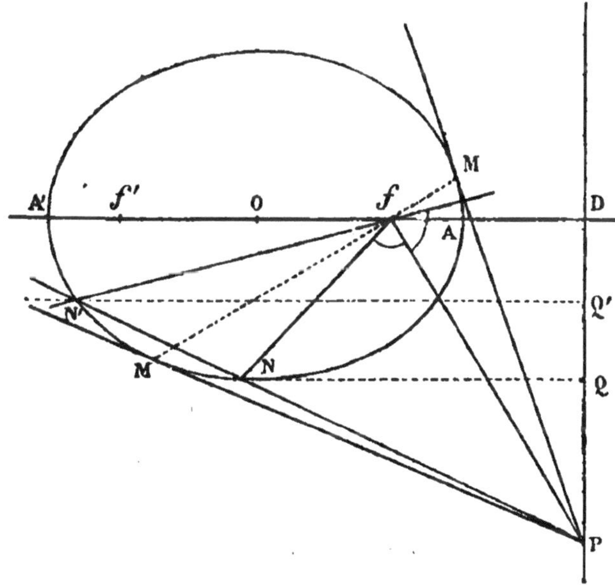

Fig. 500.

de l'angle formé par les rayons vecteurs allant de ce foyer aux points communs à la sécante et à l'ellipse.

Soit la sécante NN' (fig. 500) qui rencontre au point P la directrice voisine du foyer f, prouvons que fP est bissectrice de l'angle formé par fN avec le prolongement de N'f; cela revient à prouver la proportion :

$$\frac{PN}{PN'} = \frac{fN}{fN'}.$$

Or, en traçant les perpendiculaires NQ, N'Q' à la directrice, nous avons d'abord :

$$\frac{PN}{PN'} = \frac{NQ}{N'Q'},$$

puis, le théorème VI nous donne :

$$\frac{NQ}{Nf} = \frac{N'Q'}{N'f},$$

ou :

$$\frac{NQ}{N'Q'} = \frac{Nf}{N'f}.$$

Donc, en rapprochant ce résultat du précédent,

$$\frac{PN}{PN'} = \frac{Nf}{N'f}.$$

Corollaire II. — *La corde des contacts des tangentes issues d'un point d'une directrice passe par le foyer voisin, et elle est perpendiculaire à la droite qui joint ce point au foyer.*

Car si nous faisons tourner la sécante PNN' (fig. 500) autour du point P, jusqu'à ce qu'elle vienne se confondre avec l'une des tangentes PM issues de ce point à la courbe, les rayons vecteurs fN, fN' venant se confondre avec fM seront toujours également inclinés sur Pf qui est dès lors perpendiculaire sur fM. Il en résulte encore que fM est la bissectrice de l'angle NfN'. En considérant la seconde tangente PM', nous verrons de même que Pf est perpendiculaire sur fM' : donc la corde des contacts MM' passe par le point f et elle est perpendiculaire sur Pf.

De là résulte le lieu géométrique qui fait l'objet du corollaire III du théorème V.

THÉORÈME VII

Le lieu géométrique des points d'un plan dont le rapport des distances à un point et à une droite fixes de ce plan a une valeur donnée moindre que l'unité, est une ellipse qui a pour foyer et directrice voisine le point et la droite fixes.

Soit f et XY le point et la droite donnés (fig. 501); soit $\frac{m}{n}$ le rapport moindre que l'unité des distances d'un point du lieu au point f et à XY.

Nous déterminons sur la perpendiculaire fD, abaissée de f sur XY, les points conjugués A et A' tels que :

$$\frac{Af}{AD} = \frac{A'f}{A'D} = \frac{m}{n},$$

et nous construisons l'ellipse ayant pour grand axe AA' et pour

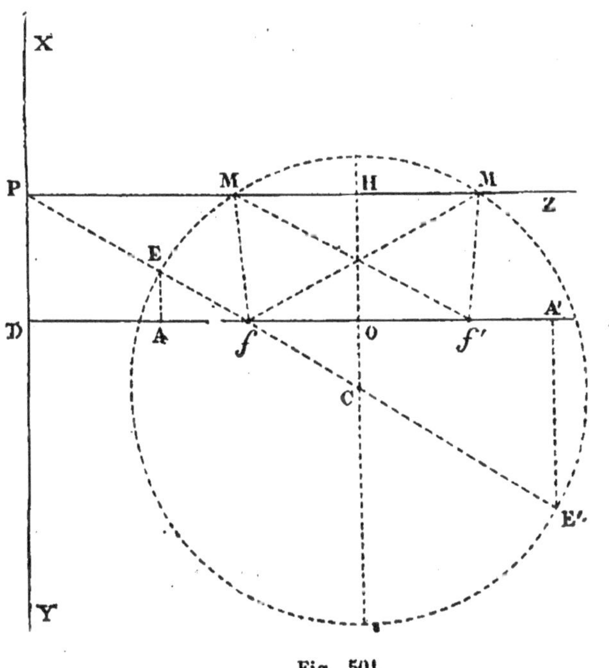

Fig. 501.

foyers f et f' (tel que $A'f' = Af$). Dans cette ellipse la droite XY est la directrice voisine du foyer f, car le centre O de cette ellipse étant le milieu de AA', la division harmonique DAfA', donne :

$$\overline{OA'}^2 = Of \times OD.$$

Donc déjà tous les points de cette ellipse sont des points du lieu, car pour un point A de cette ligne le rapport $\frac{Af}{AD}$ étant égal à $\frac{m}{n}$, il en est de même pour tous les autres points (th. VI).

Réciproquement, prouvons que tout point du lieu est sur cette ellipse : à cet effet, cherchons les points du lieu situés sur une perpendiculaire ZP arbitraire à XY. Soit M un de ces points; nous devons avoir :

$$\frac{Mf}{MP} = \frac{m}{n}.$$

Traçons la droite Pf qui est rencontrée aux points E et E′ par les parallèles à XY menées par A et A′; on a :

$$\frac{Ef}{EP} = \frac{E'f}{E'P} = \frac{Af}{AD} = \frac{m}{n}.$$

Donc le point M, et tout point de Z répondant à la question, est situé sur la circonférence décrite sur EE′ comme diamètre.

Nous obtenons ainsi deux points M et M′, symétriques par rapport à la parallèle OH à XY qui passe par le milieu C de EE′; il en résulte que l'on a :

$$Mf + Mf' = Mf + fM',$$

il reste donc à prouver la relation :

$$Mf + fM' = AA'.$$

Or on a :

$$Mf = \frac{m}{n} . MP,$$

et :

$$M'f = \frac{m}{n} . M'P,$$

donc :

$$Mf + M'f = \frac{m}{n} (MP + M'P).$$

Or, H étant le milieu de MM′, on a :

$$MP + M'P = 2OD = 2\frac{a^2}{c},$$

d'ailleurs,

$$\frac{m}{n} = \frac{c}{a},$$

donc

$$Mf + M'f = \frac{c}{a} \times 2\frac{a^2}{c},$$

ou :

$$Mf + M'f = AA'.$$

Donc enfin, le lieu géométrique des points du plan dont le rapport des distances au point f et à la droite XY fixes égale $\frac{m}{n} < 1$, est une ellipse ayant pour foyer le point fixe, pour directrice voisine la droite XY. L'excentricité de cette ellipse est $\frac{m}{n}$.

*PROBLÈME V

Trouver l'équation d'une ellipse en prenant comme axes de coordonnées les axes de symétrie de la courbe.

Nous rappelons, ce qui a été dit dans le *Cours d'algèbre*, que l'*équation d'une ligne est la relation à laquelle satisfont les coordonnées d'un point quelconque de cette ligne, et réciproquement.*

Soit M un point arbitraire d'une ellipse (fig. 502) dont les deux

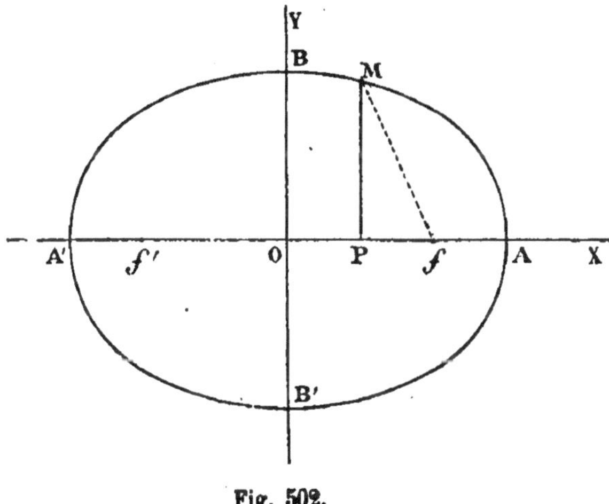

Fig. 502.

axes de symétrie sont AA', BB' et les foyers f et f' : abaissons MP perpendiculaire sur OX.

Nous avons trouvé, théorème VI, les expressions des rayons vecteurs Mf, Mf' en fonction de l'abscisse du point M; ainsi :

$$Mf = a - \frac{cx}{a},$$

par suite, dans le triangle MPf, on aura :

$$\left(a - \frac{cx}{a}\right)^2 = y^2 + (c - x)^2,$$

et cette relation est vraie, quelle que soit la position du point M; c'est donc l'équation de la courbe, que l'on peut d'ailleurs mettre sous une forme plus commode en développant les calculs indiqués :

$$a^4 - 2a^2cx + c^2x^2 = a^2y^2 + a^2c^2 + a^2x^2 - 2a^2cx,$$

ou :

$$\frac{x^2}{a^2} + \frac{y^2}{b^2} - 1 = 0.$$

Corollaire. — On peut en déduire l'équation du cercle. En effet, l'ellipse devient un cercle quand ses deux axes deviennent égaux. Il suffit donc de faire : $a = b = R$. On obtient alors :

$$x^2 + y^2 - R^2 = 0.$$

Ce résultat est d'ailleurs évident sur la figure 503 :

$$\overline{MP}^2 + \overline{OP}^2 = R^2.$$

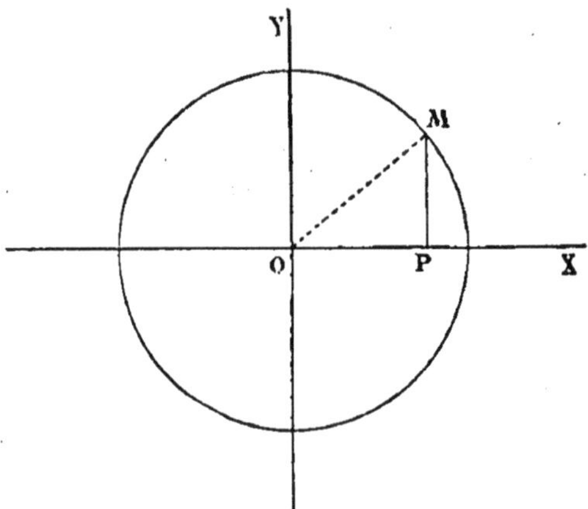

Fig. 503.

§ III. — ELLIPSE CONSIDÉRÉE COMME PROJECTION DU CERCLE

THÉORÈME VIII

La projection d'une circonférence sur un plan est une ellipse ayant pour axes les projections des diamètres rectangulaires du cercle dont l'un est parallèle au plan de projection.

Nous remarquons d'abord que les projections d'une figure sur des plans parallèles étant égales, nous pouvons supposer le centre de la circonférence dans le plan de projection. Soit la circonférence dans le plan de la figure 504, et soit AA′ le diamètre suivant lequel le plan de projection coupe le plan du cercle ; soit BOB′ la projection du diamètre $B_1OB'_1$ perpendiculaire à AA′ : nous aurons la projection M d'un point M_1 quelconque de la circonférence en construisant le triangle M_1PM dont les côtés sont respectivement parallèles aux côtés du triangle B_1OB. Le lieu géométrique des points M sera la projection de la circonférence. Nous déterminons les points f et f' comme intersections de AA′ avec la circonférence de centre B et de rayon OA :

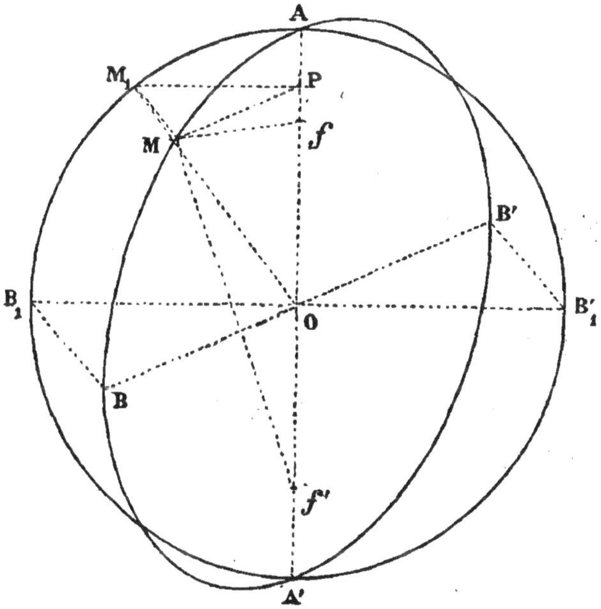

Fig. 504.

en représentant par a le rayon de la circonférence considérée, par b et c les longueurs OB, $Of = BB_1$, nous aurons la relation :

$$(1) \qquad a^2 = b^2 + c^2$$

dans le triangle rectangle BOf ou B_1OB.

Représentons par x la quantité algébrique dont la valeur absolue est OP, et qui est positive ou négative suivant que le point P est sur OA ou sur OA′, et par y la distance MP ; les triangles rectangles MfP et $Mf'P$ donnent :

$$(2) \qquad \overline{Mf}^2 = y^2 + (x - c)^2,$$

$$(3) \qquad \overline{Mf'}^2 = y^2 + (x + c)^2,$$

et ces valeurs sont générales. Nous les transformons de la façon suivante : les triangles semblables M_1MP, B_1BO donnent :

$$\frac{MP}{BO} = \frac{M_1P}{B_1O},$$

d'où :

$$y^2 = \frac{b^2 \times \overline{M_1P}^2}{a^2},$$

or, dans le triangle rectangle M_1OP, on a :

$$\overline{M_1P}^2 = a^2 - x^2,$$

donc :

$$y^2 = \frac{b^2(a^2 - x^2)}{a^2},$$

ou :

$$y^2 = b^2 - \frac{b^2x^2}{a^2}.$$

En remplaçant dans (2), nous aurons :

$$\overline{Mf}^2 = b^2 - \frac{b^2x^2}{a^2} + x^2 - 2cx + c^2;$$

ce qui peut s'écrire :

$$\overline{Mf}^2 = b^2 + c^2 - 2cx + x^2\left(1 - \frac{b^2}{a^2}\right),$$

et, à cause de (1) :

$$\overline{Mf}^2 = a^2 - 2cx + \frac{c^2x^2}{a^2},$$

donc :

$$\overline{Mf}^2 = \left(a - \frac{cx}{a}\right)^2.$$

Or, Mf est une valeur absolue et $\left(a - \frac{cx}{a}\right)$ est toujours positif, puisque la valeur absolue maximum de x est a, donc :

$$Mf = a - \frac{cx}{a}.$$

Par les mêmes transformations, on tirera de (3) :

$$Mf' = a + \frac{cx}{a}.$$

Par suite :

$$Mf + Mf' = 2a.$$

Donc le lieu du point M est l'ellipse qui a pour grand axe et petit axe :

AA' et BB'.

Corollaire I. — *Une ellipse donnée est la projection de son cercle principal dont le plan a tourné autour du grand axe d'un angle dont le cosinus est* $\frac{b}{a}$.

Soit, en effet (fig. 505), l'ellipse ayant pour axes AA' et BB'; construisons le triangle rectangle OBC qui a pour hypoténuse a et pour un des côtés de l'angle droit b. En faisant tourner le plan du cercle principal autour de AA' de l'angle θ, les points B_1 et B'_1 auront pour projections B et B' sur le plan de l'ellipse et, par suite, l'ellipse projection du cercle placé ainsi, coïncidera avec l'ellipse considérée car les axes des deux courbes coïncident.

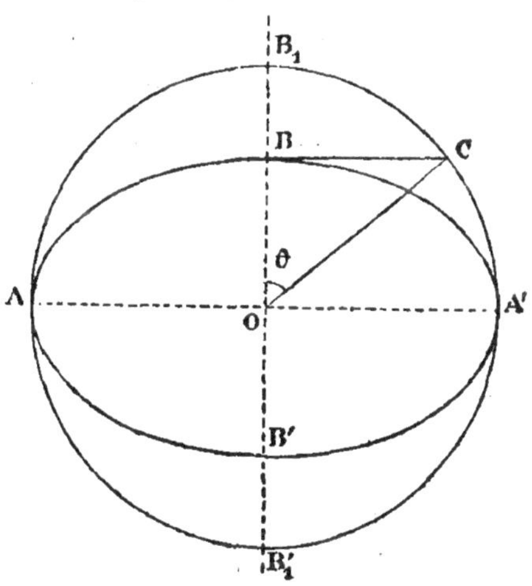

Fig. 505.

Corollaire II. — *Si l'on diminue, ou si l'on amplifie dans le même rapport les ordonnées d'un cercle, on obtient une ellipse.* En effet, on désigne par *ordonnées* d'un cercle les distances des points du cercle à un même diamètre : soit AA' (fig. 506) un diamètre du cercle $ABA'B_1$ et MP l'ordonnée du point arbitraire M ; prenons le point M' tel que :

$$\frac{M'P}{MP} = k \ (k < 1),$$

le lieu du point M' sera l'ellipse de grand axe AA' et dont le petit axe $B'B'_1$ sera tel que :

$$\frac{B'O}{BO} = k.$$

En effet, en faisant tourner le plan du cercle autour de AA' de l'angle COB', le point M se projettera en M', et la courbe, lieu de M', sera la projection du cercle.

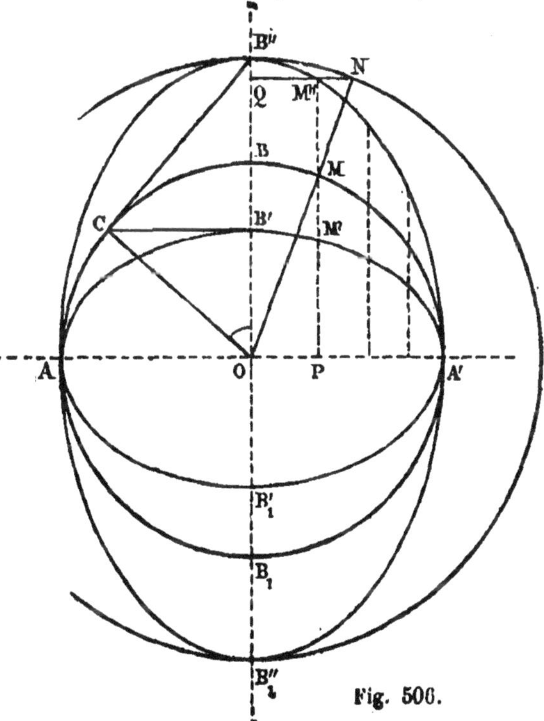

Fig. 506.

En second lieu, soit le point M'' tel que $\frac{OB''}{OB} = \frac{M''P}{MP} = k$ $(k' > 1)$ nous traçons la circonférence de rayon OB'', qui est rencontrée en N par la perpendiculaire $M''Q$ à OB'' : les triangles rectangles OQN, OPM sont semblables, car la proportion donnée s'écrit : $\frac{ON}{OM} = \frac{QO}{MP}$. Nous en concluons d'abord que les points O, M, N sont en ligne droite, et qu'en second lieu on a : $\frac{M''Q}{NQ} = \frac{OM}{ON} = \frac{1}{k'}$ puisque $QM'' = OP$.

Donc le lieu du point M'' est l'ellipse qui a pour axes $B''B''_1$ et AA'. Si l'on suppose que k croisse d'une manière continue de zéro à $+\infty$, la ligne lieu du point M sera d'abord la droite AA', deviendra une ellipse dont le petit axe croîtra ; puis elle se confondra avec le cercle pour $k = 1$, et à partir de ce moment son petit axe sera AA'.

Remarque. — Il résulte de là un nouveau moyen de construire une ellipse par points : en effet, décrivons (fig. 507) les circonférences concentriques ayant pour diamètres les deux axes donnés de l'el-

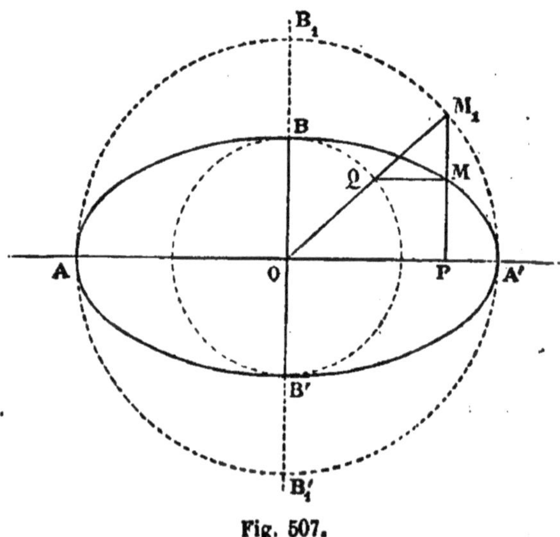

Fig. 507.

lipse : traçons une ordonnée arbitraire M_1P du cercle principal, il s'agit de réduire cette ordonnée dans le rapport $\frac{b}{a}$: on y arrive, par exemple, en menant par le point Q, où le rayon OM_1 rencontre l'autre circonférence, la parallèle QM à AA', on a en effet :

$$\frac{MP}{M_1P} = \frac{OQ}{OM_1} = \frac{b}{a}.$$

On peut encore obtenir le point M en remarquant que les droites BM et B_1M_1 rencontrent AA′ au même point.

* THÉORÈME IX

Lorsqu'une droite se déplace de façon que deux de ses points parcourent deux droites perpendiculaires entre elles, l'un quelconque des points de cette droite décrit une ellipse dont les axes sont dirigés suivant les droites fixes.

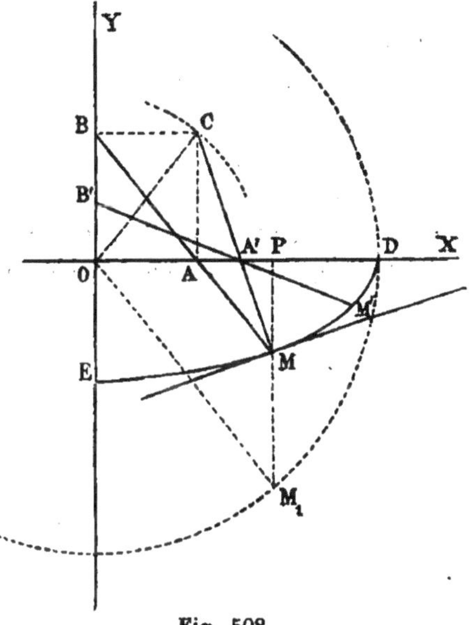

Fig. 508.

Soit A et B (fig. 508) des points dont la distance est constante, et qui se déplacent sur les deux droites rectangulaires OX, OY : soit M un point de la droite AB qui est à des distances invariables des points A et B ; nous menons la perpendiculaire MP à OX, et nous traçons OM_1 parallèle à AB ; OM_1 sera de même longueur que BM : donc le point M_1 décrit une circonférence de centre O pendant le mouvement de AB : or,

$$\frac{MP}{M_1P}=\frac{MA}{OM_1}=\frac{MA}{MB};$$

donc (coroll. II, th. VIII), le point M décrit l'ellipse qui a pour axes OD = MB et OE = MA. Le lieu devient une circonférence quand le point M est au milieu de AB.

Remarque I. — La normale au point M de la courbe que décrit ce point passe par le point C de rencontre des perpendiculaires élevées par les points A et B aux droites OX, OY.

Si nous considérons, en effet, une autre position B′A′M′ (fig. 508) de la droite mobile, on peut amener la droite de la première position à la seconde en la faisant tourner d'un angle convenable, autour du point C′ de rencontre des perpendiculaires élevées au milieu de AA′ et de BB′, par lequel passe la perpendiculaire au milieu de la corde

MM'. Si donc nous considérons la seconde position comme infiniment voisine de la première, le point C' tendra vers la position C, et MM' qui tend à devenir tangente à l'ellipse au point M, tendra à devenir perpendiculaire à MC, qui est donc bien la normale en M.

Ainsi, lorsque les points A et B glissent sur OX et OY, chacun des points de la droite indéfinie AB parcourt une ellipse, et les normales à toutes ces lignes aux points appartenant à une même position de la droite mobile, passent par un même point. Le lieu de ce point est la circonférence de centre O et de rayon égal à AB.

Remarque II. — On construit un instrument fondé sur la propriété qui fait l'objet du théorème IX, servant à tracer une ellipse dont les axes sont donnés : on l'appelle *compas elliptique.*

Corollaire I. — *Lorsqu'une droite se déplace de façon que deux de ses points parcourent deux droites fixes, l'un quelconque des points de cette ligne décrit une ellipse.*

Soit M (fig. 509) un point quelconque de la droite mobile AB, dont

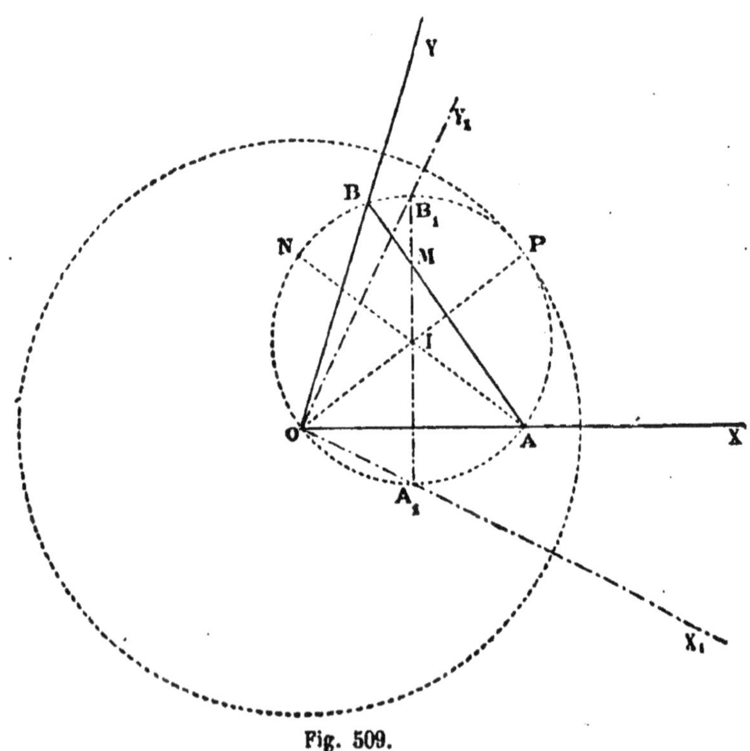

Fig. 509.

ses points A et B glissent sur les droites arbitraires OX, OY. Nous remarquons que la circonférence I, circonscrite au triangle variable

AOB, a un diamètre constant, car le triangle rectangle ANB a le côté AB constant, ainsi que l'angle opposé ANB égal à XOY. Cette circonférence restera donc toujours tangente à la circonférence de centre O et de rayon double. D'ailleurs en faisant rouler la première circonférence dans la seconde, on sait (livre II) que les points A et B vont parcourir les droites OX, OY ; donc on peut remplacer le mouvement de la droite AB par le roulement de la circonférence I sur la circonférence de rayon double et dont le centre est en O.

Traçons alors le diamètre A_1B_1 qui passe par le point M : les extrémités A_1 et B_1 glisseront sur les droites rectangulaires OX_1, OY_1, et le point M décrira l'ellipse dont les axes dirigés suivant OX_1 et OY_1 auront pour longueurs A_1M et B_1M.

Les normales aux différentes courbes décrites par les points de AB, passent par le point P qui se déplace sur la circonférence de centre O.

Corollaire II. — *Lorsqu'un plan glisse sur un deuxième plan, de façon que deux de ses points parcourent deux droites*

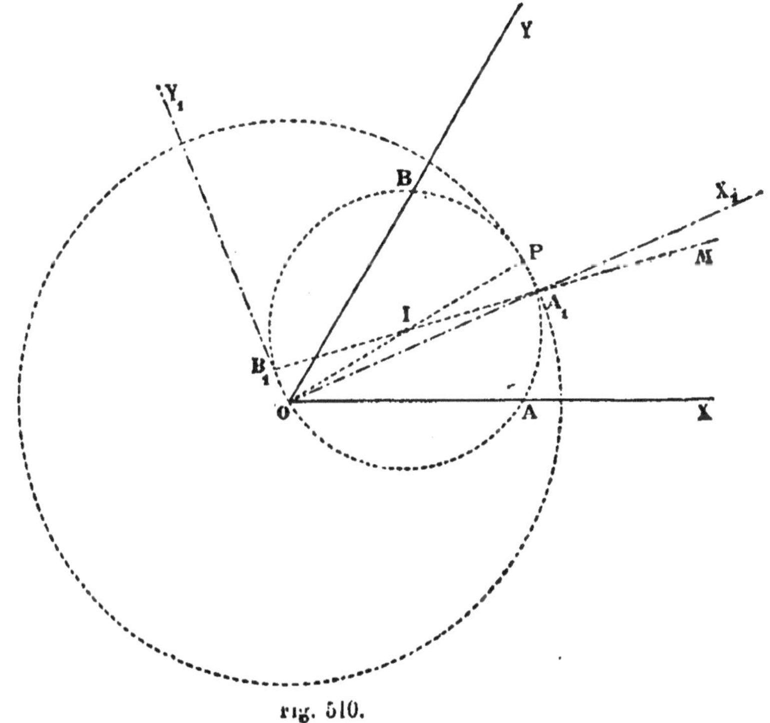

Fig. 510.

fixes de ce plan, un point quelconque du plan mobile décrit une ellipse.

Soit M (fig. 510) un point quelconque du plan mobile dont les points A et B glissent sur les droites fixes OX, OY : nous remarquons, comme ci-dessus, que le mouvement du plan est obtenu par le roulement de la circonférence I, circonscrite au triangle AOB, dans la circonférence de rayon double et de centre O; nous traçons le diamètre MA_1IB_1 passant par le point M, auquel ce point est invariablement lié, et nous voyons que le point M décrit une ellipse dont les axes, dirigés suivant OX_1 et OY_1, ont pour longueurs MB_1 et MA_1.

Par des considérations déjà indiquées, on aura aisément la normale, et par suite la tangente, à la courbe que décrit chaque point du plan mobile.

Corollaire III. — *Lorsqu'une droite se déplace de façon que deux de ses points glissent sur deux droites fixes placées d'une façon quelconque dans l'espace, chacun de ses points décrit une ellipse.*

En effet, le point M (fig. 511) se trouve toujours dans le plan pa-

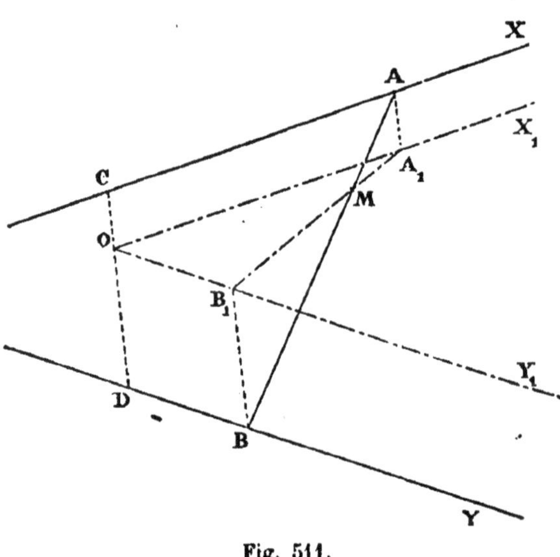

Fig. 511.

rallèle aux deux droites passant par le point O de la perpendiculaire commune CD, tel que :

$$\frac{OC}{OD} = \frac{MA}{MB}.$$

Projetons X, Y et AB sur ce plan en X_1, Y_1, A_1B_1; chacune des longueurs MA_1, MB_1 reste constante, parce que chacun des triangles rectangles MAA_1 et MBB_1 a deux côtés constants : donc le déplacement du point M est obtenu par le mouvement de la droite A_1B_1, dont les deux points A_1 et B_1 glissent sur X_1 et Y_1, d'où il suit que le point M décrit une ellipse.

* PROBLÈME VI

Trouver les points communs à une droite et à une ellipse non tracés dont les éléments sont donnés.

Soit xy (fig. 512) la droite dont on cherche les points de rencontre avec l'ellipse ayant pour axes AA', BB'. Considérons cette

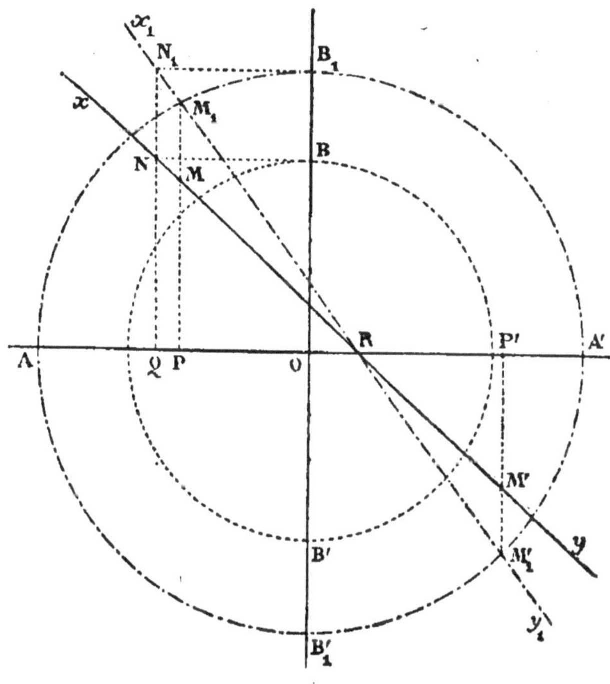

Fig. 512.

ellipse comme projection de son cercle principal, et cherchons le rabattement sur le plan de la figure, de la droite du plan du cercle qui a pour projection xy. Le point R est déjà commun à la projection, à la droite et à son rabattement, puisque AA' est la trace du plan du cercle sur le plan de l'ellipse, et aussi l'axe du rabattement; pour avoir un second point, nous menons BN et B_1N_1 parallèles à AA', et nous prenons le point N_1 où cette dernière parallèle est rencontrée par la perpendiculaire NQ à AA′ ; N_1 est le rabattement du point projeté en N, car :

$$\frac{NQ}{N_1Q} = \frac{b}{a}.$$

Donc, RN_1 est la droite cherchée ; elle rencontre le rabattement du cercle principal aux points M_1,M'_1, qui étant les rabattements des points dont nous cherchons les projections, donnent les points M et M′ de rencontre de la droite xy et de l'ellipse.

*PROBLÈME VII

Tracer par un point donné une tangente à une ellipse donnée.

On résout ce problème en remarquant que la projection d'une tangente à une courbe est tangente à la projection de cette courbe.

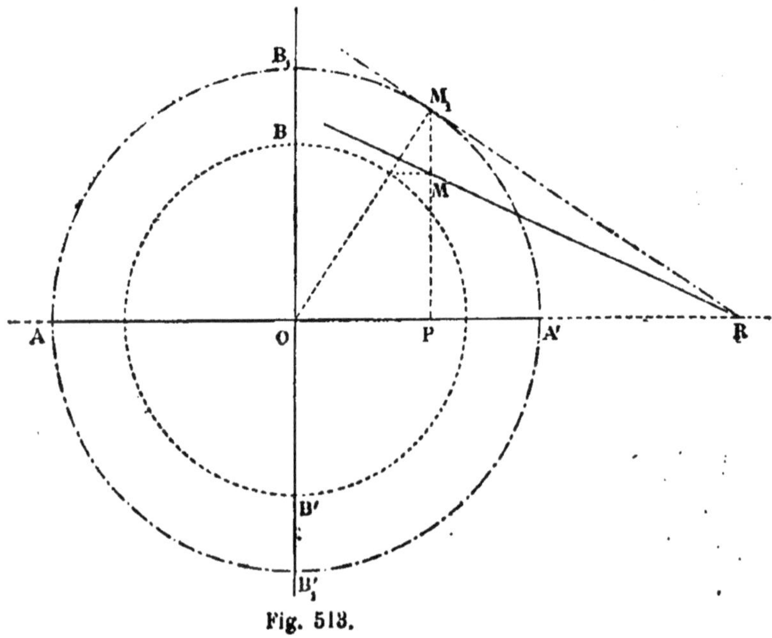

Fig. 513.

1° *Le point* M *est donné sur la courbe* (fig. 513) : nous prenons le point correspondant M_1 du cercle principal, et nous menons la tangente M_1R en ce point ; la tangente au point M est la projection de la droite du plan du cercle rabattue en M_1R, donc c'est MR.

2° *Le point* M *donné est quelconque* (fig. 514). Nous cherchons d'abord le point correspondant M_1 du cercle principal, et nous menons de ce point les tangentes M_1N_1 et M_1N_1' au cercle principal. Ces droites sont les rabattements des droites du plan du cercle qui se projettent suivant les tangentes cherchées à l'ellipse.

Les points de contact N et N' s'obtiennent aisément.

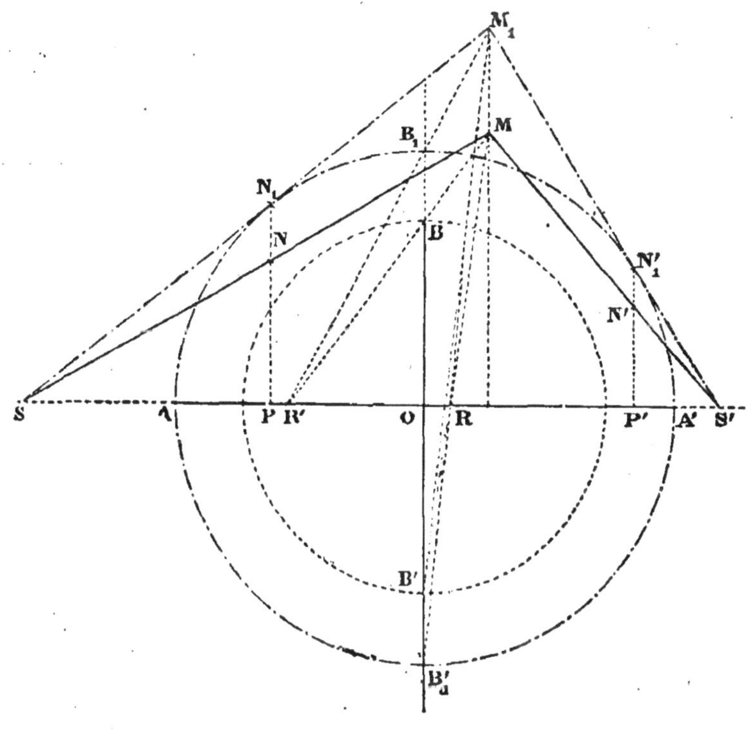

Fig. 514.

La condition de possibilité est évidente : il faut et il suffit que le point M_1 ne soit pas intérieur au cercle principal, et par suite, que le point M ne soit pas intérieur à l'ellipse.

Remarque I. — On construirait de la même façon les tangentes à une ellipse parallèles à une direction donnée.

Remarque II. — Les propriétés de la circonférence conduisent dans beaucoup de cas à des propriétés importantes de l'ellipse, en considérant cette courbe comme projection de son cercle principal. Nous allons en indiquer quelques exemples.

* THÉORÈME X

I. *Le lieu géométrique des milieux des cordes d'une ellipse parallèles à une direction* Y *est une droite* X, *qui s'appelle le* DIAMÈTRE DES CORDES PARALLÈLES *à* Y.

Le diamètre des cordes parallèles à **X** *est parallèle à* Y. *Les directions* X *et* Y *sont dites* CONJUGUÉES *par rapport à l'ellipse.*

II. *Le lieu géométrique des points conjugués d'un point fixe sur les cordes interceptées par l'ellipse sur les sécantes issues de ce point fixe, est une droite appelée* POLAIRE *du point fixe.*

La polaire a une direction conjuguée de la direction du diamètre qui passe par le PÔLE.

III. *Les pôles de plusieurs droites concourantes, par rapport à une ellipse, sont situés sur la polaire du point de concours.*

Réciproquement, quand un point parcourt une droite, sa polaire par rapport à une ellipse pivote autour du pôle de cette droite.

Les démonstrations de ces propriétés sont évidentes en partant des mêmes propriétés relatives à la circonférence.

* THÉORÈME XI

I. *Si l'on considère un hexagone inscrit dans une ellipse, et qu'on numérote ses côtés de* 1 *à* 6 *en parcourant le contour dans le même sens, les points de concours des côtés* 1,4, 2,5, 3,6, *sont en ligne droite.*

II. *Si un hexagone est circonscrit à une ellipse, et qu'on numérote les sommets de* 1 *à* 6 *en parcourant les côtés dans le même sens, les droites* 1,4, 2,5, 3,6, *sont concourantes.*

On peut déduire ces propriétés de celles que nous avons démontrées dans le troisième livre; on peut aussi les prouver directement en s'appuyant sur le théorème X.

Remarque I. — On démontre d'ailleurs que les courbes hyperbole, parabole, ont aussi les mêmes propriétés par des procédés que nous ne pouvons indiquer.

Remarque II. — Les réciproques des deux parties du théorème XI sont vraies.

Si les points de concours des côtés opposés d'un hexagone sont en ligne droite, ses sommets sont situés sur une des trois courbes ellipse, hyperbole, parabole. — Et, si les diagonales qui joignent les sommets opposés d'un hexagone sont concourantes, ce polygone est circonscrit à l'une de ces trois courbes.

Il résulte de là le moyen de construire par points une ellipse, ou une hyperbole, quand on connaît cinq points de cette ligne, ou cinq tangentes.

Pour la parabole, il suffit de quatre points ou de quatre tangentes.

Remarque III. — Des propriétés contenues dans le théorème XI on déduit des propriétés importantes relatives au pentagone, au quadrilatère, au triangle, ainsi que nous l'avons indiqué dans le troisième livre.

§ IV. — PROPRIÉTÉS FONDAMENTALES DE L'HYPERBOLE (1)

Définition. — *On appelle* HYPERBOLE *le lieu géométrique des points d'un plan tels que la différence des distances de chacun d'eux à deux points fixes de ce plan ait une valeur donnée.*

Les deux points fixes s'appellent les *foyers* de l'hyperbole.

Nous représentons par $2a$ la différence constante des rayons vecteurs d'un point de la courbe, et par $2c$ la distance focale.

PROBLÈME VIII

Tracer une hyperbole dont les foyers sont donnés ainsi que la constante 2a.

1° *Tracé par points.* — Soit f et f' les deux foyers donnés (fig. 515) : nous remarquons d'abord que si $2a > 2c$ il ne peut y avoir aucun point du lieu : si $2a = 2c$ le lieu géométrique est la droite XX′, sauf la partie comprise entre f et f'; nous devons donc supposer :

$$2a < 2c.$$

Nous portons à partir du point O milieu de ff' : $OA = OA' = a$, et nous obtenons ainsi les deux seuls points du lieu situés sur la direction ff'.

Nous prenons un point P arbitraire sur cette direction, mais extérieur au segment AA′, et des points f et f' comme centres, avec AP

(1) ὑπὲρ, au delà ; βάλλω, je lance.

et A'P pour rayons, nous décrivons des circonférences. Si ces lignes se rencontrent en M, ce point appartiendra à l'hyperbole, car :

$$Mf' - Mf = PA' - PA = 2a.$$

Discussion. — Voyons à quelle condition ces circonférences se

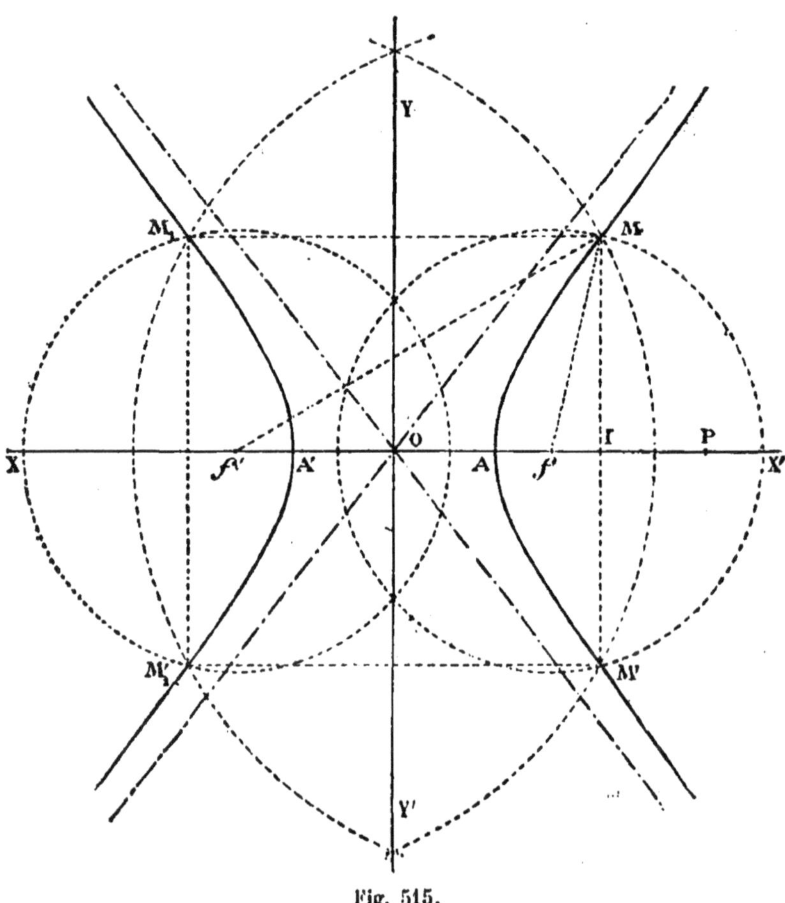

Fig. 515.

couperont ; les centres étant f et f', il faut et il suffit que le triangle Mff' existe, et comme ses côtés sont : PA, PA', et $2c$, il faut et il suffit que l'on ait :

(1) $$PA + PA' > 2c,$$
(2) $$PA + 2c > PA',$$
(3) $$PA' + 2c > PA.$$

Or, les inégalités (2) et (3) sont toujours vraies, car la différence entre PA et PA′ égale $2a$ qui est moindre que $2c$. Pour interpréter la première, nous remarquons qu'elle peut s'écrire :

$$OP - a + OP + a > 2c,$$

ou :

$$OP > c.$$

Donc, il faut et il suffit que le point P ne soit pas situé entre f et f'.

En faisant varier la position du point P sur XX′ à partir des points f et f' on obtiendra autant de points de la courbe que l'on voudra.

Corollaire I. — Les deux points communs M, M′ aux deux circonférences auxiliaires étant symétriques l'un de l'autre par rapport à la ligne des centres ff', *l'hyperbole admet cette droite pour axe de symétrie : on l'appelle l'*AXE FOCAL OU TRANSVERSE ; *les points* A *et* A′ *sont les sommets de la courbe.*

Corollaire II. — Si, en conservant les mêmes rayons, on échange les centres des circonférences auxiliaires, on obtiendra les deux nouveaux points M_1, M'_1 de l'hyperbole, qui seront respectivement symétriques des points M et M′ par rapport à la perpendiculaire YY′ au milieu O de ff' : *cette droite est donc un second axe de symétrie de la courbe; on l'appelle* AXE NON TRANSVERSE OU IMAGINAIRE.

Corollaire III. — *Le point* O *de rencontre des deux axes de symétrie de l'hyperbole est un* CENTRE *de la courbe.*

En effet, à tout point M de la courbe correspondent trois autres points M', M_1, M'_1 par raison de symétrie; et ces quatre points sont les sommets d'un rectangle dont le point O est le centre; donc le point O est au milieu de la portion de droite MM'_1 : donc, toute corde de l'hyperbole passant par le point O se trouve partagée en ce point en deux parties égales.

Corollaire IV. — *La courbe se compose de deux branches distinctes illimitées.*

D'abord la distance du point P aux points f et f' pouvant être aussi grande qu'on le veut, la courbe a des points à l'infini; en second lieu, le triangle Mff' dont MO est une médiane, donne :

$$\overline{Mf'}^2 - \overline{Mf}^2 = 4\,OI \times c,$$

ou :

$$\overline{PA'}^2 - \overline{PA}^2 = 4c \times OI;$$

ce qui peut s'écrire :

$$(PA' - PA)(PA' + PA) = 4c \times OI;$$

mais :

$$PA' - PA = 2a \qquad \text{et} \qquad PA' + PA = 2OP,$$

donc :

$$OI = \frac{a}{c} \times OP.$$

Or, le minimum de OP est c, donc le minimum de OI est a; autrement dit, il n'y a pas de points de la courbe entre les deux parallèles à YY′ menées par les sommets A et A′.

L'axe YY′ ne rencontre pas la courbe, d'où le nom d'axe imaginaire.

2° *Tracé de la courbe d'un mouvement continu.* — Nous fixons les extrémités d'un cordeau, l'une au foyer f, l'autre à l'extrémité C d'une règle pouvant pivoter autour de l'autre foyer f' (fig. 516), et nous tendons le cordeau à l'aide d'un piquet dont la

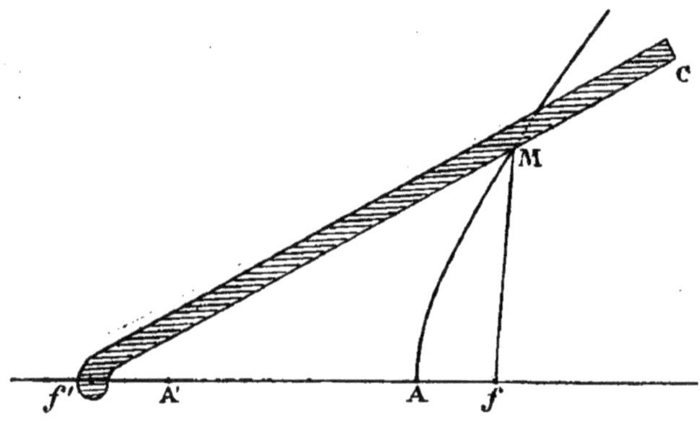

Fig. 516.

pointe appuyée sur la règle en M décrit un arc de l'hyperbole : la constante $2a$ de cette courbe est la différence entre les longueurs de f'C et du cordeau. On a en effet :

$$Mf' - Mf = f'C - (CM + Mf).$$

Remarque. — Ce procédé ne peut être d'aucun secours dans le tracé graphique d'une hyperbole sur le papier.

THÉORÈME XII

La différence des rayons vecteurs d'un point du plan d'une hyperbole est plus grande ou plus petite que 2a, suivant que le point est intérieur à l'une des deux branches ou compris entre ces branches.

1° Soit le point M (fig. 517) dans la région du plan comprise dans la branche de droite : on le dit *intérieur à la courbe;* en tra-

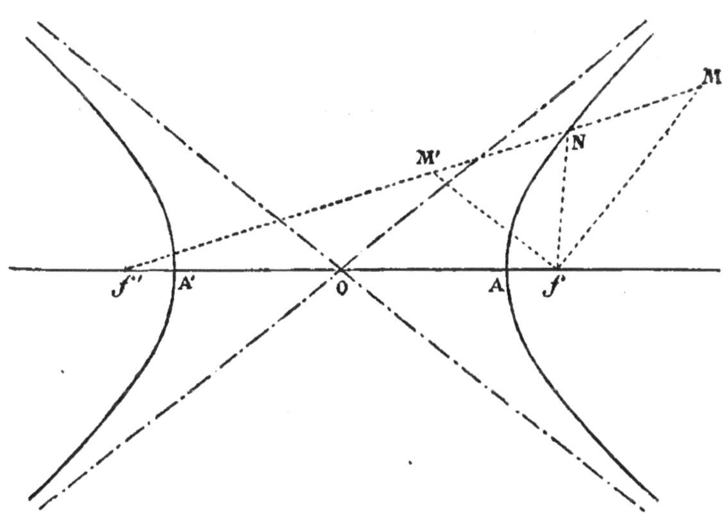

Fig. 517.

çant $f'M$, cette droite sera rencontrée par la branche de droite en un point N situé entre f' et M; or on a :

$$Mf - MN < Nf;$$

en retranchant ces deux quantités inégales de Nf', nous obtiendrons :

$$Nf' + MN - Mf > Nf' - Nf.$$

ou :

$$Mf' - Mf > 2a.$$

2° Soit M' (fig. 517) situé dans la région du plan compris entre les deux branches : on le dit *extérieur à la courbe :* on a :

$$M'N + M'f > Nf;$$

en retranchant ces quantités inégales de Nf', on obtiendra :

$$Nf' - M'N - M'f < Nf' - Nf,$$

ou :

$$M'f' - M'f < 2a.$$

Remarque. — Il en résulte que l'on prouvera qu'un point est intérieur ou extérieur à l'hyperbole, en prouvant que la différence de ses rayons vecteurs est plus grande ou plus petite que $2a$.

THÉORÈME XIII

Le lieu géométrique des points d'un plan situés à égale distance d'une circonférence et d'un point extérieur est une branche d'hyperbole.

Soit en effet M (fig. 518) un point du lieu, également distant de la circonférence $f'D$ et du point extérieur f. Traçons $f'M$ qui rencontre

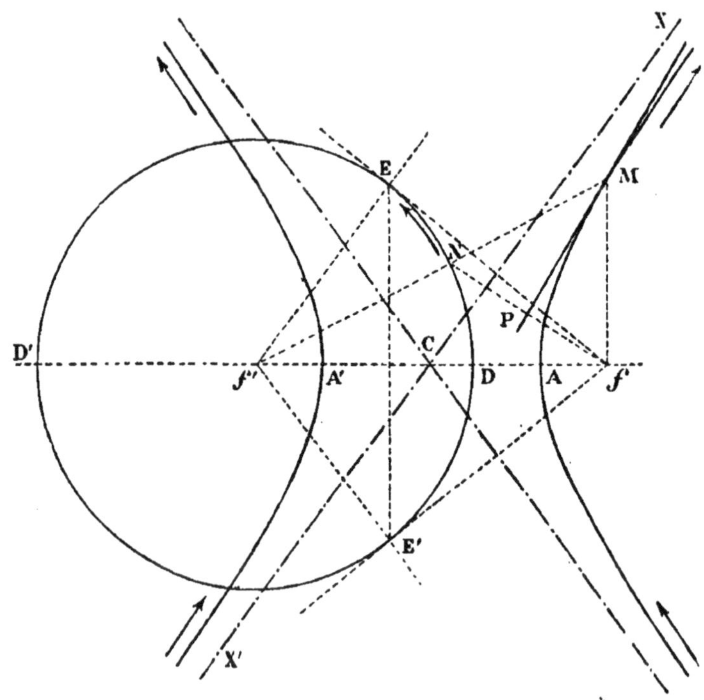

Fig. 518.

la circonférence en N, de sorte que la distance du point M à la circonférence est MN; on doit avoir :

$$Mf = MN;$$

donc :

$$Mf' - Mf = R.$$

Les points du lieu sont donc sur l'hyperbole ayant pour foyers f' et f, et dans laquelle la constante $2a$ égale R.

Réciproquement, tout point M de la branche d'hyperbole qui entoure le point f est un point du lieu, parce que:

$$Mf' - Mf = f'N.$$

et que, par suite :

$$MN = Mf,$$

Remarque I. — La branche qui enveloppe le centre f' est le lieu géométrique des points dont la distance an point f égale la distance *maximum* à la circonférence donnée.

Remarque II. — Pour construire le lieu géométrique par points, nous considérerons le point N mobile sur la circonférence, et nous prendrons l'intersection du rayon f'N avec la perpendiculaire au milieu P de fN.

En supposant, pour fixer les idées, que le point N parte de la position D et se déplace dans le sens de la flèche, le point M partira du point A milieu de Df et parcourra la moitié supérieure de la branche de droite; il sera à l'infini quand N sera au point de contact E de la tangente issue de f; N continuant ce mouvement, le point M décrira la branche de gauche en se dirigeant de X' vers le sommet A', milieu de fD', qu'il atteindra quand N sera en D', et ainsi de suite.

Corollaire I. — *Chaque branche de l'hyperbole est le lieu géométrique des points de son plan également distants du foyer qu'elle entoure et de la circonférence ayant pour centre l'autre foyer, et pour rayon* 2a, *qu'on appelle* CERCLE DIRECTEUR.

L'hyperbole a donc deux cercles directeurs.

Corollaire II. — *Le lieu géométrique des points d'un plan également distants de deux circonférences qui ne sont pas intérieures l'une à l'autre, est une branche de l'hyperbole ayant pour foyers les centres de ces lignes.*

PROBLÈME IX

Trouver les points communs à une droite et à une hyperbole non tracée dont les éléments sont donnés.

Soit la droite XY (fig. 519) dont on cherche les points communs avec l'hyperbole de foyers f, f' et dont l'axe transverse est AA' : soit M un point commun ; en traçant f'M, qui rencontre en N le cercle directeur de centre f', nous savons que :

$$Mf = MN;$$

et en prenant le point G symétrique de f par rapport à XY, nous aurons aussi :

$$MG = Mf;$$

donc, M est le centre de la circonférence passant par les points f, N, G, laquelle est tangente en N au cercle directeur de centre f'. La question revient donc à trouver les centres des circonférences passant par les points connus f et G et tangents au cercle directeur de centre f'. Nous prendrons le point de rencontre Q de fG avec la corde

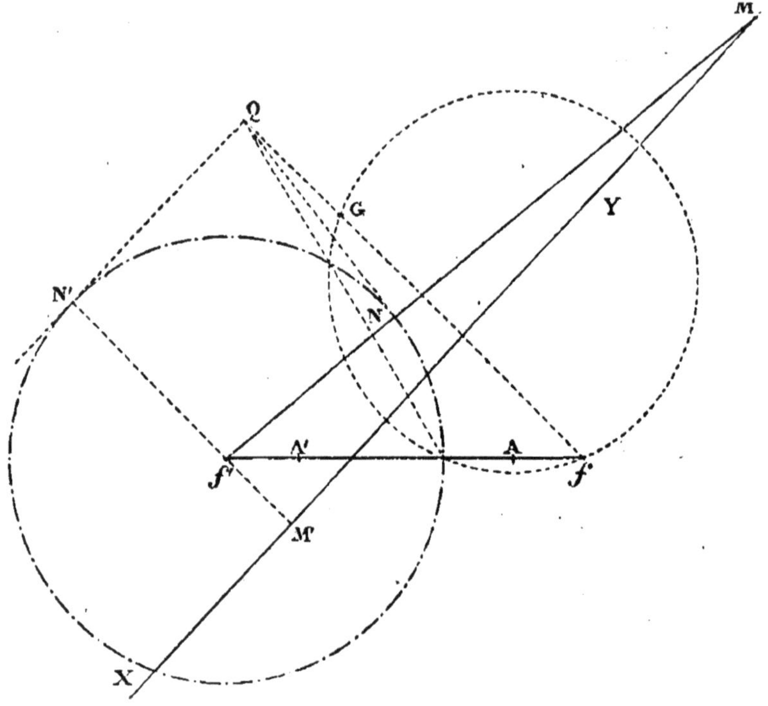

Fig. 519.

commune au cercle directeur et à une circonférence arbitraire passant par les points f et G, et nous mènerons de ce point des tangentes QN, QN' au cercle directeur : les rayons f'N, f'N' iront couper XY aux points cherchés M et M'.

Corollaire. — *Une droite ne peut avoir plus de deux points communs avec une hyperbole.*

THÉORÈME XIV

Le symétrique d'un foyer d'une hyperbole par rapport à une tangente, l'autre foyer, et le point de contact sont en ligne droite.

Soit K (fig. 520) le symétrique du foyer f' par rapport à la tangente MZ au point M de l'hyperbole AA' : nous voulons prouver que les points K, M, f sont en ligne droite.

A cet effet, menons une sécante MN à la même branche (de sorte que les foyers f et f' soient de part et d'autre de cette sécante), prenons le symétrique G du foyer f' par rapport à MN, et prouvons que fG rencontre la sécante en un point P toujours situé entre M et N.

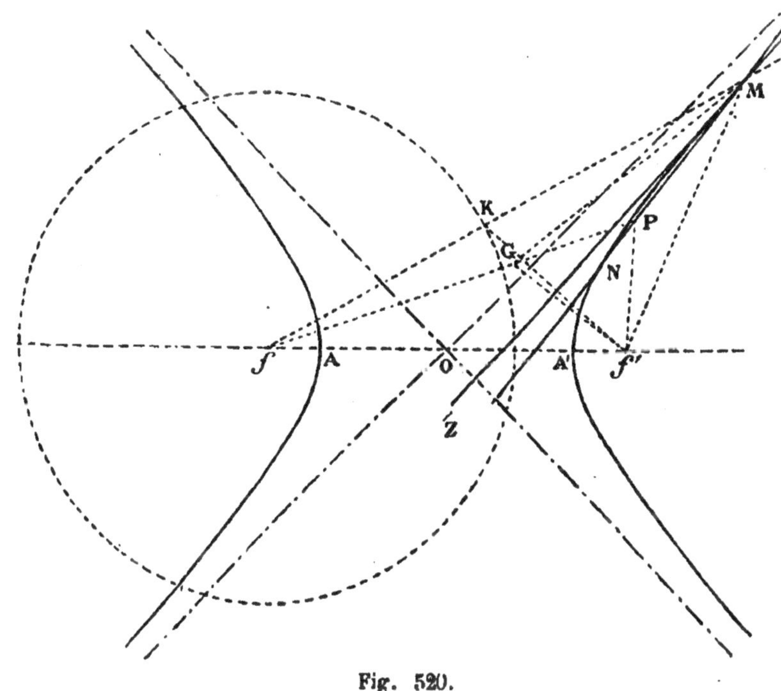

Fig. 520.

comme la droite MN ne peut avoir plus de deux points communs avec l'hyperbole, il suffira de prouver que le point P est intérieur à la courbe ; or ce point ne peut pas se confondre à la fois avec chacun des points M et N : on aura donc, par exemple :

$$fG > Mf - MG,$$

ou :

$$Pf - Pf' > Mf - Mf',$$

car le point G étant situé du même côté de MN que le point f, on a :

$$fG = Pf - PG.$$

Donc enfin :

$$Pf - Pf' > 2a,$$

c'est-à-dire que le point P est intérieur à la courbe (th. XII).

Si donc nous faisons tourner MN autour du point M, de façon à la faire coïncider avec la tangente MZ, le point N viendra se confondre avec le point M, le point G viendra en K, et le point P, toujours compris entre M et N, sera au point M : donc la ligne fK passe par le point M.

Corollaire I. — *La tangente à l'hyperbole est bissectrice de l'angle des rayons vecteurs du point de contact.*

Car MZ (fig. 520) est perpendiculaire sur la base Kf' du triangle isocèle KMf'.

Corollaire II. — *La normale en un point d'une hyperbole est bissectrice de l'angle formé par l'un des rayons vecteurs de ce point et le prolongement de l'autre.*

La tangente et la normale en un point d'une hyperbole partagent harmoniquement la distance focale.

Corollaire III. — *Les tangentes aux sommets de l'axe transverse sont perpendiculaires à cet axe.*

Corollaire IV. — *Le lieu géométrique du point symétrique d'un foyer d'une hyperbole par rapport aux tangentes à cette courbe est le cercle directeur qui a pour centre l'autre foyer.*

Car (fig. 520)

$$fK = 2a,$$

puisque

$$fK = fM - MK = fM - f'M.$$

Corollaire V. — *Les perpendiculaires aux milieux des portions de droites comprises entre une circonférence et un point extérieur enveloppent une hyperbole.*

En se reportant, en effet, à la figure 518, la perpendiculaire MP, bissectrice de l'angle fMf' des rayons vecteurs, est tangente au point M à l'hyperbole lieu de ce point.

THÉORÈME XV

1° *Le lieu géométrique des projections des foyers d'une hyperbole sur les tangentes, est la circonférence décrite sur la distance des sommets de la courbe comme diamètre.*

2° *Le produit des distances des foyers d'une hyperbole à une tangente est constant.*

Ces théorèmes se démontrent comme le théorème IV.

Corollaire. — *La différence des carrés des distances du* *centre d'une hyperbole à une tangente et à sa parallèle menée par un foyer est constante.*

Définition. — Considérons une branche de courbe infinie (fig. 521) et une tangente mobile dont le point de contact parcourt cette

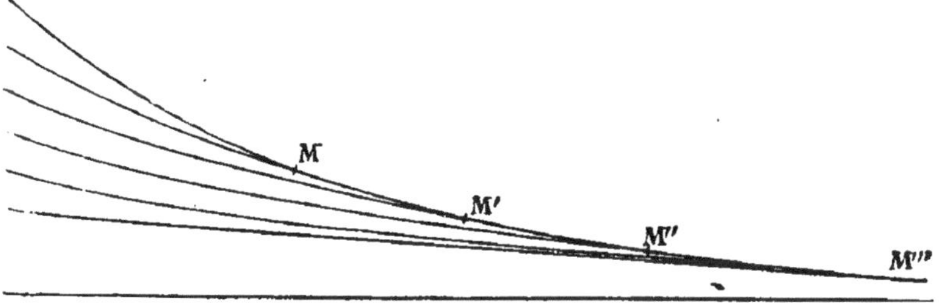

Fig. 521.

branche : s'il arrive que cette tangente tende vers une position limite déterminée, quand le point de contact s'éloigne à l'infini, cette position limite est dite *asymptote* (1) à la branche de courbe considérée.

THÉORÈME XVI

L'hyperbole a deux asymptotes qui sont symétriques par rapport aux axes de la courbe, et dont les distances aux foyers sont :

$$\sqrt{c^2 - a^2}.$$

Considérons le cercle directeur de centre f' (fig. 522), et supposons un point mobile N sur cette circonférence, partant de la position D pour se déplacer dans le sens de la flèche : la courbe sera engendrée par le point M commun au rayon f'N et à la perpendiculaire au milieu P de Nf; et la tangente en ce point M sera PM.

Lorsque le point N arrive en E, point de contact de la tangente issue du foyer f, le point M est rejeté à l'infini, parce que la perpendiculaire QO au milieu de fE est parallèle au rayon f'E, et la tangente PM est venue coïncider avec OX : donc OX est la position limite de la tangente PM quand le point de contact M s'écarte à l'infini sur la branche considérée; OX est donc asymptote à cette

(1) ἀ, privatif; σύν, avec; πίπτω, je touche.

branche ; elle est asymptote aussi à l'autre branche qui est engendrée par le point M quand N parcourt l'arc ED'E'.

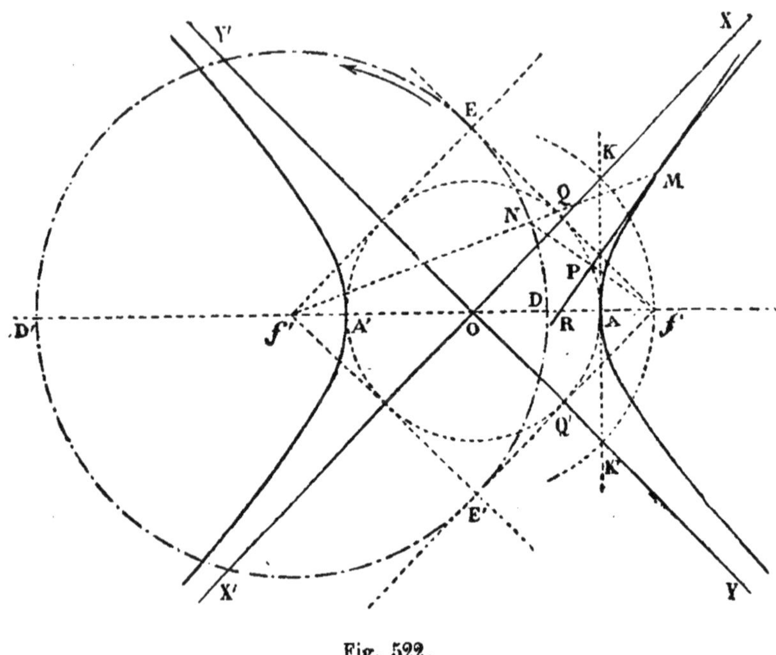

Fig. 522.

Par la symétrie on obtient la seconde asymptote YY'.

Chacune de ces droites est tangente aux deux branches de l'hyperbole, mais les points de contact sont rejetés à l'infini. Ces droites sont symétriques par rapport aux axes de la courbe, et comme OQ est la moitié de f'E, fQ est tangente au cercle de diamètre AA', et la distance fQ égale $\sqrt{c^2 - a^2}$.

Cette propriété permet de construire simplement les asymptotes d'une hyperbole dont les éléments sont donnés. On les obtient encore plus aisément en remarquant qu'elles coupent la perpendiculaire en A à l'axe transverse en des points K et K' tels que :

$$OK = OK' = Of,$$

car les triangles OAK, OQf sont égaux.

Remarque. — Lorsque le point M s'éloigne sur la branche AX, la tangente fait avec l'axe transverse un angle aigu qui décroît d'une manière continue, et dont le minimum est l'angle formé par l'asymptote avec cet axe : en effet, l'angle MRf (fig. 522) a pour complément l'angle Nff' ; or, quand le point M décrit la branche considérée, le point N décrit l'arc DE, et l'angle Nff' croît de zéro à Eff', qui est son maximum.

La continuité de la décroissance de l'angle MRf nous permet d'énoncer le principe suivant :

Corollaire I. — *D'un point placé entre les branches de l'hyperbole on peut toujours mener au moins une tangente à la branche qui est située du même côté d'une asymptote que ce point.*

Corollaire II. — *Une parallèle à une asymptote d'une hyperbole ne rencontre la courbe qu'en un seul point à distance finie.*

En effet, si l'on se reporte à la figure 519, on voit que la perpendiculaire fG à XY est alors tangente au cercle directeur : il n'y a donc plus qu'une seule circonférence passant par les points f et G et tangente à ce cercle; l'autre est devenue la droite fG, son centre a été rejeté à l'infini.

PROBLÈME X

Tracer par un point donné une tangente à une hyperbole donnée.

1° Le point étant donné sur la courbe, il suffit de mener la bissectrice de l'angle des rayons vecteurs de ce point.

2° Le point donné P (fig. 523) est quelconque dans le plan de l'hyperbole qui a pour axe transverse AA′ et pour foyers f et f'.

La question revient évidemment à trouver le symétrique du foyer f par rapport à la tangente que l'on cherche à construire : or, ce symétrique appartient au cercle directeur de centre f' (coroll. IV, th. XIV). Il est aussi sur la circonférence ayant pour centre le point P et passant par le point f. Les points communs K et K′ à ces deux circonférences résolvent donc le problème.

Discussion. — Voyons à quelle condition ces points communs existeront : il faut et il suffit que le triangle $f'KP$ existe, et comme ses côtés sont :

$$2a, \quad Pf', \quad Pf,$$

il faut et il suffit que l'on ait :

$$2a < Pf + Pf',$$
$$Pf < 2a + Pf',$$
$$Pf' < 2a + Pf.$$

Or, la première inégalité est toujours vraie, parce que $2c$ étant le plus court chemin de f à f', on a :

$$2c \leqslant Pf + Pf'.$$

Quant aux deux autres inégalités, elles expriment que la différence

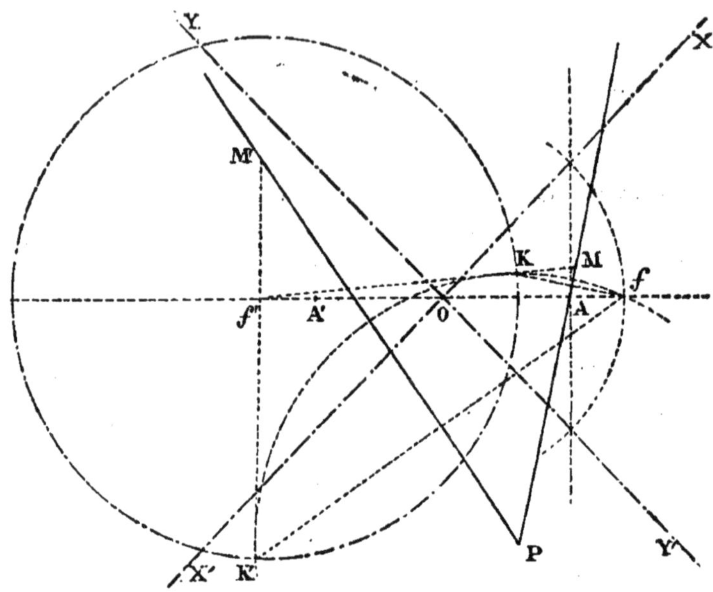

Fig. 523.

entre Pf et Pf' est moindre que $2a$, ce qui veut dire que le point P ne doit pas être intérieur à la courbe (th. XII).

Donc on pourra mener deux tangentes à la courbe, et rien que deux, par tout point compris entre les deux branches.

Ces tangentes appartiendront à la même branche d'hyperbole si le point donné est situé dans un des angles des asymptotes qui contiennent la courbe (coroll. th. XVI).

Il y aura une tangente à chaque branche par tout point situé dans les angles des asymptotes qui ne contiennent pas la courbe.

Enfin, si le point est situé sur une asymptote, la construction donne cette asymptote pour l'une des tangentes, et la position du point par rapport à l'autre asymptote indique (coroll. th. XVI) à quelle branche appartient la seconde tangente.

Corollaire. — *L'un des angles formés par deux tangentes d'une hyperbole a pour minimum l'angle des asymptotes où se trouve la courbe.*

Car l'angle MPM' (fig. 523) égale l'angle KfK' lequel a pour maximum l'angle EfE', qui est le supplément de l'angle des asymptotes comprenant la courbe.

THÉORÈME XVII

1° *Les tangentes issues d'un point à une hyperbole font des angles égaux avec les rayons vecteurs de ce point.*

2° *La droite qui joint le point de concours de deux tangentes à un foyer est bissectrice de l'un des angles formés par les rayons vecteurs des points de contact issus de ce foyer.*

Même démonstration que pour l'ellipse. Toutefois il faut distinguer deux cas, suivant que les tangentes appartiennent ou non à la même branche.

Corollaire I. — *Le lieu géométrique des sommets des angles droits circonscrits à une hyperbole est une circonférence concentrique à l'hyperbole.*

Il faut d'abord remarquer que l'un des angles formés par deux tangentes d'une hyperbole ayant pour minimum l'angle des asymptotes où se trouve la courbe (coroll. probl. X), il n'y aura d'angles droits circonscrits à une hyperbole que si l'angle des asymptotes qui comprend la courbe est aigu, c'est-à-dire si :

$$a^2 > c^2 - a^2,$$

ou :

$$c < a\sqrt{2},$$

Dans ce cas le lieu se trouve comme dans le cas de l'ellipse.

Dans l'hypothèse particulière :

$$c = a\sqrt{2},$$

les seules tangentes à angle droit sont les asymptotes et le lieu se réduit au centre de l'hyperbole : l'hyperbole est alors dite *équilatère*.

Corollaire II. — *Le lieu géométrique des points du plan d'une hyperbole pour lesquels la corde des contacts des tangentes issues de ce point passe par un foyer, est le système de deux droites perpendiculaires à l'axe transverse* (DIRECTRICES).

Même procédé de démonstration que pour l'ellipse.

PROBLÈME XI

Tracer à une hyperbole une tangente parallèle à une direction donnée.

Soit OZ (fig. 524) la parallèle à la direction donnée, menée par le centre de l'hyperbole, la question revient à trouver le symétrique du foyer f, par exemple, par rapport à chacune des tangentes cherchées.

Or, ces points symétriques appartiennent au cercle directeur de

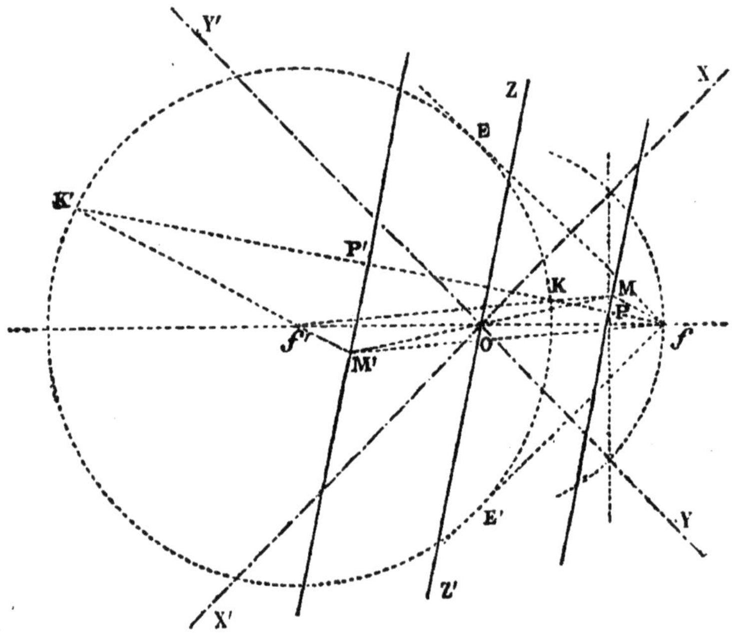

Fig. 524.

centre f', et aussi à la perpendiculaire abaissée de f sur OZ. Chacun des points K,K' communs à ces deux lignes donne une solution du problème.

Discussion. — Voyons à quelle condition ces points existeront : il faut et il suffit que la perpendiculaire fK à OZ ne soit pas extérieure à l'angle EfE', c'est-à-dire que l'angle ZOf ne soit pas inférieur à l'angle de l'asymptote avec l'axe transverse.

Donc si OZ est comprise dans l'angle des asymptotes qui ne contient pas la courbe, il y aura deux tangentes parallèles à cette direction ; on les obtiendra en menant des parallèles à OZ par les milieux P, P' des portions de droite fK, fK' : les points de contact seront aux points M et M' où ces droites sont rencontrées par les rayons f'K, f'K'.

Dans le cas où OZ coïncide avec une asymptote, les deux points K et K' se confondent, il n'y a plus qu'une solution qui est l'asymptote elle-même : les points M et M' sont alors rejetés à l'infini.

Enfin le problème est impossible lorsque OZ est dans l'angle XOY.

Corollaire. — *Les points de contact de deux tangentes à une hyperbole parallèles entre elles, sont aux extrémités d'un même diamètre.*

Même méthode que dans le cas de l'ellipse.

§ V. — *DIRECTRICES DE L'HYPERBOLE

Définition. — *On appelle* DIRECTRICES DE L'HYPERBOLE *deux perpendiculaires à l'axe transverse de part et d'autre du centre, et à une distance de ce point égale a* $\frac{a^2}{c}$.

Ces droites, qui sont les polaires des foyers par rapport au cercle principal (de diamètre AA'), s'obtiennent comme cordes de contact des tangentes issues de ces points au cercle principal (fig. 525). Il est évident qu'on a, en effet, pour la corde de contact EE' :

$$\mathrm{OD} \times \mathrm{O}f = \overline{\mathrm{OE}}^2,$$

d'où :

$$\mathrm{OD} = \frac{a^2}{c}.$$

Il faut remarquer que chaque directrice passe par les projections du foyer voisin sur les asymptotes.

THÉORÈME XVIII (*propriété fondamentale*).

Le rapport des distances d'un point de l'hyperbole à un foyer et à la directrice voisine est constant et égal à $\frac{c}{a}$ (EXCENTRICITÉ).

Soit M un point quelconque de l'hyperbole (fig. 525), nous projetons ce point en H sur AA', et nous représentons par x la quantité algébrique qui a pour valeur absolue la distance OH, et qui est positive ou négative suivant que OH est comptée dans le sens OA ou en sens contraire : en représentant par ρ' et ρ les rayons vecteurs Mf', Mf du point M, nous avons d'abord la relation :

$$\rho' - \rho = 2a, \qquad (1)$$

puis, dans le triangle fMf', dont la médiane MO a pour projection OH :

$$\rho'^2 - \rho^2 = 4cx,$$

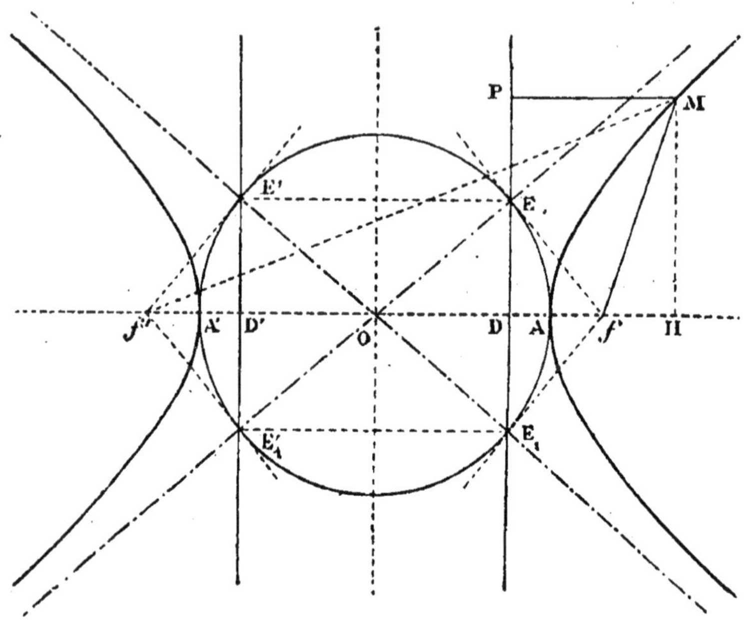

Fig. 525.

relation générale que l'on peut écrire :

$$(\rho' - \rho)(\rho' + \rho) = 4cx,$$

et d'où l'on tire :

$$\rho' + \rho = \frac{2cx}{a}. \qquad (2)$$

Par suite, les relations (1) et (2) donnent les valeurs des rayons vecteurs en fonction de l'abscisse du point M; on en tire :

$$Mf = \frac{cx}{a} - a,$$

d'ailleurs,

$$MP = x - \frac{a^2}{c},$$

donc,

$$\frac{Mf}{MP} = \frac{\frac{cx}{a} - a}{x - \frac{a^2}{c}} = \frac{c}{a}.$$

Ce qu'il fallait prouver.

Corollaire I. — *La droite qui joint au foyer le point où une sécante à l'hyperbole rencontre la directrice voisine, est bissectrice de l'un des angles formés par les rayons vecteurs allant de ce foyer aux points communs à la sécante et à l'hyperbole.*

Même démonstration que dans le cas de l'ellipse; mais il y a lieu de distinguer deux cas, suivant que la sécante rencontre ou non les deux branches de l'hyperbole.

Corollaire II. — *La corde des contacts des tangentes issues d'un point d'une directrice à l'hyperbole passe par le foyer voisin, et elle est perpendiculaire à la droite qui joint ce point au foyer.*

Même démonstration que dans le cas de l'ellipse. Mais il faut remarquer que suivant que le point de la directrice est dans l'angle des asymptotes où la courbe est comprise, ou à l'extérieur de cet angle, les tangentes appartiennent à la même branche ou aux deux branches de l'hyperbole.

THÉORÈME XIX

Le lieu géométrique des points d'un plan dont le rapport des distances à un point et à une droite fixes de ce plan a une valeur donnée supérieure à l'unité, est une hyperbole qui a pour foyer et directrice voisine le point et la droite fixes.

Soit f et XY le point et la droite donnés (fig. 526); soit : $\frac{m}{n} > 1$, le rapport des distances d'un point quelconque du lieu au point f et à XY.

Nous déterminons sur la perpendiculaire fD à XY les points conjugués A et A' tels que :

$$\frac{Af}{AD} = \frac{A'f}{A'D} = \frac{m}{n},$$

et nous construisons l'hyperbole ayant pour axe transverse AA' et pour foyers les points f et f' tels que $A'f' = Af$.

Dans cette hyperbole la droite XY est la directrice voisine du foyer f, car le centre O de cette hyperbole étant le milieu de AA', la division harmonique fADA' donne :

$$\overline{OA}^2 = Of \times OD.$$

Donc déjà tous les points de cette hyperbole sont des points du lieu, car pour un point A de cette ligne le rapport : $\frac{Af}{AD}$ égale $\frac{m}{n}$, il en est donc de même pour tous les autres points (th. XVIII).

Réciproquement, tout point du lieu est sur cette hyperbole : cherchons, en effet, les points du lieu situés sur une perpendicu-

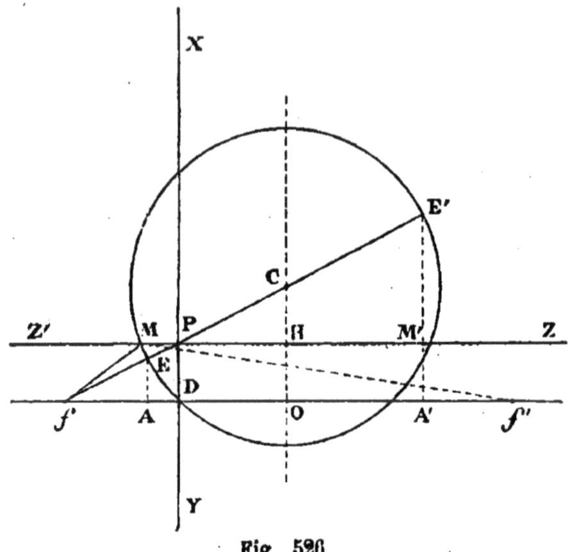

Fig. 520.

laire arbitraire PZ à XY ; pour cela, traçons fP qui est rencontrée en E, E' par les parallèles à XY menées par A et A', de sorte que :

$$\frac{\mathrm{E}f}{\mathrm{EP}} = \frac{\mathrm{E}'f}{\mathrm{E'P}} = \frac{\mathrm{A}f}{\mathrm{AD}} = \frac{m}{n}.$$

Les points cherchés appartenant au lieu des points dont le rapport des distances aux points f et P égale $\frac{m}{n}$, sont situés sur la circonférence de diamètre EE' ; soit M et M' les points ainsi obtenus : la parallèle OH à XY qui passe par le centre C de la circonférence auxiliaire, passe par le milieu H de MM', de sorte que :

$$\mathrm{M}'f = \mathrm{M}f'.$$

Nous aurons donc démontré que les deux points M et M' sont sur l'hyperbole en prouvant que l'on a :

$$\mathrm{M}'f - \mathrm{M}f = \mathrm{AA}' ;$$

or, on a :

$$\mathrm{M}'f = \frac{m}{n} \times \mathrm{M'P},$$

et

$$\mathrm{M}f = \frac{m}{n} \times \mathrm{MP} ;$$

donc :

$$M'f - Mf = \frac{m}{n}(M'P - MP).$$

Mais, H et O étant les milieux de MM' et AA', on a :

$$M'P - MP = 2HP = 2OD = 2\frac{a^2}{c};$$

et comme

$$\frac{m}{n} = \frac{c}{a},$$

on a :

$$M'f - Mf = \frac{c}{a} \times 2\frac{a^2}{c},$$

ou enfin :

$$M'f - Mf = AA'.$$

Donc le lieu géométrique des points du plan dont le rapport des distances au point f et à la droite XY fixes égale $\frac{m}{n} > 1$, est une hyperbole ayant pour foyer le point f et pour directrice voisine XY : l'excentricité de cette hyperbole est $\frac{m}{n}$.

*PROBLÈME XII

Trouver l'équation de l'hyperbole en prenant comme axes de cordonnées les axes de symétrie de la courbe.

Soit (fig. 527) l'hyperbole ayant pour sommets A,A' et pour foyers f et f', prenons pour axes de coordonnées AA' et la perpendiculaire en son milieu.

Dans le triangle rectangle MPf, on a :

$$y^2 + (x-c)^2 = \overline{Mf}^2.$$

Or, nous avons trouvé, théorème XVIII,

$$Mf = \frac{cx}{a} - a, \quad Mf' = \frac{cx}{a} + a;$$

donc on a, en remplaçant :

$$y^2 + (x-c)^2 = \left(\frac{cx}{a} - a\right)^2.$$

Or, cette relation existe entre les coordonnées y et x d'un point quelconque de la courbe : c'est donc l'équation cherchée ; on peut la transformer comme il suit :

$$a^2y^2 + a^2x^2 + a^2c^2 - 2a^2cx = c^2x^2 - 2a^2cx + a^4,$$

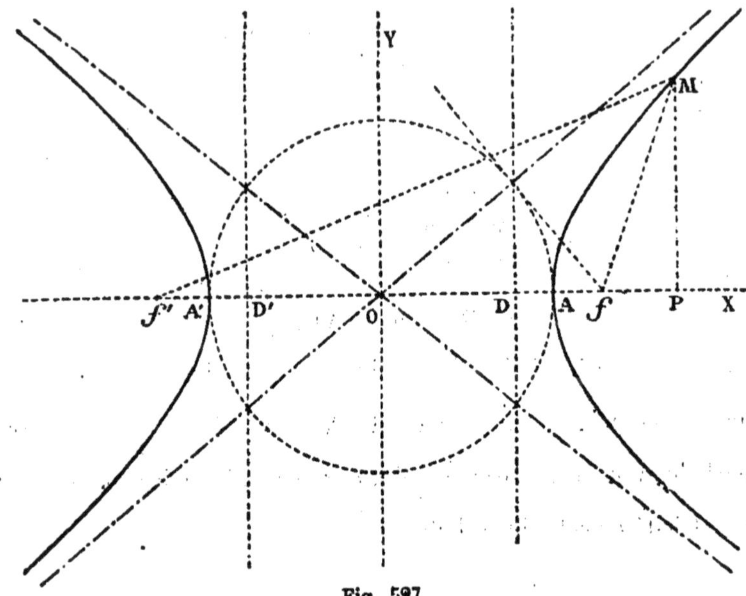

Fig. 527.

d'où :

$$\frac{x^2}{a^2} - \frac{y^2}{c^2 - a^2} - 1 = 0. \qquad (1)$$

Corollaire I. — Si l'hyperbole est équilatère, c'est-à-dire si les asymptotes sont à angle droit, on voit que :

$$c^2 = 2a^2,$$

dans le triangle ODf ; l'équation prend donc la forme :

$$x^2 - y^2 - a^2 = 0.$$

*PROBLÈME XIII

Trouver l'équation de l'hyperbole en prenant pour axes de coordonnées les asymptotes de la courbe.

Nous représentons par 2α l'angle des asymptotes dans lequel est située la courbe (fig. 528), par x, y les coordonnées d'un point quelconque M par rapport aux axes de symétrie OX, OY, et par x', y' les coordonnées du même point en prenant comme axes les asymptotes OX', OY'.

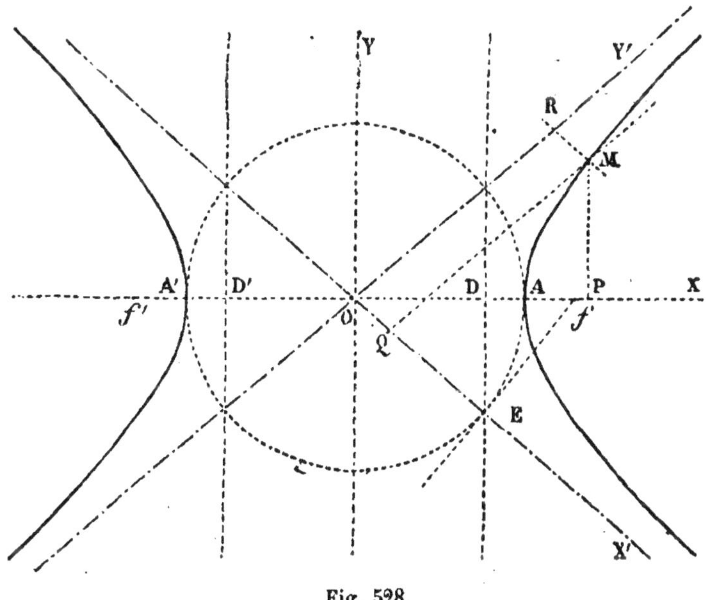

Fig. 528.

Nous projetons les deux contours OPM, OQM sur chacun des axes OX, OY, et nous obtenons les deux relations :

$$x = (x' + y')\cos\alpha,$$
$$y = (-x' + y')\sin\alpha.$$

Remplaçons x et y par leurs valeurs dans l'équation de la courbe précédemment trouvée (problème XII), et nous obtiendrons une relation entre les coordonnées x', y' d'un point quelconque de la courbe, c'est-à-dire l'équation de cette courbe par rapport aux axes OX', OY' :

$$\frac{(x'+y')^2\cos^2\alpha}{a^2} - \frac{(x'-y')^2\sin^2\alpha}{c^2-a^2} - 1 = 0$$

Or, dans le triangle OEf, on a :

$$\cos\alpha = \frac{a}{c},$$

donc :

$$\frac{\cos^2\alpha}{a^2} = \frac{1}{c^2} = \frac{\sin^2\alpha}{c^2-a^2};$$

en remplaçant, nous obtenons l'équation :

$$(x'+y')^2-(x'-y')^2-c^2=0,$$

ou :

$$x'y'=\frac{c^2}{4}. \qquad (2)$$

Corollaire I. — *Le parallélogramme construit sur les asymptotes d'une hyperbole dont un sommet parcourt la courbe, a une aire constante.*

Cela résulte immédiatement de l'équation (2) que nous venons de trouver. En effet, en construisant le parallélogramme ORMQ (fig. 528), l'aire de cette figure est :

$$OR \times OQ \sin 2\alpha.$$

Or, α est constant ainsi que : $OR \times OQ$, donc le produit est constant et égal à :

$$\frac{1}{4}c^2 \sin 2\alpha.$$

Réciproquement, *si un parallélogramme* OPMQ (fig. 529) *a une aire constante, les directions* OX *et* OY *des côtés étant fixes, le sommet* M *parcourt une hyperbole.*

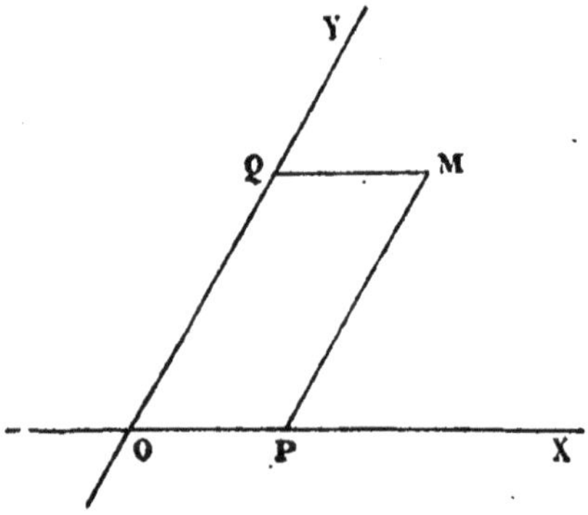

Fig. 529.

Car en représentant par K^2 la valeur constante de l'aire, et par 2α l'angle XOY, l'hyperbole ayant pour asymptotes OX, OY et pour demi-distance focale

$$c=\sqrt{\frac{4K^2}{\sin 2\alpha}},$$

passe par tous les points du lieu.

Corollaire II. — *Les portions d'une sécante à l'hyperbole comprises entre la courbe et les asymptotes sont égales.*

Soit en effet la sécante PP′ (fig. 530) qui rencontre la courbe en M et M′; les aires MQOR, M′Q′OR′ sont équivalentes : donc il en est de même des aires MSR′, M′SQ, et par suite aussi des aires MR′M′, MQM′. Or, ces triangles ont même base MM′, donc R′Q est parallèle à MM′. Par suite :

$$M'P'=R'Q=MP.$$

C'est ce qu'il fallait prouver.

Corollaire III. — *Le point de contact d'une tangente à l'hyperbole est le milieu de la portion de cette droite comprise entre les asymptotes.*

C'est une conséquence immédiate du coroll. II.

Remarque. — De ces résultats on conclut *la construction par points d'une hyperbole ayant des asymptotes données et passant par un point donné.*

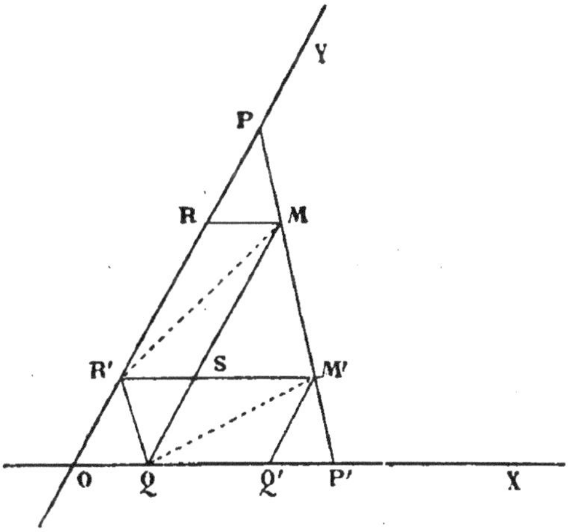

Fig. 530.

Ainsi, soit M (fig. 531) un point d'une hyperbole ayant pour asymptotes OX OY. Nous traçons par le point M une droite arbitraire PQ, sur laquelle nous prenons QN = MP; le point N est sur la courbe, et la tangente en ce point est la parallèle RS à la diagonale HK du parallélogramme construit sur les coordonnées NH, NK.

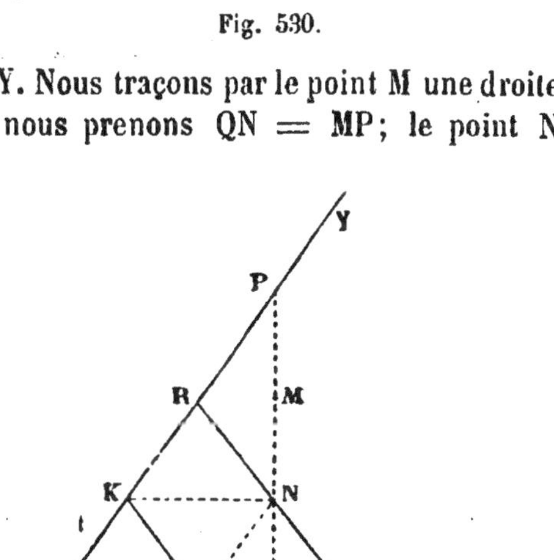

Fig. 531.

Corollaire IV. — *Le lieu géométrique des milieux des cordes d'une hyperbole ayant une direction donnée est une droite (diamètre).*

Car, le point milieu d'une corde de l'hyperbole coïncide avec le milieu de la portion de cette droite comprise entre les asymptotes, et nous savons que le lieu du point milieu des portions de droites parallèles comprises dans un angle est une droite.

Corollaire V. — *Le diamètre pour les cordes de l'hyperbole de direction Z est parallèle aux cordes dont le diamètre a pour direction Z.*

Cela résulte du corollaire IV, puisque l'hyperbole et ses asymptotes admettent le même diamètre pour les cordes de même direction,

Ces deux directions sont dites *conjuguées* l'une de l'autre.

§ VI. — PROPRIÉTÉS FONDAMENTALES DE LA PARABOLE (1)

Définitions. — *On appelle* PARABOLE *le lieu géométrique des points d'un plan également distants d'un point et d'une droite.*

Le point est le *foyer* et la droite est la *directrice* de la parabole.

Le double de la distance du foyer à la directrice s'appelle le *paramètre de la courbe* et se représente par $2p$.

En rapprochant cette définition des théorèmes VII et XIX, on voit que *le lieu géométrique des points d'un plan dont le rapport des distances à un point et à une droite fixes de ce plan a une valeur donnée* $\frac{m}{n}$, *est une ellipse, une parabole ou une hyperbole, suivant que cette valeur donnée est inférieure, égale ou supérieure à l'unité.*

PROBLÈME XIV

Tracer une parabole dont on donne le foyer et la directrice.

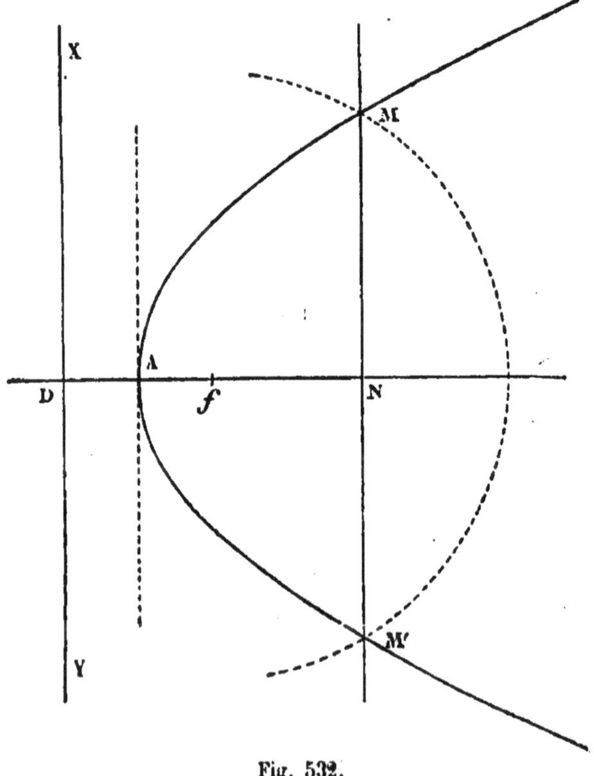

Fig. 532.

(1) Παρὰ, le long de ; βάλλω, je lance.

1° *Tracé par points.* — Proposons-nous, par exemple, de construire les points de la courbe situés sur une parallèle arbitraire à la directrice : soit N (fig. 532) le point où cette droite rencontre la perpendiculaire fD à la directrice. Les points cherchés, étant à une distance de la directrice égale à ND, doivent être à cette même distance du point f; ils sont donc sur la circonférence de centre f et de rayon DN; d'ailleurs cette circonférence ne rencontrera la droite choisie que si le point N est à la droite du milieu A de FD.

Il résulte de là que la courbe est située tout entière à la droite de la parallèle à XY menée par le milieu A de fD, qu'elle a des points à l'infini puisque rien ne limite la position du point N vers la droite, et qu'enfin la courbe a pour axe de symétrie la perpendiculaire menée du foyer à la directrice.

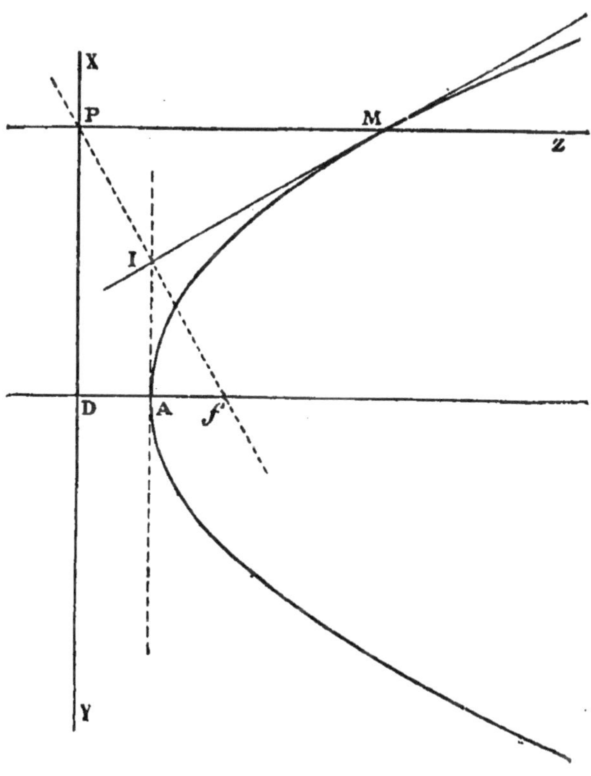

Fig. 533.

Le point A où l'axe rencontre la courbe s'appelle le *sommet* de la parabole.

En second lieu, proposons-nous de construire les points de la courbe situés sur une perpendiculaire arbitraire PZ à la directrice : le point M (fig. 533) devant être à égale distance des points f et P, est situé sur la perpendiculaire au milieu de Pf, qui rencontrera toujours en un point et un seul la droite PZ.

Il en résulte que la parabole n'est rencontrée qu'en un seul point par toute parallèle à son axe; autrement dit, la courbe n'est pas fermée, et elle a des points situés à une distance infiniment grande de son axe.

2° *Tracé d'un mouvement continu.*

Nous employons une règle plate dont l'une des dimensions coïncide avec la directrice XY (fig. 534); puis une équerre dont un des

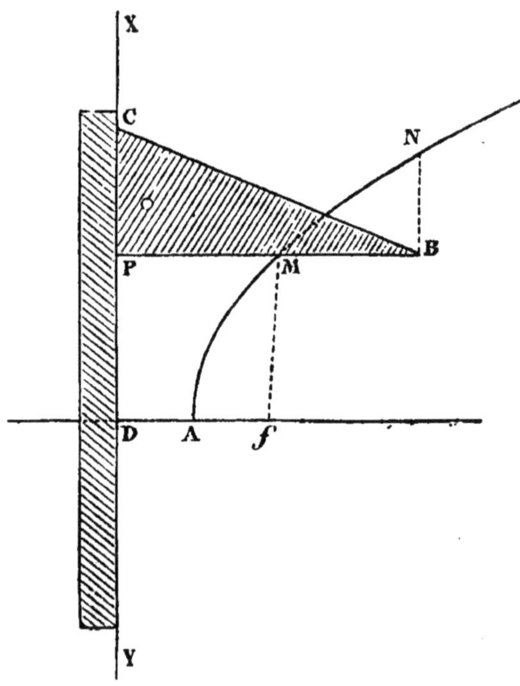

Fig. 534.

côtés de l'angle droit est appliqué sur la règle; enfin, un cordeau de longueur égale à l'autre côté de l'angle droit de l'équerre, a ses extrémités fixées en f et au sommet B de l'équerre; en tendant le cordeau par un piquet appuyé sur l'équerre, la pointe du piquet décrira un arc de parabole AN.

THÉORÈME XX

La distance d'un point du plan d'une parabole au foyer est plus petite ou plus grande que la distance de ce point à la directrice, suivant que ce point est intérieur ou extérieur à la courbe.

Soit d'abord (fig. 535) le point M intérieur à la parabole, la perpendiculaire MP à la directrice rencontre la courbe en un point N situé entre M et P.

Or :

$$Mf < MN + Nf,$$

donc :

$$MN < MP,$$

car :

$$Nf = NP.$$

En second lieu, soit (fig. 535) le point M′ extérieur à la courbe; il

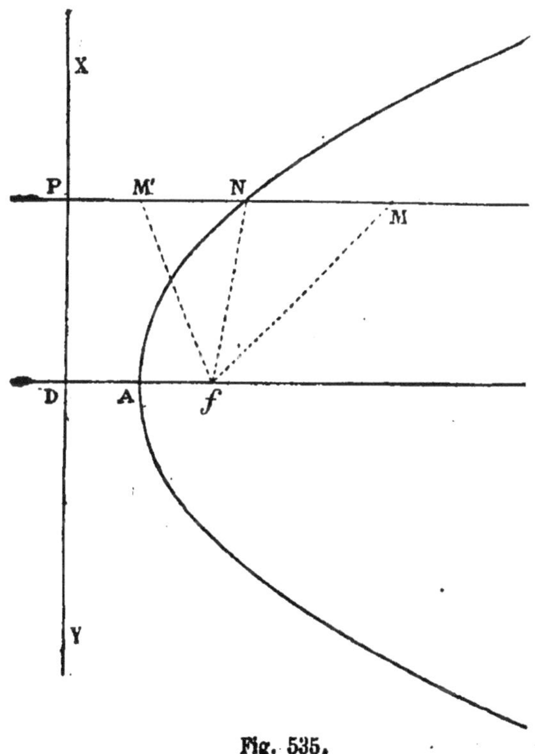

Fig. 535.

n'y a lieu à démonstration que si le point M′ est situé entre la directrice et la courbe; dans ce cas on a :

$$M'f > Nf - NM',$$

ou :

$$M'f > M'P,$$

puisque

$$Nf = NP.$$

PROBLÈME XV

Trouver les points communs à une droite et à une parabole non tracée dont on donne le foyer et la directrice.

Soit M (fig. 536) un point commun à la droite ZZ′ et à la parabole ayant pour foyer et directrice le point f et la droite XY : nous prenons le symétrique G du point f par rapport à ZZ′ et nous abaissons MP perpendiculaire sur la directrice ; les trois distances Mf, MG, MP étant égales, le point M est le centre d'une circonférence passant par les points f et G, qui sont connus, et tangente à XY. Par suite, nous prendrons EP = EP′ moyenne géométrique entre Ef et EG, et nous déterminerons les points M, M′ où ZZ′ est rencontrée par les perpendiculaires à XY, menées par les points P et P′ : ces points répondent à la question.

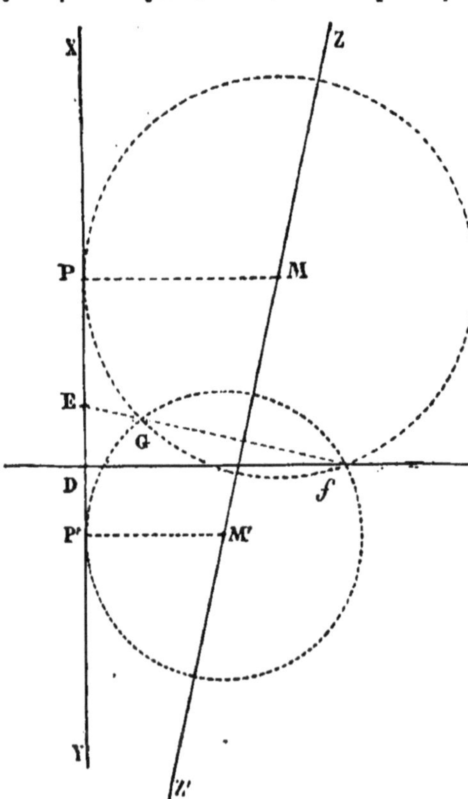

Fig. 536.

Discussion. — Il faut remarquer que la droite ZZ′ rencontrera la parabole en deux points, si G est du même côté de XY que f. Il n'y aura plus qu'un seul point commun si G est sur la directrice, et la droite ne rencontrera pas la courbe si G n'est pas du même côté de XY que le point f.

Si le point E se transporte à l'infini, c'est-à-dire si ZZ′ est perpendiculaire à la directrice, il n'y a plus qu'une solution, comme nous l'avons constaté dans le tracé de la courbe par points.

Enfin si la droite ZZ′ passe par le foyer de la parabole (fig. 537), la construction semble en défaut ; mais il est visible que, les points G et f se confondant, la moyenne géométrique entre EG et Ef est Ef, on prendra donc :

$$EP = EP' = Ef.$$

Corollaire. — *Une droite ne peut avoir plus de deux points communs avec une parabole.*

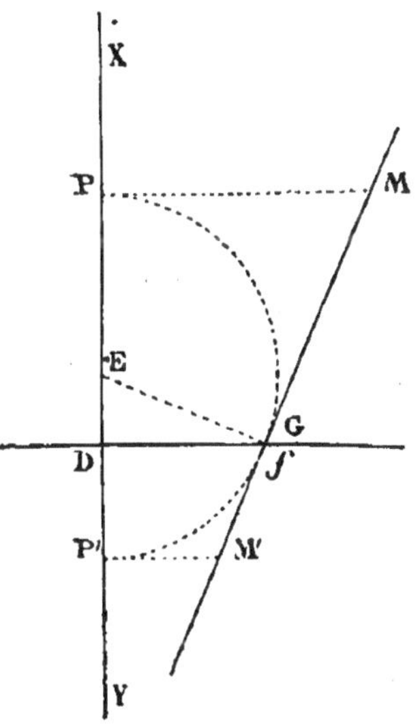

Fig. 537.

THÉORÈME XXI

La parabole est la courbe limite vers laquelle tend une ellipse, ou

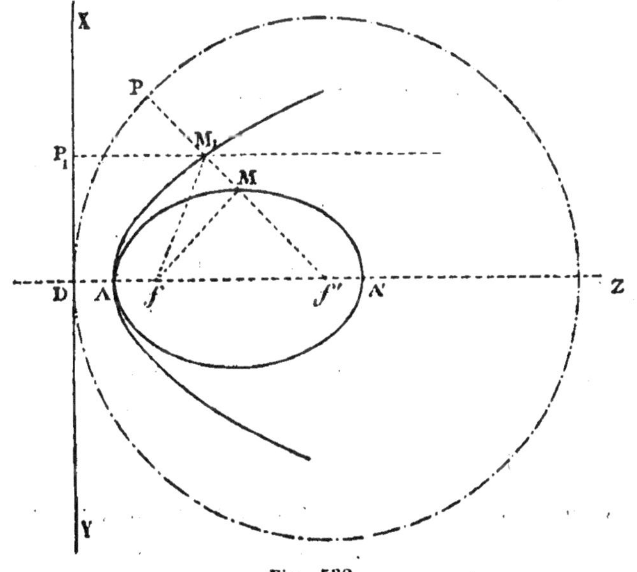

Fig. 538.

une hyperbole, dont la distance focale grandit sans limite, tandis qu'un foyer et le sommet voisin restent fixes.

Soit, en effet, l'ellipse AA' (fig. 538) dans laquelle nous supposons les points f et A fixes, tandis que le point A' s'éloigne indéfiniment sur AZ. Un point quelconque M de cette ellipse est à égale distance du point f et du cercle directeur de centre f', c'est-à-dire :

$$Mf = MP.$$

Or, le point f' s'écartant à l'infini vers la droite, le cercle directeur qui passe toujours par le point D, puisque $AD = Af$, a pour limite la droite XY perpendiculaire au point D de AZ; si donc nous considérons le même point M de l'ellipse dont la distance au foyer fixe est constante, il tendra vers une position limite M_1 pour laquelle sa distance M_1P_1 à XY sera égale à Mf, car la droite MP tend à devenir parallèle à AZ, le point f' s'éloignant à l'infini sur cette droite.

La courbe limite a donc tous ses points équidistants de f et de XY, donc cette courbe est la parabole qui a ce point et cette droite pour foyer et directrice.

On raisonnerait de la même façon dans le cas de l'hyperbole, dont une des branches s'éloigne à l'infini, tandis que celle qui est relative au foyer fixe tend vers une parabole.

Remarque. — Cette considération permet de déduire les propriétés de la parabole des propriétés correspondantes de l'ellipse et de l'hyperbole.

THÉORÈME XXII

La tangente à la parabole fait des angles égaux avec le rayon vecteur du point de contact et la parallèle à l'axe.

Ce théorème se déduit immédiatement des théorèmes analogues concernant la tangente à l'ellipse ou à l'hyperbole.

La démonstration directe repose sur la propriété suivante qui appartient aussi à ces deux courbes.

LEMME. — *La droite qui joint au foyer le point où une sécante à la parabole rencontre la directrice, est bissectrice de l'un des angles formés par les rayons vecteurs des points communs à la courbe et à la sécante.*

Soit, en effet, P le point où la sécante MM' coupe la directrice (fig. 539) ; en menant les parallèles à l'axe MN, M'N', nous avons :

$$\frac{PM'}{PM} = \frac{M'N'}{MN}.$$

Or, M'N' et MN sont respectivement égales à fM' et fM, donc :

$$\frac{PM'}{PM} = \frac{fM'}{fM}.$$

Par suite, fP est bissectrice de l'angle extérieur $M'fK$.

Si nous imaginons que cette sécante pivote autour du point M jus-

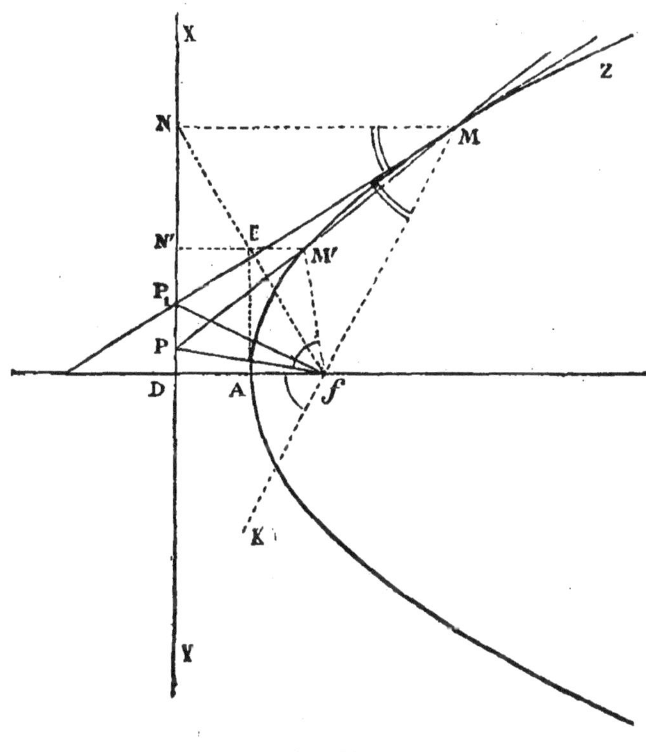

Fig. 539.

qu'à devenir la tangente MZ en ce point, le point P viendra en P_1 et la droite P_1f sera perpendiculaire sur Mf, puisqu'elle fait des angles égaux avec Mf et $M'f$ qui se confondent à ce moment ; donc :

La portion de tangente à la parabole comprise entre le point de contact et la directrice est vue du foyer sous un angle droit.

Il en résulte le théorème XXII, car les triangles rectangles NMP_1 et fMP_1 sont égaux, parce qu'ils ont l'hypoténuse égale et un côté de l'angle droit égal ($MN = Mf$) : donc les angles P_1MN, et P_1Mf sont égaux, c'est ce qu'il fallait prouver.

Corollaire I. — *La tangente au sommet de la parabole est perpendiculaire à l'axe.*

Corollaire II. — *Le lieu géométrique du point symétrique du foyer d'une parabole par rapport aux tangentes est la directrice.*

Car le triangle NMf (fig. 539) étant isocèle, la bissectrice de l'angle NMf est perpendiculaire au milieu de Nf : donc N est symétrique de f par rapport à MP.

Corollaire III. — *Le lieu géométrique des projections du foyer d'une parabole sur les tangentes est la tangente au sommet.*

Car la droite AE (fig. 539) joignant les milieux de deux côtés du triangle fND, est perpendiculaire à AD.

Corollaire IV. — *Le lieu géométrique du foyer des paraboles tangentes à trois droites est la circonférence circonscrite au triangle que forment ces droites.*

Puisque le lieu géométrique des points dont les projections sur les côtés d'un triangle sont en ligne droite est la circonférence circonscrite à ce triangle (th. de Simpson) : d'où la construction d'une parabole tangente à quatre droites données.

Définition. — *On appelle* SOUS-TANGENTE *de la parabole la projection sur l'axe de la portion de tangente comprise entre le point de contact et l'axe.*

On appelle SOUS-NORMALE *de la parabole, la projection sur l'axe de la portion de normale comprise entre l'axe et le pied de la normale sur la courbe.*

THÉORÈME XXIII

1° *Le sommet de la parabole est le milieu de la sous-tangente ;*

2° *La sous-normale est constante et égale au demi-paramètre ;*

3° *Le carré d'une corde perpendiculaire à l'axe est proportionnel à la distance de cette corde au sommet, et réciproquement.*

1° Soit (fig. 540) la tangente MR en M, et PR la sous-tangente correspondante : la figure fMKR est un losange, parce que $f\text{R} = f\text{M}$, les angles 1, 2, 3 étant égaux ; donc AE, perpendiculaire à l'axe, et passant par le milieu E de MR, passe par le milieu A de PR.

2° Soit MN la normale en M et PN la sous-normale correspondante : les triangles MPN, KDf sont égaux, donc $\text{NP} = f\text{D}$.

3° Soit la corde MM′ (fig. 540) perpendiculaire à l'axe, elle est

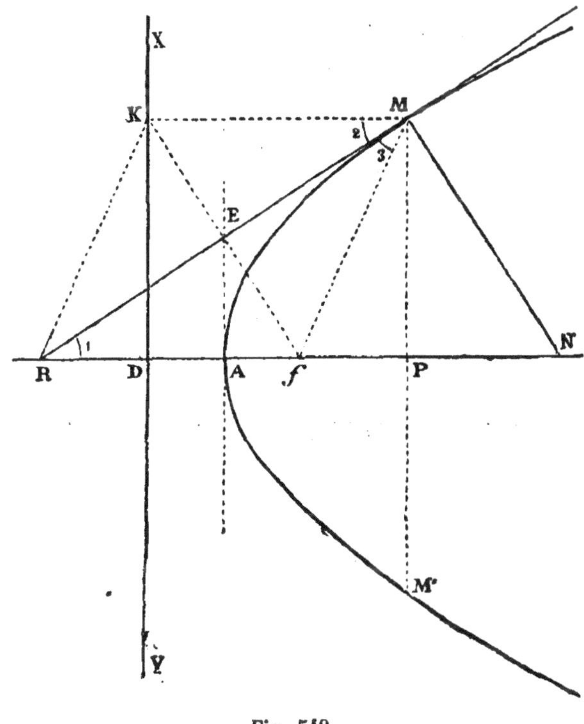

Fig. 540.

partagée au point P en deux parties égales; dans le triangle rectangle RMN, on a :

$$\overline{MP}^2 = PR \times PN,$$

or :

$$PR = 2AP \qquad \text{et} \qquad PN = fD,$$

donc :

$$\overline{MM'}^2 = 8AP \times fD.$$

Mais fD est constant, donc $\overline{MM'}^2$ est proportionnel à AP, distance de la corde considérée au sommet.

Réciproquement. — *Si une courbe* MAM′ (fig. 540) *symétrique par rapport à* AN, *est telle que le carré d'une corde perpendiculaire à cet axe soit en rapport constant avec la distance de cette corde au point* A, *cette courbe est une parabole.*

En effet, si K est la valeur constante donnée pour le rapport

$\frac{\overline{MP}^2}{AP}$, nous portons, à partir du point A et de part et d'autre,

$Af = AD = \frac{k}{4}$.

La parabole ayant f pour foyer et la perpendiculaire DK pour directrice, coïncidera avec la courbe considérée.

*PROBLÈME XVI

Trouver l'équation d'une parabole, en prenant pour axes de coordonnées l'axe de symétrie de la courbe et la tangente en son sommet.

Soit la parabole (fig. 541) dont l'axe et la tangente au sommet

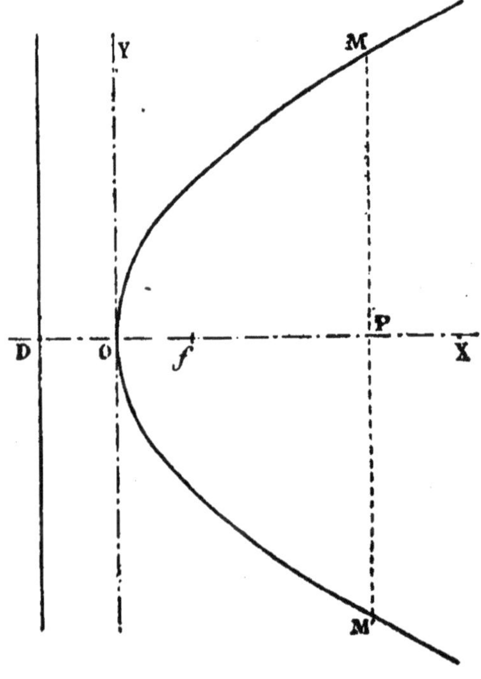

Fig. 541.

sont OX et OY; nous représentons par $2p$ le paramètre de la courbe, il en résulte que la distance du foyer au sommet est $\frac{p}{2}$.

Soit MM′ une corde perpendiculaire à l'axe ; nous savons que l'on a :

$$\frac{\overline{MM'}^2}{OP} = 8p.$$

Or :

$$MM' = \pm 2y, \qquad \text{et} \qquad OP = x,$$

d'où l'équation :

$$y^2 = 2px. \qquad (1)$$

* PROBLÈME XVII

Trouver l'équation d'une parabole en prenant pour axes de coordonnées la tangente en un point de la courbe et la parallèle à l'axe passant par ce point.

Soit (fig. 542) la parabole ayant pour sommet et pour foyer les

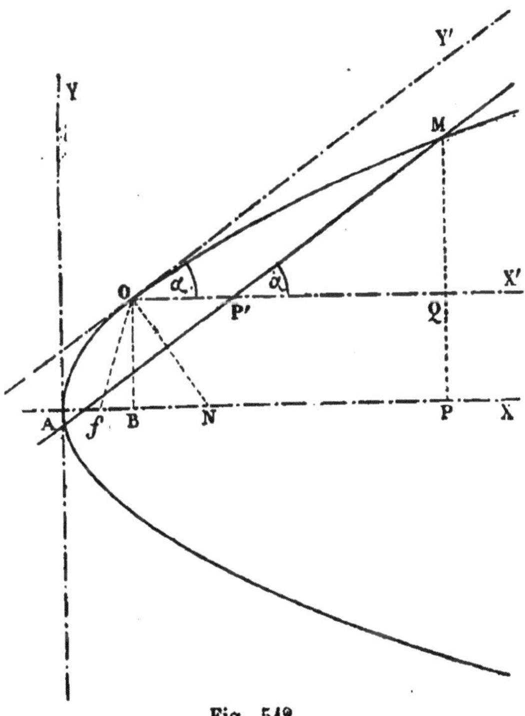

Fig. 542.

points A et f, soit O un point arbitraire de la courbe, dont les anciennes coordonnées, sont :

$$AB = a, \quad OB = b\,;$$

on a donc :

$$b^2 = 2ap.$$

Soit OY′ la tangente en O ; elle fait avec OX ou OX′ un angle α qui est égal à l'angle que forme la normale ON avec la perpendiculaire OB à l'axe; or :

$$BN = p,$$

donc :

$$\operatorname{tg} \alpha = \frac{p}{b},$$

ou :

$$b \sin \alpha - p \cos \alpha = 0.$$

Prenons un point arbitraire M de la courbe, et cherchons à évaluer ses anciennes coordonnées MP,AP, en fonction des nouvelles MP′, OP′.

Nous avons visiblement :

$$y = b + y' \sin \alpha,$$
$$x = a + x' + y' \cos \alpha.$$

Or, y et x satisfont à la relation :

$$y^2 = 2px;$$

donc, on a :

$$(b + y' \sin \alpha)^2 = 2p(a + x' + y' \cos \alpha).$$

C'est la relation entre les nouvelles coordonnées $x'y'$ d'un point arbitraire de la courbe, donc c'est la nouvelle équation cherchée. On peut simplifier cette équation de la façon suivante :

$$b^2 + 2by' \sin \alpha + y'^2 \sin^2 \alpha = 2ap + 2px' + 2py' \cos \alpha$$

mais

$$b^2 = 2ap,$$

et

$$b \sin \alpha = p \cos \alpha;$$

l'équation se réduit donc à :

$$y'^2 = 2 \frac{p}{\sin^2 \alpha} x'.$$

On peut encore exprimer sin α en fonction des données b et p de

$$\operatorname{tg} \alpha = \frac{p}{b},$$

on tire :

$$\sin^2 \alpha = \frac{p^2}{p^2 + b^2};$$

d'où enfin :

$$y'^2 = 2\frac{p^2 + b^2}{p}x'. \qquad (2)$$

La forme de l'équation est la même que dans le cas (problème XVI) où les axes sont l'axe de symétrie et la tangente au sommet.

Corollaire I. — *Le lieu des milieux des cordes d'une parabole parallèles à une direction donnée est une droite parallèle à l'axe de la courbe* (DIAMÈTRE).

En effet, la forme même de l'équation (2) prouve que pour toute valeur donnée de x' les deux valeurs de y' sont égales et de signes contraires, c'est-à-dire que toute corde de la courbe parallèle à la tangente OY′ a son milieu sur OX′.

Le lieu géométrique de ces milieux est dont la parallèle à l'axe OX passant par le point de contact O de la tangente parallèle aux cordes considérées.

Corollaire II. — *Toute équation de la forme :*

$$ay^2 + by + c = 2px$$

(*les axes des coordonnées étant obliques ou rectangulaires*) *représente une parabole dont l'axe de symétrie est parallèle à l'axe des x.*

En effet, cette équation peut s'écrire :

$$a\left[\left(y + \frac{b}{2a}\right)^2 - \frac{b^2 - 4ac}{4a^2}\right] = 2px,$$

ou :

$$\left(y + \frac{b}{2a}\right)^2 = \frac{2p}{a}\left(x + \frac{b^2 - 4ac}{8ap}\right).$$

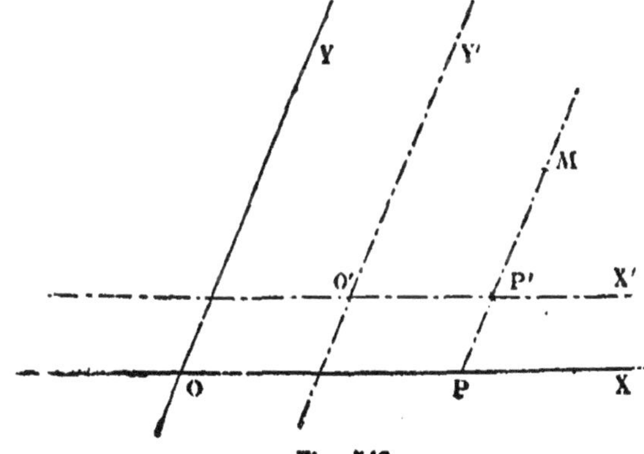

Fig. 543.

Or, si nous portons l'origine (fig. 543) au point dont l'abscisse est

$\left(-\frac{b^2-4ac}{8ap}\right)$ et dont l'ordonnée est $\left(-\frac{b}{2a}\right)$, les directions des axes étant conservées, nous aurons, en appelant x' et y' les nouvelles coordonnées :

$$y'^2 = 2\frac{p}{a}x'.$$

M étant en effet un point quelconque du plan, les coordonnées nouvelles x', y' de ce point seront liées aux coordonnées anciennes x, y par les relations évidentes :

$$x = x' - \frac{b^2-4ac}{8ap}, \qquad y = y' - \frac{b}{2a}.$$

Remarque. — Si l'équation donnée est de la forme :

$$ax^2 + bx + c = 2py,$$

il est évident qu'elle représentera encore une parabole, mais alors l'axe de la courbe sera parallèle à l'axe des y.

PROBLÈME XVIII

Tracer par un point donné une tangente à une parabole donnée.

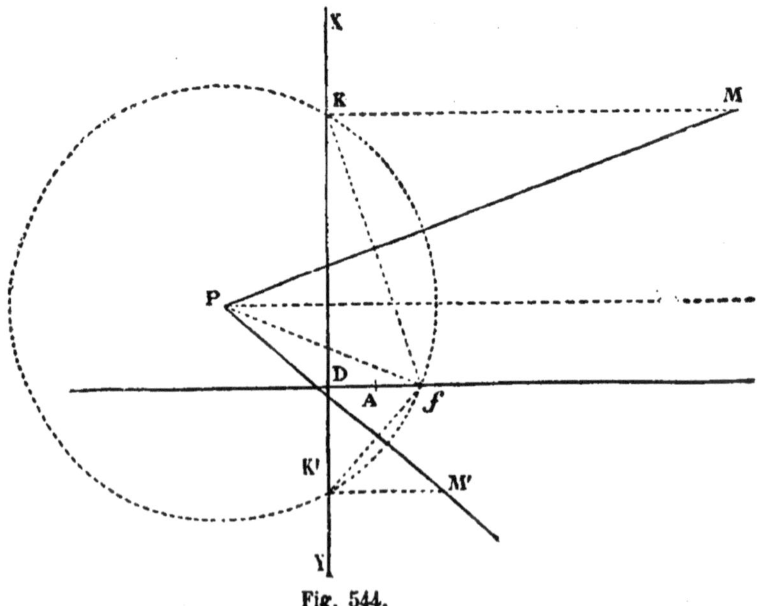

Fig. 544.

1° Le point M est donné sur la courbe, soit la figure 540. On projette le point M sur la directrice en K, et l'on abaisse du point M la perpendiculaire sur Kf.

On peut encore projeter le point M en P sur l'axe, et prendre AR = AP, en joignant RM, on aura la tangente.

La tangente tend à devenir parallèle à l'axe quand le point de contact s'éloigne à l'infini, donc *la parabole n'a pas d'asymptote.*

2° Le point P donné est quelconque dans le plan de la courbe (fig. 544). La question revient à trouver le symétrique du point f par rapport à la tangente cherchée : ce symétrique est sur la directrice, et aussi sur la circonférence de centre P et passant par f; il est donc en l'un des points communs à ces deux lignes.

D'ailleurs, pour que ces lignes se coupent, il faut et il suffit que le point P ne soit pas plus près du foyer que de la directrice, c'est-à-dire que le point P ne soit pas intérieur à la courbe.

Pour achever la construction, on joindra le foyer aux points K et K′ ainsi trouvés, et l'on abaissera les perpendiculaires du point P sur ces droites : les points de contact de ces tangentes seront les points où elles sont rencontrées par les parallèles à l'axe menées des points K et K′.

THÉORÈME XXIV

1° *Les tangentes issues d'un point à une parabole font des angles égaux avec le rayon vecteur de ce point et la parallèle à l'axe.*

2° *La droite qui joint le point de concours de deux tangentes au foyer est bissectrice de l'angle des rayons vecteurs des points de contact.*

1° Soit les tangentes PM, PM′ (fig. 545) que nous construisons par la méthode précédente; les angles 1 et 2 sont égaux parce qu'ils ont leurs côtés respectivement perpendiculaires, et les angles 2 et 4 sont égaux parce qu'ils ont même mesure; d'ailleurs les angles 1 et 3 sont égaux, PE étant parallèle à KM. Donc les angles 3 et 4 sont égaux.

2° Les triangles MPf, M′Pf sont semblables, car les angles 5 et 4 sont égaux comme égaux à l'angle 3 : de même les angles PM′f et MPf sont égaux.

Donc les angles PfM, PfM′ sont égaux, et Pf est bissectrice de l'angle MfM′.

L'angle MfM′ vaut le double de l'angle MPM′.

Corollaire I. — *La partie d'une tangente mobile à une parabole comprise entre deux tangentes fixes est vue du foyer sous un angle constant.*

Corollaire II. — *Le lieu géométrique des points du plan d'une*

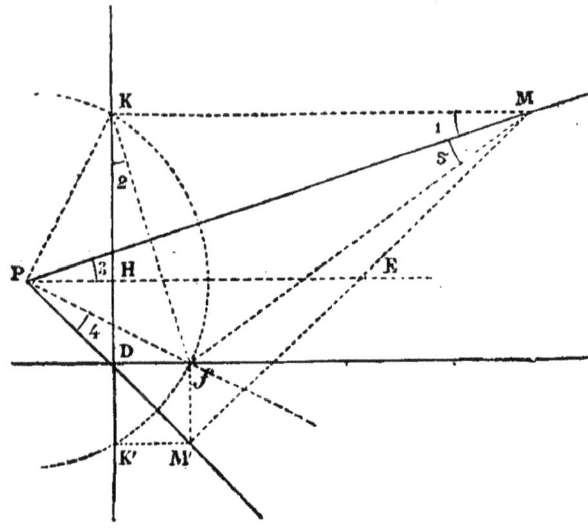

Fig. 545.

parabole pour lesquels la corde des contacts des tangentes issues de ce point passe par le foyer est la directrice.

Car les trois points M, f, M′ étant en ligne droite, l'angle PfM est droit, et il en est de même de l'angle PKM égal à celui-ci.

La droite qui joint chaque point du lieu au foyer est perpendiculaire sur la corde des contacts correspondante.

Corollaire III. — *Le lieu géométrique des sommets des angles droits circonscrits à la parabole est la directrice.*

En effet (fig. 545) l'angle MPM′ des tangentes issues du point P est moitié de l'angle KPK′ : donc, si l'angle des tangentes est droit, les trois points K, P, K′ sont en ligne droite.

Donc, *si d'un point de la directrice on mène des tangentes à une parabole, ces droites seront perpendiculaires entre elles, la corde des contacts passera par le foyer et sera perpendiculaire à la droite qui joint ce point au foyer.*

Corollaire IV. — *La parallèle à l'axe menée par le point de concours de deux tangentes à une parabole passe par le milieu de la corde des contacts.*

Car PE (fig. 545) perpendiculaire sur KK′, passe par le milieu H de KK′, donc E est le milieu de MM′. Il en résulte la construction de la parabole tangente à deux droites données en des points donnés.

Remarque. — Ces résultats peuvent encore s'obtenir en rappelant (th. XXII) que la portion de tangente comprise entre le point de contact et la directrice est vue du foyer sous un angle droit.

Il en résulte que la tangente PN (fig. 546) est telle que Pf est perpendiculaire sur fN; que par suite la corde des contacts NN′ des tangentes issues du point P passe par f et s'y trouve perpendiculaire à Pf.

Par suite encore les tangentes sont rectangulaires comme bissectrices des deux angles supplémentaires KNf, K′N′f.

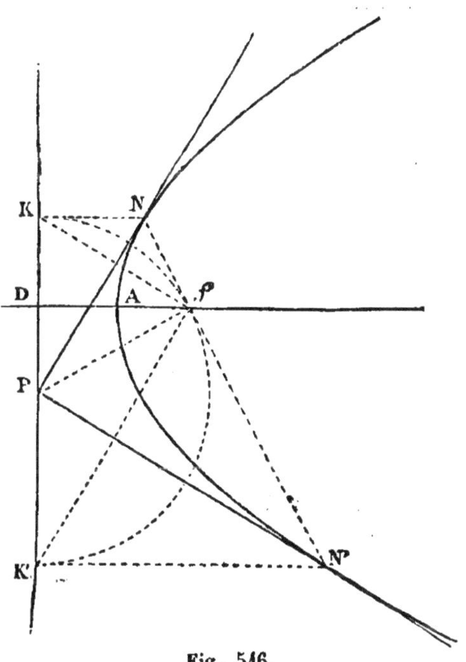

Fig. 546.

PROBLÈME XIX

Tracer à la parabole une tangente parallèle à une direction donnée.

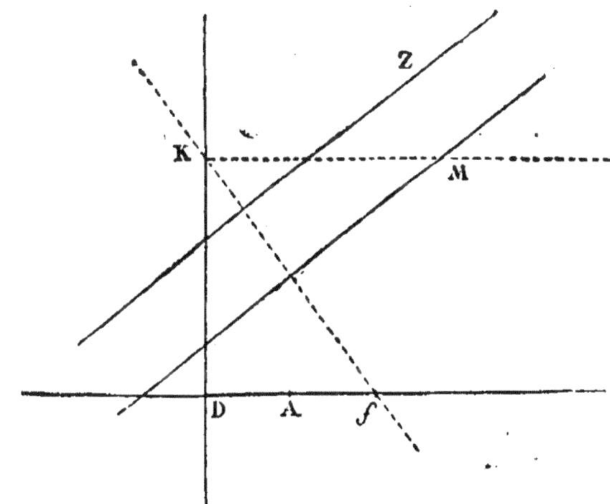

Fig. 547.

Le symétrique K (fig. 547) de la tangente cherchée parallèle à Z est à l'intersection de la directrice et de la perpendiculaire abaissée de f sur Z.

La tangente s'obtient donc en élevant la perpendiculaire au milieu de fK, et le point de contact M est à l'intersection de cette tangente et de la parallèle à l'axe passant par le point K.

Le problème a donc toujours une solution et une seule, à moins que la direction donnée Z ne soit parallèle à l'axe de la courbe ; dans ce cas la tangente est rejetée à l'infini.

Tous ces résultats s'expliquent aisément en considérant la parabole comme limite d'une ellipse.

* APPLICATION

Si l'on considère un angle XOY (fig. 548) *et une droite fixe* AB, *la diagonale* PQ *du parallélogramme variable* OQMP *dont le sommet* M *parcourt* AB, *enveloppe une parabole inscrite dans l'angle* XOY *aux points* A *et* B.

Soit en effet (fig. 548) C le milieu de AB ; la parabole tangente en

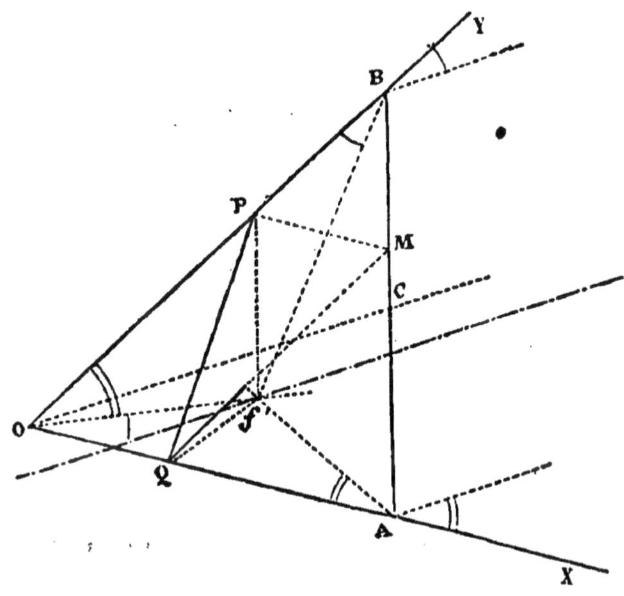

Fig. 548.

A et B aux droites OX, OY, aura son axe parallèle à OC (coroll. IV, th. XXIV). Il est donc facile de construire le foyer f de cette courbe.

Nous commençons par prouver que le triangle variable $Pf Q$ reste semblable à lui-même et aux triangles OFB, OAF.

En effet, les triangles OAF, OFB étant semblables (th. XXIV), on a :

$$\frac{OA}{OB} = \frac{Of}{fB} = \frac{PM}{PB} = \frac{OQ}{PB}.$$

Donc les triangles OfQ, PBf sont semblables ; et par suite, il en est de même des triangles PfQ, BfO, car ils ont un angle égal compris entre côtés proportionnels.

L'angle fPQ étant égal à l'angle BOf, si l'on mène du point P une tangente à la parabole (autre que PB), elle coïncidera avec PQ, car elle fera avec Pf un angle égal à l'angle que fait PB avec la parallèle à OC.

Donc en résumé PQ enveloppe la parabole considérée.

Corollaire. — *Lorsqu'un triangle restant semblable à lui-même a un sommet fixe, tandis qu'un deuxième sommet décrit une droite, le troisième sommet décrit aussi une droite, et le côté opposé au sommet fixe enveloppe une parabole qui a ce sommet pour foyer.*

§ VII. — SECTIONS PLANES DU CYLINDRE DE RÉVOLUTION

Si le plan sécant est parallèle à l'axe, on obtient deux génératrices, qui se confondent quand le plan devient tangent.

Lorsque le plan sécant est perpendiculaire à l'axe, la section est une circonférence de grandeur constante.

Examinons le cas où le plan sécant est quelconque.

THÉORÈME XXV

La section d'un cylindre de révolution par un plan oblique à l'axe est une ellipse ayant pour petit axe le diamètre du cylindre.

Supposons que l'on coupe le cylindre (fig. 549) par un plan passant par l'axe et perpendiculaire au plan sécant, on obtient les génératrices EE', GG', et la trace du plan de la section sur le plan auxiliaire est AA'. Traçons les circonférences O et O' tangentes aux droites AA′, GG′, EE′ ; faisons tourner la figure autour de OO′, en supposant le plan sécant enlevé. Nous obtenons deux sphères inscrites dans le cylindre suivant les cercles de contact EG, E′G′ ; en rétablissant le plan sécant perpendiculaire au plan EE′GG′ et passant

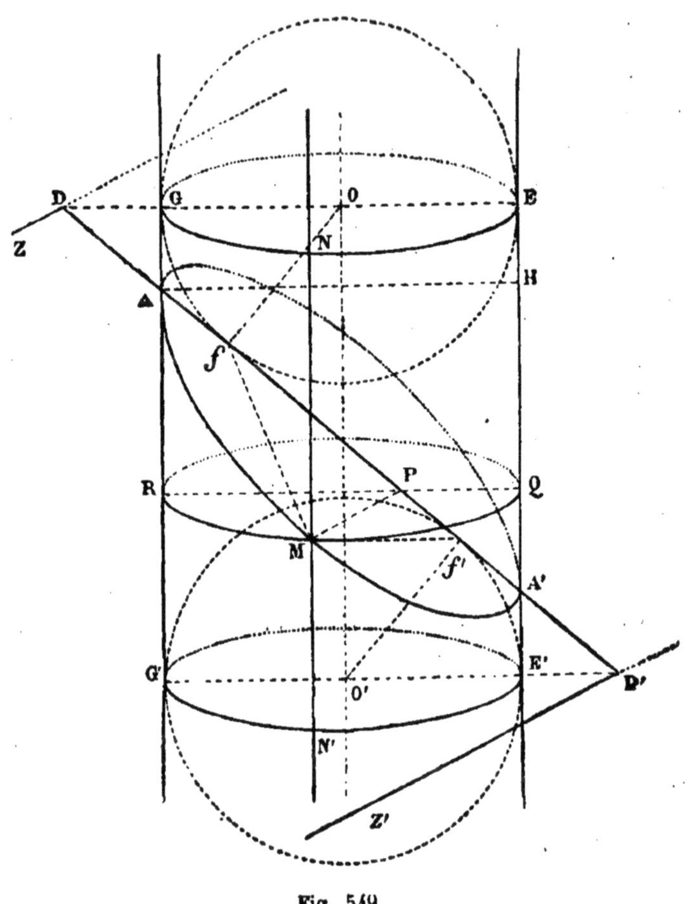

Fig. 549.

par AA′, il se trouve tangent en f et f' aux deux sphères : soit M un point de la section du cylindre par ce plan, les droites Mf et Mf' sont tangentes aux sphères, ainsi que la génératrice NMN′, donc :

$$Mf = MN \quad \text{et} \quad Mf' = MN',$$

par suite :

$$Mf + Mf' = NN'.$$

Donc la courbe de section est une ellipse ayant pour foyers f et f'.

Le grand axe est AA′, et la distance focale est A′H, projection de AA′ sur EE′, car :

$$EE' = NN' = AA', \qquad A'E' = A'f',$$

et

$$EH = AG = Af.$$

Le petit axe est donc le diamètre AH du cylindre.

Corollaire I. — *Les directrices de l'ellipse de section sont les droites d'intersection du plan sécant avec les plans des cercles de contact des sphères auxiliaires.*

En effet, soit D′Z′ (fig. 549) l'une de ces droites perpendiculaires au plan EE′GG′ : menons par le point M une section QR perpendiculaire à l'axe du cylindre, qui coupe le plan de l'ellipse suivant la parallèle MP à D′Z′ ; PD′ est la distance du point M à D′Z′, et Mf' ou MN′ ou QE′ est la distance du point M au foyer f' ; or :

$$\frac{QE'}{PD'} = \frac{A'H}{AA'} = \frac{c}{a}.$$

Donc D′Z′ est bien une directrice (th. VI); il en est de même de DZ.

Corollaire II. — *On peut toujours placer sur un cylindre de révolution donnée une ellipse dont le petit axe est égal au diamètre de ce cylindre.*

En effet, construisons le triangle rectangle qui a pour hypoténuse et côté de l'angle droit les données $2a$ et $2b$ de l'ellipse donnée : tout plan faisant avec l'axe du cylindre un angle égal à l'angle de ce triangle opposé à $2b$, coupera sa surface suivant une ellipse égale à la proposée.

THÉORÈME XXVI

La tangente en un point d'une section plane d'un cône ou d'un cylindre de révolution est l'intersection du plan de la courbe avec le plan tangent à la surface en ce point.

Nous avons défini, en effet, le plan tangent en un point de l'une de ces surfaces, le plan déterminé par la génératrice passant par ce point et la tangente au parallèle en ce point. Nous en avons conclu que le plan tangent à l'une de ces surfaces était le même pour tous les points d'une même génératrice.

Nous pouvons prouver facilement que ce plan contient la tangente en ce point à toute courbe tracée par ce point sur la surface.

Soit, en effet, la génératrice SMN d'un cône de révolution autour de SO ; soit NN' et MM' un parallèle et une ligne quelconque tracés sur la surface; les tangentes à ces lignes aux points M et N situés sur la même génératrice sont dans le même plan; car, en considérant une génératrice voisine SM'N', le plan qu'elle détermine avec la première contient les sécantes MM', NN'; en faisant tourner cette génératrice de sorte qu'elle tende vers la position SMN, les sécantes tendront en même temps vers les positions de tangentes en M et N, et ne cesseront pas d'être dans le même plan; donc le plan déterminé par SN et la tangente en N contient la tangente en M.

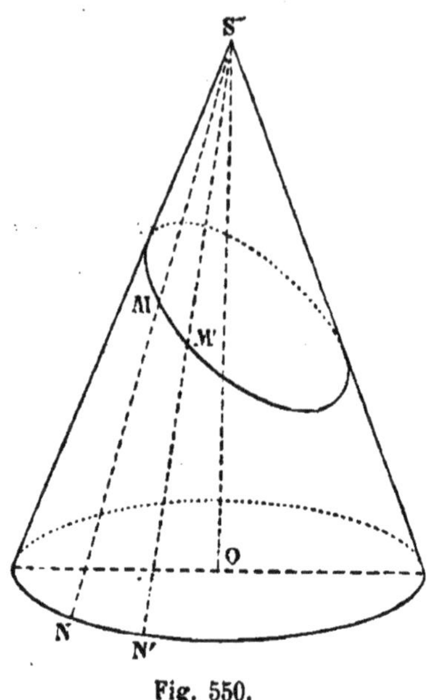

Fig. 550.

§ VIII. — SECTIONS PLANES DU CONE DE RÉVOLUTION

Supposons que l'on mène par le sommet du cône un plan parallèle au plan donné ; trois cas peuvent se présenter :

1° Ce plan peut avoir deux génératrices communes avec le cône, alors la section est une hyperbole;

2° Le plan auxiliaire n'a qu'une seule génératrice commune, alors il est tangent au cône, et la section est une parabole;

3° Le plan auxiliaire n'a que le sommet de commun avec le cône, dans ce cas le plan donné rencontre toutes les génératrices d'un même côté du sommet, et la section est une ellipse.

Ces propriétés établissent encore un lien entre les trois courbes que nous avons étudiées ; elles ont conduit à donner le nom commun de *sections coniques* (ou simplement *coniques*) à ces lignes ; à un autre point de vue elles portent encore le nom de *courbes du second degré*.

THÉORÈME XXVII

La section d'un cône de révolution par un plan qui rencontre toutes les génératrices d'un même côté du sommet est une ellipse.

Supposons que l'on coupe le cône (fig. 551) par un plan passant par l'axe et perpendiculaire au plan donné : on obtient sur le cône les génératrices SG, SE, et sur le plan donné la trace AA'.

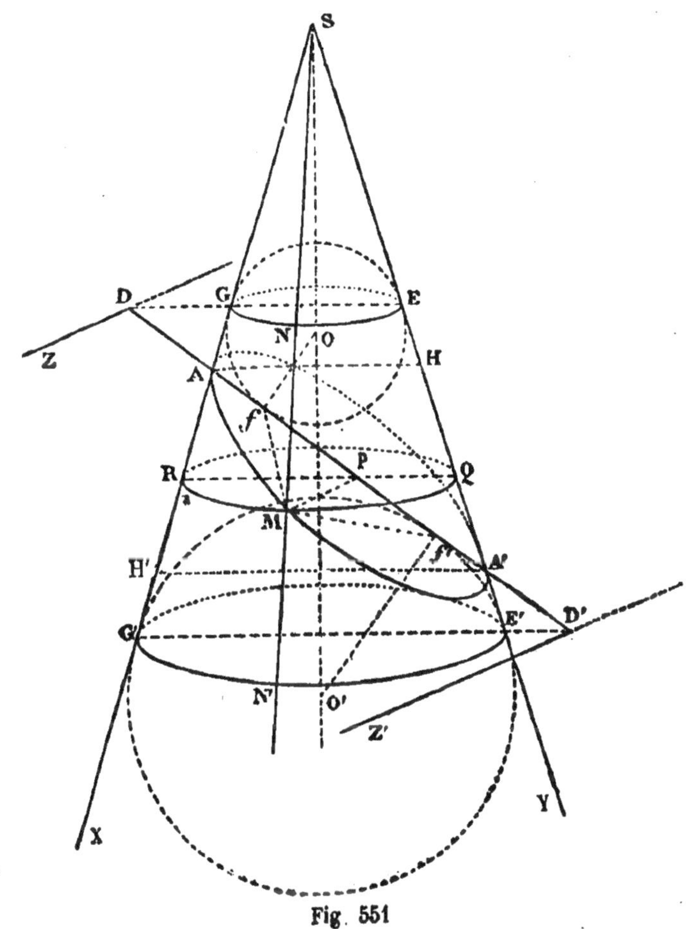

Fig. 551

Traçons les circonférences O et O' inscrites dans l'angle GSE et tangentes aux droites SG, SE, AA'; enlevons le plan sécant, et faisons tourner la figure autour de l'axe du cône; nous obtiendrons deux sphères inscrites dans le cône suivant les cercles de contact GE,

G′E′, et en rétablissant le plan donné passant par AA′, et perpendiculaire au plan GSE, il sera tangent en f et f' aux sphères auxiliaires.

Soit M un point de la courbe de section par lequel nous menons la génératrice SNMN′, nous aurons :

$$Mf = MN \quad \text{et} \quad Mf' = MN'$$

comme tangentes issues d'un même point à une même sphère; donc :

$$Mf + Mf' = NN',$$

quantité constante.

La section est donc une ellipse ayant pour foyers f et f' et pour grand axe AA′ = GG′.

Remarque I. — *La distance focale de cette ellipse est égale à la portion* A′H *de génératrice comprise entre le point* A′ *et la perpendiculaire à l'axe passant par* A.

En effet :

$$EE' = AA',$$

puis

$$A'E' = A'f'$$

et

$$HE = AG = Af.$$

Remarque II. — *Si l'on mène la parallèle* A′H′ *à* AH, *le produit* AH × A′H′ *sera égal au carré du petit axe.*

En effet, dans le triangle AHA′, le double de la projection sur AH de la médiane issue du point A′ est précisément A′H′; donc on a :

$$4a^2 - 4c^2 = AH \times A'H'.$$

On en conclut que si l'on prend SQ moyenne géométrique entre SA et SA′, la parallèle RQ à AH sera le petit axe de la courbe.

Remarque III. — *Les directrices de cette ellipse sont les intersections du plan de la courbe avec les plans des cercles de contact des sphères auxiliaires.*

Soit D′Z′ une de ces droites perpendiculaires au plan SGE ; menons par le point M un plan perpendiculaire à l'axe du cône qui coupe celui-ci suivant la circonférence QR, et le plan de la section suivant la parallèle MP à D′Z′; il en résulte que PD′ est la distance du point M à D′Z′. De plus :

$$Mf' = MN' = QE'.$$

Or on a :

$$\frac{QE'}{PD'} = \frac{A'E'}{A'D'} = \frac{HA'}{AA'} = \frac{c}{a}.$$

Donc D′Z′ est bien la directrice voisine du foyer f' (th. VI).

Corollaire I. — *On peut toujours placer une ellipse donnée sur un cône de révolution donné.*

En effet, dans le triangle AA'H (fig. 551) nous connaissons les deux côtés :

$$HA' = 2c, \quad A'A = 2a,$$

et l'angle opposé à AA' qui vaut le demi-angle au sommet du cône augmenté d'un droit : cet angle étant obtus et $2a$ étant toujours supérieur à $2c$, on pourra toujours construire un triangle $A_1H_1A'_1$ (fig. 552) égal à AHA' et il n'y aura qu'une solution.

Par suite on pourra construire le triangle SAA' (fig. 551) et placer sur les deux génératrices SG, SE, les points A, A' : le plan passant par AA' et perpendiculaire au plan SGE coupera le cône suivant une ellipse égale à la proposée.

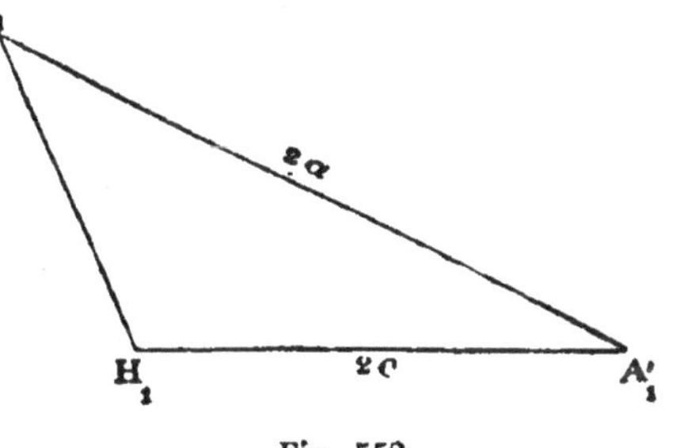

Fig. 552.

Corollaire II. — *Le lieu géométrique des sommets des cônes de révolution passant par une ellipse donnée, est une hyperbole dont le plan est perpendiculaire au plan de l'ellipse, et qui a pour foyers et sommets les sommets du grand axe et les foyers de l'ellipse considérée.*

En effet, le sommet S (fig. 551) est déjà dans le plan passant par AA' et perpendiculaire au plan de l'ellipse ; de plus,

$$SA' - SA = HA' = 2c.$$

Donc tous les points tels que S appartiennent à l'hyperbole tracée dans ce plan, ayant pour foyers les sommets A et A' et pour sommets les points f et f'.

Les axes des cônes de révolution passant par l'ellipse sont tangents à cette hyperbole.

THÉORÈME XXVIII

La section d'un cône de révolution par un plan qui coupe les deux nappes du cône est une hyperbole.

Soit GSG', ESE' (fig. 553), les génératrices situées dans le plan passant par l'axe du cône et perpendiculaire au plan sécant, et soit AA' son intersection avec le plan donné. Traçons les circonférences O, O′ situées dans l'angle du cône et son opposé par le sommet, et tangentes aux droites GG′, EE′, AA′.

Supposons le plan sécant enlevé, et faisons tourner la figure au-

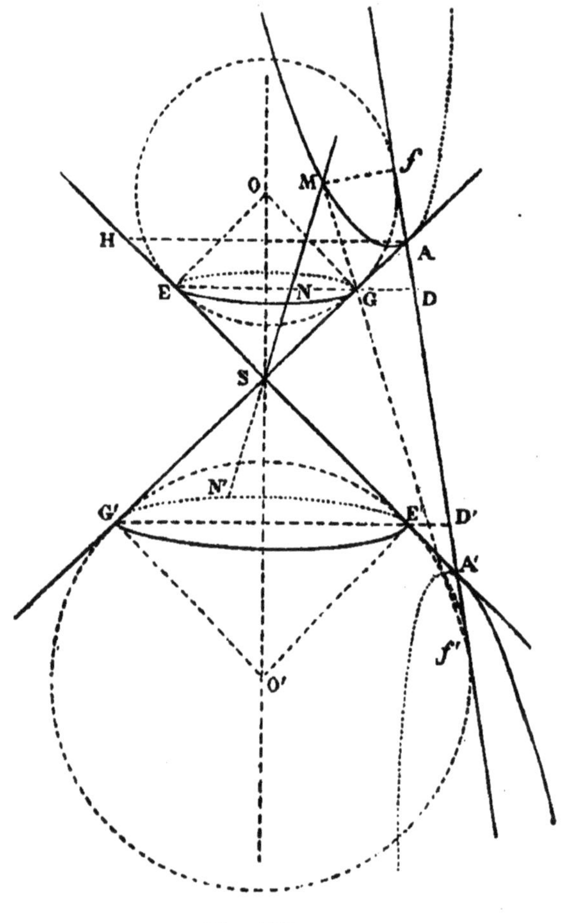

Fig. 553.

tour de l'axe du cône : nous obtiendrons deux sphères inscrites dans le cône suivant les cercles de contact GE, G′E′ ; en plaçant le plan sécant perpendiculaire au plan GSE et passant par AA′, il sera tangent aux deux sphères auxiliaires aux points f et f'.

Soit M un point quelconque de la courbe de section, et MNSN′ la génératrice qui contient ce point, on aura : $Mf = MN$, et $Mf' = MN'$ comme tangentes à une même sphère issues d'un même point.

Donc :

$$Mf' - Mf = NN',$$

quantité constante.

La courbe est donc une hyperbole ayant pour foyers les points f et f' et pour sommets les points A et A'.

Remarque I. — *La distance focale de cette ellipse est égale à la portion* A'H *de génératrice comprise entre* A' *et la perpendiculaire à l'axe passant par* A.

En effet :

$$EE' = AA', \quad A'f' = A'E',$$

et

$$Af = AG = EH.$$

Remarque II. — *Les directrices de cette hyperbole sont les droites d'intersection du plan de la courbe avec les plans des cercles de contact des sphères auxiliaires.*

Même procédé que dans le cas de l'ellipse.

Remarque III. — *Les asymptotes sont parallèles aux génératrices du cône situées dans le plan passant par le sommet et parallèle au plan sécant.*

En effet, la tangente en un point d'une section plane du cône est l'intersection de ce plan avec le plan tangent en ce point au cône (th. XXVI). Or, les points à l'infini de l'hyperbole sont donnés par les génératrices parallèles au plan de la section ; par suite, les tangentes en ces points, c'est-à-dire les asymptotes, sont les intersections du plan de la courbe avec les plans tangents au cône suivant ces génératrices ; elles sont donc parallèles à ces génératrices.

Il en résulte que l'angle maximum des asymptotes d'une section plane d'un cône de révolution est l'angle au sommet du cône. Les hyperboles qui correspondent à cet angle maximum des asymptotes sont données par les plans sécants parallèles à l'axe du cône.

Corollaire I. — *On peut toujours placer une hyperbole donnée sur un cône de révolution donné, lorsque l'angle au sommet du cône n'est pas inférieur à l'angle des asymptotes qui contient l'hyperbole.*

En effet, le problème revient à construire le triangle ASA' (fig. 553) qui se déduit aisément du triangle AHA' : or, dans le triangle AHA' nous connaissons deux côtés :

$$A'H = 2c, \quad AA' = 2a,$$

et l'angle AHA' opposé à l'un d'eux qui est le complément du demi-angle α au sommet du cône.

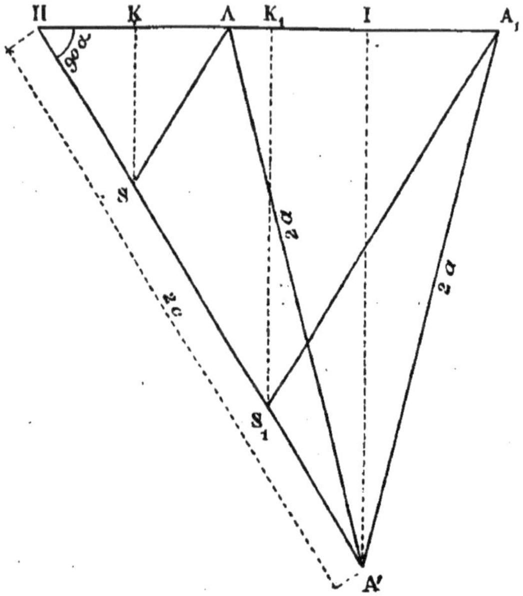

Fig. 554.

Donc, après avoir tracé l'angle A_1HA' (fig. 554), et porté $HA' = 2c$, on décrira la circonférence de centre A' et de rayon $2a$ qui rencontrera HA_1 aux points A et A_1.

Discussion.— Pour que ces points existent, il faut et il suffit que $2a$ ne soit pas inférieur à la distance $A'I$ du point A' à HA_1, c'est-à-dire :

$$a \geqslant c \sin(90 - \alpha),$$

ou :

$$\cos\alpha \leqslant \frac{a}{c}.$$

Or, en représentant par β le demi-angle des asymptotes de l'hyperbole considérée, on a :

$$\cos\beta = \frac{a}{c}.$$

La condition de possibilité peut donc s'écrire :

$$\cos\alpha \leqslant \cos\beta,$$

d'où :

$$\alpha \geqslant \beta :$$

c'est la condition exprimée dans l'énoncé.

En la supposant satisfaite, nous obtenons les deux points A, A_1 et pour achever la quetsion, nous construisons les triangles ASA', A_1S_1A' en élevant les perpendiculaires aux milieux K et K_1 des segments HA, HA_1. Les deux triangles que nous venons de construire sont égaux, car :

$$IK_1 + IA_1 = 2HK + IA_1 - IK_1,$$

d'où :

$$HK = HK_1,$$

par suite, $HS = A'S_1$ et $HS_1 = A'S$; donc :

$$AS = A'S_1 \quad \text{et} \quad A'S = A_1S_1;$$

les trois côtés des deux triangles sont donc égaux.

Corollaire II. — *Le lieu géométrique des sommets des cônes de révolution passant par une hyperbole donnée, est une ellipse dont le plan est perpendiculaire au plan de l'hyperbole, et qui a pour foyers et sommets du grand axe les sommets et foyers de l'hyperbole.*

En effet, en nous reportant à la figure 553, nous voyons que l'on a :

$$SA + SA' = HA' = ff'.$$

D'ailleurs *les axes des cônes de révolution passant par l'hyperbole sont les tangentes à cette ellipse.*

THÉORÈME XXIX

La section d'un cône de révolution par un plan parallèle à l'un de ses plans tangents est une parabole.

Soit SG, SE (fig. 555), les génératrices situées dans le plan passant par l'axe du cône et perpendiculaire au plan sécant : la trace AP du plan sécant sur ce plan auxiliaire sera parallèle à l'une de ces génératrices. Traçons la circonférence O inscrite dans l'angle GSE et tangente à AP ; supposons le plan sécant enlevé, et faisons tourner la figure autour de l'axe du cône, nous obtiendrons une sphère inscrite dans le cône suivant le cercle de contact GE; en rétablissant le plan sécant passant par AP et perpendiculaire au plan SGE, il sera tangent en f à la sphère auxiliaire.

La courbe de section est la parabole ayant pour foyer le point f, et pour directrice l'intersection DZ du plan sécant avec le plan du cercle de contact; soit en effet, un point arbitraire M de cette courbe; la génératrice SNM, qui passe par ce point, est tangente en N à la sphère, donc :

$$Mf = MN;$$

le plan passant par le point M et perpendiculaire à l'axe du cône, coupe le cône suivant le cercle QR, et le plan sécant suivant la parallèle MP à DZ, de sorte que :

$$QE = MN,$$

et que la distance du point M à DZ est PD; or, PD = QE parce que

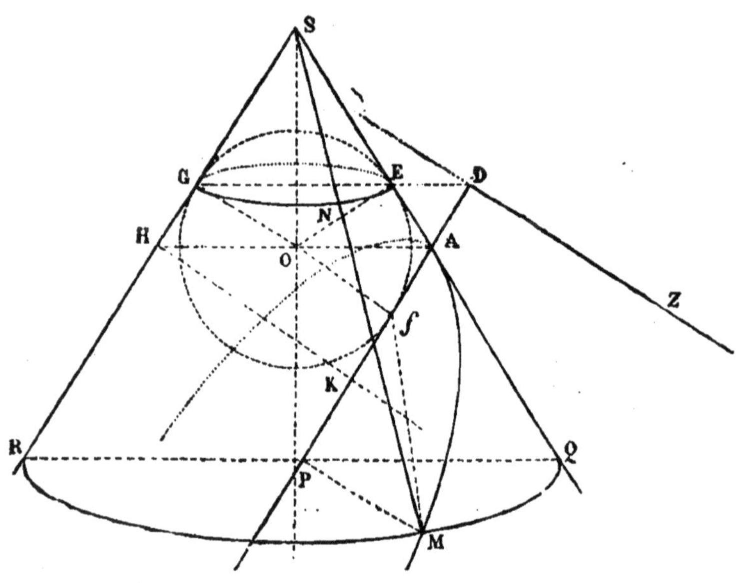

Fig. 555.

les triangles ADE, APQ sont isocèles, donc le point M est à la même distance du point f et de la droite DZ : la courbe est donc la parabole ayant f pour foyer et DZ pour directrice ; le sommet de la courbe est le point A.

Corollaire I. — *On peut toujours placer une parabole donnée sur un cône de révolution donné.*

Il suffit, en effet, de pouvoir construire le triangle SOA, qui résulte du triangle OAE dans lequel on connaît AE, qui est le quart du paramètre de la parabole, et l'angle OAE qui est le complément du demi-angle du cône.

Corollaire II. — *Le lieu géométrique des sommets des cônes de révolution passant par une parabole donnée est une parabole égale à celle-ci, située dans un plan perpendiculaire au plan de cette parabole, et qui a pour foyer et sommet, le sommet et le foyer de celle-ci.*

En effet, menons la perpendiculaire AH à l'axe du cône (fig. 555), et traçons HK perpendiculaire à AP, nous aurons :

$$fK = HG = EA = Af.$$

Cette droite HK ne dépend donc que de la parabole considérée ; d'ailleurs SA = SH, donc le point S appartient à la parabole qui a pour foyer le point A et pour directrice HK : or f est le milieu de KA, donc f est le sommet de cette parabole.

Ces deux paraboles ayant même paramètre sont égales.

Les axes des cônes de révolution passant par l'une des deux paraboles sont les tangentes à l'autre.

THÉORÈME XXX

La projection d'une section plane d'un cône de révolution sur un plan perpendiculaire à l'axe, est une courbe de même espèce qui a pour foyer le pied de l'axe sur le plan de projection.

Nous supposons le plan de projection passant par le sommet du cône; soit SA, SA', AA' et DS (fig. 556) les intersections du cône,

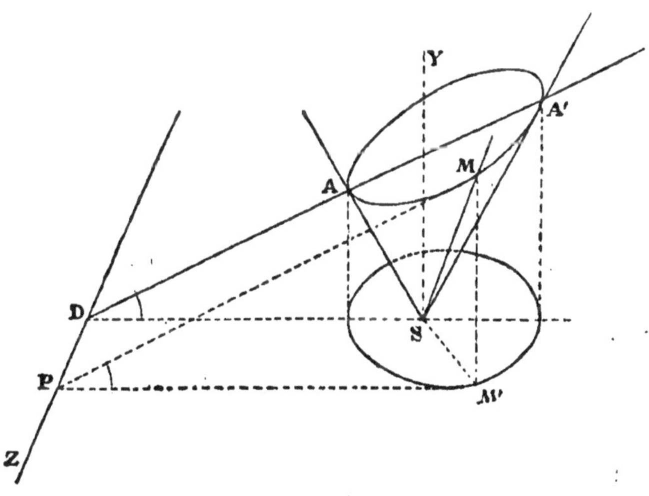

Fig. 556.

du plan sécant et du plan de projection par le plan contenant l'axe du cône et perpendiculaire au plan sécant ; soit DZ la trace du plan sécant sur le plan de projection; soit α le demi-angle au sommet du cône et β l'angle aigu du plan sécant avec le plan de projection; soit

M′ la projection d'un point arbitraire M de la section du cône. Le triangle rectangle MSM′ donne :

$$M'S = MM' \operatorname{tg} \alpha;$$

le triangle rectangle MPM′ donne de même :

$$M'P = MM' \cot \beta.$$

Donc :

$$\frac{M'S}{M'P} = \operatorname{tg} \alpha \operatorname{tg} \beta.$$

Le rapport des distances d'un point quelconque M′ de la courbe projection au point fixe S et à la droite fixe DZ étant constant, cette courbe est une conique ayant le point S pour foyer et la droite DZ pour directrice.

D'ailleurs, si la courbe est une ellipse, sa projection ne peut être qu'une ellipse puisque c'est une conique et qu'elle n'a pas de points à l'infini. On peut raisonner de même dans les deux autres cas ; mais on peut établir ces résultats rigoureusement en comparant à l'unité le rapport : $\operatorname{tg} \alpha \operatorname{tg} \beta$.

1° Si :

$$\operatorname{tg} \alpha \operatorname{tg} \beta < 1,$$

la projection est une ellipse. Voyons comment le plan sécant est placé par rapport au cône ; la condition précédente s'écrit :

$$\operatorname{tg} \beta < \operatorname{tg} (90 - \alpha),$$

ou :

$$\beta < 90 - \alpha;$$

donc le plan parallèle au plan sécant et passant par le sommet du cône n'a que le point S de commun avec ce cône : la section est donc une ellipse.

2° Si :

$$\operatorname{tg} \alpha \operatorname{tg} \beta = 1,$$

la projection est une parabole ; mais, de

$$\operatorname{tg} \beta = \operatorname{tg} (90 - \alpha)$$

on tire :

$$\beta = 90 - \alpha,$$

et le plan parallèle au plan sécant mené par le sommet est tangent au cône, donc la section est aussi une parabole.

3° Si :

$$\operatorname{tg} \alpha \operatorname{tg} \beta > 1,$$

la projection est une hyperbole; or :

$$\operatorname{tg}\beta > \operatorname{tg}(90 - \alpha)$$

conduit à :

$$\beta > 90 - \alpha;$$

donc le plan parallèle au plan sécant mené par le sommet coupe le cône; la section est donc aussi une hyperbole.

RÉSUMÉ

On appelle PERSPECTIVE D'UN POINT *l'intersection de la droite qui le joint à un point fixe, appelé* POINT DE VUE, *avec un plan fixe appelé* PLAN DU TABLEAU.

La perspective d'une ligne est le lieu géométrique des perspectives des points de cette ligne. En particulier la perspective d'une droite est une droite, à moins qu'elle ne passe par les points de vue, auquel cas sa perspective se réduit à un point.

On peut alors énoncer les résultats contenus dans le paragraphe VIII, en disant : *La perspective d'une circonférence dont le plan est perpendiculaire à la droite qui joint le centre au point de vue est une des trois courbes ellipse, parabole, hyperbole, suivant la position du plan du tableau.*

RÉCIPROQUEMENT, *une ellipse, parabole, hyperbole donnée est la perspective d'une circonférence.*

Pour prouver cette réciproque, considérons, par exemple, une hyperbole H donnée : prenons son plan comme plan du tableau, choisissons comme point de vue un point quelconque S de l'ellipse dont le plan est perpendiculaire au plan de l'hyperbole et qui a pour sommets et foyers, les foyers f, f' et les sommets A, A' de l'hyperbole; enfin considérons une circonférence dont le plan est perpendiculaire à la tangente SX en S à l'ellipse, dont le centre est sur cette droite et qui rencontre la droite SA. Il est visible que le cône de révolution autour de SX, qui a pour génératrice SA, passera par cette circonférence, et que l'hyperbole H coïncidera avec la section de ce cône par le plan de cette courbe : donc l'hyperbole H est la perspective de la circonférence ainsi définie.

Cette façon de concevoir les résultats précédents présente un grand avantage : les propriétés de la circonférence conduisent en effet de suite à des propriétés importantes communes aux trois courbes.

Ainsi, la perspective d'une division harmonique est une division harmonique. Donc les propriétés relatives aux pôles et polaires dans le cercle sont applicables aux trois coniques :

Le lieu géométrique du conjugué d'un point fixe du plan d'une conique sur toute corde de la courbe qui passe par ce point est une droite appelée polaire du point fixe (qui est son pôle).

Lorsqu'une droite pivote autour d'un point fixe, son pôle parcourt une droite qui est la polaire de ce point, et réciproquement.

Il en résulte encore que *toutes les cordes d'une conique parallèles à une même direction ont leurs milieux en ligne droite.* Cette droite s'appelle le diamètre conjugué de la direction des cordes. Le diamètre des cordes qui lui sont parallèles est parallèle aux premières cordes.

Enfin les propriétés contenues dans les théorèmes de Pascal et de Brianchon s'appliquent aux trois coniques ainsi que leurs conséquences.

§ IX. — SECTION ANTIPARALLÈLE DU CONE OBLIQUE A BASE CIRCULAIRE

Définition. — *Le* CÔNE OBLIQUE A BASE CIRCULAIRE *est la surface engendrée par une droite mobile appelée* GÉNÉRATRICE *qui passe par un point fixe appelé* SOMMET, *et qui s'appuie constamment sur une circonférence appelée* DIRECTRICE.

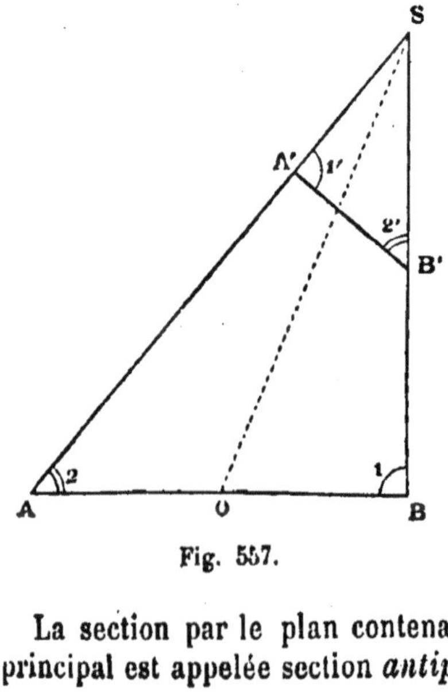

On appelle *plan principal* dans cette surface le plan perpendiculaire au plan de la directrice, passant par le centre de cette courbe et par le sommet du cône.

Soit SAB (fig. 557) cette *section principale*, AB étant le diamètre de la directrice, et soit A′B′ une droite antiparallèle à AB, c'est-à-dire telle que les angles 1 et 1′ soient égaux.

Fig. 557.

La section par le plan contenant A′B′ et perpendiculaire au plan principal est appelée section *antiparallèle du cône.*

Les sections du cône par des plans parallèles au plan de la directrice sont des circonférences dont les centres ont pour lieu géométrique la droite SO.

Nous allons prouver que les sections antiparallèles sont aussi des circonférences.

On appelle PROJECTION STÉRÉOGRAPHIQUE (1) *d'un point de la sphère la perspective de ce point, en prenant comme plan du tableau le plan d'un grand cercle, et comme point de vue le pôle de ce grand cercle.*

THÉORÈME XXXI

Les sections antiparallèles d'un cône oblique à base circulaire sont des circonférences.

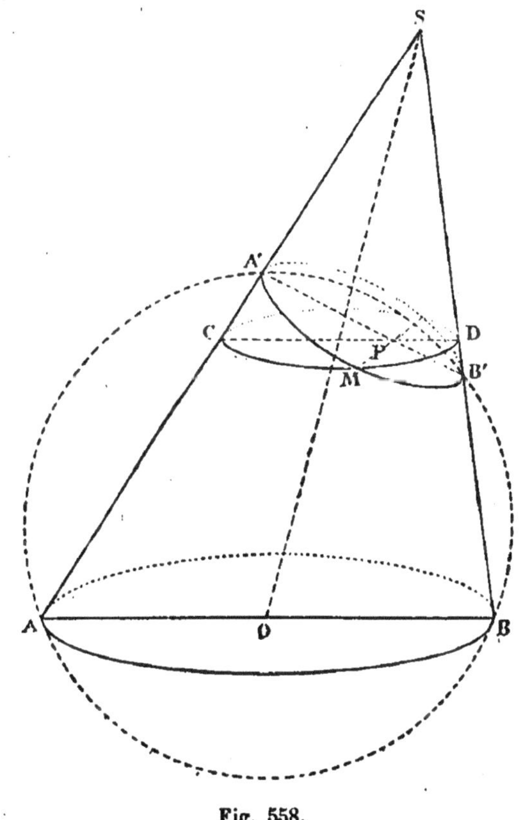

Fig. 558.

Soit, en effet (fig. 558), le plan principal SAB sur lequel AB est

(1) Στερεὸς, solide ; γραφικός, qui sert à écrire.

la trace du plan de la directrice, et A'B' la trace d'un plan antiparallèle à celui-ci ; soit M un point quelconque de la section par ce plan; coupons le cône par le plan parallèle au plan de la directrice et contenant le point M, soit CD la circonférence de section du cône, et MP l'intersection avec le plan antiparallèle : MP sera perpendiculaire au plan SAB. Comme CD est le diamètre du cercle de section, on a :

$$\overline{MP}^2 = PC \times PD.$$

Or, les points A', B', C, D sont sur une même circonférence, puisque les angles A'CD, A'B'D sont égaux; donc :

$$\overline{MP}^2 = PA' \times PB'.$$

Par suite, le point M est sur la circonférence décrite sur A'B' comme diamètre.

La courbe de section est donc cette circonférence.

Remarque. — La propriété démontrée s'applique évidemment à un cylindre oblique à bases circulaires.

Corollaire I. — *Deux sections antiparallèles d'un cône oblique à base circulaire sont situées sur la même sphère.*

Car les quatre points A, A', B, B' (fig. 558) sont sur une même circonférence, et la sphère qui a pour grand cercle cette circonférence est coupée par les deux plans antiparallèles suivant les circonférences ayant pour diamètres AB et A'B'.

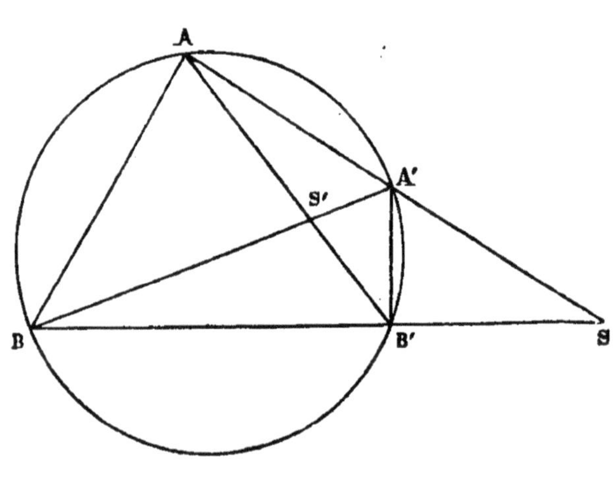

Fig. 559.

Réciproquement, il y a généralement deux cônes qui passent par deux cercles d'une même sphère : l'un de ces cônes peut devenir un cylindre.

Corollaire II. — *Lorsqu'un cône et une sphère ont en com-*

mun une circonférence, ils se coupent suivant une deuxième circonférence.

Nous prenons comme plan de la figure 559 le plan principal du cône : soit AB la trace du plan de la circonférence commune au cône et à la sphère. Le plan de la figure coupera la sphère suivant un

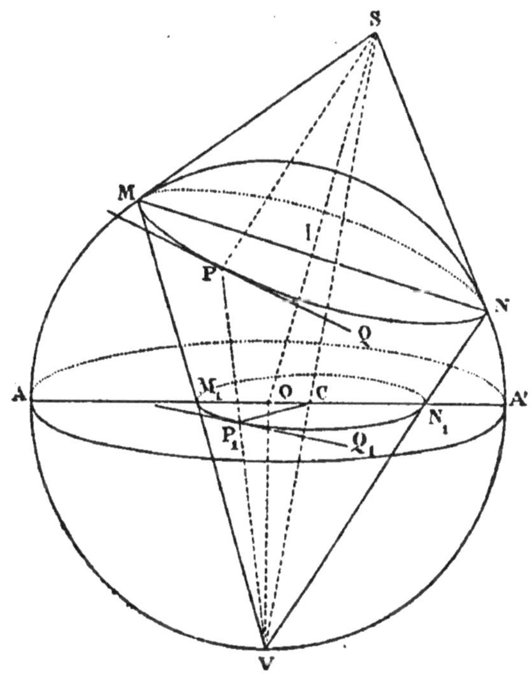

Fig. 560.

grand cercle, puisqu'il contient la perpendiculaire élevée au centre de la circonférence commune

La section des deux surfaces par le plan perpendiculaire au plan de la figure, et passant par A'B', sera une seconde circonférence commune, car A'B' est antiparallèle à AB.

Corollaire III. — *La projection stéréographique d'un cercle de la sphère est un cercle.*

Prenons comme plan de la figure 560 le plan du grand cercle contenant le point de vue V et le centre I du cercle que l'on veut projeter ; c'est précisément le plan principal du cône formé par les rayons visuels qui servent à projeter le cercle considéré : soit MN le diamètre de ce cercle et M_1, N_1 les projections des extrémités de ce diamètre sur le plan du tableau, qui a pour trace sur la figure le diamètre AA′ perpendiculaire sur OV.

Les droites MN et M_1N_1 sont antiparallèles, car les angles VMN, M_1N_1V sont égaux comme ayant même mesure, les arcs VA′ et VA étant égaux. Donc la section du cône par le plan du tableau est une circonférence.

Remarque I. — Si l'on considère la tangente à deux courbes tracées sur la sphère en l'un des points communs, l'angle qu'elles forment entre elles égale l'angle que forment leurs projections stéréographiques ; autrement dit :

Les projections stéréographiques de deux courbes de la sphère se coupent sous le même angle que ces courbes.

Soit, en effet, MP et MQ (fig. 561) les tangentes considérées, dont

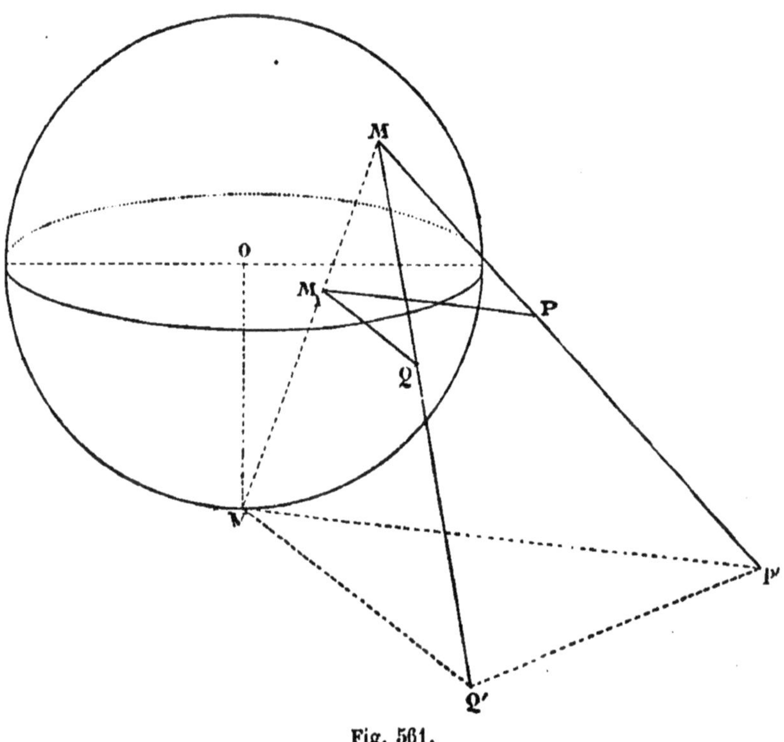

Fig. 561.

les projections sont M_1P, M_1Q : nous prenons les points P′, Q′ où elles rencontrent le plan tangent à la sphère au point de vue V; nous obtiendrons alors les parallèles VP′, VQ′ aux projections. D'ailleurs les triangles P′MQ′ et P′VQ′ ont leurs côtés égaux chacun à chacun, puisque P'M et P'V, par exemple, sont des tangentes issues d'un même point à une sphère : donc l'angle P'MQ' égale P'VQ' et par suite l'angle PM_1Q. C'est une des propriétés les plus importantes de ces sortes de projections usitées pour la construction de certaines cartes géographiques.

On en peut conclure aisément la propriété suivante :

Le centre de la projection stéréographique d'un cercle de la sphère est la perspective du sommet du cône circonscrit à la sphère suivant ce cercle.

Soit, en effet, M_1N_1 (fig. 562) le diamètre du cercle projection du

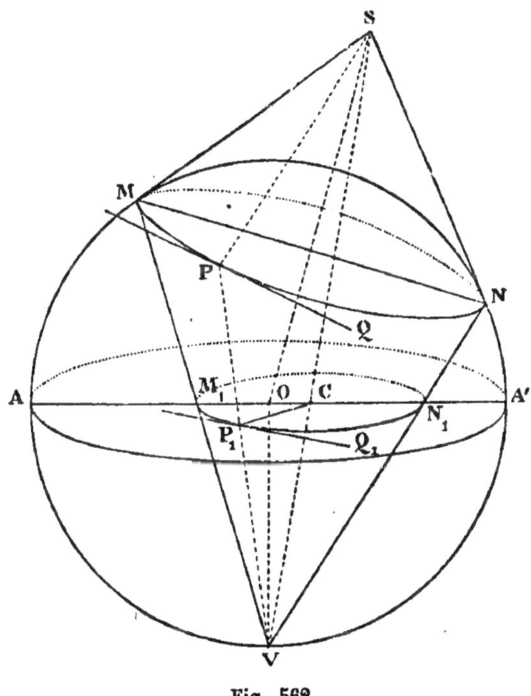

Fig. 562.

cercle MPN, et soit C la perspective du sommet S du cône circonscrit suivant MN. La génératrice arbitraire SP est perpendiculaire à la tangente PQ à la base du cône : or la perspective de SP est CP_1 et la perspective de la tangente PQ est la tangente P_1Q_1 à la projection du cercle, donc l'angle CP_1Q_1 est droit, parce que SP est une tangente à la sphère. Il en faut conclure que C est le centre de la projection.

Ceci complète l'énoncé du corollaire III.

Remarque II. — La projection stéréographique d'une ligne tracée sur la sphère est la figure inverse de cette ligne, le pôle de transformation étant le point de vue, et la puissance étant $2R^2$.

Remarque III. — Ces propriétés des projections stéréographiques ont un grand intérêt au point de vue des constructions que l'on peut exécuter sur la surface de la sphère. Les problèmes graphiques résolus dans un plan à propos de droites et de cercles se transforment ainsi aisément en problèmes analogues relatifs à la spère. Il faut citer en particulier le problème qui consiste à mener une circonférence tangente à trois circonférences données, dont la transformation est remarquable.

§ X. — PROPRIÉTÉS FONDAMENTALES DE L'HÉLICE (1)

Définitions.

Considérons un cylindre de révolution (fig. 563) et une droit AB_1C_2 indéfinie qui rencontre la génératrice AC : *en enroulant le*

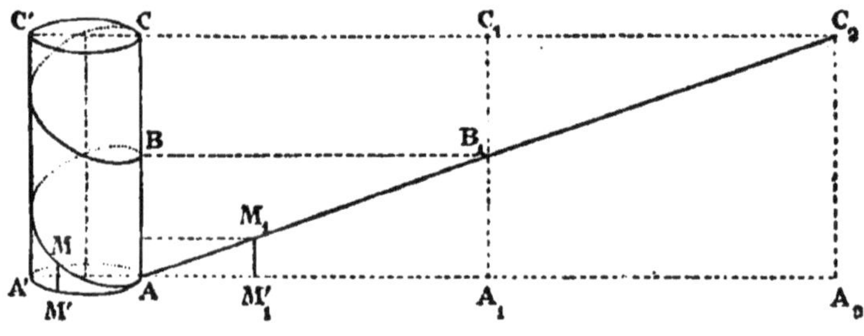

Fig. 563.

plan ACC_1 *sur la surface du cylindre, la droite* AC_2 *engendrera une courbe à double courbure qui s'appelle* HÉLICE.

Si

$$AA_1 = A_1A_2 = \ldots = \text{circonf. } AA',$$

en menant des parallèles à AC par les points $A_1, A_2 \ldots$ on obtiendra les points $B_1, C_2 \ldots$ sur la droite AC_2 qui, par suite de l'enroulement, viendront se placer en B, C... sur la génératrice AC. La distance AB de deux de ces points consécutifs s'appelle le PAS de l'hélice, et l'arc

(1) ἕλιξ, spirale.

d'hélice compris entre les deux points A, B s'appelle une SPIRE. L'hélice se compose donc d'un nombre illimité de spires égales entre elles.

Les hélices de même PAS *tracées sur un même cylindre sont égales*, car on les obtient en changeant la position du point A, mais en conservant la direction de la droite AC_2.

Sur un même cylindre deux hélices ne peuvent différer que par le *pas*.

Si l'on déroule le cylindre sur un plan tangent, toutes les hélices tracées sur sa surface deviennent des droites, donc : *par deux points de la surface d'un cylindre, qui n'appartiennent pas à une même génératrice, on peut faire passer un arc d'hélice et un seul*, et l'on prouve que cet arc est le plus court chemin d'un point à l'autre sur la surface du cylindre.

Si l'on choisit un plan perpendiculaire à l'axe du cylindre, soit le plan AA′ (fig. 563), le point A de l'hélice s'appelle l'*origine* de la spiredans ce plan : la distance MM′ d'un point quelconque de l'hélice à ce plan s'appelle l'*ordonnée* de ce point M, et la longueur de l'arc de circonférence AM′ est l'*abscisse curviligne* du point M.

THÉORÈME XXXII

L'ordonnée d'un point de l'hélice est proportionnelle à son abscisse curvilique.

Soit, en effet, dans la figure 563, le point arbitraire M de l'hélice : soit M_1 le point de la droite AC_2, qui vient se placer en M dans l'enroulement de AC_2 ; la distance de M_1 au plan AA′ ne changera pas dans ce mouvement, donc M'_1M_1 égale l'ordonnée MM′ du point M, et la longueur AM'_1 équivaut à la longueur de l'abscisse curviligne AM′. Or, on a :

$$\frac{M_1M'_1}{AM'_1} = \frac{A_1B_1}{AA_1},$$

Si donc on représente par *h* le *pas* de l'hélice, et par R le rayon du cylindre, on aura :

$$\frac{MM'}{\text{arc}\,AM'} = \frac{h}{2\pi R}.$$

Ce qu'il fallait prouver.

Corollaire — *Si un point se déplace d'un mouvement uniforme sur une droite, pendant que cette droite tourne uniformément autour d'un axe qui lui est parallèle, la ligne engendrée par le point mobile sera une hélice.*

En effet, si h est le chemin parcouru sur la génératrice par le point mobile, tandis que celle-ci fait un tour complet, l'hélice qui aura h pour *pas* coïncidera avec la trajectoire du point.

On peut se servir de cette propriété pour définir l'hélice.

THÉORÈME XXXIII

La sous-tangente en un point de l'hélice est égale à l'abscisse curviligne de ce point.

Nous appellerons *sous-tangente* la projection, sur le plan passant par l'origine et perpendiculaire à l'axe, de la portion de tangente comprise entre ce plan et le point de contact.

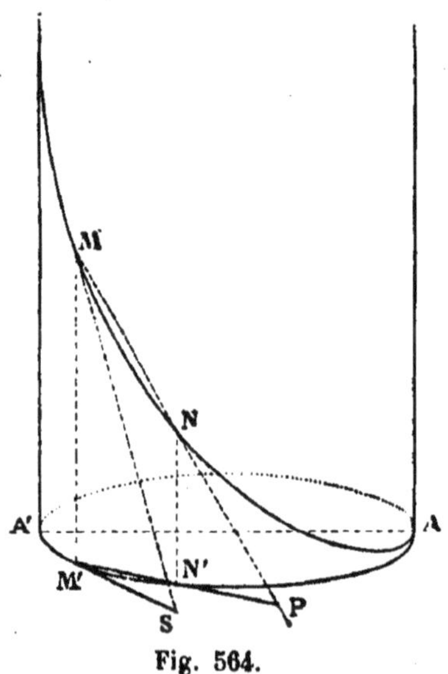

Fig. 564.

Soit la tangente au point M (fig. 564) qui rencontre en S le plan passant par A perpendiculaire à l'axe : la projection de M étant M', la sous-tangente est SM'; nous voulons prouver que SM' égale l'abscisse curviligne AM'.

A cet effet, nous considérons la sécante MN à l'hélice, projetée suivant la sécante M'N' à la circonférence, qu'elle rencontre en P. Lorsque la sécante MN se déplacera de façon que le point N vienne se confondre avec M, la sécante M'N' tendra vers la position de tangente en M' à la circonférence, et le point P tendra vers la position S.

Donc SM' est la limite de la longueur PM' quand N tend vers M. Or, les triangles semblables PMM', PNN' donnent :

$$\frac{PM'}{PN'} = \frac{MM'}{NN'},$$

et, en appliquant le théorème XXXII :

$$\frac{PM'}{PN'} = \frac{\text{arc } AM'}{\text{arc } AN'};$$

on en déduit :

$$\frac{PM'}{PM' - PN'} = \frac{\text{arc } AM'}{\text{arc } AM' - \text{arc } AN'},$$

c'est-à-dire :

$$\frac{PM'}{\text{arc } AM'} = \frac{\text{corde } M'N}{\text{arc } M'N'}$$

Or, le rapport d'un arc de cercle à sa corde tend vers l'unité quand l'arc tend vers zéro, ce qui résulte de la définition de la longueur de l'arc de cercle ; donc le second membre de la proportion précédente tend vers l'unité, quand M'N' devient tangente à la circonférence, c'est-à dire quand MN vient coïncider avec la tangente MS à l'hélice ; donc la limite de PM', c'est-à-dire SM', égale l'arc AM'.

Corollaire I. — *La tangente à l'hélice fait un angle constant avec la génératrice du cylindre.*

Car le triangle MM'S reste semblable à lui-même lorsque le point M parcourt l'hélice, le rapport

$$\frac{MM'}{M'S} \quad \text{ou} \quad \frac{MM'}{\text{arc } AM'}$$

étant invariable (th. XXXII).

Cet angle constant est égal à l'angle aigu que fait la droite qui engendre l'hélice avec la génératrice.

Corollaire II. — *La tangente en un point de l'hélice se construit en joignant ce point à celui qu'on obtient en portant sur la tangente au cercle une longueur égale à l'abscisse curviligne de ce point.*

PROBLÈME XVIII

Construire la projection d'une hélice et de sa tangente sur un plan parallèle à l'axe du cylindre.

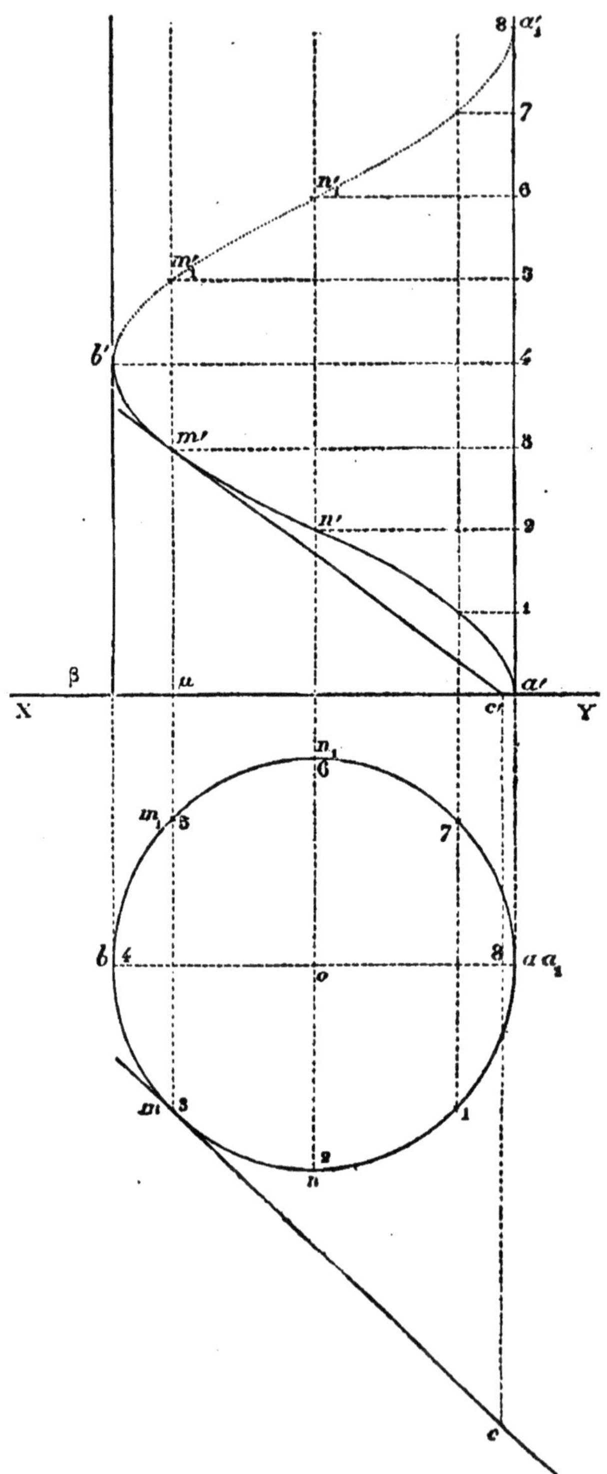

Fig. 563.

Prenons (fig. 565) la circonférence oa comme trace du cylindre sur le plan horizontal, et $a'a'_1\,\beta b'$ le contour apparent vertical de cette surface : soit a l'origine de la spire dont nous voulons la projection verticale, et $a'a'_1$, son pas.

Nous partageons la circonférence oa en n parties égales à partir du point a, ainsi que le pas $a'a'_1$; nous prenons les points de rencontre des lignes de rappel des points de la circonférence avec les parallèles à XY menées par les points affectés des mêmes numéros. Ces points sont les projections verticales des points de l'hélice : en effet, soit le point mm' ainsi obtenu, on a :

$$\frac{m'\mu}{\text{arc}\, am} = \frac{a'a'_1}{\text{circonf.}\, oa}.$$

Donc le point M projeté verticalement en m' est un point de l'hélice (th. XXXII).

En joignant ces points par un trait continu, on a la projection verticale de la courbe.

Pour aider le tracé il est important d'avoir la tangente : or, la tangente à la courbe projection est la projection de la tangente à la courbe : donc la projection horizontale dela tangente au point M est la tangente en m au cercle de base ; la trace horizontale c de cette

Fig. 566.

tangente s'obtient en prenant mc égal à l'arc am rectifié (th. XXXIII) ; la projection verticale c' de ce point qui est sur XY donne donc un second point de la tangente en m' à la courbe projection : cette tangente est donc $m'c'$.

La courbe est tangente en a', a'_1, b' au contour apparent du cylindre.

Il faut remarquer qu'aux points n' et n'_1 la tangente traverse la courbe ; on dit que ce sont des points d'inflexion (fig. 566) : ces points correspondent à un minimum de l'angle aigu fait par la tangente avec XY quand le point de contact parcourt la courbe.

§ XI. — EXERCICES PROPOSÉS SUR LE LIVRE IX

1. Étant donné les deux axes d'une ellipse en grandeur et position mener des normales qui soient également inclinées sur les deux axes.
2. Construire une ellipse connaissant un foyer, un sommet et une tangente.
3. Construire une ellipse connaissant un foyer et trois tangentes.
4. Construire une ellipse connaissant le centre, le grand axe en longueur et deux tangentes.
5. Construire une ellipse connaissant un foyer, une tangente et le point de contact de l'une d'elles.
6. Construire une ellipse connaissant un foyer, une tangente et un point de la courbe.
7. Construire une ellipse connaissant un foyer, une tangente et deux points de la courbe.
8. Construire une ellipse connaissant un foyer et trois points de la courbe.
9. Construire une ellipse connaissant un foyer, un point et les longueurs des deux axes.
10. Construire une ellipse connaissant une directrice et trois points.
11. Construire une ellipse connaissant une directrice, un foyer et une tangente.
12. Construire une ellipse connaissant une directrice, une tangente, son point de contact et un autre point de la courbe.
13. Les deux rayons vecteurs d'un point M d'une ellipse sont dans le rapport de leurs projections sur la tangente en M, et aussi dans le rapport du carré du demi-petit axe au carré de la distance d'un des foyers à cette tangente.
14. La circonférence ayant pour diamètre la portion d'une tangente comprise entre les tangentes aux sommets du grand axe d'une ellipse passe par les foyers.
15. Une ellipse de grandeur donnée reste tangente à deux droites rectangulaires fixes; quel est le lieu du centre de cette courbe?
16. Le rapport des distances d'un foyer d'une ellipse au pied d'une normale sur le grand axe et au point d'incidence de cette normale est constant.
17. Lieu des centres des cercles tangents à deux cercles fixes donnés (examiner les différents cas).
18. Trois points fixes A,B,C étant en ligne droite, on considère une circonférence variable tangente en C à cette droite, et on lui mène des

tangentes des points A et B : quel est lieu géométrique du point de concours de ces tangentes?

Examiner successivement le cas où le point C est entre A et B, ou inversement.

19. La base AB du trapèze ABCD est donnée en grandeur et position, ainsi que la longueur de l'autre base CD, et la somme des côtés non parallèles AC, BD, trouver :

1° Le lieu géométrique de chacun des sommets C et D;

2° Le lieu géométrique du point de rencontre O des côtés non parallèles;

3° Le lieu géométrique du point de rencontre O' des diagonales.

Résoudre les mêmes problèmes en supposant donné, non plus la somme AC + BD, mais la différence de ces mêmes côtés.

20. Le rapport des distances du point où le grand axe d'une ellipse est rencontré par la normale en un point M au rayon vecteur de ce point et à la projection de ce point sur cet axe est constant.

21. Deux ellipses égales ont leurs grands axes sur la même droite, et sont tangentes : on fait rouler l'une d'elles, sur l'autre supposée fixe, sans glissement ; trouver le lieu géométrique des foyers de l'ellipse mobile.

22. Étant donné une circonférence O et un point intérieur A, on considère une ellipse passant par le point A et ayant pour grand axe un diamètre arbitraire MOM' dans la circonférence; on demande le lieu géométrique du point où MM' est rencontré par la tangente en A à cette ellipse.

23. Si l'on prend sur les tangentes PM, PM' issues du point P à une ellipse des longueurs respectivement égales aux rayons vecteurs du point P (à partir de ce point P) la distance des deux points obtenus sera égale au grand axe de la courbe.

24. Une ellipse variable reste tangente à une droite donnée, tandis que ses foyers parcourent une circonférence donnée concentrique à l'ellipse, et qui est tangente à la même droite. Trouver le lieu géométrique des sommets du petit axe.

25. On considère deux ellipses ayant mêmes foyers, et une tangente à chacune de ces courbes : montrer que le lieu géométrique du point de concours de ces droites, quand elles sont rectangulaires, est une circonférence concentrique aux ellipses considérées.

26. Une droite de longueur égale au rayon d'une circonférence se déplace, de sorte que ses extrémités parcourent l'une la circonférence, l'autre un diamètre fixe de cette courbe ; trouver le lieu que décrit un point donné de cette droite.

27. La demi-corde d'une ellipse passant par un foyer et perpendiculaire au grand axe a pour longueur $\frac{b^2}{a}$.

28. Le produit des distances du centre d'une ellipse à la projection d'un point M de la courbe sur un des axes et au point où la tangente en M rencontre cet axe est constant.

29. Soit N le point où la normale en M à une ellipse rencontre un des axes, et soit P la projection de M sur cet axe ; prouver que le rapport des distances du point P au centre et au point N est constant.

30. Le carré de la perpendiculaire MP abaissée d'un point M d'une ellipse sur un des axes est dans un rapport constant avec le produit des segments déterminés par le point P sur cet axe.

31. Les cordes d'une ellipse qui joignent un point arbitraire de la courbe aux sommets d'un même axe partagent harmoniquement toute corde perpendiculaire à cet axe.

32. Si l'on joint le point de concours P de deux tangentes au centre O d'une ellipse, on rencontre la courbe en N et la corde des contacts en Q ; prouver que ON est moyenne géométrique entre OP et OQ.

33. Si par le point N de l'un des axes d'une ellipse on élève une perpendiculaire à cet axe et l'on mène une tangente à la courbe, les droites qui joignent le point de contact M aux sommets de cet axe viennent couper la perpendiculaire en des points P et P′ équidistants du point N.

34. Si MM′ est une corde d'une ellipse passant par le foyer *f*, et si N et N′ sont les points où la directrice correspondante au foyer *f* est rencontrée par les droites qui joignent M et M′ au même sommet, la portion de directrice NN′ sera vue du foyer *f* sous un angle droit.

35. Soit MM′ une corde d'une ellipse qui rencontre les directrices en P et P′, soit N le point de concours des tangentes aux extrémités M, M′ de cette corde ; prouver la relation :

$$\frac{\overline{NM}^2}{\overline{NM'}^2} = \frac{MP \times M'P'}{M'P \times M'P'}.$$

36. Quel est le lieu géométrique de chacun des foyers d'une ellipse qui passe par un point donné, et qui a pour directrices deux droites données ?

37. Construire une ellipse connaissant ses directrices et deux points.

38 Construire une ellipse connaissant ses directrices, son centre et un point.

39. Construire une ellipse connaissant ses directrices, une tangente et son point de contact.

40. Soit le diamètre AOB d'une circonférence donnée, et M un point de la tangente en B à cette courbe : on trace la seconde tangente MN issue de ce point et l'on prend le point P où la droite variable AM rencontre la perpendiculaire abaissée de N sur AB ; trouver le lieu du point P.

41. Étant donné les sommets et les foyers d'une hyperbole, mener des

normales qui soient également inclinées sur les axes : condition de possibilité.

42. Construire une hyperbole tangente à une droite donnée, ayant un foyer et un sommet donnés.

43. Construire une hyberbole tangente à trois droites données, ayant un foyer donné.

44. Construire une hyperbole tangente à deux droites données, ayant un centre donné et un axe transverse de longueur donnée.

45. Construire une hyperbole ayant un foyer donné, et tangente à deux droites en un point donné de l'une d'elles.

46. Construire une hyberbole ayant un foyer donné, tangente à deux droites et passant par un point donné.

47. Construire une hyberbole ayant un foyer donné, tangente à une droite, et passant par deux points donnés.

48. Construire une hyperbole ayant un foyer donné, et passant par trois points donnés.

49. Construire une hyperbole ayant un foyer donné, passant par un point donné, et connaissant la longueur de l'axe transverse et la distance focale.

50. Construire une hyperbole connaissant une directrice et trois points.

51. Construire une hyperbole connaissant une directrice, un foyer et une tangente.

52. Construire une hyperbole connaissant une directrice, un point de la courbe, une tangente et son point de contact.

53. Les deux rayons vecteurs d'un point M d'une hyperbole sont dans le rapport de leurs projections sur la tangente en M, et aussi dans le rapport de (c^2-a^2) au carré de la distance d'un des foyers à cette tangente.

54. La circonférence qui a pour diamètre la portion d'une tangente à l'hyperbole comprise entre les tangentes aux sommets passe par les foyers de la courbe.

55. Quel est le lieu géométrique du centre des hyperboles égales tangentes à deux droites fixes rectangulaires?

56. Le rapport des distances du point, où l'axe transverse d'une hyperbole est rencontré par la normale en un point M, au rayon vecteur de ce point et à la projection de M sur cet axe est constant.

57. Étant donné une circonférence O et un point extérieur A, on considère une hyperbole passant par le point A et dont l'axe transverse est un diamètre arbitraire MOM' de la circonférence : trouver le lieu géométrique du point où MM' est rencontré par la tangente en A à l'hyperbole.

58. Si l'on prend sur les tangentes PM, PM' issues du point P à une hyperbole des longueurs respectivement égales aux rayons vecteurs

du point P, la distance des deux points obtenus égale l'axe transverse.

59. Calculer la corde d'une hyperbole passant par un foyer et perpendiculaire à l'axe transverse.

60. Évaluer le produit des distances du centre d'une hyperbole au point où l'axe transverse est rencontré par la tangente en M et à la projection de M sur cet axe : ce produit est constant.

Même question pour l'axe non transverse.

61. Soit N le point où la normale en M à une hyperbole rencontre un des axes, et soit P la projection de M sur cet axe : prouver que le rapport des distances du point P au centre et au point N est constant.

62. Le carré de la perpendiculaire MP abaissé d'un point M d'une hyperbole sur l'axe transverse est dans un rapport constant avec le produit des segments déterminés par le point P sur cet axe.

63. Les cordes d'une hyperbole qui joignent un point de la courbe aux deux sommets, partagent harmoniquement toute corde perpendiculaire à l'axe transverse.

64. Si MM' est une corde d'une hyperbole passant par le foyer F, et si N et N' sont les points où la directrice correspondante est rencontrée par les droites qui joignent M et M' au même sommet, la portion de directrice NN' sera vue du foyer F sous un angle droit.

65. Soit MM' une corde d'une hyperbole qui rencontre les directrices en P et P', soit N le point de concours des tangentes aux extrémités M et M' de cette corde; prouver la relation :

$$\frac{\overline{NM}^2}{\overline{NM_1}^2} = \frac{MP \times MP'}{M'P \times M'P'}.$$

66. Quel est le lieu géométrique de chacun des foyers d'une hyperbole qui passe par un point donné et qui a des directrices données?

67. Construire une hyperbole connaissant les directrices et deux points.

68. Construire une hyperbole connaissant les directrices, le centre et un point.

69. Construire une hyperbole connaissant les directrices, une tangente et son point de contact.

70. Étant donné une hyperbole, calculer le rayon de la circonférence tangente à la courbe et aux deux asymptotes ; prouver que ce rayon égale la partie de la corde focale perpendiculaire à l'axe transverse, comprise entre la courbe et une asymptote.

71. La portion de tangente à l'hyperbole comprise entre les asymptotes est vue de chacun des foyers sous un angle constant.

72. Si l'on considère deux points M, M' sur les deux branches d'une hyperbole, en construisant les parallélogrammes MAOB, M'A'OB' dont les côtés sont parallèles aux asymptotes, les droites MM', AA', BB' seront parallèles.

73. Les tangentes issues d'un point P à une hyperbole coupent une asymptote en M et N, et l'autre en M', N'. Prouver que MM' et NN' sont parallèles à la corde des contacts, et en conclure la relation :

$$PM . PN = PM' . PN'.$$

74. Dans toute hyperbole équilatère (asymptotes rectangulaires) chaque point de la courbe est le centre d'une circonférence passant par le centre, par les points où la normale en ce point coupe les axes, et par les points où la tangente en ce point coupe les asymptotes.

75. Quel est le lieu géométrique du milieu de la portion d'une droite mobile comprise entre deux droites rectangulaires données, l'aire du triangle formé restant constante?

76. Une diagonale du parallélogramme ayant ses côtés parallèles aux asymptotes d'une hyperbole, et deux sommets opposés sur la courbe, passe par le centre de cette hyperbole.

77. Construire les sommets d'une hyperbole ayant pour asymptotes deux droites données, et tangente à une droite donnée, ou passant par un point donné.

78. Construire les sommets d'une hyperbole ayant une asymptote donnée, tangente à une droite en un point donné, et passant par un second point donné.

79. Si l'on mène par le foyer une parallèle à la tangente en M à une parabole, la parallèle à l'axe passant par le point M rencontre cette parallèle et la directrice en des points équidistants de M.

80. Construire une parabole ayant un sommet donné, la direction de l'axe, et tangente à une droite donnée.

81. Construire une parabole ayant une directrice donnée et passant par deux points donnés.

82. Construire une parabole ayant un foyer donné et passant par deux points donnés.

83. Quel est le lieu géométrique des foyers et des sommets des paraboles tangentes à une droite donnée, et ayant une directrice donnée?

84. Construire une parabole ayant une directrice donnée et tangente à deux droites données.

85. Construire une parabole tangente à deux droites données et ayant un foyer donné.

86. Construire une parabole ayant un foyer ou une directrice donnés, passant par un point donné et tangente à une droite donnée.

87. Construire une parabole tangente à deux droites données en des points donnés.

88. Construire une parabole tangente à une circonférence donnée en un point donné, et dont l'axe soit tangent à la même circonférence en un point aussi donné.

89. Lorsqu'un triangle est circonscrit à une parabole, le point de rencontre des hauteurs est situé sur la directrice

90. Les directrices de toutes les paraboles tangentes à trois droites passent par un point fixe, et les foyers sont situés sur une même circonférence.

91. Construire une parabole tangente à quatre droites données.

92. Mener les normales à une parabole par un point donné sur l'axe.

93. Lieu des points d'un plan dont la somme des distances à un point et une droite fixes donnés a une valeur donnée.

Lieu des points dont la différence des distances au même point et à la même droite a la même valeur donnée.

94. Lieu des centres des circonférences inscrites dans un secteur circulaire dont un rayon est fixe et l'autre variable.

95. La distance du foyer d'une parabole au point commun à deux tangentes à la courbe est moyenne géométrique entre les rayons vecteurs des points de contact.

96. La distance du foyer d'une parabole à une tangente est moyenne géométrique entre le quart du paramètre et le rayon vecteur du point de contact.

97. On décrit la circonférence qui a pour diamètre la corde d'une parabole passant par son foyer et perpendiculaire à l'axe, puis on mène une tangente MN commune à cette circonférence et à la parabole : prouver que la corde considérée est bissectrice de l'angle MFN.

98. On trace un diamètre fixe AOB d'une circonférence et l'on joint le point O à l'une des extrémités M d'une corde variable parallèle à AB, et le point A au milieu N de cette corde ; prouver que le lieu géométrique du point P de rencontre des droites OM, AN est la parabole dont le foyer est en O et dont la directrice passe par A.

99. Si un triangle ABC inscrit dans une parabole est tel que les côtés AC, BC soient des normales à la courbe, le centre de gravité de ce triangle sera situé sur l'axe de la courbe, et la corde AB passera par un point fixe de l'axe dont la distance au sommet de la courbe est le demi-paramètre p.

100. Soit P le point où une corde de la parabole rencontre l'axe, et soit M et M' les projections sur cet axe des extrémités de cette corde : la distance du sommet A au point P est moyenne géométrique entre les distances du point A aux points M et M'.

101. Démontrer que le lieu géométrique des angles de grandeur donnée circonscrits à une parabole, est une conique ayant pour foyer et directrice correspondante le foyer et la directrice de la parabole.

102. Étant donné un angle XOY et un point A, montrer que les droites du plan dont la partie comprise dans l'angle XOY est vue du point A sous un angle donné, sont tangentes à une même conique dont A est l'un des foyers. Discuter la nature de la conique ; trouver son axe focal, et calculer ses éléments.

103. Quel est le lieu géométrique de la projection du point A sur toutes

les droites dont la partie interceptée dans l'angle XOY est vue du point A sous un angle donné?

104. Quel est le lieu géométrique des foyers des sections paraboliques d'un cône de révolution?

105. Quel est le lieu géométrique des foyers des sections elliptiques d'un cône de révolution pour lesquelles l'excentricité $\left(\frac{c}{a}\right)$ a une valeur donnée?

106. En considérant une conique donnée comme la projection d'une conique de même espèce située sur un cône de révolution dont l'axe passe par le foyer de la courbe donnée; démontrer les propriétés suivantes :

1° Un angle constant tourne autour du foyer d'une conique; aux points où les côtés de l'angle rencontrent la courbe, on mène des tangentes : le lieu géométrique des points de concours est une conique ayant pour foyer et directrice le foyer de la conique et la directrice correspondante.

2° Deux coniques ayant un foyer commun ne peuvent avoir que deux points communs, et la corde commune passe par le point de rencontre des directrices correspondantes à ce foyer.

3° Cette corde commune est le lieu géométrique des points de rencontre des tangentes aux coniques aux points situés sur un même rayon vecteur.

107. On considère un point fixe A situé sur la bissectrice de l'angle fixe X'OY, et par les points O et A on fait passer une circonférence arbitraire dont les seconds points communs avec les côtés de l'angle XOY sont P et Q : prouver que la droite PQ reste tangente à une parabole; trouver le foyer, la directrice, et le point de contact de PQ.

108. Connaissant dans une ellipse $2a$ et $2c$, on considère le point M de la courbe dont le rayon vecteur FM est r : on projette ce point en P sur le grand axe. Évaluer l'aire FMP et trouver la valeur de r pour laquelle cette aire est maximum. — (B. S. Lille.)

109. On a un trapèze isolèle convexe ABCD inscrit dans un demi-cercle dont le diamètre est AOB. On considère l'ellipse nscrite dans ce trapèze, les points de contact sur AB et CD étant les milieux O et E de ces côtés : étant donné le rayon R du cercle et l'angle θ de AB avec AC, 1° calculer la distance focale de l'ellipse, et les carrés des longueurs des demi-axes; 2° limite de la valeur de θ pour que OE soit le petit axe; 3° valeur de θ pour laquelle l'ellipse devient un cercle; 4° évaluer l'aire de l'ellipse en fonction de 2θ, et déterminer la figure dans le cas du maximum de cette aire.

110. Un point C est donné sur le diamètre AOB d'une demi-circonférence : on trace par ce point une droite arbitraire qui rencontre la courbe en M. On trace la perpendiculaire en M à MC qui rencontre en N et N' les tangentes, en A et B à la courbe : prouver que les lieux géométriques despo ints P et P' de rencontre des diagonales des quadrilatères ANMC, BN'MC, sont des ellipses dont les axes sont proportionnels, le grand axe de l'une égalant le petit axe de l'autre. (S'appuyer sur la similitude des quadrilatères énoncés.) Prouver que la droite PP' reste parallèle à AB quand CM pivote autour de C.

111. La condition nécessaire et suffisante pour qu'un quadrilatère (convexe ou non) ait ses côtés tangents à une même circonférence, est que la somme de deux côtés égale la somme des deux autres. — (Th. de Steiner.)

FIN

TABLE DES MATIÈRES

DE L'OUVRAGE COMPLET

PREMIER LIVRE

DEUXIÈME LIVRE

TROISIÈME LIVRE

QUATRIÈME LIVRE

CINQUIÈME LIVRE

SIXIÈME LIVRE

SEPTIÈME LIVRE

HUITIÈME LIVRE

NEUVIÈME LIVRE

5316. — BOURLOTON. — Imprimeries réunies, A, rue Mignon, 2, Paris.

COURS

DE

GÉOMÉTRIE ÉLÉMENTAIRE

A L'USAGE

DES ASPIRANTS AU BACCALAURÉAT ÈS SCIENCES

ET DES CANDIDATS AUX ÉCOLES DU GOUVERNEMENT

PAR

E. COMBETTE

Ancien élève de l'École normale supérieure,

Agrégé des sciences mathématiques, Professeur au lycée Saint-Louis.

2ème FASCICULE

DEUXIÈME ÉDITION REVUE

PARIS

ANCIENNE LIBRAIRIE GERMER BAILLIÈRE ET Cie

FÉLIX ALCAN, ÉDITEUR

108, BOULEVARD SAINT-GERMAIN, 108

1887

www.ingramcontent.com/pod-product-compliance
Ingram Content Group UK Ltd.
Pitfield, Milton Keynes, MK11 3LW, UK
UKHW020303200726
13857UKWH00001B/71

9 782012 870543